普通高等教育“十二五”规划教材
电子电气基础课程规划教材

电路与模拟电子技术

江小安　主编
侯亚玲　宫　丽　王珊珊　副主编

電子工業出版社
Publishing House of Electronics Industry
北京·BEIJING

内 容 简 介

本书分两部分:电路分析基础部分,内容包含电路的基本概念和定律、电阻电路分析、动态电路分析、正弦稳态电路分析;模拟电子技术部分,内容包含放大器件、放大器分析基础、负反馈放大器、集成运算放大器、波形产生电路、功率放大器和直流电源。

本书内容精要、深入浅出、便于阅读,可供计算机类相关专业的本科生作为教材,也可供电子信息类专业选用。

图书在版编目(CIP)数据

电路与模拟电子技术/江小安主编.—北京:电子工业出版社,2015.3
电子电气基础课程规划教材
ISBN 978-7-121-25083-5

Ⅰ.①电… Ⅱ.①江… Ⅲ.①电路理论-高等学校-教材②模拟电路-电子技术-高等学校-教材
Ⅳ.①TM13②TN710

中国版本图书馆 CIP 数据核字(2014)第 288427 号

责任编辑:韩同平　特约编辑:李佩乾
印　　刷:涿州市京南印刷厂
装　　订:涿州市京南印刷厂
出版发行:电子工业出版社
　　　　　北京市海淀区万寿路 173 信箱　邮编 100036
开　　本:787×1 092　1/16　印张:18.75　字数:550 千字
版　　次:2015 年 3 月第 1 版
印　　次:2016 年 11 月第 2 次印刷
印　　数:1 500 册　定价:45.00 元

凡所购买电子工业出版社图书有缺损问题,请向购买书店调换。若书店售缺,请与本社发行部联系,联系及邮购电话:(010)88254888。

质量投诉请发邮件至 zlts@phei.com.cn,盗版侵权举报请发邮件至 dbqq@phei.com.cn。

服务热线:(010)88258888。

前　言

本教材是为计算机科学与技术、计算机网络技术、软件技术等计算机类相关专业而编写的(电子信息类相关专业也可选用)。通过对本书的学习,可为“计算机组成原理”、“单片机原理与应用”等后续课程打下坚实的硬件基础。

本书编写的指导思想是突出基本概念、基本原理、基本分析方法和工程应用精选内容,加强集成电路的应用,编写时力求思路清晰,深入浅出,文字通顺,便于阅读。

本书分上、下两篇。上篇为电路分析基础(1~4章)。通过理论和实践教学,使学生掌握电路的基本概念和分析方法。

下篇为模拟电子技术(第5~12章)。通过理论和实践教学,使学生掌握模拟电子技术的基础知识和基本分析与设计方法,学会正确使用电路元件和器件,具备分析和设计典型电路的基本技能。

参加本书编写的有西安电子科技大学江小安,西安欧亚学院侯亚玲、宫丽,西安工业大学王珊珊。

由于编者水平有限,书中难免还存在一些不足与错误,殷切希望广大读者批评指正。

编　者

本书文字符号说明

一、基本符号

q	电荷	L	电感
φ	磁通	C	电容
I,i	电流	M	互感
U,u	电压	Z	阻抗
P,p	功率	X	电抗
W,w	能量	Y	导纳
R,r	电阻	B	电纳
G,g	电导	A	放大倍数

二、电压、电流

小写 $u(i)$、小写下标表示交流电压(电流)瞬时值(例如,u_o表示输出交流电压瞬时值)。

小写 $u(i)$、大写下标表示含有直流的电压(电流)瞬时值(例如,u_O表示含有直流的输出电压瞬时值)。

大写 $U(I)$、小写下标表示正弦电压(电流)有效值(例如,U_o表示输出正弦电压有效值)。

大写 $U(I)$、大写下标表示直流电压(电流)(例如,U_O表示输出直流电压)。

$\dot{U},\dot{I}$	正弦电压、电流相量(复数量)
U_m,I_m	正弦电压、电流幅值
U_Q,I_Q	电压、电流的静态值
U_f,I_f	反馈电压、电流有效值
U_{CC},U_{EE}	集电极、发射极直流电源电压
U_{BB}	基极直流电源电压
U_{DD},U_{SS}	漏极和源极直流电源电压
U_s,I_s	直流电压源、电流源
u_s,i_s	正弦电压源、电流源
U_i	输入电压有效值
u_I	含有直流成分输入电压瞬时值
u_i	输入电压瞬时值
U_o,I_o	输出交流电压、电流有效值
u_O	含有直流成分输出电压的瞬时值
U_R	基准电压、参考电压、二极管最大反向工作电压
I_R	参考电流、二极管反向电流
U_+,I_+	运放同相端输入电压、电流
U_-,I_-	运放反相端输入电压、电流
U_{id}	差模输入电压信号
U_{ic}	共模输入电压信号
U_{oim}	整流或滤波电路输出电压中基波分量的幅值

U_{CEQ} 集电极、发射极间静态压降
U_{OH} 运放输出电压的最高电压
U_{OL} 运放输出电压的最低电压
I_{BQ} 基极静态电流
I_{CQ} 集电极静态电流
ΔU_{CE} 直流变化量
Δi_c 瞬时值变化量

三、电阻

R_s 信号源内阻
r_i 输入电阻
r_o 输出电阻
r_{if} 具有反馈时输入电阻
r_{of} 具有反馈时输出电阻
r_{id} 差模输入电阻
$R_p(R')$ 运放输入端的平衡电阻
R_W 电位器(可变电阻器)
R_c 集电极外接电阻
R_b 基极偏置电阻
R_e 发射极外接电阻
R_L 负载电阻

四、放大倍数、增益

A_u 电压放大倍数 $A_u = U_o / U_i$
A_{us} 考虑信号源内阻时电压放大倍数 $A_{us} = U_o / U_s$,即源电压放大倍数
A_{ud} 差模电压放大倍数
A_{uc} 共模电压放大倍数
A_{od} 开环差模电压放大倍数
A_{usm} 中频电压放大倍数
A_{usl} 低频电压放大倍数
A_{ush} 高频电压放大倍数
A_f 闭环放大倍数
A_{uf} 具有负反馈的电压放大倍数,即闭环电压放大倍数
A_i 开环电流放大倍数
A_{if} 闭环电流放大倍数
A_r 开环互阻放大倍数
A_{rf} 闭环互阻放大倍数
A_g 开环互导放大倍数
A_{gf} 闭环互导放大倍数
F 反馈系数
A_p 功率放大倍数

五、功率

p 瞬时功率

P　平均功率(有功功率)

Q　无功功率

$\tilde{S}$　复功率

S　视在功率

λ　功率因数

P_o　输出信号功率

P_c　集电极损耗功率

P_E, P_s　直流电源供给功率

六、频率

f　频率通用符号

ω　角频率通用符号

f_H　放大电路的上限截止频率。此时放大电路的放大倍数为 $A_{ush} = 0.707A_{usm}$

f_L　放大电路的下限截止频率。此时,$A_{usl} = 0.707A_{usm}$

f_{BW}　通频带(带宽)$f_{BW} = f_H - f_L$

f_{Hf}　具有负反馈时放大电路的上限截止频率

f_{Lf}　具有负反馈时放大电路的下限截止频率

f_{BWf}　具有负反馈时的通频带

f_α　共基极接法时三极管电流放大系数的上限截止频率

f_β　共射极接法时三极管电流放大系数的上限截止频率

f_T　三极管的特征频率

ω_o　谐振角频率、振荡角频率

f_o　振荡频率

七、器件参数

$\mathrm{V_D}$　二极管

U_T　温度电压当量 $U_T = kT/q$、增强型场效应管的开启电压

I_D　二极管电流、漏极电流

I_S　反向饱和电流、源极电流

I_F　最大整流电流

U_{on}　二极管开启电压

U_B　PN 结击穿电压、基极直流电压

$\mathrm{V_{DZ}}$　稳压二极管

U_Z　稳压管稳定电压值

I_Z　稳压管工作电流

I_{ZM}　最大稳定电流

r_Z　稳压管的微变电阻

b　基极

c　集电极

e　发射极

I_{CBO}　发射极开路,集－基间反向饱和电流

I_{CEO}　基极开路、集－射间穿透电流

I_{CM}　集电极最大允许电流

P	空穴型半导体
N	电子型半导体
n	电子浓度
p	空穴浓度
$r_{bb'}$	基区体电阻
$r_{b'e}$	发射结的微变等效电阻
r_{be}	共射接法下,基射极间的微变电阻
r_{ce}	共射接法下,集射极之间的微变电阻
α	共基接法下,集电极电流的变化量与发射极电流的变化量之比,即 $\alpha=\Delta I_C/\Delta I_E$
$\bar{\alpha}$	从发射极到达集电极的载流子的百分比,或$\bar{\alpha}=I_C/I_E$
β	共射接法下,集电极电流的变化量与基极电流的变化量之比,即 $\beta=\Delta I_C/\Delta I_B$
$\bar{\beta}$	共射接法时,不考虑穿透电流时,I_C与 I_B的比值
g_m	跨导
BU_{EBO}	集电极开路时,e - b 间的击穿电压
BU_{CEO}	集极开路时,c - e 间的击穿电压
U_{IO},I_{IO}	集成运放输入失调电压、失调电流
I_{IB}	集成运放输入偏置电流
V	三极管
S_R	集成运放的转换速率
D	场效应管漏极
G	场效应管栅极
S	场效应管源极
S	整流电路的脉动系数
U_P	场效应管夹断电压
r_{DS}	场效应管漏源间的等效电阻
I_{DSS}	结型、耗尽型场效应管 $U_{GS}=0$ 时的 I_D值
CMRR	共模抑制比
CMR	用分贝表示的共模抑制比, 即 20lg CMRR
Q	静态工作点、LC 回路的品质因数
τ	时间常数
η	效率
$\varphi(\theta)$	相角
φ_F	反馈网络的相移

目　录

上篇　电路分析基础

下篇　模拟电子技术

上篇　电路分析基础

第1章　电路基本概念和定律

1.1　电路功能和模型

1.1.1　实际电路及其功能

一个实际电路,它是由电气器件构成,并具有一定功能的连接整体。

组成实际电路的电气器件种类繁多、性能各异,常用的有电池、信号产生器、电阻器、电容器、电感器、开关、晶体管等。其中,电池可以提供电能,信号产生器可以输出多种标准信号,电阻器可以消耗电能,电感器可以存储磁场能,等等。

图1.1(a)是一个简单的照明电路,由电池、开关、连接导线、灯泡组成。其作用是把由电池提供的电能传送给灯泡并转换成光能。图1.1(b)是计算机电路组成的简化方框图,它的基本功能是通过对输入信号的处理实现数值计算。人们在键盘上输入计算数据和步骤,编码器将输入信号表示成二进制数码,经运算、存储、控制部件处理得到计算结果,然后在显示器上输出。

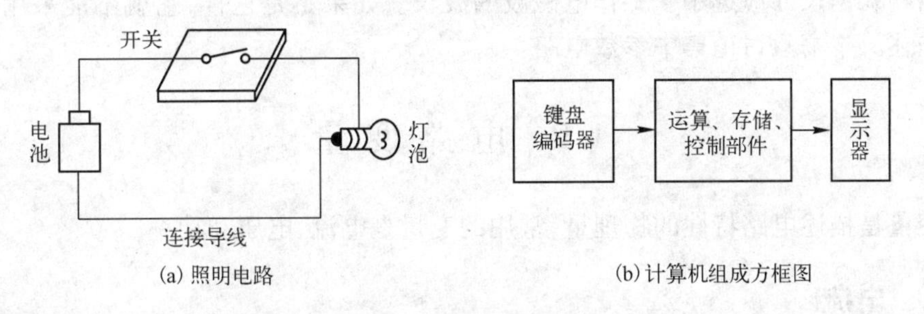

图1.1　实际电路

电路的基本功能是:(1)实现电能的产生、传输、分配和转换;(2)完成电信号的产生、传输、变换和处理。

在电路理论中,常把提供电能或信号的器件、装置称为电源,把使用电能或电信号的设备称为负载。显然,对于图1.1电路,电池和键盘、编码器是电源,灯泡和显示器是负载。

1.1.2　电路模型

电路理论主要研究电路中发生的各种电磁现象,包括电能的消耗现象和电磁能的存储现象。一般这些现象交织在一起,同时发生在整个电路中。为了简化分析,对实际电路采用"模型化"方法处理。首先,针对一些基本电磁现象(如电磁能消耗、电场能存储、磁场能存储等)建立相应的模型,称为理想元件或元件,并用统一符号标记。理想元件在物理上描述了基本电磁现象,在数学上也有严格的定义。例如,电阻元件就是描述电磁能消耗现象,其电流电压关系满足代数方程的一种理想电路元件；电容、电感元件分别是描述电场能、磁场能存储现象的理想元件，其电流、电压满足微分或积分关系。

接着，对实际器件，在一定条件下忽略其次要性质，用理想元件或其组合来表征它的主要特性。该理想元件或其组合构成实际器件的模型，称为器件模型。

建立器件模型时应注意下面两点：(1)在一定条件下，不同器件可以具有同一种模型。比如，电阻器、灯泡、电炉等，这些器件在电路中的主要特性都是消耗电能，因此都可用理想电阻元件作为它们的模型。(2)对于同一器件，在不同应用条件下，往往采用不同形式的模型。例如，一个线圈在工作频率较低时，用理想电感元件作为模型；在需要考虑能量损耗时，使用理想电阻和电感元件串联电路作为模型；而在工作频率较高时，则应进一步考虑线圈绕线之间相对位置的影响，这时模型中还应包含理想电容元件。最后，把实际电路中的器件用相应的器件模型代替，得到实际电路的模型，称为电路模型。这种用模型符号画出的电路连接图称为电原理图，简称电路图或电路。由于理想元件在数学上有明确定义，因此结合电路连接规律，就可采用数学方法解决电路问题。在一定精度范围内，分析结果反映了实际电路的物理特性。

图1.1(a)照明电路的电路模型如图1.2所示。图中电池用电压源 U_s 和内阻 R_s 表示，负载用电阻 R_L 表示，S为开关。连接导线的电阻值很小，一般忽略不计，用理想导线表示。

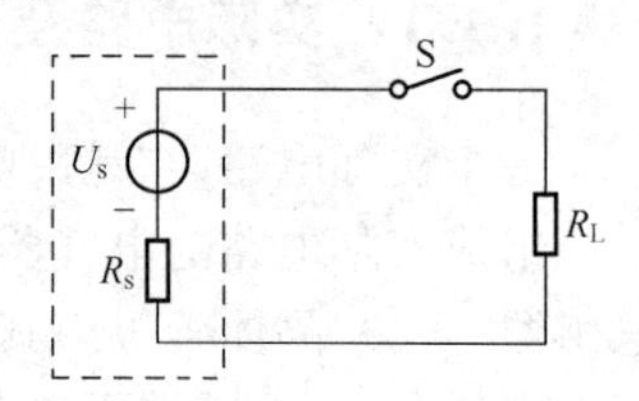

图1.2　电路模型

但是必须指出，允许进行上述模型化处理的前提条件是：假设电路中的基本电磁现象可以分别研究，并且相应的电磁过程都集中在各理想元件内部进行。这就是电路理论中所谓的集中化假设。满足集中化假设的理想元件称为集中(参数)元件，由这类元件构成的电路称为集中(参数)电路。

在工程应用中，为了保证集中参数电路能有效地描述实际电路，获得有意义的分析结果，要求实际电路的几何尺寸应远小于工作电磁波的波长。如果不是这样，它就不能采用集中参数电路模型来描述。本书只讨论集中参数电路。

1.2　电路变量

电路变量是描述电路特性的物理量，常用的变量是电流、电压和功率。

1.2.1　电流

电荷有规则的定向运动形成电流。计量电流大小的物理量是电流强度，简称电流，记为 $i(t)$ 或 i。电流强度的定义是：单位时间内通过导体横截面的电荷量，如图1.3所示，即

$$i(t)=\mathrm{d}q(t)/\mathrm{d}t \tag{1-1}$$

式中，q 是沿指定方向通过导体横截面 S 的正电荷 q_+ 与反方向通过该截面负电荷 q_- 的绝对值之和。电荷单位为库仑(C)，当时间单位为秒(s)时，电流单位为安(A)。在电力系统中，通过设备的电流较大，采用安或千安(kA)为单位。而电子电路中的电流则较小，常以毫安(mA)或微安(μA)为单位，其换算关系是

$$1\mathrm{kA}=10^3\mathrm{A}\quad 1\mathrm{A}=10^3\mathrm{mA}=10^6\mu\mathrm{A}$$

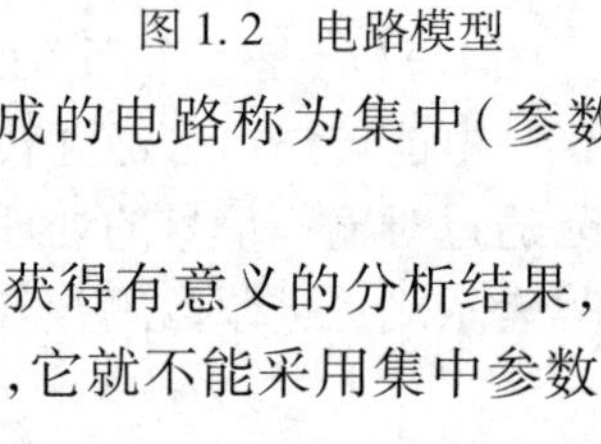

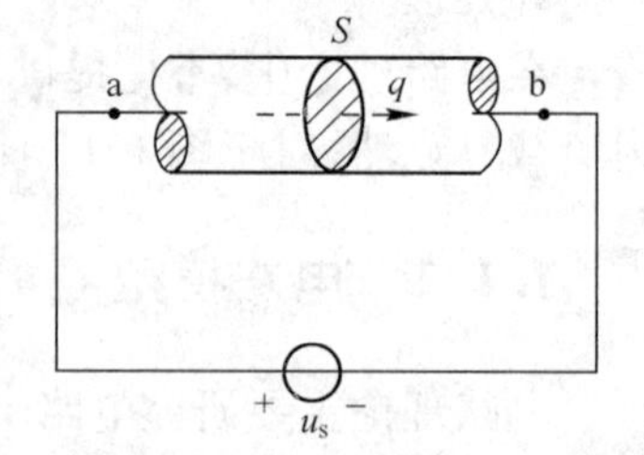

图1.3　电流强度

电流除了大小外，还需考虑方向。习惯上规定正电荷运动方向为电流的实际方向。然而在具体问题中，电流实际方向往往难以直接确定。考虑到集中元件中的电流，如果它存在，则其方

向只有两种可能,表明电流是一种代数量。因此在分析电路时,可任意指定一种方向作为计算时的参考,称为电流的参考方向。同时规定,如果参考方向与实际方向一致,电流记为正值;如果两者方向相反,则记为负值。这样,在指定参考方向前提下,结合电流的正负值就能够判定出它的实际方向。

电流的参考方向,一般用箭头符号直接标记在电流通过的路径上。有时也采用双下标标记法,如 i_{ab} 表示其参考方向由 a 指向 b。通常,电路图中仅标出电流的参考方向。

1.2.2　电压

图 1.1(a)中,电流使灯丝发光是电场力对电荷做功的结果。为了计量电场力做功的能力,引入电压物理量,记为 $u(t)$ 或 u。其定义是:电路中 a、b 两点间的电压,在数值上等于单位正电荷从 a 点沿电路约束的路径移至 b 点时电场力所做的功。用公式表示为

$$u(t) = \mathrm{d}w(t)/\mathrm{d}q(t) \tag{1-2}$$

式中,电荷单位为库(C),功的单位是焦(J),电压的单位是伏(V)。实际应用中,电压也常用千伏(kV)、毫伏(mV)或微伏(μV)作为单位。

电压也可用电位差表示,即

$$u = u_a - u_b \tag{1-3}$$

式中,u_a 和 u_b 分别为 a、b 两点的电位。电位是描述电路中电位能分布的物理量。电路中某点的电位定义为将单位正电荷从该点移至参考点时电场力做功的大小。参考点是电路中任意选定的一个点,规定其电位为零,用符号“⊥”表示。由此可见,电路中任一点与参考点之间的电压值就是该点的电位。

规定电位真正降低的方向为电压的实际方向。其高电位端用“+”标记,称为正极性端;低电位端用“-”标记,称为负极性端。也可采用双下标方法,如 u_{ab} 表示 a、b 端分别为正、负极性端。电压实际方向如图 1.4 所示。

根据定义,电压也是代数量。它与电流类似,在分析计算时,需要指定一个参考方向(也称参考极性)。同时规定,当参考方向与实际方向一致时,记电压为正值;否则,记电压为负值。这样,在指定电压参考方向后,依据电压值的正负,就能确切判定电压的实际方向。如无特殊说明,电路图中标记的电压方向均为参考方向。

电流、电压的参考方向是可以任意选择的,因而有两种不同的选择方式。若电流的参考方向设成 a 流向 b,电压的参考方向设成 a 为高电位端,b 为低电位端,则这样所设的电流、电压参考方向称为关联参考方向,否则称为非关联参考方向。分别如图 1.5(a)、(b)所示。为使电路图简洁明了,一般采用关联方向,并在电路图上只标明电流或电压的参考方向。

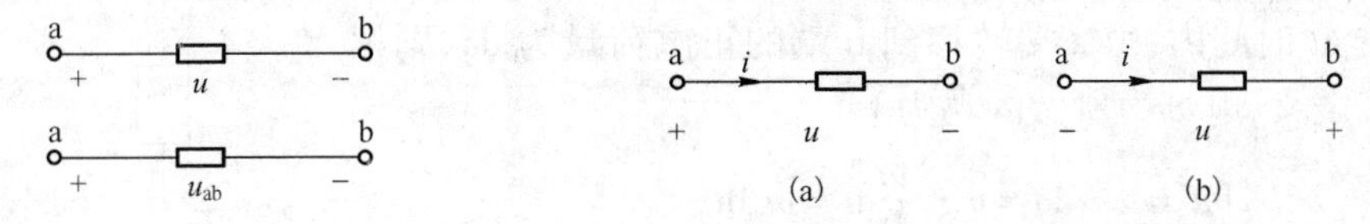

图 1.4　电压的实际方向　　图 1.5　电流、电压的关联与非关联参考方向

如果电流、电压的大小或方向随时间变化,则分别称为交流电流、交流电压,按习惯用小写字母 $i(t)$、$u(t)$ 或 i、u 表示。如果它们的大小和方向都不随时间变化,则称为直流电流、直流电压,分别用大写字母 I、U 表示。此时,相应电路称为直流电路。需要指出的是,在测试直流电流、电压时,测量仪表是根据电流电压的实际方向接入电路的,应注意直流电流表和电压表的正确连接和使用。

例 1-1 电路如图 1.6(a)所示,图中矩形框表示电路元件。已知电流 $I_1=-1\text{A}$,$I_2=2\text{A}$,$I_3=-3\text{A}$,其参考方向如图中所标;d 为参考点,电位 $U_a=5\text{V}$,$U_b=-5\text{V}$,$U_c=-2\text{V}$。

求:(1) 电流 I_1、I_2、I_3的实际方向和电压 U_{ab}、U_{cd}的实际极性。

(2)若欲测量电流 I_1和电压 U_{cd}的数值,则电流表和电压表应如何接入电路?

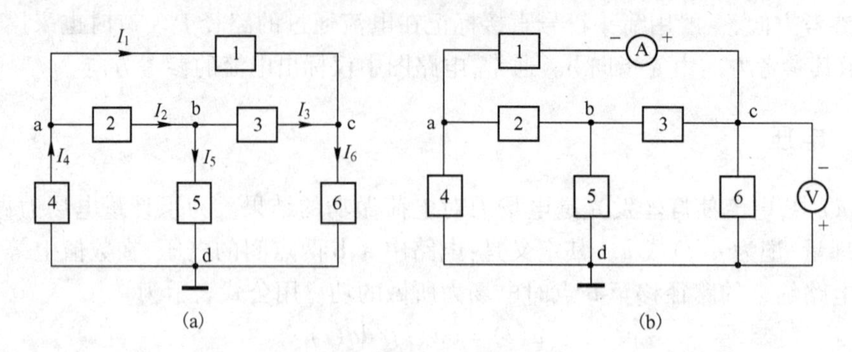

图 1.6 例 1-1 的图

解 (1) 在指定电流参考方向后,结合电流值的正负就可判定其实际方向。已知 I_2为正值,表明该电流的实际方向应与它的参考方向一致;而 I_1和 I_3为负值,表明它们的实际方向与指定的参考方向相反。

同理,根据

$$U_{ab}=U_a-U_b=5-(-5)=10\text{V}$$

$$U_{cd}=U_c-U_d=(-2)-0=-2\text{V}$$

可知 $U_{ab}>0$,电压实际方向由 a 指向 b,或者 a 为高电位端,b 为低电位端。$U_{cd}<0$,表明电压实际方向与参考方向相反,即 d 为高电位端,c 为低电位端。

(2) 在测量直流电流时,应将电流表串联接入被测支路,使实际电流从电流表的"+"极流入,"-"极流出。在测量直流电压时,应把电压表并联接入被测电路,使电压表"+"极与被测电压的高电位端连接,"-"极与低电位端连接。图 1.6(b)中给出了具体连接方法。

1.2.3 能量和功率

单位时间内做功的大小称为功率,或者说电场力做功的速率称为功率。功率 $p(t)$的数学表达式为:

$$p(t)=\mathrm{d}w(t)/\mathrm{d}t \tag{1-4}$$

式中,dw 表示 dt 时间内电场力所做的功,也就是电阻元件在 dt 时间内吸收的电能。功率的单位为瓦(W)。1 瓦功率就是每秒做功 1 焦,即 1W = 1J/s。下面导出功率的另一计算公式。

图 1.7(a)中,矩形框表示一个泛指元件,其电流电压取关联参考方向,设在 dt 时间内,由 a 端转移到 b 端的正电荷量为 dq,则根据电压、电流定义,电场力所做的功为

$$\mathrm{d}w=u\cdot\mathrm{d}q=u\cdot\frac{\mathrm{d}q}{\mathrm{d}t}\mathrm{d}t=ui\ \mathrm{d}t$$

因此

$$p=\mathrm{d}w/\mathrm{d}t=ui \tag{1-5}$$

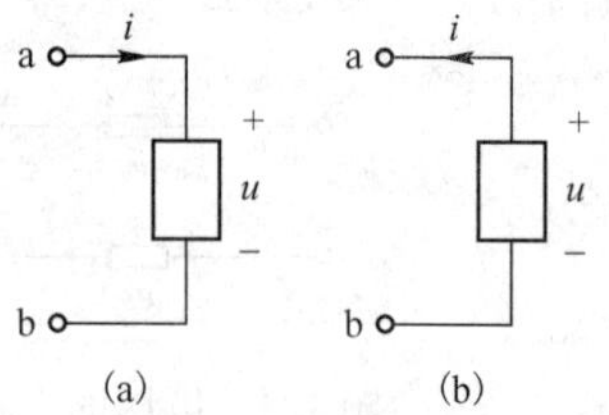

图 1.7 元件功率的计算

在 $p>0$ 时,表示 dt 时间内电场力对电荷 dq 做功 dw,这部分能量被元件吸收,所以 p 是元件的吸收功率;在 $p<0$ 时,表示元件吸收负功率,实际上是该元件向外电路提供功率或产生功率。

如果元件电流电压取非关联参考方向,如图 1.7(b)所示,只需在式(1-5)中冠以负号,即

$$p=-ui \tag{1-6}$$

其计算结果的意义与式(1-5)相同。

综合上述两种情况,将元件吸收功率的计算公式统一表示为

$$p(t) = \pm u(t)i(t) \tag{1-7}$$

式中,当电流电压为关联参考方向时,取"+"号;当电流电压为非关联参考方向时,取"-"号。计算结果表示元件的吸收功率。具体地说,若 $p>0$,表示元件吸收功率,其值为 p;若 $p<0$,表示元件提供功率,其值为 $|p|$。

工程上,常用千瓦时(kW·h)作为电能的单位。1kW·h 又称 1 度。比如某车间使用 100 只灯泡(功率均为 100W)照明 1 小时,所消耗电能是 10 度。

若已知元件吸收功率为 $p(t)$,并设 $w(-\infty)=0$,则

$$w(t) = \int_{-\infty}^{t} p(\zeta)\mathrm{d}\zeta \tag{1-8}$$

表示从 $-\infty$ 开始至时刻 t 元件所吸收的电能。一个元件,如果对于任意时刻 t,均有

$$w(t) = \int_{-\infty}^{t} p(\zeta)\mathrm{d}\zeta \geqslant 0 \tag{1-9}$$

则称该元件为无源元件;否则称为有源元件。

上面关于能量、功率的讨论也适用于电路中的任何一段电路。

例 1-2 在图 1.8 中,已知 $U=-7\text{V}$,$I=-4\text{A}$,试求元件 A 的吸收功率。

解 由于 U、I 为关联方向,所以

$$p = UI = (-7)\times(-4) = 28\text{W}$$

说明元件 A 吸收功率 28W。按照式(1-9)定义,A 属于无源元件。

例 1-3 在图 1.9 中,已知元件 B 的产生功率为 120mW,$U=40\text{V}$,求 I。

解 元件 B 产生功率为 120mW,即吸收功率为 -120mW,且考虑到元件上 U 与 I 为非关联方向,由式(1-7)可得

$$p = -UI = -120\text{mW}$$

从而有 $$I = -p/U = -(-120)/40 = 3\text{mA}$$

表明元件 B 上电压、电流的实际方向不一致,所以 B 向外部电路提供功率。按式(1-9)定义,B 属于有源元件。

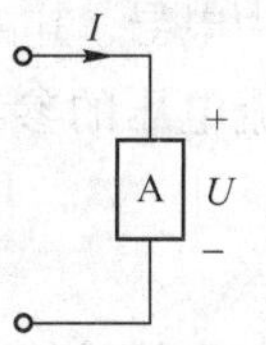

图 1.8

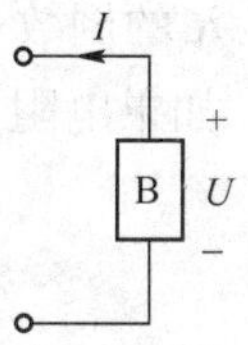

图 1.9

1.3 电阻元件

电路元件是实际电气器件的理想化模型,是构成电路的基本单元。具有 N 个引出端的元件称为 N 端元件,根据元件是否能向外电路提供电能的特性,可将它们区分为 N 端有源元件和 N 端无源元件两大类。

本节先介绍最常用的电阻元件,这是一种无源二端元件。

1.3.1 线性电阻

电阻元件是电能消耗器件的理想化模型,用来描述电路中电能消耗的物理现象。

电阻元件的定义是:一个二端元件,如果在任一时刻,其端电压 u 与流经它的电流 i 之间的关系能用 $u-i$ 平面上的一条曲线确定,就称其为电阻元件,简称电阻。若该曲线是通过原点的直线,则称为线性电阻,否则称为非线性电阻。若曲线不随时间变化,则称为非时变电阻,否则称为时变电阻。

元件端电压与流经它的电流之间的关系,称为伏安关系(简记为 VAR)。由于 VAR 可用来

表征元件的外特性,故也称为伏安特性。线性非时变电阻和非线性非时变电阻的电路符号与伏安特性分别如图 1. 10 和图 1. 11 所示。本书主要讲述线性非时变电阻。

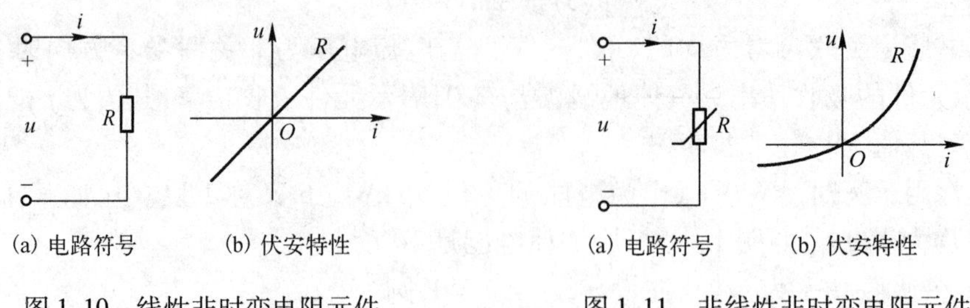

图 1. 10　线性非时变电阻元件　　图 1. 11　非线性非时变电阻元件

1. 3. 2　欧姆定律

设电阻元件上电流电压为关联参考方向,由图 1. 10(b)可知,电压 u 与电流 i 的关系为

$$u(t)=Ri(t) \tag{1-10}$$

或者

$$i(t)=\frac{1}{R}u(t)=Gu(t) \tag{1-11}$$

这就是大家熟知的欧姆定律。式中 R 为电阻元件的参数,也简称为电阻*。电阻的常用单位是欧(Ω)、千欧(kΩ)和兆欧(MΩ),其转换关系是:

$$1\text{k}\Omega=10^3\Omega \tag{1-12}$$

$$1\text{M}\Omega=10^3\text{k}\Omega=10^6\Omega \tag{1-13}$$

R 的倒数 G 称为电导。电导的单位是西门子,简称西(S)。

如果电阻上电流电压的参考方向非关联,如图 1. 12 所示,则欧姆定律公式中应加一负号,即

$$u(t)=-Ri(t) \tag{1-14}$$

或

$$i(t)=-Gu(t) \tag{1-15}$$

对线性电阻有两种特殊情况值得留意:当 $R=\infty$ 或 $G=0$ 时,称为开路,此时无论端电压为何值,其端电流恒为零;当 $R=0$ 或 $G=\infty$,称为短路,此时无论端电流为何值,其端电压恒为零。开路和短路时,其电路符号及伏安特性分别如图 1. 13(a)、(b)所示。

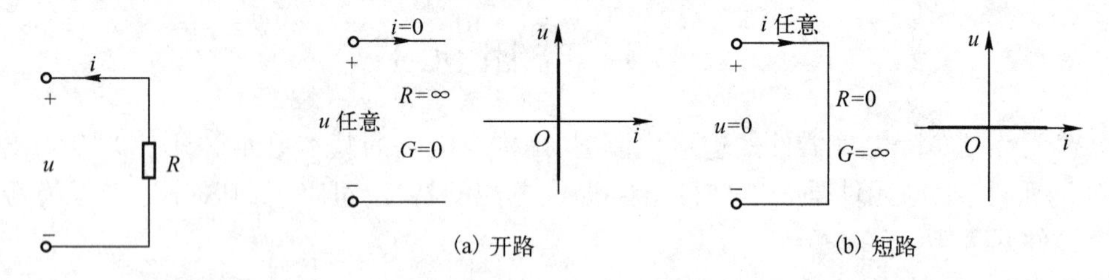

图 1. 12　线性电阻电路　　图 1. 13　线性电阻的特殊情况

1. 3. 3　电阻元件的吸收功率

根据式(1-7)和欧姆定律,可得电阻 R 的吸收功率为

$$p(t)=\pm u(t)i(t)=Ri^2(t)=Gu^2(t) \tag{1-16}$$

---

* 符号 R 既表示电阻元件,也表示电阻元件的参数,都称为电阻,常混用。对于以后要介绍的电容、电感元件也有类似情形。

将式(1-16)代入式(1-8),可得从 $-\infty$ 到 t 时刻电阻 R 上吸收的能量

$$w(t) = \int_{-\infty}^{t} p(\zeta)\mathrm{d}\zeta = R\int_{-\infty}^{t} i^2(\zeta)\mathrm{d}\zeta = G\int_{-\infty}^{t} u^2(\zeta)\mathrm{d}\zeta \tag{1-17}$$

可见,对于(正)电阻而言,对任意 t,它所吸收的功率和能量都是非负的,因此电阻是无源元件。在实际电路中,电阻所吸收的电能经过相应器件的作用,转换为其他形式的能量,如热能、光能、机械能等。基于这一物理过程,通常把电阻吸收电能理解成电阻消耗电能,因此称电阻为耗能元件。

最后提一下电气元件、设备的额定值问题。额定值是为了保证元件、设备既安全可靠而又充分发挥性能的正常运行,由制造厂家给出的一些限定值。例如,电阻的使用功率,电容器的使用电压,电机的额定电流等。根据给出的额定值,有时还可推导出其他额定值。例如,一个标有"1/4W　10kΩ"的电阻,表示该电阻的阻值为10kΩ,额定功率为1/4W;由 $p=I^2R$ 的关系,还可求得它的额定电流为5mA。

实际使用中,超过额定值运行,会使设备缩短使用寿命或遭致毁坏而造成事故。例如上述电阻在使用电流超过5mA时,将会使电阻因过热而损坏。而低于额定值运行也是不合适的,如220V、5kW电机在低于200V电压下使用,一方面设备资源没有充分利用,另一方面因电机输出功率降低,必然影响系统正常运行。

额定值一般记载在设备的铭牌或说明书中,所以在使用设备前必须仔细阅读之。

例1-4　图1.14电路,已知 $R=5\Omega$,$u(t)=10\cos t$ V,求 $i(t)$。

解　电阻上电流电压为关联参考方向,所以由欧姆定律可得

$$i(t)=u(t)/R=10\cos t/5=2\cos t \text{ A}$$

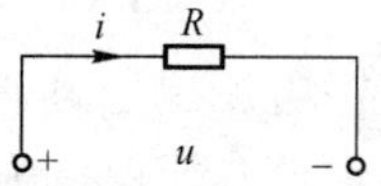

图1.14　例1-4的图

例1-5　图1.15电路,已知 $R=5\text{k}\Omega$,$U=-10$V,求电阻中流过的电流和电阻的吸收功率。

解　由于电阻上电流电压为非关联参考方向,因此按欧姆定律,其电流为

$$I=-\frac{U}{R}=-(-10)/5\times10^3=2\times10^{-3}\text{A}=2\text{mA}$$

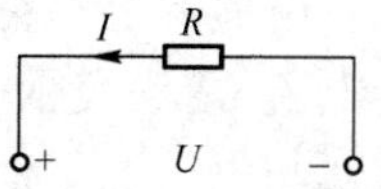

图1.15　例1-5的图

注意上面计算式中公式前面的负号与算式括号中的负号,其含义是不同的,前者表示 R 中电流电压参考方向非关联,后者表示 R 上电压参考方向与实际方向相反。

电阻的吸收功率为　$P=-UI=-(-10)\times2\times10^{-3}=20\times10^{-3}\text{W}=20\text{mW}$

或者　$P=RI^2=5\times10^3\times(2\times10^{-3})^2=20\text{mW}$

$$P=\frac{U^2}{R}=\frac{(-10)^2}{5\times10^3}=20\text{mW}$$

1.4　电源元件

电源给电路提供电能。常见的干电池、蓄电池、光电池、发电机以及电子电路中的信号源等,都是实际电源的例子。

电源元件是实际电源的理想化模型,可分为独立源和受控源两类。本节先介绍独立源,包括独立电压源和独立电流源,分别简称为电压源和电流源;再介绍受控源及其特点。

1.4.1　电压源

一个二端元件,如果端电压总能保持为规定的电压 $u_s(t)$,而与通过它的电流无关,就称其

为电压源。电压源的电路符号如图 1.16(a)所示,图中的 $u_s(t)$ 为电压源的端电压,“+”、“-”号表示其参考极性。如果 u_s 不随时间变化,即电压值为常数,则称为直流电压源,常用图 1.16(b)所示符号表示,以示区别。

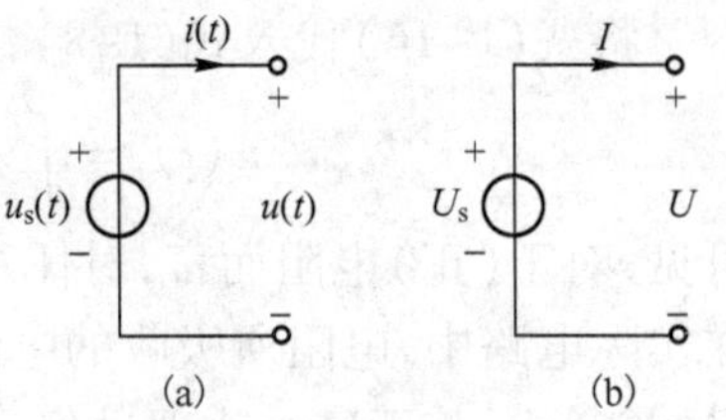

图 1.16　电压源电路符号

电压源具有以下几个特点:

(1) 电压源的端电压完全由自身的特性决定,与流经它的电流的方向、大小无关,即与外部电路无关。

(2) 电压源的电流由它与外接电路共同决定。随着流经电压源电流的实际方向不同,电压源可以对外电路提供电能,真正起电源作用;也可以作为其他电源的负载从外电路接受能量。例如,蓄电池(或可充电的干电池)在正常工作时,是电源装置;但在充电时,则应视它为负载。理论上讲,电压源可以提供(或吸收)无穷大能量。

(3) 在任一时刻 t_k,电压源的伏安特性是一条经过 $u=u_s(t_k)$ 点且平行于 i 轴的直线,如图 1.17 所示。

(4) 当电压源电压 $u_s(t)$ 为零时,其伏安特性与 i 轴重合,电压源相当于短路。

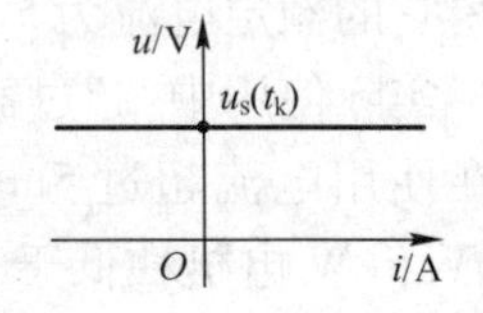

图 1.17　电压源伏安特性

1.4.2　电流源

电流源是另一种电源元件。如果一个二端元件,其输出电流总能保持为规定的电流 $i_s(t)$,而与它的端电压无关,就称其为电流源。电流源的输出电流 i_s 一般是时间的函数。如果电流源的输出电流为常数 I_s,则称之为直流电流源。电流源电路符号如图 1.18 所示,图中 i_s、I_s 为电流源输出电流,箭头表示电流的参考方向。

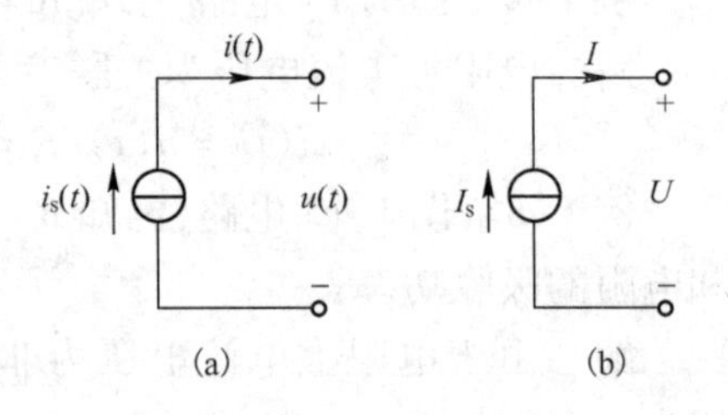

图 1.18　电流源电路符号

与电压源类似,电流源具有以下特点:

(1) 电流源输出电流 i_s 仅取决于它自身的特性,而与外部电路无关,或者与其端电压的方向、大小无关。

(2) 电流源的端电压,由电流源与外部电路共同决定。随着端电压实际极性的不同,与电压源一样,电流源可以向外电路提供电能,也可以从外电路接受能量,并且在理论上允许提供(或吸收)无穷大的能量。

(3) 任一时刻 t_k,电流源的伏安特性是经过 $i=i_s(t_k)$ 点且平行于 u 轴的直线,如图 1.19 所示。

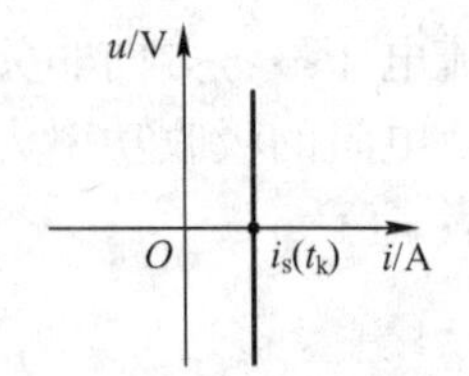

图 1.19　电流源伏安特性

(4) 电流源输出电流为零时,它相当于开路。

1.4.3　受控源

电压源和电流源,它们的输出电压或电流完全由自身的特性所决定,而与电路中其他地方的电压或电流无关,故称为独立电源或独立源。

受控电源,简称受控源,是一种输出电压或电流受电路中其他地方电压或电流控制的电源元件。它们是根据某些电子器件的“受控”特性建立起来的理想化模型。例如晶体三极管,如图 1.20(a)所示,其电路模型如图 1.20(b)所示。若考虑到实际输入电阻 r_{be} 较小(予以忽略),输出电阻 r_{ce} 很大(近似为开路),得到图 1.20(c)所示的简化模型。这是一个理想的电流控制电流

源,体现晶体管工作时集电极输出电流 i_c 要受基极电流 i_b 的控制这一基本特性。其控制关系为

$$i_c = \beta i_b$$

式中 i_b 为控制变量,i_c 为受控变量,β 为控制系数。

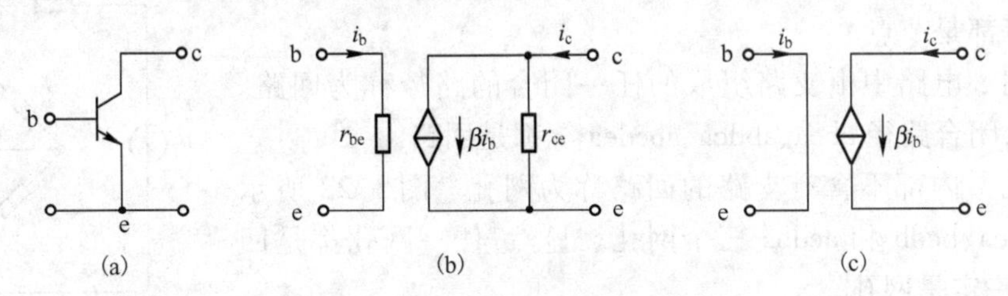

图 1.20　晶体三极管及其电路模型

受控源是双端口元件,含控制变量的端口为输入端口,含受控变量的端口为输出端口。根据控制变量与受控变量之间不同的控制方式,可把受控源分成下面四种类型:压控电压源(VCVS),流控电压源(CCVS),压控电流源(VCCS)和流控电流源(CCCS),如图 1.21 所示。图 1.21(a)是压控电压源,表示电压源输出电压的大小、方向要受控制变量的控制。若控制变量为 u_1,则输出电压为 μu_1;若控制变量改变极性,则输出电压亦改变极性。其余受控源也有类似含义,此处不再一一说明。图中 μ、r、g 和 β 为控制参数,分别称为电压放大倍数(无量纲)、转移电阻(量纲为 Ω)、转移电导(量纲为 S)和电流放大倍数(无量纲)。控制参数为常数的受控源,称作线性受控源,本课程只涉及线性受控源。受控源改用菱形符号标记,以与独立源相区别。

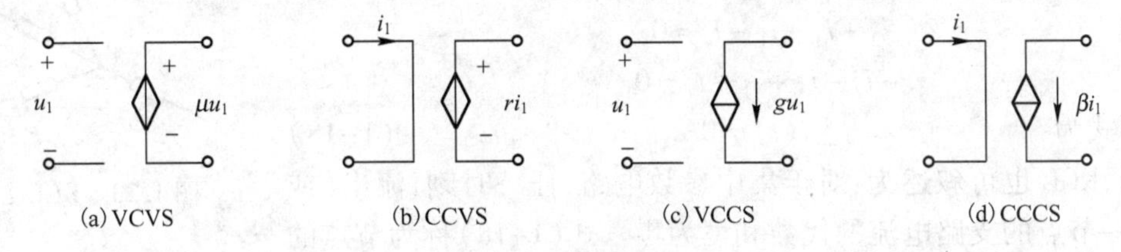

图 1.21　受控源模型

应该指出,独立源和受控源是两个既有联系又有差别的概念。所谓联系,是指两者都能输出规定的电压或电流;所谓差别,是指它们在电路中所起的作用是完全不同的。独立源作为电路的输入,代表外界对电路的激励,是电路能量的提供者。受控源则是用来表征电路内部某处的电流或电压对另一处电流或电压的控制作用,它不代表输入或激励。

根据等效概念,在分析含受控源的电路时,原则上可将受控源当作独立源处理,但应注意到它的"控制"作用。具体分析步骤是:①把受控源视为独立源,利用后面将讲到的基尔霍夫定律和 VAR 列出基本方程。②由于受控源的"控制"作用,基本方程中含有未知的控制变量,需要补充新的独立方程,常称为辅助方程。辅助方程可通过用待求量或已知量表示控制变量的方法列出。③联立求解基本方程和辅助方程,求得所需的待求量。

1.5　基尔霍夫定律

电路性能除与电路中元件自身的特性有关外,还与这些元件的连接方式有关,或者说,它要服从来自元件特性和连接方式两方面的约束,分别称为元件约束和拓扑约束。

基尔霍夫定律,包括基尔霍夫电流定律(缩写为 KCL)和基尔霍夫电压定律(缩写为 KVL),是概括描述集中参数电路拓扑约束关系的基本定律。

为了便于阐述,先介绍几个有关的名词术语。

(1) 支路　单个二端元件或若干个二端元件依次连接组成的一段电路称为支路。支路中流

过的是同一个电流。图 1.22 所示电路，包括有 aed、ab、ac 等 6 条支路。其中 aed 支路由电压源 u_s 和电阻 R_1 串联构成，其余支路均由单个元件构成。

（2）节点　支路的连接点称为节点。在图 1.22 中，支路连接点 a、b、c、d 等都是节点。

（3）回路　电路中由支路组成的任一闭合的路径称为回路。在图 1.22 中，闭合路径 abca、abdca、abcdea 等都是回路。

（4）网孔　内部不含有支路的回路称为网孔。图 1.22 所示电路中，有 abca、bcdb 和 aedba 三个网孔。显然，任一网孔都是回路，但回路不一定是网孔。

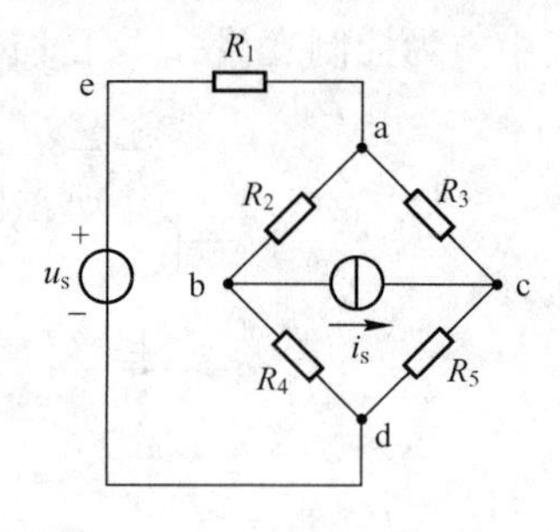

图 1.22　电路术语介绍

支路中流过的电流称为支路电流，连接支路的两个节点间的电压称为支路电压。

1.5.1　基尔霍夫电流定律

基尔霍夫电流定律（KCL）描述电路中汇集于某节点的各支路电流之间的相互关系。

KCL 指出：在集中参数电路中，任一时刻，流出一个节点的支路电流总和等于流入该节点的支路电流总和。

对图 1.23 电路中的节点 a，由 KCL 可得

$$i_2 + i_3 = i_1 + i_4$$

也可写成

$$i_2 + i_3 - i_1 - i_4 = 0$$

或

$$-i_2 - i_3 + i_1 + i_4 = 0$$

其一般形式为

$$\sum i(t) = 0 \qquad (1-18)$$

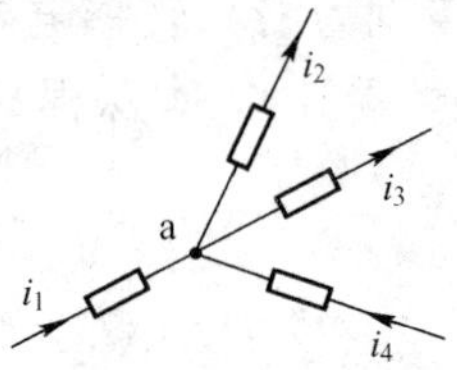

该式表明，KCL 也可叙述为：对于集中参数电路，任一时刻，流出（或流入）任一节点的支路电流的代数和恒为零。式（1-18）称为节点的支路电流方程或 KCL 方程。

图 1.23　KCL 方程

列 KCL 方程时，应先在电路图上设定支路电流的参考方向。然后对流出节点的电流取正号，流入节点的电流取负号，按“流出节点的电流代数和”方式写出 KCL 方程；也可对流入节点的电流取正号，流出节点的电流取负号，按“流入节点的电流代数和”方式写出 KCL 方程。按不同方式列出的 KCL 方程，其结果是一样的。

KCL 是电荷守恒定律在集中参数电路的任一节点中的体现。电荷守恒定律认为，电荷是不能创造和消灭的。故任一时刻，对电流流过的路径中的任一横截面来说，流入横截面的电荷必须即刻流出该横截面（因为流入的电荷不会消灭，也不能在无限薄的横截面中存储），同时电荷或电流只能在闭合的路径中流动，这就是电流的连续性。反映在电路节点中，也是“收支”平衡的，即任一时刻流入节点的电荷（或电流）等于流出该节点的电荷（或电流），这就是 KCL 的结论。

KCL 除适用于节点外，也能推广用于电路中任一假设的闭曲面。例如，对于图 1.24（a）电路中的闭曲面 S_1，若流入 S_1 的支路电流取正号，流出 S_1 的支路电流取负号，则其 KCL 方程是

$$i_a + i_b + i_c = 0 \qquad (1-19)$$

因为对电路中的节点 a、b 和 c，相应的 KCL 方程为

$$i_a = i_1 - i_3$$

$$i_b = i_2 - i_1$$

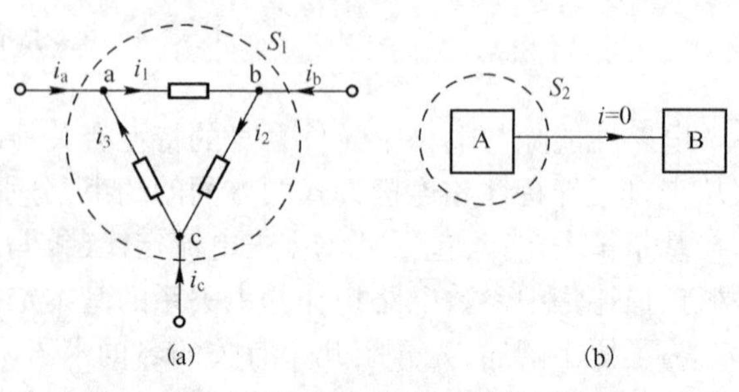

图 1.24　KCL 应用于闭曲面

$$i_c = i_3 - i_2$$

将上面三式相加就是式(1-19)，所以该式的正确性是毋庸置疑的。

对于图 1.24(b)中的闭曲面 S_2，应用 KCL，则有 $i=0$。这表明：在两部分电路之间，如果只有一条支路相连接，则该支路上的电流必为零。

例 1-6 如图 1.25 所示电路，已知 $i_1=2\text{A}$，$i_3=3\text{A}$，$i_4=-2\text{A}$。试求电压源 u_s 支路和电阻 R_5 支路中流过的电流。

解 分别用 i_0、i_5 表示支路 da 和 cd 中的电流，其参考方向如图 1.25 中所示。

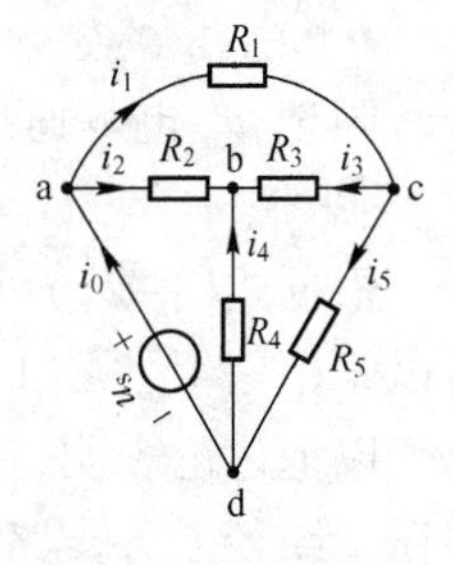

图 1.25 例 1-6 图

对节点 c，列出 KCL 方程，有

$$i_3 + i_5 - i_1 = 0$$

求得

$$i_5 = i_1 - i_3 = 2 - 3 = -1\text{A}$$

同理，对节点 d，应用 KCL，可得

$$i_0 + i_4 - i_5 = 0$$

所以

$$i_0 = i_5 - i_4 = (-1) - (-2) = 1\text{A}$$

由上例可见，列 KCL 方程时会出现两套正、负符号，它们的意义是不一样的。一套是支路电流变量前面的运算符号，用来表示支路电流沿参考方向流出还是流入节点(流出取"+"号，流入取"-"号；或者相反)；另一套是支路电流值的正与负，是表示电流参考方向与实际方向是否一致。

1.5.2 基尔霍夫电压定律

基尔霍夫电压定律(KVL)描述回路中各支路电压之间的相互关系。

KVL 指出：对于集中参数电路中的任一回路，在任一时刻，沿该回路的所有支路电压的代数和恒为零，即

$$\sum u(t) = 0 \tag{1-20}$$

式(1-20)称为回路电压方程或 KVL 方程。

列写 KVL 方程时，首先设定各支路电压的参考方向，指定回路的绕行方向。然后按绕行方向沿回路巡行一周。当支路电压的参考方向与回路的绕行方向一致时，该支路电压前面取"+"号；相反时，取"-"号。此外，各支路电压值本身也有正、负之分。所以，在具体应用 KVL 时，同样应注意两套正、负号在意义上的差别。

图 1.26 所示电路，各支路电压参考方向如图中所标。回路 cedc 取逆时针绕行方向，回路 bceb 和 adcba 取顺时针绕行方向，分别写出 KVL 方程为

$$u_6 - u_7 - u_4 = 0$$
$$u_3 + u_6 - u_5 = 0$$
$$u_1 + u_2 - u_4 - u_3 = 0 \tag{1-21}$$

将式(1-21)改写为

$$u_1 + u_2 = u_4 + u_3 \tag{1-22}$$

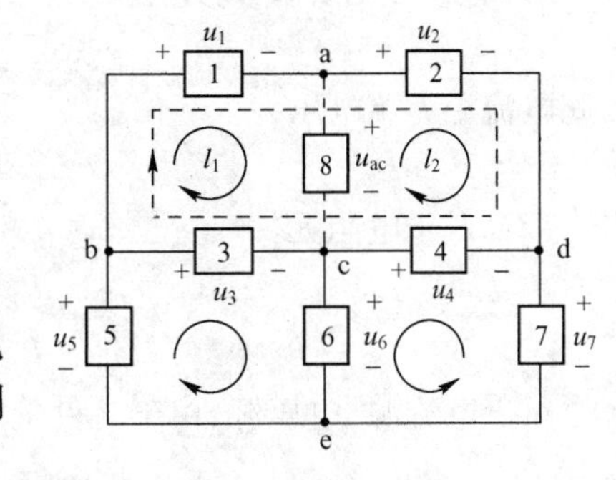

图 1.26

沿回路 adcba 绕行方向，u_1 和 u_2 由"+"端到"-"端，其电位降低，称为电位降。而 u_4 和 u_3 沿绕行方向，由"-"端到"+"端，电位升高，称为电位升。写成一般形式为

$$\sum u_{降} = \sum u_{升} \tag{1-23}$$

上式表明，KVL 也可叙述为：对电路中的任一回路，在任一时刻，电位降的和等于电位升的和。电位降低，表示支路吸收电能；电位升高，表示支路提供电能。所以，KVL 实质上是能量守恒原

理的体现。

下面介绍应用 KVL 计算两节点间电压的方法。比如求图 1.26 中节点 a、c 之间的电压 u_{ac}。我们想像在节点 a、c 之间存在一条电压为 u_{ac}的虚设支路，并把电路中含有虚设支路的回路称为虚设回路。在图 1.26 中，对虚设回路 l_1，应用 KVL，有

$$u_1 + u_{ac} - u_3 = 0$$

经移项，并考虑到 $u_{ab} = -u_1$，$u_{bc} = u_3$，可得

$$u_{ac} = -u_1 + u_3 = u_{ab} + u_{bc} \tag{1-24}$$

同理，u_{ac}也可通过虚设回路 l_2，应用 KVL 求出，其结果是

$$u_{ac} = u_2 - u_4 = u_{ad} + u_{dc} \tag{1-25}$$

根据式(1-21)可得

$$-u_1 + u_3 = u_2 - u_4$$

所以式(1-24)、式(1-25)的计算结果是相同的。

以上讨论表明，在集中参数电路中，任意两点之间的电压与路径无关，其电压值等于该两点间任一路径上各支路电压的代数和。

关于基尔霍夫定律的应用，应着重注意以下两点：

(1) 基尔霍夫定律适用于任一集中参数电路，包括线性电路和非线性电路，也包括直流电路以及后面将要讨论的动态电路和正弦稳态电路。

对于集中参数电路，KCL 和 KVL 方程在任意时刻 t_k均成立。

(2) 应用基尔霍夫定律前，应设定电路中支路电流或电压的参考方向，设定有关回路的绕行方向。列写 KCL、KVL 方程时，应注意方程中“两套正、负符号”的正确含义。

例 1-7 如图 1.27 电路，已知 $U_s = 10V$，$I_s = 5A$，$R_1 = 5\Omega$，$R_2 = 1\Omega$。

(1) 求电压源 U_s的输出电流 I 和电流源 I_s的端电压 U。

(2) 计算各元件的吸收功率。

解 (1) 在图中标出 R_1支路电流参考方向以及回路 l_1、l_2的绕行方向。对回路 l_1应用 KVL 可知 $U_{ab} = U_s = 10V$，因此有

$$I_1 = \frac{U_{ab}}{R_1} = \frac{10}{5} = 2A$$

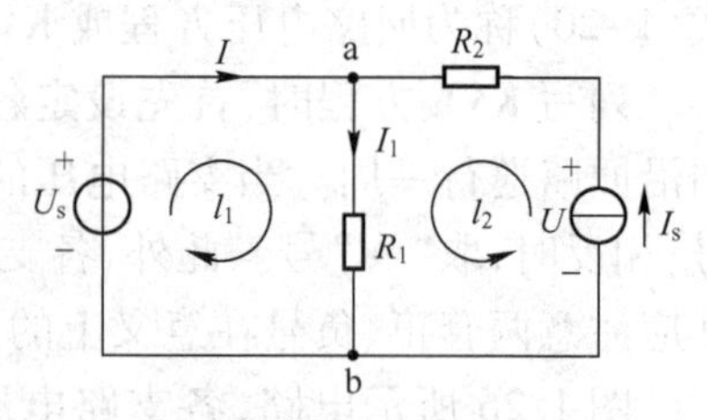

图 1.27 例 1-7 电路

对节点 a，写出 KCL 方程

$$I_1 - I - I_s = 0$$

求得电压源 U_s的输出电流

$$I = I_1 - I_s = 2 - 5 = -3A$$

对回路 l_2，写出 KVL 方程

$$R_2 I_s + R_1 I_1 - U = 0$$

因此电流源 I_s端电压为

$$U = R_2 I_s + R_1 I_1 = 5 + 10 = 15V$$

(2) 对于电阻元件

$$P_{R_1\text{吸}} = I_1^2 R_1 = 2^2 \times 5 = 20W$$

$$P_{R_2\text{吸}} = I_s^2 R_2 = 5^2 \times 1 = 25W$$

对于电流源、电压源，由于元件上电流电压参考方向非关联，所以

$$P_{I_s\text{吸}} = -UI_s = -(15 \times 5) = -75W$$

$$P_{U_s\text{吸}} = -U_s I = -10 \times (-3) = 30W$$

实际上，电流源 I_s产生功率 75W，给电路提供电能。而电压源 U_s吸收功率 30W，处于充电状态，在电路中起负载作用。

本例结果表明，对一个完整电路来说，各元件吸收功率的代数和等于零，或者说电路中产生的功率等于消耗的功率，该结论称为电路的功率平衡。显然，这是能量守恒原理在电路中的体现。

1.6 电路等效

串联和并联是电阻元件最常见的两种连接方式，在进行电路分析时，往往用一个等效电阻代替，从而达到简化电路组成、减少计算量的目的。下面讨论串、并联电路分析以及等效电阻的计算和应用。

1.6.1 电阻的串联

图 1.28 是三个电阻串联的电路。电阻串联电路的特点是：

(1) 根据 KCL，通过串联电阻的电流是同一个电流；

(2) 根据 KVL，串联电路两端口总电压等于各个电阻上电压的代数和，即

$$u = u_1 + u_2 + u_3 \tag{1-26}$$

应用欧姆定律，有 $u_1 = R_1 i, u_2 = R_2 i, u_3 = R_3 i$

代入式(1-26)，可得

$$u = (R_1 + R_2 + R_3) i = Ri \tag{1-27}$$

式中

$$R = R_1 + R_2 + R_3 \tag{1-28}$$

称为三个串联电阻的等效电阻。

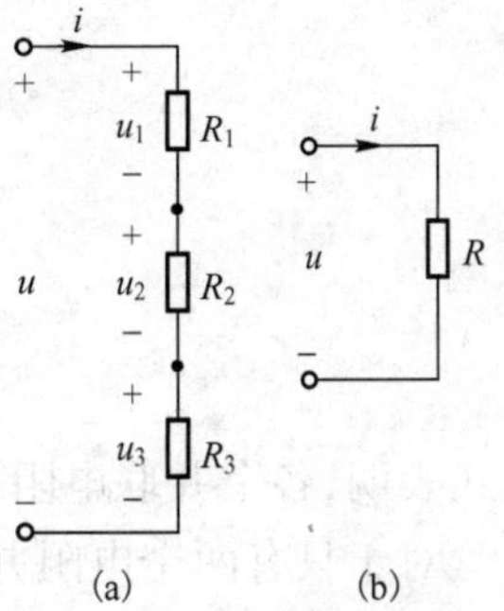

图 1.28 电阻串联电路及其等效电路

“等效”是电路分析中的一个基本概念。如果二端电路 N_1、N_2 的端口*伏安关系完全相同，就称 N_1 与 N_2 是互为等效的电路。按此定义，由于 N_1 和 N_2 的端口 VAR 相同，所以它们对外电路所起的作用也相同。或者说，互换 N_1 与 N_2，都不会改变外电路中任一处的电流和电压。这种等效电路之间的互换，称为等效变换。所谓等效，是指对外电路而言，它们的作用效果是相同的。

式(1-27)表明，图 1.28(a)、(b)电路的端口 VAR 相同，因此两个电路是等效的。用等效电阻代替串联电阻是一种等效变换，一方面能简化总体电路，另一方面又能保证不影响外接电路中的电流电压。这样，会给分析计算外电路中的未知量带来方便。

利用式(1-27)和 u_1、u_2、u_3 与电流的关系，可求得

$$\left.\begin{aligned} u_1 &= \frac{R_1}{R}u, \quad p_1 = iu_1 = i^2 R_1 \\ u_2 &= \frac{R_2}{R}u, \quad p_2 = iu_2 = i^2 R_2 \\ u_3 &= \frac{R_3}{R}u, \quad p_3 = iu_3 = i^2 R_3 \end{aligned}\right\} \tag{1-29}$$

该式表明，各串联电阻上的电压和消耗功率均与它们的电阻值成正比。

1.6.2 电阻的并联

图 1.29(a)是三个电阻并联的电路。电阻并联电路的特点是：

(1) 根据 KVL，各并联电阻的端电压是同一个电压；

(2) 根据 KCL，通过并联电路的总电流是各并联电阻中电流的代数和，即

* 若电路的两个端子，一端子流入的电流等于另一端子流出的电流，则称这一对端子为端口。

$$i = i_1 + i_2 + i_3 \tag{1-30}$$

应用欧姆定律，上式可表示为

$$i = \frac{u}{R_1} + \frac{u}{R_2} + \frac{u}{R_3} = \left(\frac{1}{R_1} + \frac{1}{R_2} + \frac{1}{R_3}\right)u = \frac{u}{R} \tag{1-31}$$

式中

$$\frac{1}{R} = \frac{1}{R_1} + \frac{1}{R_2} + \frac{1}{R_3} \tag{1-32}$$

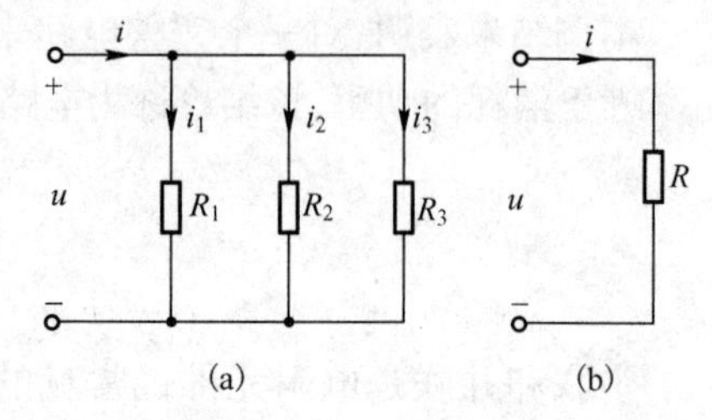

图 1.29　电阻并联电路及其等效电路

式(1-32)中的 R 称为并联电阻的等效电阻，它的倒数等于各个并联电阻倒数的总和。式(1-31)表明，等效电阻 R 满足式(1-32)关系时，图 1.29(b)与图 1.29(a)电路具有相同的伏安关系，对与其相连的外部电路而言，它们是互为等效的电路。

应用式(1-31)及 i_1、i_2、i_3 与电压 u 的关系，可求得

$$\left.\begin{aligned} i_1 &= \frac{R}{R_1}i, \quad p_1 = i_1 u = \frac{u^2}{R_1} \\ i_2 &= \frac{R}{R_2}i, \quad p_2 = i_2 u = \frac{u^2}{R_2} \\ i_3 &= \frac{R}{R_3}i, \quad p_3 = i_3 u = \frac{u^2}{R_3} \end{aligned}\right\} \tag{1-33}$$

上式表明，各个并联电阻中流过的电流和消耗的功率均与电阻值成反比。

对于只有两个电阻并联的电路，由上面结论可求得等效电阻的倒数

$$\frac{1}{R} = \frac{1}{R_1} + \frac{1}{R_2}$$

其等效电阻为

$$R = \frac{R_1 R_2}{R_1 + R_2} = R_1 /\!/ R_2 \tag{1-34}$$

式中 $R_1 /\!/ R_2$ 表示电阻 R_1、R_2 的并联等效电阻。利用式(1-33)和式(1-34)求出支路电流为

$$\left.\begin{aligned} i_1 &= \frac{R}{R_1}i = \frac{R_2}{R_1 + R_2}i \\ i_2 &= \frac{R}{R_2}i = \frac{R_1}{R_1 + R_2}i \end{aligned}\right\} \tag{1-35}$$

电路分析中，式(1-34)和式(1-35)经常运用，应该熟记。

同时含有电阻串联和并联的电路称为混联电路，这种电路可以根据电阻的实际连接方式，分别按串联或并联电路处理的方法来分析。

例 1-8　如图 1.30(a)电路，已知 $u_s = 8\text{V}, R_1 = 2\Omega, R_2 = 1.6\Omega, R_3 = R_4 = 4\Omega, R_5 = 6\Omega$。求电流 i_1 和电阻 R_4 的消耗功率 p_4。

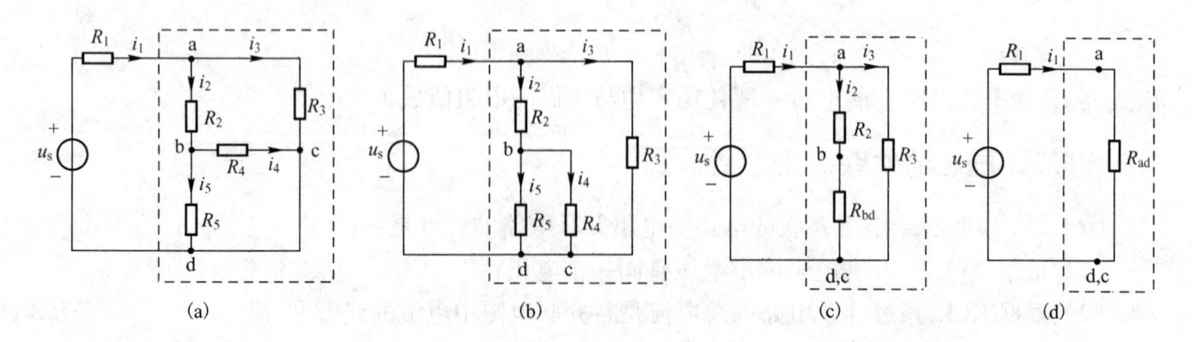

图 1.30　例 1-8 电路

解　图 1.30(a)是一个电阻混联电路，如果能求出虚框部分二端口电路的等效电阻 R_{ad}，就可把原电路等效成如图 1.30(d)所示的简单电路，这时计算 i_1 是容易的。计算等效电阻时，假设在 a、d 端加上一个电源，观察电路中哪些电阻流过同一电流，哪些电阻加上同一电压，用等效电阻代替电路中的串、并联电阻，将电路逐步化简。有时为了醒目，在保持支路、节点连接关系不变的前提下，可适当改变电路中连线的长度和支路的几何位置。对于本例，若缩短 c、d 点之间短路线长度，改变电阻 R_4 位置，如图 1.30(b)所示，那么各电阻元件的串、并联关系就一目了然了。最终简化电路如图 1.30(d)所示，计算结果为：$R_{ad}=2\Omega$，$i_1=u_s/(R_1+R_{ad})=8/(2+2)=2A$。

计算 R_4 上消耗功率 p_4，应该回到图 1.30(a)电路。在分析和求解电路问题时，通常的做法是先从待求量出发，通过一些中间变量，找到一种与已知条件相联系的求解思路，然后进行具体计算。下面是用流程图表示的计算 p_4 的一种求解思路：

$p_4 \rightarrow u_{bc} \rightarrow i_2 \rightarrow$ 图（c）中 $u_{ad} \rightarrow$ 图（d）中 R_{ad}、i_1（均已求出）

$i_2 \rightarrow R_2+R_{bd} \rightarrow R_{bd}=R_4//R_5$

$u_{bc} \rightarrow R_{bd}$

流程图中符号“$A\rightarrow B$”的含义是“若求 A 则应先求 B”。自左至右是试探寻找求解思路的过程，自右至左表示待求量求解过程。具体计算如下：

图 1.30(d)中，由于 $i_1=2A$，$R_{ad}=2\Omega$，所以 $u_{ad}=R_{ad}i_1=2\times2=4V$；

图 1.30(c)中，$R_{bd}=R_4//R_5=\frac{4\times6}{4+6}=2.4\Omega$，$R_2+R_{bd}=1.6+2.4=4\Omega$。故有 $i_2=\frac{u_{ad}}{R_2+R_{bd}}=\frac{4}{4}=1A$，$u_{bc}=R_{bd}i_2=2.4\times1=2.4V$。

最后求得电阻 R_4 的消耗功率为 $p_4=u_{bc}^2/R_4=2.4^2/4=1.44W$。

下面结合本例题，谈一下电路求解思路问题。求解电路前应该做到：(1)正确理解题意，明确哪些是已知条件，哪些是待求量；(2)确定解题思路，清楚先求什么后求什么，求解的依据是什么。第一条是前提，第二条是关键。确定合理有效的解题思路，除了要求解题者掌握必要的理论知识外，具有一定的实际经验也是至关重要的。目前，有一些原则性的方法可供参考。

本例中求解消耗功率 p_4 时，确定解题思路的过程是：从待求量出发，根据实际电路和相关概念、定律、公式等，试探着通过一些中间变量的变换和过渡，找到一条与已知条件相联系的解题思路。思路确定过程具有“试探”性，故称试探法。

而在求解电流 i_1 时，我们采用的策略是保留与待求量有关的局部电路，对电路的剩余部分进行尽可能的化简，故称为简化法。第 2 章中将要讨论的等效变换分析法也属此类解题思路。

试探法适用范围广，实用性强，一般都能找到一种求解思路，但不一定是最“好”的。简化法得到的解题思路往往比较有效，但要求使用者有一定的解题经验。

1.6.3　理想电源等效

1. 理想电压源的串联等效

以 3 个电压源串联为例，如图 1.31(a)所示。其中：

$$u_s=u_{s1}+u_{s2}+u_{s3} \tag{1-36}$$

当 n 个电压源串联时，可以用 1 个电压源等效代替，等效电压源的电压为各串联电压源电压的代数和，如图 1.31(b)所示。

$$u_s=u_{s1}+u_{s2}+u_{s3}+\cdots+u_{sn} \tag{1-37}$$

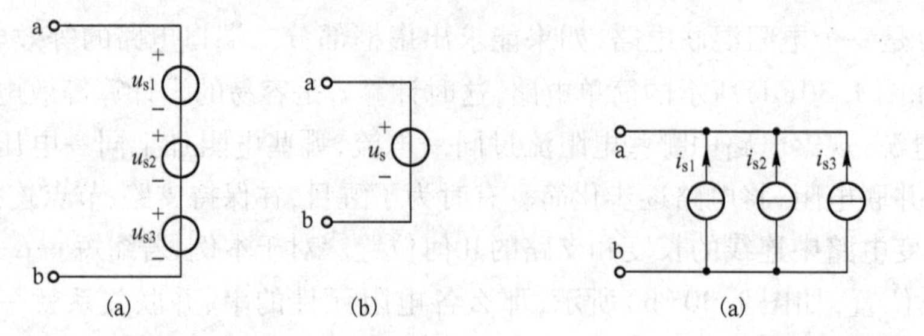

图 1.31 理想电压源的串联等效　　图 1.32 理想电流源的并联等效

2. 理想电流源的并联等效

以 3 个电流源并联为例,如图 1.32(a)所示。其中:

$$i_s = i_{s1} + i_{s2} + i_{s3} \tag{1-38}$$

当 n 个电流源并联时,可以用 1 个电流源等效代替,等效电流源的电流为各并联电流源电流的代数和,如图 1.32(b)所示。其中:

$$i_s = i_{s1} + i_{s2} + i_{s3} + \cdots + i_{sn} \tag{1-39}$$

3. 任意器件与理想电压源的连接等效

从外部性能等效的角度看,任何一条支路(图示电路中的电流源或电阻)与电压源并联后,总可以用一个等效电压源等效,等效电压源的电压仍为原电压,但等效电压源中的电流不再等于等效前的电压源的电流,如图 1.33 所示。

同理,任何一条支路与电流源串联后,总可以用一个等效电流源等效,等效电流源的电流仍为原电流,如图 1.34 所示。

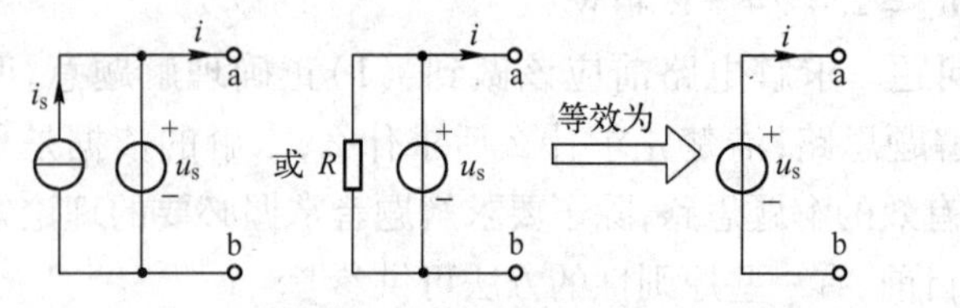

图 1.33 任意器件与理想电压源的并联等效　　图 1.34 任意器件与理想电流源的串联等效

只有电压相等的电压源才可以并联,只有电流相等的电流源才可以串联,但是实际使用中不会采用这种连接方式。

注意:电压源不能短路,电流源不能开路。

1.7 实际电源模型

由于制造电源的材料都有电阻,所以实际电源在使用过程中,除了给外电路提供能量外,电源本身还将消耗一些能量。由此可见,实际电源的模型,应该由提供电能的电源元件和消耗能量的电阻元件组成。下面,利用实际电源的外特性来建立它的电路模型。

图 1.35(a)是实际电源外特性测试电路,图中 R_L 为外接负载,设电源端电压 u 与输出电流 i 为非关联参考方向。改变负载,测量并画出某一指定时刻电源的外特性(即电源端电压与输出电流的伏安关系曲线),如图 1.35(b)实线所示,图中 u_s 是电源在指定时刻负载开路时的端电压。外特性表明,实际电源端电压随输出电流增大而下降,在正常工作条件下(如输出电流不超过额定值),其外特性可用一条直线近似,如图 1.35(b)中虚线所示。设虚线斜率为 $-R_s$,则可写出电

源端口伏安关系为

$$u = u_s - R_s i \tag{1-40}$$

式中 R_s称为电源内阻。当电源在不同时刻的外特性为一组平行直线时，电源内阻 R_s为定值。

根据式(1-40)，画出实际电源的电路模型如图 1.36(a)所示，它由电压源 u_s和电阻 R_s串联组成，称为电压源－电阻串联模型，为了叙述方便，通常也简称为电压源模型。显然，当 R_s为零时，它就是理想电压源元件，因此可将理想电压源看成是电压源模型的一种特例。

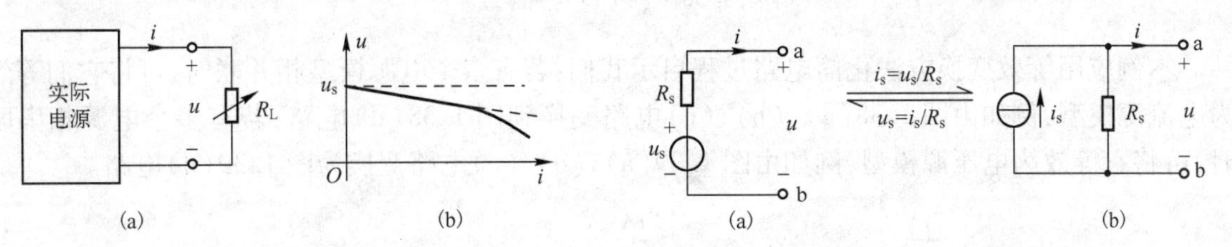

图 1.35　实际电源外特性测试　　　　图 1.36　实际电源模型

将式(1-40)改写为 $i = \frac{u_s}{R_s} - \frac{u}{R_s}$，令 $i_s = \frac{u_s}{R_s}$，则有

$$i = i_s - \frac{u}{R_s} \tag{1-41}$$

这是电源端口伏安关系的另一种表示形式。根据式(1-41)，我们可得到实际电源的另一种电路模型，如图 1.36(b)所示，它由电流源 i_s和电阻 R_s并联组成，称为电流源－电阻并联模型，也简称为电流源模型。

由上面讨论可知，两种模型描述的是同一个实际电源的外特性，故具有相同的端口伏安关系。因此，对外电路而言，它们是互为等效的。两种模型之间的相互转换，是一种等效变换。等效变换时，两种模型中的参数 u_s、i_s和 R_s满足如下关系：

$$u_s = R_s i_s \quad 或 \quad i_s = u_s / R_s \tag{1-42}$$

关于实际电源两种模型的等效变换，使用时应注意以下几点：

(1) 两种模型仅对外电路而言是互为等效的，即变换后不会改变外电路中任一处电流和电压。但对于电源内部来说，在电路结构发生变化的条件下，讨论其电流电压的等效问题，显然是没有意义的。

(2) 正确选用电压源的极性和电流源的方向，以保证变换前后端口具有相同的伏安关系。例如在图 1.36(a)中，u_s的极性上正下负，电源外接负载时，电流由 a 端流出，b 端流入。变换后的电流源，除元件参数满足式(1-42)外，其外电路中的电流仍应由 a 端经负载流向 b 端，由此确定电流源电流 i_s的参考方向如图 1.36(b)所示。

(3) 两种模型等效变换的方法可以在电路分析中推广运用，即任一电压源 u_s与电阻 R 的串联连接，都可变换为电流源 i_s与电阻 R 的并联连接；反之亦然。变换后，不会影响电路中其他地方的电流和电压。

例 1-9　化简如图 1.37 所示各电路。

解　对图 1.37(a)电路，利用电源模型等效变换化简。先将电路中的电压源模型分别变换为电流源模型，进而并联等效为图 1.38(d)所示电流源模型，需要时，还可再变换为电压源模型。变换过程如图 1.38 所示。

对图 1.37(b)电路，化简过程如图 1.39 所示。

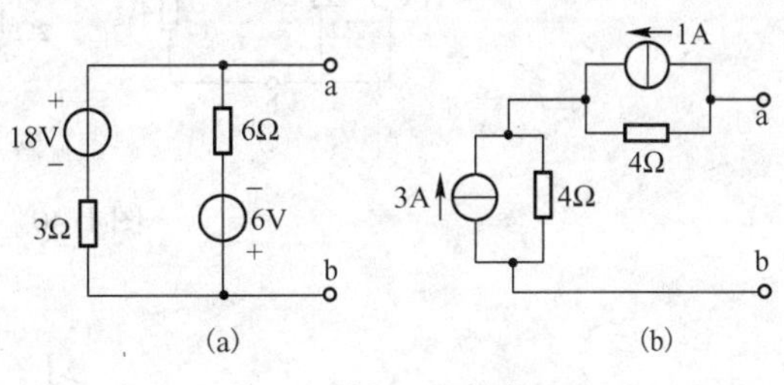

图 1.37　例 1-9 电路(一)

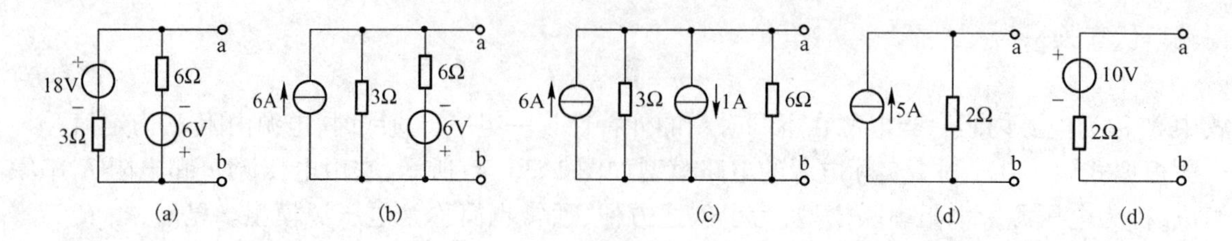

图 1.38　例 1-9 电路(二)

本例应用等效变换方法化简电路过程启示我们:若有多个电源模型相并联时,可将它们等效为电流源模型,例如由图 1.38(a)、(b)、(c)电路变换到图 1.38(d)电路;若有多个电源相串联时,可将它等效为电压源模型,例如由图 1.39(a)、(b)、(c)电路变换为图 1.39(d)电路。

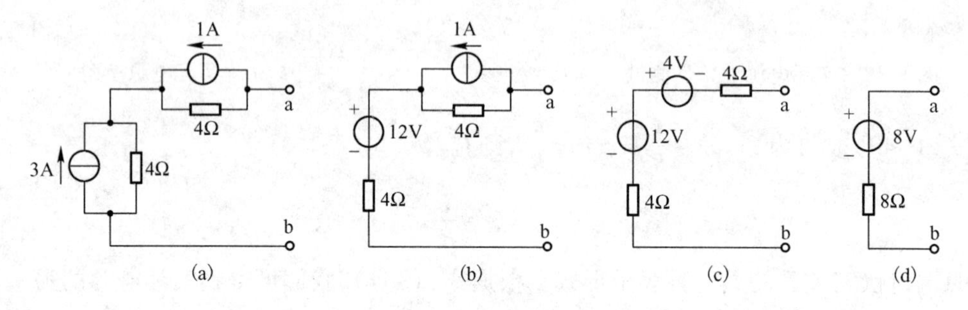

图 1.39　例 1-9 电路(三)

例 1-10　求图 1.40(a)所示电路中的电流 I 和电压 U_{ab}。

解　经过电源等效变换,将图 1.40(a)电路等效化简为图 1.40(e)所示的单一回路。应用 KVL,求得 $I=15/(2+4)=2.5\text{A}$。

由于电路等效,图 1.40(e)中的 a′点已不是原图的 a 点,因此求 U_{ab} 还需回到图 1.40(d),利用 KVL 方程,求得 $U_{ab}=-2+4I=-2+4\times2.5=8\text{V}$。

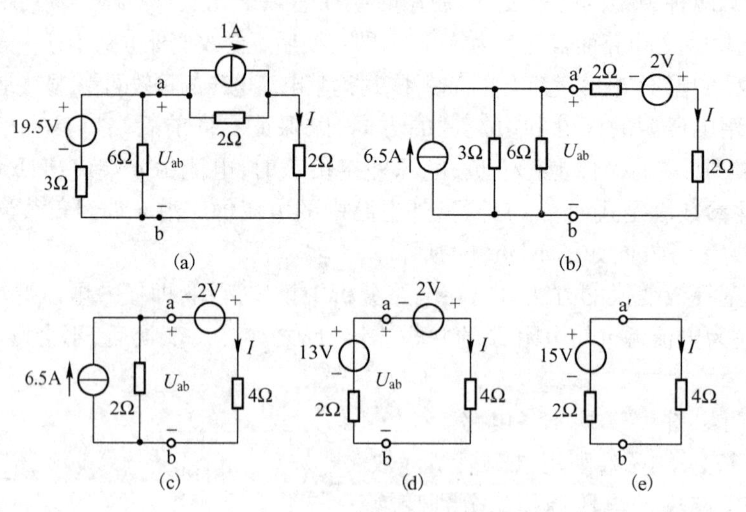

图 1.40　例 1-10 电路

习　题　1

1.1　在电路中已经定义了电流、电压的实际方向,为什么还要引入参考方向?参考方向与实际方向间有何区别和联系?

1.2　如何计算元件的吸收功率？如何从计算结果判断该元件为有源元件还是无源元件？

1.3　求图示各支路中的 u、i、R，并说明电流的实际方向和电压的实际极性。

1.4　求图中各元件的吸收功率。

1.5　标有 10kΩ（称为标称值）、1/4W（额定功率）的金属膜电阻，若使用在直流电路中，试问其工作电流和电压不能超过多大数值？

1.6　图中 A、B 为部分直流电路，已知电路 A 的吸收功率为 15W，电路 B 的产生功率为 5W，试求电流 I_A 和电压 U_B。

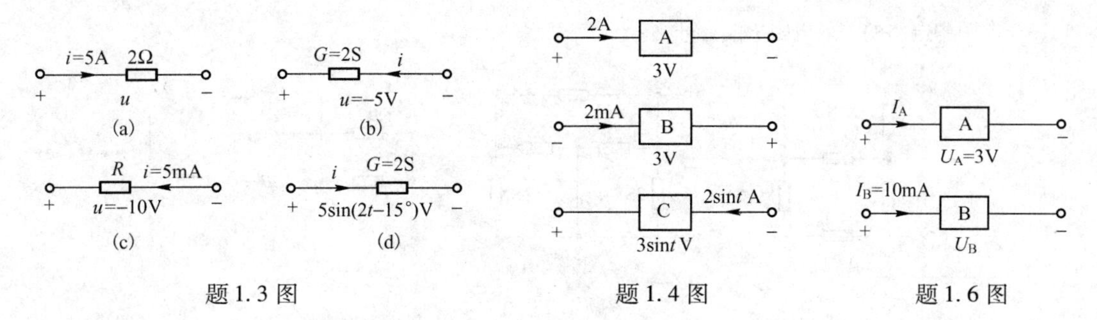

题 1.3 图　　　　题 1.4 图　　　　题 1.6 图

1.7　求图示各电路中的电流 i 和电压 u。

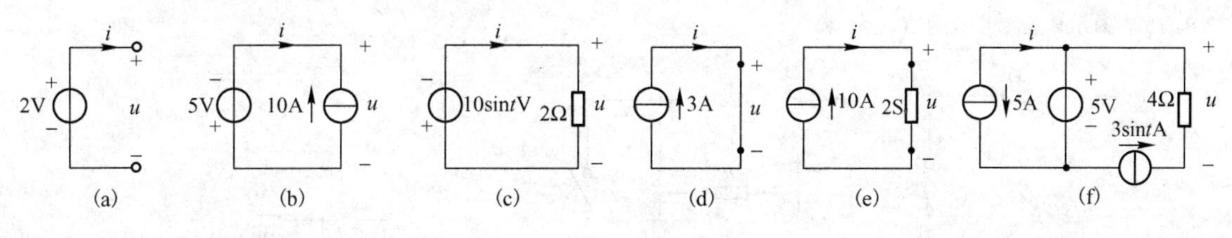

题 1.7 图

1.8　直流电路如图所示，已知电流表读数为 2A，电压表读数为 6V，元件 B 吸收功率为 8W，求元件 A 和 C 的吸收功率。

1.9　求图示各电路中的电流 i。

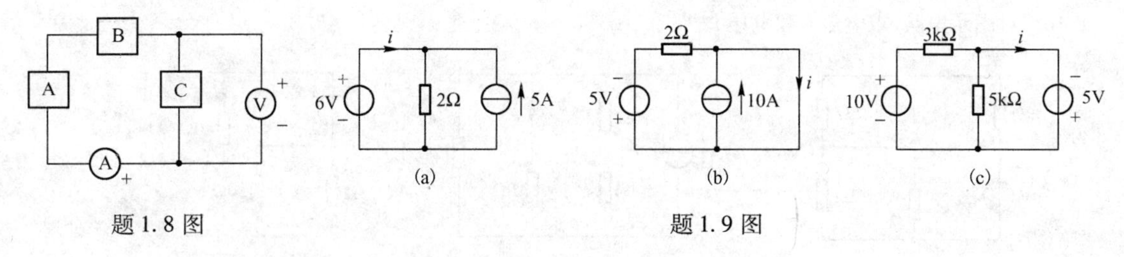

题 1.8 图　　　　题 1.9 图

1.10　求图示电路中的电压 u。

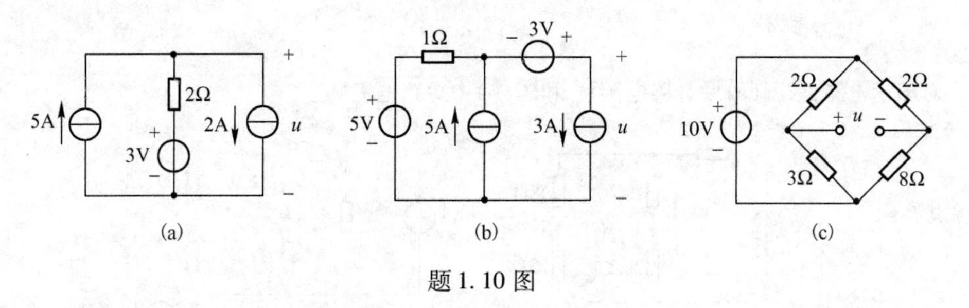

题 1.10 图

1.11　如图电路，求电阻 R 和电压源端电压 U_s。

1.12　图示电路，已知 $I_1 = 1\text{A}$，求电流源 I_s。

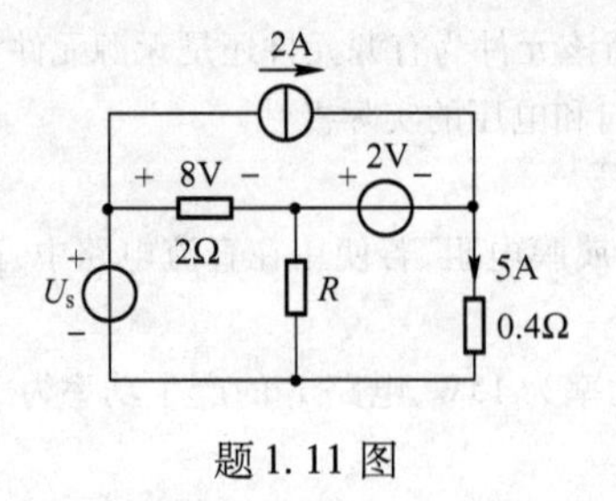

题 1.11 图

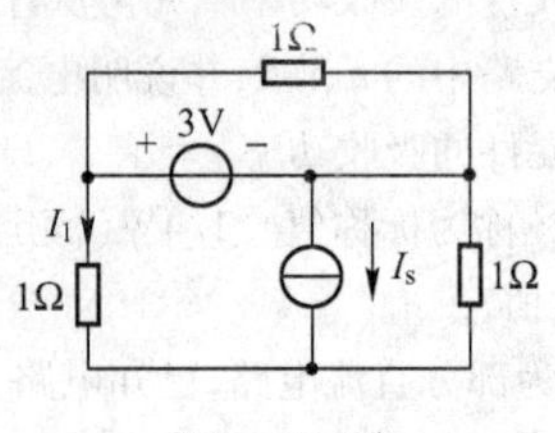

题 1.12 图

1.13　求图中电路的等效电阻 R_{ab}。

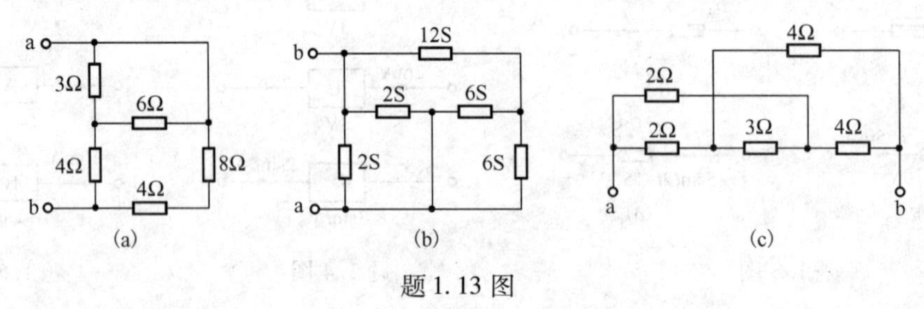

题 1.13 图

1.14　图示电路，试求开关 S 开启与闭合时 ab 端的等效电阻。

1.15　图示电路，求电阻 R。

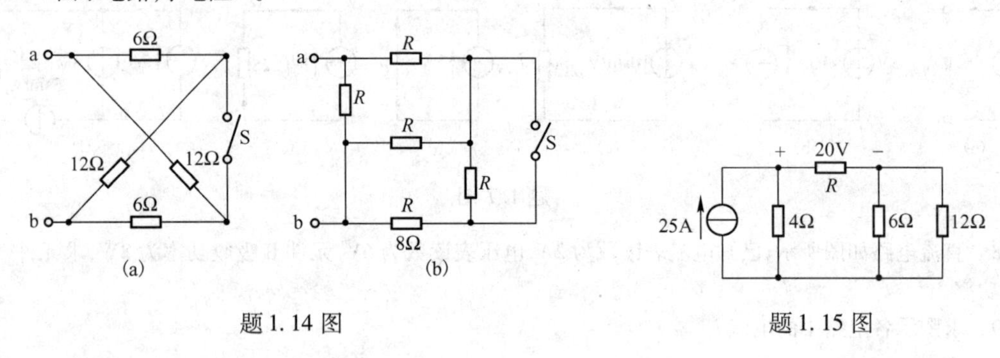

题 1.14 图　　　　题 1.15 图

1.16　对图示电路，求电流 i_x 和电压 u_x。

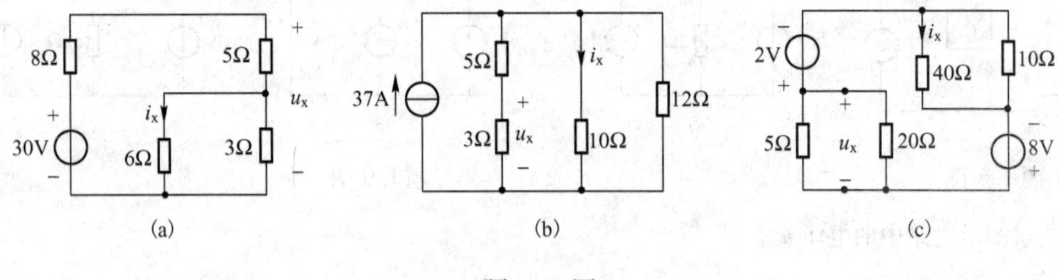

题 1.16 图

1.17　对图示电路，求图(a)中开路电压 u_{ab} 和图(b)中短路电流 i_{ab}。

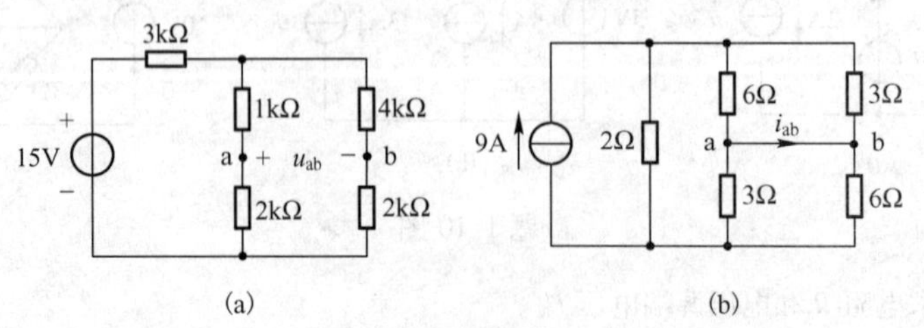

题 1.17 图

1.18　将下列各电路的 ab 端口等效为电流源 – 电阻并联形式和电压源 – 电阻串联形式。

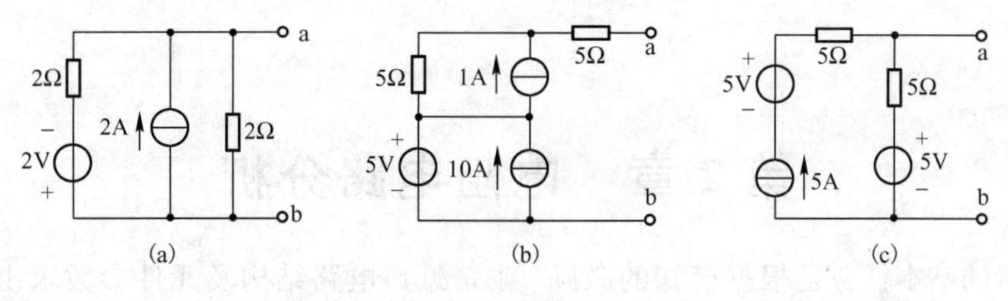

题 1.18 图

1.19　对图示电路，求图(a)中的电压 u 和图(b)中的电流 i。

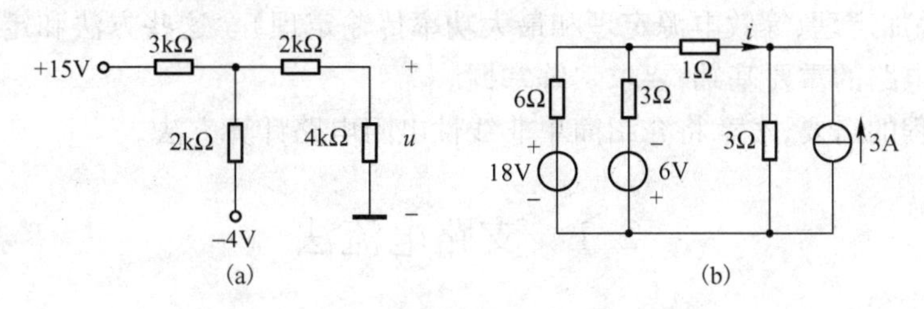

题 1.19 图

第 2 章　电阻电路分析

电路分析的基本任务是根据已知的激励(独立源)、电路结构及元件参数求出电路的响应(电流、电压)。分析的理论依据是元件 VAR 和基尔霍夫定律。

本章以线性电阻电路为对象,介绍几种常用的电路分析方法(支路法、节点法和网孔法)和若干重要定理(叠加定理、等效电源定理和最大功率传输定理)。这些方法和定理也是分析动态电路和正弦稳态电路的重要基础,要求熟练掌握。

根据后续课程的需要,本章将介绍简单非线性电阻电路计算方法。

2.1　支路电流法

支路电流法,简称支路法,是以支路电流为未知量的电路分析方法。根据基尔霍夫定律列出求解支路电流的电路方程。求得支路电流后,再结合元件 VAR 求出其他待求量。

下面,以图 2.1 电路为例来介绍支路法的分析步骤。

(1) 首先,在电路图中标出各支路电流的参考方向。电路有 5 条支路,需要列出 5 个独立的支路电流方程。

(2) 由 KCL,对节点 a、b、c 列出节点电流方程:

节点 a:　$-i_1+i_2+i_4=0$　(2-1)

节点 b:　$-i_2+i_3+i_5=0$　(2-2)

节点 c:　$i_1-i_3-i_4-i_5=0$　(2-3)

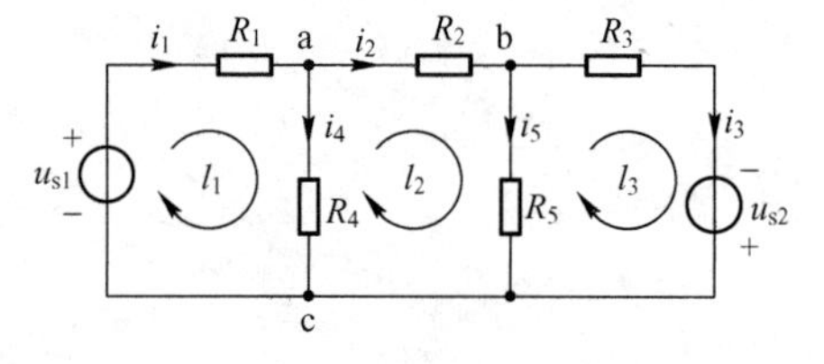

图 2.1　支路电流法

上面三个方程等号左边诸项相加为零,因此这些方程是非独立的。但是任意去掉一个方程后,剩余方程是独立的。习惯上把所列 KCL 方程相互独立的节点称为独立节点。

一般而言,具有 n 个节点的电路,应用 KCL 能列出$(n-1)$个独立的节点电流方程。

(3) 以支路电流为未知量,列出各网孔的 KVL 方程:

网孔 l_1:　$$R_1i_1+R_4i_4=u_{s1} \tag{2-4}$$

网孔 l_2:　$$R_2i_2+R_5i_5-R_4i_4=0 \tag{2-5}$$

网孔 l_3:　$$R_3i_3-R_5i_5=u_{s2} \tag{2-6}$$

电路图绘制在一个平面上,不出现交叉支路的电路称为平面电路。可以证明,对于有 n 个节点、b 条支路的平面电路,其网孔数 $l=b-(n-1)$,且按网孔列出的 KVL 方程均相互独立。这样,$(n-1)$个 KCL 方程,加上 l 个 KVL 方程,恰好得到 b 个独立支路电流方程。

(4) 联立求解式(2-1)、式(2-2)及三个 KVL 方程,得到各支路电流。

(5) 如需要,可结合元件 VAR 计算出其他待求量,例如元件或支路的电压、功率等。

例 2-1　如图 2.2 电路,求各支路电流。

解　电路中有三条支路,两个节点,依据基尔霍夫定律,列出下面三个独立方程。

对节点 a:　$-i_1+i_2+i_3=0$

对网孔 l_1:　$2i_1+3i_2+5-14=0$

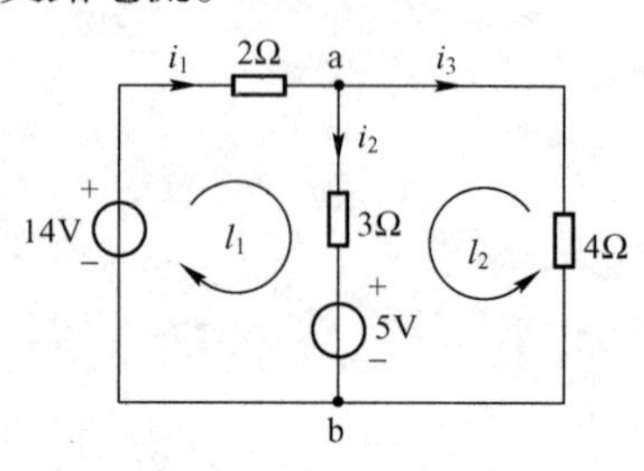

图 2.2　例 2-1 电路

对网孔 l_2： $3i_2+5-4i_3=0$

联立求解得到支路电流：$i_1=3\text{A}$，$i_2=1\text{A}$ 和 $i_3=2\text{A}$。

例 2-2 直流电桥电路如图 2.3 所示。图中 $R_1\sim R_4$ 为桥臂电阻，ab 支路接电流源 $I_s=1\text{A}$。cd 支路接电流计 G，其内阻为 R_G。试用支路电流法求通过电流计的电流 I_G。

解 电桥电路有支路数 $b=6$，节点数 $n=4$。由于电流源电流 I_s 已知，故只需列出五个支路电流方程，具体有

节点 a： $I_s=I_1+I_3$

节点 b： $I_2+I_4=I_s$

节点 c： $I_1=I_2+I_G$

网孔 l_1： $R_1I_1+R_GI_G-R_3I_3=0$

网孔 l_2： $R_2I_2-R_4I_4-R_GI_G=0$

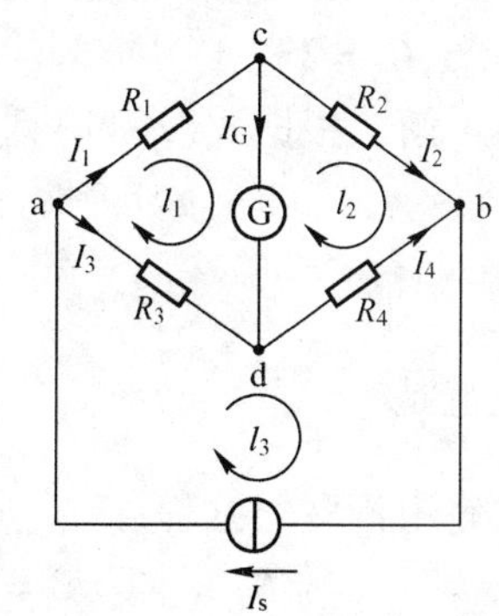

图 2.3 直流电桥电路

求解得
$$I_G=\frac{(R_2R_3-R_1R_4)I_s}{R_G(R_1+R_2+R_3+R_4)+(R_1+R_3)(R_2+R_4)} \tag{2-7}$$

该式表明，当电路中相对桥臂电阻乘积相等，即

$$R_2R_3=R_1R_4 \tag{2-8}$$

时，电流计支路支流 $I_G=0$，此时称电桥达到平衡状态，式(2-8)是电桥平衡条件。

直流电桥的应用之一是测量电阻参数值。如果把桥臂电阻 R_3 固定，R_1 和 R_4 做成直读式可变电阻，待测电阻接入 R_2 桥臂，反复调节 R_1 与 R_4 使电流表指示 $I_G=0$，电桥达到平衡状态。读取 R_1、R_4 电阻值，并由式(2-8)求得待测电阻值，这就是直流电桥测量电阻参数值的基本原理。

2.2 节点电压法

在电路中选定一个节点为参考点，其余节点与参考点之间的电压称为节点电压。

节点电压法，简称节点法，是一种以节点电压为未知量的电路分析法。与支路法比较，这种方法因方程数减少而较为方便，特别适用于多支路少节点电路的分析求解。

下面以图 2.4 电路为例，说明节点法分析过程和步骤。

如图所示选节点 0 为参考点，并标定各支路电流的参考方向。记节点 1、2 的节点电压为 u_1 和 u_2。

节点 1 的 KCL 方程：$i_1+i_2=i_{s1}-i_{s2}$，由于 $i_1=G_1u_1$，$i_2=G_2(u_1-u_2)$，代入后可得

$$(G_1+G_2)u_1-G_2u_2=i_{s1}-i_{s2} \tag{2-9}$$

同理，对节点 2 写出 KCL 方程：$i_3-i_2=i_{s2}$，代入 $i_2=G_2(u_1-u_2)$，$i_3=G_3u_2$，整理后可得

$$-G_2u_1+(G_2+G_3)u_2=i_{s2} \tag{2-10}$$

将式(2-9)、(2-10)联立写成

$$\left.\begin{aligned}(G_1+G_2)u_1-G_2u_2&=i_{s1}-i_{s2}\\-G_2u_1+(G_2+G_3)u_2&=i_{s2}\end{aligned}\right\} \tag{2-11}$$

表示成一般形式有
$$\left.\begin{aligned}G_{11}u_1+G_{12}u_2&=i_{s11}\\G_{21}u_1+G_{22}u_2&=i_{s22}\end{aligned}\right\} \tag{2-12}$$

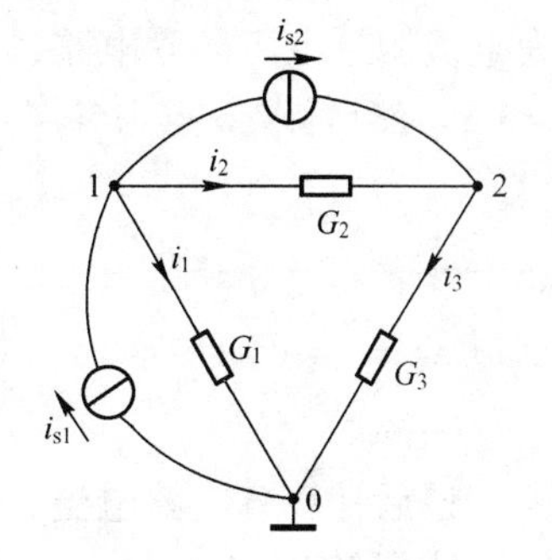

图 2.4 节点电压法

上式称为节点(电压)方程，其中：

$G_{11}=G_1+G_2$，$G_{22}=G_2+G_3$，分别称为节点 1 和节点 2 的自电导，是与相应节点连接的全部电导之和，符号取“+”号；

$G_{12}=G_{21}=-G_2$，称为节点 1 与节点 2 的互电导，是连接在节点 1 与节点 2 之间的所有电导之和，符号取"－"号。

$i_{s11}=i_{s1}-i_{s2}$，$i_{s22}=i_{s2}$分别称为节点 1 和节点 2 的等效电流源，是流入相应节点的各电流源电流的代数和。

上述结果也适用于一般情况，若电路有 n 个节点，则可列出$(n-1)$个节点电压方程。

例 2–3 用节点法求图 2.4 电路各电导元件中的电流。已知 $i_{s1}=5\text{A}$，$i_{s2}=1\text{A}$，$G_1=1\text{S}$，$G_2=0.5\text{S}$，$G_3=2\text{S}$。

解 根据式(2–11)列出节点电压方程

$$\left.\begin{aligned}(1+0.5)u_1-0.5u_2&=5-1\\-0.5u_1+(2+0.5)u_2&=1\end{aligned}\right\}$$

也就是

$$\left.\begin{aligned}3u_1-u_2&=8\\-u_1+5u_2&=2\end{aligned}\right\}$$

求解上面联立方程，得节点电压：$u_1=3\text{V}$，$u_2=1\text{V}$。应用欧姆定律计算出电导元件电流

$$i_1=G_1u_1=1\times3=3\text{A},\ i_2=G_2(u_1-u_2)=0.5\times(3-1)=1\text{A},\ i_3=G_3u_2=2\times1=2\text{A}$$

列写式(2–12)节点电压方程时应注意以下两点：

(1) 自电导为正值，互电导为负值。等效电流源是流入相应节点的电流源的代数和，即当电流源流入相应节点时取"＋"号，流出时取"－"号。

(2) 如果两节点之间有电压源－电阻串联支路，应先将它等效变换为电流源－电阻并联支路后，再按式(2–12)列出节点方程。

例 2–4 用节点法求图 2.5(a)电路中各支路的电流。已知 $U_{s1}=9\text{V}$，$U_{s2}=4\text{V}$，$I_s=3\text{A}$，$R_1=2\Omega$，$R_2=4\Omega$，$R_3=3\Omega$。

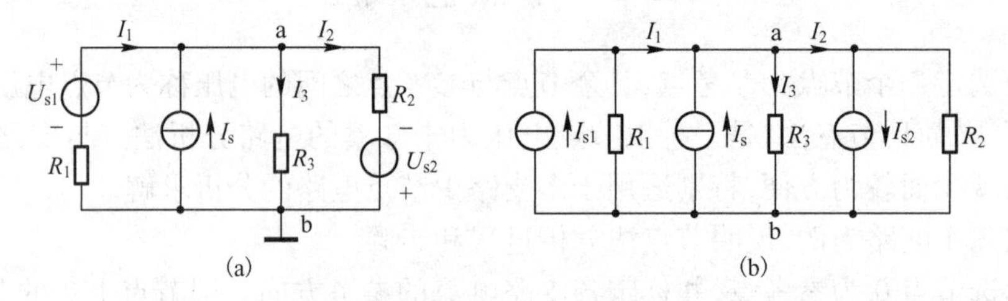

图 2.5 例 2–4 电路

解 首先，应用电源模型等效变换方法，将图 2.5(a)电路中的电压源－电阻串联支路变换为电流源－电阻并联电路，如图 2.5(b)所示。图中，$I_{s1}=U_{s1}/R_1=9/2=4.5\text{A}$，$I_{s2}=U_{s2}/R_2=4/4=1\text{A}$。然后，取 b 点为参考点，用 U_a表示节点 a 的节点电压，按式(2–12)列出节点电压方程为

$$\left(\frac{1}{R_1}+\frac{1}{R_2}+\frac{1}{R_3}\right)U_a=I_{s1}+I_s-I_{s2}$$

求得

$$U_a=\frac{I_{s1}+I_s-I_{s2}}{\left(\frac{1}{R_1}+\frac{1}{R_2}+\frac{1}{R_3}\right)}=\frac{4.5+3-1}{\left(\frac{1}{2}+\frac{1}{4}+\frac{1}{3}\right)}=6\text{V}$$

最后计算各支路电流，由元件 VAR 可得 $I_3=U_a/R_3=6/3=2\text{A}$。

依据 KCL，有

$$I_1=I_{s1}-U_a/R_1=4.5-6/2=1.5\text{A}$$

$$I_2=I_{s2}+U_a/R_2=1+6/4=2.5\text{A}$$

当然，各支路电流也可根据图 2.5(a)电路求出，作为练习，请读者自行完成。

例 2–5 电路如图 2.6 所示，求 u 和 i。

解 电路中有一纯电压源支路，它不能应用电源互换方法变换为电流源，故不能直接按规则

列写节点方程，这时可采用下面两种方法解决。

方法一：指定连接纯电压源支路的两个节点之一作为参考点，这时连接该电压源的另一节点电位可由电压源端电压求得，无须列写该节点电压方程。对本例电路，若指定节点4为参考点，设节点1、2、3的电位分别为u_1、u_2和u_3，其节点方程为

$$\left.\begin{aligned}&\text{节点2：}\quad u_2=10\\&\text{节点1：}\quad \left(\frac{1}{3}+\frac{1}{4}\right)u_1-\frac{1}{3}\times u_2=-1\\&\text{节点3：}\quad \left(\frac{1}{3}+\frac{1}{4}\right)u_3-\frac{1}{4}\times u_2=1\end{aligned}\right\}\qquad(2-13)$$

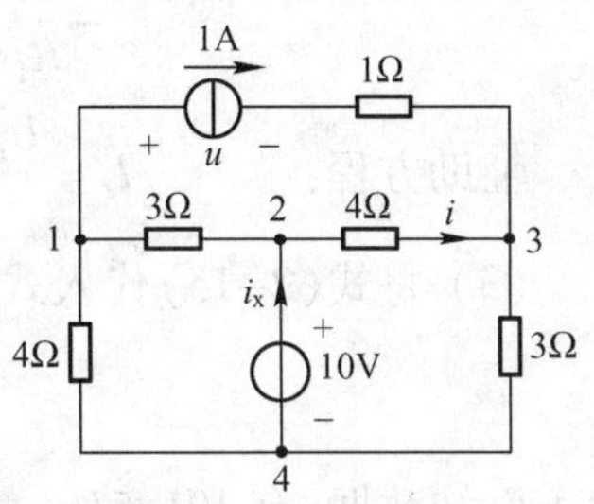

图2.6　例2-5电路

由于电路中电流源与电阻串联支路可以等效为一个1A电流源支路，且考虑到节点方程实际上是按KCL列出的节点电流方程，因此列写节点方程时，不应把与电流源相串联的1Ω电阻计入节点1和节点3的自电导中，也不应计入节点1与节点3之间的互电导中。

解式(2-13)方程组，得$u_1=4\text{V}$，$u_3=6\text{V}$。

由欧姆定律，得$i=\dfrac{u_2-u_3}{4}=\dfrac{10-6}{4}=1\text{A}$。

因为电流源与电阻串联支路电压$u_{13}=u+1\times1$，所以

$$u=u_{13}-1=u_1-u_3-1=4-6-1=-3\text{V}$$

方法二：一个纯电压源支路，一般它的端电压u_s是已知的，在外电路给定的条件下，其输出电流也是确定的。若记输出电流为i_x，则其支路伏安关系完全由u_s和i_x确定。显然，如果用输出电流为i_x，端电压为u_s的电流源代替上述电压源是不会影响电路节点电压的。因为它们具有相同的支路伏安关系，对节点电压而言，两者是互为等效的。将电压源等效为电流源后，电路可应用节点法求解，只是在列出的方程中，包括有辅助未知量i_x，欲求解节点方程，还需增加一个辅助方程，该方程可利用电压源端电压与节点电压之间的约束关系写出。

现在选节点3为参考点，并设节点4的电位为u_4，写出电路方程为

$$\left.\begin{aligned}&\text{节点1：}\quad \left(\frac{1}{3}+\frac{1}{4}\right)u_1-\frac{1}{3}u_2-\frac{1}{4}u_4=-1\\&\text{节点2：}\quad -\frac{1}{3}u_1+\left(\frac{1}{3}+\frac{1}{4}\right)u_2=i_x\\&\text{节点4：}\quad -\frac{1}{4}u_1+\left(\frac{1}{3}+\frac{1}{4}\right)u_4=-i_x\\&\text{辅助方程}\quad u_2-u_4=10\end{aligned}\right\}$$

解以上方程组，得各节点电压$u_1=-2\text{V}$，$u_2=4\text{V}$，$u_4=-6\text{V}$；进而求得$i=1\text{A}$，$u=-3\text{V}$，与方法一解得的结果完全相同。

采用节点法分析电路的基本步骤是：

(1) 指定参考点，标出各独立节点电位和有关电流、电压的参考方向。

(2) 列出节点电压方程。列方程时应特别注意电压源元件以及与电流源相串联的电阻元件的正确处理。如果对纯电压源支路引入辅助变量，则应在节点方程基础上增加相应的辅助方程。

(3) 解节点方程求得节点电压。

(4) 由节点电压计算出其他待求量。

例2-6　用节点电压法求图2.7电路R_3支路的电流I_3。已知$U_1=1\text{V}$，$R_1=1\text{k}\Omega$，$R_2=6\text{k}\Omega$，$R_3=3\text{k}\Omega$，$\beta=100$。

解　电路含有流控电流源，其控制变量为I_1，控制参数为β。

(1) 取 c 点为电路参考点，分别记 a、b 点的节点电位为 U_a 和 U_b。

(2) 将受控源视为独立源，列出节点方程和辅助方程。

$$\text{基本节点方程}\quad \left.\begin{aligned} &U_a = U_1 \\ &-\frac{U_a}{R_1} + \left(\frac{1}{R_1}+\frac{1}{R_2}+\frac{1}{R_3}\right)U_b = \beta I_1 \end{aligned}\right\} \tag{2-14}$$

$$\text{辅助方程：}\quad I_1 = \frac{U_a - U_b}{R_1} = \frac{U_1 - U_b}{R_1} \tag{2-15}$$

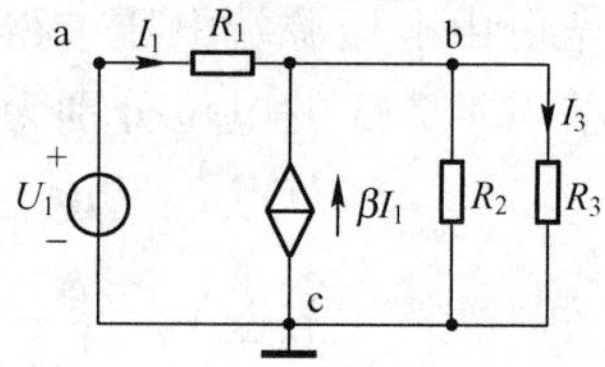

图 2.7　例 2-6 电路

(3) 将式(2-15)代入式(2-14)，整理后得

$$\left(\frac{1}{R_1}+\frac{1}{R_2}+\frac{1}{R_3}+\frac{\beta}{R_1}\right)U_b = \frac{\beta+1}{R_1}$$

代入已知数据，有 $101.5U_b = 101$，解得 $U_b = 0.995\text{V}$。所以

$$I_3 = U_b/R_3 = 0.995/3 = 0.33\text{mA} \tag{2-16}$$

2.3　网孔电流法

网孔电流法，简称网孔法。除节点法外，网孔法是另一种实用和重要的电路分析方法。

现在先从支路法出发介绍网孔电流概念。对图 2.8 电路，指定节点 d 为参考点，标记各支路电流的参考方向如图中所示。按支路法列出方程

$$\left.\begin{aligned} &i_1 - i_2 + i_4 = 0 \\ &-i_1 - i_3 - i_5 = 0 \\ &-i_4 + i_5 + i_6 = 0 \end{aligned}\right\} \tag{2-17a}$$

$$\left.\begin{aligned} &R_1 i_1 - R_5 i_5 - R_4 i_4 = 0 \\ &R_2 i_2 + R_4 i_4 + R_6 i_6 = u_{s1} - u_{s6} \\ &R_3 i_3 + R_6 i_6 - R_5 i_5 = -u_{s6} \end{aligned}\right\} \tag{2-17b}$$

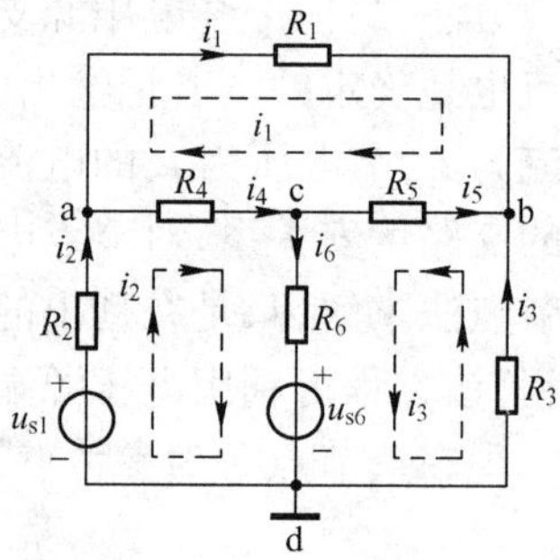

图 2.8　网孔分析法

其中式(2-17a)为独立节点 a、b、c 的 KCL 方程，式(2-17b) 为网孔的 KVL 方程。如果将式(2-17a)改写为

$$\left.\begin{aligned} &i_4 = i_2 - i_1 \\ &i_5 = -i_1 - i_3 \\ &i_6 = i_4 - i_5 = (i_2 - i_1) - (-i_1 - i_3) = i_2 - i_3 \end{aligned}\right\} \tag{2-18}$$

将上式代入式(2-17b)，整理后得

$$\left.\begin{aligned} &(R_1 + R_5 + R_4)i_1 - R_4 i_2 + R_5 i_3 = 0 \\ &-R_4 i_1 + (R_2 + R_4 + R_6)i_2 + R_6 i_3 = u_{s1} - u_{s6} \\ &R_5 i_1 + R_6 i_2 + (R_5 + R_3 + R_6)i_3 = -u_{s6} \end{aligned}\right\} \tag{2-19}$$

在式(2-19)中只包括 i_1、i_2 和 i_3 三个未知量，而未知量 i_4、i_5 和 i_6 已被消去。式(2-18)表明，消去未知量是通过支路电流的分解完成的。具体地说，把支路电流 i_4 分解为 i_2、$(-i_1)$ 分量的组合，而 i_5 和 i_6 分别分解为 $(-i_1)$、$(-i_3)$ 分量和 i_2、$(-i_3)$ 分量的组合，分解情况示于图 2.8 中。观察此图可以发现，似乎这些分量电流在沿着各自的网孔边界流动。我们将这种想像的沿着网孔边界循环流动的电流称为网孔电流。式(2-19)是以网孔电流为未知量的电路方程，称为网孔方程。这样，电路分析可分两步进行。首先，由网孔方程求出网孔电流，然后用有关网孔电流的组合表示支路电流，进而计算其他待求量。这种电路分析方法称为网孔电流法。

实际上，网孔方程可由电路图直接写出，而不必经过未知量消去步骤。为此将式(2-19)方

程表示成一般形式

$$\left.\begin{aligned}R_{11}i_1+R_{12}i_2+R_{13}i_3&=u_{s11}\\R_{21}i_1+R_{22}i_2+R_{23}i_3&=u_{s22}\\R_{31}i_1+R_{32}i_2+R_{33}i_3&=u_{s33}\end{aligned}\right\}\qquad(2-20)$$

其中：

R_{ii}：称为网孔的自电阻，是网孔 i 中所有电阻之和，恒取“+”号，如 $R_{11}=R_1+R_5+R_4$，$R_{22}=R_2+R_4+R_6$，$R_{33}=R_5+R_3+R_6$等；

$R_{ij}(i\neq j)$：称为网孔 i 与网孔 j 的互电阻，它是两个网孔的公共电阻之和。若流过互电阻的两个网孔电流方向相同，则互电阻前取“+”号；方向相反，取“-”号。例如 $R_{12}=R_{21}=-R_4$，$R_{13}=R_{31}=R_5$，$R_{23}=R_{32}=R_6$等；

u_{sii}：称为网孔 i 的等效电压源，是网孔 i 中所有电压源的代数和。当网孔电流从电压源“+”端流出时，该电压源前取“+”号；否则取“-”号。如 $u_{s22}=u_{s1}-u_{s6}$，$u_{s33}=-u_{s6}$等。

自然可将式(2-20)推广至一般情况，若电路有 n 个节点、b 条支路，则可列出$(b-n+1)$个独立的网孔方程。

一般而言，电路中仅含电压源时，列写网孔方程比较方便。如果含有电流源，其处理方法与节点法类似，下面结合例题做必要的说明。

例 2-7 如图 2.9 电路，用网孔法求电流 I。

解 电路有 2 个网孔，设网孔电流 I_1、I_2参考方向如图中所示，同时，也将网孔电流方向作为网孔的绕行方向，列出网孔方程为

$$\left.\begin{aligned}&\text{网孔 1:}\quad I_1=6\\&\text{网孔 2:}\quad -5I_1+(10+5)I_2=-15\end{aligned}\right\}\qquad(2-21)$$

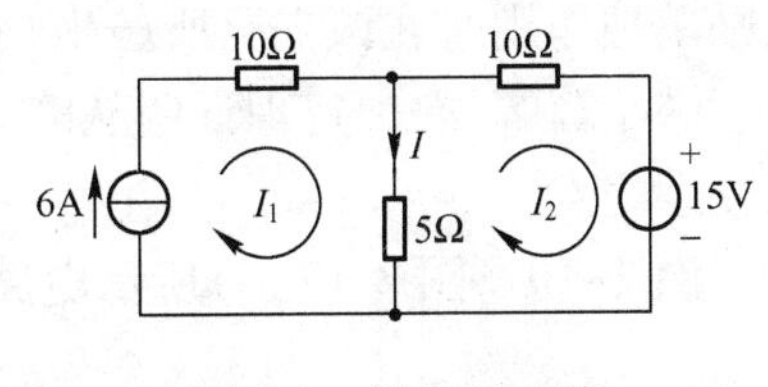

图 2.9 例 2-7 电路

由于电流源为网孔 1 所独有，网孔电流等于电流源电流，故直接有 $I_1=6\text{A}$，无须列出相应的网孔方程。由式(2-21)解得

$$I_2=\frac{5I_1-15}{15}=\frac{30-15}{15}=1\text{A}$$

由于 5Ω 电阻支路同属两个网孔，故支路电流 I 等于流经该支路的两网孔电流的代数和，即

$$I=I_1-I_2=6-1=5\text{A}$$

例 2-8 如图 2.10 所示电路，用网孔法求电流 i 和电压源产生的功率。

解 设网孔电流 i_1、i_2和 i_3如图中所示。因为电路中电流源同属于 1、2 两个网孔，不能用例 2-7 方法处理，且电流源两端没有并接电阻，也不能将它变换为电压源-电阻串联形式，故需引入一个辅助电压未知量 u，补充一个电流源电流与有关网孔电流相约束的辅助方程。这样，列出网孔方程为

网孔 1：$4i_1=-6+u$

网孔 2：$(3+2)i_2+3i_3=-u$

网孔 3：$3i_2+(3+6)i_3=-6$

辅助方程：$i_2-i_1=2$

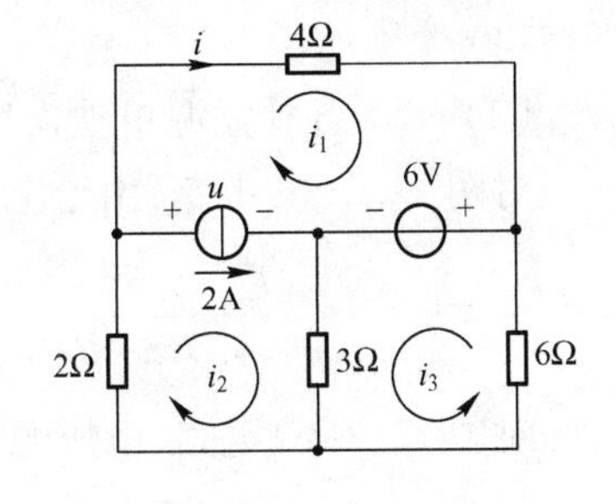

图 2.10 例 2-8 电路

联立求解，得 $i_1=-1.5\text{A}$，$i_2=0.5\text{A}$，$i_3=-5/6\text{A}$。

所以 $i=i_1=-1.5\text{A}$。

电压源产生功率 $p_s=-6(i_1+i_3)=-6\left(-1.5-\dfrac{5}{6}\right)=14\text{W}$

例 2-9 求图 2.11 所示电路中电流 I_1。

解 设网孔电流为 i_A,i_B,如图中所示。

对网孔 A: $i_A=3A$

对网孔 B: $5i_B+2i_A=6-10i_1$

辅助方程: $i_1=i_A+i_B$

解方程得: $i_A=3A$, $i_B=-2A$, $i_1=1A$

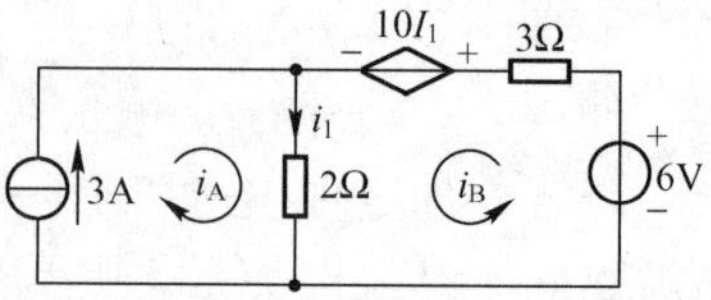

图 2.11 例 2–9 电路

用网孔法分析电路的基本步骤是:

(1) 指定网孔电流的参考方向。

(2) 列写网孔方程。在列方程过程中,应注意电流源的正确处理,如果引入辅助电压未知量,则应增列辅助方程。

(3) 联立求解步骤(2)列写的方程,求出网孔电流。

(4) 由网孔电流计算出其他待求量。

2.4 叠加定理

由独立源和线性元件组成的电路称为线性电路。叠加定理是体现线性电路特性的重要定理。

独立电源代表外界对电路的输入,统称激励。电路在激励作用下产生的电流和电压称为响应。

叠加定理的内容是:在线性电路中,多个激励共同作用时在任一支路中产生的响应,等于各激励单独作用时在该支路所产生响应的代数和。

限于篇幅,叠加定理证明从略。下面通过例题说明应用叠加定理分析线性电路的方法、步骤及注意之点。

例 2–10 图 2.12(a)所示电路,试用叠加定理求电流 i 和电压 u。

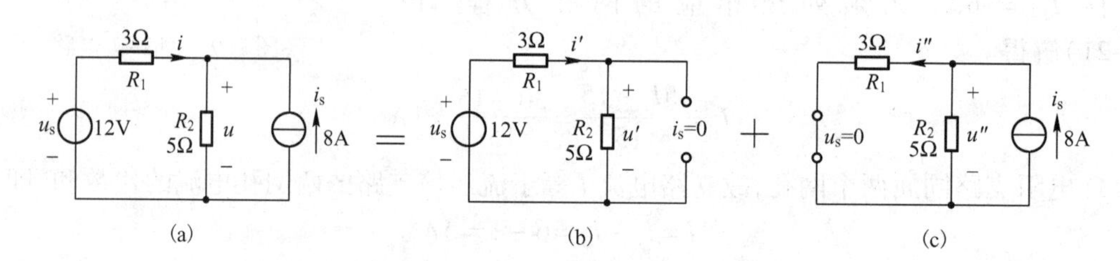

图 2.12 叠加定理

解 (1) 画出各独立源单独作用时的电路模型。图 2.12(b)为电压源 u_s 单独作用电路,电流源 i_s 置为零(其支路为开路);图 2.12(c)为电流源 i_s 单独作用电路,置电压源 u_s 为零(其支路为短路)。

(2) 求出各独立源单独作用时的响应分量。

对图 12.2(b)电路,由于电流源支路开路,R_1 与 R_2 为串联电阻,所以

$$i'=\frac{u_s}{R_1+R_2}=\frac{12}{3+5}=1.5A \quad u'=\frac{R_2}{R_1+R_2}u_s=\frac{5}{3+5}\times 12=7.5V$$

对图 12.2(c)电路,电压源支路短路后,R_1 与 R_2 为并联电阻,故有

$$i''=\frac{R_2}{R_1+R_2}i_s=\frac{5}{3+5}\times 8=5A \quad u''=(R_1/\!/R_2)i_s=\frac{3\times 5}{3+5}\times 8=15V$$

(3) 由叠加定理求得各独立源共同作用时的电路响应,即为各响应分量的代数和。

$i = i' - i'' = 1.5 - 5 = -3.5\text{A}$ （i'与i参考方向一致，而i''则相反）

$u = u' + u'' = 7.5 + 15 = 22.5\text{V}$ （u'、u''与u参考方向均一致）

使用叠加定理分析电路时，应该注意如下几点：

(1) 叠加定理仅适用于计算线性电路中的电流或电压，而不能用来计算功率，因为功率与独立源之间不是线性关系。

(2) 各独立源单独作用时，其余独立源均置为零（电压源用短路代替，电流源用开路代替）。

(3) 响应分量叠加是代数量的叠加，当分量与总量的参考方向一致时，取"+"号；当分量与总量的参考方向相反时，取"-"号。

(4) 如果只有一个激励作用于线性电路，那么激励增大K倍时，其响应也增大K倍，即电路响应与激励成正比。这一特性，称为线性电路的齐次性或比例性。

线性电路齐次性的验证是容易的。在电压源激励时，其值扩大K倍后，可等效成K个原来电压源相串联的电路，如图 2.13(a)所示；在电流源激励时，电流源输出电流扩大K倍后，可等效成K个原来电流源相并联的电路，如图 2.13(b)所示。然后应用叠加定理，其电路响应也增大K倍，因此，线性电路齐次性结论成立。

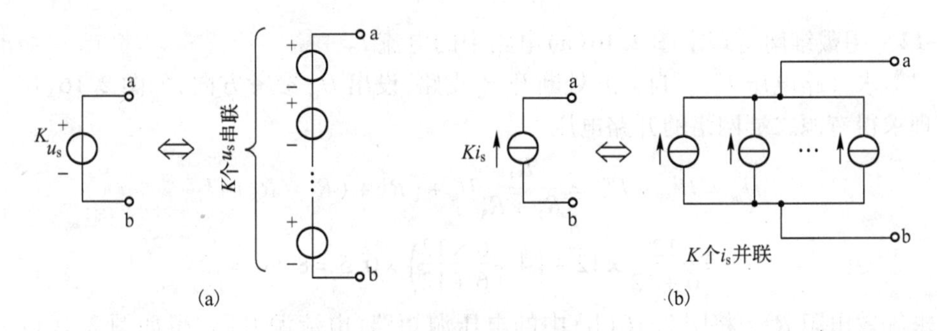

图 2.13 线性电路齐次性的验证

例 2-11 图 2.14 所示线性无源网络 N，已知当$u_s = 1\text{V}$，$i_s = 2\text{A}$时，$u = -1\text{V}$；当$u_s = 2\text{V}$，$i_s = -1\text{A}$时，$u = 5.5\text{V}$。试求$u_s = -1\text{V}$，$i_s = -2\text{A}$时，电阻R上的电压。

解 根据叠加定理和线性电路的齐次性，电压u可表示为

$$u = u' + u'' = K_1 u_s + K_2 i_s$$

代入已知数据，可得到

$$\left.\begin{aligned} K_1 + 2K_2 &= -1 \\ 2K_1 - K_2 &= 5.5 \end{aligned}\right\} \qquad (2\text{-}22)$$

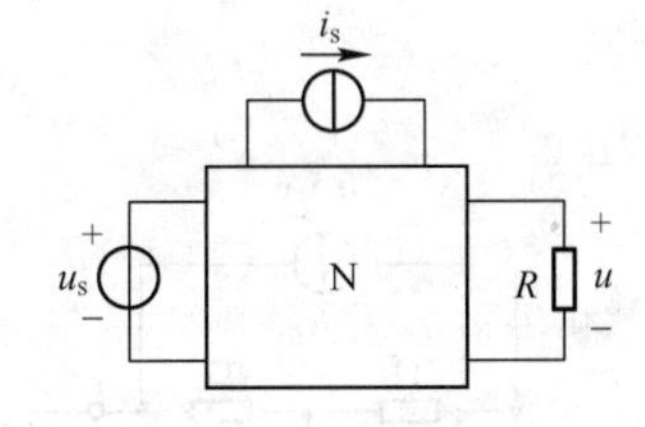

图 2.14 例 2-11 电路

求解后得$K_1 = 2$，$K_2 = -1.5$。

因此，当$u_s = -1\text{V}$，$i_s = -2\text{A}$时，电阻R上输出电压为

$$u = 2 \times (-1) + (-1.5) \times (-2) = 1\text{V}$$

2.5 等效电源定理

在电路分析中，等效电源定理是最常用的定理之一，特别适用于分析计算单个支路或局部电路中的电流和电压。

等效电源定理包括戴维南定理和诺顿定理，前者用电压源模型代替有源二端网络，后者用电流源模型代替有源二端网络。应用等效电源定理，可以简化电路组成，有效减少分析计算量。

2.5.1 戴维南定理

戴维南定理指出：对于线性有源二端网络，均可等效为一个电压源与电阻相串联的电路。如图2.15(a)、(b)所示，图中N为线性有源二端网络，R为求解支路。等效电压源u_{oc}数值等于有源二端网络N的端口开路电压。串联电阻R_o等于N内部所有独立源置零时网络两端子间的等效电阻，如图2.15(c)、(d)所示。

图2.15(b)中的电压源串联电阻电路称为戴维南等效电路。戴维南定理可用叠加定理证明，此处从略。

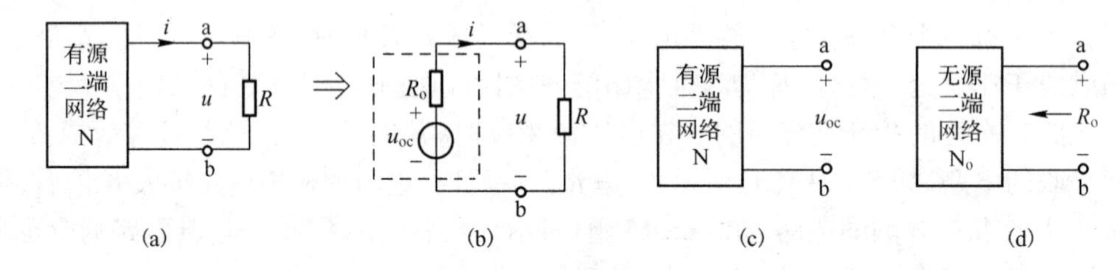

图2.15　戴维南定理

例2-12　用戴维南定理求图2.16(a)电路中的电流I。

解　(1) 求开路电压U_{oc}。自a、b处断开R_L支路，设出U_{oc}参考方向，如图2.16(b)所示，应用叠加定理求得有源二端网络的开路电压

$$U_{oc}=U'_{oc}+U''_{oc}=\frac{R_3}{R_1+R_3}U_s+[R_2+(R_1/\!/R_3)]I_s$$

$$=\frac{12}{6+12}\times 12+\left(4+\frac{6\times 12}{6+12}\right)\times 0.5=8+4=12\text{V}$$

(2) 求等效电阻R_o。将图2.16(b)中的电压源短路，电流源开路，得如图2.16(c)所示电路，其等效电阻

$$R_o=R_2+(R_1/\!/R_3)=4+\frac{6\times 12}{6+12}=8\Omega$$

(3) 画出戴维南等效电路，接入R_L支路，如图2.16(d)所示，于是求得

$$I=\frac{U_{oc}}{R_o+R_L}=\frac{12}{8+4}=1\text{A}$$

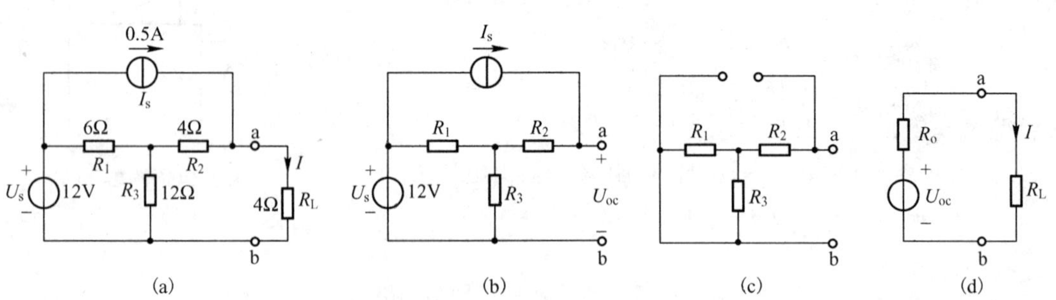

图2.16　例2-12电路

2.5.2 诺顿定理

诺顿定理指出：对于线性有源二端网络，均可等效为一个电流源与电阻相并联的电路，如图

2.17(a)、(b)所示。等效电路中的电流源 i_{sc} 等于有源二端网络 N 的端口短路电流。并联电阻 R_o 等于 N 内部所有独立源置零时网络两端子间的等效电阻，如图 2.17(c)、(d)所示。

图 2.17(b)中的电流源并联电阻电路称为诺顿等效电路。

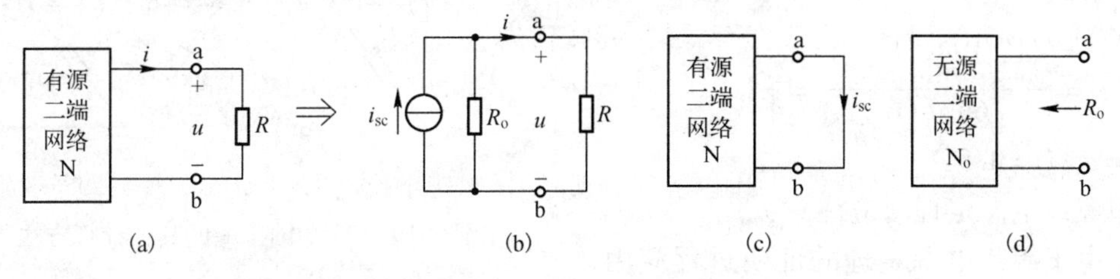

图 2.17 诺顿定理

对于给定的线性有源二端网络，其戴维南电路与诺顿电路是互为等效的。根据电源模型的等效互换条件，可知开路电压 u_{oc}、短路电流 i_{sc} 和等效电阻 R_o 之间满足如下关系：

$$u_{oc}=R_o i_{sc} \tag{2-23}$$

关于等效电阻 R_o，有下面几种常用计算方法：

(1) 直接法。应用等效变换方法(如串、并联等)直接求出无源二端网络的等效电阻。

(2) 开路/短路法。由式(2-23)可得

$$R_o=u_{oc}/i_{sc} \tag{2-24}$$

由此可见，等效电阻 R_o 在数值上等于有源网络 N 的端口开路电压 u_{oc} 与短路电流 i_{sc} 之比。

(3) 外加电源法。对无源二端网络，在两端子间外加一个电压源 u_s，求该电源提供的电流 i_s；或者外加一个电流源 i_s，求该电源两端的电压 u_s，此时有

$$R_o=u_s/i_s \tag{2-25}$$

例 2-13 用诺顿定理求图 2.18(a)电路中的电流 i。

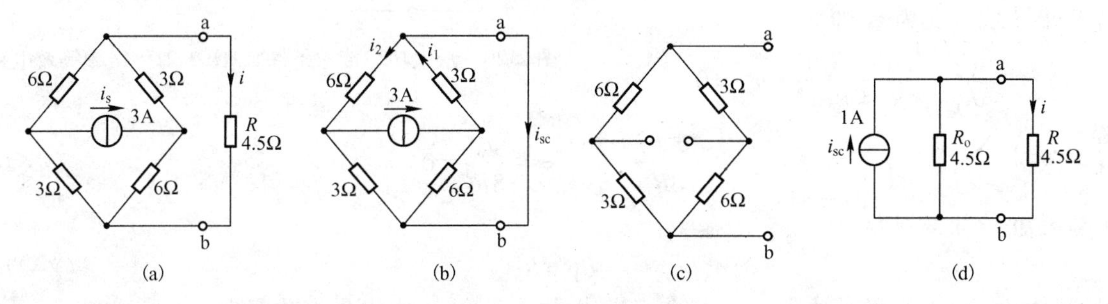

图 2.18 例 2-13 电路

解 (1) 求短路电流 i_{sc}。将 R 支路短路，并设电流 i_{sc} 参考方向如图 2.18(b)所示。由于

$$i_1=\frac{6}{3+6}\times 3=2\text{A},\quad i_2=\frac{3}{3+6}\times 3=1\text{A}$$

所以

$$i_{sc}=i_1-i_2=2-1=1\text{A}$$

(2) 求等效电阻 R_o。将图 2.18(a)中的电流源 i_s 和电阻 R 支路开路，得到图 2.18(c)电路，应用电阻串并联求得 $R_o=(3+6)/\!/(6+3)=4.5\Omega$。

(3) 画出诺顿等效电路，接入 R 支路，如图 2.18(d)所示。因此，流过电阻 R 的电流为

$$i=\frac{R_o}{R_o+R}i_{sc}=\frac{1}{2}i_{sc}=0.5\text{A}$$

自然，本例中的等效电阻 R_o 也可应用开路/短路法或外接电源法求出。由图 2.19(a)容易求得端口开路电压(设参考方向与 i_{sc} 关联)

$$u_{oc}=u_a-u_b=6i_1'-3i_2'=6\times 1.5-3\times 1.5=4.5\text{V}$$

因此有　$R_o = u_{oc}/i_{sc} = 4.5/1 = 4.5\Omega$

若采用外加电源法，如图 2.19(b)电路，将电流源开路，端口处外接一个电压源 u_s，求其提供电流

$$i_s = \frac{u_s}{(3+6)/\!/(6+3)} = \frac{u_s}{4.5}$$

因此 $R_o = u_s/i_s = 4.5\Omega$。

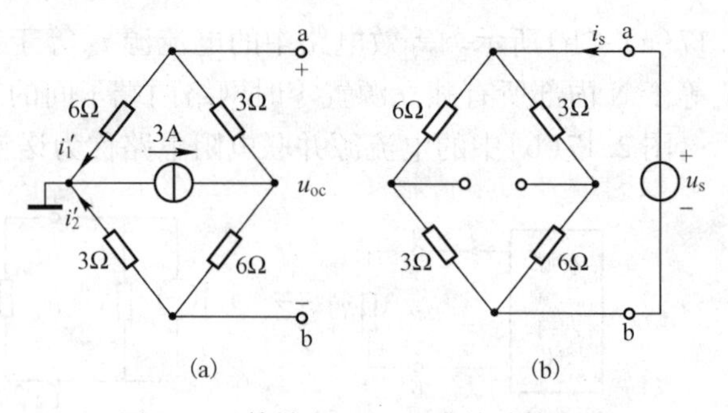

图 2.19　等效电阻 R_o的其他计算方法

使用等效电源定理时应注意：

(1) 由于等效电源定理的证明过程应用了叠加定理，因此要求被等效的有源二端网络必须是线性的，内部允许含有独立源和线性元件。至于待求支路或外接负载电路，则没有任何限制，可以是有源的或无源的、线性的或非线性的。

(2) 正确计算三个等效参数 u_{oc}、i_{sc}和 R_o是应用等效电源定理的关键，应根据实际情况，选用合理方法求解。(画等效电源电路时，应注意等效电源的参考方向。)

2.5.3　最大功率传输条件

设一线性有源二端网络用戴维南等效电路进行等效，并在端钮处外接负载 R_L，如图 2.20 所示。当负载改变时，它所获得的功率也不同。试问对于给定的有源二端网络，负载满足什么条件时，才能从网络中获得最大的功率呢？

由图 2.20 可知，负载获得的功率可表示为

$$P_L = i^2 R_L = \left(\frac{u_{oc}}{R_o + R_L}\right)^2 R_L \qquad (2\text{-}26)$$

为了求得 R_L改变时 P_L的最大值，将式(2-26)对 R_L求导，并令其为零，即

$$\frac{dP_L}{dR_L} = \frac{(R_o - R_L)}{(R_o + R_L)^3} \cdot u_{oc}^2 = 0$$

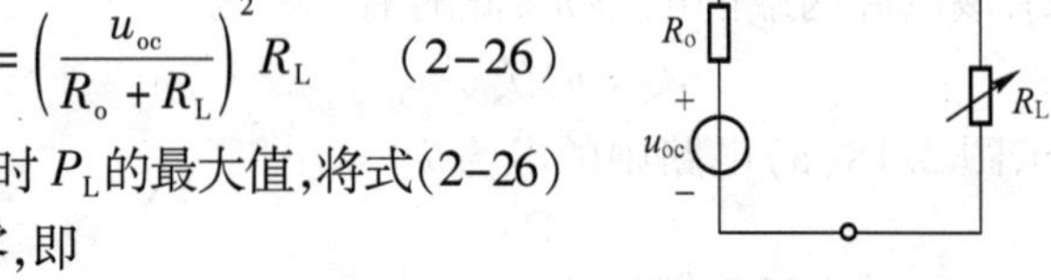

图 2.20　最大功率传输条件

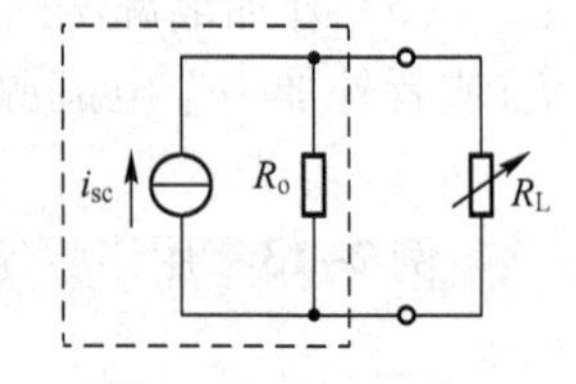

图 2.21　诺顿等效电路

且考虑到

$$\left.\frac{d^2 P_L}{dR_L^2}\right|_{R_L = R_o} = -\frac{u_{oc}^2}{8R_o^3} < 0$$

于是可知，当负载满足

$$R_L = R_o \qquad (2\text{-}27)$$

时，就能从网络获得最大功率。将式(2-27)代入式(2-26)，求得最大功率为

$$P_{Lmax} = \frac{u_{oc}^2}{4R_o} \qquad (2\text{-}28)$$

若将有源二端网络等效为诺顿电路，如图 2.21 所示。不难得出，在 $R_L = R_o$时，网络给负载传输最大功率，其值为

$$P_{Lmax} = \frac{R_o}{4} \cdot i_{sc}^2 \qquad (2\text{-}29)$$

通常，当 $R_L = R_o$时，称负载与二端网络等效电阻匹配。此时，负载能从给定的有源网络获得最大功率，因此也称它为最大功率匹配条件或最大功率传输条件。

例 2-14　图 2.22(a)所示电路，若负载 R_L可以任意改变，问 R_L为何值时其上获得最大功率？并求出该最大功率值。

解　把负载支路在 a、b 处断开，其余二端网络用戴维南等效电路代替，如图 2.22(b)所示。图中等效电压源电压

$$U_{oc}=\frac{R_2}{R_1+R_2}\times U_s=\frac{6}{3+6}\times 12=8\text{V}$$

等效电阻 $$R_o=R_3+(R_1/\!/R_2)=4+(6/\!/12)=8\Omega$$

根据最大功率传输条件，当 $R_L=R_o=8\Omega$ 时，负载 R_L 将获得最大功率，其值由式(2-28)确定，即

$$P_{\text{Lmax}}=\frac{U_{oc}^2}{4R_o}=\frac{8^2}{4\times 8}=2\text{W}$$

对于本例，在图2.22(a)电路中，当 $R_L=8\Omega$ 时，不难求得

$$I_o=\frac{U_s}{R_1+R_2/\!/(R_3+R_L)}=\frac{12}{6+12/\!/12}=1\text{A}$$

$$I_L=\frac{1}{2}I_o=0.5\text{A}$$

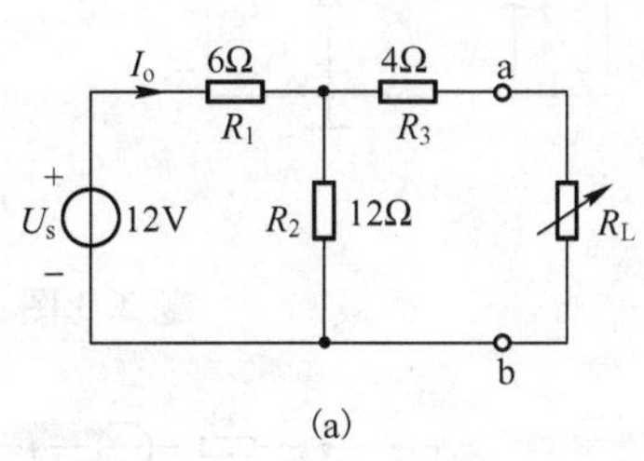

(a)

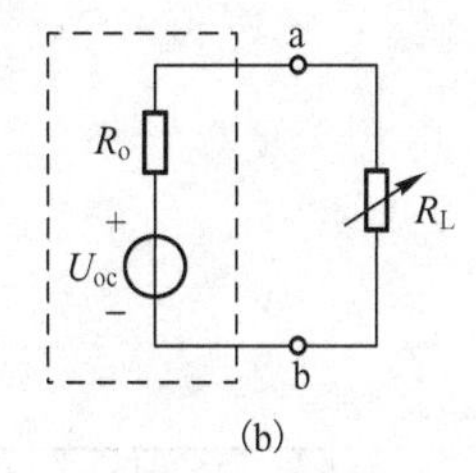

(b)

图2.22　例2-14电路

负载吸收功率 $$P_L=P_{\text{Lmax}}=I_o^2\times R_L=0.5^2\times 8=2\text{W}$$

电压源产生功率 $$P_s=U_s\times I_o=12\times 1=12\text{W}$$

P_L在P_s中占的百分比值称为电路的功率传输效率，即

$$\eta=\frac{P_L}{P_s}\times 100\%=\frac{2}{12}\times 100\%=16.7\%$$

由此可见，电路满足最大功率传输条件，并不意味着能保证有高的功率传输效率，这是因为有源二端网络内部存在功率消耗。因此，对于电力系统而言，如何有效地传输和利用电能是非常重要的问题，应设法减少损耗提高效率。但是，对于电子或信息处理系统而言，由于设备的功率较小，人们更关心的不是效率的高低，而是如何能在负载上获得最大的信号功率。这时，最大功率传输条件提供了解决问题的理论基础。

习　题　2

2.1　对图示电路，试列出支路电流方程。

2.2　图示电路，用支路电流法求各支路电流、各电源的产生功率和电阻 R 的吸收功率。

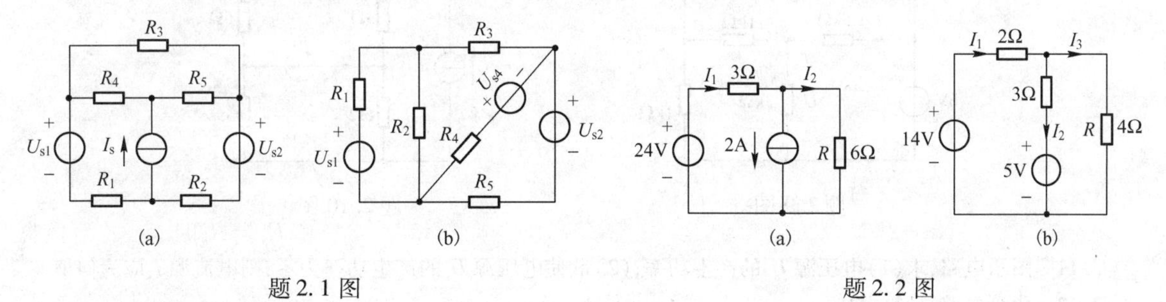

题2.1图　　　　题2.2图

2.3　用节点法求图示电路中的各节点电位。

2.4　图示电路，求电压 U。

2.5　图示电路，求电位 u_a、u_b。

2.6　图示电路，求 I、U 和电阻 R 的吸收功率。

2.7　图示电路，求各支路电流。

2.8　图示电路，求各支路电流和电压 U_{ab}。

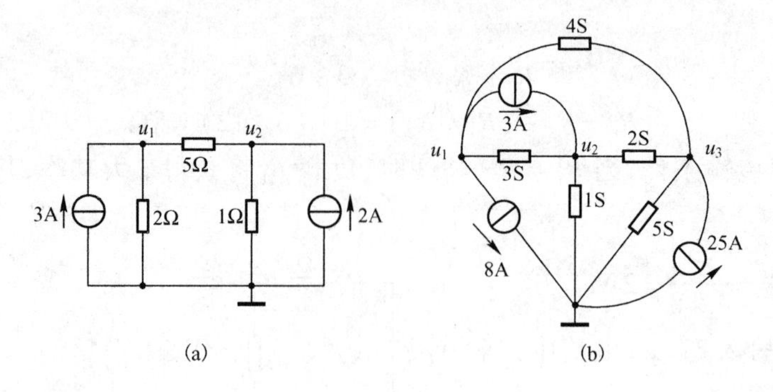

题 2.3 图

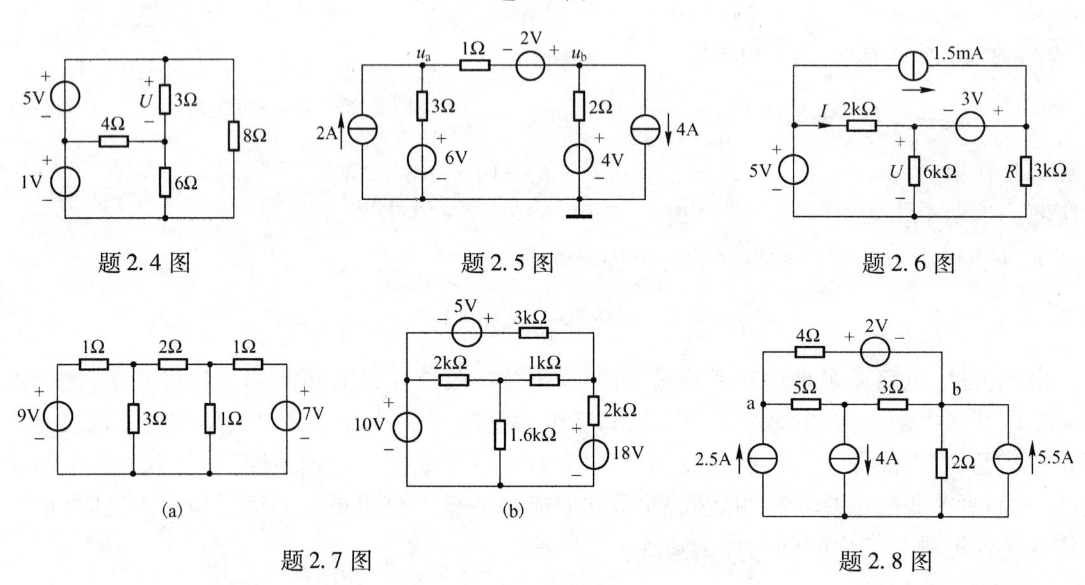

题 2.4 图　　题 2.5 图　　题 2.6 图

题 2.7 图　　题 2.8 图

2.9　求图示电路中电流 I、电压 U 和 R_L 上吸收的功率。

2.10　如图电路，已知 $u_s=9V$，$i_s(t)=3e^{-2t}A$，用叠加定理求电流源端电压 $u(t)$ 和电压源电流 $i(t)$。

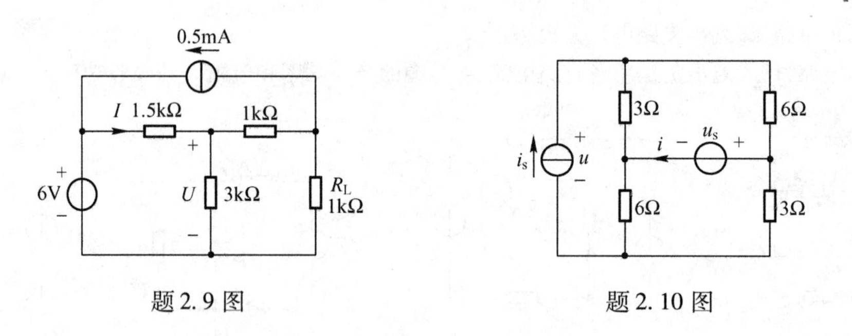

题 2.9 图　　题 2.10 图

2.11　图示电路，求(1)电压源 U_s 的产生功率；(2)欲使电压源 U_s 的产生功率为零，则电流源 I_s 应为何值？

2.12　化简电路，计算电压 u。

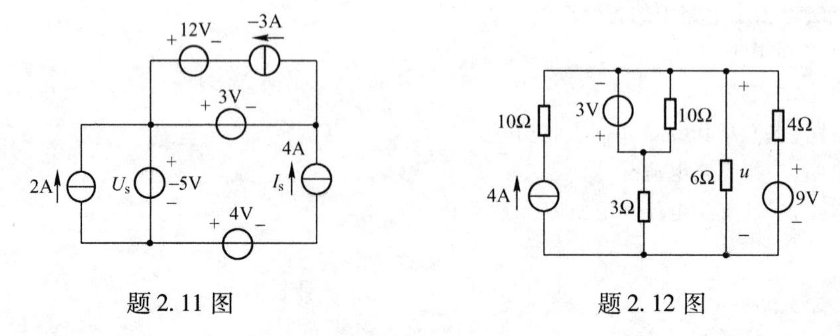

题 2.11 图　　题 2.12 图

2.13　求图示各电路 a、b 端口的戴维南等效电路和诺顿等效电路。

2.14　测得某有源二端电路的开路电压 $U_{oc}=18\text{V}$，短路电流 $I_{sc}=6\text{mA}$。试计算当外接负载 $R_L=1.5\text{k}\Omega$ 时电路的输出电流和电压。

2.15　图示电路，负载 R_L 为何值时能获得最大功率，最大功率是多少？

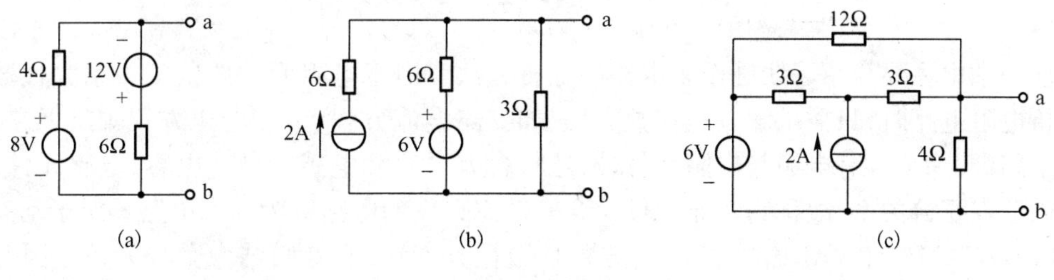

题 2.13 图

2.16　求图示电路中的电压 U 和受控源的产生功率。

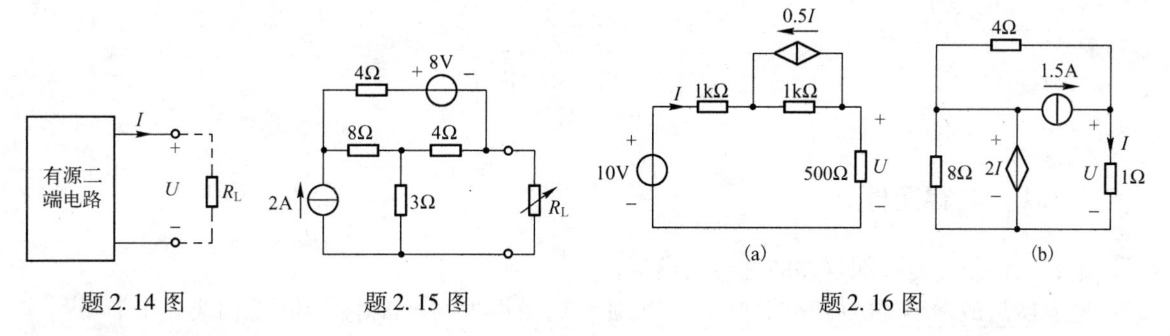

题 2.14 图　　题 2.15 图　　题 2.16 图

2.17　图示电路，求电流 i。

2.18　如图所示电路，求输入电阻 $R_i=u_i/i_1$ 和电压增益 $K_u=u_o/u_i$。

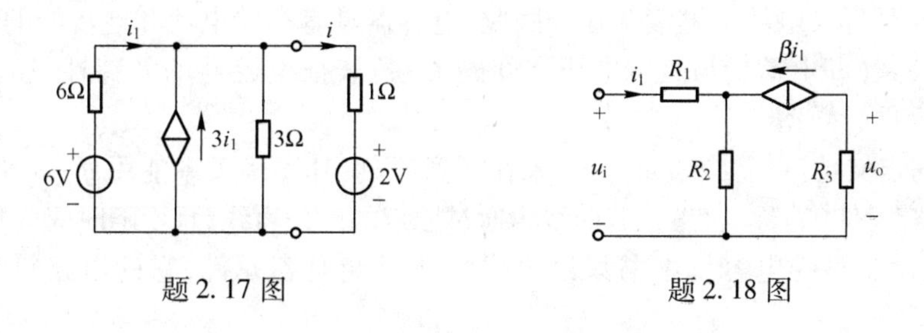

题 2.17 图　　题 2.18 图

第3章　动态电路分析

在前一章中主要介绍了线性电阻电路的分析方法。由于电阻元件的伏安关系为代数关系，所以分析电阻电路时，只需求解一组代数方程，如支路电流方程、节点电压方程等。但在本章所讨论的电路中，除了含有电源与电阻元件外，还将含有电容和电感元件。电容、电感元件的伏安关系为微分或积分关系，故称为动态元件。含有动态元件的电路称为动态电路。对于动态电路，依据 KCL、KVL 和元件 VAR 建立的电路方程是微积分方程，或者归结为微分方程。因此，动态电路的分析问题，实际上就是如何建立和求解电路微分方程的问题。

响应与激励关系能用 n 阶微分方程描述的动态电路称为 n 阶电路。本章着重讨论 RC 和 RL 一阶电路的分析计算方法。

3.1　动态元件

3.1.1　电容元件

电容元件是电能存储器件的理想化模型。

电容器是最常用的电能存储器件。在两片金属极板中间填充电介质，就构成一个简单的实际电容器，如图 3.1 所示。接通电源后，会分别在两个极板上聚集起等量的异性电荷，从而在极板之间建立电场，电场中存储有电场能。此时，即使移去电源，由于极板上电荷被介质隔离而不能中和，故将继续保留，电场也继续存在。因此，电容器具有存储电荷和电场能的作用。

应用库伏关系（即电荷量与其端电压之间的关系）表征电容器的外特性，经模型化处理，可以建立起电容元件的模型。

电容元件的定义是：一个二端元件，如果在任意时刻，其库伏关系能用 $q-u$ 平面上的曲线确定，就称其为电容元件（简称电容）。若曲线为通过原点的一条直线，且不随时间变化，如图 3.2(b) 所示，则称为线性非时变电容。本书只讨论线性非时变电容元件，它的电路符号如图 3.2(a) 所示。

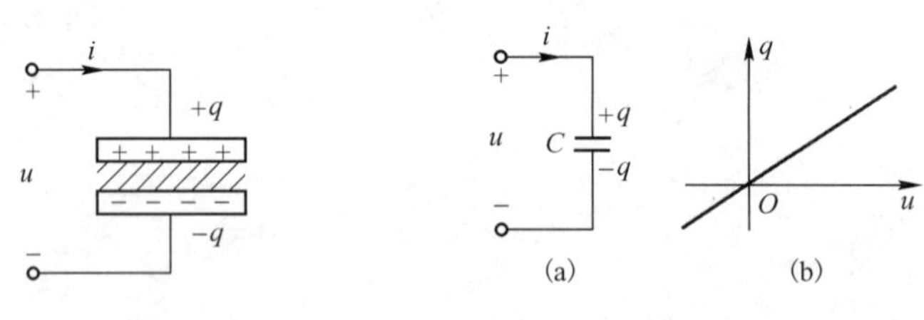

图 3.1　电容器　　　图 3.2　线性非时变电容元件

在电容上电压、电荷的参考极性一致时，由图 3.2(b) 可知，电荷量 q 与其端电压 u 的关系为

$$q(t)=Cu(t) \tag{3-1}$$

式中 C 称为电容元件的电容量，单位为法(F)，1 法 $=10^6$ 微法(μF) $=10^{12}$ 皮法(pF)。符号 C 既表示电容元件，也表示元件的参数。

在电路分析中，一般关心的是电容元件的伏安关系和储能关系。若设电容端电压与通过的电流采用关联参考方向，则有

$$i(t)=\frac{\mathrm{d}q(t)}{\mathrm{d}t}=C\frac{\mathrm{d}u(t)}{\mathrm{d}t} \tag{3-2}$$

对上式从 $-\infty$ 到 t 进行积分，并设 $u(-\infty)=0$，可得

$$u(t)=\frac{1}{C}\int_{-\infty}^{t}i(\zeta)\mathrm{d}\zeta \tag{3-3}$$

式(3-2)和式(3-3)分别称为电容元件伏安关系的微分形式和积分形式。

设 t_0 为初始时刻。如果从 $t=t_0$ 时开始观察电压，式(3-3)可改写为

$$u(t)=\frac{1}{C}\int_{-\infty}^{t_0}i(\zeta)\mathrm{d}\zeta+\frac{1}{C}\int_{t_0}^{t}i(\zeta)\mathrm{d}\zeta=u(t_0)+\frac{1}{C}\int_{t_0}^{t}i(\zeta)\mathrm{d}\zeta,\quad t\geqslant t_0 \tag{3-4}$$

式中

$$u(t_0)=\frac{1}{C}\int_{-\infty}^{t_0}i(\zeta)\mathrm{d}\zeta \tag{3-5}$$

称为电容元件的初始电压。由下面讨论可知，$u(t_0)$ 反映了电容在初始时刻的储能状况，故也称为初始状态。

在电压、电流参考方向关联的条件下，电容元件的吸收功率为

$$p(t)=u(t)i(t)=Cu(t)\frac{\mathrm{d}u(t)}{\mathrm{d}t} \tag{3-6}$$

对上式从 $-\infty$ 到 t 进行积分，可得 t 时刻电容上的储能为

$$\begin{aligned}w_{\mathrm{C}}(t)&=\int_{-\infty}^{t}p(\zeta)\mathrm{d}\zeta=\int_{-\infty}^{t}Cu(\zeta)\frac{\mathrm{d}u(\zeta)}{\mathrm{d}\zeta}\mathrm{d}\zeta=\int_{u(-\infty)}^{u(t)}Cu(\zeta)\mathrm{d}u(\zeta)\\&=\frac{1}{2}Cu^2(t)-\frac{1}{2}Cu^2(-\infty)=\frac{1}{2}Cu^2(t)\end{aligned} \tag{3-7}$$

计算过程中认为 $u(-\infty)=0$。

综上所述，关于电容元件有下面几个主要结论：

(1) 伏安关系的微分形式表明：任何时刻，通过电容元件的电流与该时刻电压的变化率成正比。如果端电压为直流电压，则电流 $i=0$，电容相当于开路。因此电容有隔直流的作用。如果电容电流 i 为有限值，则 $\mathrm{d}u/\mathrm{d}t$ 也为有限值，这意味着此时电容端电压是时间 t 的连续函数，它是不会跃变的。

(2) 伏安关系的积分形式表明：任意时刻 t 的电容电压与该时刻以前电流的“全部历史”有关。或者说，电容电压“记忆”了电流的作用效果，故称电容为记忆元件。与此不同，电阻元件任意时刻 t 的电压值仅取决于该时刻的电流的大小，而与它的历史情况无关，因此电阻为无记忆元件。

(3) 由式(3-7)可知，任意时刻 t，恒有 $w_{\mathrm{C}}(t)\geqslant 0$，故电容元件是储能元件。

例 3-1 图 3.3(a)所示电容元件，已知电容量 $C=0.5\mathrm{F}$，其电流波形如图 3.3(b)所示。求电容电压 u 和储能 w_{C}，并画出它们的波形。

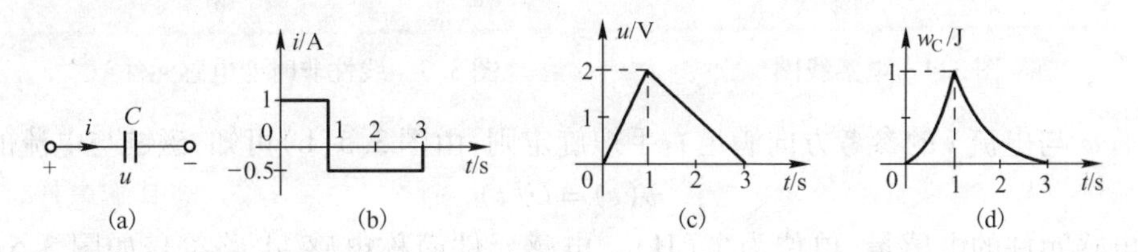

图 3.3 例 3-1 图

解 由图 3.3(b)所示的电流波形，可写出

$$i(t)=\begin{cases}0, & t<0,t\geqslant 3\\ 1\text{A}, & 0\leqslant t<1\\ -0.5\text{A}, & 1\leqslant t<3\end{cases}$$

根据式(3-3),电容伏安关系的积分形式为

$$u(t)=\frac{1}{C}\int_{-\infty}^{t}i(\zeta)\mathrm{d}\zeta=\begin{cases}0, & t<0,t\geqslant 3\\ 2t\text{V}, & 0\leqslant t<1\\ (3-t)\text{V}, & 1\leqslant t<3\end{cases}$$

其波形如图3.3(c)所示。由式(3-7),电容元件储能为

$$w_{\text{C}}(t)=\frac{1}{2}Cu^2(t)=\begin{cases}0, & t<0,t\geqslant 3\\ t^2\text{J}, & 0\leqslant t<1\\ \frac{1}{4}(3-t)^2\text{J}, & 1\leqslant t<3\end{cases}$$

其波形如图3.3(d)所示。

由图3.3可见,在$0\leqslant t<1$s区间内,随着电流i的作用,电容电压升高,储能增加,当$t=1$s时,$u(1)=2$V,$w_{\text{C}}(1)=1$J,这是电容的充电过程。而在$1\leqslant t<3$s区间内,在反向电流的作用下,电容电压和储能逐渐减小,是电容的放电过程。直至$t=3$s,放电过程结束,此时$u(3)=0$,$w_{\text{C}}(3)=0$。

3.1.2 电感元件

电感元件是存储磁场能器件的理想化模型。我们知道,用导线绕制的电感线圈,如图3.4所示,通以电流i后会产生磁通φ,在其周围空间建立磁场,磁场中存储有磁场能。设电感线圈有N匝,磁通φ与线圈的每一匝均全部交链,则称$\psi=N\varphi$为磁链,单位为韦伯(Wb)。应用韦安关系(即线圈磁链与其电流之间的关系)表征电感线圈的外特性,经模型化处理,得到电感元件模型。

电感元件的定义为:一个二端元件,如果在任意时刻,其韦安关系能用$\psi-i$平面上的曲线确定,就称其为电感元件。若曲线是通过原点的一条直线,且不随时间变化,如图3.5(b)所示,则称为线性非时变电感。本书只讨论线性非时变电感元件,其电路符号如图3.5(a)所示。

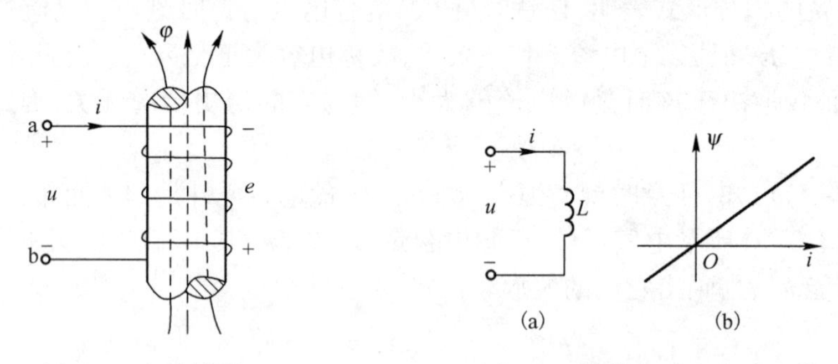

图3.4 电感线圈　　　图3.5 线性非时变电感元件

设磁通φ与电流i的参考方向满足右手螺旋定则,由图3.5(b)可知,磁链与电流的关系为

$$\psi(t)=Li(t) \tag{3-8}$$

式中L为电感元件的电感量,单位为亨(H)。电感元件简称电感,电路符号如图3.5(a)所示。符号L既表示电感元件,也表示元件参数电感量。

变化的电流会产生变化的磁链,变化的磁链将在电感两端产生感应电动势。习惯上,规定电动势的实际方向由"-"极指向"+"极,这与电动势在电路中的物理作用相一致,即在电动势作用下,将正电荷从低电位点移至高电位点。

设电感元件的电流 i、电压 u 与感应电动势 e 的参考方向一致，且电流 i 与磁链的参考方向符合右手螺旋定则，如图 3.4(a)所示，则根据电磁感应定律，其感应电动势为

$$e(t) = -\frac{d\psi}{dt} = -L\frac{di}{dt} \tag{3-9}$$

而感应电压

$$u(t) = -e(t) = \frac{d\psi}{dt} = L\frac{di}{dt} \tag{3-10}$$

该式称为电感元件伏安关系的微分形式。对式(3-10)取积分，并设 $i(-\infty)=0$，可得电感元件伏安关系的积分形式

$$i(t) = \frac{1}{L}\int_{-\infty}^{t} u(\zeta)d\zeta \tag{3-11}$$

设 t_0 为初始观察时刻，可将式(3-11)改写为

$$i(t) = i(t_0) + \frac{1}{L}\int_{t_0}^{t} u(\zeta)d\zeta \qquad t \geqslant t_0 \tag{3-12}$$

式中

$$i(t_0) = \frac{1}{L}\int_{-\infty}^{t_0} u(\zeta)d\zeta \tag{3-13}$$

称为电感元件的初始电流，或称为初始状态，因为由下面讨论可知，它反映了电感在 t_0 时刻的储能状况。

在电感上电压、电流采用关联参考方向时，电感元件的吸收功率为

$$p(t) = u(t)i(t) = Li(t)\frac{di(t)}{dt} \tag{3-14}$$

对上式从 $-\infty$ 到 t 进行积分，并认为 $i(-\infty)=0$，求得电感元件的储能为

$$w_L(t) = \int_{-\infty}^{t} p(\zeta)d\zeta = L\int_{-\infty}^{t} i(\zeta)\frac{di(\zeta)}{d\zeta}d\zeta = L\int_{i(-\infty)}^{i(t)} i(\zeta)di(\zeta) = \frac{1}{2}Li^2(t) \tag{3-15}$$

关于电感元件，我们有以下几个主要结论：

(1) 由伏安关系的微分形式可知：任何时刻，电感元件的端电压与该时刻电流的变化率成正比。如果通过电感的电流是直流，则 $u=0$，电感相当于短路，具有通直流的作用。如果电感电压 u 为有限值，则 di/dt 也为有限值，此时电感电流是不能跃变的。

(2) 由伏安关系的积分形式可知：任意时刻 t 的电感电流与该时刻以前电压的“全部历史”有关，所以，电感电流具有“记忆”电压的作用，它是一种记忆元件。

(3) 式(3-15)表明，电感元件也是储能元件，将从外部电路吸收的能量，以磁场能形式储存于元件的磁场中。

3.1.3 电容、电感的串联和并联

图 3.6(a)是电路 C_1 与 C_2 相串联的电路，两电容的端电流为同一电流 i。根据电容元件 VAR 的积分形式，有

$$u_1 = \frac{1}{C_1}\int_{-\infty}^{t} i(\xi)d\xi, \quad u_2 = \frac{1}{C_2}\int_{-\infty}^{t} i(\xi)d\xi \tag{3-16}$$

由 KVL，得端口电压

$$u = u_1 + u_2 = \left(\frac{1}{C_1} + \frac{1}{C_2}\right)\int_{-\infty}^{t} i(\xi)d\xi = \frac{1}{C}\int_{-\infty}^{t} i(\xi)d\xi \tag{3-17}$$

式中

$$\frac{1}{C} = \frac{1}{C_1} + \frac{1}{C_2}$$

或写为

$$C = \frac{C_1C_2}{C_1 + C_2} \tag{3-18}$$

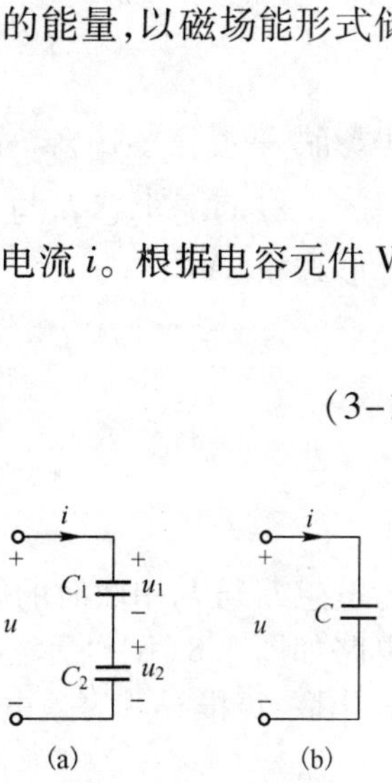

(a) (b)

图 3.6 电容串联

上式中 C 为电容 C_1 与 C_2 相串联时的等效电容。由式(3-17)画出其等效电路如图 3.6(b)所示。同理可得,若有 n 个电容 $C_k(k=1,2,\cdots,n)$ 相串联,其等效电容为

$$\frac{1}{C}=\frac{1}{C_1}+\frac{1}{C_2}+\cdots+\frac{1}{C_n}=\sum_{k=1}^{n}\frac{1}{C_k} \tag{3-19}$$

由式(3-17)可得
$$\int_{-\infty}^{t} i(\zeta)\mathrm{d}\zeta = Cu$$

将该关系代入式(3-16)得两电容电压与端口电压的关系为

$$\left.\begin{aligned} u_1&=\frac{C}{C_1}u=\frac{C_2}{C_1+C_2}u\\ u_2&=\frac{C}{C_2}u=\frac{C_1}{C_1+C_2}u \end{aligned}\right\} \tag{3-20}$$

可见两个串联电容上电压的大小与其电容值成反比。

电容 C_1 与 C_2 相并联的电路如图 3.7(a)所示,两电容的端电压为同一电压 u。根据电容 VAR 的微分形式,有

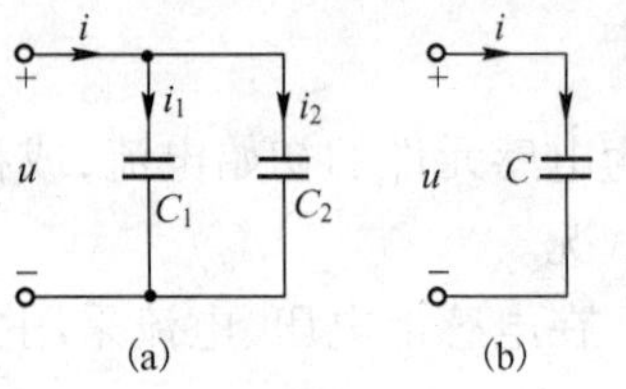

$$i_1=C_1\frac{\mathrm{d}u}{\mathrm{d}t},\quad i_2=C_2\frac{\mathrm{d}u}{\mathrm{d}t} \tag{3-21}$$

由 KCL,得端口电流为

$$i=i_1+i_2=(C_1+C_2)\frac{\mathrm{d}u}{\mathrm{d}t}=C\frac{\mathrm{d}u}{\mathrm{d}t} \tag{3-22}$$

(a)　(b)

图 3.7　电容并联

式中
$$C=C_1+C_2$$
称为电容 C_1 与 C_2 并联时的等效电容。由式(3-22)画出相应的等效电路如图 3.7(b)所示。同理,若有 n 个电容 $C_k(k=1,2,\cdots,n)$ 相并联,可推导其等效电容为

$$C=C_1+C_2+\cdots+C_n=\sum_{k=1}^{n}C_k \tag{3-23}$$

由式(3-22)可知
$$\frac{\mathrm{d}u}{\mathrm{d}t}=\frac{1}{C}i$$

将上式代入式(3-21),得两电容电流与端口电流的关系为

$$\left.\begin{aligned} i_1&=\frac{C_1}{C}i=\frac{C_1}{C_1+C_2}i\\ i_2&=\frac{C_2}{C}i=\frac{C_2}{C_1+C_2}i \end{aligned}\right\} \tag{3-24}$$

上式表明,并联电容中流过的电流与其电容值成正比。

图 3.8(a)是电感 L_1 与 L_2 相串联的电路,流过两电感的电流是同一电流 i。根据电感 VAR 的微分形式和 KVL,有

$$u_1=L_1\frac{\mathrm{d}i}{\mathrm{d}t},\quad u_2=L_2\frac{\mathrm{d}i}{\mathrm{d}t} \tag{3-25}$$

$$u=u_1+u_2=(L_1+L_2)\frac{\mathrm{d}i}{\mathrm{d}t}=L\frac{\mathrm{d}i}{\mathrm{d}t} \tag{3-26}$$

式中
$$L=L_1+L_2$$
称为电感 L_1 与 L_2 串联时的等效电感。由式(3-26)画出相应的等效电路如图 3.8(b)所示。同理,若有 n 个电感 $L_k(k=1,2,\cdots,n)$ 相串联,可推导其等效电感为

$$L=L_1+L_2+\cdots+L_n=\sum_{k=1}^{n}L_k \tag{3-27}$$

(a)　(b)

图 3.8　电感串联

由式(3-26)可知
$$\frac{\mathrm{d}i}{\mathrm{d}t}=\frac{1}{L}u$$
将该关系代入式(3-25),求得两电感上电压与端口电压间的关系为
$$\left.\begin{aligned}u_1&=\frac{L_1}{L}u=\frac{L_1}{L_1+L_2}u\\u_2&=\frac{L_2}{L}u=\frac{L_2}{L_1+L_2}u\end{aligned}\right\}\tag{3-28}$$
即串联电感上电压的大小与其电感值成正比。

图 3.9(a)是电感 L_1 与 L_2 相并联的电路,两电感上具有同一电压 u。根据电感元件 VAR 的积分形式和 KCL,有
$$i_1=\frac{1}{L_1}\int_{-\infty}^{t}u(\xi)\mathrm{d}\xi,\quad i_2=\frac{1}{L_2}\int_{-\infty}^{t}u(\xi)\mathrm{d}\xi\tag{3-29}$$
$$i=i_1+i_2=\left(\frac{1}{L_1}+\frac{1}{L_2}\right)\int_{-\infty}^{t}u(\xi)\mathrm{d}\xi=\frac{1}{L}\int_{-\infty}^{t}u(\xi)\mathrm{d}\xi\tag{3-30}$$
式中
$$\frac{1}{L}=\frac{1}{L_1}+\frac{1}{L_2}$$
或写成
$$L=\frac{L_1L_2}{L_1+L_2}\tag{3-31}$$

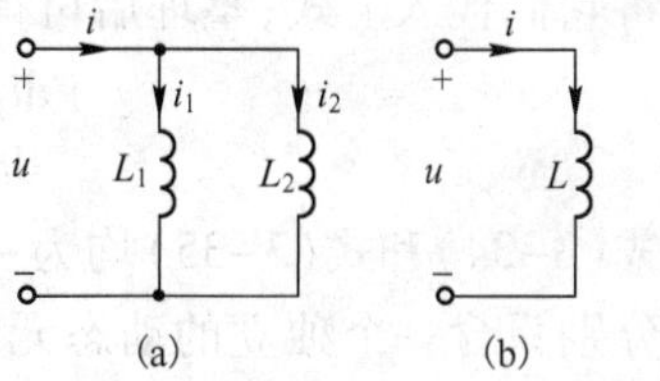

图 3.9　电感并联

称为电感 L_1 和 L_2 相并联的等效电感。由式(3-30)画出其等效电路如图 3.9(b)所示。同理可得,若有 n 个电感 $L_k(k=1,2,\cdots,n)$ 相并联,其等效电感为
$$\frac{1}{L}=\frac{1}{L_1}+\frac{1}{L_2}+\cdots+\frac{1}{L_n}=\sum_{k=1}^{n}\frac{1}{L_k}\tag{3-32}$$
由式(3-30),得
$$\int_{-\infty}^{t}u(\xi)\mathrm{d}\xi=Li$$
将上述关系代入式(3-29),得两电感中的电流与端口电流的关系为
$$\left.\begin{aligned}i_1&=\frac{L}{L_1}i=\frac{L_2}{L_1+L_2}i\\i_2&=\frac{L}{L_2}i=\frac{L_1}{L_1+L_2}i\end{aligned}\right\}\tag{3-33}$$
上式表明,并联电感中电流的大小与电感值成反比。

3.2　电路变量初始值的计算

分析动态电路需要求解的电路方程是微分方程。为了确定解答中的待定系数,应该知道微分方程的初始条件。鉴于方程变量是电流或电压,因此,对于一阶电路而言,其初始条件就是所求电流或电压的初始值。本节先介绍动态方程的建立、换路定律,然后讨论电路变量初始值的计算方法。

3.2.1　动态电路方程

分析动态电路,首先要建立描述该电路的微分方程。动态电路方程的建立依据仍然是 KCL、KVL 和元件的 VAR。下面由具体的动态电路来看微分方程的列写过程。

图 3.10 所示为 RC 串联电路。根据 KVL 列出电路的回路电压方程为
$$u_{\mathrm{R}}(t)+u_{\mathrm{C}}(t)=u_{\mathrm{s}}(t)$$

由于 $$i = C\frac{du_C}{dt},\quad u_R = Ri = RC\frac{du_C}{dt}$$

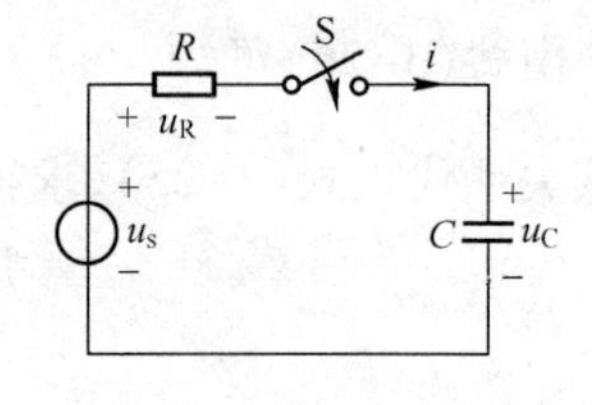

图 3.10 RC 串联电路

将它们代入上式,并稍加整理,得

$$\frac{du_C}{dt} + \frac{1}{RC}u_C = \frac{1}{RC}u_s \tag{3-34}$$

图 3.11 所示为 RL 并联电路,以电感电流 $i_L(t)$ 作为电路的响应,根据 KCL,有

$$i_R(t) + i_L(t) = i_s(t)$$

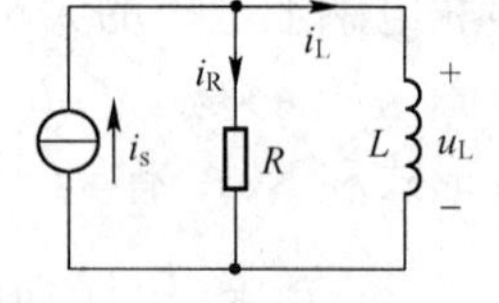

图 3.11 RL 并联电路

由于 $$u_L = L\frac{di_L}{dt},\quad i_R = \frac{u_L}{R}$$

将它们代入上式,整理后可得

$$\frac{di_L}{dt} + \frac{R}{L}i_L = \frac{R}{L}i_s \tag{3-35}$$

式(3-34)和式(3-35)均为一阶线性常系数微分方程,所以以上两图均为一阶电路,此时电路中分别只含一个独立的动态元件。

图 3.12 所示为 RLC 串联电路,含有两个独立的动态元件,若仍以电容电压 $u_C(t)$ 作为电路响应,根据 KVL 可得

$$u_L(t) + u_R(t) + u_C(t) = u_s(t)$$

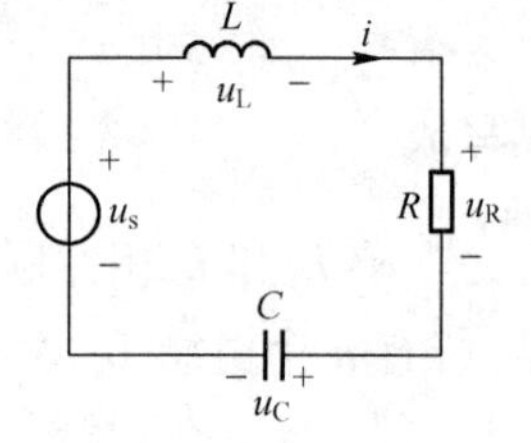

图 3.12 RLC 串联电路

由于 $$i = C\frac{du_C}{dt},\quad u_R = Ri = RC\frac{du_C}{dt},\quad u_L = L\frac{di}{dt} = LC\frac{d^2u_C}{dt^2}$$

将它们代入上式,经整理得

$$\frac{d^2u_C}{dt^2} + \frac{R}{L}\frac{du_C}{dt} + \frac{1}{LC}u_C = \frac{1}{LC}u_s \tag{3-36}$$

这里二阶线性常写为微分方程,故该电路称为二阶电路。一般而言,若电路中含有 n 个独立的动态元件,那么描述该电路的微分方程是 n 阶的,就称相应的电路为 n 阶电路。依据上面列写方程的例子,可得出如下结论:n 阶线性时不变动态电路,其任何处的响应与激励间的电路方程均是 n 阶线性常系数微分方程。

3.2.2 换路定律

动态电路在一定条件下工作于相应的一种状态。如果条件改变,例如电源的接入或断开、开关的开启或闭合、元件参数的改变等,电路会由原来状态过渡到一种新的稳定状态(简称稳态)。这种状态变化过程称为过渡过程或暂态过程,简称暂态。引起过渡过程的电路结构或元件参数的突然变化,统称为换路。

设 $t=0$ 时电路发生换路,并把换路前一瞬间记为 0_-,换路后一瞬间记为 0_+。根据电容、电感元件的伏安关系,$t=0_+$时的电容电压 u_C和电感电流 i_L可分别表示为

$$\left.\begin{aligned} u_C(0_+) &= u_C(0_-) + \frac{1}{C}\int_{0_-}^{0_+} i_C(\zeta)\,d\zeta \\ i_L(0_+) &= i_L(0_-) + \frac{1}{L}\int_{0_-}^{0_+} u_L(\zeta)\,d\zeta \end{aligned}\right\} \tag{3-37}$$

如果在无穷小区间 $0_- < t < 0_+$ 内,电容电流 i_C和电感电压 u_L为有限值,那么上式中的积分项结果为零,从而有

$$\left.\begin{aligned} u_C(0_+) &= u_C(0_-) \\ i_L(0_+) &= i_L(0_-) \end{aligned}\right\} \tag{3-38}$$

此结论称为换路定律。它表明换路瞬间,若电容电流 i_C 和电感电压 u_L 为有限值,则电容电压 u_C 和电感电流 i_L 在该处连续,不会发生跃变。

3.2.3 变量初始值的计算

如果电路在 $t=0$ 时发生换路,根据换路定律,在换路瞬间 u_C 和 i_L 不发生跃变,其初始值 $u_C(0_+)$ 和 $i_L(0_+)$ 分别由 $u_C(0_-)$ 和 $i_L(0_-)$ 确定。但是,换路时其余电流、电压,如 i_C、u_L、i_R、u_R 则可能发生跃变。这些变量的初始值可以通过计算 0_+ 等效电路求得。电路变量初始值的具体计算方法是:

(1) 计算 $u_C(0_-)$ 和 $i_L(0_-)$,并由换路定律确定 u_C、i_L 的初始值为 $u_C(0_+)=u_C(0_-)$,$i_L(0_+)=i_L(0_-)$。

(2) 画出 0_+ 等效电路。

用电压为 $u_C(0_+)$ 的电压源代替电容元件,用电流为 $i_L(0_+)$ 的电流源代替电感元件,独立电源取 $t=0_+$ 时的值,这样得到的直流电阻电路,称为 0_+ 等效电路。

(3) 求解 0_+ 等效电路,确定其余电流、电压的初始值。

例 3-2 电路如图 3.13(a)所示。已知 $t<0$ 时,电路已处稳态。在 $t=0$ 时,开关 S 开启,求初始值 $i_1(0_+)$、$i_C(0_+)$ 和 $u_2(0_+)$。

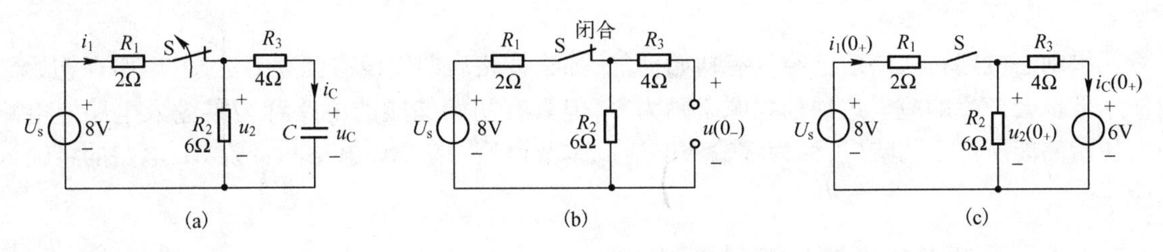

图 3.13 例 3-2 电路

解 (1) 计算电容电压 $u_C(0_-)$。由于开关开启前电路已处于稳态,u_C 不再变化,故 $i_C=C\dfrac{du_C}{dt}=0$,电容可视为开路,其电路如图 3.13(b)所示,由该图可得

$$u_C(0_-)=\frac{R_2}{R_1+R_2}U_s=\frac{6}{2+6}\times 8=6\text{V}$$

根据换路定律有 $u_C(0_+)=u_C(0_-)=6\text{V}$。

(2) 画出 0_+ 等效电路。用电压等于 $u_C(0_+)=6\text{V}$ 的电压源代替电容元件,画出 0_+ 等效电路如图 3.13(c)所示。

(3) 计算初始值。由 0_+ 等效电路,可得

$$i_1(0_+)=0,\ i_C(0_+)=-\frac{u_C(0_+)}{R_2+R_3}=-\frac{6}{6+4}=-0.6\text{A},\ u_2(0_+)=\frac{R_2}{R_2+R_3}u_C(0_+)=\frac{6}{6+4}\times 6=3.6\text{V}$$

容易验证,电流 i_1、i_C 和电压 u_2 在换路瞬间都发生了跃变。

例 3-3 如图 3.14(a)所示电路,$t<0$ 时,开关 S 处在位置 1,电路已达稳态。在 $t=0$ 时,开关切换至位置 2,求初始值 $i_R(0_+)$、$i_C(0_+)$ 和 $u_L(0_+)$。

解 (1) 求 $u_C(0_-)$ 和 $i_L(0_-)$。由于 $t<0$ 时电路已处于稳态,故有 $i_C=0$,电容视为开路;$u_L=0$,电感视为短路,$t=0_-$ 时电路如图 3.14(b)所示,由图可得

$$i_L(0_-)=\frac{2}{2+3}\times 10=4\text{A},\ u_C(0_-)=3\times i_L(0_-)=3\times 4=12\text{V}$$

(2) 画出 0_+ 等效电路。根据换路定律有 $i_L(0_+)=i_L(0_-)=4\text{A}$,$u_C(0_+)=u_C(0_-)=12\text{V}$

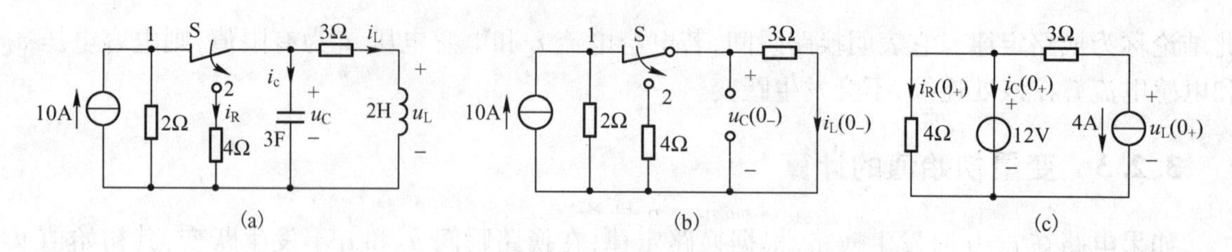

图 3.14　例 3-3 电路

用电压 $u_C(0_+)=12V$ 的电压源代替电容元件，用电流 $i_L(0_+)=4A$ 的电流源代替电感元件，并注意换路后开关 S 处于位置 2，画出 0_+ 等效电路如图 3.14(c)所示。

(3) 由图 3.14(c)电路可知，所求电流和电压的初始值为

$$i_R(0_+)=u_C(0_+)/4=12/4=3A, i_C(0_+)=-(4+3)=-7A$$

$$u_L(0_+)=u_C(0_+)-3\times i_L(0_+)=12-3\times 4=0$$

最后必须指出，只有在电容电流和电感电压为有限值的条件下，换路定律才能成立。而在某些理想情况下，电容电流和电感电压可为无限大，其电容电压和电感电流将发生“强迫跃变”，此时电容电压和电感电流的初始值需要用另外方法计算。如果读者有兴趣，可参阅其他有关书籍。

3.3　一阶电路的零输入响应

如果动态电路在换路前已经具有初始储能，那么换路后即使没有独立源激励，电路在初始储能作用下也会产生响应。这种独立源激励为零，但具有初始储能的电路称为零输入电路。电路中由初始储能所产生的响应，称为零输入响应。本节讨论一阶 RC 电路和一阶 RL 电路的零输入响应。

3.3.1　一阶 RC 电路的零输入响应

图 3.15(a)所示一阶 RC 电路，$t<0$ 时已处于稳态，电容电压为 $u_C(0_-)=U_s$。$t=0$ 时，开关 S 由位置 1 切换至位置 2，根据换路定律，电容元件的初始电压 $U_0=u_C(0_+)=u_C(0_-)=U_s$，其初始储能为$\frac{1}{2}CU_0^2$。换路后，电容储能通过电阻 R 放电，在电路中产生零输入响应。随着放电过程的进行，电容初始储能逐渐被电阻消耗，电路零输入响应则从初始值开始逐渐衰减为零。

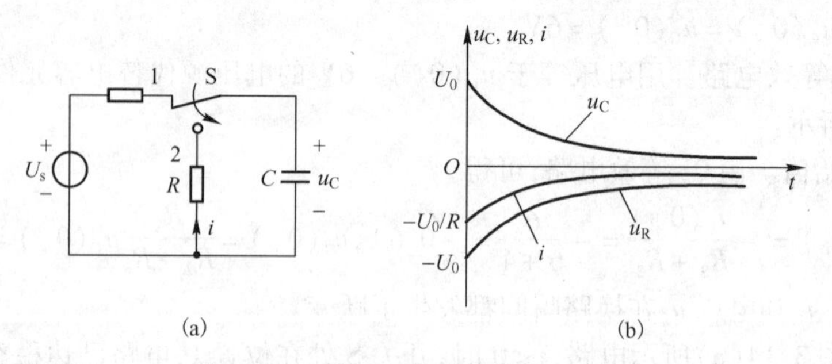

图 3.15　一阶 RC 电路的零输入响应

按图 3.15(a)中指定的电流、电压参考方向，写出换路后电路的 KVL 方程为

$$Ri+u_C=0$$

将电容元件伏安关系 $i=C\frac{du_C}{dt}$代入上式，得

$$RC\frac{du_C}{dt}+u_C=0,\quad 即\quad \frac{du_C}{dt}+\frac{1}{RC}u_C=0 \tag{3-39}$$

该式是一阶齐次微分方程,解的一般形式为

$$u_C=Ae^{pt} \tag{3-40}$$

式中 A 为待定系数,由方程的初始条件确定。p 是齐次微分方程的特征根。

对式(3-40),令 $t=0_+$,并考虑初始条件 $u_C(0_+)=U_0$,可得 $A=u_C(0_+)=U_0$。

由特征方程

$$RCp+1=0$$

求出特征根为

$$p=-\frac{1}{RC}$$

于是,求得式(3-39)微分方程的解为

$$u_C=U_0e^{-\frac{t}{RC}}=U_0e^{-\frac{t}{\tau}}\qquad t\geqslant 0_+ \tag{3-41}$$

式中 $\tau=RC$,具有时间量纲$\left(欧·法=\frac{伏}{安}·\frac{库}{伏}=\frac{库}{库/秒}=秒\right)$,故称为时间常数。

电路中的放电电流和电阻 R 上的电压分别为

$$i=C\frac{du_C}{dt}=-\frac{U_0}{R}e^{-\frac{t}{\tau}},\quad t\geqslant 0_+ \tag{3-42}$$

$$u_R=-u_C=-U_0e^{-\frac{t}{\tau}},\quad t\geqslant 0_+ \tag{3-43}$$

画出电路零输入响应 u_C、i 和 u_R 的波形如图 3.15(b)所示。

由上可知,在 $t<0$ 时电路已经处于稳态。换路后,随时间 t 的增加,RC 电路中的电流、电压由初始值开始按指数规律衰减,电路工作在暂态过程之中。直至 $t\to\infty$,暂态过程结束,电路达到新的稳态。

时间常数 τ 的大小反映了电路暂态过程的进展速度。τ 愈大,电路零输入响应衰减愈慢,暂态过程进展就愈慢。实际上,该电路的暂态过程就是 RC 电路的放电过程,在电容初始电压一定时,电容量 C 愈大,电容中存储电荷愈多,放电时间就愈长;电阻 R 愈大,则放电电流愈小,也会延长放电时间。因此,RC 电路中的时间常数 τ 与 R、C 的乘积成正比关系。

对式(3-41),分别令 $t=\tau$,3τ 和 5τ,并考虑到 $U_0=u_C(0_+)$,可求得

$$u_C(\tau)=u_C(0_+)e^{-1}=0.368u_C(0_+)$$
$$u_C(3\tau)=u_C(0_+)e^{-3}=0.05u_C(0_+)$$
$$u_C(5\tau)=u_C(0_+)e^{-5}=0.007u_C(0_+)$$

尽管在理论上,需要经过无限长时间,u_C才能衰减到零。然而,上述计算结果表明,经过$(3\sim5)\tau$的时间后,u_C已经衰减为初始值的5%至0.7%。因此,在工程实际中,可以认为暂态过程在经历$(3\sim5)\tau$时间后,已经基本结束,电路已达到新的稳定状态。

3.3.2 一阶 RL 电路的零输入响应

一阶 RL 电路如图 3.16(a)所示。$t<0$ 时,开关 S 处于位置 1,电路已达稳态,电感中流过电流 $i_L(0_-)=\frac{R_0}{R_0+R}I_s$。在 $t=0$ 时,开关由位置 1 切换至位置 2,通过电感元件的初始电流 $I_0=i_L(0_+)=i_L(0_-)=\frac{R_0}{R_0+R}I_s$,电感初始储能为$\frac{1}{2}LI_0^2$。换路后,在电感初始储能的作用下,电路产生零输入响应。

根据 KVL,列出换路后的电路方程为

$$u_L+u_R=L\frac{di_L}{dt}+Ri_L=0$$

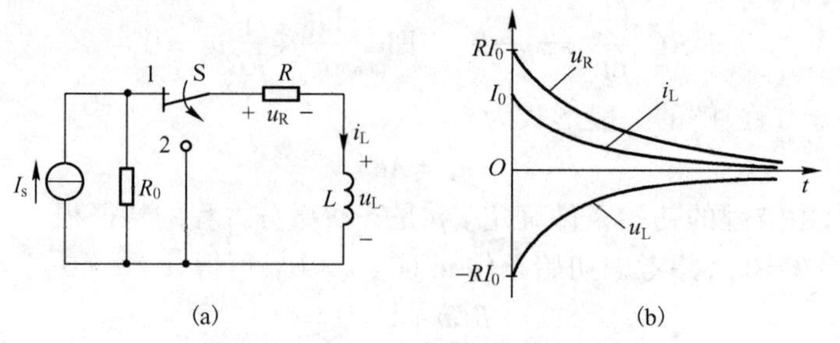

图 3.16　一阶 RL 电路的零输入响应

即
$$\frac{\mathrm{d}i_L}{\mathrm{d}t}+\frac{R}{L}i_L=0 \tag{3-44}$$

这是一个一阶齐次微分方程，应用与式(3-39)方程相同的求解方法，得到电感电流 i_L 为

$$i_L=i_L(0_+)\mathrm{e}^{-\frac{R}{L}t}=I_0\mathrm{e}^{-\frac{t}{\tau}}\qquad t\geqslant 0_+ \tag{3-45}$$

式中 $\tau=L/R$ 为电路时间常数，单位为秒$\left(\frac{\text{享}}{\text{欧}}=\frac{\text{伏}\cdot\text{秒}}{\text{安}}/\text{欧}=\text{秒}\right)$。

电感 L 和电阻 R 上的电压分别为

$$u_L=L\frac{\mathrm{d}i_L}{\mathrm{d}t}=-RI_0\mathrm{e}^{-\frac{t}{\tau}},\quad t\geqslant 0_+$$

$$u_R=Ri_L=RI_0\mathrm{e}^{-\frac{t}{\tau}},\quad t\geqslant 0_+$$

画出零输入响应 i_L、u_L 和 u_R 的波形如图 3.16(b)所示。

综上所述，一阶电路的零输入响应是由电路初始储能所产生，并且随着时间的增长，均从初始值开始按指数规律衰减变化。如果用 $y_x(t)$ 表示零输入响应，并记初始值为 $y_x(0_+)$，那么，一阶电路的零输入响应可统一表示为

$$y_x(t)=y_x(0_+)\mathrm{e}^{-\frac{t}{\tau}},\quad t\geqslant 0_+ \tag{3-46}$$

式中，τ 为电路时间常数。具体地说，对于一阶 RC 电路，$\tau=R_0C$；对于一阶 RL 电路，$\tau=L/R_0$。其中 R_0 是零输入电路中断开动态元件后所得二端网络的等效电阻。

例 3-4　图 3.17(a)电路，已知 $U_s=30\text{V}$，$R_s=R_1=3\Omega$，$R_2=2\Omega$，$R_3=4\Omega$，$C=4.5\text{F}$。$t<0$ 时电路已处于稳态，$t=0$ 时开关 S 开启。试求：(1)电路零输入响应 u_C、i_1 和 i_3；(2)验证整个放电过程中各电阻消耗的总能量等于电容的初始储能。

解　(1) $t<0$ 时电路已处于稳态，电容 C 可视为开路，故有

$$R'=R_1/\!/(R_2+R_3)=3/\!/(2+4)=2\Omega$$

$$i_3(0_-)=\frac{R_1}{R_1+(R_2+R_3)}\times\frac{U_s}{R_s+R'}=\frac{3}{9}\times\frac{30}{3+2}=2\text{A}$$

$$u_C(0_-)=R_3i_3(0_-)=4\times 2=8\text{V}$$

由换路定律，得　　$u_C(0_+)=u_C(0_-)=8\text{V}$

画出 0_+ 等效电路如图 3.17(b)所示，由图可知

$$i_1(0_+)=\frac{8}{R_2+R_1}=1.6\text{A}$$

$$i_3(0_+)=\frac{8}{R_3}=2\text{A}$$

由于换路后放电电路的等效电阻为

$$R_0=(2+3)/\!/4=\frac{20}{9}\Omega$$

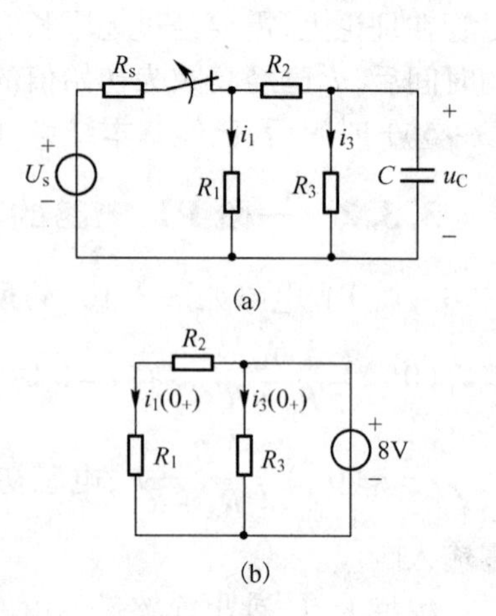

图 3.17　例 3-4 电路

故电路时间常数 $$\tau = R_0 C = \frac{20}{9} \times \frac{9}{2} = 10\text{s}$$

根据式(3-46),其零输入响应为

$$u_C(t) = u_C(0_+)e^{-\frac{t}{\tau}} = 8e^{-\frac{t}{10}}\text{V}, \quad t \geqslant 0_+$$

$$i_1(t) = i_1(0_+)e^{-\frac{t}{\tau}} = 1.6e^{-\frac{t}{10}}\text{A}, \quad t \geqslant 0_+$$

$$i_3(t) = i_3(0_+)e^{-\frac{t}{\tau}} = 2e^{-\frac{t}{10}}\text{A}, \quad t \geqslant 0_+$$

(2) 电容元件初始储能

$$w_C(0_+) = \frac{1}{2}Cu_C(0_+)^2 = \frac{1}{2} \times 4.5 \times 8^2 = 144\text{J}$$

$$w_{1,2} = \int_0^\infty (R_1 + R_2)i_1^2 \text{d}t = \int_0^\infty 5 \times (1.6e^{-\frac{t}{10}})^2 \text{d}t = 64\text{J}$$

$$w_3 = \int_0^\infty R_3 i_3^2 \text{d}t = \int_0^\infty 16e^{-\frac{t}{5}} \text{d}t = 80\text{J}$$

可见,在电路放电过程中,各电阻元件总的耗能在数量上等于电容元件的初始储能。

3.4 一阶电路的零状态响应

我们把含有独立电源,但初始储能为零的动态电路称为零状态电路。电路中由独立源激励产生的响应称为零状态响应。本节讨论在直流电源激励下,一阶电路的零状态响应。

3.4.1 一阶 RC 电路的零状态响应

图 3.18(a)电路,$t<0$ 时已处于稳态,电容电压 $u_C(0_-)=0$。$t=0$ 时,开关 S 由位置 2 切换至位置 1,电压源开始对电容充电。在初始时刻,由于 $u_C(0_+)=u_C(0_-)=0$,电容相当于短路,其充电电流 $i(0_+)=\frac{U_s - u_C(0_+)}{R}=\frac{U_s}{R}$。随着时间 t 的增长,电容电压 $u_C(t)$ 逐渐增大,充电电流 $i(t)$ 则逐渐减小。当 $t\to\infty$ 时,$u_C(\infty)=U_s$,充电电流 $i(\infty)=0$,电路达到新的稳态。由此可见,换路后 RC 电路的零状态响应就是电容元件的充电过程。

列出换路后电路的 KVL 方程,可得

$$Ri + u_C = RC\frac{\text{d}u_C}{\text{d}t} + u_C = U_s$$

或者写成 $$\frac{\text{d}u_C}{\text{d}t} + \frac{1}{RC}u_C = \frac{U_s}{RC} \tag{3-47}$$

这是非齐次微分方程,其解由齐次解和特解两部分组成,即

$$u_C = u_{ch} + u_{cp}$$

其中齐次解 u_{ch} 是式(3-47)相应的齐次方程的通解,因式(3-47)的齐次微分方程与式(3-39)相同,由上一节可知

$$u_{ch} = Ae^{-\frac{t}{\tau}}$$

式中,A 为待定常数,$\tau = RC$ 为电路的时间常数。

特解 u_{cp} 是满足非齐次微分方程的一个特殊解。在直流激励时,我们用 $t=\infty$ 时的响应值作为微分方程的特解。此时,电路已达稳态,电容视为开路,可将电路等效为直流

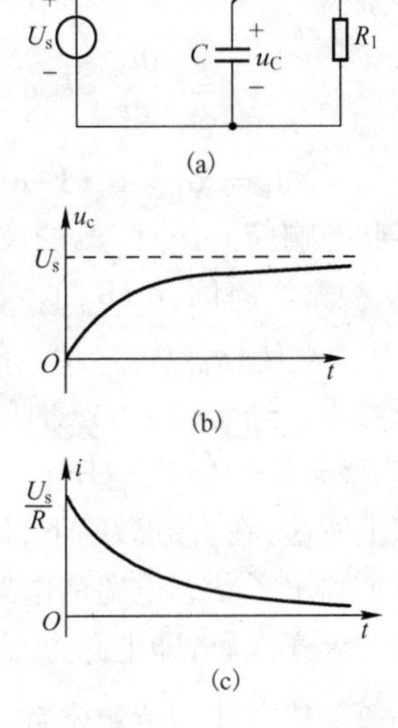

图 3.18 一阶 RC 电路的零状态响应

电路,其响应是直流电流或电压,因此,特解是一常量。令 $u_{cp}=K$,代入式(3-47),得

$$\frac{1}{RC}K=\frac{1}{RC}U_s$$

因此

$$u_{cp}=K=U_s$$

式(3-47)的完全解为

$$u_C=u_{ch}+u_{cp}=Ae^{-\frac{t}{\tau}}+U_s \tag{3-48}$$

代入初始条件 $u_C(0_+)=0$,有

$$u_C(0_+)=A+U_s=0$$

确定待定常数 $A=-U_s$,将它代入式(3-48)求得零状态电压响应

$$u_C=U_s(1-e^{-\frac{t}{\tau}}),\quad t\geqslant 0_+ \tag{3-49}$$

零状态电流响应为

$$i=C\frac{du_C}{dt}=\frac{U_s}{R}e^{-\frac{t}{\tau}},\quad t\geqslant 0_+ \tag{3-50}$$

画出 u_C和 i 的波形分别如图 3.18(b)、(c)所示。它们均按指数规律变化,同样经过(3~5)τ时间后,可以认为暂态过程已基本结束。暂态过程进展的速度也取决于电路时间常数 τ,它愈大,暂态过程进展愈慢。电路进入新的稳态后,电容视为开路,电流 $i(\infty)=0$,电压 $u_C(\infty)=U_s$。

3.4.2 一阶 RL 电路的零状态响应

图 3.19(a)电路,开关 S 置于 2,已知电感电流 $i_L(0_-)=0$。$t=0$ 时,开关由位置 2 切换至位置 1。换路后,在电压源激励下,电路产生零状态响应,实际上是 RL 电路的充电过程。

由 KVL 得 $u_L+u_R=L\frac{di_L}{dt}+Ri_L=U_s$

或者

$$\frac{di_L}{dt}+\frac{R}{L}i_L=\frac{U_s}{L} \tag{3-51}$$

应用式(3-47)相同的求解方法,求得

$$i_L=\frac{U_s}{R}(1-e^{-\frac{t}{\tau}}),\quad t\geqslant 0_+ \tag{3-52}$$

式中,$\tau=L/R$ 为 RL 电路的时间常数。电感和电阻元件上电压分别为

$$u_L=L\frac{di_L}{dt}=U_se^{-\frac{t}{\tau}},\quad t\geqslant 0_+ \tag{3-53}$$

$$u_R=Ri_L=U_s(1-e^{-\frac{t}{\tau}}),\quad t\geqslant 0_+ \tag{3-54}$$

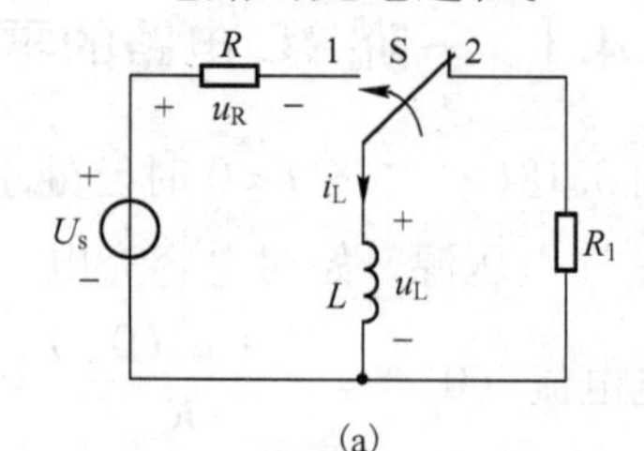

(a)

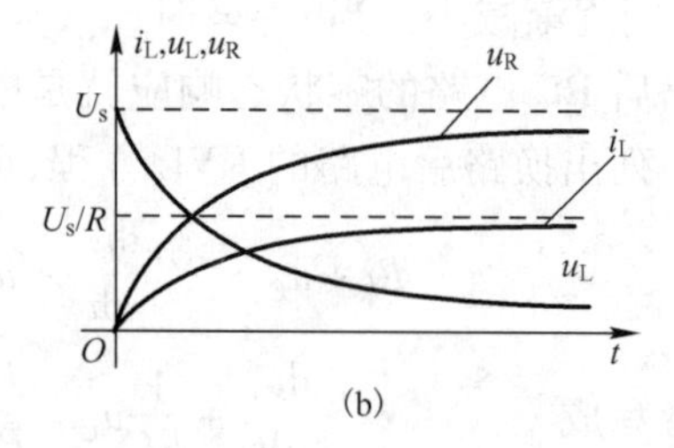

(b)

图 3.19 一阶 RL 电路的零状态响应

零状态响应 i_L、u_L和 u_R的波形如图 3.19(b)所示。由图可见,换路后瞬间,$i_L(0_+)=i_L(0_-)=0$,电感相当于开路,$u_L(0_+)=U_s$,$u_R(0_+)=0$。随时间 t 的增长,充电电流按指数规律增大,u_R也随之增大,而 u_L则逐渐减小。经历(3~5)τ 时间后,充电过程结束,电路达到新的稳态。此时电感相当于短路,其电流 $i_L(\infty)=U_s/R$,电压 $u_L(\infty)=0$,$u_R(\infty)=U_s$。

综上所述,在直流激励下,计算一阶电路零状态响应的具体步骤是:

(1) 列出零状态电路的电路方程,对于一阶电路,这是一个一阶非齐次微分方程。

(2) 求齐次解,即电路方程相应的齐次微分方程的通解。无论 RC 电路还是 RL 电路,形式均为 $Ae^{-\frac{t}{\tau}}$,其中 A 为待定常数,τ 为电路时间常数。

(3) 求特解。在直流电源激励时,可取特解为常数,通过待定系数法确定。

(4) 齐次解与特解相加得到微分方程的完全解。

(5) 由 0_+ 等效电路求出响应变量的初始条件，进而确定待定常数 A。

上述步骤原则上也适用于求零输入响应。只是零输入电路的电路方程是齐次微分方程，所以零输入响应中不含特解部分。

3.5 一阶电路的完全响应

当电路的初始储能不为零，且有独立源激励时，两者共同作用下产生的响应称为完全响应。下面介绍在直流电源激励下计算一阶电路完全响应的三要素方法。

计算电路完全响应与计算零状态响应一样，都可通过求解电路的微分方程解决。在两种情况下，电路微分方程相同，解的表达式也相同，只是电路初始储能或初始条件不同，方程解中待定常数 A 值不同而已。若用 $y(t)$ 表示方程变量，则完全响应可表示为

$$y(t)=y_{\mathrm{p}}(t)+y_{\mathrm{h}}(t)=y(\infty)+A\mathrm{e}^{-\frac{t}{\tau}} \tag{3-55}$$

在直流电源激励下，该式中微分方程特解 $y_{\mathrm{p}}(t)$ 为常量，是 $t\to\infty$，电路达到稳态时的响应值，称为稳态值，记为 $y(\infty)$，齐次解 $y_{\mathrm{h}}(t)$ 是含待定常数的指数函数。

设完全响应初始值为 $y(0_+)$，则由式(3-55)可得 $y(0_+)=y(\infty)+A$，故有

$$A=y(0_+)-y(\infty)$$

将 A 代入式(3-55)，得

$$y(t)=y(\infty)+[y(0_+)-y(\infty)]\mathrm{e}^{-\frac{t}{\tau}},\quad t\geqslant 0_+ \tag{3-56}$$

该式是一阶电路在直流电源作用下计算完全响应的一般公式。公式中的初始值 $y(0_+)$、稳态值 $y(\infty)$ 和时间常数 τ 称为三要素，故式(3-56)也称为三要素公式，应用三要素公式求电路响应的方法称为三要素法。

响应初始值 $y(0_+)$ 可以利用 0_+ 等效电路求出。当 $t=\infty$ 时，电路已达稳态，电容视为开路，电感视为短路；可将原一阶电路等效成直流电路，分析该电路求得响应的稳态值 $y(\infty)$。时间常数 $\tau=R_0C$（一阶 RC 电路），或者 $\tau=L/R_0$（一阶 RL 电路）。这里 R_0 是电路断开动态元件后，所得有源二端网络的戴维南或诺顿等效电路中的等效电阻。

下面通过例题说明如何应用三要素公式求解电路响应。

例 3-5 图 3.20(a) 所示 RC 电路，当 $t=0$ 时开关 S 闭合，已知电容电压的初始值 $u_{\mathrm{C}}(0_+)=U_0$，求 $t\geqslant 0_+$ 时的电压 $u_{\mathrm{C}}(t)$。

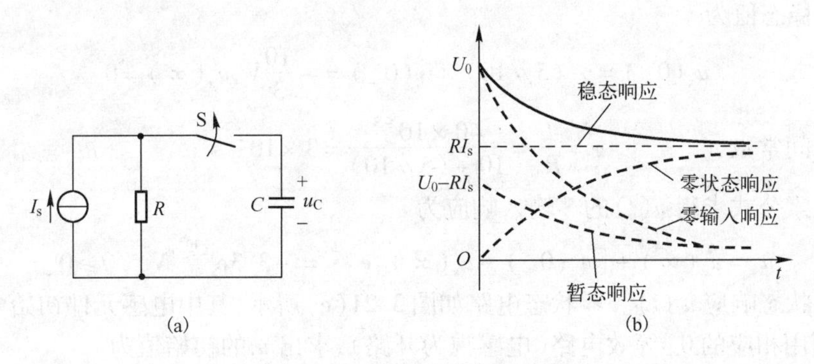

图 3.20 RC 电路的完全响应

解 开关闭合后，电容电压 u_{C} 由电流源 I_{s} 和电容的初始状态共同作用产生，故为完全响应。由于初始值 $u_{\mathrm{C}}(0_+)=U_0$，稳态值 $u_{\mathrm{C}}(\infty)=RI_{\mathrm{s}}$ 和时间常数 $\tau=RC$，代入三要素公式求得完全响应

$$u_C = u_C(\infty) + [u_C(0_+) - u_C(\infty)]e^{-\frac{t}{\tau}} = \underbrace{RI_s}_{\text{稳态响应}} + \underbrace{(U_0 - RI_s)e^{-\frac{t}{RC}}}_{\text{暂态响应}}, \quad t \geqslant 0_+ \tag{3-57}$$

此式表明完全响应 u_C 由两部分组成，其一是电路微分方程的齐次解，它随时间 t 的增加按指数规律衰减，当 $t \to \infty$ 时趋近于零，称为暂态响应；其二是微分方程的特解，也是 $t \to \infty$ 时稳定存在的响应分量，称为稳态响应。

式(3-57)也可改写为

$$u_C = \underbrace{U_0 e^{-\frac{t}{RC}}}_{\text{零输入响应}} + \underbrace{RI_s(1 - e^{-\frac{t}{RC}})}_{\text{零状态响应}}, \quad t \geqslant 0_+ \tag{3-58}$$

式中第一项是独立源为零时，由初始状态产生的响应，故为零输入响应；第二项是初始状态为零时，由独立源激励产生的响应，故为零状态响应。说明完全响应等于零输入响应与零状态响应的叠加，这样分解能清楚地看出激励与响应之间的因果关系。而分解成稳态响应和暂态响应则求解较方便，同时也体现了电路的不同工作状态。具体地，在换路后，电路将经历$(3\sim5)\tau$时间的暂态过程，然后进入稳定工作状态。

u_C 的波形如图3.20(b)所示，图中假设 $U_0 > RI_s$。

例3-6 图3.21(a)电路，开关S在位置1时，电路已处于稳态。$t=0$ 时，开关由位置1切换至位置2。试求 $t \geqslant 0_+$ 时电压 $u(t)$ 的零输入响应、零状态响应和完全响应。

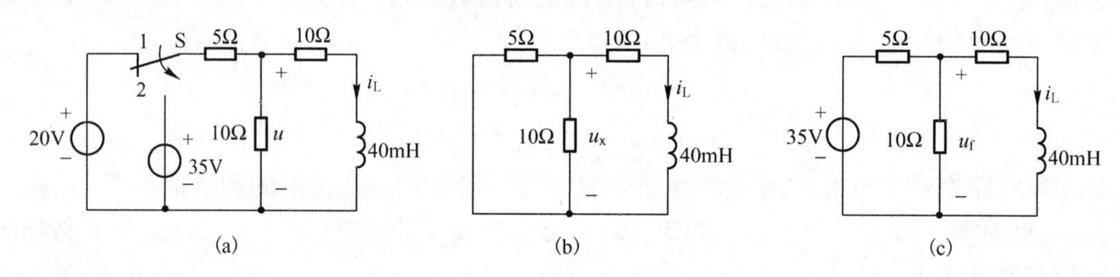

图3.21 例3-6电路

解 先用三要素法计算零输入响应 u_x 和零状态响应 u_f，然后将 u_x、u_f 叠加求出完全响应。

(1) 求零输入响应 u_x。在 $t=0_-$ 时，电路处于稳态，电感相当于短路，故有

$$i_L(0_-) = \frac{20}{5 + (10 /\!/ 10)} \times \frac{1}{2} = 1\text{A}$$

画出换路后的零输入电路如图3.21(b)所示，由换路定律得

$$i_L(0_+) = i_L(0_-) = 1\text{A}$$

u_x 的初始值和稳态值为

$$u_x(0_+) = -(5 /\!/ 10) \times i_L(0_+) = -\frac{10}{3}\text{V}, u_x(\infty) = 0$$

电路的时间常数

$$\tau = \frac{L}{R_0} = \frac{40 \times 10^{-3}}{10 + (5 /\!/ 10)} = 3 \times 10^{-3}\text{s}$$

利用三要素公式求得 $u(t)$ 的零输入响应为

$$u_x = u_x(\infty) + [u_x(0_+) - u_x(\infty)]e^{-\frac{t}{\tau}} = -3.3e^{-\frac{10^3}{3}t}\text{V}, \quad t \geqslant 0_+$$

(2) 求零状态响应 $u_f(t)$。零状态电路如图3.21(c)所示，其中电感元件初始电流 $i_L(0_+) = i_L(0_-) = 0$，利用相应的 0_+ 等效电路(电感视为开路)，求出 u_f 的初始值为

$$u_f(0_+) = \frac{35}{5 + 10} \times 10 = \frac{70}{3}\text{V}$$

在 $t \to \infty$ 时，电路达到新的稳态，电感可视为短路，u_f 的稳态值为

$$u_f(\infty) = \frac{10 /\!/ 10}{5 + (10 /\!/ 10)} \times 35 = \frac{35}{2}\text{V}$$

电路时间常数不变，即 $\tau=3\times10^{-3}$s。由三要素公式可得

$$u_f=u_f(\infty)+[u_f(0_+)-u_f(\infty)]e^{-\frac{t}{\tau}}=17.5+5.8e^{-\frac{10^3}{3}t}\text{V},\quad t\geqslant0_+$$

（3）求完全响应 $u(t)$。最后，将零输入响应与零状态响应叠加求出 $u(t)$ 的完全响应，即

$$u=u_x+u_f=(-3.3e^{-\frac{10^3}{3}t})+(17.5+5.8e^{-\frac{10^3}{3}t})=17.5+2.5e^{-\frac{10^3}{3}t}\text{V},\quad t\geqslant0_+$$

例 3-7 含受控源电路如图 3.22(a)所示，$t<0$ 时，开关 S 位于 b 处，电路已经稳定。$t=0$ 时，开关由位置 b 切换至位置 a，求 $t\geqslant0_+$ 时的电压 $u_C(t)$ 和电流 $i(t)$。

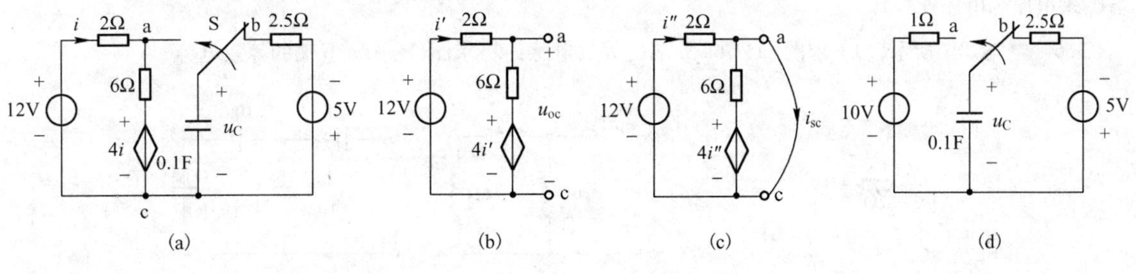

图 3.22 例 3-7 电路

解 （1）化简电路。为简化计算，将电路中含受控源部分用戴维南电路等效。对图 3.22(b)电路，由 KVL 得

$$12=(2+6)i'+4i'$$

解得 $i'=1$A。故开路电压为

$$u_{oc}=6i'+4i'=10i_1=10\text{V}$$

对图 3.22(c)电路，由于 $i''=12/2=6$A，所以

$$i_{sc}=i''+4i''/6=6+4=10\text{A}$$

等效电阻为 $R_0=u_{oc}/i_{sc}=10/10=1\Omega$

画出原电路的等效电路如图 3.22(d)所示。

（2）计算电压 $u(t)$。由图 3.22(d)电路，分别求出

$$u_C(0_+)=u_C(0_-)=-5\text{V},\quad u_C(\infty)=10\text{V}$$

$$\tau=R_0C=1\times0.1=0.1\text{s}$$

利用三要素公式，得

$$u_C(t)=10+(-5-10)e^{-10t}=10-15e^{-10t}\text{V},\quad t\geqslant0_+$$

（3）回到原电路，即图 3.22(a)，求出

$$i(t)=\frac{12-u_C}{2}=1+7.5e^{-10t}\text{A},\quad t\geqslant0_+$$

画出 u_C 和 i 的波形如图 3.23 所示。

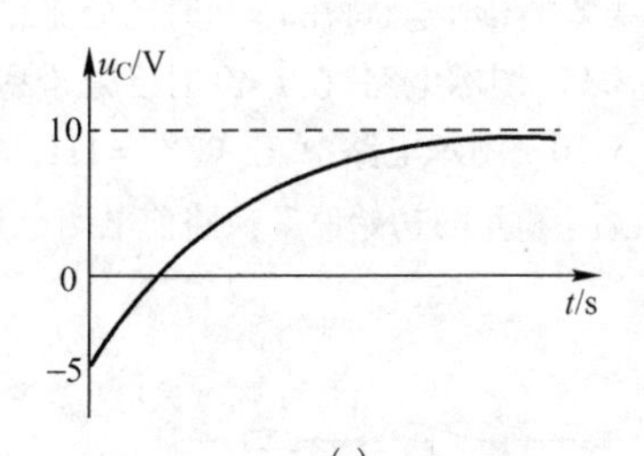

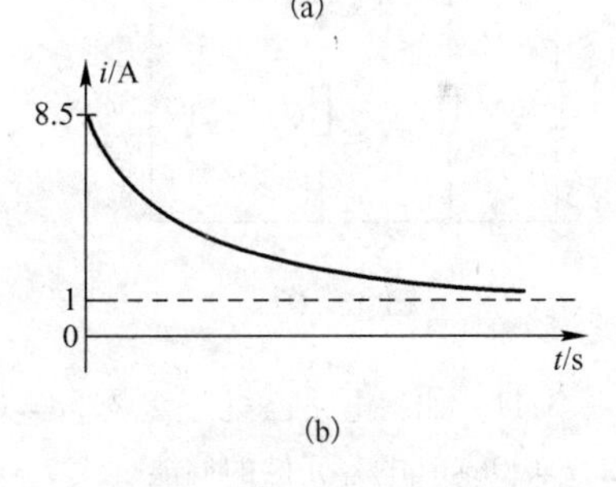

图 3.23 u_C 和 i 的波形

习 题 3

3.1 某电容 $C=2$F，设电流、电压为关联参考方向，已知其端电压 $u=2(1-e^{-t})$V，$t\geqslant0$。求 $t\geqslant0$ 时的电流 i，并画出其电压和电流的波形。

3.2 某电容 $C=2$F，其电流 i 波形如图所示。

（1）若 $u(0)=0$，求电容端电压 $u(t)$，$t\geqslant0$，并画出其波形；

（2）计算 $t=2$s 时电容的吸收功率 $p(2)$；

（3）计算 $t=2$s 时电容的储能 $w(2)$。

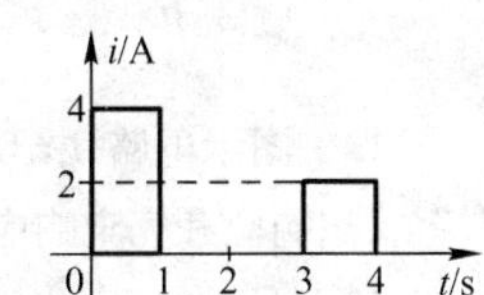

题 3.2 图

3.3　某电感 $L=0.5\text{H}$，设电流、电压为关联参考方向，已知通过电感的电流 $i=3(1-\mathrm{e}^{-2t})\text{A}$，$t\geqslant 0$。求 $t\geqslant 0$ 时电感的端电压 $u(t)$，并画出其波形。

3.4　某电感 $L=0.5\text{H}$，其端电压 u 波形如图所示。

（1）若 $i(0)=0$，求通过电感的电流，并画出其波形；

（2）计算 $t=2\text{s}$ 时的吸收功率 $p(2)$；

（3）计算 $t=2\text{s}$ 时的储能 $w(2)$。

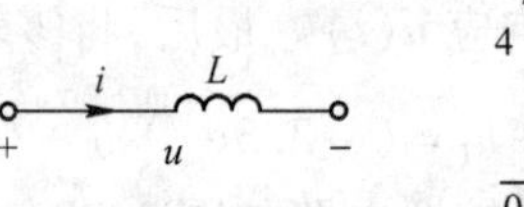

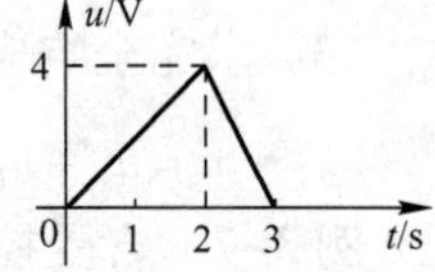

题 3.4 图

3.5　图示电路，已知电阻端电压 $u_{\text{R}}(t)=10(1-\mathrm{e}^{-10t})\text{V}$，$t\geqslant 0$，求电压源电压 $u_{\text{s}}(t)$。

3.6　电路如图所示，（1）求图（a）中 a、b 端的等效电感；（2）求图（b）中 a、b 端的等效电容。

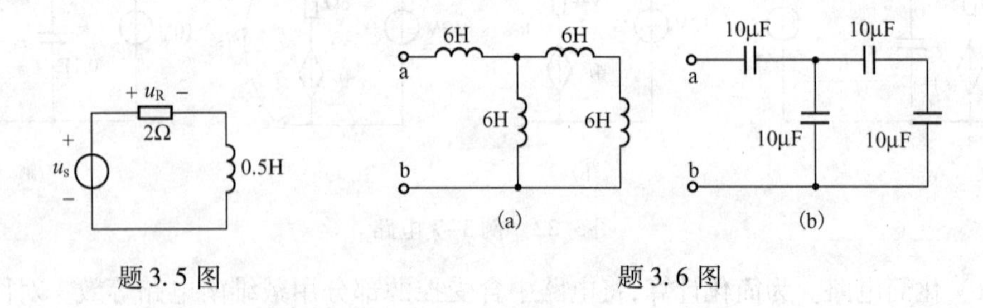

题 3.5 图　　题 3.6 图

3.7　图示电路，$t=0$ 时开关 S 闭合。已知 $u_{\text{C}}(0_-)=6\text{V}$，求 $i_{\text{C}}(0_+)$ 和 $i_{\text{R}}(0_+)$。

3.8　图示电路，在 $t<0$ 时已处于稳态，$t=0$ 时开关 S 由位置 1 切换至位置 2，求 $i(0_+)$ 和 $u(0_+)$。

3.9　图示电路，在 $t<0$ 时已处于稳态，$t=0$ 时开关 S 开启，求换路后 i_{C} 和 u_{R} 的初始值。

3.10　图示电路中，已知 $R_1=1\Omega$，$R_2=3\Omega$，$R_3=R_4=6\Omega$，$U_{\text{s}}=9\text{V}$，$L=2\text{mH}$，$C=0.5\text{F}$。$t=0$ 时开关 S 开启，求换路后 i 和 u 的初始值。换路前电路已处于稳态。

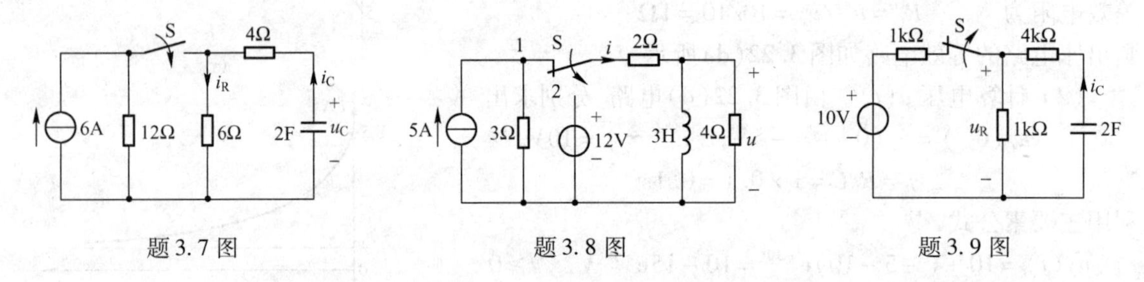

题 3.7 图　　题 3.8 图　　题 3.9 图

3.11　如图电路已处于稳态，$t=0$ 时开关 S 由位置 1 切换至位置 2，求：（1）换路后的电压 $u_{\text{C}}(t)$；（2）$t=20\text{ms}$ 时电容元件的储能。

3.12　如图电路，$t=0$ 时开关闭合，闭合前电路已处于稳态，求 $t\geqslant 0_+$ 时电流 i_{L} 的零输入响应。

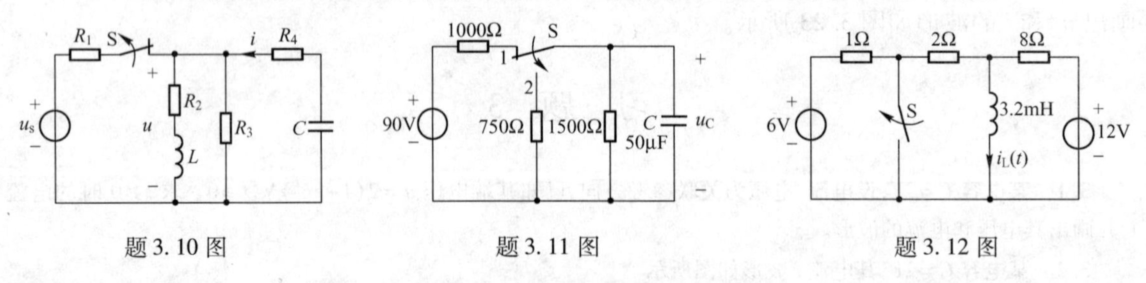

题 3.10 图　　题 3.11 图　　题 3.12 图

3.13　图示电路，$t=0$ 时开关闭合，闭合前电路已达稳定，求换路后电容电压 u_{C} 和电阻电流 i_{R} 的零输入响应、零状态响应和完全响应。

3.14　图示电路，$t=0$ 时开关 S 开启，开启前电路已处于稳态，用三要素法求 $t\geqslant 0_+$ 时电流 i_{L} 的零输入响应、零状态响应和完全响应，指出其稳态响应和暂态响应，并画出各响应波形。

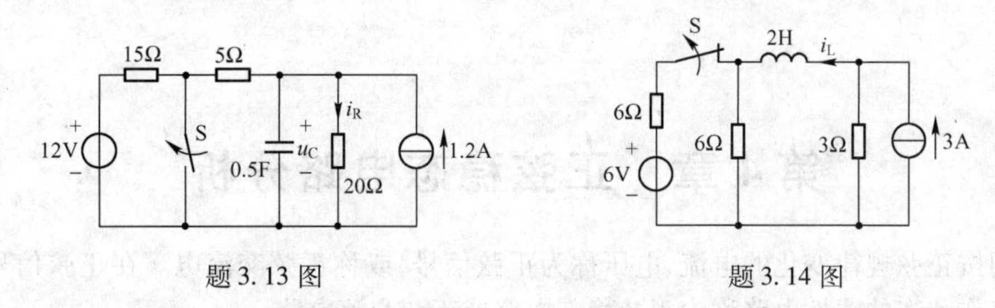

题 3.13 图　　　　　　　　　　　　题 3.14 图

3.15　如图所示电路，$t<0$ 时已处于稳态。在 $t=0$ 时开关闭合，求换路后流过开关 S 的电流。

3.16　如图电路，已知 $u(0_-)=0$，在 $t=0$ 时开关闭合，求换路后的电流 $i(t)$。

3.17　如图电路，已知电感初始储能为零。$t=0$ 时开关闭合，求换路后的电流 $i_L(t)$。

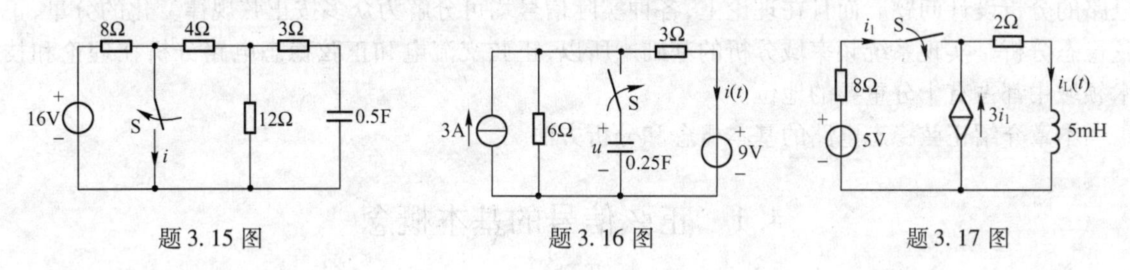

题 3.15 图　　　　　　　　题 3.16 图　　　　　　　　题 3.17 图

第 4 章　正弦稳态电路分析

随时间按正弦规律变化的电流、电压称为正弦信号,或称正弦交流电。在正弦信号激励下,达到稳定工作状态的线性电路称为正弦稳态电路或正弦交流电路。

正弦交流电不仅容易产生、便于控制和变换,而且能远距离传输,故在电力和信息处理领域都有广泛的应用。在电子产品、设备的研制、生产和性能测试过程中,常常会遇到各种正弦稳态电路的分析设计问题。而且在理论上,各种实际信号均可分解为众多按正弦规律变化的分量,正弦稳态分析是实现系统频率域分析的基础。所以,正弦交流电和正弦稳态电路分析在理论和技术领域中都占有十分重要的地位。

本章介绍正弦稳态电路的基本概念和分析方法。

4.1　正弦信号的基本概念

4.1.1　正弦信号的三要素

正弦信号的大小与方向都是随时间做周期性变化的,信号在任一时刻的值,称为瞬时值。在指定的参考方向下,正弦电流、电压的瞬时值可表示为

$$i(t)=I_m\sin(\omega t+\theta_i) \tag{4-1}$$

$$u(t)=U_m\sin(\omega t+\theta_u) \tag{4-2}$$

现以 $i(t)$ 为例,说明正弦信号的三要素。

式(4-1)中,I_m 是正弦信号在整个变化过程中可能达到的最大幅值,称为振幅或最大值。$(\omega t+\theta_i)$ 是正弦信号的相位,$t=0$ 时的相位 θ_i 称为初相位,简称初相,单位是弧度(rad)或度(°)。通常规定初相在 $|\theta_i|\leqslant\pi$ 范围内取值。一个正弦信号,若与时间轴原点间隔最近的正向(信号值由负到正)过零点位于原点左侧时,$\theta_i>0$;否则,$\theta_i\leqslant 0$。$\omega=\mathrm{d}(\omega t+\theta_i)/\mathrm{d}t$ 称为角速度或角频率,单位是弧度/秒(rad/s),它表示正弦信号变化的快慢程度。

式(4-1)表明,若知道了正弦信号的振幅、角频率和初相,就能完全确定它随时间变化的全过程,所以常称振幅、角频率和初相为正弦信号的三要素。

由于正弦信号变化一周,其相位变化 2π 弧度,因此,角频率 ω 也可表示为

$$\omega=2\pi/T=2\pi f \tag{4-3}$$

式中 T 为正弦信号的周期,单位是秒(s)。f 为频率,单位是赫兹(Hz)。当频率很高时,常用千赫兹(kHz)或兆赫兹(MHz)做单位,其转换关系是

$$1\mathrm{MHz}=10^3\mathrm{kHz}=10^6\mathrm{Hz}$$

正弦电流 $i(t)$ 的波形图如图 4.1 所示。图 4.1(a)中横坐标变量是时间 t;图 4.1(b)中横坐标变量是 ωt。

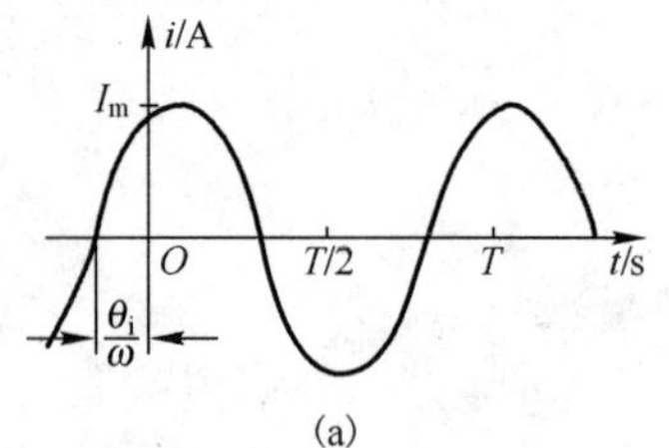

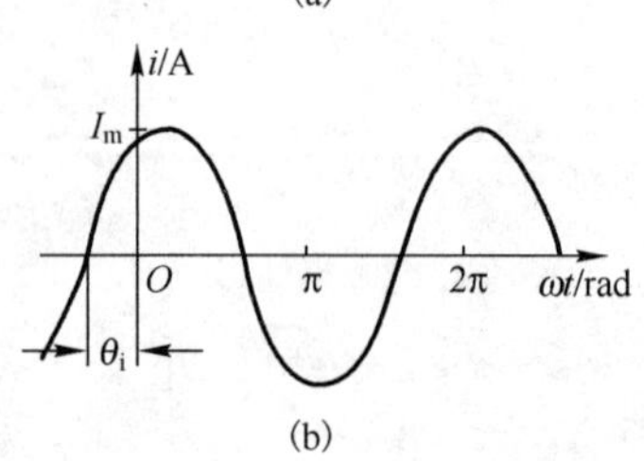

图 4.1　正弦电流的波形

4.1.2 相位差

正弦信号经过微分、积分运算或几个同频率正弦信号相加、相减运算后的结果仍是同频率的正弦信号。因而在相同频率的正弦信号激励下,线性非时变电路的稳态响应都是同频率的正弦信号。

两个同频率正弦信号在任一时刻的相位之差称为相位差。假设同频率的正弦电流和电压为

$$i(t) = I_m \sin(\omega t + \theta_i)$$

$$u(t) = U_m \sin(\omega t + \theta_u)$$

则其相位差

$$\theta = (\omega t + \theta_i) - (\omega t + \theta_u) = \theta_i - \theta_u$$

可见,两个同频率正弦信号的相位差实际上是它们的初相之差,其值大小与时间 t 无关。

如果 $\theta = \theta_i - \theta_u > 0$,如图 4.2(a)所示,则表示随着 t 的增加,电流 i 要比电压 u 先到达最大值或最小值。这种关系称 i 超前于 u 或 u 滞后于 i,其超前或滞后的角度都是 θ;如果 $\theta < 0$,如图 4.2(b)所示,则结论恰好与上面的情况相反。

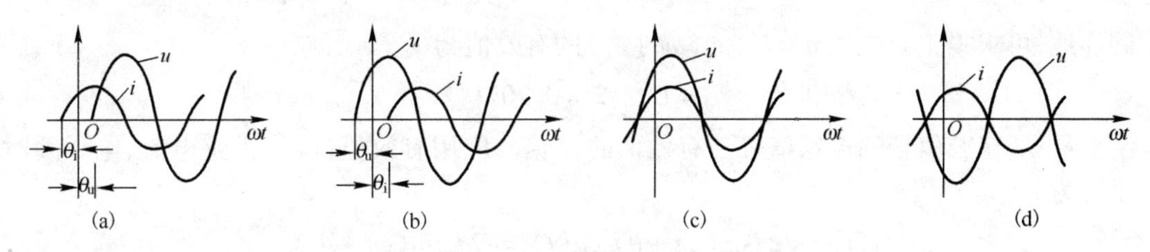

图 4.2 相位差

如果 $\theta = 0$,则称 i 与 u 同相。如图 4.2(c)所示,表示 i 与 u 同时达到最小值、零值与最大值。

如果 $\theta = \pm\pi$,则称 i 与 u 反相。此时,如图 4.1(d)所示,当 i 达到最大值时,u 却为最小值,反之亦然。

例 4-1 已知正弦电流 i_1、i_2 和正弦电压 u_3 分别为

$$i_1(t) = 5\sin(\omega t + 30°)\,\text{A},\ i_2(t) = -10\sin(\omega t + 45°)\,\text{A},\ u_3(t) = 15\cos(\omega t + 60°)\,\text{V}$$

试比较 i_1 与 i_2、i_1 与 u_3 间的相位关系。

解 比较两个正弦信号的相位关系时,除要求它们的频率或角频率相同外,还应注意信号的函数类型为正弦函数,以及瞬时表达式前面负号对相位的影响。由于

$$i_2(t) = -10\sin(\omega t + 45°) = 10\sin(\omega t - 135°)$$

$$u_3(t) = 15\cos(\omega t + 60°) = 15\sin(\omega t + 150°)$$

所以,i_1 与 i_2 间的相位差为

$$\theta_{12} = 30° - (-135°) = 165°$$

i_1 与 u_3 间的相位差为

$$\theta_{13} = 30° - 150° = -120°$$

也就是说,电流 i_1 超前电流 i_2 的角度为 165°;电流 i_1 超前电压 u_3 的角度为 −120°,或者 u_3 超前于 i_1 120°。

4.1.3 有效值

为了直观地比较正弦信号的大小,研究它们在电路中的平均效果,我们引入有效值的概念。

先定义一般周期信号的有效值。设有两个相同的电阻,分别通以周期电流和直流电流。如果在一周期内,两个电阻消耗的能量相同,就称该直流电流值为周期电流的有效值。

当周期电流 i 通过电阻 R 时,一周期内电阻消耗的电能为

$$W_i = \int_0^T p(t)\,\mathrm{d}t = \int_0^T Ri^2(t)\,\mathrm{d}t$$

式中 T 为周期信号的周期。

当直流电流 I 通过电阻 R 时，在相同时间 T 内，电阻消耗的电能为

$$W_I = RI^2T$$

然后，令 $W_i = W_I$，则有

$$I^2T = \int_0^T i^2(t)\,dt$$

于是，周期电流 i 的有效值为

$$I = \sqrt{\frac{1}{T}\int_0^T i^2(t)\,dt} \tag{4-4}$$

因为正弦电流是周期电流，所以可直接应用式(4-4)求出它的有效值。设正弦电流

$$i(t) = I_m\sin(\omega t + \theta_i)$$

将它代入式(4-4)，得

$$I = \sqrt{\frac{1}{T}\int_0^T I_m^2\sin^2(\omega t + \theta_i)\,dt} = \sqrt{\frac{I_m^2}{2T}\int_0^T [1-\cos2(\omega t + \theta_i)]\,dt} = \frac{I_m}{\sqrt{2}} = 0.707I_m \tag{4-5}$$

同样地，可求得正弦电压 $u = U_m\sin(\omega t + \theta_u)$ 的有效值为

$$U = U_m/\sqrt{2} = 0.707U_m \tag{4-6}$$

由上可见，正弦信号的振幅值等于有效值的$\sqrt{2}$倍。应用有效值，可将正弦电流、电压瞬时表达式改写为

$$i(t) = \sqrt{2}I\sin(\omega t + \theta_i),\ u(t) = \sqrt{2}U\sin(\omega t + \theta_u)$$

在电工技术中，通常用有效值表示交流电的大小。例如交流电压220V、交流电流50A，其电流电压值都是有效值。各种交流电气设备铭牌上标出的额定值及交流仪表的指示值也都是有效值。

例 4-2 已知正弦电压源的频率为50Hz，初相为 π/6rad，由交流电压表测得电源开路电压为220V。求该电源电压的振幅、角频率，并写出其瞬时值表达式。

解 因为 $f = 50\text{Hz}$，$\theta_u = \pi/6\text{rad}$，所以

$$\omega = 2\pi f = 2\pi \times 50 = 314\text{rad/s}$$

$$U_m = \sqrt{2}U = \sqrt{2} \times 220 = 311\text{V}$$

电源电压瞬时值表达式为

$$u(t) = U_m\sin(\omega t + \theta_u) = 311\sin\left(314t + \frac{\pi}{6}\right)\text{V}$$

4.2 正弦信号的相量表示

正弦稳态电路中的电流、电压都是时间 t 的正弦函数。由于电阻元件和动态元件的 VAR 分别是代数关系和微分、积分关系，因此在求解正弦稳态响应时，需要经常作三角函数的代数运算和微分、积分运算。常识和经验告诉我们，在人工方式下进行上述运算，除计算烦琐外，还往往容易出错。为此，我们采用相量表示正弦信号，以简化正弦稳态电路的分析和计算。

4.2.1 复数及其运算

在数学中，一个复数 A 可以表示成代数型、指数型或极型，即

$$A = \underbrace{a_1 + ja_2}_{\text{代数型}} = \underbrace{ae^{j\theta}}_{\text{指数型}} = \underbrace{a\angle\theta}_{\text{极型}} \tag{4-7}$$

式中 $j=\sqrt{-1}$ 为复数单位；a_1 和 a_2 分别为复数 A 的实部和虚部；a 和 θ 分别是 A 的模和辐角。复数 A 也可以表示为复平面上的一个点或由原点指向该点的有向线段（矢量），如图 4.3 所示。由图可知，复数代数型与指数型（或极型）之间的转换关系为

$$\left.\begin{aligned} a &= \sqrt{a_1^2+a_2^2} \\ \theta &= \arctan\frac{a_2}{a_1} \end{aligned}\right\} \tag{4-8}$$

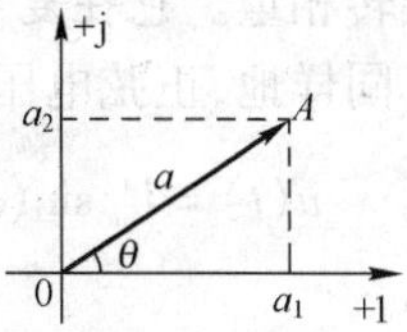

和

$$\left.\begin{aligned} a_1 &= \mathrm{Re}[A] = a\cos\theta \\ a_2 &= \mathrm{Im}[A] = a\sin\theta \end{aligned}\right\} \tag{4-9}$$

图 4.3 复数 A

上式中 $\mathrm{Re}[A]$ 和 $\mathrm{Im}[A]$ 分别表示取复数 A 的实部和虚部。

两个复数相等时，其实部和虚部分别相等，或模和辐角分别相等。

两个复数相加（减）等于把它们的实部和虚部分别相加（减）。例如，若 $A=a_1+ja_2$，$B=b_1+jb_2$，则

$$A \pm B = (a_1+ja_2) \pm (b_1+jb_2) = (a_1 \pm b_1) + j(a_2 \pm b_2) \tag{4-10}$$

复数的相加（减）运算宜采用代数型。

两个复数相乘（除）等于将它们的模相乘（除）、辐角相加（减）。例如，若 $A=a\mathrm{e}^{j\theta_A}=a\underline{/\theta_A}$，$B=b\mathrm{e}^{j\theta_B}=b\underline{/\theta_B}$，则

$$\left.\begin{aligned} A \cdot B &= ab\mathrm{e}^{j(\theta_A+\theta_B)} = ab\underline{/\theta_A+\theta_B} \\ \frac{A}{B} &= \frac{a}{b}\mathrm{e}^{j(\theta_A-\theta_B)} = \frac{a}{b}\underline{/\theta_A-\theta_B} \end{aligned}\right\} \tag{4-11}$$

复数的乘、除运算采用指数型或极型较方便。

复数在复平面上进行代数运算有一定的几何意义。例如，复数的加、减运算可采用矢量的平行四边形法或多角形法作图完成。复数 A、B 相乘运算，相当于把矢量 A 的模（a）扩大 b（B 的模）倍后，再绕原点按逆时针方向旋转 θ_B 角。复数 A 除以 B 时，相当于把矢量 A 的模缩小 b 倍后，再按顺时针方向旋转 θ_B 角。

4.2.2 正弦信号的相量表示

我们知道，正弦信号由振幅、角频率和初相三个要素确定。由于在正弦稳态电路中，各处的电流和电压都是正弦信号，并且它们的角频率与正弦电源的角频率相同，因此，在进行正弦稳态电路分析时，对于正弦电流、电压的振幅和初相，是我们最为关心的两个要素。为了简化分析，现在以电流为例，介绍正弦信号的相量表示。

设正弦电流 $i(t)=I_m\sin(\omega t+\theta_i)$，利用欧拉公式 $\mathrm{e}^{j\theta}=\cos\theta+j\sin\theta$，可将复指数函数表示为

$$I_m\mathrm{e}^{j(\omega t+\theta_i)} = I_m\cos(\omega t+\theta_i) + jI_m\sin(\omega t+\theta_i)$$

注意上式中的虚部即为正弦电流的表达式，于是有

$$i(t) = I_m\sin(\omega t+\theta_i) = \mathrm{Im}[I_m\mathrm{e}^{j(\omega t+\theta_i)}] = \mathrm{Im}[I_m\mathrm{e}^{j\theta_i}\cdot\mathrm{e}^{j\omega t}] = \mathrm{Im}[\dot{I}_m\mathrm{e}^{j\omega t}] \tag{4-12}$$

式中

$$\dot{I}_m = I_m\mathrm{e}^{j\theta_i} = I_m\underline{/\theta_i} \tag{4-13}$$

式(4-13)中复数 $\dot{I}_m$ 的模和辐角恰好分别对应正弦电流的振幅和初相。在此基础上，再考虑已知的角频率，就能完全表示一个正弦电流。像这样能用来表示正弦信号的特定复数称为相量，并在符号上方标记圆点“·”，以与一般复数相区别。$\dot{I}_m$ 称为电流相量，把它表示在复平面上，称为相量图，如图 4.4 所示。

式(4-12)中的 $e^{j\omega t}=1\angle\omega t$，这是一个模值为1，辐角随时间均匀增加的复值函数。相量$\dot{I}_m$乘以 $e^{j\omega t}$，即$\dot{I}_m e^{j\omega t}=I_m e^{j(\omega t+\theta_i)}$，表示相量$\dot{I}_m$在复平面上绕原点以角速度 ω 按逆时针方向旋转，故称为旋转相量。它在复平面虚轴上的投影就是正弦电流，如图4.5所示。

图4.4　相量图

同样地，正弦电压可表示为

$$u(t)=U_m\sin(\omega t+\theta_u)=\text{Im}[U_m e^{j(\omega t+\theta_u)}]=\text{Im}[\dot{U}_m e^{j\omega t}]$$

其中

$$\dot{U}_m=U_m e^{j\theta_u}=U_m\angle\theta_u \tag{4-14}$$

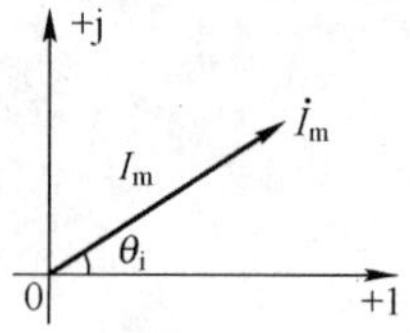

称为电压相量。由于正弦信号振幅是有效值的$\sqrt{2}$倍，故有

$$\left.\begin{aligned}\dot{I}_m&=I_m e^{j\theta_i}=\sqrt{2}Ie^{j\theta_i}=\sqrt{2}\dot{I}\\ \dot{U}_m&=U_m e^{j\theta_u}=\sqrt{2}Ue^{j\theta_u}=\sqrt{2}\dot{U}\end{aligned}\right\} \tag{4-15}$$

式中

$$\left.\begin{aligned}\dot{I}&=Ie^{j\theta_i}=I\angle\theta_i\\ \dot{U}&=Ue^{j\theta_u}=U\angle\theta_u\end{aligned}\right\} \tag{4-16}$$

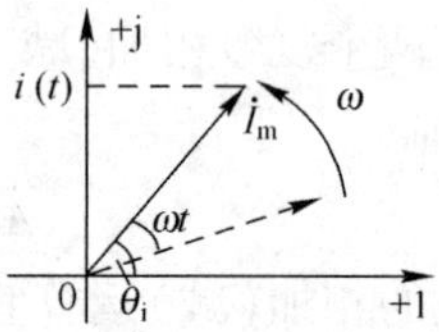

图4.5　旋转相量

分别称为电流、电压的有效值相量，相应地，将$\dot{I}_m$和$\dot{U}_m$分别称为电流和电压的振幅相量。显然，振幅相量是有效值相量的$\sqrt{2}$倍。

必须指出，正弦信号是代数量，并非矢量或复数量，所以，相量不等于正弦信号。但是，它们之间有相互对应关系，即

$$\left.\begin{aligned}i&=I_m\sin(\omega t+\theta_i)\leftrightarrow\dot{I}_m=I_m e^{j\theta_i}=I_m\angle\theta_i\\ u&=U_m\sin(\omega t+\theta_u)\leftrightarrow\dot{U}_m=U_m e^{j\theta_u}=U_m\angle\theta_u\end{aligned}\right\} \tag{4-17}$$

或

$$\left.\begin{aligned}i&=\sqrt{2}I\sin(\omega t+\theta_i)\leftrightarrow\dot{I}=Ie^{j\theta_i}=I\angle\theta_i\\ u&=\sqrt{2}U\sin(\omega t+\theta_u)\leftrightarrow\dot{U}=Ue^{j\theta_u}=U\angle\theta_u\end{aligned}\right\} \tag{4-18}$$

因此可以采用相量表示正弦信号。式(4-17)和式(4-18)中，双向箭头符号“↔”表示正弦信号与相量之间的对应关系。

下面介绍几个正弦信号与相量之间的对应规则。为了叙述方便，设正弦信号 $A(t)$、$B(t)$与相量$\dot{A}_m$、$\dot{B}_m$的对应关系为

$$\left.\begin{aligned}A(t)&=A_m\sin(\omega t+\theta_A)\leftrightarrow\dot{A}_m=A_m e^{j\theta_A}=a_1+ja_2\\ B(t)&=B_m\sin(\omega t+\theta_B)\leftrightarrow\dot{B}_m=B_m e^{j\theta_B}=b_1+jb_2\end{aligned}\right\} \tag{4-19}$$

1. 唯一性规则

对所有时刻 t，当且仅当两个同频率的正弦信号相等时，其对应相量才相等。即

$$A(t)=B(t)\leftrightarrow\dot{A}_m=\dot{B}_m \tag{4-20}$$

证明　由于$A(t)=B(t)$，所以有

$$\text{Im}(\dot{A}_m e^{j\omega t})=\text{Im}(\dot{B}_m e^{j\omega t}) \tag{4-21}$$

式(4-21)对所有时刻 t 均成立。令 $t=0$，有

$$\text{Im}(\dot{A}_m)=\text{Im}(\dot{B}_m)\quad\text{或}\quad\text{Im}(a_1+ja_2)=\text{Im}(b_1+jb_2)$$

求得 $a_2=b_2$。

当令 $t=\pi/2\omega$ 时，$e^{j\omega t}\big|_{t=\pi/2\omega}=j$，代入式(4-21)有

$$\mathrm{Im}(\mathrm{j}\dot{A}_{\mathrm{m}}) = \mathrm{Im}(\mathrm{j}\dot{B}_{\mathrm{m}})$$

或写成

$$\mathrm{Im}(\mathrm{j}a_1 - a_2) = \mathrm{Im}(\mathrm{j}b_1 - b_2)$$

求得 $a_1 = b_1$。

于是有$\dot{A}_{\mathrm{m}} = \dot{B}_{\mathrm{m}}$。

反之,若$\dot{A}_{\mathrm{m}} = \dot{B}_{\mathrm{m}}$,则有$\dot{A}_{\mathrm{m}}\mathrm{e}^{\mathrm{j}\omega t} = \dot{B}_{\mathrm{m}}\mathrm{e}^{\mathrm{j}\omega t}$;根据复数相等定义,可得

$$\mathrm{Im}(\dot{A}_{\mathrm{m}}\mathrm{e}^{\mathrm{j}\omega t}) = \mathrm{Im}(\dot{B}_{\mathrm{m}}\mathrm{e}^{\mathrm{j}\omega t})$$

也就是 $A(t) = B(t)$。

故式(4-20)成立。它表明正弦信号与相量之间是一一对应的。

2. 线性规则

若 K_1 和 K_2 均为实常数,且 $A(t) \leftrightarrow \dot{A}_{\mathrm{m}}$,$B(t) \leftrightarrow \dot{B}_{\mathrm{m}}$,则

$$K_1A(t) + K_2B(t) \leftrightarrow K_1\dot{A}_{\mathrm{m}} + K_2\dot{B}_{\mathrm{m}} \tag{4-22}$$

证明 设$\dot{A}_{\mathrm{m}}\mathrm{e}^{\mathrm{j}\omega t} = a_1(t) + \mathrm{j}a_2(t)$,$\dot{B}_{\mathrm{m}}\mathrm{e}^{\mathrm{j}\omega t} = b_1(t) + \mathrm{j}b_2(t)$,由于

$$\begin{aligned} K_1A(t) + K_2B(t) &= K_1\mathrm{Im}(\dot{A}_{\mathrm{m}}\mathrm{e}^{\mathrm{j}\omega t}) + K_2\mathrm{Im}(\dot{B}_{\mathrm{m}}\mathrm{e}^{\mathrm{j}\omega t}) \\ &= K_1\mathrm{Im}[a_1(t) + \mathrm{j}a_2(t)] + K_2\mathrm{Im}[b_1(t) + \mathrm{j}b_2(t)] \\ &= K_1a_2(t) + K_2b_2(t) = \mathrm{Im}[(K_1\dot{A}_{\mathrm{m}} + K_2\dot{B}_{\mathrm{m}})\mathrm{e}^{\mathrm{j}\omega t}] \end{aligned}$$

所以,线性规则成立。一般而言,若干个正弦信号线性组合后的相量等于各正弦信号对应相量的同一线性组合。作为一种特殊情况,在式(4-22)中,令 $K_2 = 0$,则有 $K_1A(t) \leftrightarrow K_1\dot{A}_{\mathrm{m}}$,表明正弦信号数乘 K_1 后的相量等于原正弦信号对应的相量数乘 K_1。

3. 微分规则

若 $A(t) \leftrightarrow \dot{A}_{\mathrm{m}}$,则

$$\frac{\mathrm{d}}{\mathrm{d}t}A(t) \leftrightarrow \mathrm{j}\omega\dot{A}_{\mathrm{m}} \tag{4-23}$$

证明 因为

$$\begin{aligned} \frac{\mathrm{d}}{\mathrm{d}t}A(t) &= \frac{\mathrm{d}}{\mathrm{d}t}A_{\mathrm{m}}\sin(\omega t + \theta_{\mathrm{A}}) = \omega A_{\mathrm{m}}\cos(\omega t + \theta_{\mathrm{A}}) = \omega A_{\mathrm{m}}\sin(\omega t + \theta_{\mathrm{A}} + 90^\circ) \\ &= \mathrm{Im}[\omega A_{\mathrm{m}}\mathrm{e}^{\mathrm{j}(\omega t + \theta_{\mathrm{A}} + 90^\circ)}] = \mathrm{Im}[\omega A_{\mathrm{m}}\mathrm{e}^{\mathrm{j}90^\circ} \cdot \mathrm{e}^{\mathrm{j}\theta_{\mathrm{A}}} \cdot \mathrm{e}^{\mathrm{j}\omega t}] = \mathrm{Im}[(\mathrm{j}\omega\dot{A}_{\mathrm{m}})\mathrm{e}^{\mathrm{j}\omega t}] \end{aligned}$$

所以,式(4-23)成立。

以上规则也适用于正弦信号的有效值相量。

例 4-3 已知电压 $u_1 = 4\sin(\omega t + 60^\circ)\,\mathrm{V}$,$u_2 = 6\sin(\omega t + 135^\circ)\,\mathrm{V}$ 和 $u_3 = 8\sin(\omega t - 60^\circ)\,\mathrm{V}$。试写出各电压的振幅相量,并画出相量图。

解 设正弦电压 u_1、u_2 和 u_3 的振幅相量分别为$\dot{U}_{1\mathrm{m}}$、$\dot{U}_{2\mathrm{m}}$和$\dot{U}_{3\mathrm{m}}$,则

$$\dot{U}_{1\mathrm{m}} = 4\underline{/60^\circ}\,\mathrm{V}, \quad \dot{U}_{2\mathrm{m}} = 6\underline{/135^\circ}\,\mathrm{V}, \quad \dot{U}_{3\mathrm{m}} = 8\underline{/-60^\circ}\,\mathrm{V}$$

三个正弦电压的角频率相同,可将它们的相量画在同一复平面上,如图 4.6 所示。

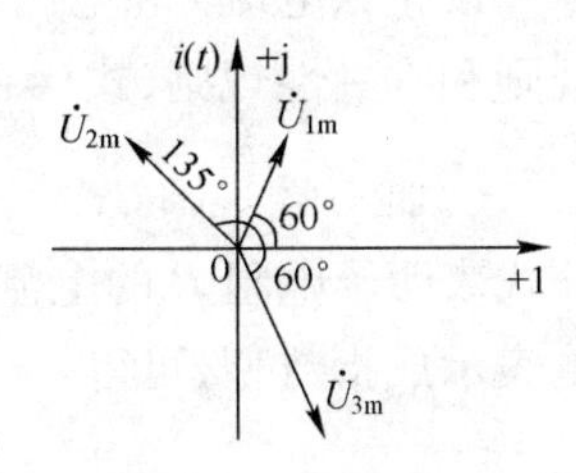

图 4.6 电压相量图

例 4-4 已知 $i_1 = 5\sqrt{2}\sin(\omega t - 36.9^\circ)\,\mathrm{A}$,$i_2 = 10\sqrt{2}\sin(\omega t + 53.1^\circ)\,\mathrm{A}$,试求电流 i,并画出相量图。

解 由已知条件可得

$$i_1 \leftrightarrow \dot{I}_1 = 5\underline{/-36.9^\circ}\,\mathrm{A}$$

$$i_2 \leftrightarrow \dot{I}_2 = 10\underline{/53.1^\circ}\,\mathrm{A}$$

根据 KCL，有 $i=i_1+i_2$

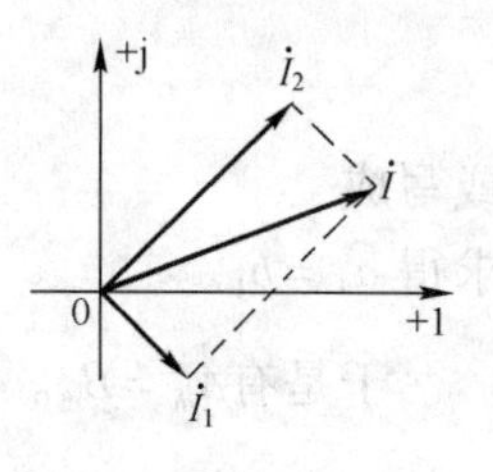

图 4.7　例 4-4 图

设正弦电流 i 的有效值相量为 $\dot{I}$，则由线性和唯一性规则可得

$$\begin{aligned}\dot{I}&=\dot{I}_1+\dot{I}_2=5\angle -36.9^\circ+10\angle 53.1^\circ\\&=(4-\mathrm{j}3)+(6+\mathrm{j}8)=10+\mathrm{j}5=11.18\angle 26.6^\circ\ \mathrm{A}\end{aligned}$$

因此，正弦电流 i 的表达式为

$$i=11.18\sqrt{2}\sin(\omega t+26.6^\circ)\ \mathrm{A}$$

各电流的有效值相量如图 4.7 所示。图中清楚地反映了各相量之间模及辐角或各正弦量之间振幅及初相的关系。本例题的简单计算表明，引入相量概念后，用复常数表示正弦量，将正弦量的三角函数运算转化为复数运算，从而为简化正弦稳态电路的分析计算提供了条件。

4.3　基本元件 VAR 和基尔霍夫定律的相量形式

就电路分析而言，理论上需要解决的主要问题是：(1)元件特性和电路连接关系的描述(元件 VAR 和电路 KCL、KVL)；(2)建立电路模型；(3)列出电路方程，求得分析结果。对于正弦稳态电路，引入相量概念后，我们将分别对上述问题进行讨论和研究，以便导出正弦稳态电路的实用分析方法。本节先介绍基本元件 VAR 和基尔霍夫定律的相量形式。

4.3.1　基本元件 VAR 的相量形式

1. 电阻元件

如图 4.8(a)所示，设电阻 R 的端电压与电流采用关联参考方向。当正弦电流

$$i(t)=\sqrt{2}I\sin(\omega t+\theta_{\mathrm{i}})$$

通过电阻时，由欧姆定律可知电阻元件的端电压为

$$u(t)=Ri(t)=\sqrt{2}RI\sin(\omega t+\theta_{\mathrm{i}})=\sqrt{2}U\sin(\omega t+\theta_{\mathrm{u}}) \tag{4-24}$$

式中 U 和 θ_{u} 是电压 u 的有效值和初相。上式表明，电阻元件的电流、电压是同频率的正弦量，两者的有效值满足 $U=RI$，而初相是相同的。电流、电压波形如图 4.8(b)所示。

设正弦电流 i 和电压 u 对应的有效值相量分别为 $\dot{I}$ 和 $\dot{U}$，即 $i\leftrightarrow\dot{I}$，$u\leftrightarrow\dot{U}$，则根据 4.2 节线性规则和唯一性规则，式(4-24)对应的相量表达式为

$$\dot{U}=R\dot{I} \tag{4-25}$$

该式表明了电阻 R 的电流、电压相量关系，称为电阻元件 VAR 的相量形式。将式(4-25)中的相量表示成指数型，可得

$$U\mathrm{e}^{\mathrm{j}\theta_{\mathrm{u}}}=RI\mathrm{e}^{\mathrm{j}\theta_{\mathrm{i}}}$$

按照复数相等定义，上式等号两边复数的模及辐角分别相等，即

$$\left.\begin{aligned}U&=RI\\\theta_{\mathrm{u}}&=\theta_{\mathrm{i}}\end{aligned}\right\} \tag{4-26}$$

显然，上述结果与式(4-24)表明的结论是完全一致的。

根据式(4-25)画出的电阻元件模型如图 4.9(a)所示。它以相量形式的伏安关系描述电阻元件特性，故称为相量模型。电阻元件电流、电压相量图如图 4.9(b)所示。

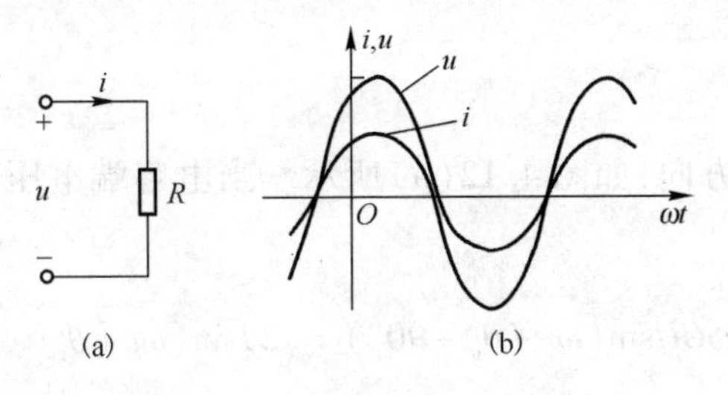

图 4.8　电阻元件的 i-u 关系

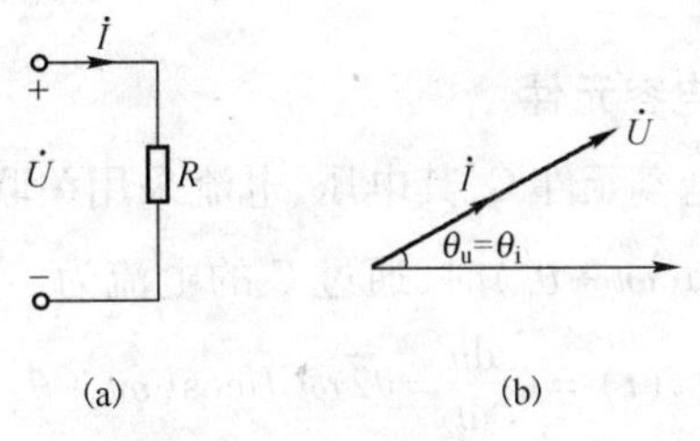

图 4.9　电阻元件的 i-u 关系

2. 电感元件

设电感 L 的端电压与电流采用关联参考方向,如图 4.10(a)所示。当正弦电流 $i(t)=\sqrt{2}I\sin(\omega t+\theta_{\mathrm{i}})$ 通过电感时,其端电压为

$$u(t)=L\frac{\mathrm{d}i(t)}{\mathrm{d}t}=\sqrt{2}\,\omega LI\cos(\omega t+\theta_{\mathrm{i}})=\sqrt{2}\,\omega LI\sin(\omega t+\theta_{\mathrm{i}}+90^\circ)=\sqrt{2}\,U\sin(\omega t+\theta_{\mathrm{u}}) \tag{4-27}$$

式中 U 和 θ_{u} 分别为电感电压的有效值和初相。由式(4-27)可知电感电压和电流是同频率的正弦量,其波形如图 4.10(b)所示。

若设电感电流、电压与有效值相量的对应关系为

$$i(t)=\sqrt{2}I\sin(\omega t+\theta_{\mathrm{i}})\longleftrightarrow\dot{I}=I\mathrm{e}^{\mathrm{j}\theta_{\mathrm{i}}}$$

$$u(t)=\sqrt{2}U\sin(\omega t+\theta_{\mathrm{u}})\longleftrightarrow\dot{U}=U\mathrm{e}^{\mathrm{j}\theta_{\mathrm{u}}}$$

则根据 4.2 节中的微分、线性和唯一性规则,可得式(4-27)的相量表达式为

$$\dot{U}=\mathrm{j}\omega L\,\dot{I} \tag{4-28}$$

该式称为电感元件 VAR 的相量形式。它同时体现了电感电流、电压之间的有效值关系和相位关系。因为式(4-28)可以写为

$$U\mathrm{e}^{\mathrm{j}\theta_{\mathrm{u}}}=\mathrm{j}\omega LI\mathrm{e}^{\mathrm{j}\theta_{\mathrm{i}}}=\omega LI\mathrm{e}^{\mathrm{j}(\theta_{\mathrm{i}}+90^\circ)}$$

根据两复数相等的定义,可得

$$U=\omega LI \tag{4-29}$$

和

$$\theta_{\mathrm{u}}=\theta_{\mathrm{i}}+90^\circ \tag{4-30}$$

由式(4-29)可知,电感电流、电压有效值的关系除与 L 有关外,还与角频率 ω 有关。而电阻元件中的 $U-I$ 关系是与 ω 无关的。对给定的电感 L,当 I 一定时,ω 愈高要求 U 愈大;ω 愈低则 U 愈小。也就是说电感对高频电流呈现较大的阻碍作用,这种阻碍作用是由电感元件中感应电动势反抗电流变化而产生的。在电子线路中使用的滤波电感或高频扼流圈,就是利用电感的这种特性以达到抑制高频电流通过的目的。在直流情况下,$\omega=0$,$U=0$,此时电感相当于短路。式(4-30)表明电感电压的相位超前电流 90°,这与电阻元件中电流电压同相也是完全不一样的。

根据式(4-28)画出电感元件的相量模型如图 4.11(a)所示,电感电流、电压相量图如图 4.11(b)所示。

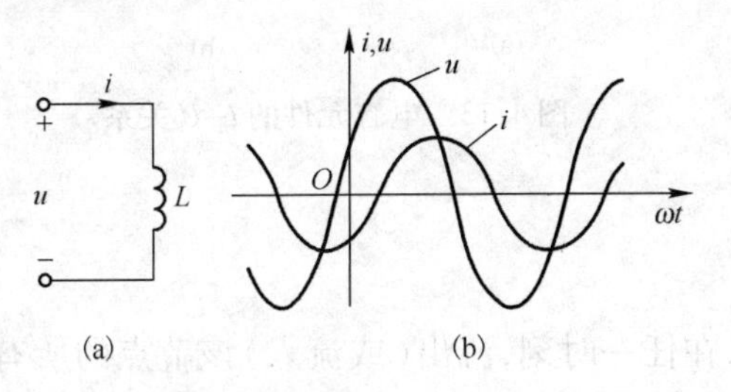

图 4.10　电感元件的 i-u 关系

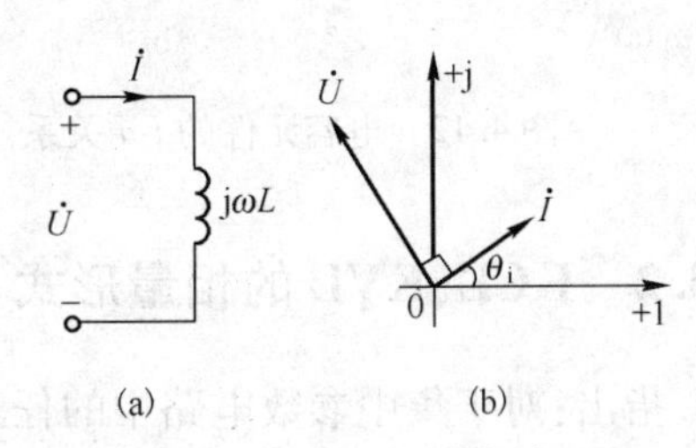

图 4.11　电感元件的 $\dot{I}$-$\dot{U}$ 关系

3. 电容元件

设电容元件 C,其电压、电流采用关联参考方向,如图 4.12(a)所示。当电容端电压为 $u(t)=\sqrt{2}U\sin(\omega t+\theta_u)$时,通过 C 的电流为

$$i(t)=C\frac{\mathrm{d}u}{\mathrm{d}t}=\sqrt{2}\omega CU\cos(\omega t+\theta_u)=\sqrt{2}\omega CU\sin(\omega t+\theta_u+90°)=\sqrt{2}I\sin(\omega t+\theta_i) \quad (4-31)$$

式中 I 和 θ_i分别是电容电流的有效值和初相。式(4-31)表明,电容电压、电流是同频率的正弦量,其波形图如图 4.12(b)所示。

如果电容电压、电流与相量之间的对应关系为

$$\left.\begin{aligned}u(t)=\sqrt{2}U\sin(\omega t+\theta_u)\leftrightarrow\dot{U}=U\mathrm{e}^{\mathrm{j}\theta_u}\\ i(t)=\sqrt{2}I\sin(\omega t+\theta_i)\leftrightarrow\dot{I}=I\mathrm{e}^{\mathrm{j}\theta_i}\end{aligned}\right\}$$

则由 4.2 节中的微分、线性和唯一性规则,可得式(4-31)的相量表达式

$$\dot{I}=\mathrm{j}\omega C\dot{U} \quad (4-32)$$

或

$$\dot{U}=\frac{1}{\mathrm{j}\omega C}\dot{I}=-\mathrm{j}\frac{1}{\omega C}\dot{I} \quad (4-33)$$

式(4-32)和式(4-33)称为电容元件 VAR 的相量形式。若将式(4-33)中的电流、电压相量表示成指数型,即

$$U\mathrm{e}^{\mathrm{j}\theta_u}=-\mathrm{j}\frac{1}{\omega C}I\mathrm{e}^{\mathrm{j}\theta_i}=\frac{1}{\omega C}I\mathrm{e}^{\mathrm{j}(\theta_i-90°)}$$

则由复数相等定义,可得

$$U=\frac{1}{\omega C}I \quad (4-34)$$

和

$$\theta_u=\theta_i-90° \quad (4-35)$$

式(4-34)表明,对于给定的电容 C,当 U 一定时,ω 越高,电容进行充放电的速率越快,单位时间内移动的电荷量愈大,故 I 就愈大,表示电流愈容易通过。反之,ω 愈低,电流将愈不容易通过。在直流情况下,$\omega=0$,$I=0$,电容相当于开路,所以,电容元件具有隔直流的作用。由式(4-35)可知,电容电压的相位滞后电流 90°。

根据式(4-33)画出电容元件的相量模型如图 4.13(a)所示。电容中电流、电压的相量图如图 4.13(b)所示。

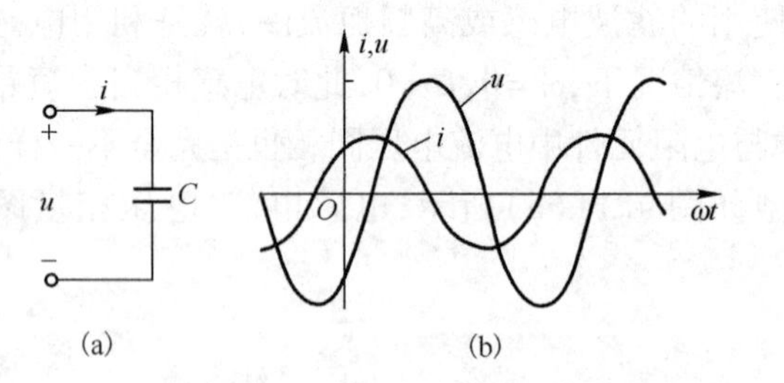

图 4.12 电容元件的 i-u 关系

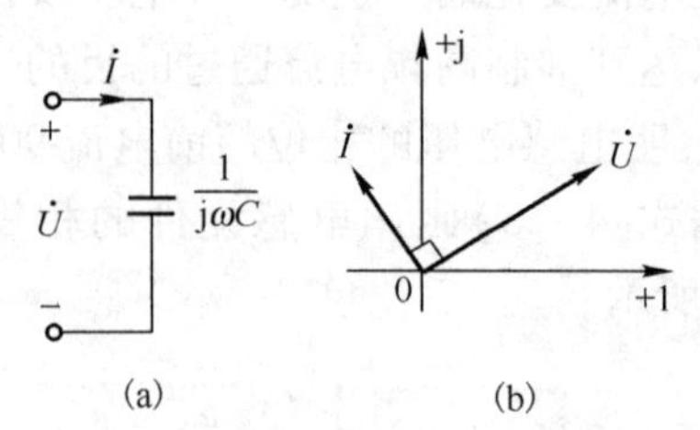

图 4.13 电容元件的 $\dot{I}$-$\dot{U}$ 关系

4.3.2 KCL、KVL 的相量形式

KCL 指出:对于集中参数电路中的任意节点,在任一时刻,流出(或流入)该节点的所有支路电流的代数和恒为零。在正弦稳态电路中,各支路电流都是同频率的正弦量,只是振幅和初相不

同,其 KCL 可表示为

$$\sum_{k=1}^{n} i_k = \sum_{k=1}^{n} I_{km}\sin(\omega t + \theta_{ki}) = 0 \tag{4-36}$$

式中 n 为汇于节点的支路数,i_k为第 k 条支路的电流。设正弦电流 i_k对应的相量为$\dot{I}_{km}$,即

$$i_k = I_{km}\sin(\omega t + \theta_{ki}) \longleftrightarrow \dot{I}_{km} = I_{km}e^{j\theta_{ki}}$$

根据 4.2 节线性规则和唯一性规则,可得式(4-36)对应的相量关系表示为

$$\sum_{k=1}^{n} \dot{I}_{km} = 0 \quad 或 \quad \sum_{k=1}^{n} \dot{I}_k = 0 \tag{4-37}$$

这就是 KCL 的相量形式。它表明,在正弦稳态电路中,对任一节点,各支路电流相量的代数和恒为零。

同理,对于正弦稳态电路中的任一回路,KVL 的相量形式为

$$\sum_{k=1}^{n} \dot{U}_{km} = 0 \quad 或 \quad \sum_{k=1}^{n} \dot{U}_k = 0 \tag{4-38}$$

式中 n 为回路中的支路数,$\dot{U}_{km}$和$\dot{U}_k$分别为回路中第 k 条支路电压的振幅相量和有效值相量。式(4-38)表明,沿正弦稳态电路中任一回路绕行一周,所有支路电压相量的代数和恒为零。

例 4-5 电路如图 4.14(a)所示。已知 $R=5\Omega, L=5\text{mH}, C=100\mu\text{F}, u_{ab}(t)=10\sqrt{2}\sin 10^3 t\text{V}$。求电压源电压 $u_s(t)$,并画出各元件电流、电压的相量图。

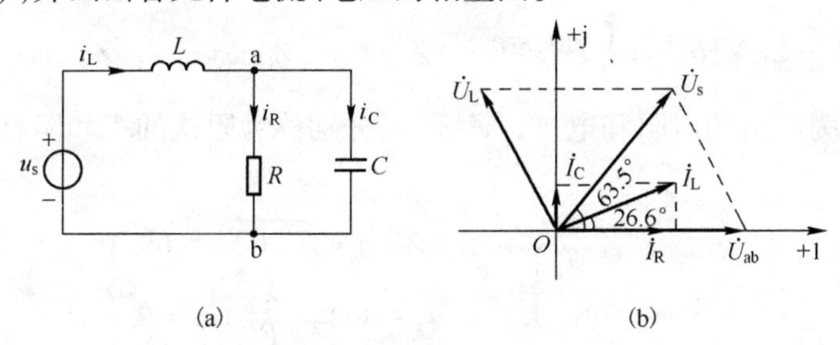

图 4.14 例 4-5 图

解 电压 u_{ab}的有效值相量为$\dot{U}_{ab}=10\angle 0°$ V

分别计算 $\omega L = 10^3 \times 5 \times 10^{-3} = 5\Omega, \dfrac{1}{\omega C} = \dfrac{1}{10^3 \times 100 \times 10^{-6}} = 10\Omega$

根据 R、C 元件 VAR 的相量形式,得

$$\dot{I}_R = \frac{\dot{U}_{ab}}{R} = \frac{10\angle 0°}{5} = 2\text{A}, \dot{I}_C = \frac{\dot{U}_{ab}}{-j(1/\omega C)} = \frac{10\angle 0°}{-j10} = j1\text{A}$$

由 KCL 得 $\dot{I}_L = \dot{I}_R + \dot{I}_C = 2 + j1 = 2.24\angle 26.6°$ A

由电感元件 VAR 相量形式,求得

$$\dot{U}_L = j\omega L\ \dot{I}_L = j5 \times 2.24\angle 26.6° = 11.2\angle 116.6° \text{ V}$$

根据 KVL,可得电压源电压

$$\dot{U}_s = \dot{U}_L + \dot{U}_{ab} = 11.2\angle 116.6° + 10\angle 0° = 4.99 + j10.01 = 11.18\angle 63.5° \text{ V}$$

所以 $u_s(t) = 11.18\sqrt{2}\sin(10^3 t + 63.5°)$ V

各元件电流、电压相量图如图 4.14(b)所示。

4.4 相量模型

4.4.1 阻抗与导纳

由上节讨论可知，在电流、电压采用关联参考方向的条件下，三种基本元件 VAR 的相量形式是

$$\dot{U}=R\dot{I},\quad \dot{U}=\mathrm{j}\omega L\dot{I},\quad \dot{U}=\frac{1}{\mathrm{j}\omega C}\dot{I} \tag{4-39}$$

如用振幅相量表示，则为

$$\dot{U}_{\mathrm{m}}=R\dot{I}_{\mathrm{m}},\quad \dot{U}_{\mathrm{m}}=\mathrm{j}\omega L\dot{I}_{\mathrm{m}},\quad \dot{U}_{\mathrm{m}}=\frac{1}{\mathrm{j}\omega C}\dot{I}_{\mathrm{m}} \tag{4-40}$$

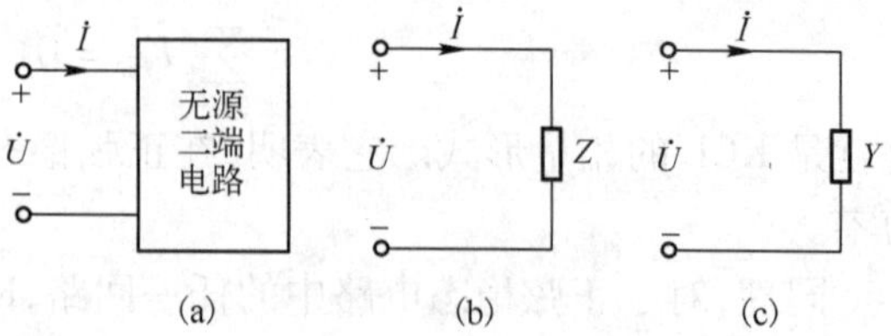

(a) (b) (c)

图 4.15 阻抗与导纳

下面讨论正弦稳态时一般无源二端电路 VAR 的相量表示。

设无源二端电路如图 4.15(a)所示，在正弦稳态情况下，端口电流 $\dot{I}$ 和电压 $\dot{U}$ 采用关联参考方向。定义无源二端电路端口电压相量与电流相量之比为该电路的阻抗，记为 Z，即

$$Z=\dot{U}_{\mathrm{m}}/\dot{I}_{\mathrm{m}}=\dot{U}/\dot{I} \tag{4-41}$$

显然，阻抗的量纲为欧姆(Ω)。将式(4-41)中的相量表示成指数型，可得

$$Z=\dot{U}/\dot{I}=U\mathrm{e}^{\mathrm{j}\theta_{\mathrm{u}}}/I\mathrm{e}^{\mathrm{j}\theta_{\mathrm{i}}}=\frac{U}{I}\mathrm{e}^{\mathrm{j}(\theta_{\mathrm{u}}-\theta_{\mathrm{i}})}=|Z|\mathrm{e}^{\mathrm{j}\varphi_{\mathrm{z}}}=|Z|\cos\varphi_{\mathrm{z}}+\mathrm{j}|Z|\sin\varphi_{\mathrm{z}}=R+\mathrm{j}X \tag{4-42}$$

式中 R 和 X 分别称为阻抗的电阻和电抗；$|Z|$ 和 φ_{z} 分别称为阻抗的模和阻抗角。它们之间的转换关系为

$$\left.\begin{aligned}R&=|Z|\cos\varphi_{\mathrm{z}}\\X&=|Z|\sin\varphi_{\mathrm{z}}\end{aligned}\right\};\qquad \left.\begin{aligned}|Z|&=\sqrt{R^2+X^2}=U/I\\ \varphi_{\mathrm{z}}&=\arctan\frac{X}{R}=\theta_{\mathrm{u}}-\theta_{\mathrm{i}}\end{aligned}\right\} \tag{4-43}$$

式(4-43)表明，无源二端电路的阻抗模等于端口电压与端口电流的有效值之比，阻抗角等于电压与电流的相位差。若 $\varphi_{\mathrm{z}}>0$，表示电压超前电流，电路呈电感性；$\varphi_{\mathrm{z}}<0$，电压滞后电流，电路呈电容性；$\varphi_{\mathrm{z}}=0$ 时，电抗为零，电压与电流同相，电路呈电阻性。

将式(4-41)改写为

$$\dot{U}_{\mathrm{m}}=Z\dot{I}_{\mathrm{m}}\quad 或\quad \dot{U}=Z\dot{I} \tag{4-44}$$

上式与电阻电路中的欧姆定律相似，故称为欧姆定律的相量形式。根据式(4-44)画出的相量模型如图 4.15(b)所示。

比较式(4-39)与式(4-44)可得基本元件 R、L 和 C 的阻抗分别为

$$\left.\begin{aligned}Z_{\mathrm{R}}&=R\\Z_{\mathrm{L}}&=\mathrm{j}\omega L=\mathrm{j}X_{\mathrm{L}}\\Z_{\mathrm{C}}&=\frac{1}{\mathrm{j}\omega C}=-\mathrm{j}\frac{1}{\omega C}=\mathrm{j}X_{\mathrm{C}}\end{aligned}\right\} \tag{4-45}$$

它们是阻抗的特殊形式。其中

$$X_{\mathrm{L}}=\omega L,X_{\mathrm{C}}=-\frac{1}{\omega C} \tag{4-46}$$

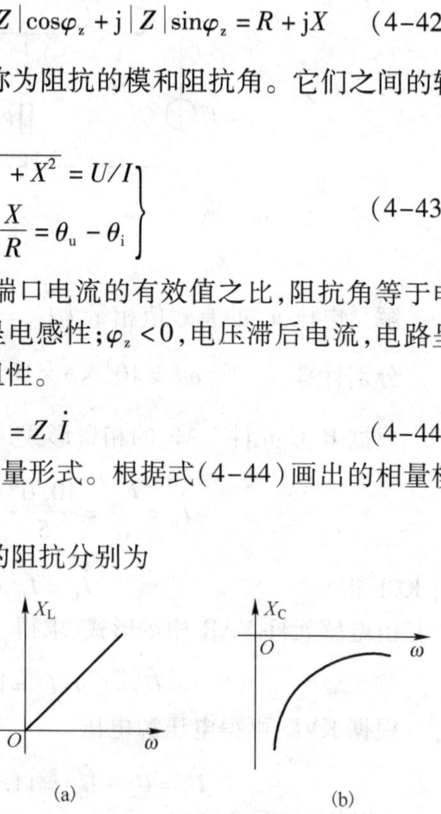

(a) (b)

图 4.16 X_{L} 和 X_{C} 的频率特性曲线

上式中 X_{L} 是电感的电抗，X_{C} 是电容的电抗，分别简称为感抗和容抗。它们随角频率变化的曲线如图 4.16(a)、(b)所示，分别称为 X_{L} 和 X_{C} 的频率特

性曲线。

我们把阻抗的倒数定义为导纳，记为 Y，即

$$Y = 1/Z \tag{4-47}$$

或

$$Y = \dot{I}_m / \dot{U}_m = \dot{I} / \dot{U} \tag{4-48}$$

导纳的单位为西门子(S)。同样将上式中的电流、电压相量表示成指数型，可得

$$\begin{aligned} Y &= \frac{\dot{I}}{\dot{U}} = \frac{I e^{j\theta_i}}{U e^{j\theta_u}} = \frac{I}{U} e^{j(\theta_i - \theta_u)} = |Y| e^{j\varphi_y} \\ &= |Y| \cos\varphi_y + j|Y| \sin\varphi_y = G + jB \end{aligned} \tag{4-49}$$

式中 G 和 B 分别称为导纳的电导和电纳；$|Y|$和 φ_y 分别称为导纳的模和导纳角。由式(4-49)和式(4-43)可得 $|Y|$、φ_y 与 G、B 及 $|Z|$、φ_z 之间的关系为

$$\left.\begin{matrix} G = |Y| \cos\varphi_y \\ B = |Y| \sin\varphi_y \end{matrix}\right\}; \quad \left.\begin{matrix} |Y| = \sqrt{G^2 + B^2} = I/U = 1/|Z| \\ \varphi_y = \arctan \dfrac{B}{G} = \theta_i - \theta_u = -\varphi_z \end{matrix}\right\} \tag{4-50}$$

上式表明，无源二端电路的导纳模等于电流与电压的有效值之比，也等于阻抗模的倒数；导纳角等于电流与电压的相位差，也等于负的阻抗角。若 $\varphi_y > 0$，表示 $\dot{U}$ 滞后 $\dot{I}$，电路呈电容性；若 $\varphi_y < 0$，则 $\dot{U}$ 超前 $\dot{I}$，电路呈电感性；若 $\varphi_y = 0$，$\dot{U}$ 与 $\dot{I}$ 同相，电路呈电阻性。

将式(4-48)改写为

$$\dot{I}_m = Y \dot{U}_m \quad 或 \quad \dot{I} = Y \dot{U} \tag{4-51}$$

该式也常称为欧姆定律的相量形式。它的相量模型如图 4.15(c)所示。比较式(4-40)与式(4-51)可知，元件 R、L 和 C 的导纳分别为

$$\left.\begin{aligned} Y_R &= 1/R = G \\ Y_L &= \frac{1}{j\omega L} = -j\frac{1}{\omega L} = jB_L \\ Y_C &= j\omega C = jB_C \end{aligned}\right\} \tag{4-52}$$

式中

$$B_L = -\frac{1}{\omega L}, B_C = \omega C \tag{4-53}$$

分别是电感和电容的电纳，简称为感纳和容纳。

4.4.2 正弦电源相量模型

如果一个独立电压源 $u_s(t)$ 的输出电压为正弦电压，即

$$u_s(t) = \sqrt{2} U_s \sin(\omega t + \theta_u)$$

就称其为正弦电压源。式中 U_s、ω 和 θ_u 分别为正弦电压 u_s 的有效值、角频率和初相。将正弦量 u_s 表示成相量 $\dot{U}_s$，得到正弦电压源的相量模型如图 4.17(a)所示。图中符号"+"和"−"表示电压 $\dot{U}_s$ 的参考极性。

同样，如果一个独立电流源 $i_s(t)$ 的输出电流为正弦电流，即

$$i_s(t) = \sqrt{2} I_s \sin(\omega t + \theta_i)$$

就称它为正弦电流源。上式中 I_s、ω 和 θ_i 分别表示正弦电流的有效值、角频率和初相。正弦电流源的相量模型如图 4.17(b)所示，图中 $\dot{I}_s$ 为正弦电流 i_s 对应的有效值相量，箭头方向表示其参考方向。

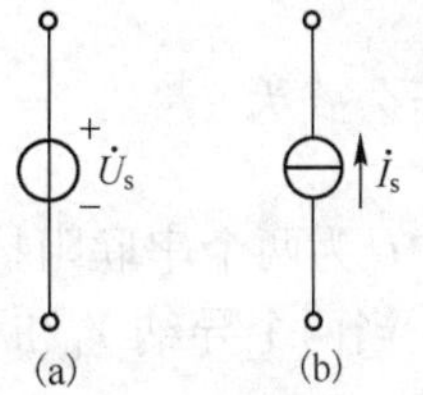

+ $\dot{U}_s$ − (a)　　$\dot{I}_s$ (b)

图 4.17　正弦电源的相量模型

通常，把正弦电压源和正弦电流源统称为正弦独立源，或简称为正弦电源。

对于受控电源，应用与正弦电源类似的定义方法，可以得到正弦稳态情况下的正弦受控源，这里不再一一赘述，仅给出它们的相量模型如图4.18所示。

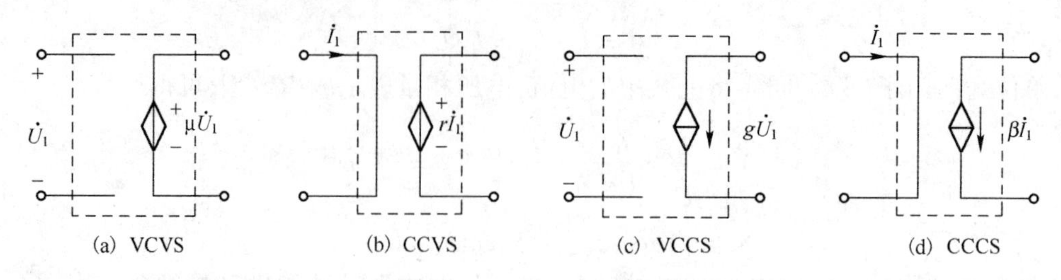

图4.18 正弦受控源的相量模型

4.4.3 正弦稳态电路相量模型

在前面几章使用的电路模型中，涉及的电流和电压都是时间域变量，故称为时域模型。在正弦稳态情况下，如果把时域模型中的电源元件用相量模型代替，无源元件用阻抗或导纳代替，电流、电压均用相量表示（其参考方向与原电路相同），这样得到的电路模型称为相量模型。例如，对于图4.19(a)给出的正弦稳态电路（时域模型），设正弦电压源角频率为 ω，其相量模型如图4.19(b)所示。容易看出，相量模型与时域模型具有相同的电路结构。

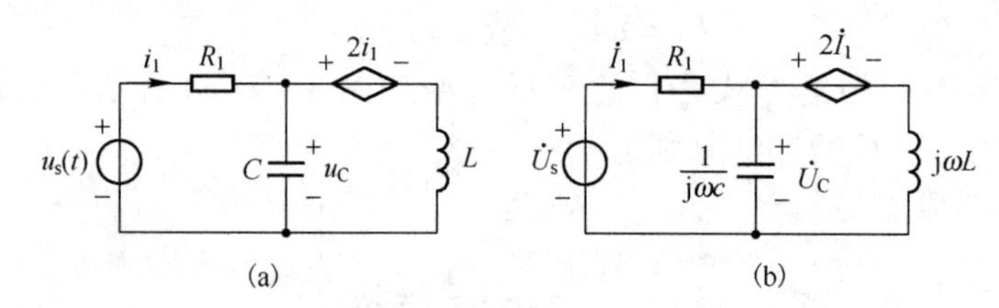

图4.19 时域模型和相量模型

我们知道，进行直流电路分析时，各种定理、分析方法及计算公式都是根据基尔霍夫定律和元件端口的伏安关系得出的。对于正弦稳态电路，引入了相量、阻抗、导纳和相量模型概念后，电路KCL、KVL和元件端口VAR的相量形式与直流电路的相应关系完全相同。因此，分析直流电路的所有方法也都适用于分析正弦稳态电路的相量模型。

4.4.4 阻抗和导纳的串、并联

下面给出阻抗和导纳串、并联的有关结论，其证明方法与电阻电路相似，这里不再重复。

设阻抗 $Z_1=R_1+jX_1$，$Z_2=R_2+jX_2$；导纳 $Y_1=G_1+jB_1$，$Y_2=G_2+jB_2$。则当两个阻抗 Z_1 和 Z_2 串联时，其等效阻抗 Z 为

$$Z=Z_1+Z_2=(R_1+R_2)+j(X_1+X_2) \tag{4-54}$$

分压公式为

$$\dot{U}_1=\frac{Z_1}{Z_1+Z_2}\dot{U},\quad \dot{U}_2=\frac{Z_2}{Z_1+Z_2}\dot{U} \tag{4-55}$$

式中 $\dot{U}$ 为两个串联阻抗的总电压相量。

当两个导纳 Y_1 和 Y_2 并联时，其等效导纳 Y 为

$$Y=Y_1+Y_2=(G_1+G_2)+j(B_1+B_2) \tag{4-56}$$

分流公式为

$$\dot{I}_1=\frac{Y_1}{Y_1+Y_2}\dot{I},\quad \dot{I}_2=\frac{Y_2}{Y_1+Y_2}\dot{I} \tag{4-57}$$

式中 $\dot{I}$ 为通过并联导纳的总电流相量。

当两个阻抗 Z_1、Z_2 并联时，其等效阻抗为

$$Z = \frac{Z_1 Z_2}{Z_1 + Z_2} \qquad (4-58)$$

其分流公式为 $\dot{I}_1 = \frac{Z_2}{Z_1 + Z_2}\dot{I}$， $\dot{I}_2 = \frac{Z_1}{Z_1 + Z_2}\dot{I}$

$$(4-59)$$

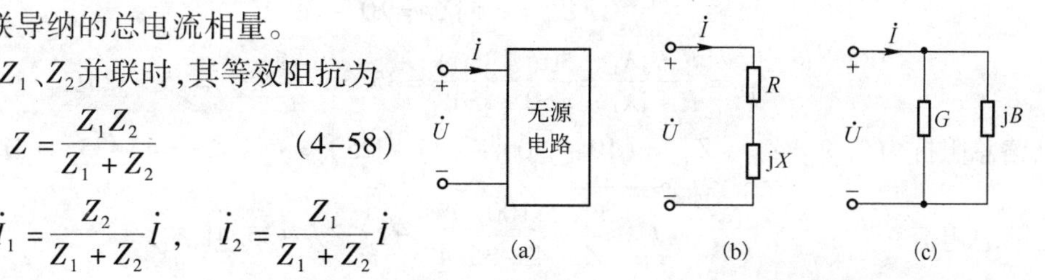

图 4.20 阻抗与导纳的等效转换

对于同一无源电路，如图 4.20(a)所示，我们既可以把它等效成由电阻 R 和电抗 X 串联组成的阻抗 Z，如图 4.20(b)所示；也可以将它等效成由电导 G 和电纳 B 并联组成的导纳 Y，如图 4.20(c)所示。

显然，阻抗 Z 与导纳 Y 也是互为等效的，R、X 与 G、B 之间满足一定的转换关系。若将阻抗等效转换为导纳，由式(4-47)可得

$$Y = \frac{1}{Z} = \frac{1}{R + \mathrm{j}X} = \frac{R}{R^2 + X^2} - \mathrm{j}\frac{X}{R^2 + X^2} = G + \mathrm{j}B$$

式中
$$G = \frac{R}{R^2 + X^2}, \quad B = \frac{-X}{R^2 + X^2} \qquad (4-60)$$

同样地，将导纳等效转换为阻抗时，有

$$Z = \frac{1}{Y} = \frac{1}{G + \mathrm{j}B} = \frac{G}{G^2 + B^2} - \mathrm{j}\frac{B}{G^2 + B^2} = R + \mathrm{j}X$$

式中
$$R = \frac{G}{G^2 + B^2}, \quad X = \frac{-B}{G^2 + B^2} \qquad (4-61)$$

由式(4-60)和式(4-61)可见，一般情况下，阻抗中的电阻与导纳中的电导，还有阻抗中的电抗与导纳中的电纳都不是互为倒数关系。

例 4-6 RC 串联电路如图 4.21(a)所示，已知 $R = 20\Omega$，$C = 2\mu\mathrm{F}$，电源角频率 $\omega = 10^4\mathrm{rad/s}$。要求将它等效成 $R'C'$ 并联电路，如图 4.21(b)所示，试求 R' 和 C'。

解 先计算图 4.21(a)电路的阻抗。因为

$$X_{\mathrm{C}} = -\frac{1}{\omega C} = -\frac{1}{10^4 \times 2 \times 10^{-6}} = -50\Omega$$

所以 $Z = R + \mathrm{j}X_{\mathrm{C}} = 20 - \mathrm{j}50 = 53.85\underline{/-68.2^\circ}\ \Omega$

则导纳 $Y = \frac{1}{Z} = \frac{1}{53.85\underline{/-68.2^\circ}} = 18.6 \times 10^{-3}\underline{/68.2^\circ}$

$= (6.9 \times 10^{-3} + \mathrm{j}0.017)\mathrm{S}$

即 $G = 1/R' = 6.9 \times 10^{-3}\mathrm{S}, B = \omega C' = 0.017\mathrm{S}$

于是
$$R' = 1/G = 145\Omega, C' = B/\omega = 1.7\mu\mathrm{F}$$

图 4.21 例 4-6 电路

例 4-7 如图 4.22(a)所示电路，已知 $r = 10\Omega$，$L = 50\mathrm{mH}$，$R = 50\Omega$，$C = 20\mu\mathrm{F}$，电源 $u_{\mathrm{s}}(t) = 100\sqrt{2}\sin(10^3 t)\mathrm{V}$。求电路的等效阻抗和各支路的电流，并画出电流相量图。

解
$$\dot{U}_{\mathrm{s}} = 100\underline{/0^\circ}\ \mathrm{V}$$

$$\mathrm{j}X_{\mathrm{L}} = \mathrm{j}\omega L = \mathrm{j}1000 \times 50 \times 10^{-3} = \mathrm{j}50\Omega$$

$$\mathrm{j}X_{\mathrm{C}} = -\mathrm{j}\frac{1}{\omega C} = -\mathrm{j}\frac{1}{1000 \times 20 \times 10^{-6}} = -\mathrm{j}50\Omega$$

电路的相量模型如图 4.22(b)所示。

设 r、L 串联支路的阻抗为 Z_{rL}，R、C 并联电路的阻抗为 Z_{RC}，可得

$$Z_{\mathrm{rL}}=r+\mathrm{j}X_{\mathrm{L}}=10+\mathrm{j}50\Omega$$

$$Z_{\mathrm{RC}}=\frac{R\cdot \mathrm{j}X_{\mathrm{C}}}{R+\mathrm{j}X_{\mathrm{C}}}=\frac{50(-\mathrm{j}50)}{50-\mathrm{j}50}=35.36\angle-45^\circ=25-\mathrm{j}25\Omega$$

电路总阻抗为 $Z=Z_{\mathrm{rL}}+Z_{\mathrm{RC}}=(10+\mathrm{j}50)+(25-\mathrm{j}25)=35+\mathrm{j}25=43\angle 35.4^\circ\ \Omega$

电路总电流 $$\dot{I}=\frac{\dot{U}_{\mathrm{s}}}{Z}=\frac{100\angle 0^\circ}{43\angle 35.4^\circ}=2.33\angle-35.4^\circ\ \mathrm{A}$$

由并联电路分流公式,求得 R、C 支路电流

$$\dot{I}_{\mathrm{R}}=\frac{\mathrm{j}X_{\mathrm{C}}}{R+\mathrm{j}X_{\mathrm{C}}}\dot{I}=\frac{-\mathrm{j}50}{50-\mathrm{j}50}\times 2.33\angle-35.4^\circ=1.65\angle-80.4^\circ\ \mathrm{A}$$

$$\dot{I}_{\mathrm{C}}=\frac{R}{R+\mathrm{j}X_{\mathrm{C}}}\dot{I}=\frac{50}{50-\mathrm{j}50}\times 2.33\angle-35.4^\circ=1.65\angle 9.6^\circ\ \mathrm{A}$$

画出电流 $\dot{I}_{\mathrm{R}}$、$\dot{I}_{\mathrm{C}}$ 和 $\dot{I}$ 相量图如图 4.23 所示。

运用相量和相量模型分析正弦稳态电路的方法称为相量法。用相量法求解正弦电路稳态响应的显著优点是简便实用,不仅避免了繁杂的三角函数运算,而且在相量模型求解时可以直接引用直流电路的分析方法。

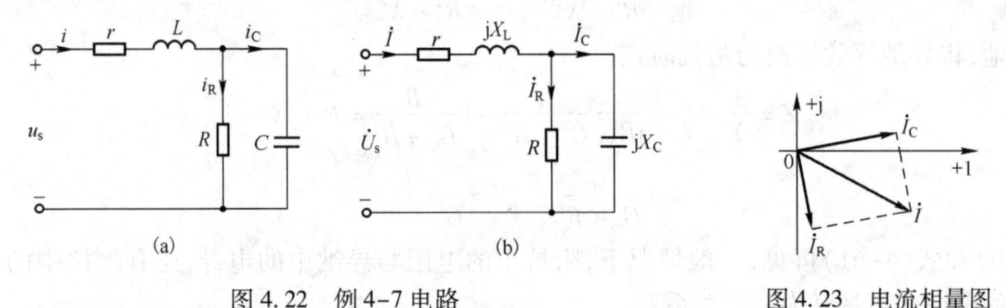

图 4.22 例 4-7 电路

图 4.23 电流相量图

然而应该指出,相量模型是一种假想的模型,是简化正弦稳态电路分析的工具。因为实际上并不存在参数是虚数的元件,也不会有用虚数来计量的电流和电压。此外,由于从电流、电压相量很容易得出对应的正弦量,因此,用相量法求出的结果,除非必要,一般不把相量改写成相应的正弦表达式。

4.5 相量法分析

本节通过实例介绍如何应用相量法解决正弦稳态电路的分析计算问题。

例 4-8 节点法。电路的相量模型如图 4.24 所示,求各节点的电压相量。

解 电路中含有一个独立电压源支路,可选择连接该支路的节点 4 为参考点,这时节点 1 的电压 $\dot{U}_1=\dot{U}_{\mathrm{s}}=3\angle 0^\circ\ \mathrm{V}$ 是一已知量,从而用节点法分析时可少列一个方程。设节点 2、3 的电位为 $\dot{U}_2$、$\dot{U}_3$,列出相应的节点方程为

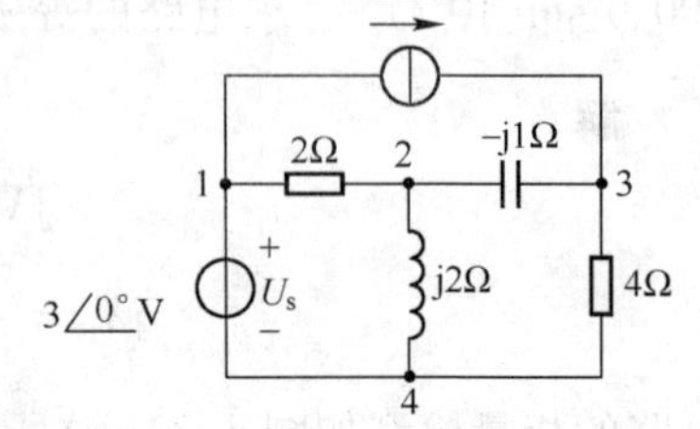

图 4.24 例 4-8 电路

节点 2: $$-\frac{1}{2}\dot{U}_1+\left[\frac{1}{2}+\frac{1}{\mathrm{j}2}+\frac{1}{(-\mathrm{j}1)}\right]\dot{U}_2-\frac{1}{(-\mathrm{j}1)}\dot{U}_3=0$$

节点 3: $$-\frac{1}{(-\mathrm{j}1)}\dot{U}_2+\left[\frac{1}{4}+\frac{1}{(-\mathrm{j}1)}\right]\dot{U}_3=2.5\angle 0^\circ$$

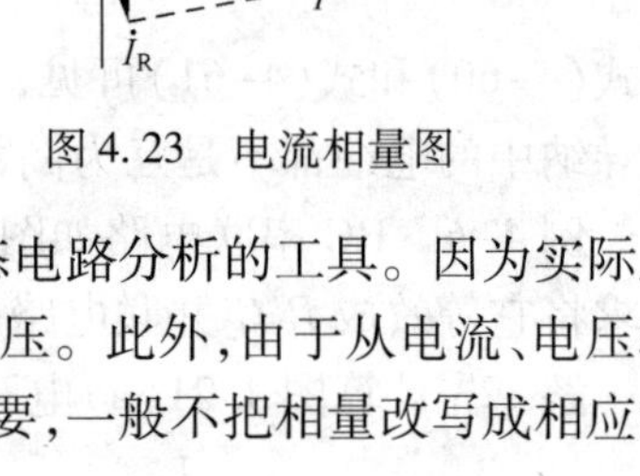

将 $\dot{U}_1=\dot{U}_{\mathrm{s}}=3\angle 0^\circ$ 代入节点 2 方程,并整理得

$$\left.\begin{aligned}(1+\mathrm{j}1)\dot{U}_2-\mathrm{j}2\,\dot{U}_3&=3\\ \mathrm{j}4\,\dot{U}_2-(1+\mathrm{j}4)\dot{U}_3&=-10\end{aligned}\right\}$$

计算方程组的系数行列式

$$\boldsymbol{A}=\begin{vmatrix}1+\mathrm{j}1 & -\mathrm{j}2\\ \mathrm{j}4 & -(1+\mathrm{j}4)\end{vmatrix}=-5-\mathrm{j}5=7.1\angle-135^\circ$$

解得
$$\dot{U}_2=\frac{1}{\boldsymbol{A}}\begin{vmatrix}3 & -\mathrm{j}2\\ -10 & -(1+\mathrm{j}4)\end{vmatrix}=\frac{32.14\angle-95.4^\circ}{\boldsymbol{A}}=4.53\angle39.6^\circ\ \mathrm{V}$$

$$\dot{U}_3=\frac{1}{\boldsymbol{A}}\begin{vmatrix}1+\mathrm{j}1 & 3\\ \mathrm{j}4 & -10\end{vmatrix}=\frac{24.17\angle-114.4^\circ}{\boldsymbol{A}}=3.40\angle20.6^\circ\ \mathrm{V}$$

例 4-9 网孔法。电路如图 4.25(a)所示,已知 $u_s=10\sqrt{2}\sin10^3t\mathrm{V}$,求 i_1、i_2 和 u_{ab}。

解 画出电路相量模型如图 4.25(b)所示。图中

$$Z_L=\mathrm{j}\omega L=\mathrm{j}10^3\times4\times10^{-3}=\mathrm{j}4\Omega,Z_C=\frac{1}{\mathrm{j}\omega C}=-\mathrm{j}\frac{1}{10^3\times500\times10^{-6}}=-\mathrm{j}2\Omega$$

设网孔电流 $\dot{I}_1$、$\dot{I}_2$ 如图 4.25(b)所示。将电路中受控源看成大小为 2 $\dot{I}_3$ 的独立电压源,列出网孔方程

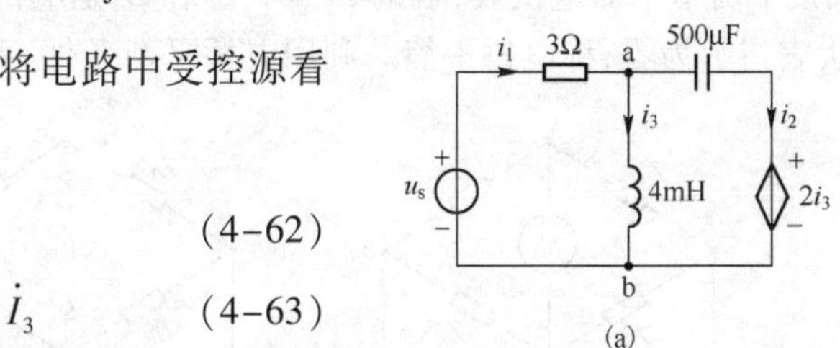

网孔 1: $$(3+\mathrm{j}4)\dot{I}_1-\mathrm{j}4\,\dot{I}_2=10\angle0^\circ \tag{4-62}$$

网孔 2: $$-\mathrm{j}4\,\dot{I}_1+(\mathrm{j}4-\mathrm{j}2)\dot{I}_2=-2\,\dot{I}_3 \tag{4-63}$$

由于受控源控制变量 $\dot{I}_3$ 未知,故需增加一个辅助方程

$$\dot{I}_3=\dot{I}_1-\dot{I}_2 \tag{4-64}$$

将该式代入式(4-63),整理后与式(4-62)联列成如下方程组

$$\left.\begin{aligned}(3+\mathrm{j}4)\dot{I}_1-\mathrm{j}4\,\dot{I}_2&=10\angle0^\circ\\ (2-\mathrm{j}4)\dot{I}_1+(-2+\mathrm{j}2)\dot{I}_2&=0\end{aligned}\right\} \tag{4-65}$$

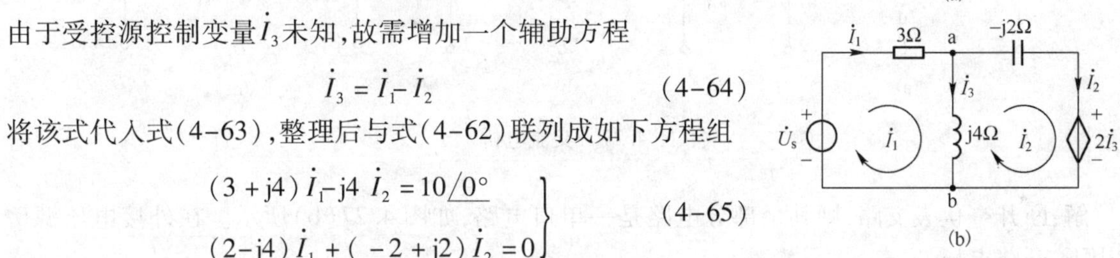

图 4.25 例 4-9 电路

由于

$$\boldsymbol{A}=\begin{vmatrix}3+\mathrm{j}4 & -\mathrm{j}4\\ 2-\mathrm{j}4 & -2+\mathrm{j}2\end{vmatrix}=2+\mathrm{j}6,\boldsymbol{A}_1=\begin{vmatrix}10 & -\mathrm{j}4\\ 0 & -2+\mathrm{j}2\end{vmatrix}=-20+\mathrm{j}20,\boldsymbol{A}_2=\begin{vmatrix}3+\mathrm{j}4 & 10\\ 2-\mathrm{j}4 & 0\end{vmatrix}=-20+\mathrm{j}40$$

故式(4-65)方程组解为

$$\dot{I}_1=\frac{\boldsymbol{A}_1}{\boldsymbol{A}}=\frac{-20+\mathrm{j}20}{-2+\mathrm{j}6}=4.47\angle63.4^\circ\ \mathrm{A},\dot{I}_2=\frac{\boldsymbol{A}_2}{\boldsymbol{A}}=\frac{-20+\mathrm{j}40}{2+\mathrm{j}6}=7.07\angle45^\circ\ \mathrm{A}$$

电路支路电流 $\dot{I}_3=\dot{I}_1-\dot{I}_2=4.47\angle-63.4^\circ-7.07\angle45^\circ=3.16\angle-161.6^\circ\ \mathrm{A}$

电感支路电压 $\dot{U}_{ab}=\mathrm{j}4\,\dot{I}_3=\mathrm{j}4\times3.16\angle-161.6^\circ=12.64\angle-71.6^\circ\ \mathrm{V}$

因此
$$i_1=4.47\sqrt{2}\sin(10^3t-63.4^\circ)\mathrm{A},i_2=7.07\sqrt{2}\sin(10^3t+45^\circ)\mathrm{A}$$
$$u_{ab}=12.64\sqrt{2}\sin(10^3t-71.6^\circ)\mathrm{V}$$

例 4-10 等效电源定理。电路相量模型如图 4.26(a)所示,求负载电阻 R_L 上的电压 $\dot{U}_L$。

解 将负载 R_L 断开,电路如图 4.26(b)所示。由于电阻与电容的并联阻抗为

$$Z_{RC}=\frac{10\times(-\mathrm{j}5)}{10-\mathrm{j}5}=4.46\angle-63.4^\circ=2-\mathrm{j}4\Omega$$

故开路电压与等效内阻抗分别为

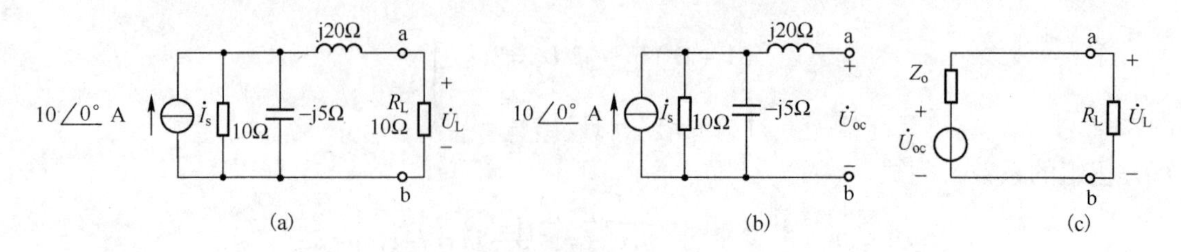

图 4.26　例 4-10 电路

$$\dot{U}_{oc}=Z_{RC}\dot{U}_s=4.46\angle -63.4^\circ \times 10\angle 0^\circ =44.6\angle -63.4^\circ\ \text{V}$$

$$Z_o=Z_{RC}+Z_L=(2-\text{j}4)+\text{j}20=2+\text{j}16\Omega$$

画出戴维南等效电路如图 4.26(c)所示。由图求得

$$\dot{U}_L=\dot{U}_{oc}\times\frac{R_L}{Z_o+R_L}=44.6\angle -63.4^\circ \times\frac{10}{(2+\text{j}16)+10}=22.3\angle -116.5^\circ\ \text{V}$$

例 4-11　交流电桥工作原理。图 4.27(a)是交流电桥的组成电路,a、b 端接正弦电源$\dot{U}_s$,c、d 端接平衡指示器毫伏表,阻抗 Z_1、Z_2、Z_3 和 Z_x 是电桥的四个臂。电桥工作时,调整桥臂阻抗,若毫伏表指示为零,称电桥平衡。利用电桥平衡条件,可以用来测量阻抗参数。

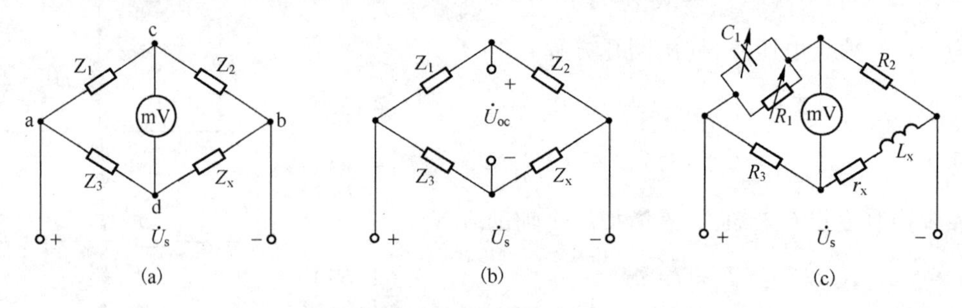

图 4.27　交流电桥

解:断开毫伏表支路,则其余部分电路是一单口电路,如图 4.27(b)所示。在外接电压源$\dot{U}_s$作用下,开路电压

$$\dot{U}_{oc}=\left(\frac{Z_2}{Z_1+Z_2}-\frac{Z_x}{Z_3+Z_x}\right)\dot{U}_s=\frac{Z_2Z_3-Z_1Z_x}{(Z_1+Z_2)(Z_3+Z_x)}\dot{U}_s \tag{4-66}$$

根据等效电源定理,若 $\dot{U}_{oc}=0$,则连接毫伏表支路后,毫伏表指示为零,此时电桥平衡。由式(4-66)可知,电桥平衡条件是

$$Z_2Z_3=Z_1Z_x \tag{4-67}$$

或表示为

$$Z_x=Z_2Z_3/Z_1 \tag{4-68}$$

式(4-67)是一复数方程,它包含了两个条件,即要求方程两端的实部和虚部(或模和辐角)同时相等。因此,实际使用时,至少应调节两个元件参数才能使电桥达到平衡。

适当选择桥臂阻抗性质,可得到不同测量用途的电桥。例如,图 4.27(c)所示电桥,常用来测量电感元件参数,称为麦克斯韦电桥。其中 r_x 和 L_x 表示待测电感元件的等效电阻和电感量。R_2 和 R_3 为电阻元件,其阻值已知,R_1 和 C_1 为调节元件。将各元件参数代入式(4-68),得

$$r_x+\text{j}\omega L_x=\frac{R_2R_3}{Z_1}=R_2R_3Y_1=R_2R_3\left(\frac{1}{R_1}+\text{j}\omega C_1\right)$$

根据复数相等定义,可得

$$r_x=R_2R_3/R_1,$$

$$L_x = R_2 R_3 C_1 \tag{4-69}$$

使用时,将待测电感接入 Z_x 支路,反复调整 R_1 和 C_1,使毫伏表指示为零,此时电桥平衡,读出 R_1 和 C_1 值并由式(4-69)计算出电感元件的电感量和等效电阻。

4.6 正弦稳态电路的功率

现在我们讨论单口电路的正弦稳态功率,并在此基础上得到负载从给定电源获得最大功率的条件。

4.6.1 单口电路的功率

单口电路 N 如图 4.28(a)所示,其端口电流 i、电压 u 采用关联参考方向。在正弦稳态情况下,设端口电流、电压分别为

$$i(t) = \sqrt{2} I\sin(\omega t + \theta_i) \tag{4-70}$$

$$u(t) = \sqrt{2} U\sin(\omega t + \theta_u) = \sqrt{2} U\sin(\omega t + \varphi + \theta_i) \tag{4-71}$$

式中 $\varphi = \theta_u - \theta_i$ 是端口电压与电流的相位差。

在任一时刻 t,电路 N 的吸收功率

$$\begin{aligned} p(t) &= u(t)i(t) = 2UI\sin(\omega t + \theta_i)\sin(\omega t + \varphi + \theta_i) \\ &= UI\cos\varphi - UI\cos(2\omega t + 2\theta_i + \varphi) \\ &= UI\cos\varphi + UI[\sin\varphi\sin2(\omega t + \theta_i) - \cos\varphi\cos2(\omega t + \theta_i)] \end{aligned} \tag{4-72}$$

画出 i、u 和 p 的波形如图 4.28(b)所示。由图可见,随电流 i 和电压 u 的变化,瞬时功率 $p(t)$ 有时为正,有时为负。当 $u>0, i>0$ 或 $u<0, i<0$ 时,$p(t)>0$,说明在此时电路 N 从外电路吸收功率;当 $u>0, i<0$ 或 $u<0, i>0$ 时,$p(t)<0$,此时电路 N 向外电路发出功率。

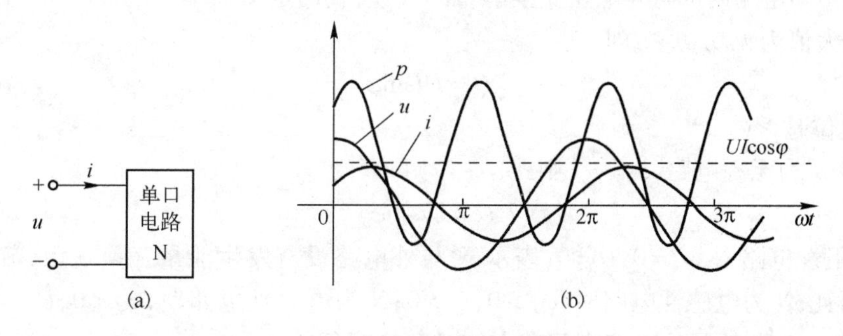

图 4.28 单口电路的正弦稳态功率

式(4-72)表明,单口电路的瞬时吸收功率可看成由下面两部分组成:一部分由式中的第一项确定,它是一常量,且恒大于零,表示在任一时刻,电路 N 均存在大小为 $UI\cos\varphi$ 的吸收功率;另一部分由式中的第二项确定,它随时间 t 的增加按正弦规律变化,其角频率为 2ω。显然,在电流或电压的一个周期内,这部分吸收功率的平均值为零。这一结论也是容易理解的,以无源单口电路为例,我们将其等效成阻抗 Z,通常由电阻和电抗分量组成。在 $p(t)>0$ 时,由外电路输入单口电路的能量,一部分由电阻分量消耗,另一部分以电场能或磁场能形式存储在电抗分量中。而在 $p(t)<0$ 时,原来存储在电抗分量中的能量将交还给外电路,在能量交换过程中,电阻分量仍将消耗能量。因此,就单口电路整体而言,讨论正弦稳态功率时,除考虑电路中电阻分量的能量消耗外,还需考虑电抗部分与外电路之间能量的交换情况。

为了直观地反映正弦稳态电路中能量消耗与交换的情况，在工程上常用下面几种功率。

1. 平均功率 P

单口电路的平均功率也称有功功率，它是瞬时功率在一周期内的平均值，即

$$P = \frac{1}{T}\int_0^T p(t)\,\mathrm{d}t = UI\cos\varphi \tag{4-73}$$

式中 T 为正弦电流（或电压）的周期。由上式可见，在正弦稳态情况下，平均功率除与电压、电流的有效值有关外，还与电压、电流的相位差有关。平均功率的单位是瓦（W）。

如果电路 N 为无源电路，在正弦稳态情况下，可将它等效成阻抗 Z，此时电压、电流相位差 φ 等于阻抗角 φ_z，式(4-73)可写为

$$P = UI\cos\varphi_z = S\lambda \tag{4-74}$$

式中

$$\lambda = \cos\varphi_z \tag{4-75}$$

$$S = UI \tag{4-76}$$

我们称 λ 为功率因数，φ_z为功率因数角。S 称为视在功率，其单位为伏安（V·A）。

如果单口电路 N 是纯电阻电路，则 $\varphi_z=0$，$P=UI$；如果 N 是纯电抗电路，由于 $\varphi_z=\pm\pi/2$，因此 $P=0$。

对于电阻性电气产品或设备，由于 $\varphi_z=0$，$\lambda=1$，其额定功率常以平均功率形式给出，例如 60W 灯泡，800W 微波炉等。但对于发电机、变压器这类设备，其功率因数大小取决于负载情况，因此额定功率以视在功率形式给出，表示设备允许输出的最大功率容量。例如，某发电机标称的额定功率为 10kV·A，就是指该设备的视在功率 $S=10\text{kV}\cdot\text{A}$。如果负载为纯电阻，发电机正常运行时可以输出 10kW 功率；如果外接感性负载，若 $\lambda=0.6$，那么发电机只能输出 6kW 功率。因此，在实际应用中，为了充分利用设备的功率容量，应该尽可能地提高功率因数。

2. 无功功率 Q

为了描述单口电路内部与外电路交换能量的规模，我们定义式(4-72)中正弦项 $UI\sin\varphi\sin2\times(\omega t+\theta_i)$ 的最大值为无功功率，即

$$Q = UI\sin\varphi \tag{4-77}$$

无功功率的单位是乏（var）。

如果电路 N 为无源电路，$\varphi=\varphi_z$，则式(4-77)可写为

$$Q = UI\sin\varphi_z \tag{4-78}$$

显然，对于电阻性电路 N，$\varphi_z=0$，$Q=0$，表示 N 与外电路没有发生能量互换现象，流入 N 的能量全部被电阻消耗；N 为电感性电路时，$\varphi_z>0$，$Q>0$；N 为电容性电路时，$\varphi_z<0$，$Q<0$。后两种情况中，$Q\neq0$，表示电路 N 与外电路之间存在能量互换现象。

3. 复功率 $\tilde{S}$

工程上为了计算方便，将有功功率 P 与无功功率 Q 组成复功率，用$\tilde{S}$表示，其定义为

$$\tilde{S} = P + \mathrm{j}Q \tag{4-79}$$

将式(4-73)和式(4-77)代入上式，可得

$$\tilde{S} = UI\cos\varphi + \mathrm{j}UI\sin\varphi = UI\mathrm{e}^{\mathrm{j}\varphi} = UI\mathrm{e}^{\mathrm{j}(\theta_u-\theta_i)} = U\mathrm{e}^{\mathrm{j}\theta_u}\cdot I\mathrm{e}^{-\mathrm{j}\theta_i} = \dot{U}\dot{I}^* \tag{4-80}$$

式中 $\dot{I}^*$ 为端口电流相量 $\dot{I}$ 的共轭值。

若电路 N 为无源单口电路，$\varphi=\varphi_z$，则式(4-80)可表示为

$$\tilde{S} = P + \mathrm{j}Q = S\mathrm{e}^{\mathrm{j}\varphi_z} = \dot{U}\dot{I}^* \tag{4-81}$$

由式(4-81)将 P、Q 和 S 之间的关系用图 4.29 表示，该图称为功率三角形。

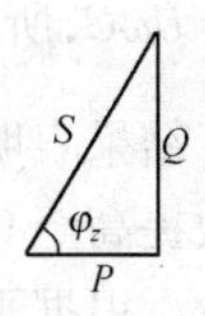

图 4.29　功率三角形

可以证明，一个含有 m 条支路的无源单口电路，其平均功率、无功功率和复功率分别为

$$P = \sum_{k=1}^{m} P_k, \quad Q = \sum_{k=1}^{m} Q_k, \quad \tilde{S} = \sum_{k=1}^{m} \tilde{S}_k \qquad (4-82)$$

式中，P_k、Q_k 和 $\tilde{S}_k$ 分别为第 k 支路的平均功率、无功功率和复功率。

由于 R、L、C 为无源二端元件，因此，本节有关无源单口电路的讨论结果同样适用于基本元件的功率计算。

例 4-12　图 4.30(a)所示负载电路接在 220V、50Hz 的正弦电源上。已知 $R_1 = 50\Omega$，$R_2 = 2\Omega$，$L = 10\text{mH}$。

(1) 求负载电路的平均功率、无功功率、视在功率、功率因数和电源电流；

(2) 若功率因数 $\lambda < 0.85$，则应在负载电路 a、b 端并接多大电容 C，才能使功率因数提高到 0.85？并计算此时的电源电流(要求保持负载电路平均功率不变)。

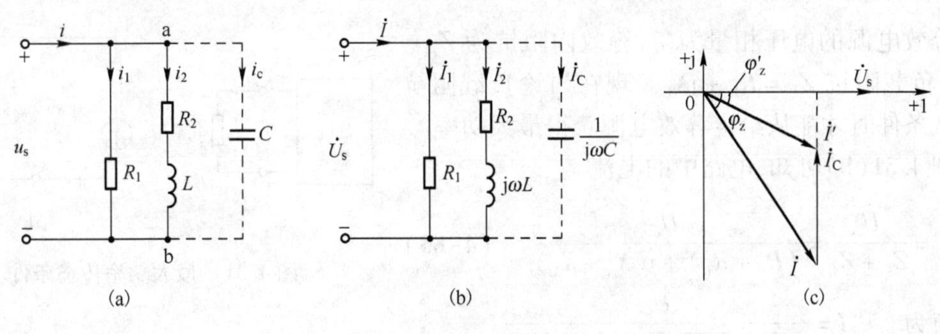

图 4.30　例 4-12 图

解　(1) 画出电路相量模型如图 4.30(b)所示。设电源 $\dot{U}_s = 220\angle 0^\circ$ V，则

$$\dot{I}_1 = \frac{\dot{U}_s}{R_1} = \frac{220\angle 0^\circ}{50} = 4.4\angle 0^\circ \text{ A}$$

$$\dot{I}_2 = \frac{\dot{U}_s}{R_2 + j\omega L} = \frac{220\angle 0^\circ}{2 + j2\pi \times 50 \times 10 \times 10^{-3}} = \frac{220\angle 0^\circ}{2 + j3.14} = 32 - j50.2\text{A}$$

$$\dot{I} = \dot{I}_1 + \dot{I}_2 = 4.4 + (32 - j50.2) = 62\angle -54.1^\circ \text{ A}$$

$\dot{I}$ 的共轭值为　　$\dot{I}^* = 62\angle 54.1^\circ$ A

复功率为　　$\tilde{S} = \dot{U}\dot{I}^* = 220\angle 0^\circ \times 62\angle 54.1^\circ = 13.6 \times 10^3\angle 54.1^\circ = (7.97 + j11)\text{kV}\cdot\text{A}$

所以电路的平均功率、无功功率和视在功率分别为

$$P = 7.97\text{kW}, \quad Q = 11\text{Var}, \quad S = 13.6\text{kV}\cdot\text{A}$$

电路功率因数　　$\lambda = \cos\varphi_z = \cos 54.1^\circ = 0.59$

(2) 设电路并接电容后的功率因数角为 φ'_z，总电流为 $\dot{I}'$，则

$$\lambda' = \cos\varphi'_z = 0.85, \quad \varphi'_z = 31.8^\circ$$

由 $P = UI'\cos\varphi'_z$，可得　　$I' = \dfrac{P}{U\cos\varphi'_z} = \dfrac{7.97 \times 10^3}{220 \times 0.85} = 42.6\text{A}$

根据相量图 4.30(c)，求得电容电流

$$I_C = I\sin\varphi_z - I'\sin\varphi'_z = 62 \times 0.81 - 42.6 \times 0.53 = 27.6\text{A}$$

由于 $I_C = U\omega C$,所以 $$C = \frac{I_C}{U\omega} = \frac{27.6}{220 \times 2\pi \times 50} = 399.5 \times 10^{-6}\text{F} = 399.5\mu\text{F}$$

计算结果表明,原电路呈电感性,其功率因数为 0.59,电源电流为 62A。并接电容元件后,功率因数提高至 0.85,电源电流降低为 42.6A。在电力系统中,电源电流变小,意味着输电线损耗的减少。根据平均功率 $P = UI\cos\varphi_z$,为保证负载获得一定功率和减小线路电流,就必须提高电压 U 和功率因数 $\cos\varphi_z$。因此,高压输电和提高功率因数是电力系统降低损耗、提高输电效率的重要措施。

4.6.2 最大功率传输条件

在电源电压和内阻抗一定的情况下,负载 Z_L 获得功率的大小将随负载阻抗而变化。在一些弱电系统中,常常要求负载能从给定的信号电源中获得尽可能大的功率,而不追求尽可能高的效率。如何使负载从给定的电源中获得最大的功率,称为最大功率传输问题。根据戴维南定理,图 4.31(a)电路可等效为图 4.31(b)的电路。

设等效电源的电压相量为 $\dot{U}_s$,等效内阻抗为 $Z_s = R_s + jX_s$,负载阻抗 $Z_L = R_L + jX_L$。现在讨论负载阻抗满足什么条件时才能从给定等效电源获得最大功率。

由图 4.31(b)可知,电路中的电流

$$\dot{I} = \frac{\dot{U}_s}{Z_s + Z_L} = \frac{\dot{U}_s}{(R_s + R_L) + j(X_s + X_L)} \qquad (4\text{-}83)$$

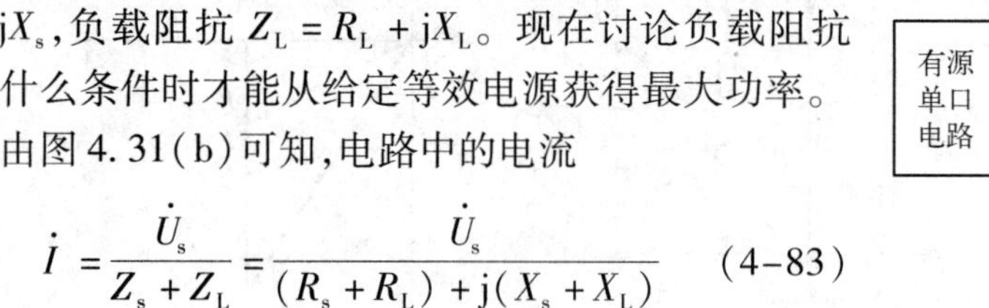
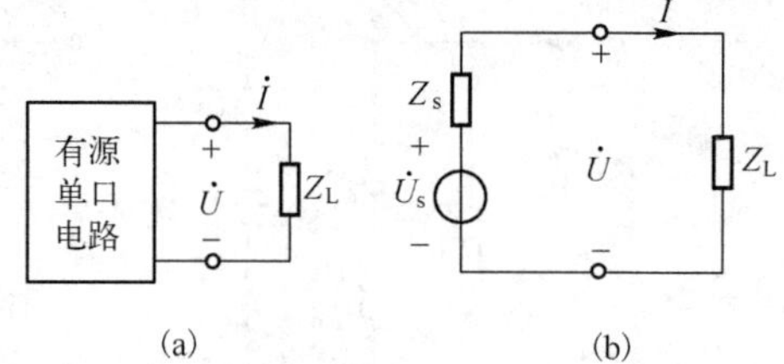

图 4.31 最大功率传输条件

其有效值为 $$I = \frac{U_s}{\sqrt{(R_s + R_L)^2 + (X_s + X_L)^2}}$$

负载吸收功率 $$P_L = I^2 R_L = \frac{U_s^2 R_L}{(R_s + R_L)^2 + (X_s + X_L)^2} \qquad (4\text{-}84)$$

1. 共轭匹配条件

设负载阻抗中的 R_L、X_L 均可独立改变。

在式(4-84)中,若 R_L 一定,仅调节 X_L,那么当 $X_s + X_L = 0$,即 $X_L = -X_s$ 时,P_L 有极大值,这时

$$R_{\text{Lmax}} = \frac{U_s^2 R_L}{(R_s + R_L)^2} \qquad (4\text{-}85)$$

在 $X_L = -X_s$ 条件下,再调节 R_L,使负载获得最大功率。为此,将式(4-85)对 R_L 求导数,并令其为零,可得

$$\frac{dP_L}{dR_L} = U_s^2 \frac{(R_s + R_L)^2 - 2R_L(R_s + R_L)}{(R_s + R_L)^4} = 0$$

此时有 $$(R_s + R_L)^2 - 2R_L(R_s + R_L) = 0$$

可见,当 $R_L = R_s$ 时负载获得最大功率。

综合上述两种情况,若 R_L 和 X_L 均可调节时,负载吸收最大功率,或电路传输最大功率的条件为

$$R_L = R_s, \quad X_L = -X_s$$

或 $$Z_L = Z_s^* \qquad (4\text{-}86)$$

可见,当负载阻抗等于电源内阻抗的共轭值时,负载获得最大功率,称为最大功率匹配或共轭匹配。将式(4-86)代入式(4-84),求得最大功率为

$$P_{\mathrm{Lmax}}=\frac{U_{\mathrm{s}}^2}{4R_{\mathrm{s}}} \tag{4-87}$$

2. 模值匹配条件

设等效电阻内阻抗 $Z_{\mathrm{s}}=R_{\mathrm{s}}+\mathrm{j}X_{\mathrm{s}}=\sqrt{R_{\mathrm{s}}^2+X_{\mathrm{s}}^2}\angle\varphi_{\mathrm{s}}$，负载阻抗 $Z_{\mathrm{L}}=R_{\mathrm{L}}+\mathrm{j}X_{\mathrm{L}}=|Z_{\mathrm{L}}|\angle\varphi_{\mathrm{L}}$。若只改变负载阻抗的模值$|Z_{\mathrm{L}}|$而不改变阻抗角 φ_{L}，可以证明，在这种限制条件下，当负载阻抗的模值等于电源内阻抗时，负载阻抗 Z_{L}可以获得最大功率。即

$$|Z_{\mathrm{L}}|=|Z_{\mathrm{s}}|=\sqrt{R_{\mathrm{s}}^2+X_{\mathrm{s}}^2}$$

该式称为模值匹配条件，但应注意，使用这个条件时，负载阻抗中的电阻部分 R_{L}必须大于零。

在实际应用中，有时会遇到电源内阻抗是一般的复阻抗，而负载是纯电阻的情况。这时，若R_{L}可任意改变，则求负载获得的最大功率可看作模值匹配的特殊情况。当 $R_{\mathrm{L}}=|Z_{\mathrm{s}}|=\sqrt{R_{\mathrm{s}}^2+X_{\mathrm{s}}^2}$时，可获得最大功率，此时的最大功率为

$$P'_{\mathrm{Lmax}}=\frac{|Z_{\mathrm{s}}|U_{\mathrm{s}}^2}{(R+|Z_{\mathrm{s}}|)^2+X_{\mathrm{s}}^2}$$

比较以上两个最大功率值的表达式，可以看出，模值匹配条件下的最大功率 P'_{Lmax} 比共轭匹配时的最大功率 P_{Lmax} 小。

例 4-13　电路如图 4.32(a)所示，试问 Z_{L}为何值时能获得最大功率，最大功率为多少？

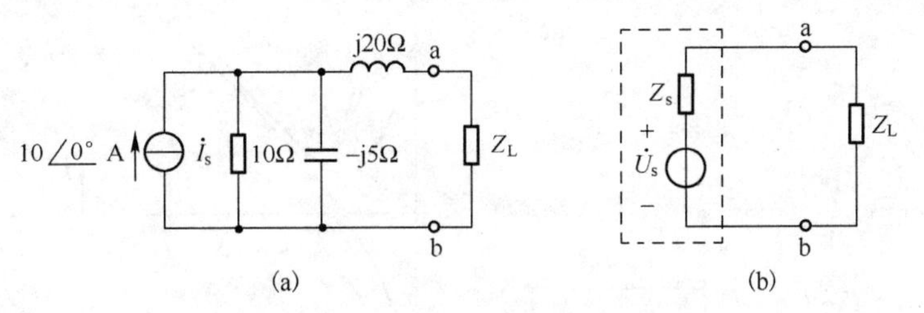

图 4.32　例 4-13 电路

解　将图 4.32(a)中除 Z_{L}以外的部分等效成戴维南电路，如图 4.32(b)中的虚线方框所示。由 4.5 节例 4.10 分析结果可知

$$\dot{U}_{\mathrm{s}}=44.6\angle-63.4^\circ\ \mathrm{V},\quad Z_{\mathrm{s}}=2+\mathrm{j}16\Omega$$

根据最大功率传输条件，当负载 $Z_{\mathrm{L}}=Z_{\mathrm{s}}^*=2-\mathrm{j}16\Omega$ 时，可得最大吸收功率。其最大功率值为

$$P_{\mathrm{Lmax}}=\frac{U_{\mathrm{s}}^2}{4R_{\mathrm{s}}}=\frac{44.6^2}{4\times2}=248.6\mathrm{W}$$

4.7　谐 振 电 路

一个在正弦电源激励下的 RLC 稳态电路，通过改变元件参数或调节电源频率，可使电路端电压与流入的电流同相，此时称电路发生了谐振。谐振现象是 RLC 正弦稳态电路的一种特定的工作状态，它在电子技术中有重要的应用。本节讨论 RLC 串联、并联电路发生谐振的条件及谐振时具有的特点。

4.7.1　串联谐振电路

RLC 串联电路如图 4.33(a)所示，设图中正弦电压源$\dot{U}_{\mathrm{s}}$的角频率为 ω、初相为零。串联电路的等效阻抗为

$$Z = R + \mathrm{j}\omega L + \frac{1}{\mathrm{j}\omega C} = R + \mathrm{j}\left(\omega L - \frac{1}{\omega C}\right) = R + \mathrm{j}X = |Z|\mathrm{e}^{\mathrm{j}\varphi_z} \tag{4-88}$$

式中
$$|Z| = \sqrt{R^2 + X^2},\quad \varphi_z = \arctan\frac{X}{R},\quad X = \omega L - \frac{1}{\omega C} \tag{4-89}$$

电流
$$\dot{I} = \frac{\dot{U}_s}{Z} = \frac{U_s}{\sqrt{R^2 + X^2}}\mathrm{e}^{-\mathrm{j}\varphi_z} \tag{4-90}$$

其模和初相为
$$I = \frac{U_s}{\sqrt{R^2 + X^2}},\quad \theta_i = -\varphi_z \tag{4-91}$$

当元件参数和电压源幅度保持一定而改变电源角频率时，由式(4-89)和式(4-91)可以看出，电抗X、阻抗模$|Z|$及电流I均将随角频率改变而变化，图4.34给出了它们随ω变化的曲线。由于感抗ωL随ω升高而增大，容抗是一负值，它的绝对值$\frac{1}{\omega C}$随ω升高而减小，因此，当电源角频率改变到某一值ω_0时会使电抗等于零，即

$$X = \omega_0 L - \frac{1}{\omega_0 C} = 0 \tag{4-92}$$

此时，电路呈电阻性，$\dot{U}_s$与$\dot{I}$同相，我们称电路发生了串联谐振。式(4-92)是电路发生串联谐振的条件。

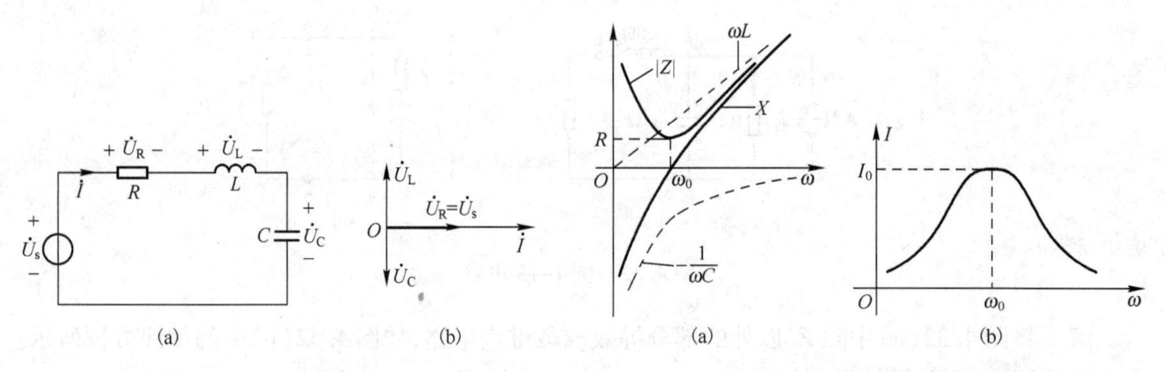

图4.33　串联谐振

图4.34　$|Z|$、X及I随ω的变化曲线

根据式(4-92)谐振条件，可得

$$\omega_0 = \frac{1}{\sqrt{LC}}\quad 或\quad f_0 = \frac{1}{2\pi\sqrt{LC}} \tag{4-93}$$

式中f_0称为RLC串联电路的谐振频率，它由电路元件参数L和C确定，而与外加电压源的振幅、频率无关。ω_0是f_0相应的角频率，称为串联电路的谐振角频率。

在上面讨论中，我们保持电路参数不变，即ω_0一定，通过改变电源角频率ω，使之与ω_0相等，电路产生谐振。实际上，若固定电源角频率ω，调节电路参数L或C，ω_0发生变化，使$\omega_0 = \omega$，则电路也会发生谐振。

串联谐振电路具有以下特点：

(1) 谐振时，电抗$X=0$，故电路阻抗

$$Z_0 = R + \mathrm{j}X = R \tag{4-94}$$

电路呈电阻性。阻抗模$|Z_0| = \sqrt{R^2 + X^2} = R$达最小。

(2) 由式(4-90)可知，谐振时电路电流

$$\dot{I}_0 = \dot{U}_s / Z_0 = \dot{U}_s / R \tag{4-95}$$

$\dot{I}_0$与电源电压$\dot{U}_s$同相,其模 $I_0 = U_s/R$ 达到最大。

(3) 谐振时电路元件上的电压为

$$\dot{U}_{R0} = R\dot{I}_0 = R\frac{\dot{U}_s}{R} = \dot{U}_s, \quad \dot{U}_{L0} = j\omega_0 L\,\dot{I}_0 = j\frac{\omega_0 L}{R}\dot{U}_s, \quad \dot{U}_{C0} = \frac{1}{j\omega_0 C}\dot{I}_0 = -j\frac{1}{\omega_0 CR}\dot{U}_s \qquad (4-96)$$

由于 $\omega_0 L = \frac{1}{\omega_0 C}$,故上式中$\dot{U}_{L0}$与$\dot{U}_{C0}$大小相等,相位相反。在串联回路的 KVL 方程中,$\dot{U}_{L0}$与$\dot{U}_{C0}$ 互相抵消,使得电阻上的电压等于电源电压$\dot{U}_s$。考虑到实际电路中,R 是反映电压源内阻和电感、电容元件损耗的等效电阻,其值较小。一般情况下,$\omega_0 L = \frac{1}{\omega_0 C} \gg R$,所以,谐振时电感电压 U_{L0} 和电容电压 U_{C0} 远大于电源电压 U_s,故串联谐振又称为电压谐振。串联谐振时各元件电压相量如图 4.33(b)所示。

在电子技术中,常用串联谐振电路选择特定频率的信号并输出较高的电压。例如,收音机的天线输入回路就是一个由线圈(其电感为 L,电阻为 R)与可调电容 C 组成的串联等效电路,如图 4.35 所示。

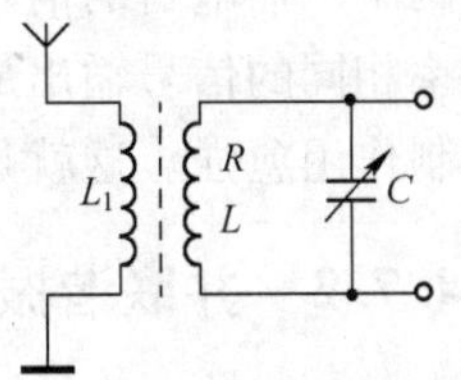

图 4.35　收音机的输入电路

来自不同电台、具有不同频率的无线电广播信号被天线线圈 L_1 接收后,经电磁感应作用,在线圈 L 上产生感应电压,这些电压可等效为 RLC 串联电路的信号源。使用时,调节电容 C,改变串联电路谐振频率 f_0,使之与欲选电台的信号频率 f_1 相同,此时电路发生谐振,对该电台的信号呈现的阻抗最小,相应的电路电流最大,从而在电容两端输出较高的电压信号。而对于其他电台的广播信号,由于电路不工作在谐振状态,故呈现较高的阻抗,相应电流就小,电容上输出电压也小。这样,通过天线电路,把频率为 f_1 的信号选择出来,收音机就接收到了该电台的广播信息。

然而在电力工程中,串联电路谐振时电抗元件上过高的电压,可能会导致电感或电容元件绝缘材料的击穿,所以,应该避免发生这种串联谐振现象。

例 4-14　收音机输入回路的等效电路如图 4.36 所示。已知线圈电阻 $R = 8\Omega$,线圈电感 $L = 0.3\text{mH}$,C 为可调电容。$u_1(f_1)$、$u_2(f_2)$分别是中央人民广播电台($f_1 = 560\text{kHz}$)和西安人民广播电台($f_2 = 790\text{kHz}$)广播信号在输入回路中的等效信号源。求:

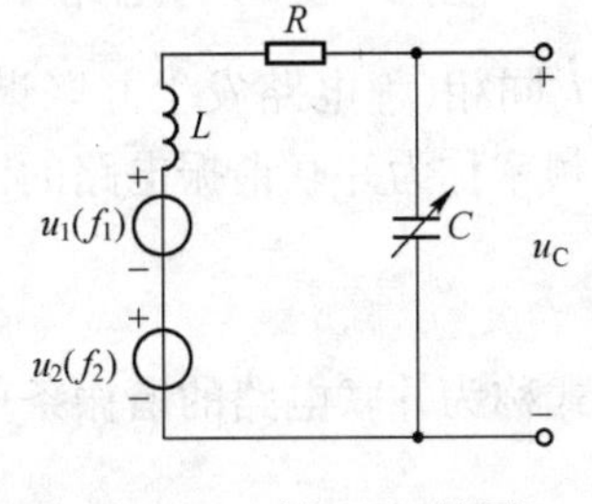

图 4.36　例 4-14 的图

(1) 计算收音机接收到中央人民广播电台信号时电容 C 的大小。若信号源 $U_1(f_1)$为 1.5μV,计算它在电容上产生的电压 U_{C1}。

(2) 保持(1)中的 C 值不变,且设 $U_2(f_2) = 1.5\mu\text{V}$,计算 $U_2(f_2)$在电容上产生的电压 U_{C2}。

解　(1) 串联谐振时,$f_0 = f_1 = \frac{1}{2\pi\sqrt{LC}}$,所以收音机接收中央人民广播电台时电容 C 的值为

$$C = \frac{1}{(2\pi f_1)^2 L} = \frac{1}{(2\times 3.14\times 560\times 10^3)^2\times 0.3\times 10^{-3}} = 269\text{pF}$$

电路谐振电流

$$I_0 = U_1/R = 1.5\times 10^{-6}/8 = 0.19\mu\text{A}$$

电容上电压

$$U_{C1} = \frac{1}{\omega C}I_0 = \frac{1}{2\times 3.14\times 560\times 10^3\times 269\times 10^{-12}} = 204.1\mu\text{V} \gg U_1(=1.5\mu\text{V})$$

(2) 对于信号 $U_2(f_2)$而言,输入电路工作在非谐振状态,可应用相量法计算出电容上的输出电压。

因为信号 $U_2(f_2)$ 的频率 $f_2=790\text{kHz}$，故有

$$\omega_2=2\pi f_2=2\times3.14\times790\times10^3=4.69\times10^6\text{rad/s}$$

$$\omega_2L=4.69\times10^6\times0.3\times10^{-3}=1.41\times10^3\Omega$$

$$\frac{1}{\omega_2C}=\frac{1}{4.69\times10^6\times269\times10^{-12}}=0.79\times10^3\Omega$$

设 $\dot{U}_2=1.5\underline{/0^\circ}\ \mu\text{V}$，则电容上电压为

$$U_{C2}=|\dot{U}_{C2}|=\left|\frac{-\text{j}\dfrac{1}{\omega C}}{R+\text{j}\left(\omega L-\dfrac{1}{\omega C}\right)}\dot{U}_2\right|=\left|\frac{-\text{j}0.79\times10^3}{8+\text{j}(1.41-0.79)\times10^3}\times1.5\underline{/0^\circ}\right|=1.92\mu\text{F}\ll U_{C1}$$

计算结果表明，此时信号 $U_2(f_2)$ 在电容上的电压远小于 $U_1(f_1)$ 在该电容上的输出电压。可见，虽然两个广播电台的信号在收音机接收天线上有相同的感应电压，但是电路仅对频率与自身谐振频率相同的信号输出最大电压，而对其他频率的信号具有抑制作用，并且离开谐振频率愈远，其抑制作用愈强。这就是 *RLC* 串联谐振电路的选频特性。

4.7.2 并联谐振电路

RLC 并联电路如图 4.37(a)所示。图中正弦电流源的角频率为 ω，设其电流相量的初相为零。

并联电路的等效导纳为

$$Y=G+\text{j}B=G+\text{j}\left(\omega C-\frac{1}{\omega L}\right)\qquad(4\text{-}97)$$

式中 $G=\dfrac{1}{R}$，$B=\omega C-\dfrac{1}{\omega L}$。

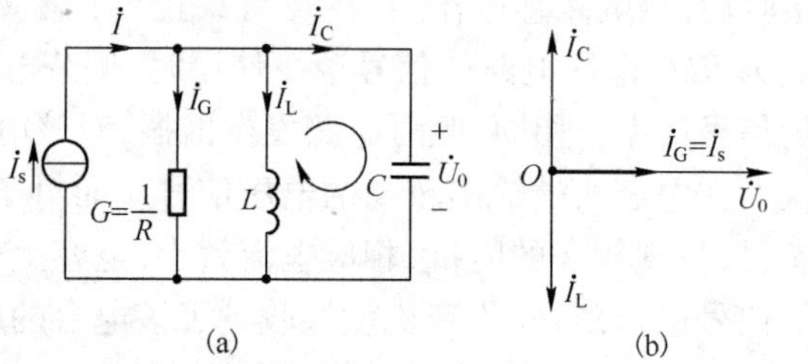

当电纳 $B=0$ 时，电路端电压 $\dot{U}$ 与电流源电流 $\dot{I}_s$ 同相，称电路发生并联谐振。满足 $B=0$ 的角频率称为并联谐振电路的谐振角频率，记为 ω_0。根据 $B=0$，可得

图 4.37　并联谐振电路

$$\omega_0C-\frac{1}{\omega_0L}=0\qquad(4\text{-}98)$$

该式称为并联电路的谐振条件。从谐振条件可得并联谐振电路的谐振角频率为

$$\omega_0=\frac{1}{\sqrt{LC}}\quad\text{或}\quad f_0=\frac{1}{2\pi\sqrt{LC}}\qquad(4\text{-}99)$$

可见，与串联谐振电路的计算公式是相同的。

RLC 并联电路谐振时有以下特点：

(1) 由式(4-97)可见，谐振时并联电路导纳

$$Y_0=G=1/R\qquad(4\text{-}100)$$

其值最小，且为纯电导。若转换为阻抗，即

$$Z_0=1/Y_0=1/G=R\qquad(4\text{-}101)$$

其值最大，且为纯电阻。

(2) 由图 4.37(a)，可知谐振时电路端电压

$$\dot{U}_0=\dot{I}_s/Y_0=\dot{I}_s/G=R\dot{I}_s\qquad(4\text{-}102)$$

其数值达最大值，且与电流源 $\dot{I}_s$ 同相位。

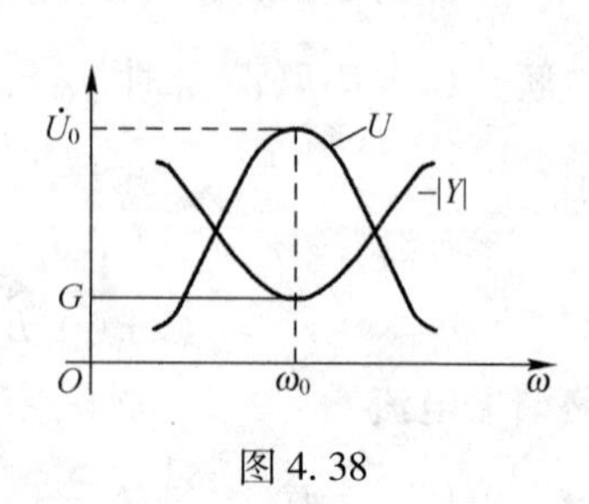

图 4.38

当 $\dot{U}_s$ 一定时，$|Y|$、U 随 ω 的变化曲线如图 4.38 所示。

(3)并联电路谐振时各支路电流

$$\dot{I}_{G0}=G\dot{U}_0=G\frac{\dot{I}_s}{Y_0}=\dot{I}_s,\quad \dot{I}_{C0}=\mathrm{j}\omega_0 C\dot{U}_0=\mathrm{j}\omega_0 CR\dot{I}_s,\quad \dot{I}_{L0}=\frac{\dot{U}_0}{\mathrm{j}\omega_0 L}=-\mathrm{j}\omega_0 CR\dot{I}_s \tag{4-103}$$

可见,并联电路谐振时,激励源电流全部流经电导支路。电容与电感支路电流大小相等,相位相反,在 LC 回路中形成量值为激励源电流的 $\omega_0 CR$ 倍的回路电流,所以,并联谐振又称电流谐振。

谐振时各支路电流相量如图 4.37(b)所示。

另一种常见的并联谐振电路如图 4.39(a) 所示,其中 r 是电感线圈的损耗电阻。

设正弦电流源的角频率为 ω,则并联电路导纳

$$Y=\frac{1}{r+\mathrm{j}\omega L}+\mathrm{j}\omega C=\frac{r-\mathrm{j}\omega L}{r^2+(\omega L)^2}+\mathrm{j}\omega C$$

在实际应用中,损耗电阻值较小,通常满足 $r^2 \ll (\omega L)^2$ 条件,故上式可近似为

$$Y\approx\frac{r-\mathrm{j}\omega L}{(\omega L)^2}+\mathrm{j}\omega C=\frac{r}{\omega^2 L^2}+\mathrm{j}\left(\omega C-\frac{1}{\omega L}\right) \tag{4-104}$$

$$\omega C-\frac{1}{\omega L}=0 \tag{4-105}$$

满足式(4-105)的角频率就是电路的谐振角频率,记为 ω_0,即

$$\omega_0 C-\frac{1}{\omega_0 L}=0$$

求得谐振角频率为 $\omega_0=\dfrac{1}{\sqrt{LC}}$ (4-106)

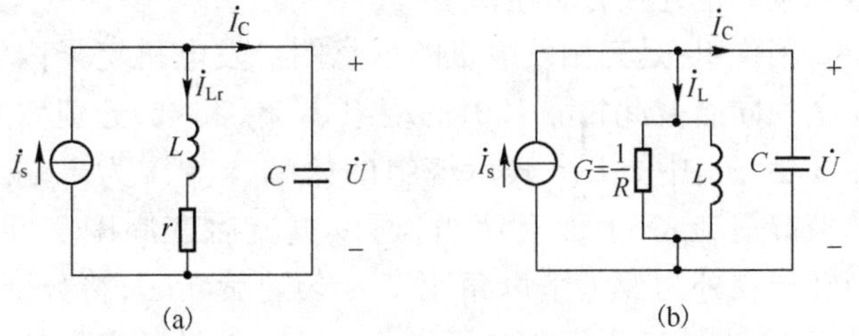

图 4.39 另一种并联谐振电路

如果电路工作在谐振频率附近,利用式(4-106)关系,可将式(4-104)改写为

$$\begin{aligned}Y&\approx\frac{r}{\omega_0^2 L^2}+\mathrm{j}\left(\omega C-\frac{1}{\omega L}\right)=\frac{rC}{L}+\mathrm{j}\left(\omega C-\frac{1}{\omega L}\right)\\&=G+\mathrm{j}\left(\omega C-\frac{1}{\omega L}\right)=\frac{1}{R}+\mathrm{j}\left(\omega C-\frac{1}{\omega L}\right)\end{aligned} \tag{4-107}$$

式中

$$G=\frac{1}{R}=\frac{rC}{L}\quad 或\quad R=\frac{1}{G}=\frac{L}{rC} \tag{4-108}$$

式(4-107)表明,在谐振频率附近,可将图 4.39(a)电路近似等效为 G、L、C 的并联电路,其中电感、电容元件参数与原电路相同,电导元件参数由式(4-108)确定。这样,关于图 4.37(a) 并联谐振电路的讨论结果也同样适用于图 4.39(a)电路。

例 4-15 图 4.39(a)所示 rLC 电路,已知 $\dot{I}_s=1\angle 0^\circ$ mA,$r=10\Omega$,$L=100\mu\mathrm{H}$,$C=100\mathrm{pF}$,试确定电路的谐振角频率,并计算谐振时各支路电流和电路端电压。

解 由式(4-106)求得谐振角频率为

$$\omega_0=\frac{1}{\sqrt{LC}}=\frac{1}{\sqrt{100\times10^{-6}\times100\times10^{-12}}}=10^7\,\mathrm{rad/s}$$

谐振时可将电路等效成图 4.39(b)所示,图中

$$R=\frac{1}{G}=\frac{L}{rC}=\frac{100\times10^{-6}}{10\times100\times10^{-12}}=10^5\,\Omega$$

由式(4-102)得谐振时电路端电压

$$\dot{U}_0=R_0\dot{I}_s=R\dot{I}_s=10^5\times10^{-3}\angle 0^\circ=100\angle 0^\circ\,\mathrm{V}$$

电容支路谐振电流 $\dot{I}_{C0}=\mathrm{j}\omega_0 C\dot{U}_0=\mathrm{j}\omega_0 CR_0\dot{I}_s=\mathrm{j}10^7\times100\times10^{-12}\times10^5\dot{I}_s=\mathrm{j}100\dot{I}_s=0.1\angle 90^\circ\,\mathrm{A}$

电阻、电感串联支路谐振电流

$$\dot{I}_{Lr}=\dot{I}_s-\dot{I}_{C0}=\dot{I}_s-j100\,\dot{I}_s=(1-j100)\dot{I}_s=-j100\,\dot{I}_s=0.1\underline{/-90^\circ}\ A$$

计算结果表明,图 4.39(a)电路谐振时,与 R、L、C 并联电路一样具有高的谐振阻抗、电容、电感元件中电流几乎大小相等、相位相反,并且量值上要比激励源电流大很多倍。

在电子技术中,常利用并联谐振电路谐振阻抗高的特点,使与电路谐振频率相同的信号在电路两端获得高的输出电压,以实现选频功能。

4.8 三相电路

4.8.1 三相电源

三相电源是三相交流发电机的电路模型。它由三个频率、振幅相同而初相互差 120°的正弦电源按一定连接方式组成。

图 4.40 是三相发电机的示意图。发电机定子内侧嵌入三个完全相同而彼此相隔 120°的绕组 ax、by 和 cz,分别称为 a 相、b 相和 c 相。其中 a、b、c 表示绕组的始端,x、y、z 为末端。发电机转子由锻钢制成,上面有绕组,通以直流后在周围空间产生磁场。当转子在外力驱动下以角速度 ω 匀速旋转时,将分别在绕组 ax、by 和 cz 上感应出正弦电压 u_a、u_b 和 u_c。设各电压的参考方向如图 4.41(a)所示,并以 u_a 为参考电压(令其初相为零),则各电压可表示为

$$u_a=\sqrt{2}U_p\sin\omega t,\ u_b=\sqrt{2}U_p\sin(\omega t-120^\circ),\ u_c=\sqrt{2}U_p\sin(\omega t+120^\circ) \tag{4-109}$$

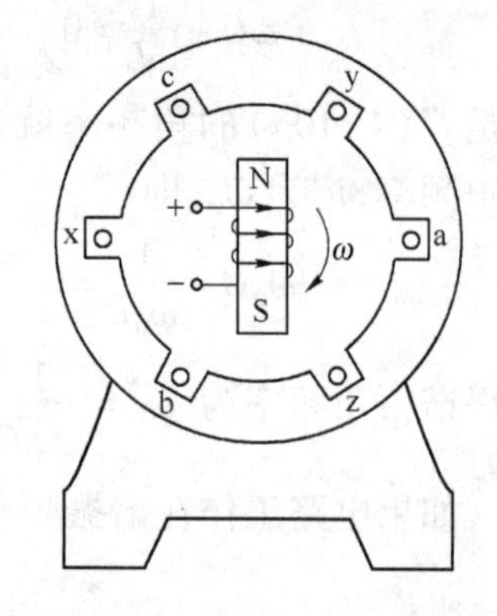

图 4.40 三相发电机示意图

式中 U_p 为各相电压的有效值。这组电源称为对称三相电源,简称三相电源。式(4-109)的相量表示为

$$\dot{U}_a=U_p\underline{/0^\circ},\ \dot{U}_b=U_p\underline{/-120^\circ},\ \dot{U}_c=U_p\underline{/120^\circ} \tag{4-110}$$

三相电源各相电压的波形图和相量图分别如图 4.41(b)和(c)所示。

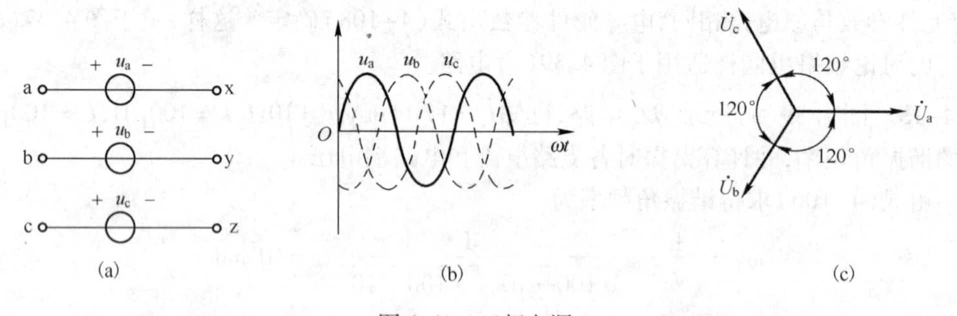

图 4.41 三相电源

容易证明,对称三相电源三相电压的瞬时值之和等于零,其相量之和也为零,即

$$u_a(t)+u_b(t)+u_c(t)=0 \tag{4-111}$$

$$\dot{U}_a+\dot{U}_b+\dot{U}_c=0 \tag{4-112}$$

三相电源的每相电压可以独立向外电路供电,这样需要六条输电线,很不经济。实际使用

中，三相电源的三相电压按星形（Y形）或三角形（△形）方式连接成一个整体向外供电。

图4.42(a)是三相电源的Y形连接方式。将三个绕组线圈的末端连成一个公共节点 n，称为中点。由中点引出的导线称为中线，如果中线接地，则又称为地线。由绕组线圈始端引出的导线称为端线，俗称火线。端线与中线间的电压 $\dot{U}_a$、$\dot{U}_b$ 和 $\dot{U}_c$ 称为相电压。端线之间的电压 $\dot{U}_{ab}$、$\dot{U}_{bc}$ 和 $\dot{U}_{ca}$ 称为线电压。

由图4.42(a)和式(4-110)可得各线电压为

$$\left.\begin{aligned}\dot{U}_{ab}&=\dot{U}_a-\dot{U}_b=U_p\angle 0^\circ-U_p\angle -120^\circ=\sqrt{3}U_p\angle 30^\circ\\ \dot{U}_{bc}&=\dot{U}_b-\dot{U}_c=\sqrt{3}U_p\angle -90^\circ\\ \dot{U}_{ca}&=\dot{U}_c-\dot{U}_a=\sqrt{3}U_p\angle 150^\circ\end{aligned}\right\}\tag{4-113}$$

同理

式(4-113)表明，对称三相电源的线电压也是对称的，而且线电压有效值 U_l 是相电压有效值 U_p 的 $\sqrt{3}$ 倍，即

$$U_l=\sqrt{3}U_p\tag{4-114}$$

如果将三个绕组线圈的始、末端依次连接形成一个回路，由三个连接点引出导线向负载供电，如图4.43(a)所示，就构成三相电源的△形连接。由图可见，三相电源接成△形时，线电压等于相电压。

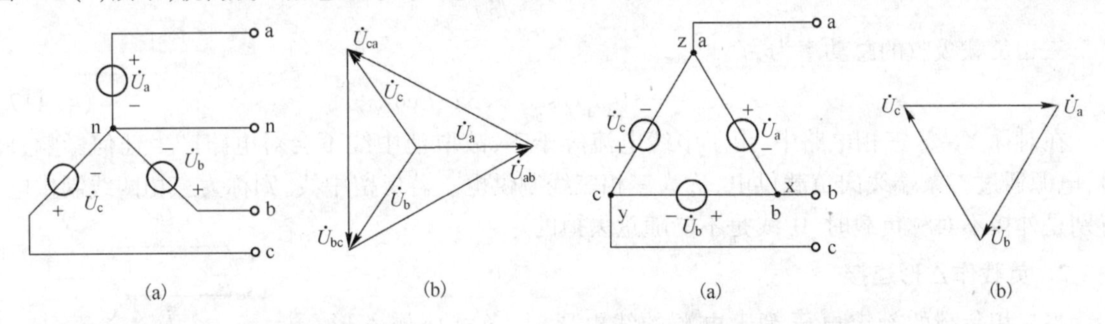

图4.42 三相电源的Y形连接 图4.43 三相电源的△形连接

在△形连接的绕组回路中，如果电源连接正确，由于三相电压的对称性，回路总电压 $\dot{U}_a+\dot{U}_b+\dot{U}_c=0$，因此回路中不会产生环行电流。但是应该注意，如果某一相电压连接错误，此时各相电压失去平衡，由于绕组的电阻很小，故在回路中产生很大的电流，会烧毁发电机绕组，造成严重后果。

4.8.2 三相电路的计算

三相电源的负载由单相电源负载互相连接组成，连接方式也有Y形和△形两种。如果各相负载的参数相同，则称为对称三相负载。对称三相电源与对称三相负载连接组成对称三相电路。下面分两种情况介绍对称三相电路的特点和计算方法。对于非对称的三相电路，可采用常规相量法进行分析，这里不再详细讨论。

1. 负载作Y形连接

对称三相负载接至三相电源时，为保证设备能正常运行，用电设备的额定电压应与电源电压相符，并由此来确定负载的连接方式。当负载的额定电压等于电源线电压的 $1/\sqrt{3}$ 时，三相负载应作Y形连接。

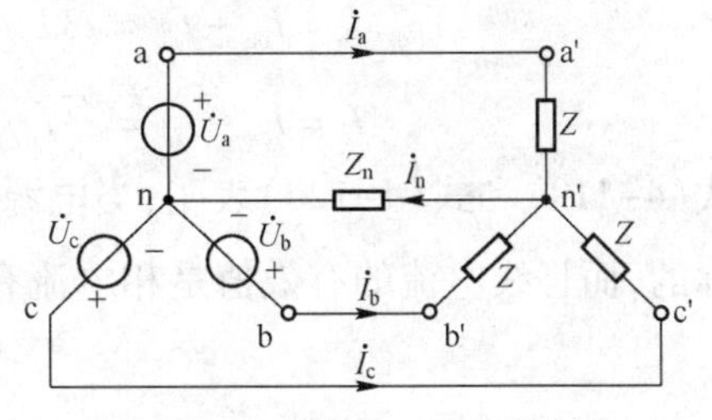

图4.44 对称Y-Y三相电路

图4.44表示对称Y形三相电源外接对称Y形负载组成的电路，称为对称Y-Y三相电路。图中负载阻抗

$Z=|Z|\underline{/\varphi_z}$，nn′为中线，$Z_n$ 为中线阻抗。选 n 为参考节点并由节点法可得

$$\dot{U}_{n'n}=\frac{(\dot{U}_a+\dot{U}_b+\dot{U}_c)/Z}{3/Z+1/Z_n}$$

由于对称电源的相电压满足$\dot{U}_a+\dot{U}_b+\dot{U}_c=0$，故有$\dot{U}_{n'n}=0$。可见节点 n′和 n 为等电位点，中线电流$\dot{I}_n$等于零。而流过负载的相电流，也就是端线的线电流分别为

$$\left.\begin{aligned}\dot{I}_a&=\frac{\dot{U}_a}{Z}=\frac{U_p}{|Z|}\underline{/-\varphi_z}=I_p\underline{/-\varphi_z}\\ \dot{I}_b&=\frac{\dot{U}_b}{Z}=\frac{U_p}{|Z|}\underline{/-\varphi_z-120^\circ}=I_p\underline{/-\varphi_z-120^\circ}\\ \dot{I}_c&=\frac{\dot{U}_c}{Z}=\frac{U_p}{|Z|}\underline{/-\varphi_z+120^\circ}=I_p\underline{/-\varphi_z+120^\circ}\end{aligned}\right\}\tag{4-115}$$

式中 I_p 为负载相电流的有效值。显然，负载相电流也是对称的。

每相负载的吸收功率为

$$P_p=U_pI_p\cos\varphi_z=\left(\frac{U_l}{\sqrt{3}}\right)I_l\cos\varphi_z\tag{4-116}$$

三相负载吸收的总功率为

$$P=3P_p=3U_pI_p\cos\varphi_z=\sqrt{3}U_lI_l\cos\varphi_z\tag{4-117}$$

在对称 Y－Y 三相电路中，由于中线电流等于零，故取消中线不会对电路产生任何影响，此时，电源通过三条端线向负载供电，称为三相三线制供电。若保留中线，则称为三相四线制供电。特别是外接不对称负载时，中线是不能随意去掉的。

2. 负载作△形连接

当三相负载的额定电压等于电源的线电压时，负载应作△形连接。

如图 4.45 所示，对称三相负载作△形连接。设三相电源输出线电压为

$$\dot{U}_{ab}=U_l\underline{/0^\circ},\dot{U}_{bc}=U_l\underline{/-120^\circ},\dot{U}_{ca}=U_l\underline{/120^\circ}\tag{4-118}$$

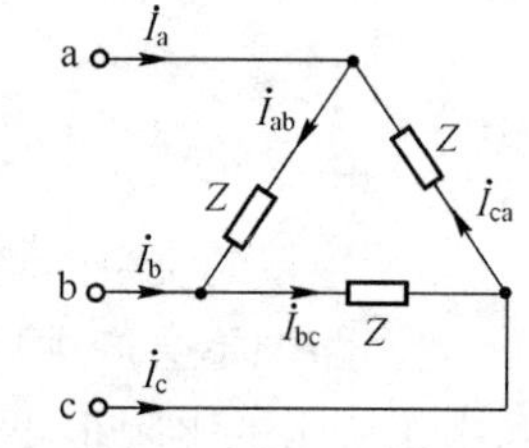

图 4.45　△形连接的负载

由于△形连接时负载上的相电压等于线电压，于是负载相电流为

$$\dot{I}_{ab}=\frac{\dot{U}_{ab}}{Z}=\frac{U_l\underline{/0^\circ}}{|Z|\underline{/\varphi_z}}=I_p\underline{/-\varphi_z},\dot{I}_{bc}=\frac{\dot{U}_{bc}}{Z}=I_p\underline{/-\varphi_z-120^\circ},\dot{I}_{ca}=\frac{\dot{U}_{ca}}{Z}=I_p\underline{/-\varphi_z+120^\circ}\tag{4-119}$$

式中负载相电流 $I_p=U_l/|Z|$。由图 4.44 求得各线电流为

$$\left.\begin{aligned}\dot{I}_a&=\dot{I}_{ab}-\dot{I}_{ca}=I_p\underline{/-\varphi_z}-I_p\underline{/-\varphi_z+120^\circ}=\sqrt{3}I_p\underline{/-\varphi_z-30^\circ}\\ \dot{I}_b&=\dot{I}_{bc}-\dot{I}_{ab}=\sqrt{3}I_p\underline{/-\varphi_z-150^\circ}\\ \dot{I}_c&=\dot{I}_{ca}-\dot{I}_{bc}=\sqrt{3}I_p\underline{/-\varphi_z+90^\circ}\end{aligned}\right\}\tag{4-120}$$

式(4-119)和式(4-120)表明，当电源线电压对称时，则△形连接负载的相电流和线电流也是对称的，而且线电流的有效值是相电流有效值的$\sqrt{3}$倍，即

$$I_l=\sqrt{3}I_p\tag{4-121}$$

各相负载的吸收功率为

$$P_p=U_pI_p\cos\varphi_z=U_l\left(\frac{I_l}{\sqrt{3}}\right)\cos\varphi_z\tag{4-122}$$

负载吸收的总功率为 $$P=3P_p=3U_pI_p\cos\varphi_z=\sqrt{3}U_lI_l\cos\varphi_z \qquad (4-123)$$

比较式(4-123)和式(4-117)可知,对称负载无论作Y形还是△形连接,三相负载吸收总功率的计算公式是相同的。

例4-16 试计算对称三相电路负载总吸收功率的瞬时表达式。

解 由本节讨论可知,在对称三相电路中,不管对称负载作Y形还是△形连接,其相电流是对称的,从而相电压也是对称的。若设负载阻抗 $Z=|Z|\underline{/\varphi_z}$,a相负载的相电流的初相为0°,则根据其对称性,可推导出每相负载的相电流、相电压,具体表达式为

$$\left.\begin{aligned}i_{ap}&=\sqrt{2}I_p\sin\omega t,u_{ap}=\sqrt{2}U_p\sin(\omega t+\varphi_z)\\i_{bp}&=\sqrt{2}I_p\sin(\omega t-120°),u_{bp}=\sqrt{2}U_p\sin(\omega t+\varphi_z-120°)\\i_{cp}&=\sqrt{2}I_p\sin(\omega t+120°),u_{cp}=\sqrt{2}U_p\sin(\omega t+\varphi_z+120°)\end{aligned}\right\} \qquad (4-124)$$

式中,I_p、U_p 分别为负载相电流、相电压的有效值。由式(4-124)求得a相负载的瞬时功率为

$$p_a=i_{ap}u_{ap}=\sqrt{2}I_p\sin\omega t\cdot\sqrt{2}U_p\sin(\omega t+\varphi_z)=I_pU_p\cos\varphi_z-I_pU_p\cos(2\omega t+\varphi_z)$$

同理可得b、c相负载的瞬时功率为

$$p_b=i_{bp}u_{bp}=I_pU_p\cos\varphi_z-I_pU_p\cos(2\omega t+\varphi_z+120°)$$
$$p_c=i_{cp}u_{cp}=I_pU_p\cos\varphi_z-I_pU_p\cos(2\omega t+\varphi_z-120°)$$

上面三式中的第二项均为余弦函数,它们的幅度相同,相位上互差120°,故其和为零。这样,负载上总的瞬时功率为

$$p=p_a+p_b+p_c=3I_pU_p\cos\varphi_z \qquad (4-125)$$

式(4-125)表明,三相电源传输给负载的瞬时功率是一定值,这在实际应用中是有重要意义的。例如,将电动机作为负载时,其转矩大小与总瞬时功率成正比。因此,瞬时总功率为定值,能量的均匀传输可以保证电动机平稳运行,这也是对称三相电路的优越性之一。

例4-17 一台三相电阻炉设备,每相电阻为22Ω,额定相电流为10A,接在线电压为380V的三相电源上。试求:

(1) 电阻炉的额定相电压;

(2) 画出电阻炉电路连接图;

(3) 画出电阻炉各相电流、电压的相量图;

(4) 电阻炉额定功率。

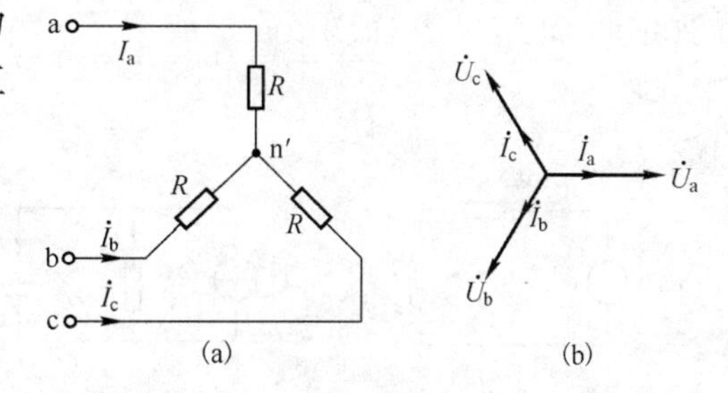

图4.46 例4-17图

解 (1) 额定相电压 $U_p=RI_p=22\times10=220\text{V}$。

(2) 三相电源线电压为380V。负载额定相电压是220V,是电源线电压的 $1/\sqrt{3}$,所以电阻炉应作Y形连接,电路连接如图4.46(a)所示。三相负载对称,可省略中线。

(3) 以相电压 $\dot{U}_a$ 为参考相量,画出各相电流、电压相量图如图4.46(b)所示。

(4) 电阻炉的额定功率

$$P=3P_p=3U_pI_p=3\times220\times10=6.6\text{kW}$$

习 题 4

4.1 试求下列正弦信号的振幅、频率和初相角,并画出其波形。

(1) $u(t)=10\sin314t\text{V}$ (2) $u(t)=5\sin(100t+30°)\text{V}$ (3) $i(t)=8\sqrt{2}\sin(2t-45°)\text{A}$

(4) $u(t)=4\cos(2t-120°)\,\mathrm{mV}$　(5) $i(t)=-2\cos(10t+120°)\,\mathrm{mA}$

4.2　计算下列正弦信号的相位差。

(1) $u_1=4\sin(10t+10°)\,\mathrm{V}$ 和 $u_2=8\sin(10t-20°)\,\mathrm{V}$　　(2) $i_1=5\sin\left(2t-\frac{\pi}{3}\right)\mathrm{A}$ 和 $u_2=-10\sin(2t-15°)\,\mathrm{V}$

4.3　示波器上显示的三个同频正弦电压波形如图所示，已知屏幕纵坐标每格表示2V，横坐标每格表示1μs，并设 u_1 的初相为零。(1) 试写出各电压的瞬时值表达式。(2) 求各电压信号的周期、角频率、振幅、有效值和初相，并说明 u_1 和 u_2、u_2 和 u_3 间的相位关系。

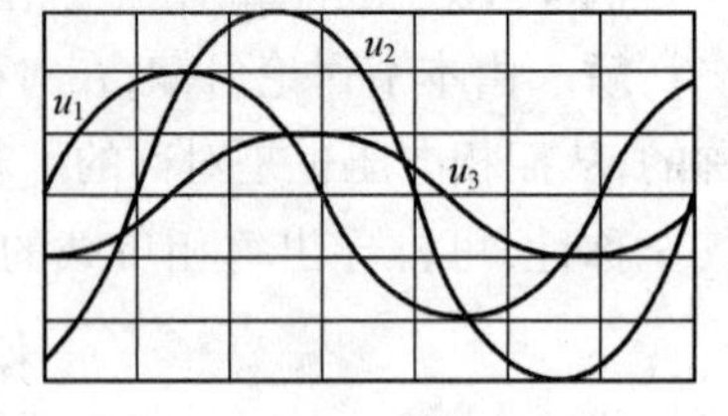

题4.3图

4.4　将下列复数表示为极型或指数型：

(1) $3+\mathrm{j}4$　(2) $3-\mathrm{j}4$　(3) $-4+\mathrm{j}3$　(4) $-4-\mathrm{j}3$

4.5　将下列复数表示为代数型：

(1) $45\angle 50°$　(2) $100\angle -45°$　(3) $38\angle -150°$　(4) $-8\angle 120°$

4.6　已知 $u=311\sin(\omega t-30°)\,\mathrm{V}$，$i=10\sqrt{2}\sin(\omega t+45°)\,\mathrm{A}$，试写出各正弦量的振幅相量和有效值相量，并作出相量图。

4.7　写出下列相量所表示的正弦信号的瞬时值表达式(设角频率均为 ω)：

(1) $\dot{I}_{1\mathrm{m}}=8+\mathrm{j}12\mathrm{A}$　(2) $\dot{I}_2=11.18\angle -26.6°\,\mathrm{A}$　(3) $\dot{U}_{1\mathrm{m}}=-6+\mathrm{j}8\mathrm{V}$　(4) $\dot{U}_2=15\angle -38°\,\mathrm{V}$

4.8　指出并改正下列表达式中的错误。

(1) $i=2\sin(\omega t-15°)=2\mathrm{e}^{-\mathrm{j}15°}\,\mathrm{A}$　　(2) $\dot{U}=5\angle 90°=5\sqrt{2}\sin(\omega t+90°)\,\mathrm{V}$

(3) $i=2\cos(\omega t-15°)=2\angle -15°\mathrm{A}$　　(4) $U=220\angle 38°\mathrm{V}$

4.9　RL串联电路如图所示，已知 $R=100\Omega$，$L=0.1\mathrm{mH}$，电阻上电压 $u_{\mathrm{R}}(t)=\sqrt{2}\sin 10^6 t\,\mathrm{V}$。试求电源电压 $u_{\mathrm{s}}(t)$，并画出电压相量图。

4.10　RC并联电路如图所示，已知 $R=10\Omega$，$C=0.2\mu\mathrm{F}$，$i_{\mathrm{C}}(t)=\sqrt{2}\sin(10^3 t+60°)\,\mathrm{A}$。试求电流源电流 $i_{\mathrm{s}}(t)$，并画出电流相量图。

4.11　如图所示电路，设伏特计内阻为无限大，安培计内阻为零。图中已标明伏特计和安培计的读数，试求正弦电压 u 和正弦电流 i 的有效值。

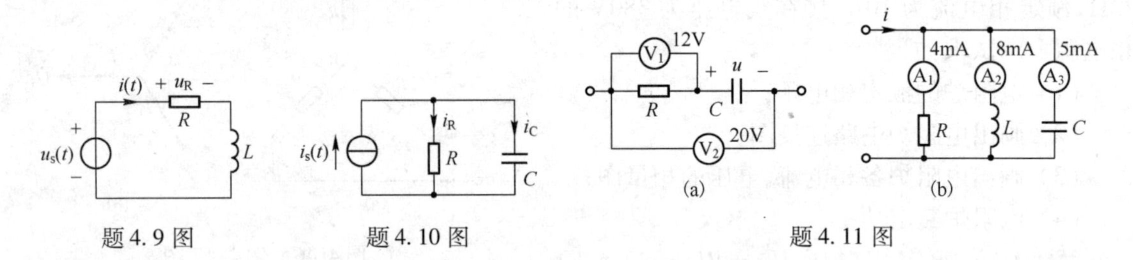

题4.9图　　题4.10图　　题4.11图

4.12　RLC串联电路如图所示。已知电压相量 $\dot{U}=40+\mathrm{j}200\mathrm{V}$，电流相量 $\dot{I}=2\angle 0°\,\mathrm{A}$，角频率 $\omega=10^3\,\mathrm{rad/s}$，求电容 C。

4.13　正弦稳态电路如图所示，已知 $\dot{U}_{\mathrm{s}}=200\sqrt{2}\angle 0°\,\mathrm{V}$，$\omega=10^3\,\mathrm{rad/s}$，求 $\dot{I}_{\mathrm{C}}$。

4.14　求图示各电路中ab端口等效阻抗和导纳。

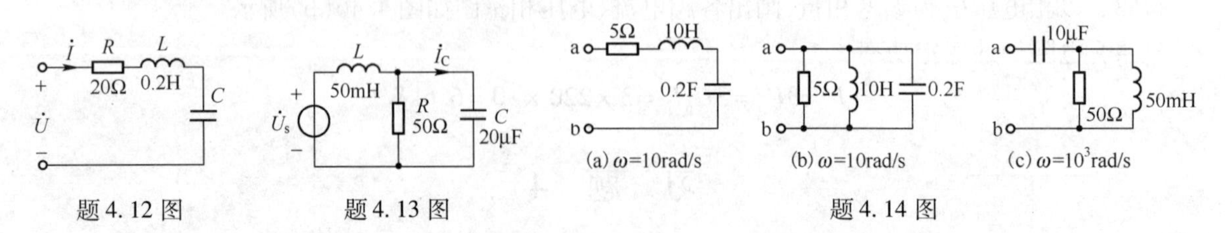

题4.12图　　题4.13图　　题4.14图

4.15　实验室常用图示电路测量电感线圈参数 L 和 r。已知电源频率 $f=50\mathrm{Hz}$，电阻 $R=25\Omega$，伏特计 V_1、V_2 和 V_3 的读数分别为50V、128V和116V。求 L 和 r。

4.16　图示 RC 移相电路中，设 $R=1/\omega C$，求输出电压 u_o 和输入电压 u_i 的相位差。

4.17　图示电路，已知 $u_s(t)=31.6\sqrt{2}\sin(2t)$ V，试求 $u_L(t)$ 和 $i_C(t)$，并画出各电压、电流的相量图。

4.18　图示电路，已知 $\dot{I}_s=10\angle 0^\circ$ A，求各支路电流相量。

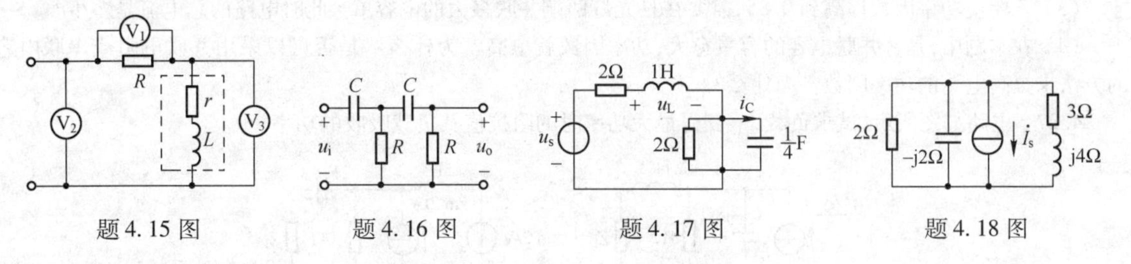

题 4.15 图　　题 4.16 图　　题 4.17 图　　题 4.18 图

4.19　电路如图所示，已知(a)中 $\dot{U}_s=4\angle 0^\circ$ V，$\dot{I}_s=8\angle 0^\circ$ A；(b)中 $\dot{U}_s=6\angle 0^\circ$ V，$\dot{I}_s=3\angle 0^\circ$ A。求节点电压 $\dot{U}_1$ 和 $\dot{U}_2$。

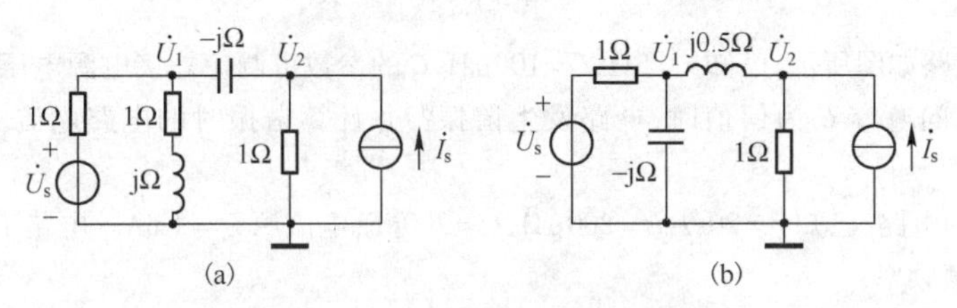

题 4.19 图

4.20　电路如图所示，已知(a)中 $\dot{I}_s=10\angle 0^\circ$ A；(b)中 $\dot{U}_s=10\angle 0^\circ$ V。试列出网孔电流方程，并求电压 $\dot{U}_{ab}$。

4.21　应用等效电源定理求图示电路中的电流 $\dot{I}_o$。

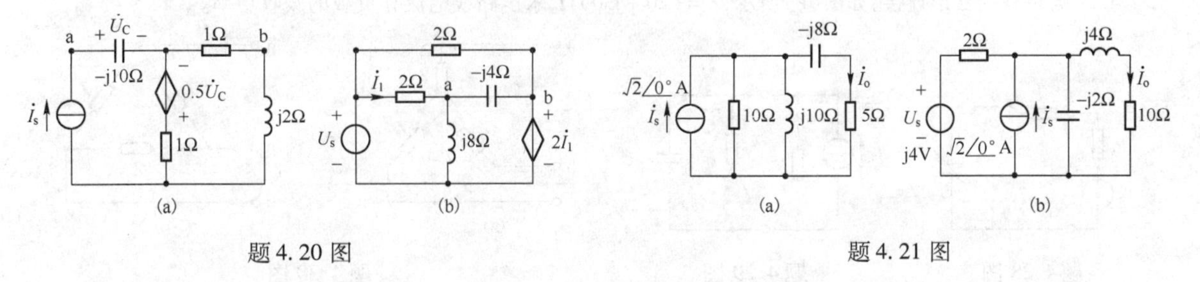

题 4.20 图　　题 4.21 图

4.22　图示电路，已知 $I_2=10\sqrt{2}$ A，$I_C=10$ A，$U=200$ V，$R_1=5\Omega$，$R_2=X_L$。试求 R_2、X_L、X_C 和 I_1。

4.23　正弦稳态电路如图所示，已知 $u_s=100\sqrt{2}\sin 1000t$ V，$R=3\Omega$，$L=4$ mH，$C=200$ pF，求：(1) 电路输入阻抗；(2) 电流 i_1、i_2 和 i；(3) 电路的有功功率 P、无功功率 Q、视在功率 S 和功率因数 λ。

4.24　某车间有功率为 60W 的白炽灯（为纯阻性负载），与功率为 40W，功率因数为 0.6 的日光灯（为感性负载）各 10 只，并联接于 220V 正弦交流电源上。求整个照明电路的视在功率 S、功率因数 λ 和流过负载的总电流 I。

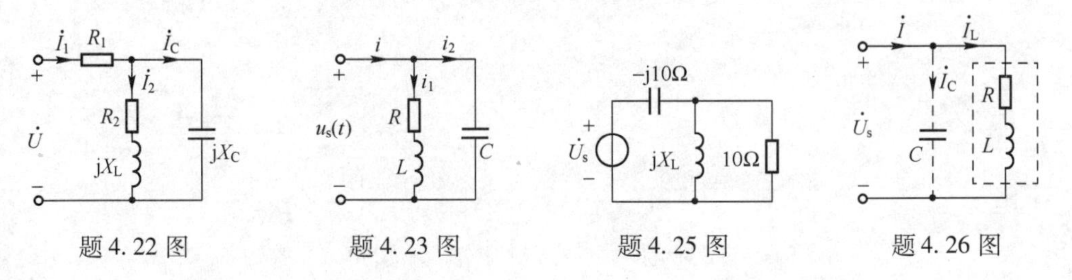

题 4.22 图　　题 4.23 图　　题 4.25 图　　题 4.26 图

4.25　图示电路中 $U_s=100$ V，电路吸收功率为 1kW，求 X_L。

4.26　图中虚线框部分为日光灯等效电路，其中 R 为日光灯等效电阻；L 为铁心电感，称为镇流器。已知

$\dot{U}_s = 220\text{V}, f = 50\text{Hz}$，日光灯功率为40W，额定电流为0.4A，试求：

（1）电阻 R 和电感 L。

（2）日光灯电路的功率因数 $\cos\varphi$。

（3）若要使功率因数提高到0.85，需要在日光灯两端并联多大的电容 C？此时电路的总电流是多少？

（4）在本题中，是否并联电容的容量愈大，功率因数就愈高？为什么？是否可以采用并联电阻或串联电容的方法来提高电路的功率因数？为什么？

4.27　电路如图所示，试求负载 Z_L 获得最大功率时的阻抗值及负载吸收的功率。

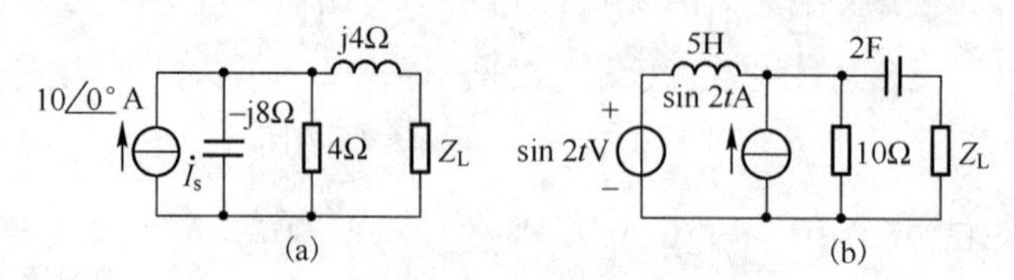

题4.27图

4.28　rLC 串联电路如图所示，已知 $r = 5\Omega, L = 100\mu\text{H}$，$C$ 的参数可调。外接电源电压，$u_s(t) = 10\sin(10^7 t + 30°)\text{V}$，内阻 $R_s = 5\Omega$。问电容 C 为何值时，电路发生谐振？并计算谐振时的电路电流 I_0 和电容元件上的电压 U_C。

4.29　如图所示的电路，已知 $r = 20\Omega, L = 200\mu\text{H}, C = 200\text{pF}$；电流源 $I_s = 1\text{mA}$。电路工作于谐振状态。

（1）求电路的谐振频率；

（2）计算电路的谐振阻抗 Z_0，电路两端电压 U_C 及流过电抗元件的电流 I_C 和 I_L；

（3）若考虑电流源内阻的影响，并设内阻 $R_s = 50\text{k}\Omega$，重新计算 Z_0、U_C、I_C 和 I_L 值。

4.30　如图所示，对称三相电路的线电压 $U_l = 380\text{V}$。

（1）若负载为Y形连接，如图(a)所示，$Z = (10 + \text{j}20)\Omega$，求负载的相电压和吸收功率；

（2）若负载为△形连接，如图(b)所示，$Z = (20 + \text{j}30)\Omega$，求电路线电流和负载的吸收功率。

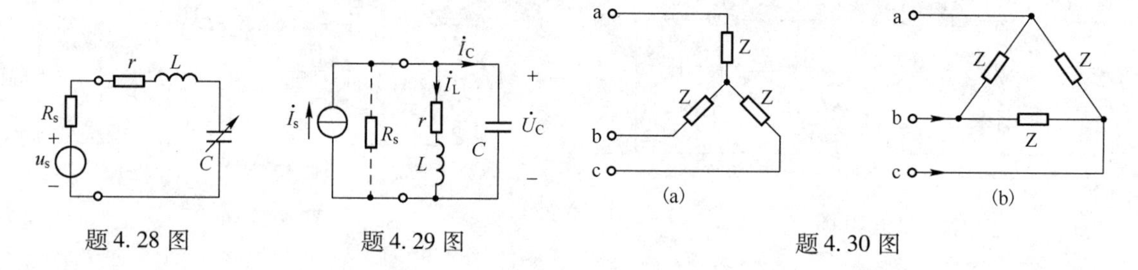

题4.28图　　题4.29图　　题4.30图

下篇　模拟电子技术

第5章　半导体器件

晶体管电子电路的核心器件是晶体管,而晶体管是由半导体制成的。因此,在讲具体的电子电路之前,应先讲晶体管原理。而要搞清晶体管原理,必须了解半导体的性质及其导电特性。

5.1　半导体基础知识

物质按导电性能可分为导体、绝缘体和半导体。

物质的导电特性取决于原子结构。导体一般为低价元素,如铜、铁、铝等金属,其最外层电子受原子核的束缚力很小,因而极易挣脱原子核的束缚成为自由电子。因此,在外电场作用下,这些电子产生定向运动(称为漂移运动)形成电流,呈现出较好的导电特性。高价元素(如惰性气体)和高分子物质(如橡胶、塑料)最外层电子受原子核的束缚力很强,极不易摆脱原子核的束缚成为自由电子,所以其导电性极差,可作为绝缘材料。而半导体材料最外层电子既不像导体那样极易摆脱原子核的束缚,成为自由电子;也不像绝缘体那样被原子核束缚得那么紧,因此,半导体的导电特性介于二者之间。

5.1.1　本征半导体

纯净晶体结构的半导体称为本征半导体。常用的半导体材料是硅和锗,它们都是4价元素,在原子结构中最外层轨道上有4个价电子。为便于讨论,采用图5.1所示的简化原子结构模型。把硅或锗材料拉制成单晶体时,相邻两个原子的一对最外层电子(价电子)成为共有电子,它们一方面围绕自身的原子核运动,另一方面又出现在相邻原子所属的轨道上。即价电子不仅受到自身原子核的作用,同时还受到相邻原子核的吸引。于是,两个相邻的原子共有一对价电子,组成共价键结构。故晶体中,每个原子都和周围的4个原子用共价键的形式互相紧密地联系起来,如图5.2所示。

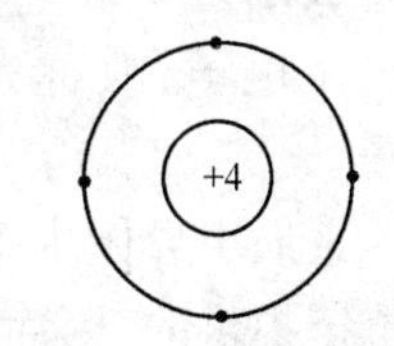

图5.1　硅和锗简化原子结构模型

共价键中的价电子由于热运动而获得一定的能量,其中少数能够摆脱共价键的束缚而成为自由电子,同时必然在共价键中留下空位,称为空穴。空穴带正电,如图5.3所示。

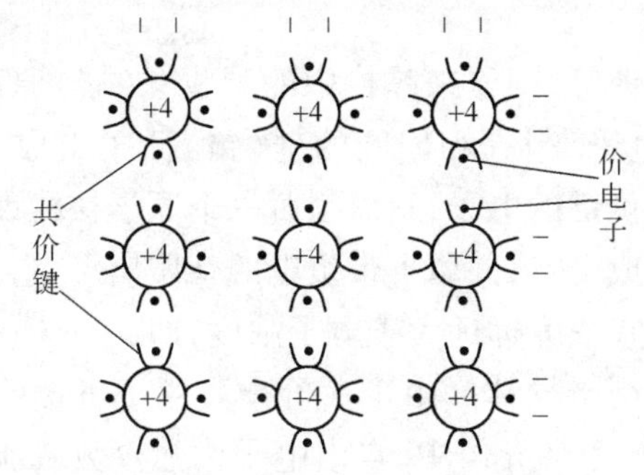

图5.2　本征半导体共价键晶体结构示意图

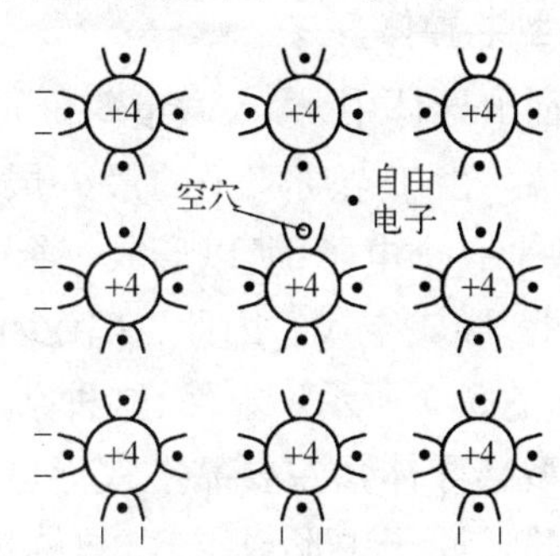

图5.3　本征半导体中的自由电子和空穴

在外电场作用下,一方面自由电子产生定向移动,形成电子电流;另一方面,价电子也按一定方向依次填补空穴,即空穴产生了定向移动,形成所谓空穴电流。

由此可见,半导体中存在着两种载流子:带负电的自由电子和带正电的空穴。本征半导体中,自由电子与空穴是同时成对产生的,因此,它们的浓度是相等的。我们用 n_i 和 p_i 分别表示电子和空穴的浓度,即 $n_i = p_i$,下标 i 表示为本征半导体。

价电子在热运动中获得能量产生了电子 - 空穴对。同时自由电子在运动过程中失去能量,与空穴相遇,使电子、空穴对消失,这种现象称为复合。在一定温度下,载流子的产生过程和复合过程是相对平衡的,载流子的浓度是一定的。本征半导体中载流子的浓度,除了与半导体材料本身的性质有关以外,还与温度有关,而且随着温度的升高,基本上按指数规律增加。因此,半导体载流子浓度对温度十分敏感。对于硅材料,大约温度每升高 8℃,本征载流子浓度 n_i 增加 1 倍;对于锗材料,大约温度每升高 12℃,n_i 增加 1 倍。除此之外,半导体载流子浓度还与光照有关,人们正是利用这一特性,制成光敏器件。

5.1.2 杂质半导体

本征半导体中虽然存在两种载流子,但因本征载流子的浓度很低,所以,它们的导电能力很差。当我们人为地、有控制地掺入少量的特定杂质时,其导电特性将产生质的变化。掺入杂质的半导体称为杂质半导体。

1. N 型半导体

在本征半导体中,掺入微量 5 价元素,如磷、锑、砷等,则原来晶格中的某些硅(锗)原子被杂质原子代替。由于杂质原子的最外层有 5 个价电子,因此,它与周围 4 个硅(锗)原子组成共价键时,还多余 1 个价电子。它不受共价键的束缚,而只受自身原子核的束缚,因此,它只要得到较少的能量就能成为自由电子,并留下带正电的杂质离子,它不能参与导电,如图 5.4 所示。显然,这种杂质半导体中电子浓度远远大于空穴的浓度,即 $n_n \gg p_n$(下标 n 表示是 N 型半导体),主要靠电子导电,所以称为 N 型半导体。由于 5 价杂质原子可提供自由电子,故称为施主杂质。N 型半导体中,自由电子称为多数载流子,空穴称为少数载流子。

杂质半导体中多数载流子浓度主要取决于掺入的杂质浓度。由于少数载流子是半导体材料共价键提供的,因而其浓度主要取决于温度。此时电子浓度与空穴浓度之间,可以证明有如下关系:

$$n_n \cdot p_n = n_i p_i = n_i^2 = p_i^2$$

即在一定温度下,电子浓度与空穴浓度的乘积是一个常数,与掺杂浓度无关。

2. P 型半导体

在本征半导体中,掺入微量 3 价元素,如硼、镓、铟等,则原来晶格中的某些硅(锗)原子被杂质原子代替。由于杂质原子的最外层只有 3 个价电子,当它和周围的硅(锗)原子组成共价键时,因为缺少一个电子,所以形成一个空位。其他共价键的电子,只需摆脱一个原子核的束缚,就转至空位上,形成空穴。因此,在较少能量下就可形成空穴,并留下带负电的杂质离子,它不能参与导电,如图 5.5 所示。显然,这种杂质半导体中空穴浓度远远大于电子浓度,即 $p_p \gg n_p$(下标 p 表示是 P 型半导体),主要靠空穴导电,所以称为 P 型半导体。由于 3 价杂质原子可接受电子,相应地在邻近原子中形成空穴,故称为受主杂质。P 型半导体中,自由电子称为少数载流子,空穴称为多数载流子。

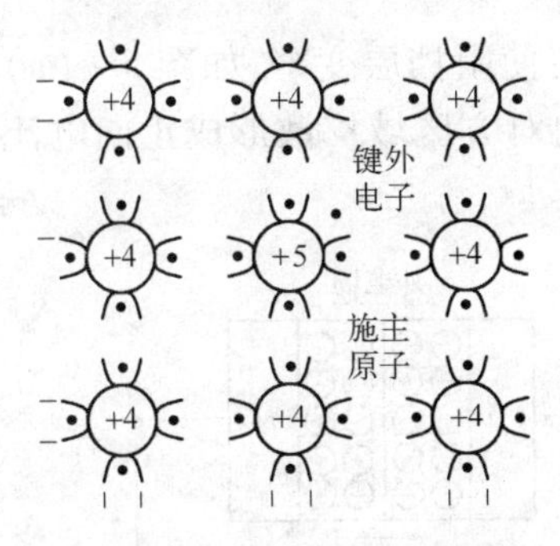

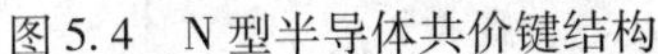

图 5.4　N 型半导体共价键结构

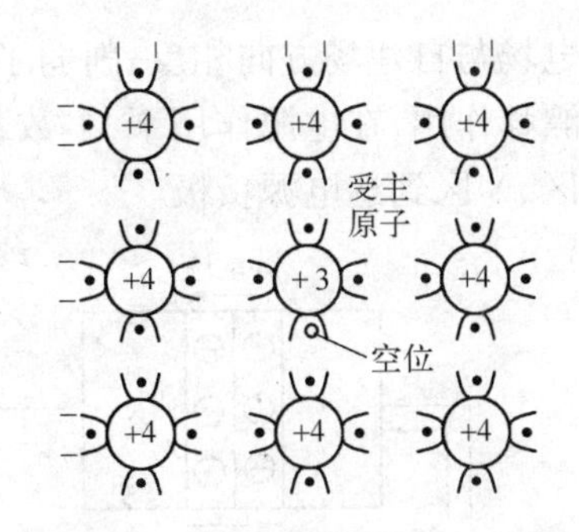

图 5.5　P 型半导体共价键结构

P 型半导体与 N 型半导体虽然各自都有一种多数载流子，但对外仍呈现电中性。它们的导电特性主要由掺杂浓度决定。这两种掺杂半导体是构成各种半导体器件的基础。

5.2　PN 结

在一块本征半导体上，用工艺的办法使其一边形成 N 型半导体，另一边形成 P 型半导体，则在两种半导体的交界处形成了 PN 结。PN 结是构成其他半导体器件的基础。

5.2.1　异型半导体接触现象

在 P 型和 N 型半导体的交界面两侧，由于电子和空穴的浓度相差悬殊，因而将产生扩散运动。电子由 N 区向 P 区扩散；空穴由 P 区向 N 区扩散。由于它们均是带电粒子（离子），因而电子由 N 区向 P 区扩散的同时，在交界面 N 区剩下不能移动（不参与导电）的带正电的杂质离子；空穴由 P 区向 N 区扩散的同时，在交界面 P 区剩下不能移动（不参与导电）的带负电的杂质离子，于是形成了空间电荷区。在 P 区和 N 区的交界处形成了电场（称为自建场）。在此电场作用下，载流子将做漂移运动，其运动方向正好与扩散运动方向相反，阻止扩散运动。电荷扩散得越多，电场越强，因而漂移运动越强，对扩散的阻力越大。

当达到平衡时，扩散运动的作用与漂移运动的作用相等，通过界面的载流子总数为 0，即 PN 结的电流为 0。此时，在 PN 区交界处形成一个缺少载流子的高阻区，我们称为阻挡层（又称为耗尽层），上述过程如图 5.6 所示。

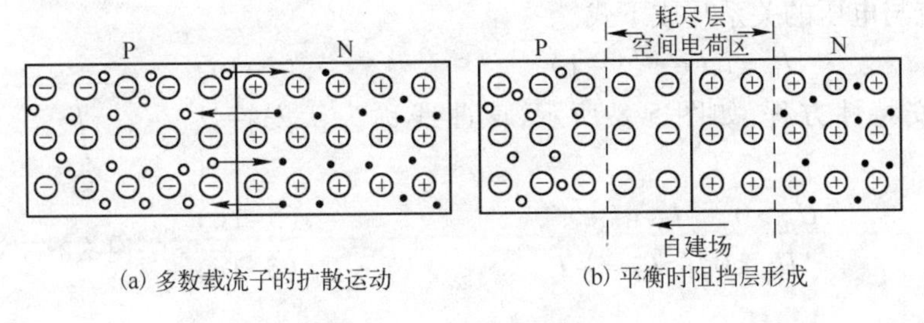

(a) 多数载流子的扩散运动　　(b) 平衡时阻挡层形成

图 5.6　PN 结的形成

5.2.2　PN 结的单向导电特性

在 PN 结两端外加不同方向的电压，就可以破坏原来的平衡，从而呈现出单向导电特性。

1. PN 结外加正向电压

若将电源的正极接 P 区，负极接 N 区，则称此为正向接法或正向偏置。此时外加电压在阻挡层内形成的电场与自建场方向相反，削弱了自建场：使阻挡层变窄，如图 5.7(a)所示。显然，扩散作用大于漂移作用，在电源作用下，多数载流子向对方区域扩散形成正向电流，其方向由电源正极通过 P 区、N 区到达电源负极。

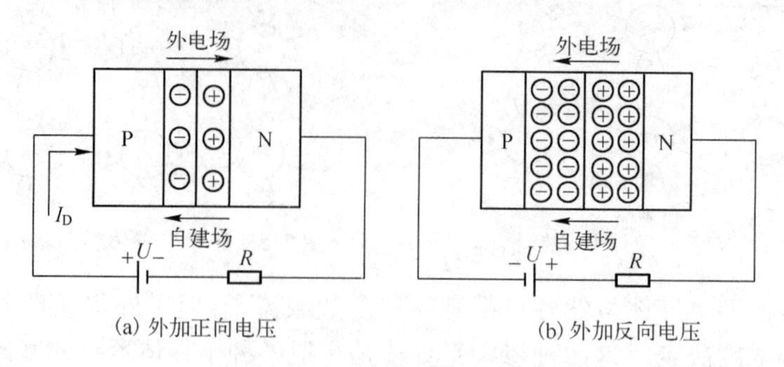

图 5.7　PN 结单向导电特性

此时，PN 结处于导通状态，它所呈现出的电阻为正向电阻，其阻值很小。正向电压愈大，正向电流愈大。其关系是指数关系

$$I_D = I_S e^{U_D/U_T}$$

式中，I_D 为流过 PN 结的电流；U_D 为 PN 结两端电压；$U_T = kT/q$ 称为温度电压当量，其中 k 为玻耳兹曼常数，T 为绝对温度，q 为电子的电量，在室温下即 $T = 300\text{K}$ 时，$U_T = 26\text{mV}$；I_S 为反向饱和电流。电路中的电阻 R 是为了限制正向电流的大小而接入的限流电阻。

2. PN 结外加反向电压

若将电源的正极接 N 区，负极接 P 区，则称此为反向接法或反向偏置。此时外加电压在阻挡层内形成的电场与自建场方向相同，增强了自建场，使阻挡层变宽，如图 5.7(b)所示。此时漂移作用大于扩散作用，少数载流子在电场作用下做漂移运动，由于其电流方向与正向电压时相反，故称为反向电流。由于反向电流是由少数载流子所形成的，故反向电流很小，而且当外加反向电压超过零点几伏时，少数载流子基本全被电场拉过去形成漂移电流，此时反向电压再增加，载流子数也不会增加，因此反向电流也不会增加，故称为反向饱和电流，即 $I_D = -I_S$。

此时，PN 结处于截止状态，呈现的电阻称为反向电阻，其阻值很大，高达几百千欧以上。

综上所述，PN 结加正向电压，处于导通状态；加反向电压，处于截止状态，即 PN 结具有单向导电特性。

将上述电流与电压的关系写成下式

$$I_D = I_S(e^{U_D/U_T} - 1) \tag{5-1a}$$

此方程称为伏安特性方程，如图 5.8 所示，该曲线称为伏安特性曲线。

$$U_D > 0, \quad I_D \approx I_S e^{U_D/U_T} \tag{5-1b}$$

$$U_D < 0, \quad I_D \approx -I_S \tag{5-1c}$$

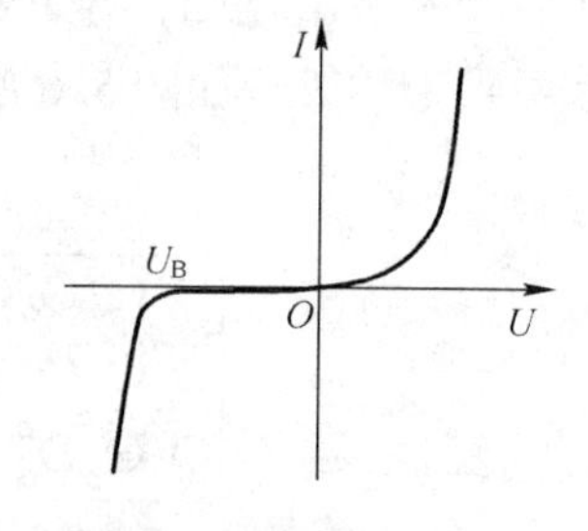

图 5.8　PN 结伏安特性

5.2.3　PN 结的击穿

PN 结处于反向偏置时，在一定电压范围内，流过 PN 结的电流是很小的反向饱和电流。但是当反向电压超过某一数值(U_B)后，反向电流急剧增加，这种现象称为反向击穿，如图 5.8 所示，U_B 称为击穿电压。

PN 结的击穿分为雪崩击穿和齐纳击穿。

当反向电压足够高时，阻挡层内电场很强，少数载流子在结区内受强烈电场的加速作用，获得很大的能量，在运动中与其他原子发生碰撞时，有可能将价电子“打”出共价键，形成新的电子、空穴对。这些新的载流子与原先的载流子一道，在强电场作用下碰撞其他原子打出更多的电子、空穴对，如此连锁反应，使反向电流迅速增大，这种击穿称为雪崩击穿。

所谓齐纳击穿，是指当PN结两边掺入高浓度的杂质时，其阻挡层宽度很小，即使外加反向电压不太高（一般为几伏），在PN结内就可形成很强的电场（可达2×10^6V/cm），将共价键的价电子直接拉出来，产生电子－空穴对，使反向电流急剧增加，出现击穿现象。

对硅材料的PN结，击穿电压U_B大于7V时通常是雪崩击穿，小于4V时通常是齐纳击穿；U_B在4～7V之间时两种击穿均有。由于击穿破坏了PN结的单向导电特性，因而一般使用时应避免出现击穿现象。

需要指出的是，发生击穿并不一定意味着PN结被损坏。当PN结反向击穿时，只要注意控制反向电流的数值（一般通过串接电阻R实现），不使其过大，以免因过热而烧坏PN结，当反向电压（绝对值）降低时，PN结的性能就可以恢复正常。稳压二极管正是利用了PN结的反向击穿特性来实现稳压的，当流过PN结的电流变化时，结电压保持U_B基本不变。

5.2.4 PN结的电容效应

接电容的定义
$$C=\frac{Q}{U} \quad 或 \quad C=\frac{dQ}{dU}$$
即电压变化将引起电荷变化，从而反映出电容效应。而PN结两端加上电压，PN结内就有电荷的变化，说明PN结具有电容效应。PN结具有两种电容：势垒电容和扩散电容。

1. 势垒电容C_T

势垒电容是由阻挡层内空间电荷引起的。空间电荷区是由不能移动的正负杂质离子所形成的，均具有一定的电荷量，所以在PN结储存了一定的电荷，当外加电压使阻挡层变宽时，电荷量增加，如图5.9所示；反之，外加电压使阻挡层变窄时，电荷量减少。即阻挡层中的电荷量随外加电压变化而改变，形成了电容效应，称为势垒电容，用C_T表示。理论推导为
$$C_T=\frac{dQ}{dU}=\varepsilon\frac{S}{W}$$
式中，ε为半导体材料的介电系数；S为结面积；W为阻挡层宽度。

对于同一PN结，由于其W随电压而变化，不是一个常数，因而势垒电容C_T不是一个常数。C_T与外加电压的关系如图5.10所示。一般C_T为几皮法（pF）～200pF。我们可以利用此电容效应组成变容二极管，作为压控可变电容器。

2. 扩散电容C_D

扩散电容是PN结在正向电压时，多数载流子在扩散过程中引起电荷积累而产生的。当PN结加正向电压时，N区的电子扩散到P区，同时P区的空穴也向N区扩散。显然，在PN区交界处（$x=0$），载流子的浓度最高。由于扩散运动，离交界处愈远，载流子浓度愈低，这些扩散的载流子，在扩散区积累了电荷，总的电荷量相当于图5.11中曲线1以下的部分（图5.11表示了P区电子n_p的分布）。若PN结正向电压加大，则多数载流子扩散加强，电荷积累由曲线1变为曲线2，电荷增加量为ΔQ；反之，若正向电压减少，则积累的电荷将减少，这就是扩散电容效应C_D，扩散电容正比于正向电流，即$C_D\propto I$。所以，PN结的结电容C_j包括两部分，即$C_j=C_T+C_D$。一般说来，PN结正偏时，扩散电容起主要作用，$C_j\approx C_D$；当PN结反偏时，势垒电容起主要作用，即$C_j\approx C_T$。

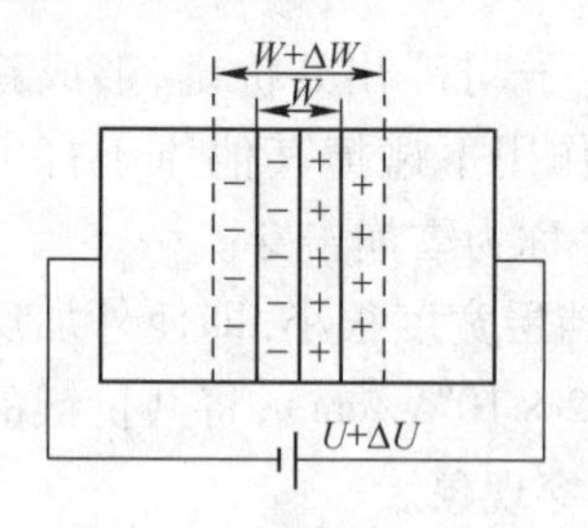

图 5.9　阻挡层内电荷量随外加电压变化

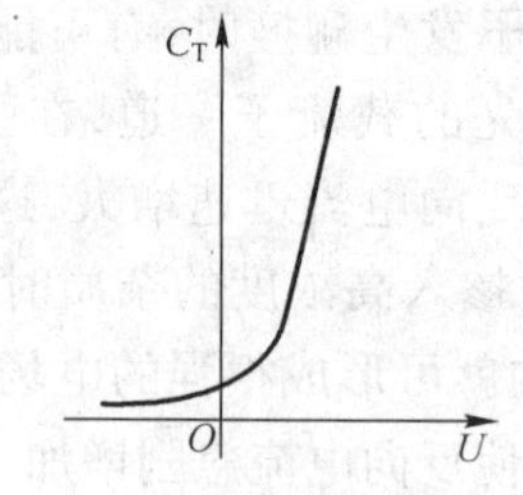

图 5.10　势垒电容和外加电压的关系

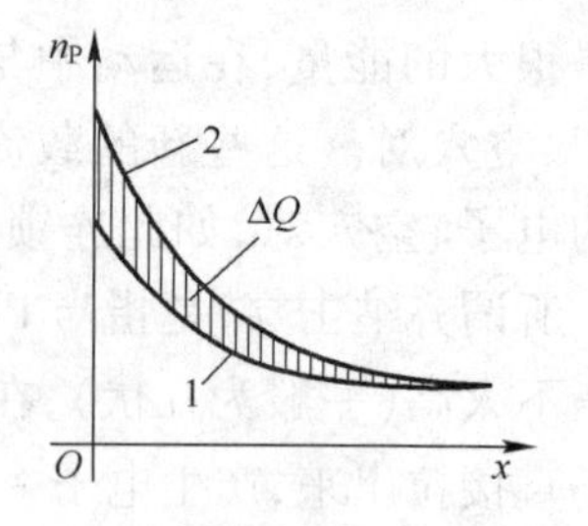

图 5.11　P 区中电子浓度的分布曲线及电荷的积累

5.2.5　半导体二极管

半导体二极管是由 PN 结加上引线和管壳构成的。

二极管的类型很多,按制造二极管的材料来分,有硅二极管和锗二极管。从管子的结构来分,有以下几种类型。

(1) 点接触型二极管。其结构见图 5.12(a),它的特点是结面积小,因而结电容小,适用于高频下工作,最高工作频率可达几百兆赫,但不能通过很大的电流。主要应用于小电流的整流和检波、混频等。

(2) 面接触型二极管。其结构见图 5.12(b),它的特点是结面积大,因而能通过较大的电流,但其结电容也大,只能工作在较低的频率下,可用于整流电路。

(3) 硅平面型二极管。其结构见图 5.12(c),它的特点是结面积大的,可通过较大的电流,适用于大功率整流;结面积小的,结电容小,适用于在脉冲数字电路中做开关管。

二极管的符号如图 5.12(d)所示。

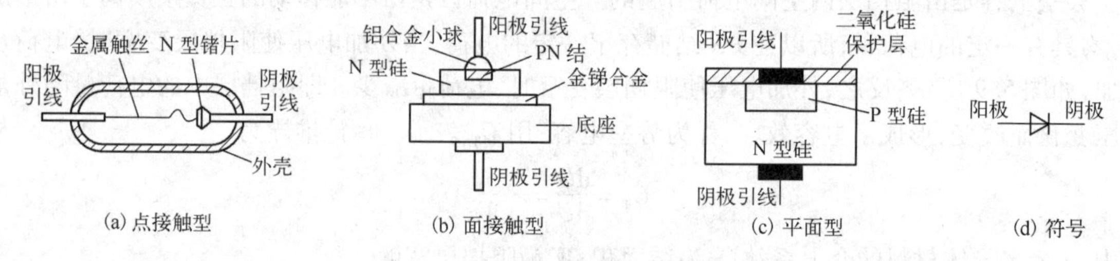

图 5.12　半导体二极管的结构和符号

1. 二极管的特性

二极管本质上就是一个 PN 结,但是对于真实的二极管器件,考虑到引线电阻和半导体的体电阻以及表面漏电流等因素的影响,二极管的特性与 PN 结理论特性略有差别。实测特性曲线如图 5.13 所示,其特点如下。

(1) 正向特性:正向电压低于某一数值时,正向电流很小。只有当正向电压高于某一值后,才有明显的正向电流。该电压称为导通电压,又称为门限电压或死区电压,用 U_{on} 表示。在室温下,硅管的 U_{on} 约为 0.6 ~ 0.8V,锗管的 U_{on} 约为 0.1 ~ 0.3V。通常认为,当正向电压 $U < U_{on}$ 时,二极管截止;$U > U_{on}$ 时,二极管导通。

(2) 反向特性:二极管加反向电压,反向电流数值很小,且基本不变,称反向饱和电流。硅管反向饱和电流为纳安(nA)数量级,锗管的反向饱和电流为微安(μA)数量级。当反向电压加到一定值时,反向电流急剧增加,产生击穿。普通二极管反向击穿电压一般在几十伏以上(高反压管可达几千伏)。

(3) 二极管的温度特性:二极管对温度很敏感,温度升高,正向特性曲线向左移,反向特性曲线向下移。其规律是:在室温附近,在同一电流下,温度每升高 1℃,正向压降减小 2 ~ 2.5mV。

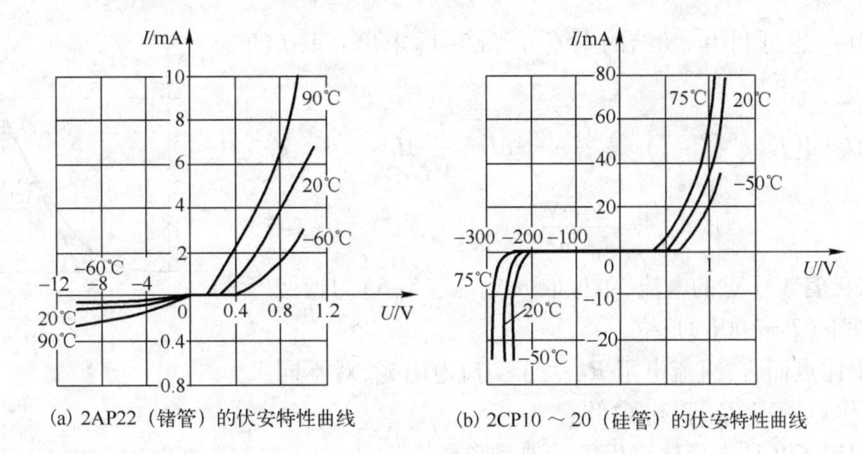

(a) 2AP22（锗管）的伏安特性曲线　　(b) 2CP10～20（硅管）的伏安特性曲线

图 5.13　二极管的伏安特性曲线

2. 二极管的主要参数

描述器件特性的物理量,称为器件的参数。它是器件特性的定量描述,也是选择器件的依据。各种器件的参数可由手册查得。二极管的主要参数有下述几种。

(1) 最大整流电流 I_F。它是二极管允许通过的最大正向平均电流。工作时应使平均工作电流小于 I_F,如超过 I_F,二极管将过热而烧毁。此值取决于 PN 结的面积、材料和散热情况。

(2) 最大反向工作电压 U_R。这是二极管允许的反向最大工作电压。当反向电压超过此值时,二极管可能被击穿。为了留有余地,通常取击穿电压的一半作为 U_R。

(3) 反向电流 I_R。指二极管未击穿时的反向电流值。此值越小,二极管的单向导电性越好。由于反向电流是由少数载流子形成,所以 I_R 值受温度的影响很大。

(4) 最高工作频率 f_M。f_M 的值主要取决于 PN 结结电容的大小,结电容越大,二极管允许的最高工作频率越低。

(5) 二极管的直流电阻 R_D。加到二极管两端的直流电压与流过二极管的电流之比,称为二极管的直流电阻 R_D,即

$$R_D = U_Q/I_Q \quad (5\text{-}2)$$

此值可由二极管特性曲线求出,如图 5.14 所示。

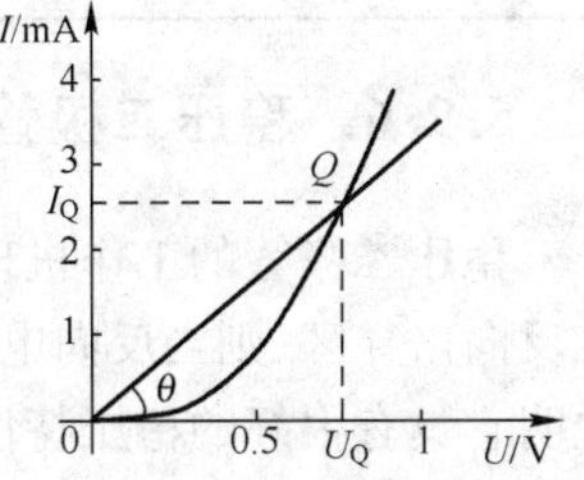

图 5.14　求直流电阻

由图 5.14 可看出,R_D 随工作电流加大而减小,故 R_D 呈现非线性。用万用表测量出的电阻值为 R_D,用不同挡测量出的 R_D 值显然是不同的。二极管加正、反向电压所呈现的电阻也不同。加正向电压时,R_D 为几十至几百欧,加反向电压时 R_D 为几百千欧至几兆欧。一般正、反向电阻值相差越大,二极管的性能越好。

(6)二极管的交流电阻 r_d。在二极管工作点附近,电压的微变值 ΔU 与相应的微变电流值 ΔI 之比,称为该点的交流电阻 r_d,即

$$r_d = \Delta U/\Delta I \quad (5\text{-}3)$$

从其几何意义上讲,当 $\Delta U \to 0$ 时

$$r_d = dU/dI \quad (5\text{-}4)$$

r_d 就是工作点 Q 处的切线斜率的倒数。显然,r_d 也是非线性的,即工作电流越大,r_d 越小。交流电阻 r_d 也可从特性曲线上求出,如图 5.15 所示。过 Q 点作切线,在切线上任取两点 A,B,查出这两点间的 ΔU 和 ΔI,则得

$$r_d = \left.\frac{\Delta U}{\Delta I}\right|_{I_{DQ},\,U_{DQ}}$$

交流电阻 r_d 也可利用PN结的电流方程(5-1)求出。取 I 的微分,可得

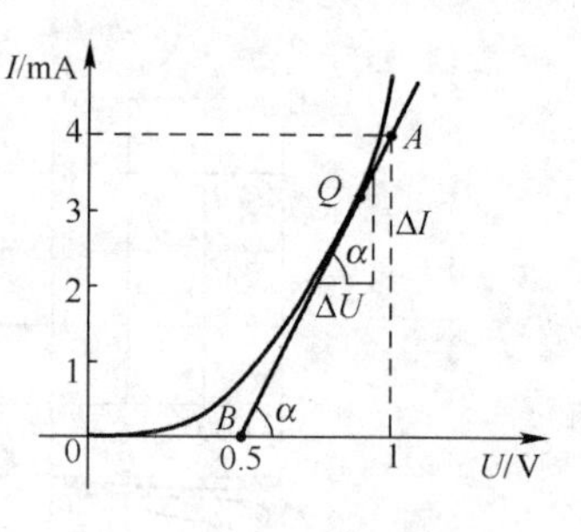

图5.15 求交流电阻

$$dI=d[I_S(e^{U/U_T}-1)]=\frac{I_S}{U_T}e^{U/U_T}dU\approx\frac{I_D}{U_T}dU$$

即

$$r_D=\frac{U_T}{I_D}\approx\frac{26\text{mV}}{I_{DQ}\text{mA}} \quad (5-5)$$

式中,I_{DQ}为二极管工作点的电流,单位取mA。式(5-5)的近似等式在室温条件下($T=300\text{K}$)成立。

对同一工作点而言,直流电阻 R_D 大于交流电阻 r_d;对不同工作点而言,工作点愈高,R_D 和 r_d 愈低。

表5.1列出了几种半导体二极管的典型参数。

表5.1 半导体二极管的典型参数

型号 \ 参数	最大整流电流 I_F/mA	最高反向电压 U_R/V	反向电流 I_R/μA	最高工作频率 f_M	结电容 C_j/pF	备注
2AP1	16	20	≤250	150kHz	≤1	点接触型锗管
2AP2	16	30	≤250	150kHz	≤1	
2AP11	<25	<10	≤250	40MHz	≤1	
2AP12	<40	<10	≤250	40MHz	≤1	
2CP1	400	100	205	3kHz		面接触型硅管
2CP2	400	200	250	3kHz		
2CP6A	100	100	≤20	50kHz		
2CP6B	100	200	≤20	50kHz		
2CZ11A	1A	100	≤600	≤3kHz		加 60mm × 60mm × 1.5mm 铝散热板
2CZ12A	3A	50	≤1000	≤3kHz		加 80mm × 80mm × 1.5mm 铝散热板

5.2.6 稳压二极管

稳压二极管的工作机理是利用PN结的击穿特性。由图5.16(a)曲线可知,如果二极管工作在反向击穿区,则当反向电流在较大范围内变化 ΔI 时,管子两端电压相应的变化 ΔU 却很小,这说明它具有很好的稳压特性。其符号如图5.16(b)所示。

使用稳压管组成稳压电路时,需要注意几个问题:稳压二极管正常工作是在反向击穿状态,即外加电源正极接管子的N区,负极接P区;稳压管应与负载并联,由于稳压管两端电压变化量很小,因而使输出电压比较稳定;必须限制流过稳压管的电流 I_z,使其不超过规定值,以免因过热而烧毁管子。同时,还应保证流过稳压管的电流 I_z 大于某一数值(稳定电流),以确保稳压管有良好的稳压特性。如图5.17所示,其中限流电阻 R 即起此作用。

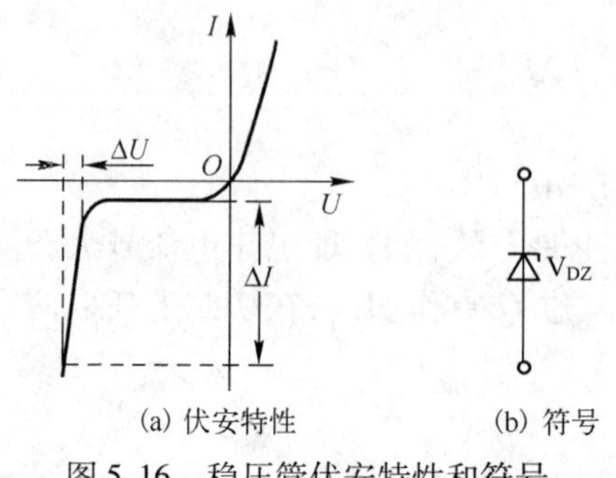

图5.16 稳压管伏安特性和符号

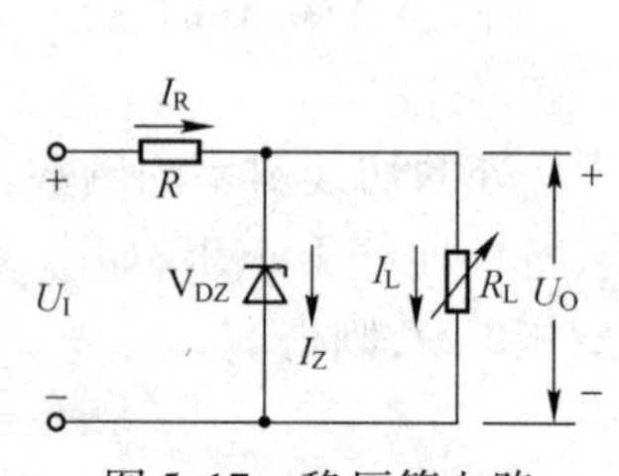

图5.17 稳压管电路

稳压管的主要参数如下所述。

1. 稳定电压 U_z

稳定电压是稳压管工作在反向击穿区时的稳定工作电压。由于稳定电压随着工作电流的不同而略有变化,因而测试 U_z 时应使稳压管的电流为规定值。稳定电压 U_z 是根据要求挑选稳压管的主要依据之一。不同型号的稳压管,其稳定电压值不同。同一型号的管子,由于制造工艺的分散性,各个管子的 U_z 值也有差别。例如,稳压管 2DW7C,它的 $U_z = 6.1 \sim 6.5\text{V}$,其稳定值有的管子是 6.1V,有的可能是 6.5V,等等,表明均为合格产品,但这并不意味着同一个管子的稳定电压的变化范围有如此之大。

2. 稳定电流 I_z

稳定电流是使稳压管正常工作时的最小电流,低于此值时稳压效果较差。工作时应使流过稳压管的电流大于此值。一般情况是,工作电流较大时,稳压性能较好。但电流要受管子功耗的限制,即 $I_{zmax} = P_z / U_z$。

3. 电压温度系数 α

α 指稳压管温度变化 1℃时,所引起的稳定电压变化的百分比。一般情况下,稳定电压大于 7V 的稳压管,α 为正值,即当温度升高时,稳定电压值增大,如 2CW17,$U_z = 9 \sim 10.5\text{V}$,$\alpha = 0.09\%/℃$,说明当温度升高 1℃时,稳定电压增大 0.09%。而稳定电压小于 4V 的稳压管,α 为负值,即当温度升高时,稳定电压值减小,如 2CW11,$U_z = 3.2 \sim 4.5\text{V}$,$\alpha = -(0.05\% \sim 0.03\%)/℃$,若 $\alpha = -0.05\%/℃$,表明当温度升高 1℃时,稳定电压减小 0.05%。稳定电压在 4 ~ 7V 间的稳压管,其 α 值较小,稳定电压值受温度影响较小,性能比较稳定。

4. 动态电阻 r_z

r_z 是稳压管工作在稳压区时,两端电压变化量与电流变化量之比,即 $r_z = \Delta U / \Delta I$。$r_z$ 值越小,则稳压性能越好。同一稳压管,一般工作电流越大时,r_z 值越小。通常手册上给出的 r_z 值是在规定的稳定电流之下测得的。

5. 额定功耗 P_z

由于稳压管两端的电压值为 U_z,而管子中又流过一定的电流,因此要消耗一定的功率。这部分功耗转化为热能,会使稳压管发热。P_z 取决于稳压管允许的温升。

表 5.2 给出了几种稳压管的典型参数。其中 2DW7 系列的稳压管是一种具有温度补偿效应的稳压管,用于电子设备的精密稳压源中。管子内部实际上包含两个温度系数相反的二极管对接在一起。当温度变化时,一个二极管被反向偏置,温度系数为正值;而另一个二极管被正向偏置,温度系数为负值,二者互相补偿,使 1,2 两端之间的电压随温度的变化很小。它们的电压温度系数比其他一般的稳压管约小一个数量级,如 2DW7C,$\alpha = 0.005\%/℃$。

表 5.2　稳压管的典型参数

参数 / 型号	稳压电压 U_z/V	电压温度系数 α/(%/℃)	动态电阻 r_z/Ω	稳定电流 I_z/mA	最大稳定电流 I_{zmax}/mA	耗散功率 P_z/W
2CW11	3.2 ~ 4.5	-0.05 ~ 0.03	≤70	10	55	0.25
2CW12	4 ~ 5.5	-0.04 ~ 0.04	≤50	10	45	0.25
2CW16	8 ~ 9.5	0.08	≤20	5	26	0.25
2CW17	9 ~ 10.5	0.09	≤25	5	23	0.25
2CW21	3.2 ~ 4.5	-0.05 ~ 0.03	40	30	220	1
2CW21A	4 ~ 5.5	-0.04 ~ 0.04	30	30	180	1
2CW21E	8 ~ 9.5	0.08	7	30	105	1
2CW21F	9 ~ 10.5	0.09	9	30	95	1
2DW7B	5.8 ~ 6.6	0.005	≤15	10	30	0.2
2DW7C	6.1 ~ 6.5	0.005	≤10	10	30	0.2

5.2.7　二极管的应用

二极管的运用基础，就是二极管的单向导电特性。因此，在应用电路中，关键是判断二极管的导通或截止。二极管导通时一般用电压源 $U_D=0.7V$（硅管，如是锗管用 0.3V）代替，或近似用短路线代替。截止时，一般将二极管断开，即认为二极管反向电阻为无穷大。

二极管的整流电路将在第 12 章直流电源中讨论。

1. 限幅电路

当输入信号电压在一定范围内变化时，输出电压随输入电压相应变化；而当输入电压超出该范围时，输出电压保持不变，这就是限幅电路。通常将输出电压 u_o 开始不变的电压值称为限幅电平，当输入电压高于限幅电平时，输出电压保持不变的限幅称为上限幅；当输入电压低于限幅电平时，输出电压保持不变的限幅称为下限幅。

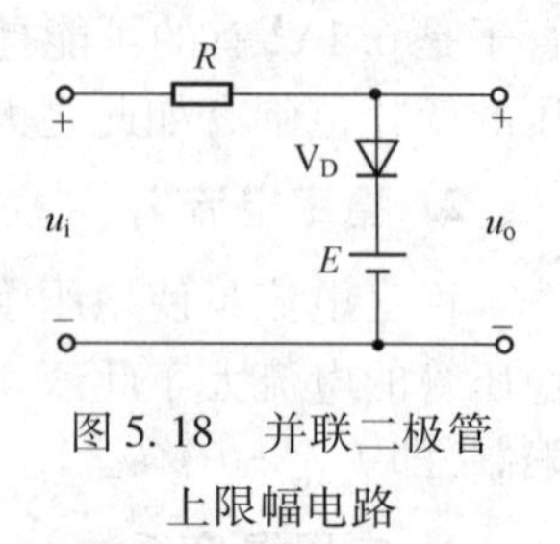

图 5.18　并联二极管上限幅电路

限幅电路如图 5.18 所示。改变 E 值就可改变限幅电平。

$E=0V$，限幅电平为 0V。$u_i>0V$ 时二极管导通，$u_o=0V$；$u_i<0V$，二极管截止，$u_o=u_i$。波形如图 5.19(a)所示。

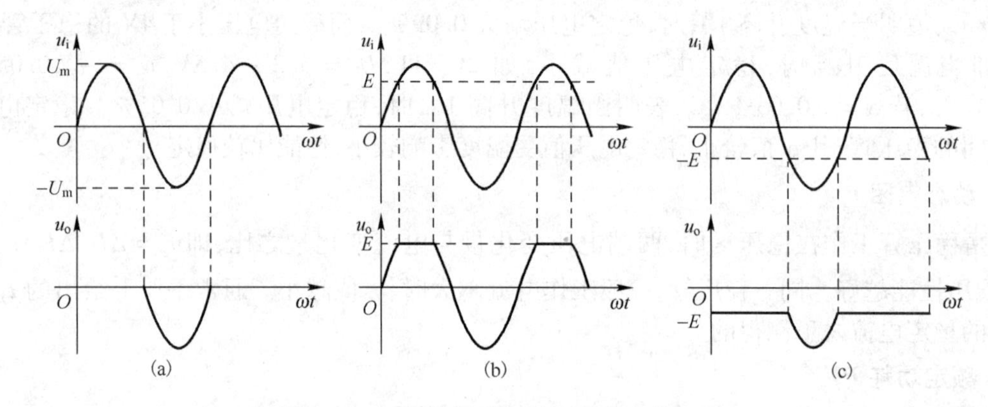

图 5.19　二极管并联上限幅电路波形关系

如果 $0<E<U_m$，则限幅电平为 $+E$。$u_i<E$，二极管截止，$u_o=u_i$；$u_i>E$，二极管导通，$u_o=E$。波形图如图 5.19(b)所示。

如果 $-U_m<E<0$，则限幅电平为 $-E$，波形图如图 5.19(c)所示。

图 5.18 电路中，二极管与输出端并联，故称为并联限幅电路。由于该电路限去了 $u_i>E$ 的部分，故称为上限幅电路。如将二极管极性反过来接，如图 5.20 所示，则组成下限幅电路。

二极管 V_D 与输出端串联，则组成串联限幅电路，如图 5.21 所示。由上、下限幅电路合起来则组成双向限幅电路，如图 5.22 所示。其原理请读者自己分析。

限幅电路可应用于波形变换，输入信号的幅度选择、极性选择和波形整形。

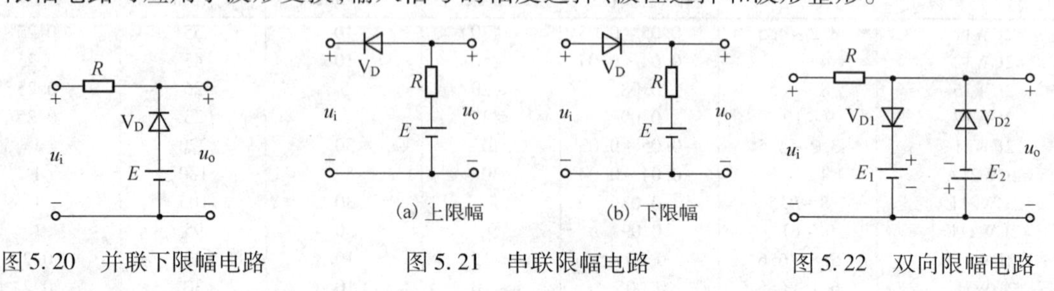

图 5.20　并联下限幅电路　　图 5.21　串联限幅电路　　图 5.22　双向限幅电路

2. 二极管门电路

二极管组成门电路,可实现一定的逻辑运算,如图 5.23 所示。该电路中只要有一路输入信号为低电平,输出即为低电平;仅当全部输入为高电平时,输出才为高电平。这在逻辑运算中称为“与”运算。

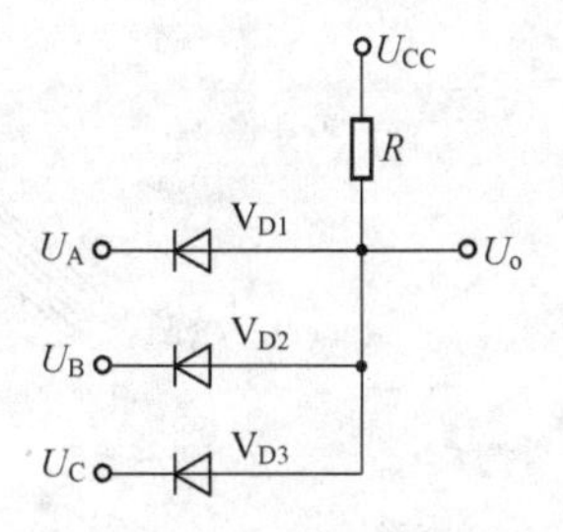

图 5.23 二极管“与”门电路

5.2.8 其他二极管

1. 发光二极管

发光二极管简称 LED,它是一种将电能转换为光能的半导体器件,主要是由Ⅲ ~ Ⅴ族化合物半导体如砷化镓(GaAs)、磷化镓(GaP)制成,其符号如图 5.24 所示。它由一个 PN 结组成。当加正向电压时,P 区和 N 区的多数载流子扩散至对方与少数载流子复合,复合过程中,有一部分以光子的形式放出,使二极管发光。发出的光波可以是红外光或可见光,砷化镓是发射红外光,如果在砷化镓中掺入一些磷即可发出红色可见光;而磷化镓可发绿光。

发光二极管常用作显示器件,如指示灯、七段数码管、矩阵显示器等。工作时加正向电压,并接入限流电阻,工作电流一般为几至几十毫安。电流愈大,发出的光愈强,但是会出现亮度衰退的老化现象,使用寿命将缩短。发光二极管导通时管压降为 1.8 ~2.2V。

2. 光电二极管

光电二极管是将光能转换为电能的半导体器件。光电二极管的符号如图 5.25 所示。其结构与普通二极管相似,只是在管壳上留有一个能使光线照入的窗口。光电二极管被光照射时,产生大量的电子和空穴,从而提高了电子的浓度,在反向偏置下,产生漂移电流,从而使反向电流增加。这时外电路的电流随光照的强弱而改变,此外还与入射光的波长有关。

3. 光电耦合器件

将光电二极管和发光二极管组合起来可组成二极管型的光电耦合器。如图 5.26 所示,它以光为媒介可实现电信号的传递。在输入端加入电信号,则发光二极管的光随信号而变,它照在光电二极管上则在输出端产生了与信号变化一致的电信号。由于发光器件和光电器件分别接在输入、输出回路中,相互隔离,因而常用于信号的单方向传输并且需要电路间电隔离的场合。通常光电耦合器用在计算机控制系统的接口电路中。

4. 变容二极管

利用 PN 结的势垒电容随外加反向电压的变化特性可制成变容二极管,其符号如图 5.27 所示。变容二极管主要用于高频电子线路,如电子调谐、频率调制等。

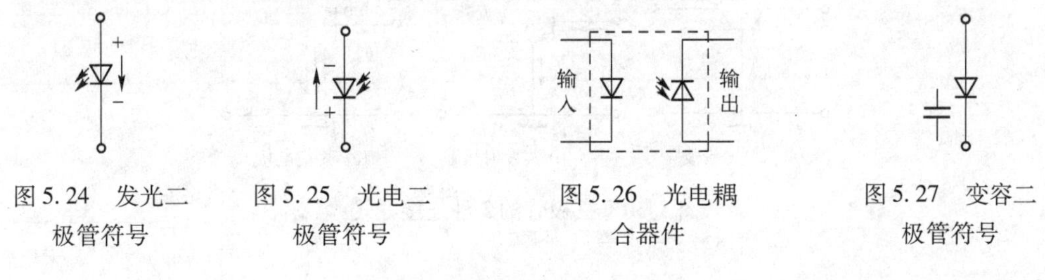

图 5.24 发光二极管符号

图 5.25 光电二极管符号

图 5.26 光电耦合器件

图 5.27 变容二极管符号

5.3 半导体三极管

半导体三极管又称为晶体管、双极性三极管,它们是组成各种电子电路的核心器件。三极管有 3 个电极,其外形如图 5.28 所示。

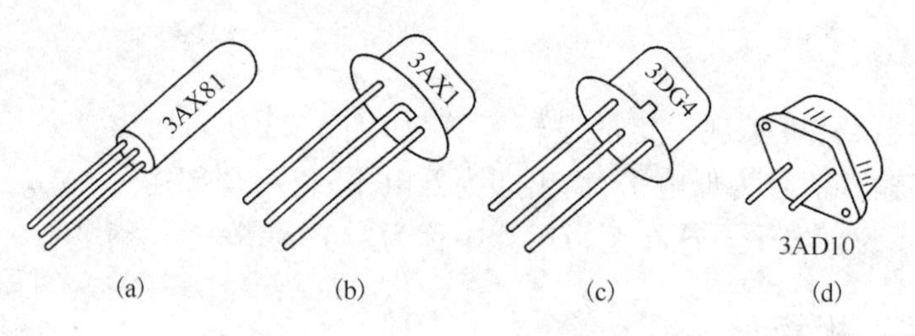

图 5.28　几种半导体三极管的外形

5.3.1　三极管的结构和类型

若将两个 PN 结“背靠背”地(同极区相对)连接起来(用工艺的办法制成),则组成三极管。按 PN 结的组合方式,三极管有 PNP 和 NPN 两种类型,其结构示意图和符号如图 5.29 所示。

无论是 NPN 型或是 PNP 型的三极管,它们均包含 3 个区:发射区、基区和集电区,并相应地引出 3 个电极:发射极(e)、基极(b)和集电极(c)。同时,在 3 个区的两两交界处,形成两个 PN 结,分别称为发射结和集电结。常用的半导体材料有硅和锗,因此共有 4 种三极管类型,它们对应的型号分别为 3A(锗 PNP)、3B(锗 NPN)、3C(硅 PNP)、3D(硅 NPN)4 种系列。由于硅 NPN 三极管用得最广,故在无特殊说明时,下面均以硅 NPN 三极管为例讲述。

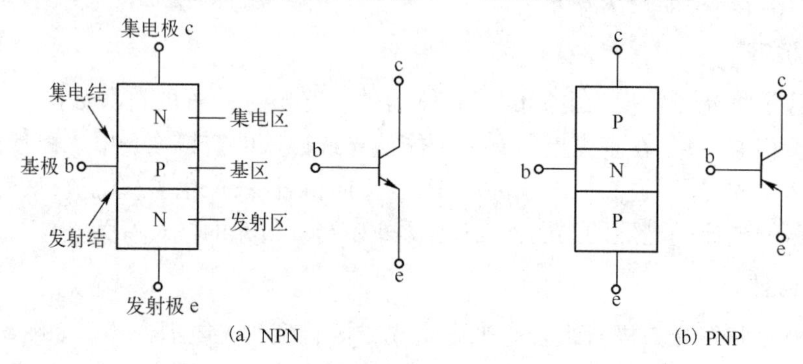

图 5.29　三极管的结构示意图和符号

5.3.2　三极管的 3 种连接方式

因为放大器一般是 4 端网络,而三极管只有 3 个电极,所以组成放大电路时,有一个电极作为输入与输出信号的公共端。根据所选择的公共端电极的不同,三极管有共发射极、共基极和共集电极 3 种不同的连接方式(指对交流信号而言),如图 5.30 所示。

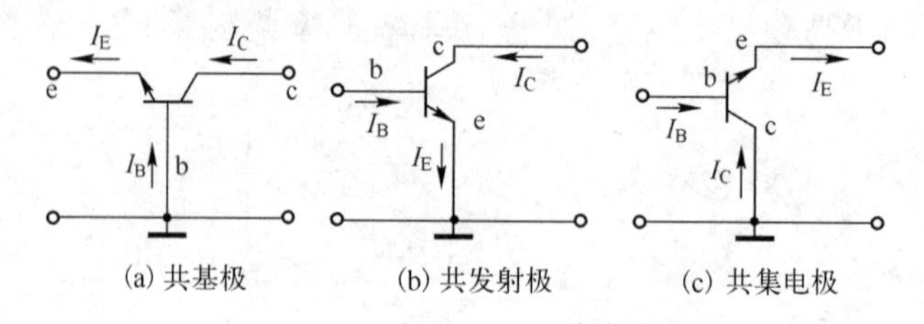

图 5.30　三极管的 3 种连接方式

5.3.3　三极管的放大作用

三极管尽管从结构上看,相当于两个二极管背靠背地串联在一起,但是,当我们用单独的两个二极管按上述关系串联起来时将会发现,它们并不具有放大作用。其原因是,为了使三极管实现放大,必须由三极管的内部结构和外部条件来保证。

从三极管的内部结构来看,应具有以下 3 点:

第一,发射区进行重掺杂,因而多数载流子电子浓度远大于基区多数载流子空穴浓度。

第二,基区做得很薄,通常只有几微米到几十微米,而且是低掺杂。

第三,集电极面积大,以保证尽可能收集到发射区发射的电子。

从外部条件来看,外加电源的极性应保证发射结处于正向偏置状态,集电结应处于反向偏置状态。

在满足上述条件下,我们来分析放大过程(由于共发射极应用广泛,故下面以共发射极为例)。

1. 载流子的传输过程

我们分 3 个过程讨论三极管内部载流子的传输过程。

(1) 发射。由于发射结正向偏置,则发射区的电子大量地扩散注入到基区,与此同时,基区的空穴也向发射区扩散。由于发射区是重掺杂,因而注入到基区的电子浓度,远大于基区向发射区扩散的空穴浓度,在下面的分析中,将这部分空穴的作用忽略不计。

(2) 扩散和复合。由于电子的注入,使基区靠近发射结处电子浓度很高。集电结反向运用,使靠近集电结处的电子浓度很低(近似为 0)。因此,在基区形成电子浓度差,从而电子靠扩散作用,向集电区运动。电子扩散的同时,在基区将与空穴相遇产生复合。由于基区空穴浓度比较低,且基区做得很薄,因此,复合的电子是极少数,绝大多数电子均能扩散到集电结处,被集电极收集。

(3) 收集。由于集电结反向运用,在结电场作用下,通过扩散到达集电结的电子将做漂移运动,到达集电区。因为集电结的面积大,所以基区扩散过来的电子,基本上全部被集电区收集。

此外,因为集电结反向偏置,所以集电区中的空穴和基区中的电子(均为少数载流子)在结电场作用下做漂移运动。

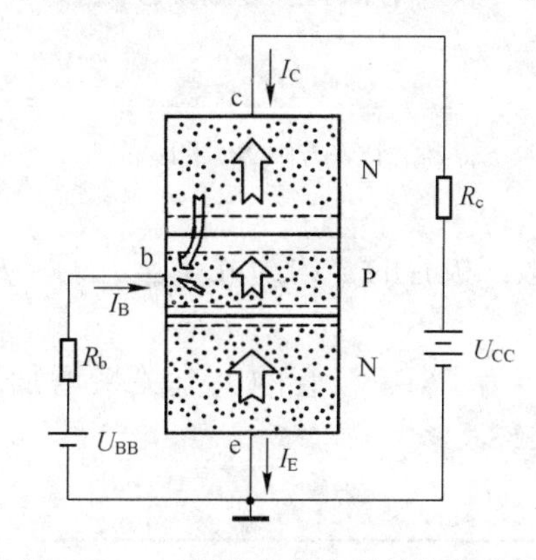

图 5. 31　三极管中载流子的传输过程

上述载流子的传输过程如图 5. 31 所示。

2. 电流分配

载流子的运动即形成相应的电流,其电流关系如图 5. 32 所示。

集电极电流 I_C 由两部分组成:I_{Cn} 和 I_{CBO},前者是由发射区发射的电子被集电极收集后形成的,后者是由集电区和基区的少数载流子漂移运动形成的,称为反向饱和电流。于是有

$$I_C = I_{Cn} + I_{CBO} \tag{5-6}$$

发射极电流 I_E 也由两部分组成:I_{En} 和 I_{Ep}。I_{En} 为发射区发射的电子所形成的电流,I_{Ep} 是由基区向发射区扩散的空穴所形成的电流。因为发射区是重掺杂,所以 I_{Ep} 可忽略不计,即 $I_E \approx I_{En}$。I_{En} 又分成两部分,主要部分是 I_{Cn},极少部分是 I_{Bn}。I_{Bn} 是电子在基区与空穴复合时所形成的电流,基区空穴是由电源 U_{BB} 提供的,故它是基极电流的一部分。

$$I_E \approx I_{En} = I_{Cn} + I_{Bn} \tag{5-7}$$

基极电流 I_B 是 I_{Bn} 与 I_{CBO} 之差为

$$I_B = I_{Bn} - I_{CBO} \tag{5-8}$$

我们希望发射区注入的电子绝大多数能够到达集电极,形成集电极电流,即要求 $I_{Cn} \gg I_{Bn}$。

通常用共基极直流电流放大系数衡量上述关系,用 $\bar{\alpha}$ 来表示,其定义为

$$\bar{\alpha} = I_{Cn}/I_{En} \approx I_{Cn}/I_E \tag{5-9}$$

一般三极管的 $\bar{\alpha}$ 值为 0.97 ~ 0.99。将式(5-9)代入式(5-6),可得

$$I_C = I_{Cn} + I_{CBO} = \bar{\alpha} I_E + I_{CBO} \tag{5-10}$$

通常 $I_C \gg I_{CBO}$,可将 I_{CBO}忽略,由上式可得出

$$\bar{\alpha} \approx I_C/I_E \tag{5-11}$$

如将基极作为输入,集电极作为输出,我们希望知道 I_C 和 I_B 的关系式,推导如下。

三极管的 3 个极的电流满足节点电流定律,即

$$I_E = I_C + I_B \tag{5-12}$$

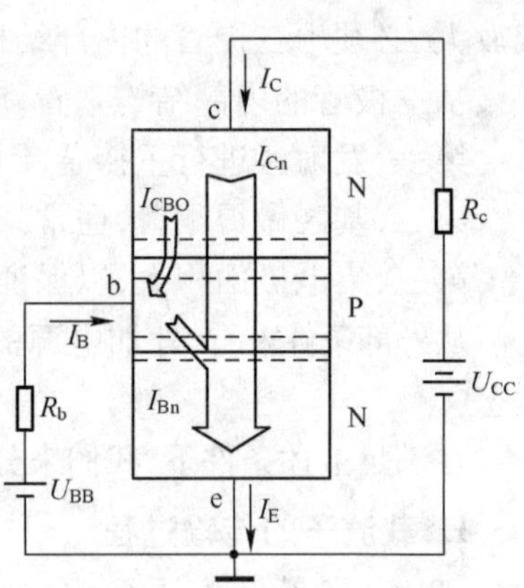

图 5.32　三极管电流分配

将此式代入式(5-10)得　$I_C = \bar{\alpha}(I_C + I_B) + I_{CBO}$

经过整理后得　$I_C = \dfrac{\bar{\alpha}}{1-\bar{\alpha}} I_B + \dfrac{1}{1-\bar{\alpha}} I_{CBO}$

令

$$\bar{\beta} = \frac{\bar{\alpha}}{1-\bar{\alpha}} \tag{5-13}$$

$\bar{\beta}$ 称为共发射极直流电流放大系数。当 $I_C \gg I_{CBO}$时,$\bar{\beta}$ 又可写成

$$\bar{\beta} = I_C/I_B \tag{5-14}$$

则

$$I_C = \bar{\beta} I_B + (1+\bar{\beta}) I_{CBO} = \bar{\beta} I_B + I_{CEO} \tag{5-15}$$

其中 I_{CEO}称为穿透电流,即

$$I_{CEO} = (1+\bar{\beta}) I_{CBO} \tag{5-16}$$

一般三极管的 $\bar{\beta}$ 约为几十至几百。$\bar{\beta}$ 太小,管子的放大能力就差,而 $\bar{\beta}$ 过大则管子性能不够稳定。

为了对三极管的电流关系增加一些感性认识,我们将某个实际晶体管的电流关系列成表 5.3。

表 5.3　三极管电流关系的一组典型数据

I_B/mA	-0.001	0	0.01	0.02	0.03	0.04	0.05
I_C/mA	0.001	0.01	0.56	1.14	1.74	2.33	2.91
I_E/mA	0	0.01	0.57	1.16	1.77	2.37	2.96

从上表可看出,任一列 3 个电流之间的关系均符合公式 $I_E = I_C + I_B$,而且除第一、二列外均符合以下关系

$$I_B < I_C < I_E, I_C \approx I_E$$

我们还可以看出,当三极管的基极电流 I_B 有一个微小的变化时,如由 0.02mA 变为 0.04mA ($\Delta I_B = 0.02$mA),相应的集电极电流产生了较大的变化,由 1.14mA 变为 2.33mA($\Delta I_C = 1.19$mA),这就说明了三极管的电流放大作用。我们定义这两个变化电流之比为共发射极交流电流放大系数,即

$$\beta = \left.\frac{\Delta I_C}{\Delta I_B}\right|_{U_{CE}=\text{常数}} \tag{5-17}$$

相应地,将集电极电流与发射极电流的变化量之比,定义为共基极交流电流放大系数,即

$$\alpha = \left.\frac{\Delta I_C}{\Delta I_E}\right|_{U_{CB}=\text{常数}} \tag{5-18}$$

故

$$\beta = \frac{\Delta I_C}{\Delta I_B} = \frac{\Delta I_C}{\Delta I_E - \Delta I_C} = \frac{\Delta I_C/\Delta I_E}{1-\Delta I_C/\Delta I_E} = \frac{\alpha}{1-\alpha} \tag{5-19}$$

显然,β 与 $\bar{\beta}$,α 与 $\bar{\alpha}$ 其意义是不同的,但是在多数情况下 $\beta \approx \bar{\beta}$,$\alpha \approx \bar{\alpha}$。例如,从表 5.3 知,在 $I_B = 0.03\text{mA}$ 附近,设 I_B 由 0.02mA 变为 0.04mA,可求得

$$\beta = \frac{\Delta I_C}{\Delta I_B} = \frac{2.33 - 1.14}{0.04 - 0.02} = 59.5 \qquad \bar{\beta} = \frac{I_C}{I_B} = \frac{1.74}{0.03} = 58$$

$$\alpha = \frac{2.33 - 1.14}{2.37 - 1.16} = 0.983 \qquad \bar{\alpha} = \frac{1.74}{1.77} \approx 0.983$$

这就证实了上述近似关系,所以,今后我们不再严格地区分 β 与 $\bar{\beta}$,α 与 $\bar{\alpha}$。

5.3.4 三极管的特性曲线

三极管外部各极电压电流的相互关系,当用图形描述时称为三极管的特性曲线。它既简单又直观,全面地反映了各极电流与电压之间的关系。特性曲线与参数是选用三极管的主要依据。特性曲线通常用晶体管特性图示仪显示出来,其测试电路如图 5.33 所示。三极管的不同连接方式,有不同的特性曲线,因共发射极用得最多,为此,我们只讨论共发射极特性曲线。下面讨论 NPN 三极管的共发射极输入特性和输出特性。

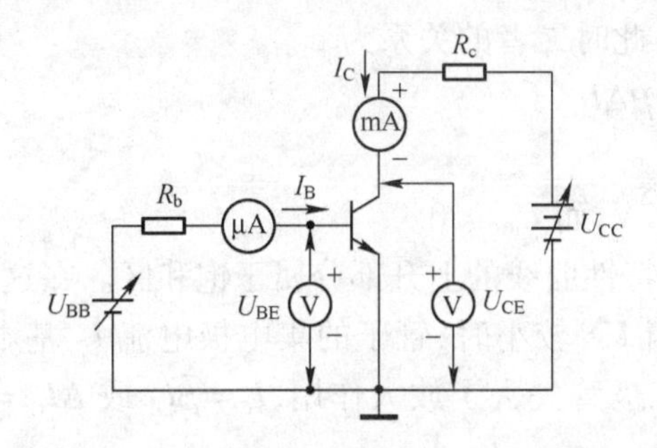

图 5.33 三极管共发射极特性曲线测试电路

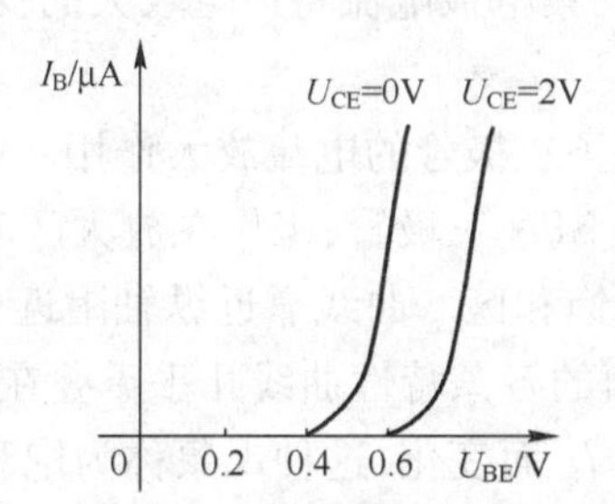

图 5.34 三极管的输入特性

1. 输入特性

当 U_{CE} 不变时,输入回路中的电流 I_B 与电压 U_{BE} 之间的关系曲线称为输入特性,即

$$I_B = f(U_{BE}) \big|_{U_{CE} = \text{常数}}$$

输入特性如图 5.34 所示。

$U_{CE} = 0\text{V}$ 时,从三极管的输入回路看,相当于两个 PN 结(发射结和集电结)并联。当 b、e 间加上正电压时,三极管的输入特性就是两个正向二极管的伏安特性。

$U_{CE} \geqslant 1\text{V}$,b、e 间加正向电压,此时集电极的电位比基极高,集电结为反向偏置,阻挡层变宽,基区变窄,基区电子复合减少,故基极电流下降。与 $U_{CE} = 0\text{V}$ 时相比,在相同的条件下,I_B 要小得多。结果输入特性将右移。

当 U_{CE} 继续增大时,严格地讲,输入特性应该继续右移。但是,当 U_{CE} 大于某一数值以后(如 1V),在一定的 U_{CE} 之下,集电结的反向偏置电压已足以将注入基区的电子基本上都收集到集电极,此时 U_{CE} 再增大,I_B 变化不大。因此,$U_{CE} > 1\text{V}$ 以后,不同 U_{CE} 值的各条输入特性几乎重叠在一起。所以,常用 $U_{CE} > 1\text{V}$(如 2V)的一条输入特性曲线来代表 U_{CE} 更高的情况。

在实际的放大电路中,三极管的 U_{CE} 一般都大于零,因而 $U_{CE} > 1\text{V}$ 的特性更具有实用意义。

2. 输出特性

当 I_B 不变时,输出回路中的电流 I_C 与电压 U_{CE} 之间的关系曲线称为输出特性,即

$$I_C = f(U_{CE}) \big|_{I_B = \text{常数}}$$

固定一个 I_B 值,得一条输出特性曲线,改变 I_B 值后可得一簇输出特性曲线,如图 5.35 所示。在

输出特性上可以划分为 3 个区域:截止区、放大区和饱和区。

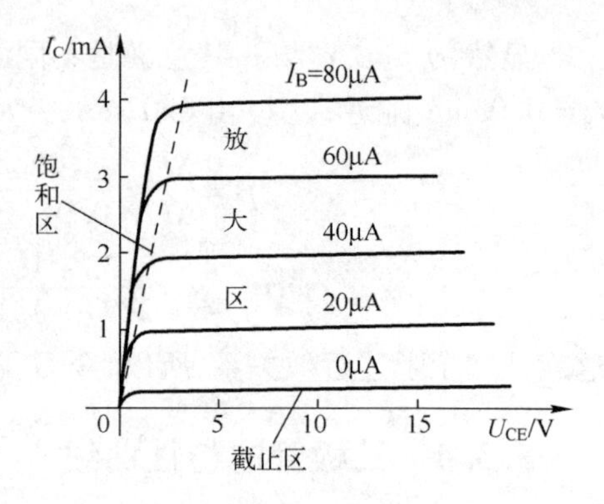

图 5.35　三极管的输出特性

(1) 截止区。一般将 $I_B \leqslant 0$ 的区域称为截止区,在图 5.35 中为 $I_B = 0$ 的一条曲线的以下部分。此时 I_C 也近似为零。由于各极电流都基本上等于零,因而此时三极管没有放大作用。

其实 $I_B = 0$ 时,I_C 并不等于零,而是等于穿透电流 I_{CEO}。一般硅三极管的穿透电流小于 1μA,在特性曲线上无法表示出来。锗三极管的穿透电流约几十至几百微安。

当发射结反向偏置时,发射区不再向基区注入电子,则三极管处于截止状态。所以,在截止区,三极管的两个结均处于反向偏置状态。对 NPN 三极管,$U_{BE} < 0$,$U_{BC} < 0$。

(2) 放大区。此时发射结正向运用,集电结反向运用。在曲线上是比较平坦的部分,表示当 I_B 一定时,I_C 的值基本上不随 U_{CE} 而变化。在这个区域内,当基极电流发生微小的变化量 ΔI_B 时,相应的集电极电流将产生较大的变化量 ΔI_C,此时二者的关系为

$$\Delta I_C = \beta \Delta I_B$$

该式体现了三极管的电流放大作用。

对于 NPN 三极管,工作在放大区时 $U_{BE} \geqslant 0.7$V,而 $U_{BC} < 0$。

(3) 饱和区。曲线靠近纵轴附近,各条输出特性曲线的上升部分属于饱和区。在这个区域,不同 I_B 值的各条特性曲线几乎重叠在一起,即当 U_{CE} 较小时,管子的集电极电流 I_C 基本上不随基极电流 I_B 而变化,这种现象称为饱和。此时三极管失去了放大作用,$I_C = \bar{\beta} I_B$ 或 $\Delta I_C = \beta \Delta I_B$ 关系不成立。

一般认为 $U_{CE} = U_{BE}$,即 $U_{CB} = 0$ 时,三极管处于临界饱和状态,当 $U_{CE} < U_{BE}$ 时称为过饱和。三极管饱和时的管压降用 U_{CES} 表示。深度饱和时,小功率管管压降通常小于 0.3V。

三极管工作在饱和区时,发射结和集电结都处于正向偏置状态。对 NPN 三极管,$U_{BE} > 0$,$U_{BC} > 0$。

5.3.5　三极管的主要参数

三极管参数描述了三极管的性能,是评价三极管质量以及选择三极管的依据。

1. 电流放大系数

三极管的电流放大系数是表征管子放大作用的参数。按前面讨论,有如下几种。

(1) 共发射极交流电流放大系数 β。β 体现共射极接法之下的电流放大作用。

$$\beta = \left.\frac{\Delta I_C}{\Delta I_B}\right|_{U_{CE}=常数}$$

(2) 共发射极直流电流放大系数 $\bar{\beta}$。由式(5-15),得

$$\bar{\beta} = \frac{I_C - I_{CEO}}{I_B}$$

当 $I_C \gg I_{CEO}$ 时,$\beta \approx I_C / I_B$。

(3) 共基极交流电流放大系数 α。α 体现共基极接法下的电流放大作用。

$$\alpha = \Delta I_C / \Delta I_E$$

(4) 共基极直流电流放大系数 $\bar{\alpha}$。在忽略反向饱和电流 I_{CBO} 时

$$\bar{\alpha} \approx I_C / I_E$$

2. 极间反向电流

(1) 集电极—基极反向饱和电流 I_{CBO}。它表示当 e 极开路时，c、b 之间的反向电流，测量电路如图 5.36(a)所示。

(2) 集电极—发射极穿透电流 I_{CEO}。它表示当 b 极开路时，c、e 之间的电流，测量电路如图 5.36(b)所示。

实际工作中使用三极管时，要求所选用管子的 I_{CBO} 和 I_{CEO} 尽可能小。它们越小，则表明三极管的质量越高。

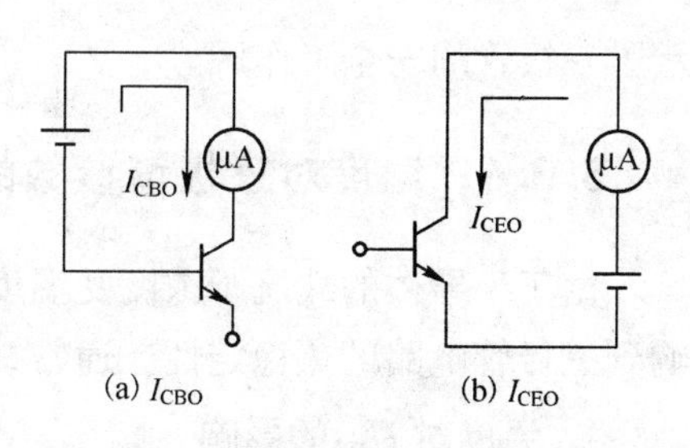

图 5.36　三极管极间反向电流的测量

3. 极限参数

三极管的极限参数是指使用时不得超过的极限值，以保证三极管安全工作或工作性能正常。

(1) 集电极最大允许电流 I_{CM}。由于三极管电流放大系数 β 值与工作电流有关，其关系曲线如图 5.37 所示。从曲线可看出工作电流太大，将使 β 值下降得太多，使三极管性能下降，放大的信号产生严重失真。一般定义当 β 值下降为正常值的 1/3 ~ 2/3 时的 I_C 值为 I_{CM}。

(2) 集电极最大允许功率损耗 P_{CM}。当三极管工作时，管子两端电压为 U_{CE}，集电极电流为 I_C，因此集电极损耗的功率为

$$P_C = I_C U_{CE}$$

集电极消耗的电能将转化为热能，使管子的温度升高，这将使三极管的性能恶化，甚至被损坏，因而应加以限制。将 I_C 与 U_{CE} 的乘积等于 P_{CM} 值的各点连接起来，可得一条双曲线，如图 5.38 所示。双曲线下方区域 $P_C < P_{CM}$ 为安全区；上方区域 $P_C > P_{CM}$ 为过耗区，易烧坏管子。

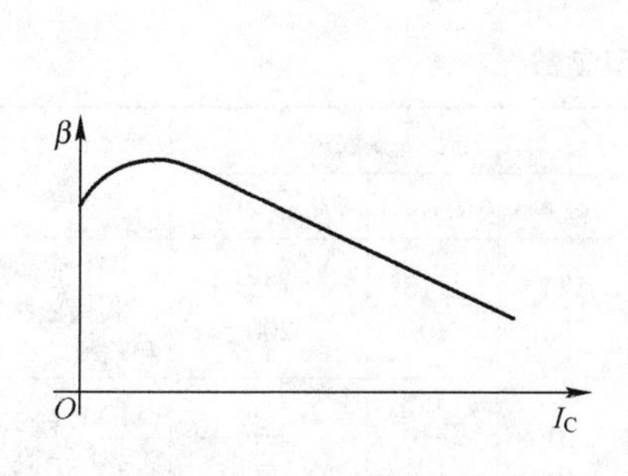

图 5.37　β 与 I_C 关系曲线

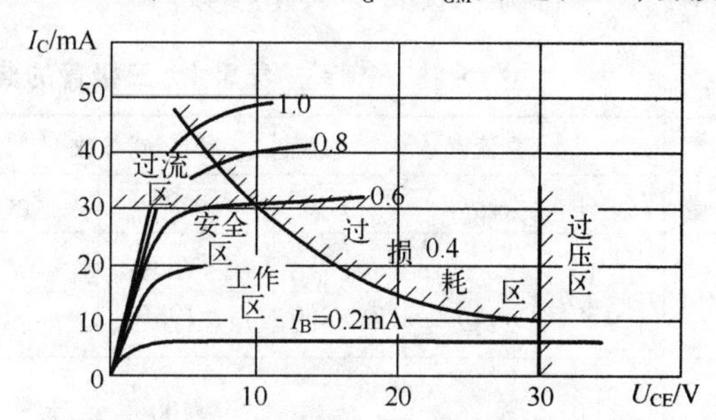

图 5.38　三极管的安全工作区

需要指出的是，P_{CM} 与工作环境温度有关，如工作环境温度高或散热条件差，则 P_{CM} 值下降。

4. 反向击穿电压

反向击穿电压表示使用三极管时外加在各电极之间的最大允许反向电压，如果超过这个限度，则管子的反向电流急剧增大，可能损坏三极管。反向击穿电压有以下几项：

BU_{CBO}——发射极开路时，集电极－基极间的反向击穿电压。

BU_{CEO}——基极开路时，集电极－发射极间的反向击穿电压。

BU_{CER}——基射极间接有电阻 R 时，集电极－发射极间的反向击穿电压。

BU_{CES}——基射极间短路时，集电极－发射极间的反向击穿电压。

BU_{EBO}——集电极开路时，发射极－基极间的反向击穿电压，此电压一般较小，仅有几伏左右。

上述电压一般存在如下关系：

$$BU_{CBO} > BU_{CES} > BU_{CER} > BU_{CEO} > BU_{EBO}$$

由于 BU_{CEO} 最小，因此，使用时使 $U_{CE} < BU_{CEO}$ 即可安全工作。

由上可见，三极管应工作在安全工作区，而安全工作区受 I_{CM}、P_{CM}、BU_{CEO} 的限制。图 5.38 表

示了三极管的安全工作区。

5.3.6 温度对三极管参数的影响

由于半导体的载流子浓度受温度影响,因而,三极管的参数也会受温度影响,这将严重地影响到三极管电路的热稳定性。通常,半导体三极管的如下参数受温度影响比较明显。

1. 温度对 U_{BE} 的影响

输入特性曲线随温度升高向左移。即 I_B 不变时,U_{BE} 将下降,其变化规律是温度每升高 1℃,U_{BE} 减小 2~2.5mV,即 $\Delta U_{BE}/\Delta T = -2.5\text{mV}/℃$。

2. 温度对 I_{CBO} 的影响

I_{CBO} 是由少数载流子形成的。当温度上升时,少数载流子增加,故 I_{CBO} 也上升。其变化规律是,温度每上升 10℃,I_{CBO} 约上升 1 倍。I_{CEO} 随温度变化规律大致与 I_{CBO} 相同。在输出特性曲线上,温度上升,曲线上移。

3. 温度对 β 的影响

β 随温度升高而增大,变化规律是:温度每升高 1℃,β 值增大 0.5%~1%。在输出特性曲线图上,曲线间的距离随温度升高而增大。

综上所述:温度对 U_{BE}、I_{CBO}、β 的影响,均将使 I_C 随温度上升而增加,这将严重地影响三极管的工作状态,其后果如何以及如何克服,将在以后的相关章节讲述。

表 5.4 给出了部分三极管的典型参数。

表 5.4 三极管的典型参数

参数 型号	直流参数			交流参数		极限参数			备注
	$I_{CBO}/\mu A$	$I_{CEO}/\mu A$	β	f_T/MHz	C_μ/pF	I_{CM}/mA	BU_{CEO}/V	P_{CM}/mW	
3AX31B 3AX81C	≤10 ≤30	≤750 ≤1000	50~150 30~250	f_β≥8kHz f_β≥10kHz		125 200	≥18 10	125 200	PNP 合金型锗管,用于低频放大以及甲类和乙类功率放大电路
3AG6E 3AG11	≤10 ≤10		30~250	≥100 ≥30	≤3 ≤15	10 10	≥10 10	50 30	PNP 合金扩散型锗管,用于高频放大及振荡电路
3AD6A 3AD18C	≤400 ≤1000	≤2500	≥12 ≥15	f_β≥2kHz f_β≥100kHz		2A 15A	18 60	10W	PNP 合金扩散型锗管,用于低频功率放大
3DG6C 3DG12C	≤0.01 ≤1	≤0.01 ≤10	20~200 20~200	≥250 ≥300	≤3 ≤15	20 300	20 30	100 700	NPN 外延平面型硅管,用于中频放大、高频放大及振荡电路
3DD1C 3DD8B	<15 100	<50	>12 10~20	f_β≥200kHz		300 7.5A	≥15 60	1W 100W (加散热板)	NPN 外延平面硅管,用于低频功率放大电路
3DA14C 3DA28D	≤10 ≤200	≤50 ≤1000	≥20 ≥20	≥200 ≥50	≤30 ≤40	1A 1.5A	45 90	5W (加散热板) 1W (不加散热板) 10W (加散热板)	NPN 外延平面型硅管,用于高频功率放大、振荡等电路
3CG1E 3CG2C	≤0.5 ≤0.5	≤1 ≤1	35 >20	>80 >60	≤10 <15	35 60	50 20	350 600	PNP 平面型硅管,用于高频放大和振荡电路

习　题　5

5.1　什么是本征半导体？什么是杂质半导体？各有什么特征？

5.2　N 型半导体是在本征半导体中掺入________价元素，其多数载流子是________，少数载流子是________。

5.3　P 型半导体是在本征半导体中掺入________价元素，其多数载流子是________，少数载流子是________。

5.4　在室温附近，温度升高，杂质半导体中________的浓度将明显增加。

5.5　什么叫载流子的扩散运动、漂移运动？它们的大小主要与什么有关？

5.6　在室温下，对于掺入相同数量杂质的 P 型半导体和 N 型半导体，其导电能力________。（a. 二者相同；b. N 型导电能力强；c. P 型导电能力强）

5.7　PN 结是如何形成的？在热平衡下，PN 结中有无净电流流过？

5.8　PN 结中扩散电流的方向是________，漂移电流的方向是________。

5.9　PN 结未加外部电压时，扩散电流________漂移电流；加正向电流时，扩散电流________漂移电流，其耗尽层________；加反向电压时，扩散电流________漂移电流，其耗尽层________。

5.10　什么是 PN 结的击穿现象？击穿有哪两种？击穿是否意味 PN 结坏了？为什么？

5.11　什么是 PN 结的电容效应？何谓势垒电容、扩散电容？PN 结正向运用时，主要考虑何种电容？反向运用时，主要考虑何种电容？

5.12　二极管的直流电阻 R_D 和交流电阻 r_d 有何不同？如何在伏安特性上表示？

5.13　二极管的伏安特性方程为 $I_D = I_S(e^{\frac{U}{U_T}} - 1)$，试推导二极管正向导通时的交流电阻 $r_d = \frac{dU}{dI} = \frac{U_T}{I}$。室温下 $U_T = 26mV$，当正向电流为 1mA、2mA 时估算其电阻 r_d 的值。

5.14　稳压二极管是利用二极管的________特性进行稳压的。（a. 正向导通；b. 反向截止；c. 反向击穿）

5.15　二极管电路如图所示，已知输入电压 $u_i = 30\sin\omega t$（V），二极管的正向压降和反向电流均可忽略。试画出输出电压 u_o 的波形。

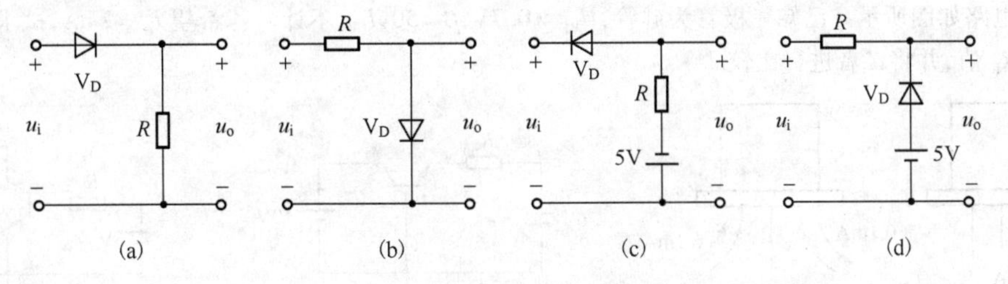

题 5.15 图

5.16　电路如图所示，$u_i = 5\sin\omega t$（V），试画出输出电压 u_o 的波形。

5.17　由理想二极管组成的电路如图所示，试确定各电路的输出电压 u_o。

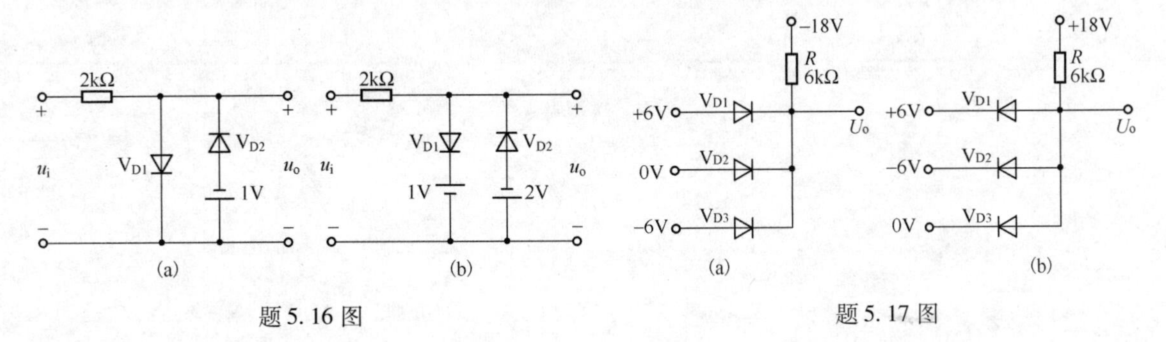

题 5.16 图

题 5.17 图

5.18　为了使三极管能有效地起放大作用，要求三极管的发射区掺杂浓度________；基区宽度________；集电结结面积比发射结结面积________，其理由是什么？如果将三极管的集电极和发射极对调使用（即三极管反接),能否起放大作用?

5.19　三极管工作在放大区时,发射结为________,集电结为________;工作在饱和区时,发射结为________,集电结为________;工作在截止区时,发射结为________,集电结为________。(a. 正向偏置;b. 反向偏置;c. 零偏置)

5.20　工作在放大区的某三极管,当 I_B 从 20μA 增大到 40μA 时,I_C 从 1mA 变成 2mA。它的 β 约为________。(50;100;200)

5.21　工作在放大状态的三极管,流过发射结的电流主要是________,流过集电结的电流主要是________。(a. 扩散电流;b. 漂移电流)

5.22　当温度升高时,三极管的 β ________,反向饱和电流 I_{CBO}________,U_{BE}________。

5.23　某三极管,其 $\alpha = 0.98$,当发射极电流为 2mA 时,基极电流是多少? 该管的 β 为多大? 另一只三极管,其 $\beta = 100$,当发射极电流为 5mA 时,基极电流是多少? 该管的 α 为多大?

5.24　三极管的安全工作区受哪些极限参数的限制? 使用时,如果超过某项极限参数,试分别说明将会产生什么结果。

5.25　放大电路中两个三极管的两个电极电流如图所示。

(1) 求另一个电极电流,并在图上标出实际方向;

(2) 判断它们各是 NPN 还是 PNP 型管,标出 e,b,c 极;

(3) 估算它们的 β 和 α 值。

5.26　放大电路中,测得几个三极管 3 个电极电压 U_1, U_2, U_3 分别为下列各组数值,判断它们是 NPN 型还是 PNP 型? 是硅管还是锗管? 并确定 e,b,c。

(1) $U_1 = 3.3V, U_2 = 2.6V, U_3 = 15V$;(2) $U_1 = 3.2V, U_2 = 3V, U_3 = 15V$;

(3) $U_1 = 6.5V, U_2 = 14.3V, U_3 = 15V$;(4) $U_1 = 8V, U_2 = 14.8V, U_3 = 15V$。

5.27　用万用表测量某些三极管的管压降得下列几组值,说明每个管子是 NPN 还是 PNP,工作在何种状态。

(1) $U_{BE} = 0.7V, U_{CE} = 0.3V$;(2) $U_{BE} = 0.7V, U_{CE} = 4V$;(3) $U_{BE} = 0V$;$U_{CE} = 4V$;(4) $U_{BE} = -0.2V$;$U_{CE} = -0.3V$;(5) $U_{BE} = -0.2V, U_{CE} = -4V$;(6) $U_{BE} = 0V, U_{CE} = 4V$。

5.28　电路如图所示。已知三极管为硅管,$U_{BE} = 0.7V, \beta = 50, I_{CBO}$不计。若希望 $I_C = 2mA$,试求图(a)的 R_e 和图(b)的 R_b 值,并将二者进行比较。

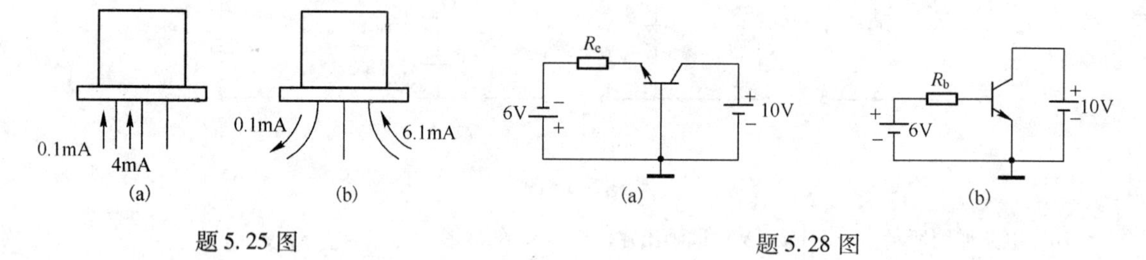

题 5.25 图　　　　题 5.28 图

第 6 章　放大电路分析基础

实际中常常需要把一些微弱信号,放大到便于测量和利用的程度。例如,从收音机天线接收到的无线电信号或者从传感器得到的信号,有时只有微伏或毫伏的数量级,必须经过放大才能驱动扬声器或者进行观察、记录和控制。

所谓放大,表面上是将信号的幅度由小增大,但是,放大的实质是能量转换,即由一个能量较小的输入信号控制直流电源,使之转换成交流能量输出,驱动负载。

6.1　放大电路工作原理

三极管可以利用控制输入电流从而控制输出电流,达到放大的目的。我们可利用三极管的上述特性来组成放大电路。三极管有 3 种基本接法,下面我们以共发射极接法为例,说明放大电路的工作原理。

6.1.1　放大电路的组成原理

基本共发射极电路如图 6.1 所示。图中,V 是 NPN 型三极管,担负放大作用,是整个电路的核心器件。放大电路的组成原则是:

(1) 为保证三极管 V 工作在放大区,发射结必须正向运用;集电结必须反向运用。图中 R_b,U_{BB}即保证 e 结正向运用;R_c,U_{CC}保证 c 结反向运用。

(2) 既然我们要放大信号,故电路中应保证输入信号能加至三极管的 e 结,以控制三极管的电流。

(3) 保证信号电压输出加至负载。

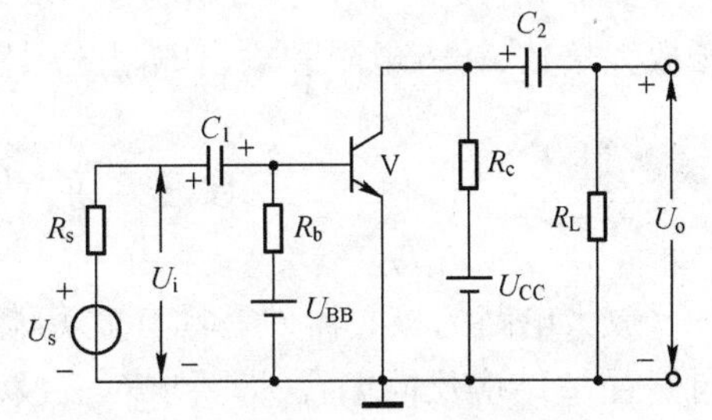

图 6.1　共发射极基本放大电路

图中 R_s 为信号源内阻;U_s 为信号源电压;U_i 为放大器输入信号。电容 C_1 为耦合电容,其作用是:使交流信号顺利通过加至放大器输入端,同时隔断直流,使信号源与放大器无直流联系。C_1 一般选用容量大的电解电容,它是有极性的,使用时,它的正极与电路的直流正极相连,不能接反。C_2 的作用与 C_1 相似,使交流信号能顺利传送至负载,同时,使放大器与负载之间无直流联系。

我们判断一个放大电路是否能放大输入信号,可按上述原则进行。

如用 PNP 三极管,则电源和电容 C_1,C_2 的极性均反向。

图 6.1 中使用两个电源 U_{BB} 和 U_{CC},这给使用者带来不便,为此,采用单电源,将 R_b 接至 U_{CC} 即可,如图 6.2(a)所示。习惯画法如图 6.2(b)所示。

6.1.2　直流通路和交流通路

当输入信号为零时,电路只有直流电源;当考虑信号放大时,我们应考虑电路的交流通路。所以在分析、计算具体放大电路前,应分清放大电路的交、直流通路。

由于放大电路中存在着电抗元件,所以直流通路和交流通路不相同。对于直流通路来说,电容视为开路,电感视为短路;对于交流通路,电容和电感应视为电抗元件处理,根据输入信号频率，将电抗极小的大电容、小电感短路，电抗极大的小电容、大电感开路，而电抗不能忽略的电容电感保留。

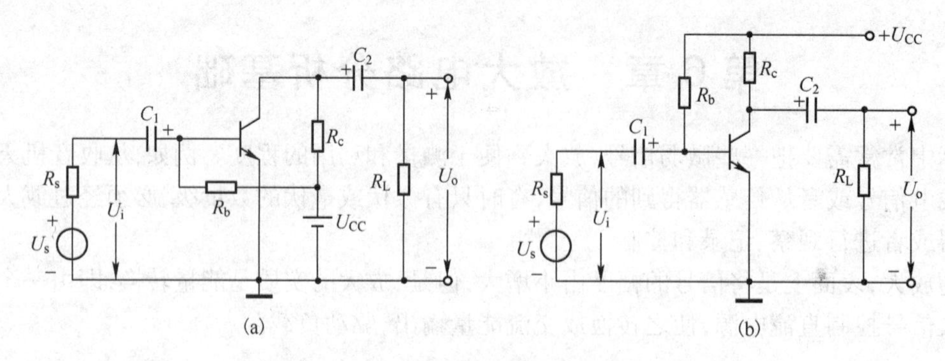

图 6.2　单电源共发射极放大电路

直流电源因为其两端电压值固定不变，内阻视为零，故在画交流通路时也按短路处理。

根据上述原则，图 6.2 电路的直流通路和交流通路可画成如图 6.3(a)和(b)所示。

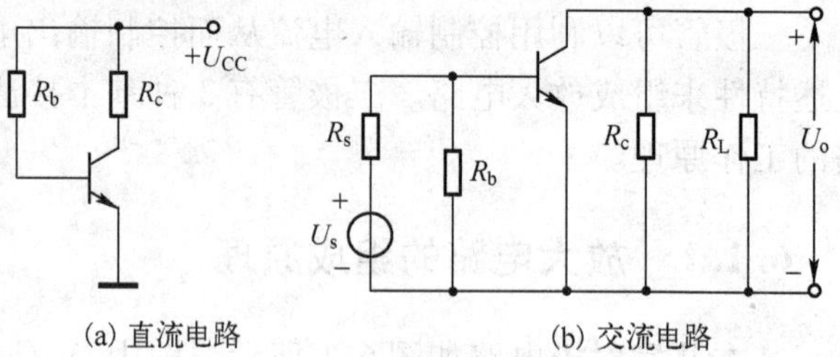

(a) 直流电路　　(b) 交流电路

图 6.3　基本共发射极电路的交、直流通路

放大电路的分析主要包含两个部分：

直流分析，又称为静态分析，用于求出电路的直流工作状态，即基极直流电流 I_B、集电极直流电流 I_C、集电极与发射极间直流电压 U_{CE}。

交流分析，又称动态分析，用来求出电压放大倍数、输入电阻和输出电阻 3 项性能指标。

6.2　放大电路的直流工作状态

放大电路的核心器件是具有放大能力的三极管，而三极管要保证工作在放大区，其 e 结应正向偏置，c 结应反向偏置，即要求对三极管设置一个正常的直流工作状态。如何计算出一个放大电路的直流工作状态，是本节讨论的主要问题。

直流工作点，又称为静态工作点，简称 Q 点。它可通过公式求出，也可通过作图的方法求出。

6.2.1　解析法确定静态工作点

根据放大电路的直流通路，可以估算出该放大电路的静态工作点。

如图 6.3(a)所示，首先由基极回路求出静态时基极电流

$$I_{BQ} = \frac{U_{CC} - U_{BE}}{R_b} \tag{6-1}$$

由于三极管导通时，U_{BE} 变化很小，可视为常数。一般地

硅管：$U_{BE} = 0.6 \sim 0.8\text{V}$，取 0.7V；锗管：$U_{BE} = 0.1 \sim 0.3\text{V}$，取 0.2V　　(6-2)

当 U_{CC}、R_b 已知，则由式(6-1)可求 I_{BQ}。

根据三极管各极电流关系，可求出静态工作点的集电极电流

$$I_{CQ} = \beta I_{BQ} \tag{6-3}$$

再根据集电极输出回路可求出

$$U_{CEQ}=U_{CC}-I_CR_c \tag{6-4}$$

至此,静态工作点的电流、电压都已估算出来。

例 6-1 估算图 6.2 所示放大电路的静态工作点。设 $U_{CC}=12V$,$R_c=3k\Omega$,$R_b=280k\Omega$,$\beta=50$。

解 根据式(6-1)、式(6-3)、式(6-4),得

$$I_{BQ}=\frac{12-0.7}{280\times10^3}\approx0.040\times10^{-3}A=40\mu A,\quad I_{CQ}=50\times0.04=2mA,\quad U_{CEQ}=12-2\times3=6V$$

6.2.2 图解法确定静态工作点

三极管电流、电压关系可用其输入特性曲线和输出特性曲线表示。我们可以在特性曲线上,直接用作图的方法来确定静态工作点。

将图 6.3(a)直流通路改画成图 6.4(a)。由图的 a、b 两端向左看,其 i_C-u_{CE}关系由三极管的输出特性曲线确定,如图 6.4(b)所示。由图的 a、b 两端向右看,其 i_C-u_{CE}关系由回路的电压方程表示

$$u_{CE}=U_{CC}-i_CR_c$$

u_{CE}与 i_C 是线性关系,只需确定两点即可。

令 $i_C=0$,$u_{CE}=U_{CC}$,得 M 点;令 $i_C=U_{CC}/R_c$,得 N 点。将 M,N 两点连接起来,即得一条直线,称为直流负载线,因为它反映了直流电流、电压与负载电阻 R_c 的关系。

由于在同一回路中只有一个 i_C 值和 u_{CE}值,即 i_C、u_{CE}既要满足图 6.4(b)所示的输出特性,又要满足图 6.4(c)所示的直流负载线,所以电路的直流工作状态,必然是 $I_B=I_{BQ}$的特性曲线和直流负载线的交点。只要知道 I_{BQ}即可,一般可通过式(6-1)直接求出。Q 点的确定如图 6.4(d)所示。

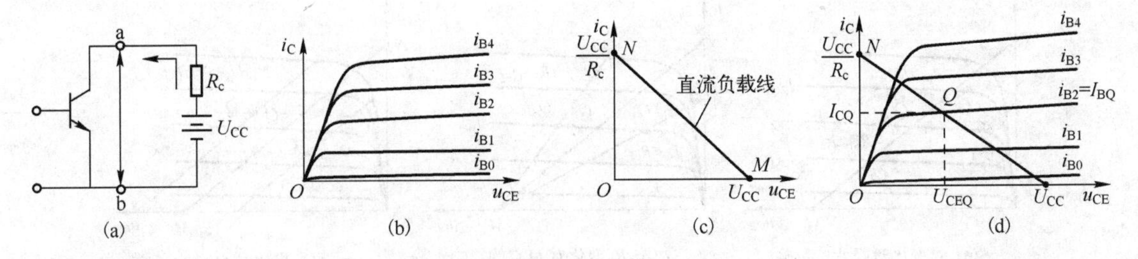

图 6.4 静态工作点的图解法

由上可得出用图解法求 Q 点的步骤:

(1) 在输出特性曲线所在坐标中,按直流负载线方程 $u_{CE}=U_{CC}-i_CR_c$,作出直流负载线。

(2) 由基极回路求出 I_{BQ}。

(3) 找出 $i_B=I_{BQ}$这一条输出特性曲线,与直流负载线的交点即为 Q 点。读出 Q 点坐标的电流、电压值即为所求。

例 6-2 如图 6.5(a)所示电路,已知 $R_b=280k\Omega$,$R_c=3k\Omega$,$U_{CC}=12V$,三极管的输出特性曲线如图 6.5(b)所示,试用图解法确定静态工作点。

解 首先写出直流负载方程,并作出直流负载线

$$u_{CE}=U_{CC}-i_CR_c$$

$i_C=0$,$u_{CE}=U_{CC}=12V$,得 M 点;$u_{CE}=0$,$i_C=U_{CC}/R_c=12/3=4mA$,得 N 点。连接这两点,即得直流负载线。然后,由基极输入回路,计算 I_{BQ}。

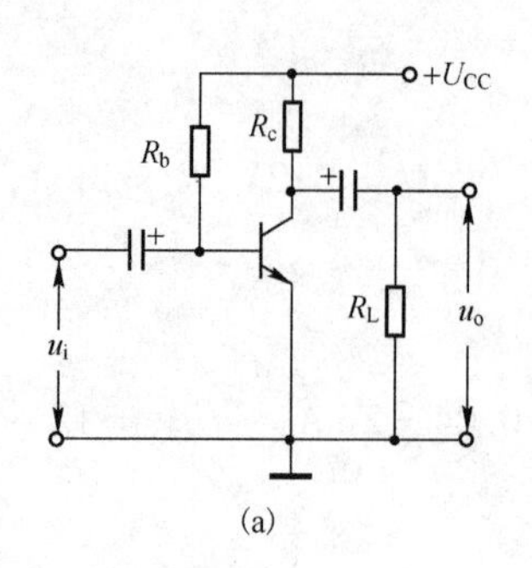

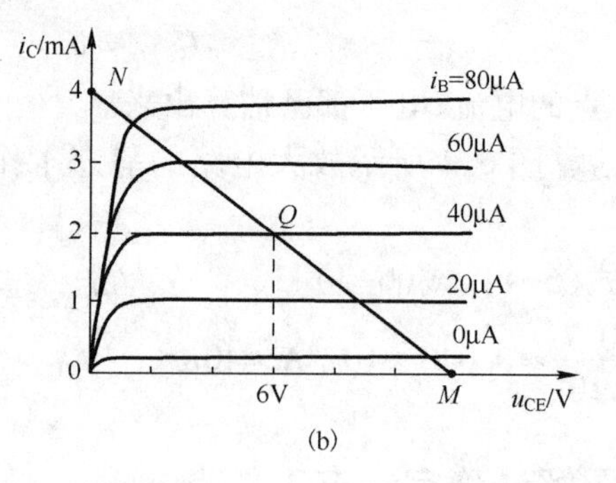

图 6.5　例 6-2 电路图

$$I_{BQ}=\frac{U_{CC}-U_{BE}}{R_b}=\frac{12-0.7}{280\times10^3}\approx0.04\times10^{-3}\text{A}=40\mu\text{A}$$

直流负载线与 $i_B=I_{BQ}=40\mu\text{A}$ 这一条特性曲线的交点，即为 Q 点，从图上查出 $I_{BQ}=40\mu\text{A}$，$I_{CQ}=2\text{mA}$，$U_{CEQ}=6\text{V}$，与例 6-1 结果一致。

6.2.3　电路参数对静态工作点的影响

在后面我们将看到静态工作点的位置十分重要，而静态工作点与电路参数有关。下面我们将分析电路参数 R_b，R_c，U_{CC} 对静态工作点的影响，为调试电路给出理论指导。

1. R_b 对 Q 点的影响

为明确元件参数对 Q 点的影响，当讨论 R_b 的影响时，固定 R_c 和 U_{CC}。

R_b 变化，仅对 I_{BQ} 有影响，而对负载线无影响。如 R_b 增大，I_{BQ} 减小，工作点沿直流负载线下移；如 R_b 减小，I_{BQ} 增大，则工作点将沿直流负载线上移，如图 6.6(a)所示。

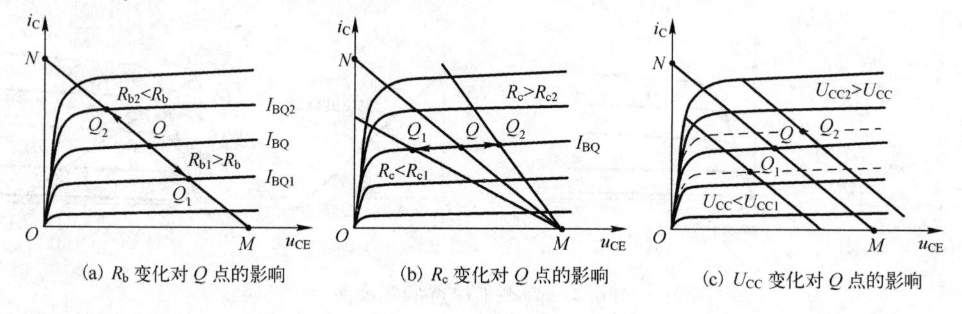

图 6.6　电路参数对 Q 点的影响

2. R_c 对 Q 点的影响

R_c 的变化，仅改变直流负载线的 N 点，即仅改变直流负载线的斜率。

R_c 减小，N 点上升，直流负载线变陡，工作点沿 $i_B=I_{BQ}$ 这一条特性曲线右移。

R_c 增大，N 点下降，直流负载线变平坦，工作点沿 $i_B=I_{BQ}$ 这一条特性曲线向左移，如图 6.6(b) 所示。

3. U_{CC} 对 Q 点的影响

U_{CC} 的变化不仅影响 I_{BQ}，还影响直流负载线，因此，U_{CC} 对 Q 点的影响较复杂。

U_{CC} 上升，I_{BQ} 增大，同时直流负载线 M 点和 N 点同时增大，故直流负载线平行上移，所以工作点向右上方移动。

U_{CC} 下降，I_{BQ} 下降，同时直流负载线平行下移，所以工作点向左下方移动，见图 6.6(c)。

实际调试中,主要通过改变电阻 R_b 来改变静态工作点,而很少通过改变 U_{CC} 来改变静态工作点。

6.3　放大电路的动态分析

这一节主要讨论当输入端加进信号 u_i 时,电路的工作情况。由于加进了输入信号,输入电流 i_B 不会静止不动,而是变化的,这样三极管的工作状态将来回移动,故又将加进输入交流信号时的状态,称为动态。

6.3.1　图解法分析动态特性

通过图解法,我们将画出对应输入波形时的输出电流和输出电压波形。

由于交流信号的加入,此时应按交流通路来考虑。如图 6.3(b)所示,交流负载 $R'_L = R_c // R_L$。在信号作用下,三极管的工作状态的移动不再沿着直流负载线,而是按交流负载线移动。因此,分析交流信号前,应先画出交流负载线。

1. 交流负载线的做法

交流负载线具有如下两个特点:

(1) 交流负载线必通过静态工作点,因为当输入信号 u_i 的瞬时值为零时,如忽略电容 C_1 和 C_2 的影响,则电路状态和静态时相同。

(2) 另一特点是交流负载线的斜率由 R'_L 表示。

因此,按上述两特点,可作出交流负载线,即过 Q 点作一条 $\Delta U/\Delta I = R'_L$ 的直线,这一直线就是交流负载线。

具体做法如下:

首先作一条 $\Delta U/\Delta I = R'_L$ 的辅助线(此线有无数条),然后过 Q 点作一条平行于辅助线的线即为交流负载线,如图 6.7 所示。

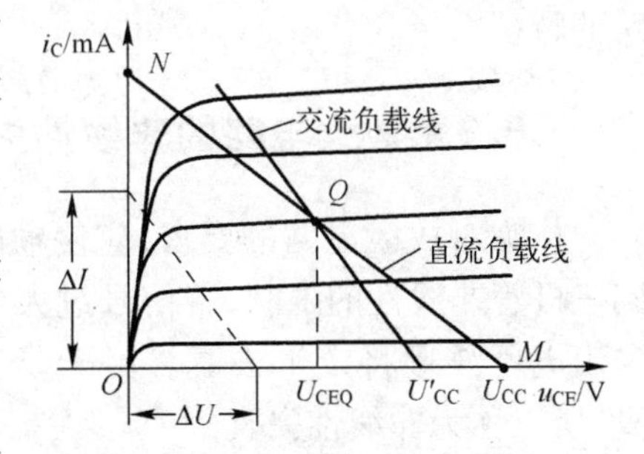

图 6.7　交流负载线的画法

由于 $R'_L = R_c // R_L$,所以 $R'_L < R_c$,故一般情况下交流负载线比直流负载线陡。

交流负载线也可以通过求出在 u_{CE} 坐标的截距,再与 Q 点相连即可得到。由图 6.7 可看出

$$U'_{CC} = U_{CEQ} + I_{CQ}R'_L \tag{6-5}$$

连接 Q 点和 U'_{CC} 点即为交流负载线。

例 6-3　作出图 6.5(a)的交流负载线。已知特性曲线如图 6.5(b)所示,$U_{CC} = 12V$,$R_c = 3k\Omega$,$R_L = 3k\Omega$,$R_b = 280k\Omega$。

解　首先作出直流负载线,求出 Q 点,如例 6-2 所示。为方便起见,将图 6.5(b)重画于图 6.8 上。

显然 $R'_L = R_c // R_L = 1.5k\Omega$,作一条辅助线,使其 $\Delta U/\Delta I = R'_L = 1.5k\Omega$。取 $\Delta U = 6V$,$\Delta I = 4mA$,连接该两点即为交流负载线的辅助线,过 Q 点作辅助线的平行线,即为交流负载线。可以看出 $U'_{CC} = 9V$,与按 $U'_{CC} = U_{CEQ} + I_C R'_L = 6 + 2 \times 1.5 = 9V$ 相一致。

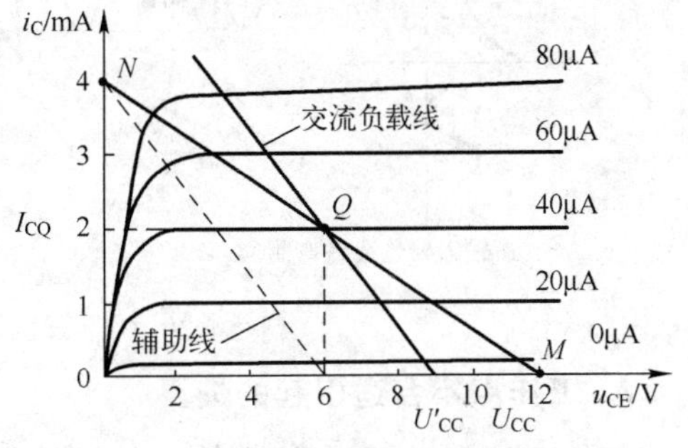

图 6.8　例 6-3 中交流负载线的画法

2. 交流波形的画法

为了便于理解,我们代入具体的数值进行分析。仍以例 6-3 为例,设输入交流信号电压为 $u_i = U_{im}$

$\sin\omega t$，则基极电流将在 I_{BQ} 上叠加进 i_b，即 $i_B = I_{BQ} + I_{bm}\sin\omega t$，如电路使 $I_{bm} = 20\mu A$，则

$$i_B = 40 + 20\sin\omega t(\mu A)$$

从图 6.8 可读出相应的集电极电流 i_C 和 u_{CE} 值，见表 6.1，画出波形，如图 6.9 所示。

由以上可看出，在放大电路中，三极管的输入电压 u_{BE}、电流 i_B，输出端的电压 u_{CE}、电流 i_C 均含有直流和交流成分。交流是由信号 u_i 引起的，是我们感兴趣的部分。直流成分是保证三极管工作在放大区不可少的。在输入端，直流成分叠加交流成分，然后进行放大；在输出端，用电容将直流隔离掉，取出经放大后的交流成分。它们的关系为

表 6.1

ωt	0π	$\frac{1}{2}\pi$	π	$\frac{3}{2}\pi$	2π
$i_B/\mu A$	40	60	40	20	40
i_C/mA	2	3	2	1	2
u_{CE}/V	6	5.4	6	7.5	6

$$u_{BE} = U_{BEQ} + u_{be} = U_{BEQ} + U_{bem}\sin\omega t$$
$$i_B = I_{BQ} + i_b = I_{BQ} + I_{bm}\sin\omega t$$
$$i_C = I_{CQ} + i_c = I_{CQ} + I_{cm}\sin\omega t$$
$$u_{CE} = U_{CEQ} + u_{ce} = U_{CEQ} - U_{cem}\sin\omega t$$

由图 6.9 可看出，基极、集电极电流和电压的交流成分保持一定的相位关系。i_c、i_b 和 u_{be} 三者相位相同；u_{ce} 与它们相位相反，即输出电压与输入电压相位是相反的。这是共 e 极放大电路的特征之一。

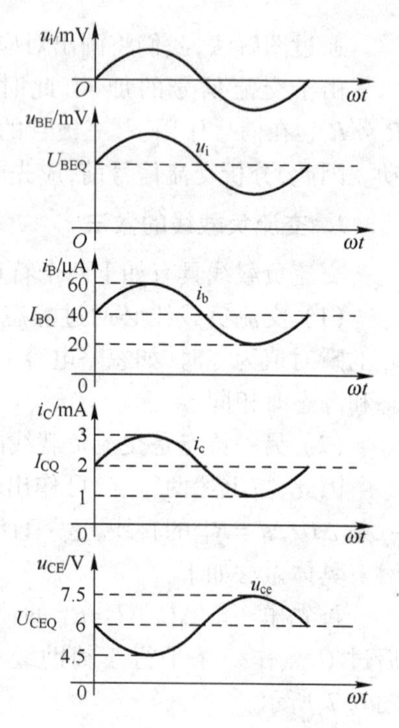

图 6.9　基极、集电极电流和电压波形

6.3.2　放大电路的非线性失真

作为对放大电路的要求，应使输出电压尽可能大，但它受到三极管非线性的限制，若信号过大或者工作点选择不合适，输出电压波形将产生失真。由于是三极管非线性引起的失真，所以称为非线性失真。

图解法可以在特性曲线上清楚地观察到波形的失真情况。

1. 由三极管特性曲线非线性引起的失真

这主要表现在输入特性的起始弯曲部分，输出特性间距不匀，当输入信号又比较大时，将使 i_b、u_{ce} 和 i_c 正负半周不对称，即产生了非线性失真，如图 6.10 所示。

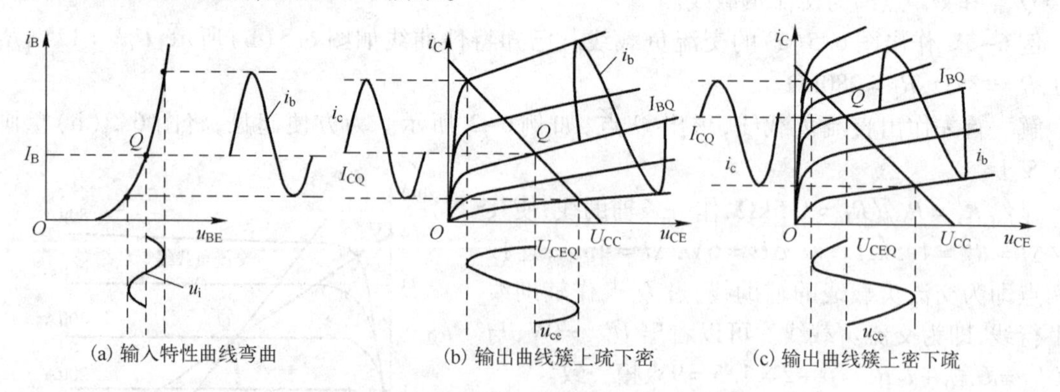

图 6.10　三极管特性的非线性引起的失真

2. 工作点不合适引起的失真

如果工作点设置过低，在输入信号的负半周，工作状态进入截止区，因而引起 i_B、i_C 和 u_{CE} 的

波形失真，称为截止失真。由图6.11(a)可以看出，对于NPN三极管共e极放大电路，对应截止失真时，输出电压u_{CE}的波形出现顶部失真。

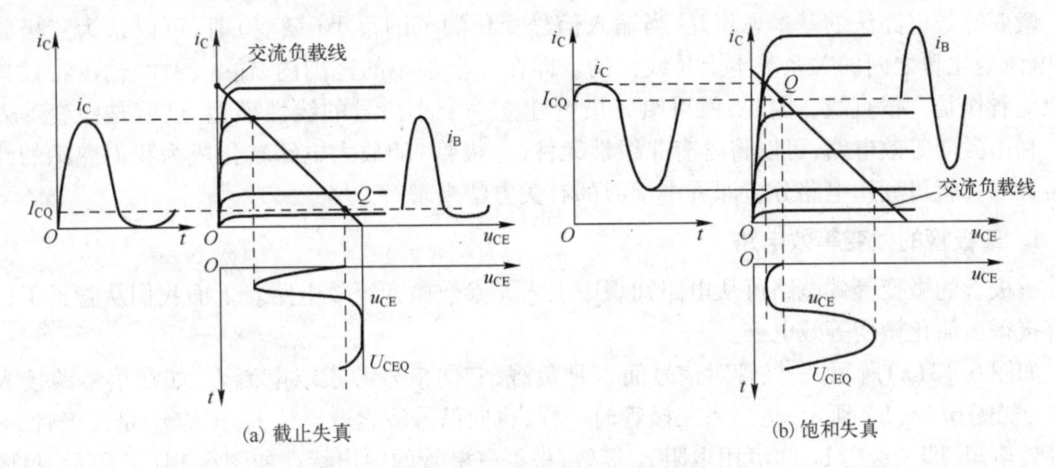

(a) 截止失真 (b) 饱和失真

图6.11 静态工作点不合适产生的非线性失真

如果工作点设置过高，在输入信号的正半周，三极管工作状态进入饱和区，此时，i_B继续增大而i_C不再随之增大，因此引起i_C和u_{CE}产生波形失真，称为饱和失真。由图6.11(b)可看出，对于NPN三极管共e极放大电路，当产生饱和失真时，输出电压u_{CE}的波形上出现底部失真。

如放大电路用PNP三极管共e极放大电路，失真波形正好相反。截止失真，u_{CE}是底部失真；饱和失真，u_{CE}是顶部失真。

正由于上述原因，放大电路存在最大不失真输出电压幅值U_{max}或峰-峰值U_{P-P}。

最大不失真输出电压是指：在工作状态已定的前提下，逐渐增大输入信号，三极管尚未进入截止或饱和时，输出所能获得的最大不失真输出电压。如u_i增大首先进入饱和区，则最大不失真输出电压受饱和区限制，$U_{cem}=U_{CEQ}-U_{ces}$；如首先进入截止区，则最大不失真输出电压受截止区限制，$U_{cem}=I_{CQ}R'_L$，最大不失真输出电压值，选取其中小的一个。如图6.12所示，$I_{CQ}R'_L<(U_{CEQ}-U_{ces})$，所以$U_{cem}=I_{CQ}R'_L$。

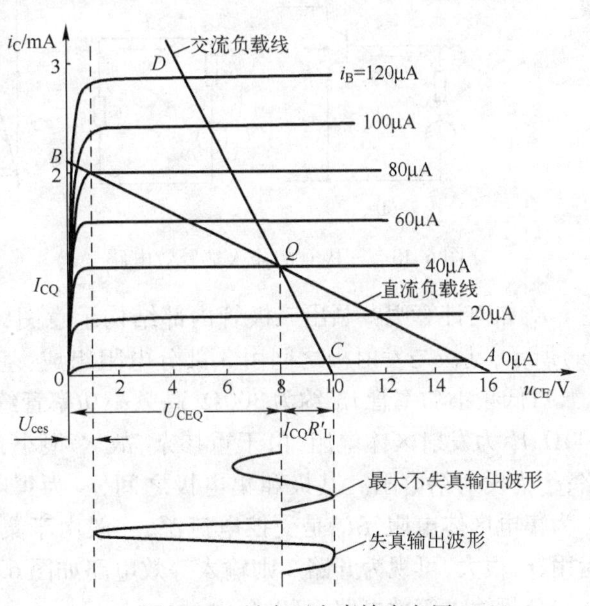

图6.12 最大不失真输出电压

图解法分析动态特性的步骤可归纳如下：

(1) 首先作出直流负载线，求出静态工作点Q。

(2) 作出交流负载线。根据要求从交流负载线可画出输出电流、电压波形，或求出最大不失真输出电压值。

用图解法进行动态分析，直观地反映了输入电流与输出电流、电压的波形关系，形象地反映了工作点不合适引起的非线性失真。但它对电压放大倍数、输入电阻、输出电阻的分析，有的十分麻烦，有的根本就无能为力。所以，图解法主要用来分析信号的非线性失真和大信号工作状态(其他方法不能用)。至于交流特性的分析计算多采用微变等效电路法。

6.3.3 微变等效电路法

微变等效电路法的基本思想是：当输入信号变化的范围很小（微变）时，可以认为三极管电压、电流变化量之间的关系基本上是线性的。即在一个很小的范围内，输入特性、输出特性均可近似地看作是一段直线。因此，就可给三极管建立一个小信号的线性模型，这就是微变等效电路。利用微变等效电路，可以将含有非线性元件（三极管）的放大电路转化成为我们熟悉的线性电路，然后，就可利用电路分析课程中学习的有关方法来求解。

1. 三极管的微变等效电路

三极管的微变等效电路可从电路知识中引入 h 参数微变等效电路。下面我们从管子工作原理直接得出简化微变等效电路。

如图 6.13(a) 所示，三极管对信号而言是负载，它向信号源索取电流 I_b，如在信号源接入电阻 r_{be}，如图 6.13(b) 所示，与接入三极管时一样，也向信号源索取电流 I_b，则称 r_{be} 是三极管 be 间的等效电阻，即三极管 be 间可用电阻 r_{be} 等效；根据三极管的输出特性如图 6.14(a) 所示，只要工作在线性区，三极管可视为电流源，其输出三极管电流 $I_C=\beta I_B$，它是一个受控电流源，其大小和方向均受基极电流的控制。故三极管 ce 间可用受控电流源 βI_b 等效，如图 6.14(b) 所示。这样就可得三极管的简化等效电路如图 6.15 所示。以后分析放大电路一般均用此简化等效电路。

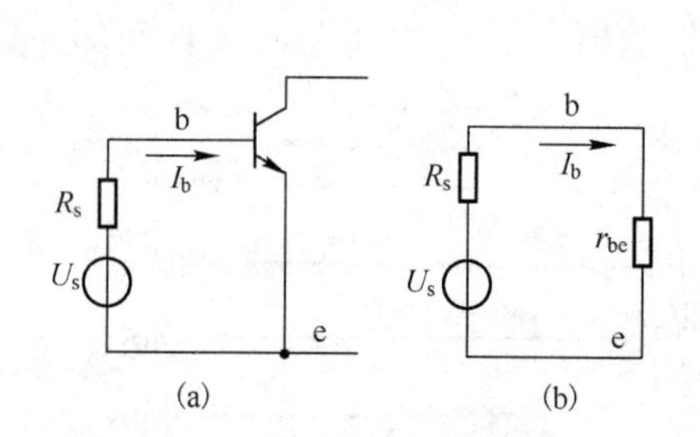

图 6.13　三极管的输入端等效电路

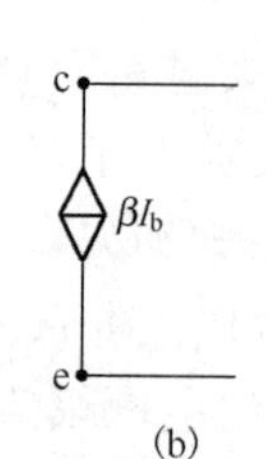

图 6.14　三极管输出端等效电路

r_{be} 如何计算呢？画出三极管内部结构示意图，如图 6.16(a) 所示，基极与发射极之间由 3 部分电阻组成：基区体电阻 $r_{bb'}$，对低频小功率管 $r_{bb'}$ 约为 300Ω，高频小功率管约为几十至 100Ω；r'_e 为发射区体电阻，由于重掺杂，故 r'_e 很小，一般可忽略；r_e 为发射结电阻。基极和集电极之间，r_c 为集电结电阻，r'_c 为集电区体电阻，βI_b 是受控电流源，一般由于集电结反向运用，r_c 很大，可视为开路。则输入等效电路如图 6.16(b) 所示。

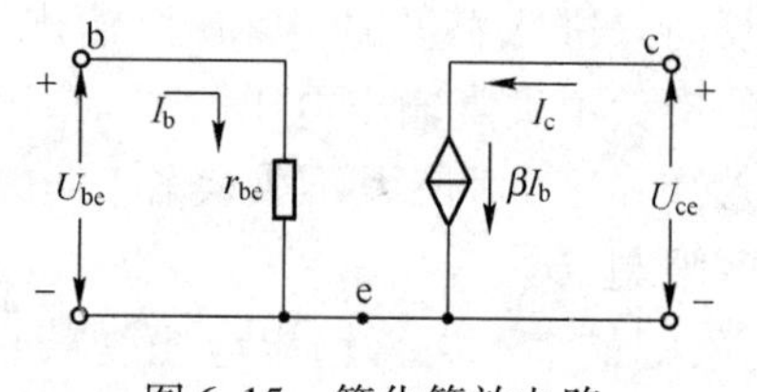

图 6.15　简化等效电路

分析输入等效电路，可以写出

$$U_{be}=I_b r_{bb'}+I_e r_e$$

又
$$I_e=(1+\beta)I_b$$

则
$$U_{be}=I_b r_{bb'}+(1+\beta)I_b r_e$$
$$=I_b[r_{bb'}+(1+\beta)r_e]$$

故
$$r_{be}=U_{be}/I_b=r_{bb'}+(1+\beta)r_e \quad (6\text{-}6)$$

其中，发射结构态电阻 r_e 可由式(6-5)求出

$$r_e=\frac{26(\mathrm{mV})}{I_{EQ}(\mathrm{mA})}=\frac{26}{I_{EQ}}\Omega$$

所以
$$r_{be}=r_{bb'}+(1+\beta)\frac{26}{I_{EQ}}\Omega$$

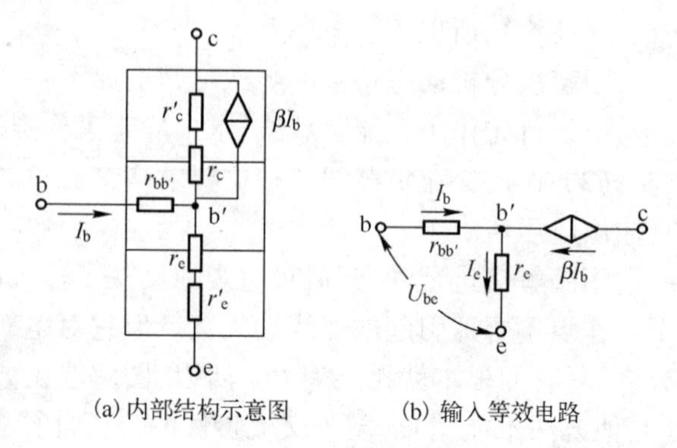

图 6.16　r_{be} 估算等效电路

6.3.4 3种基本组态放大电路的分析

微变等效电路主要用于对放大电路动态特性的分析。三极管有3种接法,故放大电路也有3种基本组态,各种实际放大电路都是这3种基本放大电路的变形及组合。

一个放大电路的性能怎样,是通过性能指标来描述的。

1. 放大电路的性能指标

(1) 电压放大倍数 A_u。电压放大倍数是衡量放大电路电压放大能力的指标,它定义为输出电压的幅值或有效值与输入电压幅值或有效值之比,有时也称为增益。

$$A_u = U_o/U_i \tag{6-7}$$

此外,有时亦定义源电压放大倍数

$$A_{us} = U_o/U_s \tag{6-8}$$

它表示输出电压与信号源电压幅值或有效值之比。显然,当信号源内阻 $R_s=0$ 时,$A_{us}=A_u$。A_{us} 就是考虑了信号源内阻 R_s 影响时的电压放大倍数。

(2) 电流放大倍数 A_i。A_i 定义为输出电流 I_o 与输入电流 I_i 幅值或有效值之比,即

$$A_i = I_o/I_i \tag{6-9}$$

A_i 越大表明电流放大能力越好。

(3) 功率放大倍数 A_P。A_P 定义为输出功率与输入功率之比。即

$$A_P = P_o/P_i = |U_oI_o|/|U_iI_i| = |A_uA_i| \tag{6-10}$$

(4) 输入电阻 r_i。放大电路由信号源提供输入信号,当放大电路与信号源相连,就要从信号源索取电流。索取电流的大小表明了放大电路对信号源的影响程度,所以定义输入电阻来衡量放大电路对信号源的影响。当信号频率不高时,电抗效应不考虑,则

$$r_i = U_i/I_i \tag{6-11}$$

对多级放大电路,本级的输入电阻又构成前级的负载,表明了本级对前级的影响。对输入电阻的要求视具体情况不同而不同。进行电压放大时,希望输入电阻要高;进行电流放大时,又希望输入电阻要低;有的时候又要求阻抗匹配,希望输入电阻为某一特殊数值,如50Ω,75Ω,300Ω 等。

(5) 输出电阻 r_o。从输出端看进去的放大电路的等效电阻,称为输出电阻 r_o。由微变等效电路求 r_o 的方法,一般是将输入信号源 U_s 短路(电流源开路),注意应保留信号源内阻 R_s。然后在输出端外接一电压源 U_2,并计算出该电压源供给的电流 I_2,则输出电阻由下式算出

$$r_o = U_2/I_2 \tag{6-12}$$

输出电阻高低表明了放大器所能带动负载的能力。r_o 越小表明带负载的能力越强。

实际中,也可通过实验方法测得 r_o,测量原理图如图6.17所示。

第一步令 $R_L \to \infty$ 时,测出放大器开路电压 U_o。

第二步接入 R_L,测得相应电压为 U_o'。而

$$U_o' = \frac{U_o}{r_o + R_L}R_L$$

整理得

$$r_o = \left(\frac{U_o}{U_o'} - 1\right)R_L \tag{6-13}$$

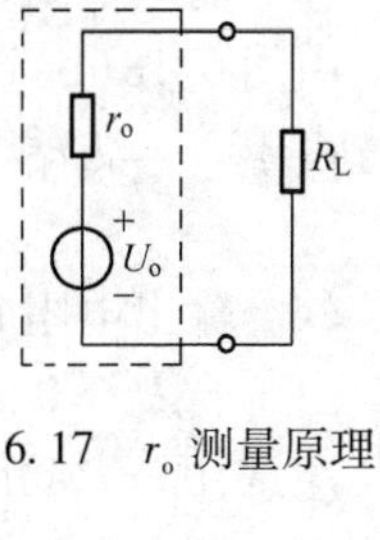

图6.17 r_o 测量原理图

2. 共e极放大电路

电路如图6.18(a)所示,画出其微变等效电路如图6.18(b)所示。画微变等效电路时,把电容 C_1、C_2 和直流电源 U_{CC} 视为短路。

(1) 电压放大倍数 $A_u = U_o/U_i$

由图6.18(b)等效电路,得

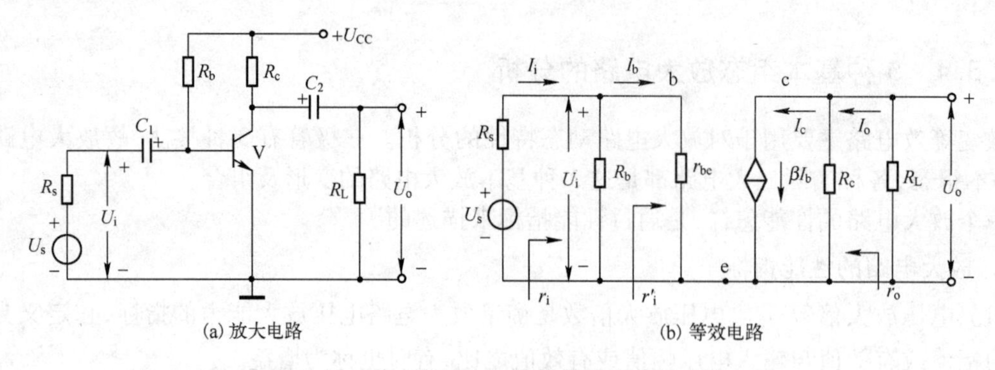

图 6.18　共 e 极放大电路及其微变等效电路

$$U_o = -\beta I_b R'_L$$

式中，$R'_L = R_c // R_L$。

从输入回路得

$$U_i = I_b r_{be}$$

故

$$A_u = -\frac{\beta R'_L}{r_{be}} \tag{6-14}$$

讨论：① 负号表示共 e 极放大电路，集电极输出电压与基极输入电压相位相反。

② 放大倍数与 β 和静态工作点的关系；当工作点较低时

$$r_{be} = r_{bb'} + (1+\beta)\frac{26}{I_{EQ}} \approx (1+\beta)\frac{26}{I_{EQ}}$$

且 $\beta \gg 1$，所以，如 $r_{be} \approx \beta\frac{26}{I_{EQ}}$，代入式(6-14)，得

$$A_u \approx -\frac{I_{EQ}}{26}R'_L$$

电压放大倍数与 β 无关，而与静态工作点的电流 I_{EQ} 呈线性关系。增加 I_{EQ}，A_u 将增大。

实际中，A_u 与 β 关系较复杂，因 β 上升，式(6-14)分子、分母均增加，故对 A_u 影响不明显，使 A_u 略上升；A_u 与 I_{EQ} 的关系是：因为 I_{EQ} 增大，分子不变，分母下降，所以，A_u 上升，但不是线性关系。

(2) 电流放大倍数 $A_i = I_o / I_i$

由等效电路图 6.18(b)可得 $I_i \approx I_b$，$I_o \approx I_c = \beta I_b$，则

$$A_i = I_o / I_i \approx \beta \tag{6-15}$$

考虑 R_b 的作用，电流在输入端存在分流关系。考虑负载端 R_c、R_L 的影响，电流在输出端也存在一个分流关系。

(3) 输入电阻 r_i

由图 6.18(b)可直接看出 $r_i = R_b // r'_i$，式中 $r'_i = U_i / I_b$。

由于 $U'_i = I_b r_{be}$，所以 $r'_i = r_{be}$。当 $R_b \gg r_{be}$ 时，则

$$r_i = R_b // r_{be} \approx r_{be} \tag{6-16}$$

(4) 输出电阻 r_o

由于当 $U_s = 0$ 时，$I_b = 0$，从而受控源 $\beta I_b = 0$，因此，可直接得出 $r_o = R_c$。

注意，因 r_o 常用来考虑带负载 R_L 的能力，所以，求 r_o 时不应含 R_L，应将其断开。

(5) 源电压放大倍数 $A_{us} = U_o / U_s$

由图可得

$$A_{us} = \frac{U_o}{U_s} = \frac{U_i}{U_s} \cdot \frac{U_o}{U_i} = \frac{U_i}{U_s} A_u$$

而

$$\frac{U_i}{U_s} = \frac{r_i}{R_s + r_i}$$

故 $$A_{us}=\frac{r_i}{R_s+r_i}A_u \tag{6-17}$$

显然,考虑信号源内阻 R_s 时,放大倍数下降。

3. 共 c 极放大电路

电路如图 6.19(a)所示,信号从基极输入,射极输出,故又称为射极输出器。图 6.19(b)为其微变等效电路。

(1) 电压放大倍数 $A_u=U_o/U_i$

$$U_o=(1+\beta)I_bR'_e$$

而 $$R'_e=R_e/\!/R_L$$

则 $$U_i=I_br_{be}+(1+\beta)R'_eI_b \tag{6-18}$$

从而有 $$A_u=\frac{U_o}{U_i}=\frac{(1+\beta)R'_e}{r_{be}+(1+\beta)R'_e}$$

通常 $(1+\beta)R'_e\gg r_{be}$,所以,$A_u<1$ 且 $A_u\approx1$。即共 c 极放大电路的电压放大倍数小于 1 而接近于 1,且共 c 极放大电路基极输入电压与发射极输出电压相位相同,故又称为射极跟随器。

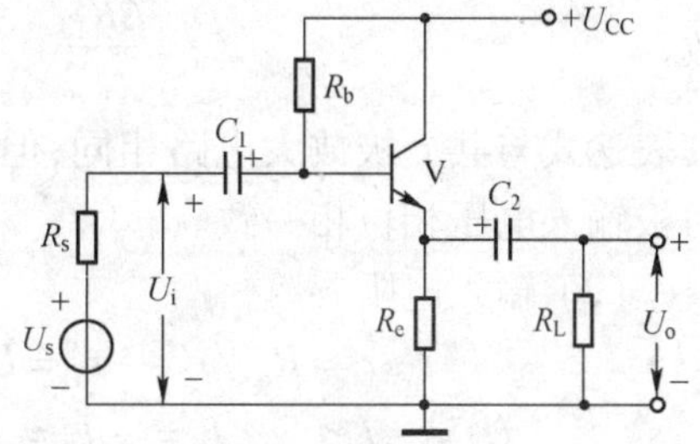

(2) 电流放大倍数 $A_i=I_o/I_i$

$$I_o=-I_e,I_i=I_b$$

所以 $$A_i=\frac{-I_e}{I_b}\approx\frac{-(1+\beta)I_b}{I_b}=-(1+\beta) \tag{6-19}$$

(3) 输入电阻 r_i

$$r_i=R_b/\!/r'_i$$

式中 $$r'_i=U_i/I_b=r_{be}+(1+\beta)R'_e$$

$$r_i=R_b/\!/[r_{be}+(1+\beta)R'_e] \tag{6-20}$$

(a) 放大电路

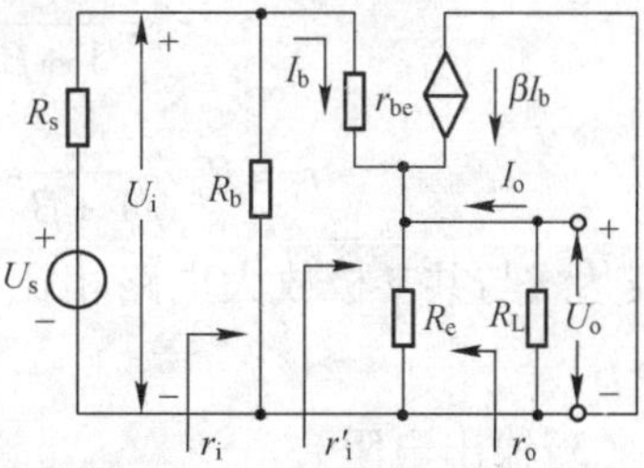

(b) 等效电路

图 6.19 共 c 极放大电路及其微变等效电路

共 c 极放大电路输入电阻高,这是共 c 极电路的特点之一。

(4) 输出电阻 r_o

按输出电阻计算方法,信号源 U_s 短路,在输出端加入 U_2,求出电流 I_2,则

$$r_o=U_2/I_2$$

其等效电路如图 6.20 所示,由图可得

$$I_2=I'+I''+I''',I'=U_2/R_e,I''=\frac{U_2}{R'_s+r_{be}}=-I_b$$

式中,$R'_s=R_s/\!/R_b$。

$$I'''=-\beta I_b=\frac{\beta U_2}{R'_s+r_{be}}$$

则 $$I_2=\frac{U_2}{R_e}+\frac{(1+\beta)U_2}{R'_s+r_{be}}$$

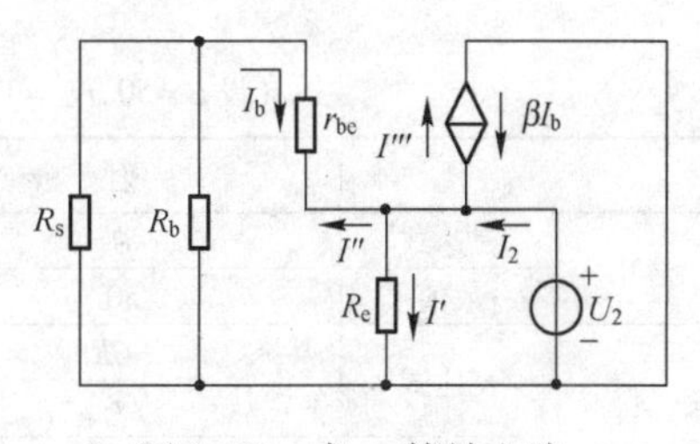

图 6.20 求 r_o 等效电路

$$r_o=\frac{U_2}{I_2}=R_e/\!/\frac{R'_s+r_{be}}{1+\beta} \tag{6-21}$$

综上所述,共 c 极放大电路是一个具有高输入电阻、低输出电阻、电压增益近似为 1 的放大电路。所以,共 c 极放大电路可用来作为输入级、输出级;也可作为缓冲级,用来隔离它前后两级之间的相互影响。必须指出,由式(6-20)、式(6-21)可见,负载电阻 R_L 对输入电阻 r_i 有影响;信号源内阻 R_s 对输出电阻 r_o 有影响。在组成多极放大电路时,应注意上述关系。

4. 共 b 极放大电路

共 b 极放大电路如图 6.21(a)所示,其微变等效电路如图 6.21(b)所示。

共 b 极放大电路中,输入信号从发射极输入,从集电极输出信号。

(1) 电压放大倍数 $A_u = U_o / U_i$

$$U_o = -\beta I_b R'_L, \quad R'_L = R_c // R_L, \quad U_i = -I_b \cdot r_{be}$$

故

$$A_u = \frac{\beta R'_L}{r_{be}} \tag{6-22}$$

其表达式与共 e 极放大电路相同,但集电极输出电压与发射极输入电压相位相一致。

(a) 放大电路

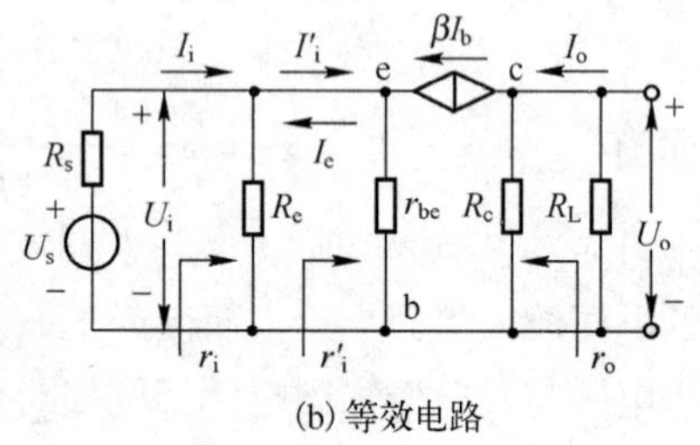

(b) 等效电路

图 6.21 共 b 极放大电路及其微变等效电路

(2) 输入电阻 r_i

$$r_i = R_e // r'_i, \quad r'_i = U_i / I_i$$

$$U_i = -I_b r_{be}, \quad I'_i = -I_e = -(1+\beta) I_b$$

$$r'_i = \frac{r_{be}}{1+\beta}$$

所以

$$r_i = R_e // \frac{r_{be}}{1+\beta} \approx \frac{r_{be}}{1+\beta} \tag{6-23}$$

其表达式与共 e 极放大电路相比,其输入电阻减小到 $r_{be}/(1+\beta)$。

(3)输出电阻 r_o

当 $U_s = 0$ 时,$I_b = 0$,$\beta I_b = 0$,故

$$r_o = R_c \tag{6-24}$$

(4) 电流放大倍数 $A_i = I_o / I_i$

$$I_o \approx I_c, \quad I_i \approx -I_e$$

则

$$A_i \approx I_c / (-I_e) = -\alpha \tag{6-25}$$

将上述 3 种基本放大电路列表(见表 6.2)进行比较。

表 6.2 3 种基本放大器的比较

(设 $\beta = 50$, $r_{be} = 1.1\text{k}\Omega$, $r_{ce} = \infty$, $R_c = 3\text{k}\Omega$, $R_e = 3\text{k}\Omega$, $R_s = 3\text{k}\Omega$, $R_L = \infty$)

		共 射 极	共 集 极	共 基 极
A_i	表达式	β	$-(1+\beta)$	$-\alpha$
	数值	50	-51	-0.98
A_u	表达式	$-\frac{\beta R_c}{r_{be}}$	$\frac{(1+\beta)R_e}{r_{be}+(1+\beta)R_e}$	$\frac{\beta R_c}{r_{be}}$
	数值	-136	0.993	136
r_i	表达式	$r_{be} // R_b$	$[r_{be}+(1+\beta)R'_e] // R_b$	$\frac{r_{be}}{1+\beta} // R_e$
	数值	1.1kΩ	154kΩ	21.6Ω
r_o	表达式	R_c	$\frac{r_{be}+R_s}{1+\beta} // R_e$	R_c
	数值	3kΩ	80.4kΩ	3kΩ
特点及用途		A_i 和 $\lvert A_u \rvert$ 均较大;输出电压与输入电压反相;r_i 和 r_o 适中,应用广泛	$\lvert A_i \rvert$ 较大,但 $A_u<1$,即输出电压与输入电压相同,且为"跟随关系";r_i 高,r_o 低。可用作输入级、输出级以及起隔离作用的中间级	$\lvert A_i \rvert<1$,但 A_u 较大,且输出电压与输入电压同相;r_i 低,r_o 高。用于宽频放大或作为恒流源

6.4 静态工作点的稳定及其偏置电路

半导体器件是一种对温度十分敏感的器件。前面已讲述过,温度对晶体管的影响,主要反映在如下几个方面:

(1) 温度上升,反向饱和电流 I_{CBO}增加,穿透电流 $I_{CEO}=(1+\beta)I_{CBO}$也增加,反映在输出特性曲线上是使其上移。

(2) 温度上升,发射结电压 U_{BE}下降,在外加电压和电阻不变的情况下,使基极电流 I_B 上升。

(3) 温度上升,使三极管的电流放大倍数 β 增大,使特性曲线间距增大。

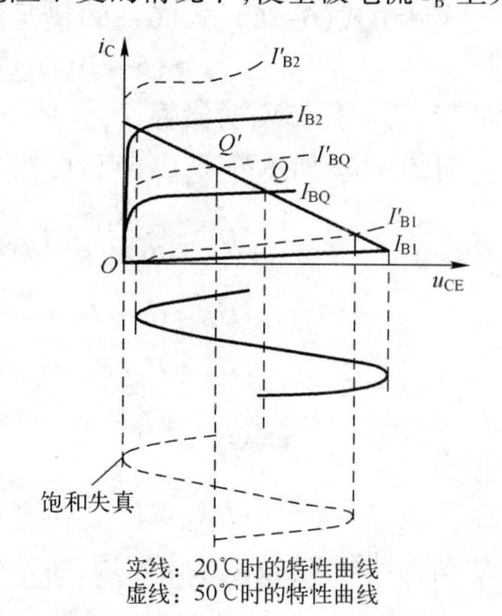

图 6.22　温度对 Q 点和输出波形的影响

综合起来,温度上升,将引起集电极电流 I_C 增加,使静态工作点随之升高。我们知道,静态工作点选择过高,将产生饱和失真,如图 6.22 所示;反之亦然。显然,不解决此问题,三极管放大电路难于应用:冬天设计的电路,夏天可能工作不正常;北方的电路,南方用不成。

解决办法应从两个方面入手:

使外界环境处于恒温状态,把放大电路置于恒温槽中,但这样所付出的代价较高,因而此方法只用于一些特殊要求的地方。

再有一个办法就是本节所介绍的从放大电路自身去考虑,使其在工作温度变化范围内,尽量减小工作点的变化。

我们知道,工作点的变化集中在集电极电流 I_C 的变化。因此,工作点稳定的具体表现就是 I_C 的稳定。为了克服 I_C 的漂移,可将集电极电流或电压变化量的一部分反过来馈送到输入回路,影响基极电流 I_B 的大小,以补偿 I_C 的变化,这就是反馈法稳定工作点。反馈法中常用的电路有电流反馈式偏置电路、电压反馈式偏置电路和混合反馈式偏置电路 3 种,其中最常用的是电流反馈式偏置电路,如图 6.23 所示。该电路利用发射极电流 I_E 在 R_e 上产生的压降 U_E,调节 U_{BE},当 I_C 因温度升高而增大时,U_E 将使 I_B 减小,于是便减小了 I_C 的增加量,达到工作点稳定的目的。由于 $I_E\approx I_C$,所以只要稳定 I_E,则 I_C 便稳定了。为此,电路上要做到下述两点。

(1) 要保持基极电位 U_B 恒定,使它与 I_B 无关,由图 6.23 可得

$$U_{CC}=(I_R+I_B)R_{b2}+I_RR_{b1}$$

如
$$I_R\gg I_B \tag{6-26}$$

则
$$I_R\approx\frac{U_{CC}}{R_{b1}+R_{b2}}$$

$$U_B\approx\frac{R_{b1}}{R_{b1}+R_{b2}}U_{CC} \tag{6-27}$$

此式说明 U_B 与晶体管无关,不随温度变化而改变,故 U_B 可认为恒定不变。

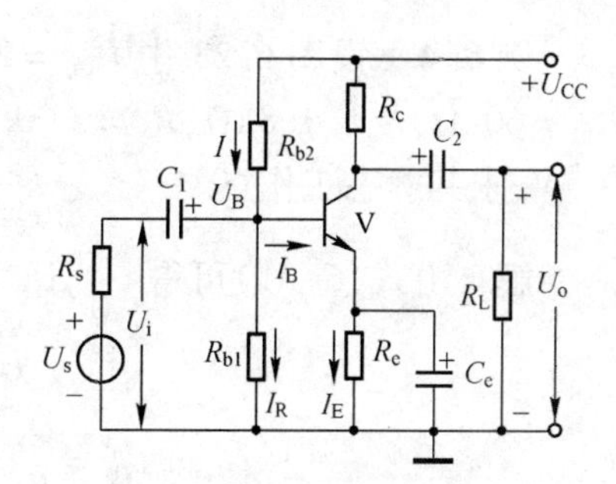

图 6.23　电流反馈式偏置电路

(2) 由于 $I_E=U_E/R_e$,所以要稳定工作点,应使 U_E 恒定,不受 U_{BE}的影响,因此要求满足条件

$$U_B\gg U_{BE} \tag{6-28}$$

则 $$I_E=\frac{U_E}{R_e}=\frac{U_B-U_{BE}}{R_e}\approx\frac{U_B}{R_e} \quad (6-29)$$

具备上述条件后，就可认为工作点与三极管参数无关，达到稳定工作点的目的。同时，当选用不同β值的三极管时，工作点也近似不变，有利于调试和生产。

稳定工作点的过程可表示如下：

$$T\uparrow\to I_E\uparrow\to I_E R_e\uparrow\to U_{BE}\downarrow\to I_E\downarrow$$

实际中式(6-26)、式(6-28)满足如下关系：

$$I_R\geqslant(5\sim10)I_B(\text{硅管可以更小})；\quad U_B\geqslant(5\sim10)U_{BE} \quad (6-30)$$

对硅管，$U_B=3\sim5\text{V}$；对锗管，$U_B=1\sim3\text{V}$。

对图6.23所示静态工作点，可按下述公式进行估算：

$$\left.\begin{aligned}&U_B=\frac{R_{b1}}{R_{b1}+R_{b2}}U_{CC}\\&U_E=U_B-U_{BE}\\&I_{EQ}=U_E/R_e\approx I_{CQ}\\&I_{BQ}=\frac{I_{EQ}}{1+\beta}\\&U_{CEQ}\approx U_{CC}-I_{CQ}(R_c+R_e)\end{aligned}\right\} \quad (6-31)$$

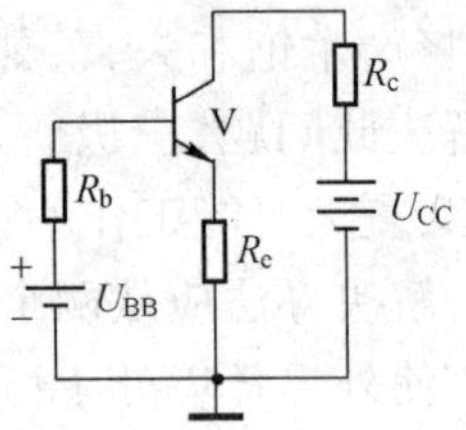

图6.24 利用戴维南定理后的等效电路

如要精确计算，应按戴维南定理，将基极回路对直流等效为

$$U_{BB}=\frac{R_{b1}}{R_{b2}+R_{b1}}U_{CC} \quad (6-32)$$

$$R_b=R_{b1}/\!/R_{b2} \quad (6-33)$$

如图6.24所示，然后按下式计算直流工作状态

$$I_B=\frac{U_{BB}-U_{BE}}{R_b+(1+\beta)R_e},I_C=\beta I_B,U_{CE}\approx U_{CC}-I_C(R_c+R_e)$$

对图6.23的动态分析如下。

首先画出微变等效电路，如图6.25所示。

$$U_o=-\beta I_b R'_L,R'_L=R_c/\!/R_L,U_i=I_b r_{be}$$

所以 $A_u=\dfrac{U_o}{U_i}=-\dfrac{\beta R'_L}{r_{be}},r_i=R_{b1}/\!/R_{b2}/\!/r_{be},r_o=R_c$

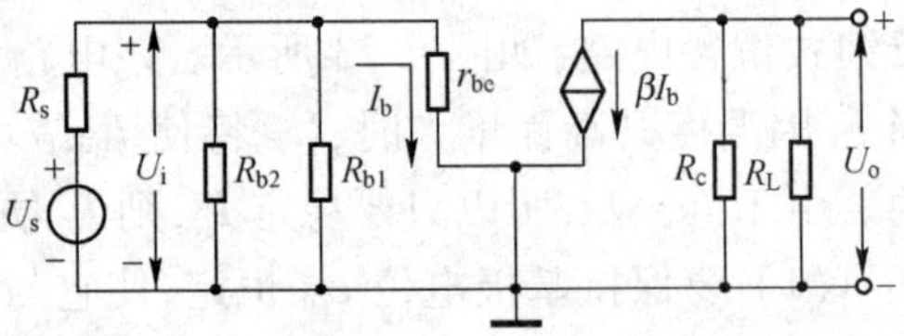

图6.25 图6.23的微变等效电路

例6-4 设图6.23中$U_{CC}=24\text{V}$，$R_{b1}=20\text{k}\Omega$，$R_{b2}=60\text{k}\Omega$，$R_e=1.8\text{k}\Omega$，$R_c=3.3\text{k}\Omega$，$\beta=50$，$U_{BE}=0.7\text{V}$，求其静态工作点。

解 由式(6-31)可得 $$U_B=\frac{R_{b1}}{R_{b2}+R_{b1}}U_{CC}=\frac{20}{60+20}\times24=6\text{V}$$

$$U_E=U_B-U_{BE}=6-0.7=5.3\text{V}$$

$$I_{EQ}=\frac{U_E}{R_e}=\frac{5.3}{1.8}\approx2.9\text{mA},\quad I_{BQ}=\frac{I_{EQ}}{1+\beta}\approx58\mu\text{A}$$

$$U_{CEQ}\approx U_{CC}-I_C(R_c+R_e)=24-2.9\times5.1=9.21\text{V}$$

例6-5 图6.26(a)和(b)为两个放大电路，已知三极管的参数均为$\beta=50$，$r_{bb'}=200\Omega$，$U_{BEQ}=0.7\text{V}$，电路的其他参数如图中所示。

(1) 分别求出两个放大电路的电压放大倍数和输入、输出电阻。

(2) 如果三极管的β值均增大1倍,两个电路的Q点各将发生什么变化?

(3) 三极管的β值均增大1倍,两个放大电路的电压放大倍数如何变化?

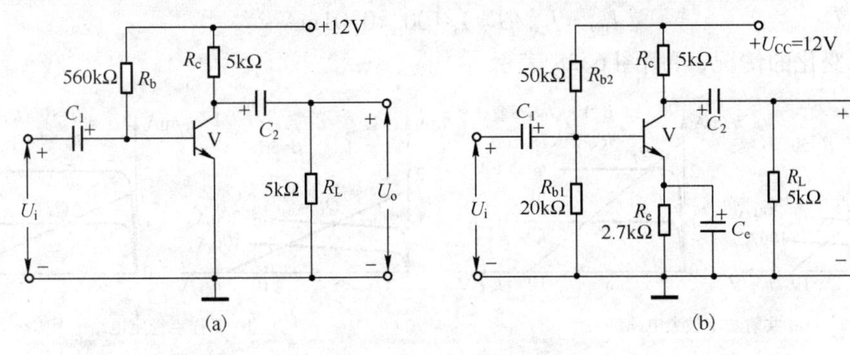

图6.26 例6-5电路图

解 (1)图6.26(a)是共发射极基本放大器,图6.26(b)是具有电流负反馈的工作点稳定电路。它们的微变等效电路如图6.27所示。

为求出动态特性参数,首先得求出它们的静态工作点。

图(a)放大电路中:

$$I_{BQ}=\frac{U_{CC}-U_{BE}}{R_b}=\frac{12-0.7}{560\times10^3}\approx0.02\times10^{-3}\text{A}=0.02\text{mA}$$

$$I_{CQ}=\beta I_{BQ}=50\times0.02=1\text{mA}$$

$$U_{CEQ}=U_{CC}-I_{CQ}R_C=12-1\times5=7\text{V}$$

图(b)放大电路中:

$$U_B=\frac{R_{b1}U_{CC}}{R_{b1}+R_{b2}}=\frac{20\times12}{20+50}\approx3.4\text{V}$$

$$U_E=U_B-U_{BE}=3.4-0.7=2.7\text{V}$$

$$I_{CQ}\approx I_{EQ}=U_E/R_e=2.7/2.7=1\text{mA}$$

$$U_{CEQ}\approx U_{CC}-I_{CQ}(R_c+R_e)=12-1\times7.7=4.3\text{V}$$

$$I_{BQ}=I_{CQ}/\beta=1/50=0.02\text{mA}$$

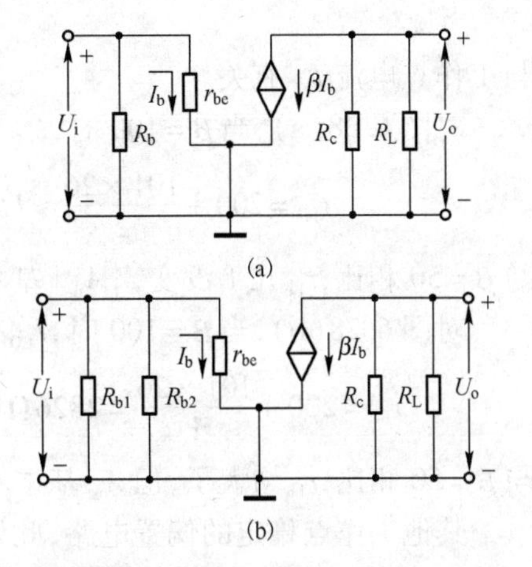

图6.27 图6.26的微变等效电路

两个电路静态工作点处的$I_{CQ}(I_{EQ})$值相同,且$r_{bb'}$和β也相同,则它们的r_{be}值均为

$$r_{be}=r_{bb'}+(1+\beta)\frac{26}{I_{EQ}}=200+\frac{51\times26}{1}\approx1.5\text{k}\Omega$$

由微变等效电路可求出图6.27(a)的下列参数:

$$A_u=-\frac{\beta R_L'}{r_{be}}=-\frac{50\times(5/\!/5)}{1.5}\approx-83.3,\quad r_i=R_b/\!/r_{be}=560/\!/1.5\approx1.5\text{k}\Omega, r_o=R_c=5\text{k}\Omega$$

同理求得图6.27(b)电路的参数如下:

$$A_u=-\frac{\beta R_L'}{r_{be}}=-\frac{50\times(5/\!/5)}{1.5}\approx-83.3, r_i=r_{be}/\!/R_{b1}/\!/R_{b2}=1.5/\!/20/\!/50\approx1.36\text{k}\Omega, r_o=R_c=5\text{k}\Omega$$

可见上述两个放大电路的A_u和r_o均相同,r_i也近似相等。

(2) 当β由50增大到100时,对于图6.27(a)放大电路,可认为I_{BQ}基本不变,即I_{BQ}仍为0.02mA,此时

$$I_{CQ}=\beta I_{BQ}=100\times0.02=2\text{mA}, U_{CEQ}=U_{CC}-I_{CQ}R_c=12-2\times5=2\text{V}$$

可见,β值增大后,共e极基本放大电路的I_{CQ}增大,U_{CEQ}减小,Q点移近饱和区。对本例,如β再增大,则三极管将进入饱和区,使电路不能进行放大。

图 6.27(b)的工作点稳定电路中,当 β 值增大时,U_B, U_E, I_{EQ}, I_{CQ}, U_{CEQ} 均没变化,电路仍能正常工作,这也正是工作点稳定电路的优点。但此时 I_{BQ} 将减小,如

$$I_{BQ} = I_{CQ}/\beta = 1/100 = 0.01\text{mA}$$

上述 Q 点变化的情况,可用图 6.28 表示。

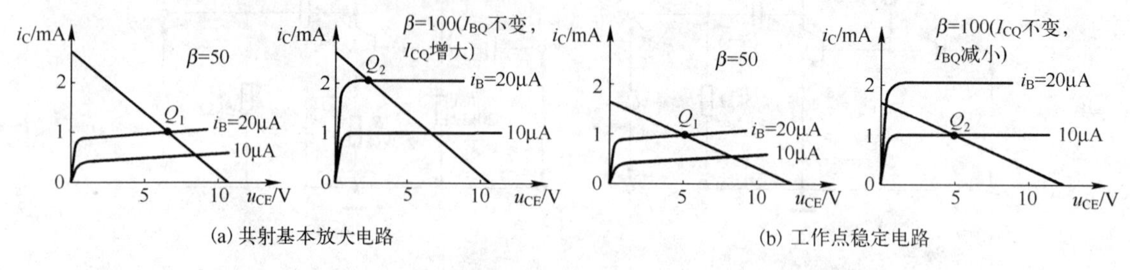

(a) 共射基本放大电路　　(b) 工作点稳定电路

图 6.28　β 增大时两种共射放大电路 Q 点的变化情况

(3)从上述两电路中其电压放大倍数表达式可以看出两者是相同的,似乎 β 上升,其 A_u 均应同样比例增大。实际上并非如此,因此

$$r_{be} = r_{bb'} + (1+\beta)\frac{26}{I_{EQ}}$$

与工作点电流 I_{EQ} 有关。

对图 6.28(a),当 $\beta = 100$ 时,$I_{EQ} = 2\text{mA}$,则

$$r_{be} = 200 + \frac{101\times 26}{2} \approx 1.5\text{k}\Omega,\quad A_u = -\frac{\beta R'_L}{r_{be}} = -\frac{100\times(5/\!/5)}{1.5} = -167$$

与 $\beta = 50$ 相比,r_{be} 几乎没变,$|A_u|$ 基本上增大了 1 倍。

对图 6.28(b),当 $\beta = 100$ 时,I_{EQ} 基本不变,仍为 1mA,则

$$r_{be} = 200 + \frac{101\times 26}{1} = 2826\Omega \approx 2.8\text{k}\Omega,\quad A_u = -\frac{\beta R'_L}{r_{be}} = -\frac{100\times(5/\!/5)}{2.8} \approx -89.3$$

与 $\beta = 50$ 相比,r_{be} 增大了,但 A_u 基本不变。

其他工作点稳定的偏置电路,此处不再讲述了,有兴趣的读者,可参考相关书籍。

6.5　多级放大电路

单级放大电路,其电压放大倍数一般可达几十至几百。然而,在实际工作中为了放大十分微弱的信号,要求更高的放大倍数,为此,常常要把若干个基本放大电路连接起来,组成多级放大电路。

多级放大电路各级之间的连接,称为耦合。连接方式有多种,即有多种耦合方式。

6.5.1　多级放大电路的耦合方式

常用的耦合方式有 3 种,即阻容耦合、直接耦合和变压器耦合。

1. 多级放大电路的组成

多级放大电路方框图如图 6.29 所示,含有输入级、中间级和输出级。

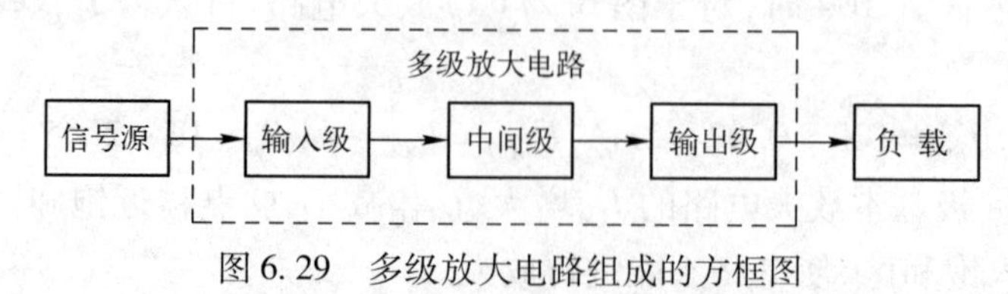

图 6.29　多级放大电路组成的方框图

对输入级的要求,与信号源的性质有关。例如,当输入信号源为高内阻电压源时,则要求输入级也必须有高的输入电阻,以减少信号在内阻上的损失。如果输入信号源为电流源,为了充分利用信号电流,则要求输入级有较低的输入电阻。

中间级的主要任务是电压放大。多级放大电路的放大倍数,主要取决于中间级,它本身就可能由几级放大电路组成。

输出级是推动负载。当负载仅需要足够大的电压时,则要求输出具有大的电压动态范围。在更多场合下,输出级推动扬声器、电机等执行部件,需要输出足够大的功率,常称为功率放大电路。

2. 阻容耦合

通过电阻、电容将前级输出接至下一级输入,如图 6.30 所示。通过电容 C_1 与信号相连,通过电容 C_2 连接第一级和第二级,通过电容 C_3 连接至负载 R_L。考虑输入电阻,则每一个电容都与电阻相连,故这种连接称为阻容耦合。

阻容耦合的优点在于:由于前、后级是通过电容相连的,所以各级的静态工作点是相互独立的,不互相影响,这给放大电路的分析、设计和调试带来了很大的方便。而且,只要将电容选得足够大,就可使得前级输出信号在一定频率范围内,几乎不衰减地传送到下一级。所以,阻容耦合方式在分立元件组成的放大电路中得到了广泛的应用。

但它也存在不足之处。首先,它不适用于传送缓慢变化的信号,因为电容的容抗很大,使信号衰减很大。至于直流信号的变化,则根本不能传送。其次是大容量电容在集成电路中难于制造,所以,阻容耦合在线性集成电路中无法被采用。

3. 直接耦合

为了避免电容对缓慢变化信号带来不良的影响,去掉电容,将前级输出直接连接至下一级,我们称之为直接耦合,如图 6.31 所示。但这又出现了新的问题。

图 6.31 中,第二级 V_2 的发射结正向电压仅有 0.7V 左右,所以限制了第一级 V_1 管集电极电压,使其处于饱和状态附近,限制了输出电压。为此,应采取改善措施。

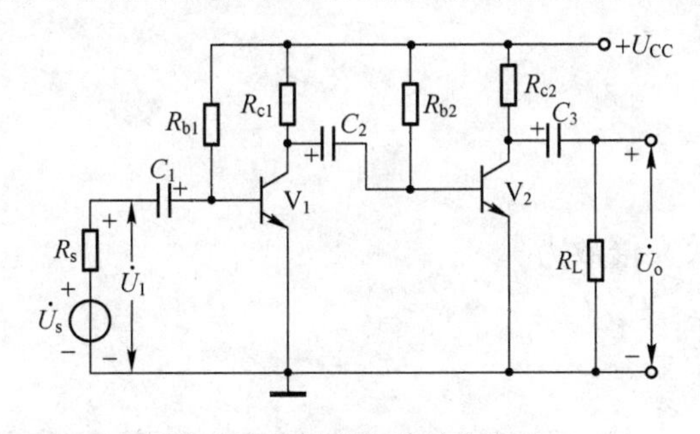

图 6.30 阻容耦合放大电路

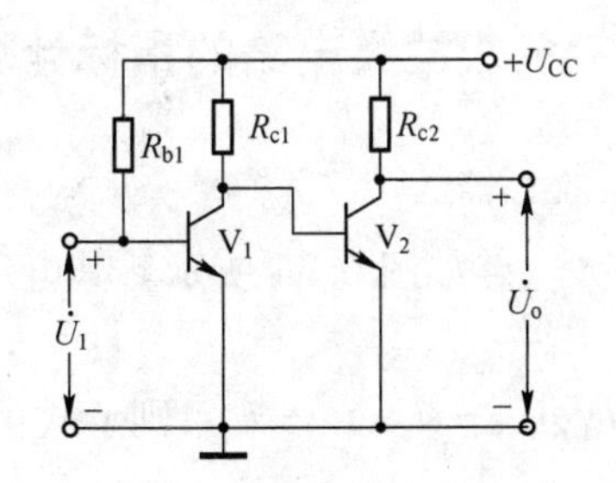

图 6.31 直接耦合放大电路

图 6.32 给出了几个实际改善直接耦合的例子。

图 6.32(a)在 V_2 发射极接入电阻 R_{e2},提高了 V_2 基极电位 U_{B2},从而保证第一级集电极可以有较高的静态电位,而不至于进入饱和区。但是,R_{e2} 的接入,将使第二级电压放大倍数大大降低。

图 6.32(b)中,用稳压管 V_{Dz} 代替图 6.32(a)中的 R_{e2},由于稳压管的动态电阻很小,这样可使第二级放大倍数损失较小,解决了前一电路的缺陷。但 V_2 集电极电压变化范围变小,限制了输出电压的幅度。

图 6.32(b)也带来新的困难,即电平上移问题。如果稳压管的稳压值 $U_z = 5.3\text{V}$,则 $U_{B2} =$

6V，为保证 V_2 管工作在放大区，且也要求具有较大的动态范围，设 $U_{C2}=U_{CE2}+U_{E2}=5+5.3=10.3V$。若有第三级，则 $U_{C3}=U_{CE3}+U_{E3}=5+10.3-0.7=14.6V$。如此下去，使得基极、集电极电位逐级上升，最终由于 U_{CC} 的限制而无法实现。

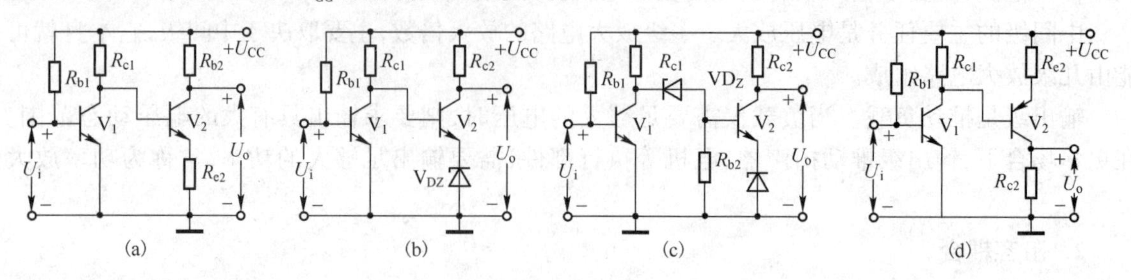

图 6.32　直接耦合方式实例

为此提出图 6.32(c)的电路，前一级的集电极经过稳压管接至下一级基极。这样既降低了 U_{B2}，又不致使放大倍数下降太多(稳压管动态电阻小)，但稳压管噪声较大。

图 6.32(d)给出了另一种电路，这种电路的后级采用了 PNP 管，由于 PNP 管的集电极电位比基极电位低，因此，可使各级获得合适的工作状态。图 6.32(d)在集成电路中经常采用。

为了解决 $U_i=0$ 时，要求输出电压 U_o 也为零，常采用双电源电路，将上述接地处通过 $-U_{EE}$ 电源接地，即可解决此问题。

直接耦合的其他问题，将在 9.2 节中再讨论。

4. 变压器耦合

变压器通过磁路的耦合，把初级的交流信号传送到次级，而直流电流、电压通不过变压器，如图 6.33 所示。变压器耦合主要用于功率放大电路，它的优点是可变换电压和实现阻抗变换；缺点是体积大，重量大，不能实现集成化，频率特性也较差，目前较少采用。

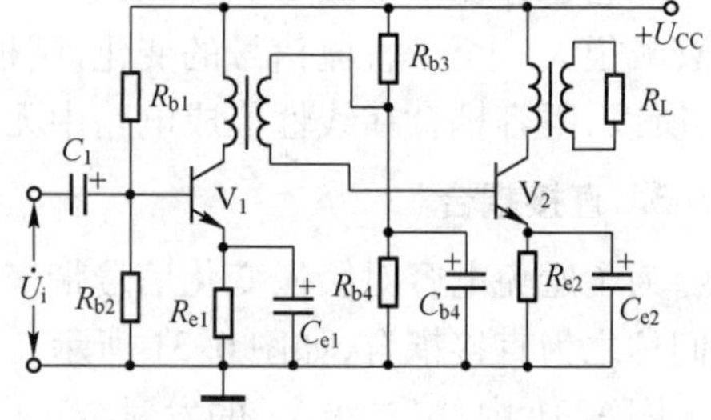

图 6.33　变压器耦合放大电路

6.5.2　多级放大电路的指标计算

1. 电压放大倍数

多级放大电路如图 6.34 所示。其电压放大倍数为

$$A_u=U_o/U_i$$

由于 $U_{i2}=U_{o1}$，$U_{i3}=U_{o2}$，$U_o=U_{o3}$，则上式可写成

$$A_u=\frac{U_{o1}}{U_i}\cdot\frac{U_{o2}}{U_{i2}}\cdot\frac{U_{o3}}{U_{i3}}=A_{u1}\cdot A_{u2}\cdot A_{u3} \tag{6-34}$$

由此推广到 n 级放大器　$A_u=A_{u1}\cdot A_{u2}\cdot A_{u3}\cdot\cdots\cdot A_{un}$　(6-35)

说明多级放大电路的电压放大倍数，等于各级电压放大倍数的乘积。

关于每一级放大倍数的计算，已在 6.3 节中讲过。不过，在计算每一级放大倍数时，必须考虑前、后级之间的相互影响。一般是将后级作为前一级的负载考虑。如求图 6.34 第一级放大倍数时，将第二级的输入电阻 r_{i2} 作为第一级的交流负载，如图 6.35(a)所示。用前面已讲过的方法即可求出第一级的电压放大倍数。同理，求第二级放大倍数时，应将第三级的输入电阻 r_{i3} 作为第二级的交流负载考虑，即用 r_{i3} 代替第三级接入第二级输出端，如图 6.35(b)所示。

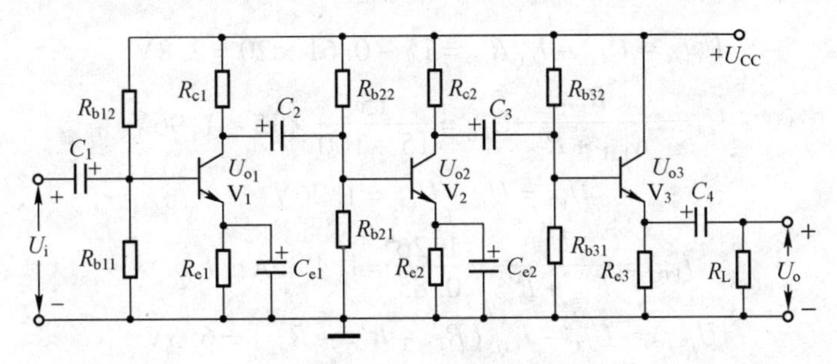

图 6.34　三级阻容耦合放大电路

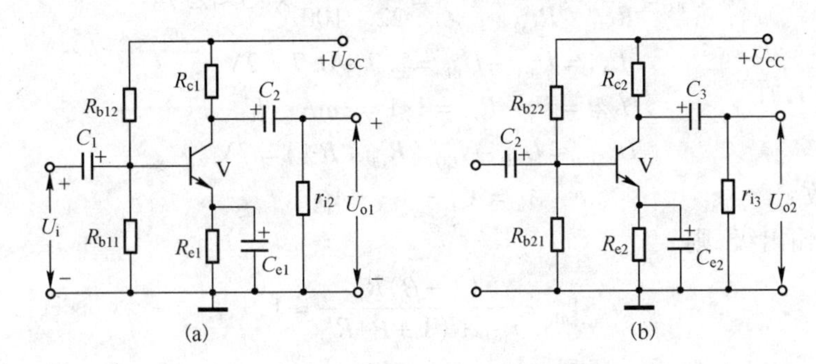

图 6.35　考虑前后级相互影响

2. 输入电阻和输出电阻

一般说来,多级放大电路的输入电阻就是输入级的输入电阻,而输出电阻就是输出级的输出电阻,即 $r_i = r_{i1}, r_o = r_{on}$。由于多级放大电路的放大倍数为各级放大倍数的乘积,所以,在设计多级放大电路的输入级和输出级时,主要考虑输入电阻和输出电阻的要求,而放大倍数的要求由中间级完成。

具体计算输入电阻和输出电阻时,可直接利用已有的公式。但要注意,有的电路形式,要考虑后级对输入级电阻的影响和前一级对输出电阻的影响。

例 6-6　图 6.36 为三级放大电路。已知:$U_{CC} = 15V$, $R_{b1} = 150k\Omega$, $R_{b22} = 100k\Omega$, $R_{b21} = 15k\Omega$, $R_{b32} = 100k\Omega$, $R_{b31} = 22k\Omega$, $R_{e1} = 20k\Omega$, $R'_{e2} = 100\Omega$, $R_{e2} = 750\Omega$, $R_{e3} = 1k\Omega$, $R_{c2} = 5k\Omega$, $R_{c3} = 3k\Omega$, $R_L = 1k\Omega$,三极管的电流放大倍数均为 $\beta = 50$。试求电路的静态工作点、电压放大倍数、输入电阻和输出电阻。

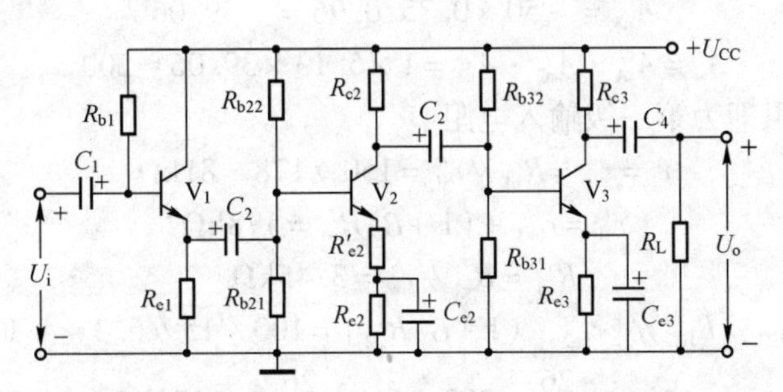

图 6.36　例 6-6 三级阻容耦合放大电路

解　图示放大电路中,第一级是射极输出器,第二、三级都是具有电流反馈的工作点稳定电路,均是阻容耦合,所以各级静态工作点可单独计算。

第一级:

$$I_{BQ} = \frac{U_{CC} - U_{BE}}{R_{b1} + (1+\beta)R_{e1}} = \frac{14.3}{150 + 1020} \approx 0.012\text{mA}$$

$$I_{CQ} = \beta I_{BQ} = 50 \times 0.012 = 0.61\text{mA}$$

$$U_{CEQ} \approx U_{CC} - I_{CQ}R_{e1} = 15 - 0.61 \times 20 = 2.8\text{V}$$

第二级：

$$U_{B2} = \frac{R_{b21}}{R_{b21} + R_{b22}}U_{CC} = \frac{15}{15 + 100} \times 15 \approx 1.96\text{V}$$

$$U_{E2} = U_B - U_{BE} = 1.26\text{V}$$

$$I_{EQ2} = \frac{U_E}{R_{e2} + R'_{e2}} = \frac{1.26}{0.85} \approx 1.48\text{mA} \approx I_{CQ2}$$

$$U_{CEQ2} \approx U_{CC} - I_{CQ2}(R_{c2} + R'_{e2} + R_{e2}) = 6.3\text{V}$$

第三级：

$$U_{B3} = \frac{R_{b31}}{R_{b31} + R_{b32}} = U_{CC} = \frac{22}{22 + 100} \times 15 \approx 2.7\text{V}$$

$$U_{E3} = U_{B3} - U_{BE} = 2.7 - 0.7 = 2\text{V}$$

$$I_{EQ3} = U_{E3}/R_{e3} = 2/1 = 2\text{mA} \approx I_{CQ3}$$

$$U_{CEQ3} \approx U_{CC} - I_{CQ3}(R_{c3} + R_{e3}) = 7\text{V}$$

电压放大倍数

$$A_u = A_{u1} \cdot A_{u2} \cdot A_{u3}$$

第一级：射极输出级，则

$$A_{u1} = \frac{(1+\beta)R'_e}{r_{be1} + (1+\beta)R'_{e1}} \approx 1$$

第二级：

$$A_{u2} = \frac{-\beta R'_{c2}}{r_{be2} + (1+\beta)R'_{e2}}$$

式中

$$R'_{c2} = R_{c2} /\!/ r_{i3} = 5 /\!/ 0.96 \approx 0.8\text{k}\Omega$$

而

$$R_{i3} = R_{b31} /\!/ R_{b32} /\!/ r_{be3} = 100 /\!/ 22 /\!/ 0.96 \approx 0.96\text{k}\Omega$$

$$r_{be3} = r_{bb'} + (1+\beta)\frac{26}{I_{EQ3}} = 300 + 51 \times \frac{26}{2} = 0.96\text{k}\Omega$$

$$r_{be2} = r_{bb'} + (1+\beta)\frac{26}{I_{EQ2}} = 300 + 51 \times \frac{26}{1.48} \approx 1.2\text{k}\Omega$$

则

$$A_{u2} = \frac{-50 \times 0.8}{1.2 + 51 \times 0.1} = -5.13$$

第三级：

$$A_{u3} = \frac{-\beta R'_{c3}}{r_{be3}}$$

式中

$$R'_{c3} = R_{c3} /\!/ R_L = 3 /\!/ 1 \approx 0.75\text{k}\Omega$$

则

$$A_{u3} = -50 \times 0.75/0.96 = -39.06$$

故

$$A_u = A_{u1} \cdot A_{u2} \cdot A_{u3} = 1 \times 5.13 \times 39.06 \approx 200$$

输入电阻：输入电阻即为第一级输入电阻

$$r_i = r_{i1} = R_{b1} /\!/ r'_{i1} = 150 /\!/ 178 \approx 81\text{k}\Omega$$

式中

$$r'_{i1} = r_{be1} + (1+\beta)R'_{e1} = 178\text{k}\Omega$$

$$R'_{e1} = R_{e1} /\!/ r_{i2} = 3.45\text{k}\Omega$$

$$r_{i2} = r_{b21} /\!/ R_{b22} /\!/ [r_{be2} + (1+\beta)R'_{e2}] = 100 /\!/ 15 /\!/ 6.3 \approx 4.17\text{k}\Omega$$

$$r_{be1} = r_{bb} + (1+\beta)\frac{26}{I_{EQ1}} = 300 + 51 \times \frac{26}{0.61} \approx 2474\text{k}\Omega \approx 2.48\text{k}\Omega$$

输出电阻：输出电阻即为第三级的输出电阻

$$r_o = r_{o3} = R_{c3} = 3\text{k}\Omega$$

6.6 放大电路的频率特性

通常放大电路的输入信号不是单一频率的正弦信号，而是各种不同频率分量组成的复合信号。由于三极管本身具有电容效应，以及放大电路中存在电抗元件（如耦合电容 C_1、C_2 和旁路电容 C_e），因此，对于不同频率分量，电抗元件的电抗和相位移均不同。所以，放大电路的电压放大倍数 A_u 和相角 φ 成为频率的函数。我们把这种函数关系称为放大电路的频率响应或频率特性。

6.6.1 频率特性的一般概念

1. 频率特性的概念

我们以共 e 极基本放大器为例，定性分析一下当输入信号频率发生变化时，放大倍数应怎样变化。

在各种电容作用可以忽略的频率范围（通常称为中频区）内，电压放大倍数 A_u 基本上不随频率而变化，保持一常数，此时的放大倍数称为中频区放大倍数 A_{um}。由于电容不考虑，所以也无附加相移，输出电压和输入电压相位相反，即电压放大倍数的相位角 $\varphi=180°$。

对低频段，由于耦合电容的容抗变大，高频时 $1/\omega C \ll R$，可视为短路，低频段时 $1/\omega C \ll R$ 不成立。此时考虑耦合电容影响的等效电路如图 6.37（a）所示，显然若频率下降，容抗增大，将使加至放大电路的输入电压信号变小，输出电压变小，故电压放大倍数下降。同时也将在输出电压与输入电压间产生附加相移。我们定义：当放大倍数下降到中频区放大倍数的 0.707 倍，即 $A_{ul}=(1/\sqrt{2})A_{um}$ 时的频率称为下限频率 f_l。

对高频段，由于三极管极间电容或分布电容的容抗较小，低频段视为开路，高频段处 $1/\omega C$ 较小，此时考虑极间电容影响的等效电路如图 6.37（b）所示。当频率上升时，容抗减小，使加至放大电路的输入信号减小，输出电压减小，从而使放大倍数下降。同时也会在输出电压与输入电压间产生附加相移。同样我们定义：当放大倍数下降到中频区放大倍数的 0.707 倍，即 $A_{uh}=(1/\sqrt{2})A_{um}$ 时的频率称为上限频率 f_h。

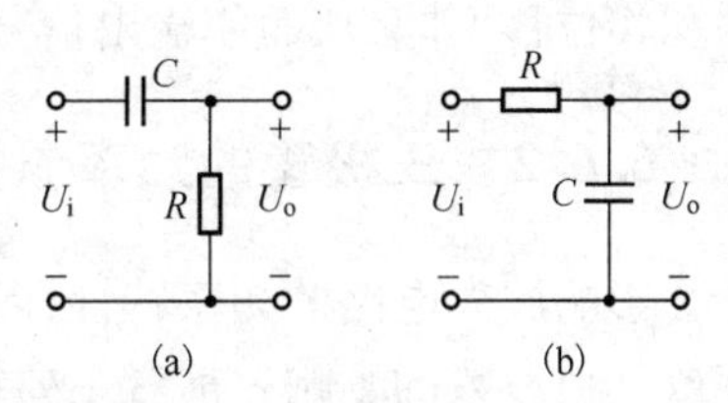

图 6.37 考虑频率特性时的等效电路

综上所述，共发射极放大电路的电压放大倍数将是一个复数，即

$$\dot{A}_u = A_u \angle \varphi \tag{6-36}$$

其中，幅度 A_u 和相角 φ 都是频率的函数，分别称为放大电路的幅频特性和相频特性，可用图 6.38（a）和（b）表示。我们称上、下限频率之差为通频带 f_{bw}，即

$$f_{bw}=f_h-f_l \tag{6-37}$$

通频带的宽度，表征放大电路对不同频率的输入信号的响应能力，它是放大电路的重要技术指标之一。

2. 线性失真

由于通频带不会是无穷大，因此对于不同频率的信号，放大倍数的幅值不同，相位也不同。当输入信号包含有若干多次谐波成分时，经过放大电路后，其输出波形将产生频率失真。由于它是电抗元件引起的，而电抗元件是线性元件，且放大电路也工作在线性区，故这种失真称为线性失真。线性失真又分为相频失真和幅频失真。

相频失真，是由于放大器对不同频率成分的相位移不同，而使放大后的输出波形产生了失真，如图 6.39（a）所示。

幅频失真，是由于放大器对不同频率成分的放大倍数不同，而使放大后的输出波形产生失真，如图 6.39（b）所示。

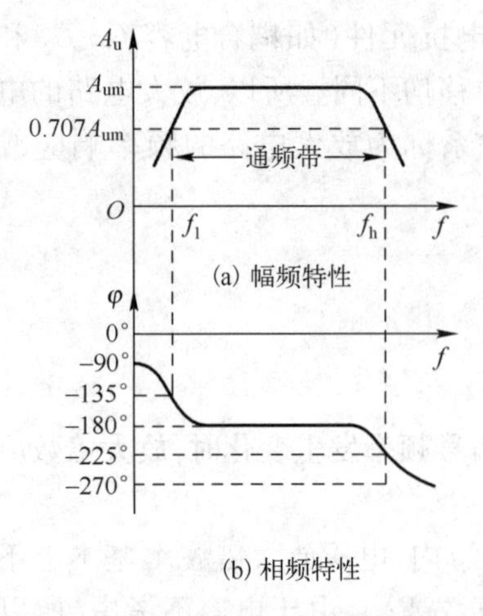

图 6.38　共射基本放大电路的频率特性

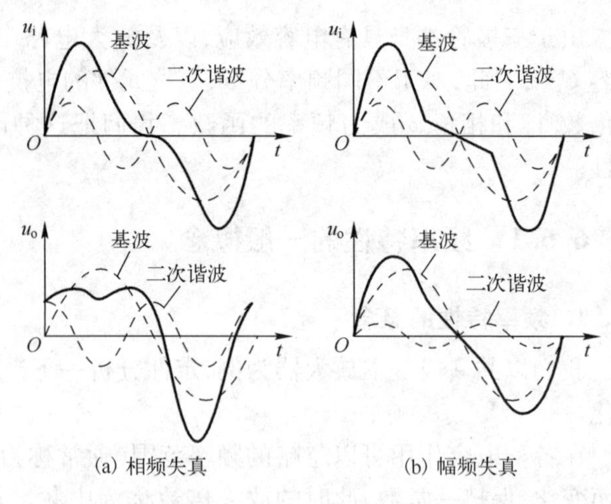

图 6.39　频率失真

线性失真与非线性失真有本质上的不同。非线性失真是由非线性器件三极管产生的，当工作在截止区或饱和区时，将产生截止失真或饱和失真，它的输出波形中将产生新的频率成分。如输入为单一频率的正弦波，当产生非线性失真时，输出为非正弦波。根据傅里叶级数分析，它不仅包含输入信号的频率成分（称为基波 ω_i），而且还产生新的频率的信号，即产生谐波成分（$2\omega_i$，$3\omega_i$，…）。而线性失真是由线性器件产生的，它的失真是由于放大器对不同频率信号的放大不同和相位移不同，从而使输出信号与输入信号不同，但它没产生新的频率成分。

6.6.2　三极管的频率参数

影响放大电路的频率特性，除了外电路的耦合电容和旁路电容外，还有三极管内部的极间电容或其他参数的影响。前者主要影响低频特性，后者主要影响高频特性。

中频时，认为三极管的共发射极放大电路的电流放大系数 β 是常数。实际上是，当频率升高时，由于管子内部的电容效应，其放大作用下降。所以电流放大系数是频率的函数，可表示如下

$$\dot{\beta}=\frac{\beta_0}{1+\mathrm{j}f/f_\beta} \tag{6-38}$$

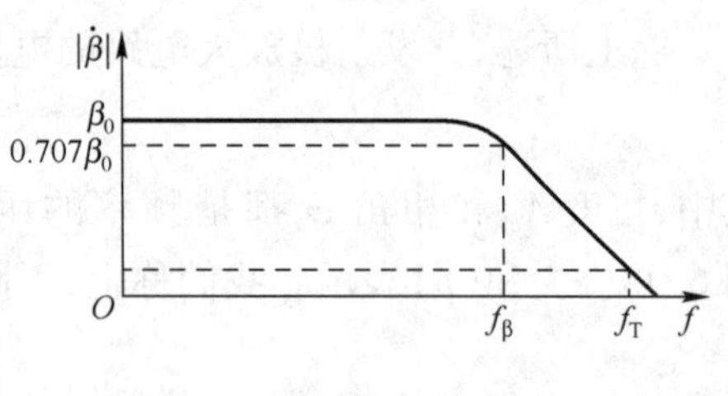

图 6.40　$\dot{\beta}$的幅频特性

其中，β_0 是三极管中频时的共发射极电流放大系数。上式也可用$\dot{\beta}$的模和相角来表示

$$|\dot{\beta}|=\frac{\beta_0}{\sqrt{1+(f/f_\beta)^2}} \tag{6-39}$$

$$\varphi_\beta=-\arctan(f/f_\beta) \tag{6-40}$$

根据式(6-39)可以画出$\dot{\beta}$的幅频特性，见图 6.40。

通常用以下几个频率参数来表示三极管的高频性能。

1. 共发射极电流放大系数 β 的截止频率 f_β

将 $|\dot{\beta}|$ 值下降到 β_0 的 0.707 倍时的频率 f_β 定义为 β 的截止频率。按式(6-39)也可计算出，当 $f=f_\beta$ 时，$|\dot{\beta}|=(1/\sqrt{2})\beta_0\approx0.707\beta_0$。

2. 特征频率 f_T

定义 $|\dot{\beta}|$ 值降为 1 时的频率 f_T 为三极管的特征频率。将 $f=f_T$ 和 $|\dot{\beta}|=1$ 代入式(6-39)，则得

$$1=\beta_0/\sqrt{1+(f_T/f_\beta)^2}$$

由于通常$f_T/f_\beta \gg 1$,所以上式可简化为

$$f_T \approx \beta_0 f_\beta \tag{6-41}$$

式(6-41)表示了f_T和f_β的关系。

3. 共基极电流放大系数α的截止频率f_α

由前述$\dot{\alpha}$与$\dot{\beta}$的关系,得

$$\dot{\alpha}=\frac{\dot{\beta}}{1+\dot{\beta}} \tag{6-42}$$

显然,考虑三极管的电容效应,$\dot{\alpha}$也是频率的函数,表示为

$$\dot{\alpha}=\frac{\alpha_0}{1+\mathrm{j}f/f_\alpha} \tag{6-43}$$

定义当$|\dot{\alpha}|$下降为中频α_0的0.707倍时的频率f_α为α的截止频率。

f_α,f_β,f_T之间有何关系呢?将式(6-38)代入式(6-42),得

$$\dot{\alpha}=\frac{\dfrac{\beta_0}{1+\mathrm{j}f/f_\beta}}{1+\dfrac{\beta_0}{1+\mathrm{j}f/f_\beta}}=\frac{\dfrac{\beta_0}{1+\beta_0}}{1+\mathrm{j}\dfrac{f}{(1+\beta_0)f_\beta}} \tag{6-44}$$

比较式(6-43)和式(6-44),可得

$$f_\alpha=(1+\beta_0)f_\beta \tag{6-45}$$

一般地$\beta_0 \gg 1$,所以

$$f_\alpha \approx \beta_0 f_\beta = f_T \tag{6-46}$$

式(6-46)即表示了3个频率参数的关系。

4. 三极管混合参数π型等效电路

当考虑电容效应时,h参数将是随频率而变化的复数,分析时十分不便。为此,引出混合参数π型等效电路。从三极管的物理结构出发,将各极间存在的电容效应包含在内,形成了一个既实用又方便的模型,这就是混合π型。低频时三极管的简化等效电路参数模型与混合π模型是一致的,所以可通过简化等效电路参数计算混合π型中的某些参数。

(1) 完整的混合π型模型

图6.41(a)是三极管的结构示意图,图6.41(b)是混合π型等效电路。其中,C_π为发射结的结电容,C_μ为集电结的结电容。受控源用$g_m\dot{U}_{b'e}$而不用$\dot{\beta}\dot{I}_b$,其原因是$\dot{I}_b$不仅包含流过$r_{b'e}$的电流,还包含了流过结电容的电流,因此受控电流已不再与$\dot{I}_b$成正比。理论分析表明,受控源与基极、射极之间的电压成正比。用$g_m=I_C/U_{be}$表示,g_m称为跨导,表示$\dot{U}_{b'e}$变化1V时集电极电流的变化量。

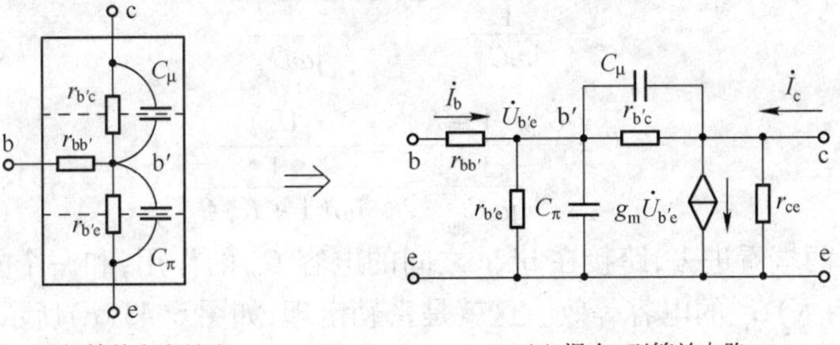

图6.41　三极管的混合π型等效电路

由于集电极处于反向应用，所以 $r_{b'c}$ 很大，可以视为开路，且 r_{ce} 通常比放大电路中的集电极负载电阻 R_c 大得多，因此 r_{ce} 也可忽略。在中频区时，不考虑 C_π 和 C_μ 的作用，得图 6.42(a)与我们熟悉的简化 h 参数等效电路形式(图 6.42(b))。对比就可建立混合 π 型参数和 h 参数之间的关系。

因为 $r_{bb'}+r_{b'e}=r_{be}=r_{bb'}+(1+\beta)\dfrac{26}{I_{EQ}}$

所以

$$r_{b'e}=(1+\beta)\frac{26}{I_{EQ}}\approx\frac{26\beta}{I_{CQ}} \tag{6-47}$$

$$r_{bb'}=r_{be}-r_{b'e} \tag{6-48}$$

又

$$g_m U_{b'e}=g_m I_b r_{b'e}=\beta I_b$$

故

$$g_m=\frac{\beta}{r_{b'e}}=\frac{\beta}{26\beta/I_{CQ}}=\frac{I_{CQ}}{26} \tag{6-49}$$

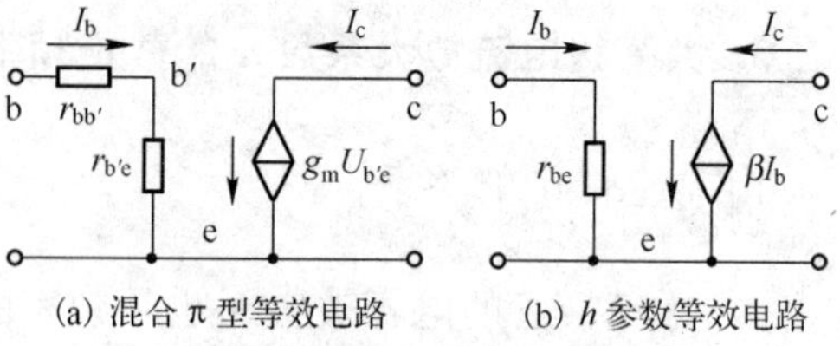

(a) 混合 π 型等效电路　　(b) h 参数等效电路

图 6.42　混合 π 型参数和 h 参数之间的关系

从式(6-47)和式(6-49)可以看出，$r_{b'e}$、g_m 等参数和工作点的电流有关。对于一般的小功率三极管，$r_{bb'}$ 约为几十至几百欧，$r_{b'e}$ 为 1kΩ 左右，g_m 约为几十毫安/伏。C_μ 可从手册中查到，C_π 值一般手册未给出，可查出 f_T 值，按如下公式算出 C_π 值

$$f_T\approx\frac{g_m}{2\pi C_\pi} \tag{6-50}$$

(2) 简化的混合 π 型模型

经过上述分析，当考虑 C_π 和 C_μ 的作用后，其简化等效电路如图 6.43(a)所示。由于 C_μ 跨接在基—集极之间，分析计算时列出的电路方程较复杂，解起来十分麻烦。为此，可以利用密勒定理，将 C_μ 分别等效为输入端的电容和输出端的电容。C_μ 等效关系如图 6.43(b)、(c)所示。

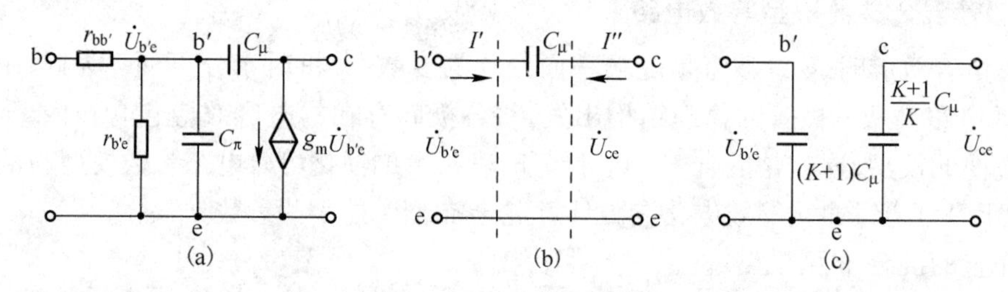

图 6.43　C_μ 的等效过程

图 6.43(b)中，从 b′、e 两端向右看，流入 C_μ 的电流为

$$I'=\frac{\dot U_{b'e}-\dot U_{ce}}{\dfrac{1}{j\omega C_\mu}}=\frac{\dot U_{b'e}-\left(1-\dfrac{\dot U_{ce}}{\dot U_{b'e}}\right)}{\dfrac{1}{j\omega C_\mu}}$$

令 $\dfrac{\dot U_{ce}}{\dot U_{b'e}}=-K$，则

$$I'=\frac{\dot U_{b'e}(1+K)}{\dfrac{1}{j\omega C_\mu}}=\frac{\dot U_{b'e}}{\dfrac{1}{j\omega(1+K)C_\mu}} \tag{6-51}$$

此式表明，从 b′、e 两端看进去，跨接在 b′、c 之间的电容 C_μ 的作用，和一个并联在 b′、e 两端，其电容值为 $C'_\pi=(1+K)C_\mu$ 的电容等效。这就是密勒定理，如图 6.43(c)所示。

根据同样的道理，从 c、e 向左看，流入 C_μ 的电流为

$$\dot{I}'' = \frac{\dot{U}_{ce} - \dot{U}_{b'e}}{\dfrac{1}{j\omega C_{\mu}}} = \frac{\dot{U}_{ce}\left(1 + \dfrac{1}{K}\right)}{\dfrac{1}{j\omega C_{\mu}}} = \frac{\dot{U}_{ce}}{\dfrac{1}{j\omega\left(\dfrac{1+K}{K}\right)C_{\mu}}} \tag{6-52}$$

此式表明,从 c、e 看进去,C_{μ} 的作用和一个并联在 c、e 两端,而电容值为$\dfrac{1+K}{K}C_{\mu}$ 的电容等效。

这样,图 6.43(b)即可用图 6.43(c)等效。

6.6.3 共 e 极放大电路的频率特性

图 6.44(a)的放大电路中,将 C_2 和 R_L 视为下一级的输入耦合电容和输入电阻,所以,画本级的混合 π 型等效电路时,不把它们包含在内,如图 6.44(b)所示。

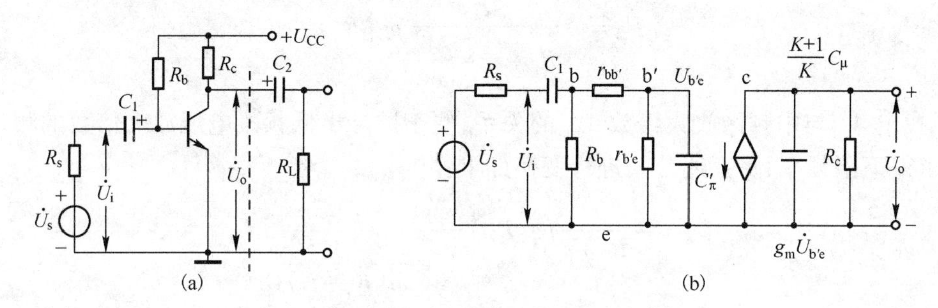

图 6.44　共 e 极放大电路及其混合 π 型等效电路

具体分析时,通常分成 3 个频段考虑:

(1) 中频段。全部电容均不考虑,耦合电容视为短路,极间电容视为开路。

(2) 低频段。耦合电容的容抗不能忽略,而极间电容视为开路。

(3) 高频段。耦合电容视为短路,而极间电容的容抗不能忽略。

通过这样求得 3 个频段的频率响应,然后再进行综合。这样做的优点是,可使分析过程简单明了,且有助于从物理概念上来理解各个参数对频率特性的影响。

在绘制频率特性曲线时,人们常常采用对数坐标,即横坐标用 lg$f$,幅频特性的纵坐标为 $G_u = 20\lg|\dot{A}_{us}|$,单位为分贝(dB)。对相频特性的纵坐标仍为 φ,不取对数。这样得到的频率特性称为对数频率特性或波特图。采用对数坐标的优点主要是将频率特性压缩了,可以在较小的坐标范围内表示较宽的频率范围,使低频段和高频段的特性都表示得很清楚,而且将乘法运算转换为相加运算。

下面分析讨论中频、低频和高频时的频率特性。

1. 中频放大倍数 A_{usm}

等效电路如图 6.45 所示。

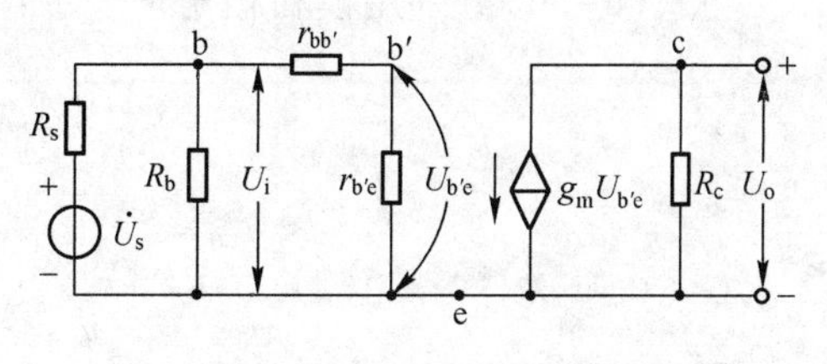

图 6.45　中频段等效电路

$$U_o = -g_m U_{b'e} R_c$$

而
$$U_{b'e} = \frac{r_{b'e}}{r_{bb'} + r_{b'e}} U_i = pU_i$$

式中　$U_i = \dfrac{r_i}{R_s + r_i} U_s$,$r_i = R_b // (r_{bb'} + r_{b'e})$,$p = \dfrac{r_{b'e}}{r_{bb'} + r_{b'e}}$

将上述关系代入 U_o 的表达式中,得

$$U_{\mathrm{o}}=\frac{-r_{\mathrm{i}}}{R_{\mathrm{s}}+r_{\mathrm{i}}}\cdot\frac{r_{\mathrm{b'e}}}{r_{\mathrm{bb'}}+r_{\mathrm{b'e}}}g_{\mathrm{m}}R_{\mathrm{c}}\dot{U}_{\mathrm{s}}=-\frac{r_{\mathrm{i}}}{R_{\mathrm{s}}+r_{\mathrm{i}}}pg_{\mathrm{m}}R_{\mathrm{c}}\dot{U}_{\mathrm{s}}$$

$$A_{\mathrm{usm}}=\frac{U_{\mathrm{o}}}{U_{\mathrm{s}}}=-\frac{r_{\mathrm{i}}}{R_{\mathrm{s}}+r_{\mathrm{i}}}pg_{\mathrm{m}}R_{\mathrm{c}} \tag{6-53}$$

2. 低频放大倍数 A_{usl} 及波特图

低频段的等效电路如图 6.46 所示。

由图可得 $\dot{U}_{\mathrm{o}}=-g_{\mathrm{m}}\dot{U}_{\mathrm{b'e}}R_{\mathrm{c}}$ (6-54)

$$\dot{U}_{\mathrm{b'e}}=\frac{r_{\mathrm{b'e}}}{r_{\mathrm{bb'}}+r_{\mathrm{b'e}}}\dot{U}_{\mathrm{i}}=p\dot{U}_{\mathrm{i}},\quad \dot{U}_{\mathrm{i}}=\frac{r_{\mathrm{i}}}{R_{\mathrm{s}}+r_{\mathrm{i}}+\dfrac{1}{\mathrm{j}\omega C_1}}\dot{U}_{\mathrm{s}}$$

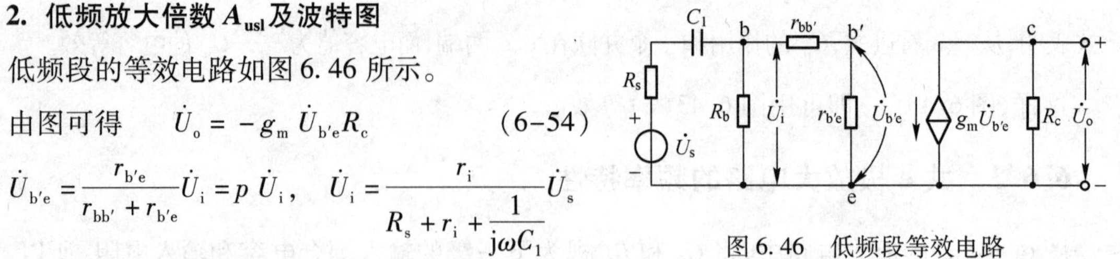

图 6.46 低频段等效电路

式(6-54)中，p，r_{i} 同中频段的定义。于是得

$$\dot{U}_{\mathrm{o}}=-\frac{r_{\mathrm{i}}}{R_{\mathrm{s}}+r_{\mathrm{i}}+\dfrac{1}{\mathrm{j}\omega C_1}}pg_{\mathrm{m}}R_{\mathrm{c}}\dot{U}_{\mathrm{s}}$$

为了找出 A_{usl} 与中频区放大倍数 A_{usm} 的关系，便于推导出低频段电压放大倍数的频率特性方程，从而求得下限频率，将上述公式进行变换如下：

$$\dot{U}_{\mathrm{o}}=-\frac{r_{\mathrm{i}}}{R_{\mathrm{s}}+r_{\mathrm{i}}}pg_{\mathrm{m}}R_{\mathrm{c}}\cdot\frac{1}{1+\dfrac{1}{\mathrm{j}\omega(R_{\mathrm{s}}+r_{\mathrm{i}})C_1}}\dot{U}_{\mathrm{s}}$$

$$\dot{A}_{\mathrm{usl}}=\frac{\dot{U}_{\mathrm{o}}}{\dot{U}_{\mathrm{s}}}=-\frac{r_{\mathrm{i}}}{R_{\mathrm{s}}+r_{\mathrm{i}}}pg_{\mathrm{m}}R_{\mathrm{c}}\cdot\frac{1}{1+\dfrac{1}{\mathrm{j}\omega(R_{\mathrm{s}}+r_{\mathrm{i}})C_1}}$$

将式(6-53)代入，并令

$$\tau_1=(R_{\mathrm{s}}+r_{\mathrm{i}})C_1$$

$$f_1=\frac{1}{2\pi\tau_1}=\frac{1}{2\pi(R_{\mathrm{s}}+r_{\mathrm{i}})C_1} \tag{6-55}$$

则

$$\dot{A}_{\mathrm{usl}}=A_{\mathrm{usm}}\frac{1}{1+\dfrac{1}{\mathrm{j}\omega\tau_1}}=A_{\mathrm{usm}}\frac{1}{1-\mathrm{j}\dfrac{f_1}{f}} \tag{6-56}$$

当 $f=f_1$ 时，$|\dot{A}_{\mathrm{usl}}|=\dfrac{1}{\sqrt{2}}A_{\mathrm{usm}}$，$f_1$ 为下限频率。由式(6-55)可看出，下限频率 f_1 主要由电容 C_1 所在回路的时间常数 τ_1 决定。

将式(6-56)分别用模和相角来表示：

$$|\dot{A}_{\mathrm{usl}}|=\frac{|A_{\mathrm{usm}}|}{\sqrt{1+\left(\dfrac{f_1}{f}\right)^2}} \tag{6-57}$$

$$\varphi=-180^\circ+\arctan\frac{f_1}{f} \tag{6-58}$$

根据式(6-57)画对数幅频特性，将其取对数，得

$$G_{\mathrm{u}}=20\lg|\dot{A}_{\mathrm{usl}}|=20\lg|A_{\mathrm{usm}}|-20\lg\sqrt{1+\left(\frac{f_1}{f}\right)^2} \tag{6-59}$$

先看式(6-59)中的第二项，当 $f\gg f_1$ 时

$$-20\lg\sqrt{1+\left(\frac{f_1}{f}\right)^2}\approx 0$$

故它将以横坐标作为渐近线；当$f\ll f_1$时

$$-20\lg\sqrt{1+\left(\frac{f_1}{f}\right)^2}\approx -20\lg\frac{f_1}{f}=20\lg\frac{f}{f_1}$$

其渐近线也是一条直线，该直线通过横轴上$f=f_1$这一点，斜率为20dB/10倍频程，即当横坐标频率每增加10倍时，纵坐标就增加20dB。故式(6-59)中第二项的曲线，可用上述两条渐近线构成的折线来近似。然后再将此折线向上平移$20\lg|A_{usm}|$，就得式(6-59)所表示的低频段对数幅频特性，如图6.47(a)所示。可以证明，这种折线在$f=f_1$处，产生的最大误差为3dB。

低频段的相频特性，根据式(6-58)可知，当$f\gg f_1$时，$\arctan\frac{f_1}{f}$趋于0，则$\varphi\approx-180°$；当$f\ll f_1$时，$\arctan\frac{f_1}{f}$趋于90°，$\varphi\approx-90°$；当$f=f_1$时，$\arctan\frac{f_1}{f}=45°$，$\varphi=-135°$。这样可以分三段折线来近似表示低频段的相频特性曲线，如图6.47(b)所示。

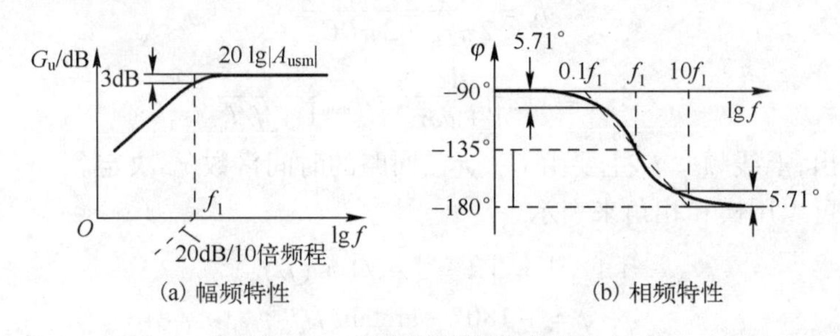

(a) 幅频特性　　(b) 相频特性

图6.47　低频段对数频率特性

$f\geqslant 10f_1$时，$\varphi=-180°$；$f\leqslant 0.1f_1$时，$\varphi=-90°$；$0.1f_1<f<10f_1$时，斜率为$-45°$/10倍频程的直线。

可以证明，这种折线近似的最大误差为±5.71°，分别产生在$0.1f_1$和$10f_1$处。

3. 高频电压放大倍数A_{ush}及波特图

高频段，由于容抗变小，则电容C_1可忽略不计，视为短路，但并联的极间电容影响应予以考虑，其等效电路如图6.48所示。由于$\frac{K+1}{K}C_\mu$所在回路的时间常数比输入回路C_π的时间常数小得多，所以将$\frac{K+1}{K}C_\mu$忽略不计。

由于$C'_\pi=(1+K)C_\mu$，为求得C'_π值，应首先求出K值。对式(6-51)，我们已知道

$$-K=\dot{U}_{ce}/\dot{U}_{b'e}$$

由等效电路可求得$\dot{U}_{ce}=-g_m\dot{U}_{b'e}R_c$，则

$$-K=\dot{U}_{ce}/\dot{U}_{b'e}=-g_mU_{b'e}R_c/U_{b'e}=-g_mR_c$$

所以

$$C'_\pi=(1+g_mR_c)C_\mu$$

$$\dot{U}_o=-g_m\dot{U}_{b'e}R_c \qquad (6-60)$$

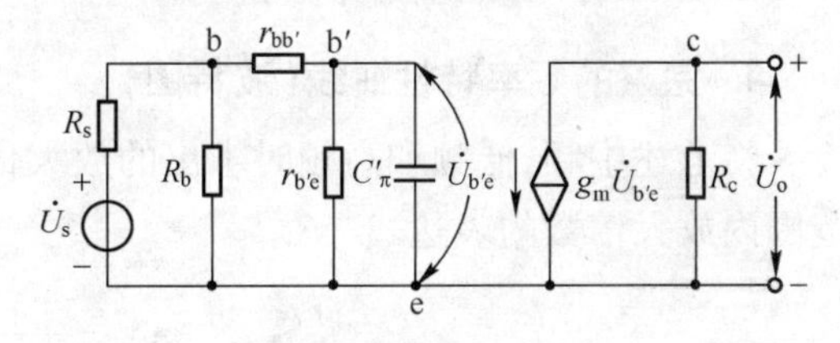

图6.48　高频等效电路

为求出$\dot{U}_{b'e}$与$\dot{U}_s$的关系，利用戴维南定理将图6.48进行简化，如图6.49所示，其中

$$\dot{U}'_s=\dot{U}_s\frac{r_i}{R_s+r_i}\cdot\frac{r_{b'e}}{r_{bb'}+r_{b'e}}=\frac{r_i}{R_s+r_i}p\,\dot{U}_s$$

$$R=r_{b'e}/\!/[r_{bb'}+(R_s/\!/R_b)]$$

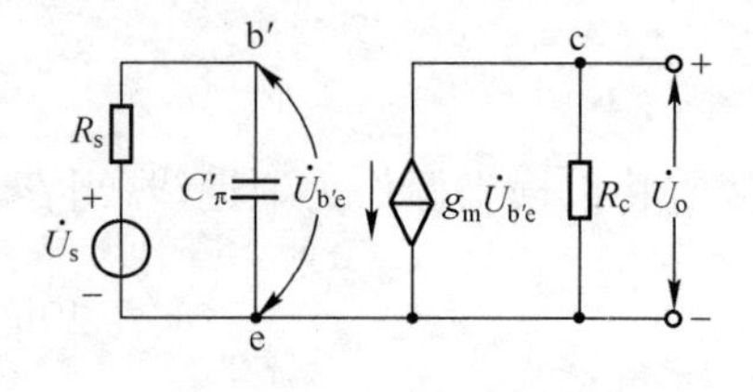

图 6.49　简化等效电路

由图 6.49 可得
$$\dot{U}_{b'e}=\frac{\frac{1}{j\omega C'_\pi}}{R+\frac{1}{j\omega C'_\pi}}\dot{U}'_s=\frac{1}{1+j\omega RC'_\pi}\dot{U}'_s$$

$$=\frac{1}{1+j\omega RC'_\pi}\cdot\frac{r_i}{R_s+r_i}p\,\dot{U}_s$$

代入式(6-60),得
$$\dot{U}_o=-g_mR_c\cdot\frac{1}{1+j\omega RC'_\pi}\cdot\frac{r_i}{R_s+r_i}p\,\dot{U}_s$$

$$\dot{A}_{ush}=\frac{\dot{U}_o}{\dot{U}_s}=-A_{usm}\frac{1}{1+j\omega RC'_\pi}$$

令
$$\tau_h=RC'_\pi \tag{6-61}$$

上限频率为
$$f_h=\frac{1}{2\pi\tau_h}=\frac{1}{2\pi RC'_\pi} \tag{6-62}$$

则
$$\dot{A}_{ush}=A_{usm}\frac{1}{1+j\omega\tau_h}=A_{usm}\frac{1}{1+jf/f_h} \tag{6-63}$$

由式(6-62)可看出,上线频率f_h主要由C'_π所在回路的时间常数τ_h决定。

式(6-63)也可以用模和相角来表示

$$|\dot{A}_{ush}|=|A_{usm}|/\sqrt{1+(f/f_h)^2} \tag{6-64}$$

$$\varphi=-180°-\arctan(f/f_h) \tag{6-65}$$

高频段的对数幅频特性为

$$G_u=20\lg|\dot{A}_{ush}|=20\lg|A_{usm}|-20\lg\sqrt{1+(f/f_h)^2} \tag{6-66}$$

根据式(6-64)、式(6-65),利用与低频段同样的方法,可以画出高频段折线化的对数幅频特性和相频特性,如图 6.50 所示。

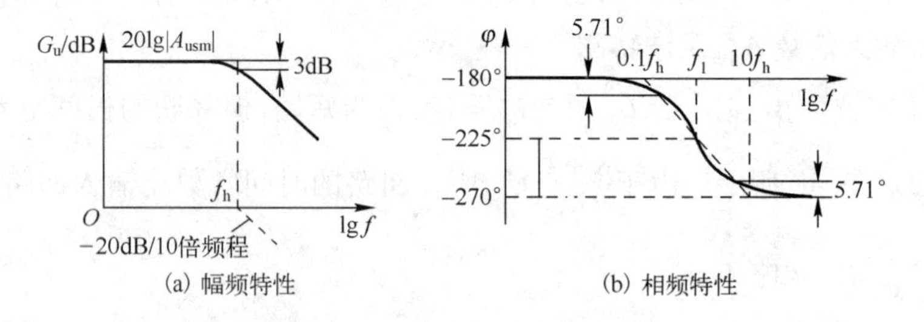

图 6.50　高频段对数频率特性

4. 完整的频率特性曲线(波特图)

将上述中频、低频和高频时求出的放大倍数综合起来,可得共 e 极基本放大电路在全部频率范围内放大倍数的表达式

$$\dot{A}_{us}=\frac{A_{usm}}{\left(1-j\frac{f_l}{f}\right)\left(1+j\frac{f}{f_h}\right)} \tag{6-67}$$

同时,将三频段的频率特性曲线综合起来,即得全频段的频率特性。

为使频带宽度展宽,要求f_h尽可能地高,应选取$r_{bb'}$小的管子,且也要求减小C'_π和$r_{b'e}$,而C'_π

$=C_\pi+(1+g_m R_c)C_\mu$，故还应选 C_π、C_μ 小的管子，且要减小 $g_m R_c$，即减小中频段电压放大倍数。所以，提高带宽与放大倍数是矛盾的。

因此，常用增益带宽积表示放大电路性能的优劣，结果如下

$$|A_{usm}\cdot f_{BW}|\approx\frac{1}{2\pi(R_s+r_{bb'})C_\mu} \tag{6-68}$$

虽然这个公式不是很严格，但由它可得一个趋势：选定了管子以后，放大倍数与带宽的乘积基本就是定值，即放大倍数要提高，那么带宽就变窄。

最后，将共发射极基本放大电路分段折线化的对数频率特性的作图（又称波特图）步骤归纳如下：

（1）根据式（6-53）、式（6-55）、式（6-62）求出中频电压放大倍数 A_{usm}、下限频率 f_l 和上限频率 f_h。

（2）在幅频特性的横坐标上找到对应的 f_l 和 f_h 的两个点，在 f_l 和 f_h 之间的中频区，作一条 $G_u=20\lg|A_{usm}|$ 的水平线；从 $f=f_l$ 点开始，在低频区作一条斜率为 20dB/10 倍频程的直线折向左下方；从 $f=f_h$ 点开始，在高频区作一条斜率为 -20dB/10 倍频程的直线折向右下方，即构成放大电路的幅频特性，如图 6.51（a）所示。

（3）在相频特性图上，$10f_l$ 至 $0.1f_h$ 之间的中频区，$\varphi=-180°$；$f<0.1f_l$ 时，$\varphi=-90°$；$f>10f_l$ 时，$\varphi=-270°$；在 $0.1f_l$ 至 $10f_l$ 之间，以及 $0.1f_h$ 至 $10f_h$ 之间，相频特性分别为两条斜率为 $-45°$/10 倍频程的直线。$f=f_l$ 时，$\varphi=-135°$；$f=f_h$ 时，$\varphi=-225°$。以上就构成放大电路的相频特性，如图 6.51（b）所示。

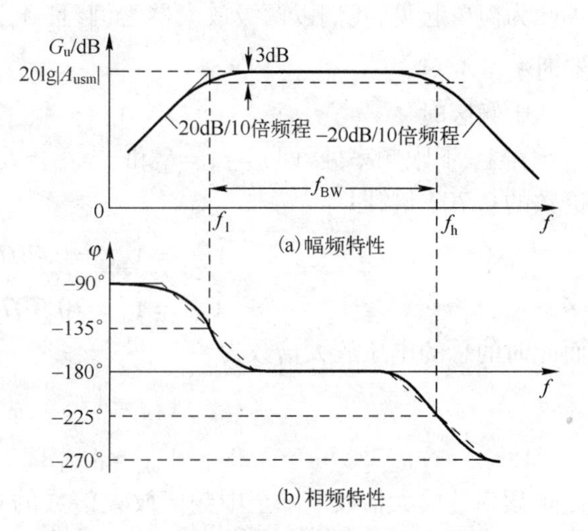

图 6.51　共射极基本放大电路的幅频和相频特性曲线

5. 其他电容对频率特性的影响

由以上的上、下限频率的推导，可以看出一个规律，求某个电容所决定的截止频率，只需求出该电容所在回路的时间参数，然后由下式求出其截止频率即可。

$$f=\frac{1}{2\pi\tau} \tag{6-69}$$

（1）耦合电容 C_2。C_2 只影响下限频率，频率下降，C_2 容抗增大，其两端压降增大，使 U_o 下降，从而使 A_u 下降。求 f_l 的等效电路如图 6.52 所示。

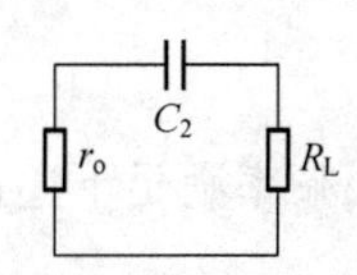

图 6.52　C_2 的下限频率的等效电路

$$f_{l2}=\frac{1}{2\pi(r_o+R_L)C_2} \tag{6-70}$$

（2）射极旁路电容 C_e。中频段、高频段 C_e 容抗很小，可视为短路，当频率下降至低频段，其容抗不可忽略。其电路如图 6.53 所示。

$$r=R_e/\!/\frac{r_{be}+R_b'}{1+\beta}\qquad R_b'=R_s/\!/R_b$$

所以

$$f_{l3}=\frac{1}{2\pi C_e\left(R_e/\!/\dfrac{r_{be}+R_b'}{1+\beta}\right)} \tag{6-71}$$

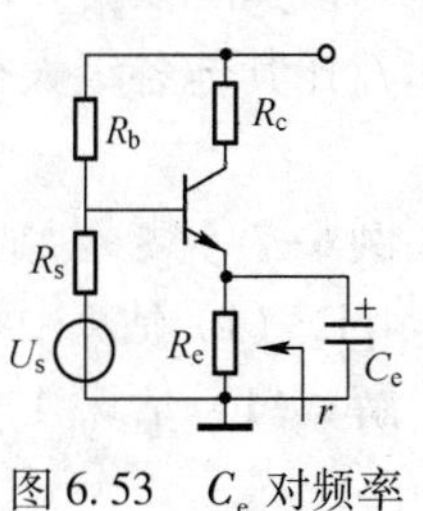

图 6.53　C_e 对频率特性的影响

(3) 输出端分布电容 C_o。若输出端带动容性负载，其电容并联在输出端，它影响上限频率。中频段、低频段时 C_o 的容抗很小，视为开路。高频段时，C_o 容抗不可忽略，其对应的时间常数 $\tau_h = C_o R'_L$。所以

$$f_h = \frac{1}{2\pi C_o R'_L} \tag{6-72}$$

6.6.4 多级放大电路的频率特性

1. 多级放大电路的通频带 f_{bw}

由前已知多级放大电路总的电压放大倍数，是各级放大倍数的乘积

$$\dot{A}_u = \dot{A}_{u1}\dot{A}_{u2}\cdots\dot{A}_{un}$$

为简单起见，我们以两级放大器为例，且 $A_{usm1} = A_{usm2}$，$f_{l1} = f_{l2}$，$f_{h1} = f_{h2}$。当它们组成多级放大器时 $\dot{A}_u = \dot{A}_{u1}\dot{A}_{u2}$。

中频区时
$$A_{usm} \approx A_{usm1}A_{usm2} = A_{usm1}^2$$

在上、下限频率处，即 $f = f_{l1} = f_{l2}$ 和 $f = f_{h1} = f_{h2}$ 处，各级的电压放大倍数均下降到中频区放大倍数的 0.707 倍，即

$$\dot{A}_{ush1} = \dot{A}_{ush2} = 0.707\,\dot{A}_{usm1} = 0.707\,\dot{A}_{usm2}$$

$$\dot{A}_{usl1} = \dot{A}_{usl2} = 0.707\,\dot{A}_{usm1} = 0.707\,\dot{A}_{usm2}$$

而此时的总的电压放大倍数为

$$\dot{A}_{ush} = \dot{A}_{ush1}\dot{A}_{ush2} = 0.5\,\dot{A}_{usm1}A_{usm2}$$

$$\dot{A}_{ushl} = \dot{A}_{usl1}\dot{A}_{usl2} = 0.5\,\dot{A}_{usm1}A_{usm2}$$

截止频率是放大倍数下降至中频区放大倍数的 0.707 时的频率。所以，总的截止频率 $f_h < f_{h1} = f_{h2}$；$f_l > f_{l1} = f_{l2}$。总的频带为

$$f_{bw} = (f_h - f_l) < f_{bw1} = f_{h1} - f_{l1} \tag{6-73}$$

所以，多级放大器的频带窄于单级放大器的频带；多级放大器的上限频率小于单级放大器的上限频率；多级放大器的下限频率大于单级的下限频率。

2. 上、下限频率的计算

可以证明，多级放大电路的上限频率和组成它的各级电路的上限频率之间的关系为

$$\frac{1}{f_h} \approx 1.1\sqrt{\frac{1}{f_{h1}^2} + \frac{1}{f_{h2}^2} + \cdots + \frac{1}{f_{hn}^2}} \tag{6-74}$$

下限频率满足下述近似关系

$$f_l \approx 1.1\sqrt{f_{l1}^2 + f_{l2}^2 + \cdots + f_{ln}^2} \tag{6-75}$$

实际中，各级参数很少完全相同。当各级上、下限频率相差悬殊时，可取起主要作用的那一级作为估算的依据。例如，多级放大器中，其中某一级的上限频率 f_{hk} 比其他各级小很多，而下限频率 f_{lk} 比其他各级大很多时，则总的上、下限频率近似为

$$f_h \approx f_{hk},\quad f_l \approx f_{lk} \tag{6-76}$$

例 6-7 共 e 极放大电路如图 6.54 所示，设三极管的 $\beta = 100$，$r_{be} = 6\text{k}\Omega$，$r_{bb'} = 100\Omega$，$f_T = 100\text{MHz}$，$C_\mu = 4\text{pF}$。(1) 估算中频电压放大倍数 A_{usm}；(2) 估算下限频率 f_l；(3) 估算上限频率 f_h。

解 (1) 估算 A_{usm}。由式(6-53)

$$A_{usm} = -\frac{r_i}{R_s + r_i} p g_m R'_L$$

其中 $r_i = r_{be} // R_{b1} // R_{b2} = 6 // 30 // 91 = 4.7\text{k}\Omega$

$$p = \frac{r_{b'e}}{r_{bb'} + r_{b'e}} = \frac{6 - 0.1}{6} = 0.98, g_m = \frac{\beta}{r_{b'e}} = \frac{100}{5.9} = 16.9\text{mA/V}$$

$$R'_L = R_c // R_L = 12 // 3.9 = 2.9\text{k}\Omega$$

故 $A_{usm} = -\frac{4.7}{0.24 + 4.7} \times 0.98 \times 16.9 \times 2.9 = -45.7$

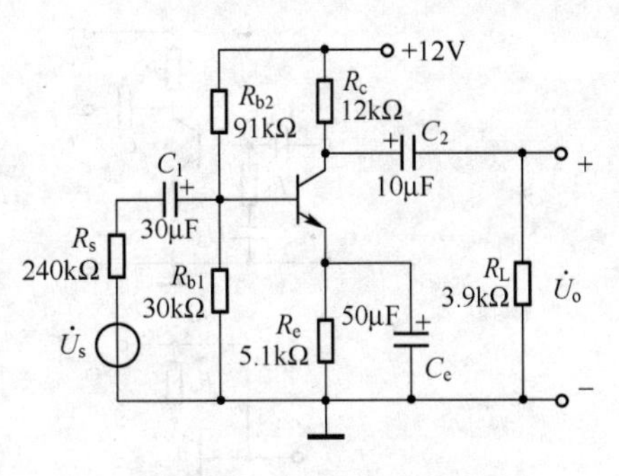

图 6.54 例 6-7 电路图

（2）估算下限频率f_l。电路中有两个隔直电容 C_1 和 C_2 以及一个旁路电容 C_e，先分别计算出它们各自相应的下限频率f_{l1}、f_{l2}和f_{le}。

$$f_{l1} = \frac{1}{2\pi(R_s + r_i)C_1} = \frac{1}{2\pi(0.24 + 4.7) \times 10^3 \times 30 \times 10^{-6}} = 1.07\text{Hz}$$

$$f_{l2} = \frac{1}{2\pi(R_c + r_L)C_2} = \frac{1}{2\pi(12 + 3.9) \times 10^3 \times 10 \times 10^{-6}} = 1.0\text{Hz}$$

$$f_{le} = \frac{1}{2\pi\left(R_e // \frac{R'_s + r_{be}}{1 + \beta}\right)C_e} = \frac{1}{2\pi \times 50 \times 10^{-6} \times \left[5.1 // \frac{6 + (0.24 // 30 // 91)}{101} \times 10^3\right]} \approx 52\text{Hz}$$

由于$f_{le} \gg f_{l1}$、f_{l2}，所以$f_l \approx f_{le} = 52\text{Hz}$。

（3）估算上限频率f_h。高频等效电路如图 6.55 所示。

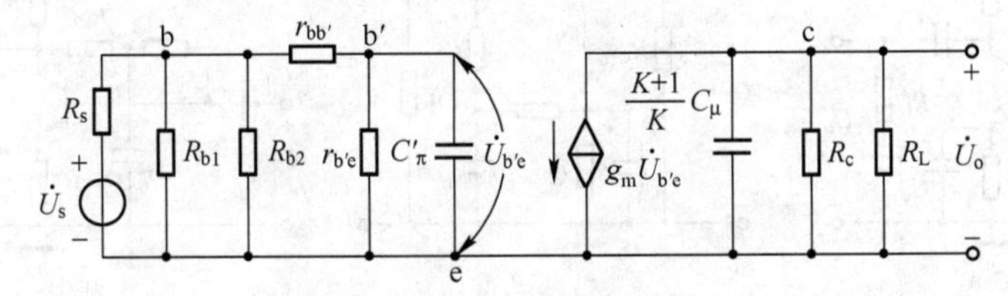

图 6.55 例 6-7 高频等效电路

根据给定参数可算出 $C_\pi \approx \frac{g_m}{2\pi f_T} = \frac{16.9 \times 10^{-3}}{2\pi \times 100 \times 10^6} = 26.9 \times 10^{-12} = 26.9\text{pF}$

$$C'_\pi = C_\pi + (1 + g_m R'_L)C_\mu = 26.9 \times 10^{-12} + (1 + 16.9 \times 2.9) \times 4 \times 10^{-12} = 226.9\text{pF}$$

$$R = r_{b'e} // [r_{bb'} + (R_s // R_{b1} // R_{b2})] = 5.9 // [0.1 + (0.24 // 30 // 91)] = 0.32\text{k}\Omega$$

输入回路的时间常数为 $\tau_{h1} = RC'_\pi = 320 \times 226.9 \times 10^{-12} = 72.6 \times 10^{-9}\text{s}$

则 $$f_{h1} = \frac{1}{2\pi\tau_{h1}} = \frac{1}{2\pi \times 72.6 \times 10^{-9}} = 2.19\text{MHz}$$

输出回路的时间常数为

$$\tau_{h2} = R'_L \frac{K+1}{K} C_\mu = 2.9 \times 10^3 \times \frac{16.9 \times 2.9 + 1}{16.9 \times 2.9} \times 4 \times 10^{-12} = 11.8 \times 10^{-9}\text{s}$$

则 $$f_{h2} = \frac{1}{2\pi\tau_{h2}} = \frac{1}{2\pi \times 11.8 \times 10^{-9}} = 13.5\text{MHz}$$

总的上限频率可由下式近似估算：

$$\frac{1}{f_h} \approx 1.1\sqrt{\frac{1}{f_{h1}^2} + \frac{1}{f_{h2}^2}} = 1.1\sqrt{\frac{1}{2.19^2} + \frac{1}{13.5^2}} = 0.509 \times 10^{-6}\text{s}，即 f_h = \frac{1}{0.509 \times 10^{-6}} = 1.97\text{MHz}$$

习 题 6

6.1 放大电路组成原则有哪些？利用这些原则分析图中各电路能否正常放大，并说明理由。

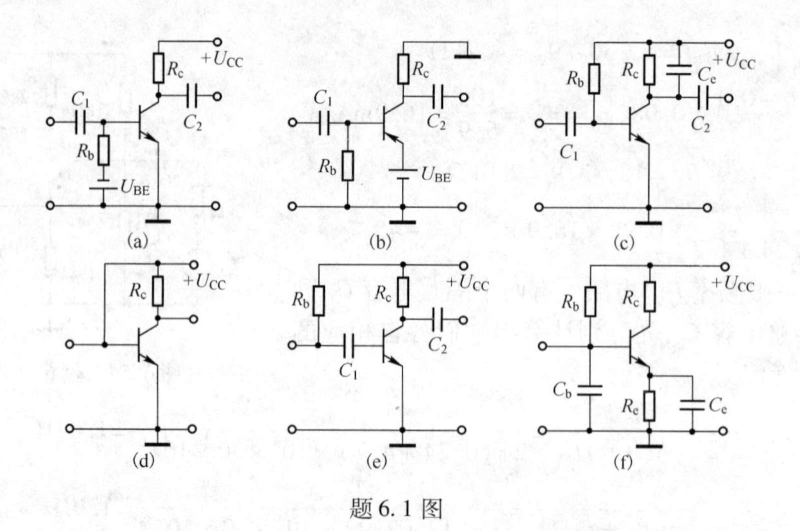

题 6.1 图

6.2　什么是静态工作点？如何设置静态工作点？如静态工作点设置不当会出现什么问题？

6.3　估算静态工作点时，应该根据放大电路的直流通路还是交流通路进行估算？

6.4　分别画出图中各电路的直流通路和交流通路（假设对交流信号，电容视为短路，电感视为开路，变压器为理想变压器）。

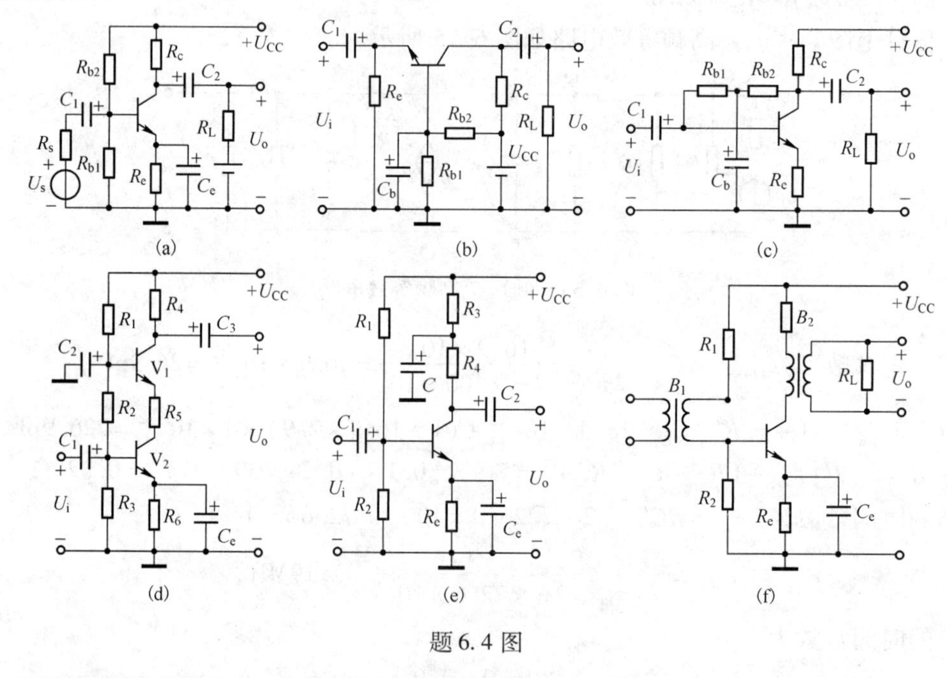

题 6.4 图

6.5　试求图中各电路的静态工作点（设图中所有三极管都是硅管，$U_{BE}=0.7V$）。

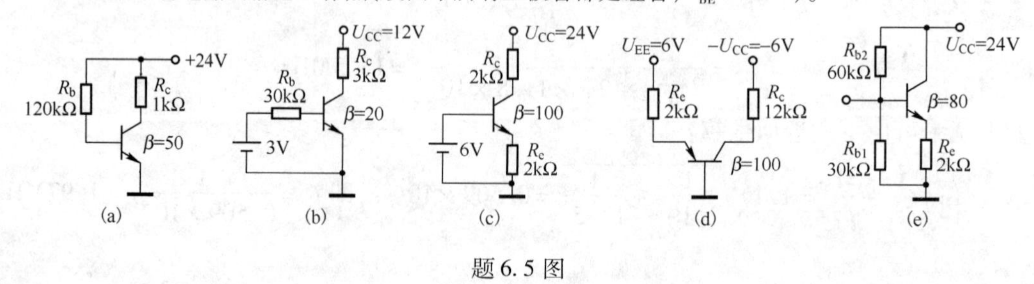

题 6.5 图

6.6　放大电路如图所示，其中 $R_b=120k\Omega$，$R_c=1.5k\Omega$，$U_{CC}=16V$。三极管为 3AX21，它的 $\bar{\beta}\approx\beta=40$，$I_{CEO}\approx 0$。（1）求静态工作点 I_{BQ}，I_{CQ}，U_{CEQ}；（2）如果将三极管换一只 $\beta=80$ 的管子，工作点将如何变化？

6.7　放大电路如图所示。(1) 设三极管 $\beta=100$，试求静态工作点 I_{BQ}，I_{CQ}，U_{CEQ}；(2) 如果要把集－射压降 U_{CE} 调整到 6.5V，则 R_b 应调到什么值？

6.8　图中已知 $R_{b1}=10k\Omega$，$R_{b2}=51k\Omega$，$R_c=3k\Omega$，$R_e=500\Omega$，$R_L=3k\Omega$，$U_{CC}=12V$，3DG4 的 $\beta=30$。(1) 试计算静态工作点 I_{BQ}，I_{CQ}，U_{CEQ}；(2) 如果换上一只 $\beta=60$ 的同类型管子，工作点将如何变化？(3) 如果温度由 10℃升至 50℃，试说明 U_{CC} 将如何变化；(4) 换上 PNP 三极管，电路将如何改动？

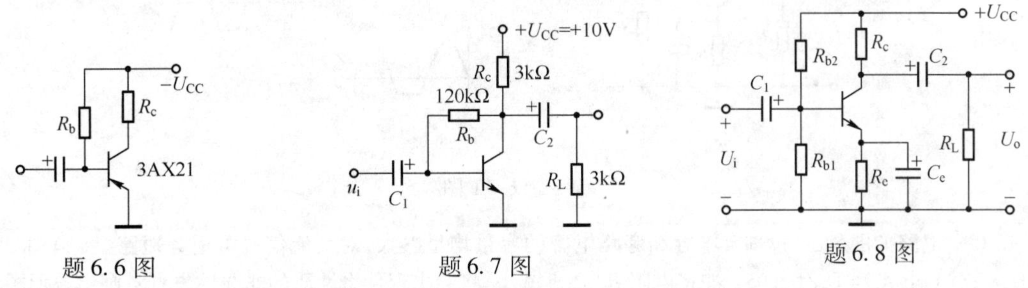

题 6.6 图　　题 6.7 图　　题 6.8 图

6.9　电路如图(a)所示，三极管的输出特性如图(b)所示。(1) 作出直流负载线；(2) 确定 R_b 分别为 10MΩ，560kΩ 和 150kΩ 时的 I_{CQ}，U_{CEQ} 值；(3) 当 $R_b=560k\Omega$，R_c 改为 20kΩ 时，Q 点将发生什么样的变化？三极管工作状态有无变化？

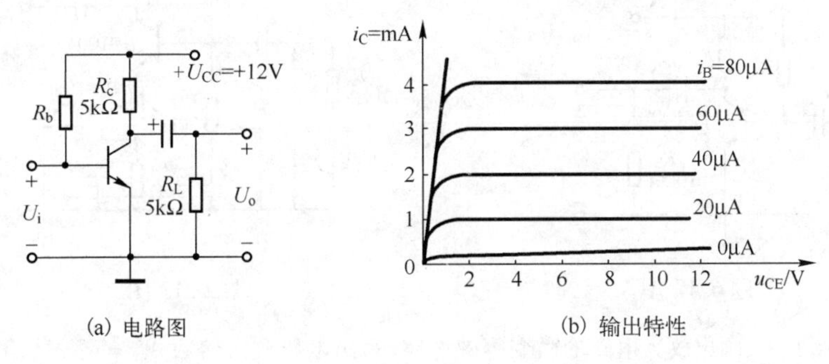

(a) 电路图　　(b) 输出特性

题 6.9 图

6.10　图(a)电路中三极管的输出特性如图(b)所示。

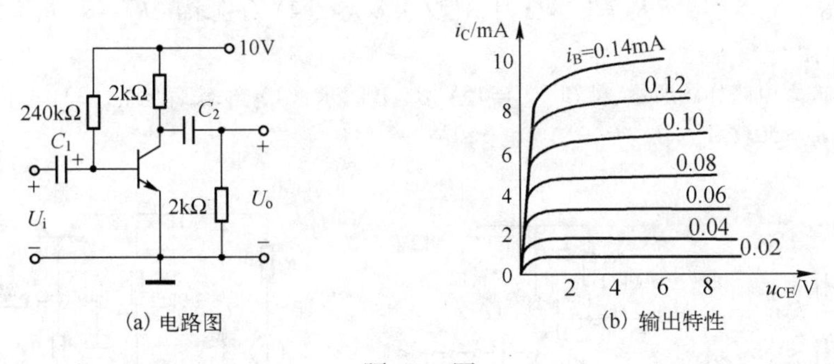

(a) 电路图　　(b) 输出特性

题 6.10 图

(1) 试画出交、直流负载线；

(2) 求出电路的最大不失真输出电压 U_{om}；

(3) 若增大输入正弦波电压 U_i，电路将首先出现什么性质的失真？输出波形的顶部还是底部发生失真？

(4) 在不改变三极管和电源电压 U_{CC} 的前提下，为了提高 U_{om}，应该调整电路中的哪个参数？增大还是减小？

6.11　在调试放大电路过程中，对于图(a)所示放大电路，曾出现过如图(b)、(c)和(d)所示的 3 种不正常的输出波形。如果输入是正弦波，试判断 3 种情况分别产生什么失真，应如何调整电路参数才能消除失真？

6.12　如图所示，设 $R_b=300k\Omega$，$R_c=2.5k\Omega$，$U_{BE}=0.7V$，C_1、C_2 的容抗可忽略不计，$\beta=100$，$r_{bb'}=300\Omega$。

(1) 试计算该电路的电压放大倍数 A_u；

（2）若将图中的输入信号幅值逐渐增大，在示波器上观察输出波形时，将首先出现哪一种形式的失真？

（3）电阻调整合适，在输出端用电压表测出的最大不失真电压的有效值是多少？

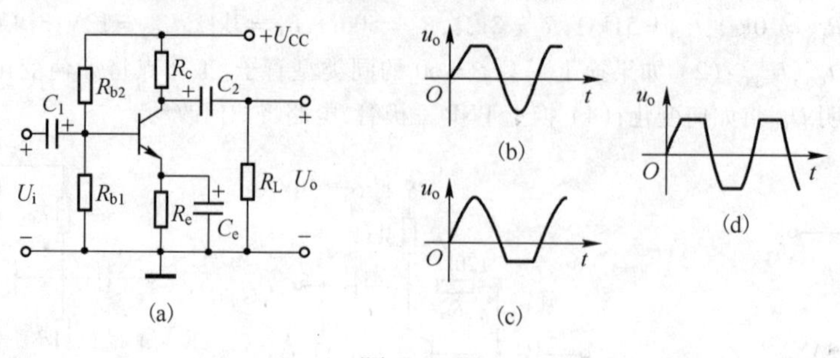

题 6.11 图

6.13　电路如图所示，设耦合电容和旁路电容的容量均足够大，对交流信号可视为短路。（1）求 $A_u = U_o/U_i$，r_i，r_o；（2）求 $A_{us} = U_o/U_s$；（3）如将电阻 R_{b2} 逐渐减小，将会出现什么性质的非线性失真？画出波形图。

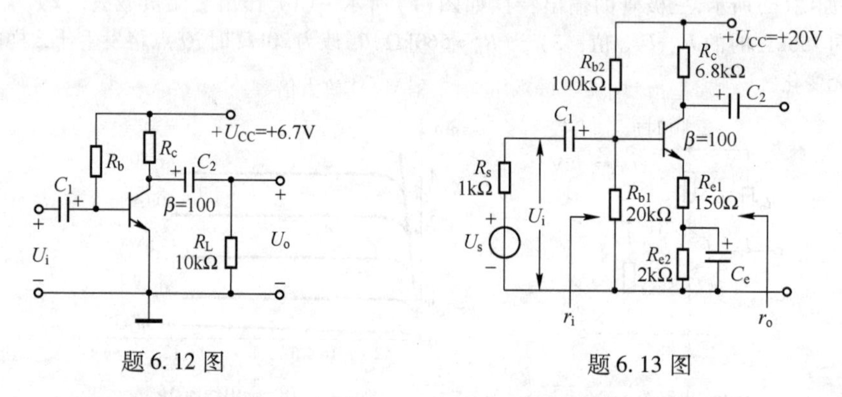

题 6.12 图　　　　题 6.13 图

6.14　电路如图所示，画出放大电路的微变等效电路，写出电压放大倍数 $A_{u1} = U_{o1}/U_i$，$A_{u2} = U_{o2}/U_i$ 的表达式，并画出当 $R_c = R_e$ 时的输出电压 u_{o1}、u_{o2} 的波形（输入 u_i 为正弦波，时间关系对齐）。

6.15　如图所示为射极输出器，设 $\beta = 100$。（1）求静态工作点；（2）画出中频区微变等效电路；（3）当 $R_L \to \infty$ 时，电压放大倍数 A_u 为多大？$R_L = 1.2\text{k}\Omega$ 时，A_u 又为多大？（4）分别求出 $R_L \to \infty$，$R_L = 1.2\text{k}\Omega$ 时的输入电阻 r_i；（5）求输出电阻 r_o。

6.16　共基极放大电路如图所示，已知 $U_{CC} = 15\text{V}$，$\beta = 100$，求：（1）静态工作点；（2）电压放大倍数 $A_u = U_o/U_i$ 和 r_i、r_o；（3）若 $R_s = 50\Omega$，$A_{us} = U_o/U_i = ?$

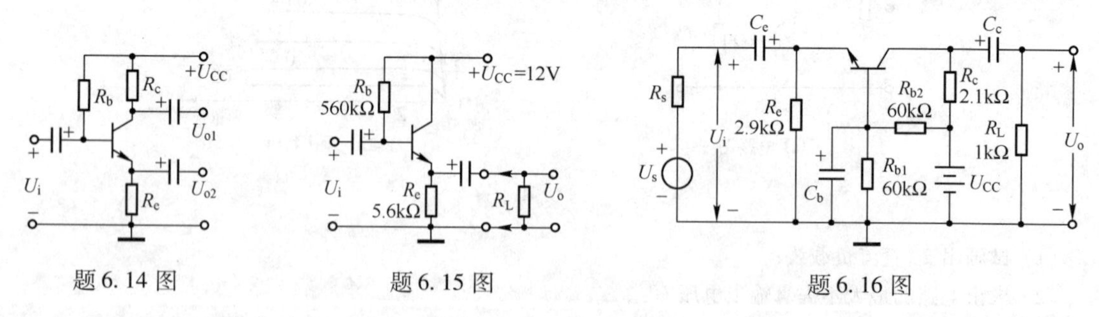

题 6.14 图　　　　题 6.15 图　　　　题 6.16 图

6.17　某放大电路，当输入直流电压为 10mV 时，输出直流电压为 7V；输入直流电压为 15mV 时，输出直流电压为 6.5V。它的电压放大倍数为________。

6.18　有两个放大倍数相同的放大电路 A 和 B，分别对同一电压信号进行放大，其输出电压分别为 $U_{oA} = 5.2\text{V}$，$U_{oB} = 5\text{V}$。由此可得出放大电路________优于放大电路________。其原因是它的________。（a. 放大倍数大；b. 输入电阻大；c. 输出电阻小）

6.19　________耦合放大电路各级 Q 点相互独立，________耦合放大电路温漂小，________耦合放大电路能放大直流信号。

6.20　电路如图所示，三极管的 β 均为 50。求：(1) 两级的静态工作点 Q_1 和 Q_2，设 $U_{BE}=-0.2V$；(2) 总的电压放大倍数 A_u；(3) r_i 和 r_o。

6.21　电路如图所示，其中三极管的 β 均为 100，且 $r_{be1}=5.3k\Omega$，$r_{be2}=6k\Omega$。(1) 求 r_i 和 r_o；(2) 分别求出当 $R_L=\infty$ 和 $R_L=3.6k\Omega$ 时的 A_{us}。

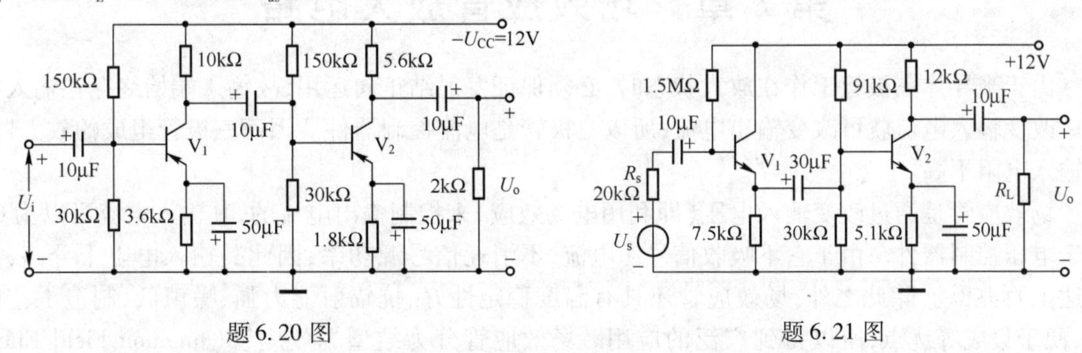

题 6.20 图　　　　题 6.21 图

6.22　若某放大电路的电压放大倍数为 100，则换算为对数电压增益是多少 dB？另一放大电路的对数电压增益为 80dB，则相当于电压放大倍数为多少？

6.23　电路的频率响应，是指对于不同频率的输入信号，其放大倍数的变化情况。高频时放大倍数下降，主要是因为________的影响；低频时放大倍数下降，主要是因为________的影响。

6.24　当输入信号频率为 f_l 或 f_h 时，放大倍数的幅值约下降为中频时的________，或者是下降了________dB。此时与中频时相比，放大倍数的附加相移约为________。

6.25　某三极管 $I_C=2.5mA$，$f_T=500MHz$，$r_{b'e}=1k\Omega$。求高频参数 g_m，C_π，β 和 f_β。

6.26　电路如图所示，三极管参数为 $\beta=100$，$r_{bb'}=100\Omega$，$U_{be}=0.6V$，$f_T=10MHz$，$C_\mu=10pF$。试通过下列情况的分析计算，说明放大电路各种参数变化对放大器频率特性的影响。

(1) 画出中频段、低频段和高频段的简化等效电路，并计算中频电压放大倍数 A_{um}，上限频率 f_h，下限频率 f_l；

(2) 在不影响电路其他指标的情况下，欲将下限频率 f_l 降到 200Hz 以下，电路参数应作怎样的变更？

(3) 其他参数不变，若将负载电阻 R_c 降到 200Ω，对电路性能有何影响？

(4) 在不换管子也不改变电路接法的前提下，如何通过电路参数的调整进一步展宽频带？

(5) 其他参数不变，重选三极管：$\beta=100$，$r_{bb'}=50\Omega$，$f_T=200MHz$，$C_\mu=2pF$。上限频率可提高多少？

6.27　电路如图所示，已知三极管的 $r_{bb'}=200\Omega$，$r_{b'e}=1.2k\Omega$，$g_m=40mA/V$，$C'_\pi=1000pF$。

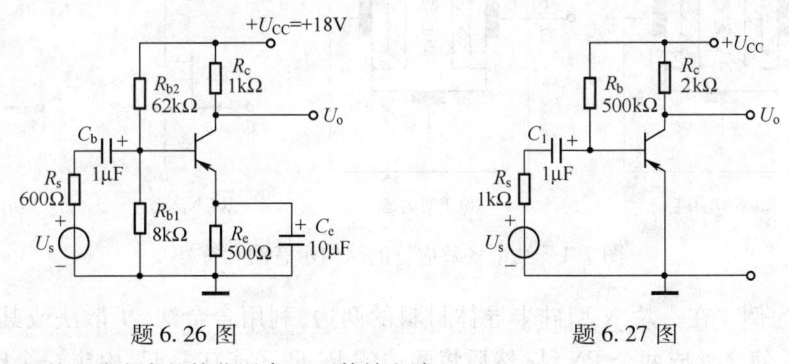

题 6.26 图　　　　题 6.27 图

(1) 试画出包括外电路在内的简化混合 π 型等效电路；

(2) 估算中频电压放大倍数 A_{usm}，上限频率 f_h，下限频率 f_l（可作合理简化）；

(3) 画出对数幅频特性和相频特性。其对数增益 G_u 与电压放大倍数关系如下表所示。

A_{um}	10	20	30	40	50	60	100
G_u/dB	20	26	30	32	34	35.6	40

6.28　两个放大器其上限频率均为 10MHz，下限频率均为 100Hz，当用它们组成二级放大器时，总的上限频率 f_h 和下限频率 f_l 为多少？

第 7 章　场效应管放大电路

由于半导体三极管工作在放大状态时,必须保证发射结正向运用,故输入端始终存在输入电流。改变输入电流就可改变输出电流,所以三极管是电流控制器件。因而三极管组成的放大器,其输入电阻不高。

场效应管是通过改变输入电压(即利用电场效应)来控制输出电流的,其输入电流可以为0,属于电压控制器件。由于它不吸收信号源电流,不消耗信号源功率,因此其输入电阻十分高,可高达上百兆欧。除此之外,场效应管还具有温度稳定性好、抗辐射能力强、噪声低、制造工艺简单、便于集成等优点,所以得到广泛的应用。场效应管分为结型场效应管(Junction Field Effect Transistor,JFET)和绝缘栅场效应管(Insulated Gate Field Effect Transistor,IGFET)。

由于半导体三极管参与导电的是两种极性的载流子:电子和空穴,所以又称半导体三极管为双极型三极管。场效应管仅依靠一种极性的载流子导电,所以又称为单极型三极管。

7.1　结型场效应管

7.1.1　结构

结型场效应管有两种结构形式。图 7.1(a)为 N 型沟道结型场效应管,图 7.1(b)是 P 型沟道结型场效应管。其电路符号如图 7.1(c)、(d)所示。

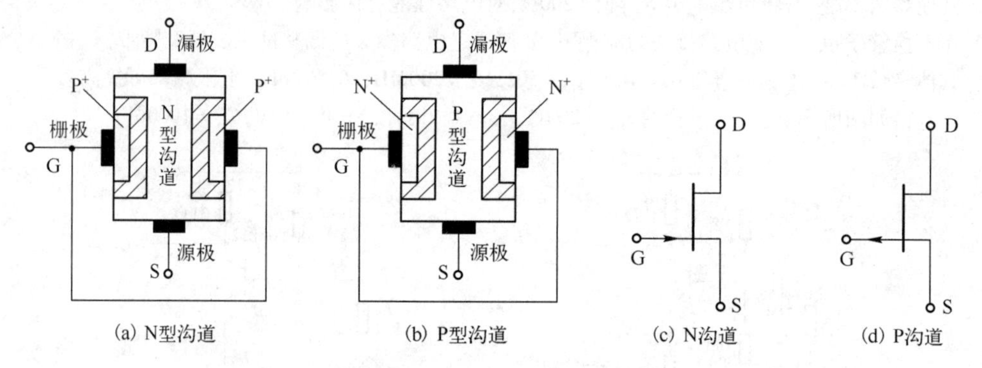

图 7.1　结型场效应管的结构示意图和符号

以 N 沟道为例。在一块 N 型硅半导体材料的两边,利用合金法、扩散法或其他工艺做成高浓度的 P^+ 型区,使之形成两个 PN 结,然后将两边的 P^+ 型区连在一起,引出一个电极,称为栅极 G。在 N 型半导体两端各引出一个电极,分别作为源极 S 和漏极 D。夹在两个 PN 结中间的 N 型区是源极与漏极之间的电流通道,称为导电沟道。由于 N 型半导体多数载流子是电子,故此沟道称为 N 型沟道。同理,P 型沟道结型场效应管中,沟道是 P 型区,称为 P 型沟道,栅极与 N^+ 型区相连。电路符号中栅极的箭头方向,可理解为两个 PN 结的正向导电方向。

7.1.2　工作原理

从结构图 7.1 可看出,如果在 D、S 间加上电压 U_{DS},则在源极和漏极之间形成电流 I_D。通过

改变栅极和源极的反向电压 U_{GS}，则可以改变两个PN结阻挡层(耗尽层)的宽度。由于栅极区是高掺杂区，所以阻挡层主要降在沟道区。故 $|U_{GS}|$ 的改变，会引起沟道宽度的变化，其沟道电阻也随之改变，从而改变了漏极电流 I_D。如 $|U_{GS}|$ 上升，则沟道变窄，电阻增加，I_D 下降。反之亦然。所以，改变 U_{GS} 的大小，可以控制漏极电流。这是场效应管工作的核心部分。

1. U_{GS} 对导电沟道的影响

为便于讨论，先假设 $U_{DS}=0$。

当 U_{GS} 由零向负值增大时，PN结的阻挡层加厚，沟道变窄，电阻增大，如图7.2(a)和(b)所示。

若 U_{GS} 的负值再进一步增大，当 $U_{GS}=U_P$ 时两个PN结的阻挡层相遇，沟道消失，我们称为沟道被"夹断"了，U_P 称为夹断电压，此时 $I_D=0$，如图7.2(c)所示。

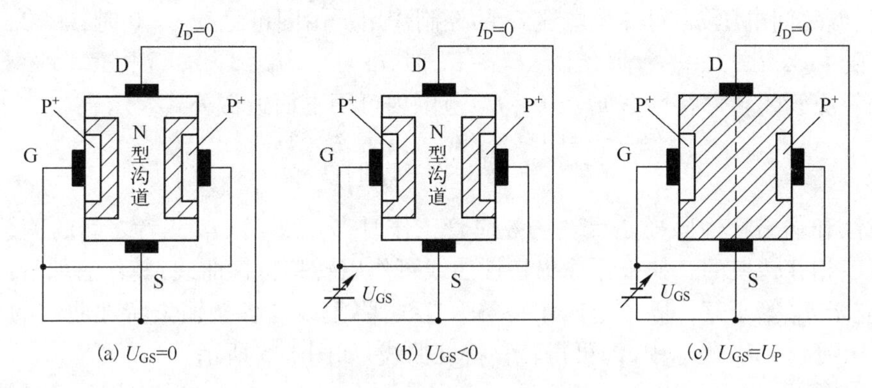

图7.2　当 $U_{DS}=0$ 时 U_{GS} 对导电沟道的影响示意图

2. I_D 与 U_{DS}、U_{GS} 之间的关系

假定栅、源电压 $|U_{GS}|<|U_P|$，如 $U_{GS}=-1V$，而 $U_P=-4V$，当漏、源之间加上电压 $U_{DS}=2V$ 时，沟道中将有电流 I_D 通过。此电流将沿着沟道的方向产生一个电压降，这样沟道上各点的电位就不同，因而沟道内各点与栅极之间的电位差也就不相等。漏极端与栅极之间的反向电压最高，如 $U_{DG}=U_{DS}-U_{GS}=2-(-1)=3V$，沿着沟道向下逐渐降低，使源极端为最低，如 $U_{SG}=-U_{GS}=1V$，两个PN结的阻挡层将出现楔形，使得靠近源极端沟道较宽，而靠近漏极端的沟道较窄，如图7.3(a)所示。此时，若增大 U_{DS}，由于沟道电阻增长较慢，所以 I_D 随之增加。当 U_{DS} 进一步增加到使栅、漏间电压 U_{GD} 等于 U_P 时，即

$$U_{GD}=U_{GS}-U_{DS}=U_P \tag{7-1}$$

则在D极附近，两个PN结的阻挡层相遇，如图7.3(b)所示，我们称为预夹断。如果继续升高 U_{DS}，就会使夹断区向源极端方向发展，沟道电阻增加。由于沟道电阻的增长速率与 U_{DS} 的增加速率基本相同，故这一期间 I_D 趋于一恒定值，不随 U_{DS} 的增大而增大，此时，漏极电流的大小仅取

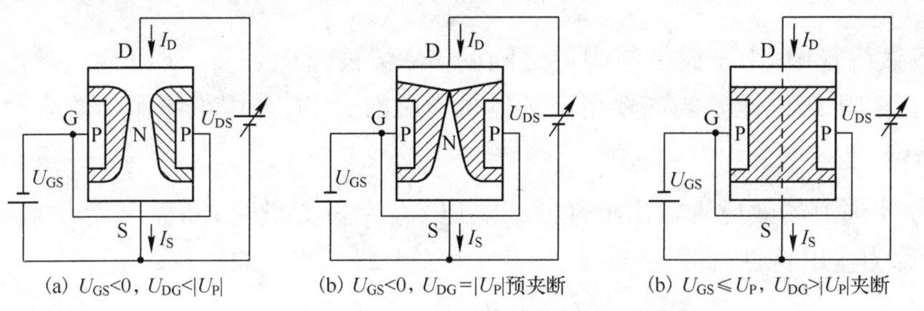

图7.3　U_{DS} 对导电沟道和 I_D 的影响

决于 U_{GS}的大小。U_{GS}越负，沟道电阻越大，I_D 便越小，直到 $U_{GS}=U_P$，沟道被全部夹断，$I_D=0$，如图 7.3(c)所示。

由于结型场效应管工作时，栅、源之间只能加一个反向偏置电压，使得 PN 结始终处于反向接法，故 $I_G\approx 0$，所以，场效应管的输入电阻 r_{gs}很高。

7.1.3 特性曲线

1. 转移特性曲线

图 7.4 所示为 N 沟道结型场效应管的转移特性曲线。当漏、源之间的电压 u_{DS}保持不变时，漏极电流 i_D 和栅、源之间电压 u_{GS}的关系称为转移特性，即

$$i_D=f(u_{GS})\big|_{u_{DS}=常数} \quad (7\text{-}2)$$

它描述了栅、源之间电压 u_{GS}对漏极电流 i_D 的控制作用。由图可见，$u_{GS}=0$ 时，$i_D=I_{DSS}$，称为饱和漏极电流。随 $|u_{GS}|$增大，i_D 愈小，当 $u_{GS}=-U_P$ 时，$i_D=0$。U_P 称为夹断电压。

结型场效应管的转移特性在 $u_{GS}=0\sim U_P$ 范围内可用下面近似公式表示

$$i_D=I_{DSS}\left(1-\frac{u_{GS}}{U_P}\right)^2 \quad (7\text{-}3)$$

转移特性和输出特性同样是反映场效应管工作时，u_{DS}、u_{GS}和 i_D 三者之间的关系的，所以它们之间是可以相互转换的。如根据输出特性曲线可作出转移特性曲线，其作法如下：在输出特性曲线上，对应于 u_{DS}等于某一固定电压作一条垂直线，将垂线与各条输出特性曲线的交点所对应的 i_D、u_{GS}转移到 i_D-u_{GS}坐标中，即可得转移特性曲线，如图 7.5 所示。

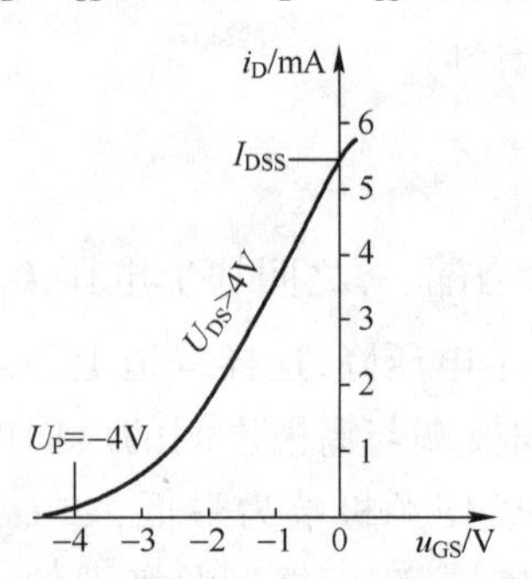

图 7.4 N 沟道结型场效应管的转移特性曲线

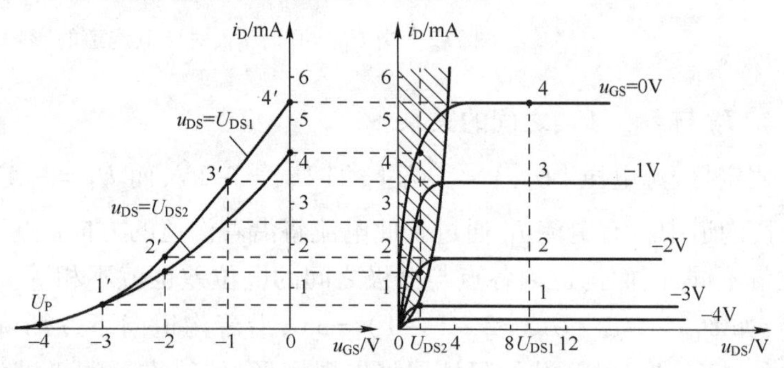

图 7.5 由输出特性画转移特性

由于在恒流区内，同一 U_{GS}下，不同的 u_{DS}，i_D 基本不变，故不同的 u_{DS}下的转移特性曲线几乎全部重合，因此，可用一条转移特性曲线来表示恒流区中 u_{GS}与 i_D 的关系。

如 $u_{GS}>0$，则栅极与 D、S 间 PN 结正向运用，阻挡层本身就十分窄，此时，u_{GS}变化对沟道还基本不产生影响，故对电流无控制作用，$i_D\approx I_{DSS}$不变。故 N 沟道结型场效应管正常工作 $-U_p<u_{GS}<0V$。

在结型场效应管中，由于栅极与沟道之间的 PN 结被反向偏置，所以输入端电流近似为零，其输入电阻可达 $10^7\Omega$ 以上。当需要更高的输入电阻时，则应采用绝缘栅场效应管。

2. 输出特性曲线

图 7.6 为 N 沟道场效应管输出特性曲线。以 u_{GS}为参变量时，漏极电流 i_D 与漏、源电压 u_{DS}之间的关系，称为输出特性，即

$$i_D=f(u_{DS})\big|_{u_{GS}=常数} \quad (7\text{-}4)$$

根据工作情况，输出特性可划分为 4 个区域，即

(1) 可变电阻区。可变电阻区位于输出特性曲线的起始部分,图中用阴影线标出。此区的特点是:固定 u_{GS}时,i_D 随 u_{DS}增大而线性上升,相当于线性电阻;改变 u_{GS}时,特性曲线的斜率变化,即相当于电阻的阻值不同。u_{GS}增大,相应的电阻增大。因此在此区域,场效应管可看作一个受 u_{GS}控制的可变电阻,即漏、源电阻 $R_{DS}=f(u_{GS})$。

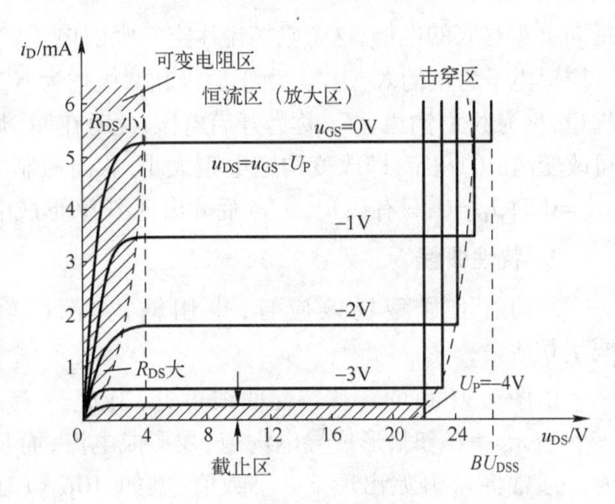

图 7.6 N 沟道结型场效应管的输出特性

(2) 恒流区。该区的特点是:i_D 基本不随 u_{DS}而变化,仅取决于 u_{GS}的值,输出特性曲线趋于水平,故称为恒流区或放大区。当组成场效应管放大电路时,为防止出现非线性失真,应使工作点设置在此区域内。

(3) 击穿区。位于特性曲线的最右部分,当 u_{DS}升高到一定程度时,反向偏置的 PN 结被击穿,i_D 将突然增大。由于 u_{GS}愈负时,达到雪崩击穿所需的 u_{DS}电压愈小,故对应于 u_{GS}愈负的特性曲线击穿越早。其击穿电压用 BU_{DS}表示,当 $u_{GS}=0$ 时,其击穿电压用 BU_{DSS}表示。

(4) 截止区。当 $|u_{GS}| \geq |U_P|$ 时,管子的导电沟道处于完全夹断状态,$i_D=0$,场效应管截止。

7.2 绝缘栅场效应管

绝缘栅场效应管通常由金属、氧化物和半导体制成,所以又称为金属-氧化物-半导体场效应管,简称为 MOS 场效应管。由于这种场效应管的栅极被绝缘层(SiO_2)隔离,因此其输入电阻更高,可达 $10^9\Omega$ 以上。从导电沟道来区分,绝缘栅场效应管也有 N 沟道和 P 沟道两种类型。此外,无论是 N 沟道或 P 沟道,又有增强型和耗尽型两种类型。下面以 N 沟道增强型的 MOS(Metal-Oxide-Semiconductor)场效应管为主,介绍其结构、工作原理和特性曲线。

7.2.1 N 沟道增强型 MOS 场效应管

1. 结构

N 沟道增强型 MOS 场效应管的结构示意图如图 7.7 所示。把一块掺杂浓度较低的 P 型半导体作为衬底,然后在其表面上覆盖一层 SiO_2 的绝缘层,再在 SiO_2 层上刻出两个窗口,通过扩散工艺形成两个高掺杂的 N 型区(用 N^+表示),并在 N^+区和 SiO_2 的表面各自喷上一层金属铝,分别引出源极、漏极和控制栅极。衬底上也接出一根引线,通常情况下将它和源极在内部相连。

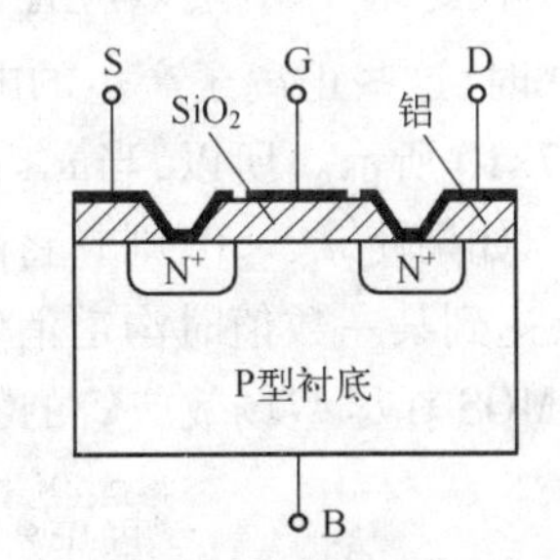

图 7.7 N 沟道增强型 MOS 场效应管结构示意图

2. 工作原理

结型场效应管是通过改变 u_{GS}来控制 PN 结的阻挡层的宽窄,从而改变导电沟道的宽度,达到控制漏极电流 I_D 的目的。而绝缘栅场效应管则是利用 u_{GS}来控制“感应电荷”的多少,以改变由这些“感应电荷”形成的导电沟道的状况,然后达到控制漏极电流 i_D 的目的。

对 N 沟道增强型的 MOS 场效应管,当 $u_{GS}=0$ 时,在漏极和源极的两个 N^+区之间是 P 型衬底,因此漏、源之间相当于两个背靠背的 PN 结。所以,无论漏、源之间加上何种极性的电压,总是不导通的,$i_D=0$。

当 $u_{GS}>0$ 时(为方便设定 $u_{DS}=0$),则在 SiO_2 的绝缘层中,产生一个垂直半导体表面,由栅极指向P型衬底的电场,这个电场排斥空穴吸引电子,当 $u_{GS} \geqslant U_T$ 时,在绝缘栅下的P型区中形成了一层以电子为主的N型层。由于源极和漏极均为 N^+ 型,故此N型层在漏、源极间形成电子导电的沟道,称为N型沟道。U_T 称为开启电压,此时在漏、源极间加 u_{DS},则形成电流 i_D。显然,改变 u_{GS} 则可改变沟道的宽窄,即改变沟道电阻大小,从而控制了漏极电流 i_D 的大小。由于这类场效应管在 $u_{GS}=0$ 时,$i_D=0$,只有在 $u_{GS}>U_T$ 后才出现沟道,形成电流,故称为增强型。上述过程如图7.8所示。

3. 特性曲线

N沟道增强型场效应管,也用输出特性、转移特性表示 i_D, u_{GS}, u_{DS} 之间的关系,如图7.9所示。

由图7.9(a)的转移特性曲线可见,当 $u_{GS}<U_T$ 时,由于尚未形成导电沟道,因此 i_D 基本为零。当 $u_{GS} \geqslant U_T$ 时,形成导电沟道,才形成电流,而且 u_{GS} 增大,沟道变宽,沟道电阻变小,i_D 也增大。通常将 i_D 开始出现某一小数值(例如,10μA)时的 u_{GS} 定义为开启电压 U_T。

MOS场效应管的输出特性同样可以划分为4个区:可变电阻区、恒流区、击穿区和截止区,如图7.9(b)所示。

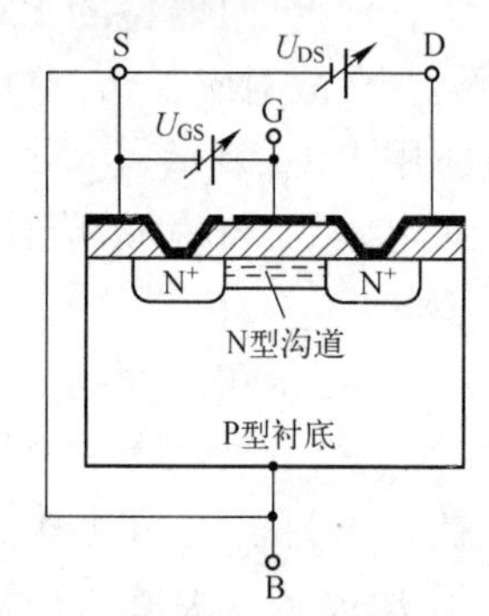

图7.8 $u_{GS}>U_T$ 时形成导电沟道

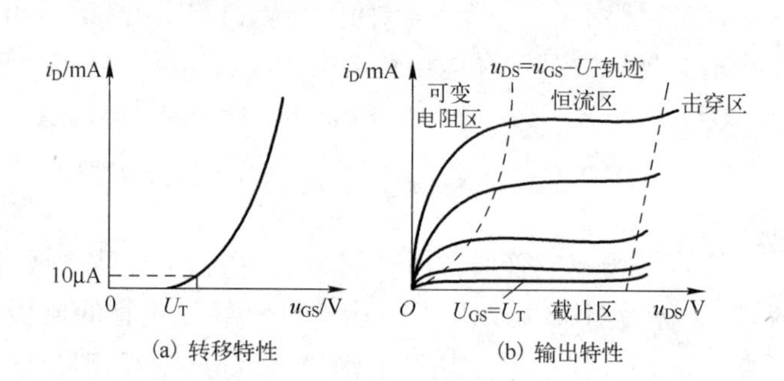

图7.9 N沟道增强型MOS场效应管的特性曲线

7.2.2 N沟道耗尽型MOS场效应管

耗尽型MOS场效应管,是在制造过程中,预先在 SiO_2 绝缘层中掺入大量的正离子,因此,$u_{GS}=0$ 时,这些正离子产生的电场也能在P型衬底中"感应"出足够的电子,形成N型导电沟道,如图7.10所示。所以,当 $u_{DS}>0$ 时,将产生较大的漏极电流 i_D。

如果使 $u_{GS}<0$,则它将削弱正离子所形成的电场,使N沟道变窄,从而使 i_D 减小。当 u_{GS} 更负,达到某一数值时沟道消失,$i_D=0$。使 $i_D=0$ 的 u_{GS} 我们也称为夹断电压,仍用 U_P 表示。N沟道MOS耗尽型场效应管的特性曲线如图7.11所示。

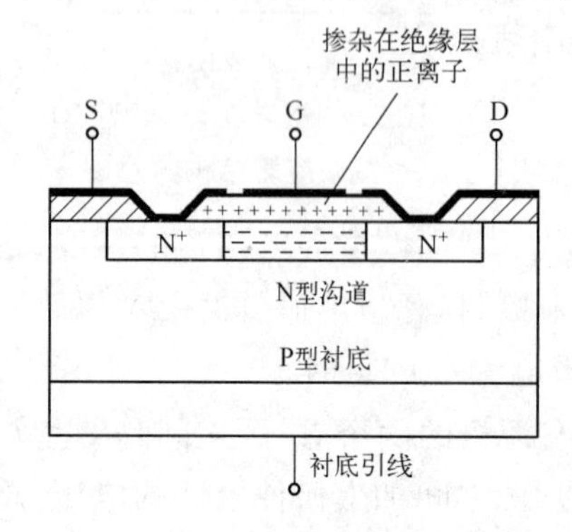

图7.10 N沟道耗尽型MOS管结构示意图

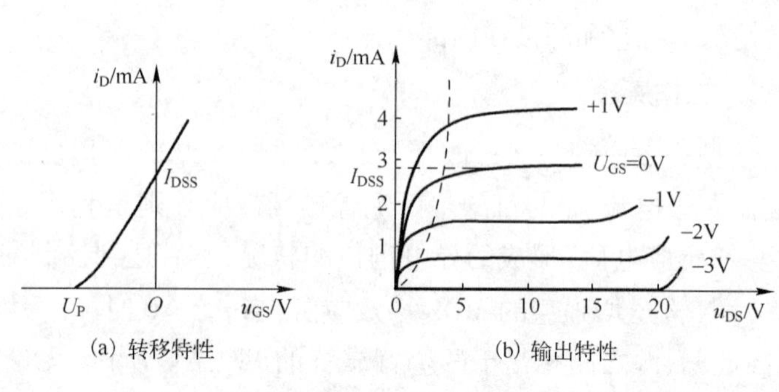

图7.11 N沟道耗尽型MOS场效应管的特性曲线

N 沟道 MOS 场效应管的电路符号见图 7.12(a)、(b)和(c)。图(a)表示增强型，图(b)表示耗尽型，而图(c)是 N 沟道 MOS 管的简化符号，既可表增强型，也可表示耗尽型。

P 沟道场效应管的工作原理与 N 沟道类似，此处不再赘述，它们的电路符号也与 N 沟道相似，图中箭头方向相反，如图 7.12(d)、(e)和(f)所示。

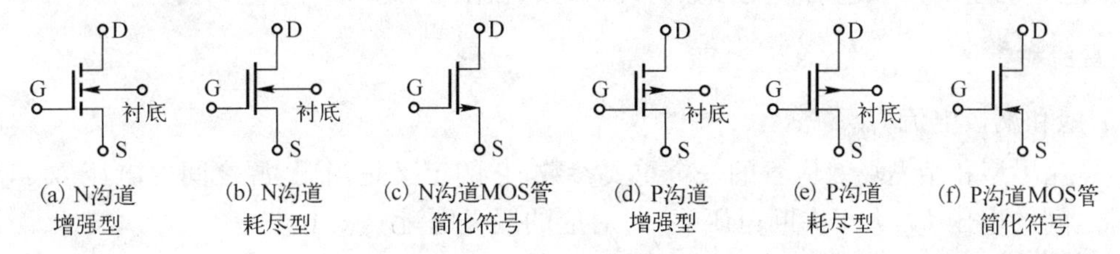

图 7.12 MOS 场效应管电路符号

为便于比较，下面将各种场效应管的符号和特性曲线列于表 7.1 中。

表 7.1 各种场效应管的符号和特性曲线

类 型	符号和极性	转移特性	输出特性
JEET N 沟道	D ⊕ i_D G ⊖ ⊕ S ⊖	i_D I_{DSS} U_P O u_{GS}	i_D u_{GS}=0V −1V −2V −3V $u_{GS}=U_P$=−4V O u_{DS}
JEET P 沟道	D ⊖ i_D G ⊕ ⊖ S ⊕	i_D U_P O u_{GS} I_{DSS}	$-i_D$ u_{GS}=0V +1V +2V +3V $u_{GS}=U_P$=+4V O $-u_{DS}$
增强型 N MOS	D ⊕ i_D B G ⊕ ⊖ S ⊖	i_D O U_T u_{GS}	i_D u_{GS}= +5V +4V +3V $u_{GS}=U_T$=+2V O u_{DS}
耗尽型 N MOS	D ⊕ i_D B ⊕G ⊖ S ⊖	i_D I_{DSS} U_P O u_{GS}	i_D +2V u_{GS}=0V −2V $u_{GS}=U_P$=−4V O u_{DS}
增强型 P MOS	D ⊖ i_D B G ⊖ ⊕ S ⊕	U_T i_D O u_{GS}	$-i_D$ u_{GS}= −6V −5V −4V $u_{GS}=U_T$=−3V O $-u_{DS}$
耗尽型 P MOS	D ⊖ i_D B ⊖G ⊕ S ⊕	i_D U_P O u_{GS} I_{DSS}	$-i_D$ −2V u_{GS}=0V +2V $u_{GS}=U_P$=+4V O $-u_{DS}$

7.3 场效应管的主要参数

场效应管的主要参数包括直流参数、交流参数、极限参数3部分。

1. 直流参数

(1) 饱和漏极电流 I_{DSS}

I_{DSS}是耗尽型和结型场效应管的一个重要参数,它的定义是当栅、源之间的电压U_{GS}等于零,而漏、源之间的电压U_{DS}大于夹断电压U_P时对应的漏极电流。

(2) 夹断电压 U_P

U_P也是耗尽型和结型场效应管的重要参数,其定义为当U_{DS}一定时,使I_D减小到某一个微小电流(如1μA,50μA)时所需的U_{GS}值。

(3) 开启电压 U_T

U_T是增强型场效应管的重要参数,它的定义是当U_{DS}一定时,漏极电流I_D达到某一数值(例如10μA)时所需加的U_{GS}值。

(4) 直流输入电阻 R_{GS}

R_{GS}是栅、源之间所加电压与产生的栅极电流之比。由于栅极几乎不索取电流,因此输入电阻很高,结型为$10^6\Omega$以上,MOS管可达$10^{10}\Omega$以上。

2. 交流参数

(1) 低频跨导 g_m

此参数是描述栅、源电压U_{GS}对漏极电流的控制作用。它的定义是当U_{DS}一定时,I_D与U_{GS}的变化量之比,即

$$g_m = \left.\frac{\partial i_D}{\partial u_{GS}}\right|_{u_{DS}=常数} \quad (7-5)$$

跨导g_m的单位是mA/V,它的值可由转移特性或输出特性求得。在转移特性上工作点Q外切线的斜率即是g_m,见图7.13(a)。或由输出特性看,在工作点处作一条垂直于横坐标的直线(表示U_{DS}=常数),在Q点上下取一个较小的栅、源电压变化量ΔU_{GS},然后从纵坐标上找到相应的漏极电流的变化量ΔI_D,则$g_m=\Delta I_D/\Delta U_{GS}$,见图7.13(b)。

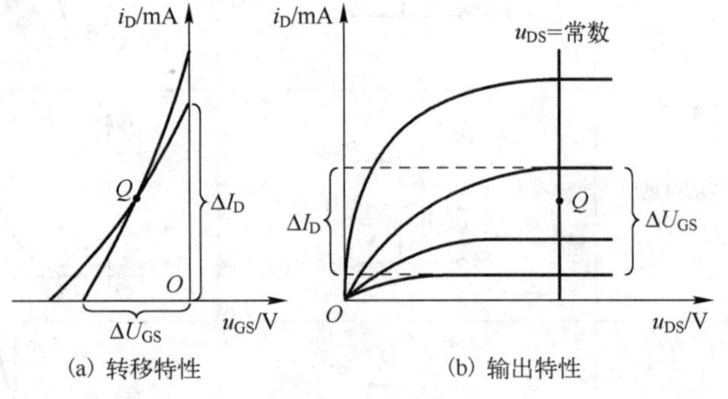

图7.13 根据场效应管的特性曲线求 g_m

此外,对结型场效应管,可由式(7-3)求导而得

$$g_m = \frac{\partial i_D}{\partial u_{GS}} = -\frac{2I_{DSS}}{U_P}\left(1-\frac{U_{GS}}{U_P}\right) \quad (7-6)$$

若已知I_{DSS}、U_P值,只需将工作点处的U_{GS}值和I_{DSS}、U_P值代入式(7-6),即可求得g_m值。

(2) 极间电容

场效应管三个电极之间的电容,包括C_{GS}、C_{GD}和C_{DS}。这些极间电容愈小,则管子的高频性能愈好,一般为几个皮法(pF)。

3. 极限参数

（1）漏极最大允许耗散功率 P_{Dm}

P_{Dm}与 I_D、U_{DS}有如下关系

$$P_{Dm} = I_D U_{DS}$$

这部分功率将转化为热能，使管子的温度升高。P_{Dm}决定于场效应管允许的最高温升。

（2）漏、源间击穿电压 BU_{DS}

在场效应管输出特性曲线上，当漏极电流 I_D 急剧上升产生雪崩击穿时的 U_{DS}。工作时外加在漏、源之间的电压不得超过此值。

（3）栅源间击穿电压 BU_{GS}

结型场效应管正常工作时，栅、源之间的 PN 结处于反向偏置状态，若 U_{GS}过高，PN 结将被击穿。

对于 MOS 场效应管，由于栅极与沟道之间有一层很薄的二氧化硅绝缘层，当 U_{GS}过高时，可能将 SiO_2 绝缘层击穿，使栅极与衬底发生短路。这种击穿不同于 PN 结击穿，而和电容器击穿的情况类似，属于破坏性击穿，即栅、源间发生击穿，MOS 管立即被损坏。

7.4 场效应管的特点

场效应管具有放大作用，可以组成各种放大电路，它与双极型三极管相比，具有以下几个特点：

（1）场效应管是一种电压控制器件，即通过 U_{GS}来控制 I_D。而双极型三极管是电流控制器件，通过 I_B 来控制 I_C。

（2）场效应管输入端几乎没有电流，所以其直流输入电阻和交流输入电阻都非常高。而双极型三极管，e 结始终处于正向偏置，总是存在输入电流，故 b、e 极间的输入电阻较小。

（3）由于场效应管是利用多数载流子导电的，因此，与双极型三极管相比，具有噪声小、受辐射的影响小、热稳定性较好而且存在零温度系数工作点等特性。图 7.14 为同一场效应管在不同温度下的转移特性，几条特性曲线有一个交点，若放大电路中场效应管的栅极电压选在该点，则当温度改变时 I_D 的值不变，该点称为零温度系数工作点。

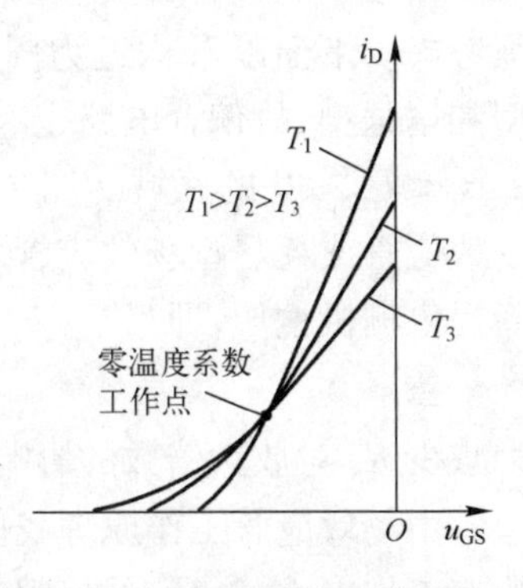

图 7.14　场效应管的零温度系数工作点

（4）由于场效应管的结构对称，有时漏极和源极可以互换使用，而各项指标基本上不受影响，因此应用时比较方便、灵活。对于有的绝缘栅场效应管，制造时源极已和衬底连在一起，则漏极和源极不能互换。

（5）场效应管的制造工艺简单，有利于大规模集成。特别是 MOS 电路，每个 MOS 场效应管的硅片上所占的面积只有双极型三极管的 5%，因此，集成度更高。

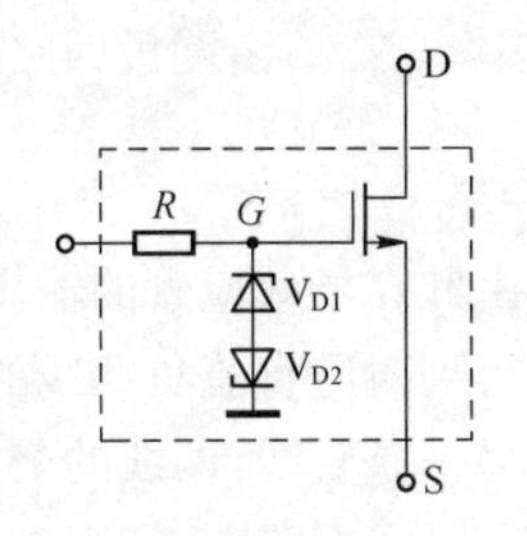

图 7.15　栅极过压保护电路

（6）由于 MOS 场效应管的输入电阻可高达 $10^{15}\ \Omega$，因此，由外界静电感应所产生的电荷不易泄漏，而栅极上的 SiO_2 绝缘层又很薄，这将在栅极上产生很高的电场强度，以至引起绝缘层击穿而损坏管子。为此，在存放时，应将各电极引线短接。焊接时，要注意将电烙铁外壳接上可靠地线，或者在焊接时，将电烙铁与电源暂时脱离。目前，一些 MOS 管子采用图 7.15 所示的栅极保护电

路，正常工作时，稳压管 V_{D1}，V_{D2} 都截止，R 上压降为零，对 MOS 管的工作无影响。

(7) 场效应管的跨导较小，当组成放大电路时，在相同的负载电阻下，电压放大倍数比双极型三极管低。

7.5 场效应管放大电路

场效应管具有放大作用，它的三个极与双极型三极管的 3 个极存在着对应关系，即栅极 G 对应基极 b；源极 S 对应发射极 e；漏极 D 对应集电极 c。所以根据双极型三极管放大电路，可组成相应的场效应管放大电路。但由于两种放大器件各自的特点，故不能将双极型三极管放大电路的三极管，简单地用场效应管取代，组成场效应管放大电路。

双极型三极管是电流控制器件，组成放大电路时，应给双极型三极管设置偏流。而场效应管是电压控制器件，故组成放大电路时，应给场效应管设置偏压，保证放大电路具有合适的工作点，避免输出波形产生严重的非线性失真。

按不同类型的场效应管，其偏压设置不同。

N 沟道结型场效应管：$-U_P \leqslant U_{GS} \leqslant 0V$；

N 沟道增强型 MOS 管：$U_{GS} \geqslant U_T$；

N 沟道耗尽型 MOS 管：$U_{GS} \geqslant -U_P$。

7.5.1 静态工作点与偏置电路

由于场效应管种类较多，故采用的偏置电路，其电压极性必须考虑。下面以 N 沟道为例进行讨论。由于 MOS 管又分为耗尽型和增强型，故偏置电路也有所区别。结型场效应管只能工作在 $-U_P \leqslant U_{GS} \leqslant 0$ 的区域。图 7.16 为自给偏压电路，它适用于结型场效应管或耗尽型场效应管。它依靠漏极电流 I_D 在 R_S 上的电压降提供栅极偏压，即

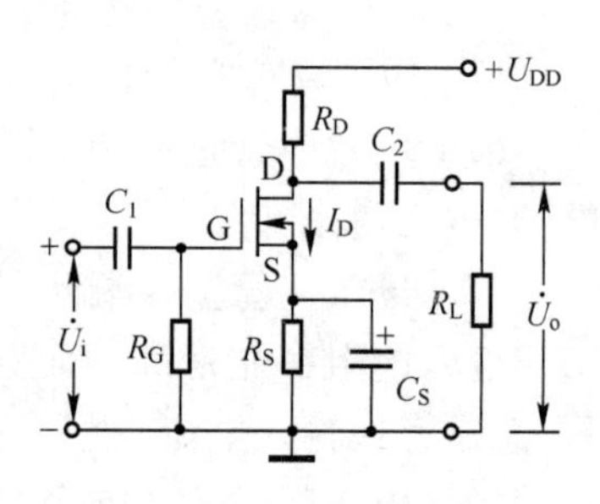

图 7.16 自给偏压电路

$$U_{GS} = -I_D R_S \tag{7-7}$$

为减少 R_S 对放大倍数的影响，在 R_S 两端同样也并联一个足够大的旁路电容 C_S。

由场效应管工作原理我们知道 I_D 是随 U_{GS} 变化的，而现在 U_{GS} 又取决于 I_D 的大小，怎样确定静态工作点 I_D 和 U_{GS} 的值呢？一般可采用两种方法：图解法和计算法。

1. 图解法

首先，由漏极回路写出方程

$$U_{DS} = U_{DD} - I_D(R_D + R_S) \tag{7-8}$$

由此在场效应管的输出特性曲线上作出直流负载线 AB，将此直流负载线逐点转到 $u_{GS} \sim i_D$ 坐标，得到对应直流负载线的转移特性曲线 CD，如图 7.17 所示。再由式(7-7)在 $u_{GS} \sim i_D$ 坐标系中作另一条直线，两线的交点即为 Q 点。

2. 计算法

场效应管的 I_D 和 U_{GS} 之间的关系可用式(7-3)近似表示，即

$$i_D = I_{DSS}\left(1 - \frac{u_{GS}}{U_P}\right)^2 \tag{7-9}$$

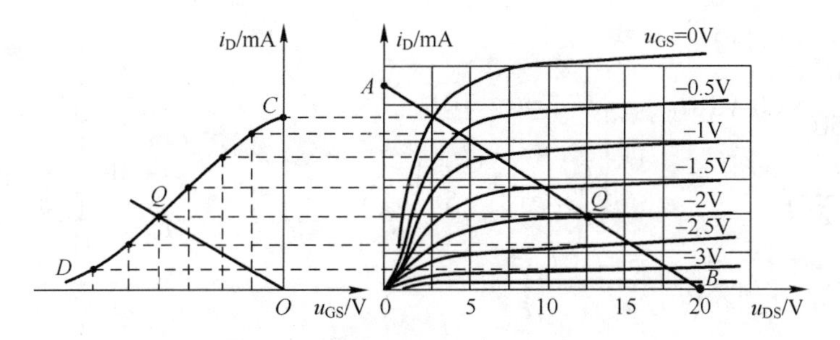

图 7.17 求自给偏压电路 Q 点的图解法

式中，I_{DSS}为饱和漏极电流，U_P 为夹断电压，可由手册查出。联立求解式(7-7)、式(7-9)即可得到静态时的 I_D 和 U_{GS}值。

例 7-1 电路如图 7.16 所示，场效应管为 3DJG，其输出特性曲线如图 7.18 所示。已知 $R_D=2k\Omega$，$R_S=1.2k\Omega$，$U_{DD}=15V$，试用图解法确定该放大器的静态工作点。

解 写出输出回路的电压电流方程，即直流负载线方程

$$U_{DS}=U_{DD}-I_D(R_D+R_S)$$

当 $U_{DS}=0V$ 时，$I_D=\dfrac{U_{DD}}{R_D+R_S}=\dfrac{15}{2+1.2}=4.7mA$；

$I_D=0mA$ 时，$U_{DS}=15V$。

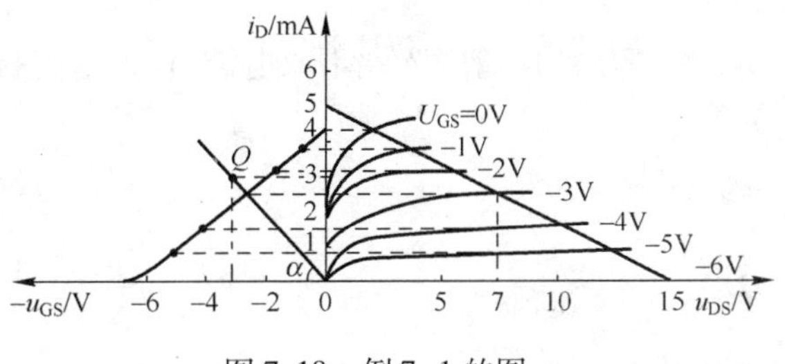

图 7.18 例 7-1 的图

在输出特性图上将上述两点相连得直流负载线。

再根据上述直流负载线与输出特性曲线簇的交点，转移到 u_{GS}-i_D 坐标系中，画出相应于该直流负载线的转移特性曲线，见图 7.18。

在转移特性曲线上，作出 $U_{GS}=-I_DR_S$ 的曲线。由上式可看出它在 u_{GS}-i_D 坐标系中是一条直线，找出两点即可。

令 $I_D=0$，$U_{GS}=0$；$I_D=3mA$，$U_{GS}=3.6V$。连接该两点，在 u_{GS}-i_D 坐标系中得一直线，此线与转移特性曲线的交点，即为 Q 点，对应 Q 点的值为 $I_D=2.5mA$，$U_{GS}=-3V$，$U_{DS}=7V$。

另一种常用的偏置电路为分压式偏置电路，如图 7.19 所示。该电路适合于增强型和耗尽型 MOS 管和结型场效应管。为了不使分压电阻 R_1、R_2 对放大电路的输入电阻影响太大，故通过 R_G 与栅极相连。该电路栅、源电压为

$$U_{GS}=U_G-U_S=\frac{R_1}{R_2+R_1}U_{DD}-I_DR_S \tag{7-10}$$

利用图解法求 Q 点时，此方程的直线不通过 $u_{GS}-i_D$ 坐标系的原点，而是通过 $I_D=0$，$U_{GS}=\dfrac{R_1}{R_2+R_1}U_{DD}$，其他过程与自偏电路相同，此处不赘述。

利用计算法求解时，需联立解下面的方程组

$$\begin{cases}U_{GS}=\dfrac{R_1}{R_1+R_2}U_{DD}-I_DR_S\\[2ex] I_D=I_{DSS}\left(1-\dfrac{U_{GS}}{U_P}\right)^2\end{cases} \tag{7-11}$$

为使工作点受温度的影响最小，应尽量将栅偏压设置在零温度系数附近。

例 7-2 试计算图 7.19 电路的静态工作点。已知 $R_1=50k\Omega$，$R_2=150k\Omega$，$R_G=1M\Omega$，$R_D=R_S=10k\Omega$，$U_{DD}=20V$。场效应管为 3DJ7F，其 $U_P=-5V$，$I_{DSS}=1mA$。

解 由式(7-11)可得

$$\begin{cases} U_{GS} = \dfrac{50}{50+50} \times 20 - 10I_D \\ I_D = 1\left(1 + \dfrac{U_{GS}}{5}\right) \end{cases}，即 \begin{cases} U_{GS} = 5 - 10I_D \\ I_D = \left(1 + \dfrac{U_{GS}}{5}\right)^2 \end{cases}$$

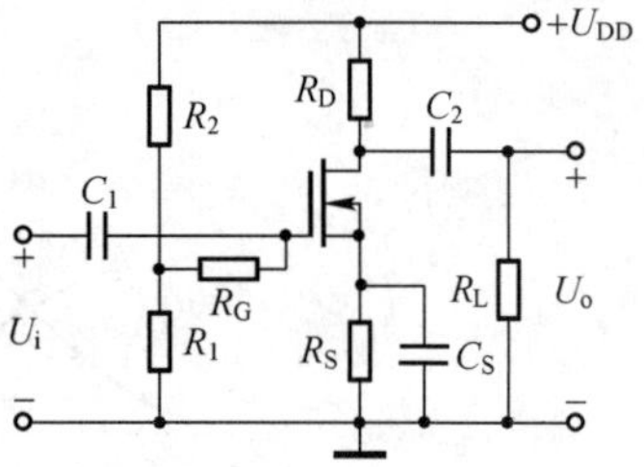

得
$$I_D = \left(1 + \frac{5 - 10I_D}{5}\right)^2$$

即
$$I_D^2 - 9I_D + 4 = 0$$

解得
$$I_D = 0.61\text{mA}$$

$$U_{GS} = 5 - 0.61 \times 10 = -1.1\text{V}$$

漏极对地电压为
$$U_D = U_{DD} - I_D R_D = 20 - 0.61 \times 10 = 13.9\text{V}$$

图 7.19 分压式偏置电路

7.5.2 场效应管的微变等效电路

由于场效应管输入端不取电流，输入电阻极大，故输入端可视为开路。场效应管仅存在如下关系

$$i_D = f(u_{GS}, u_{DS}) \tag{7-12}$$

求微分式
$$di_D = \frac{\partial i_D}{\partial u_{GS}}\bigg|_{U_{DS}} du_{GS} + \frac{\partial i_D}{\partial u_{DS}}\bigg|_{U_{DS}} du_{DS} \tag{7-13}$$

定义
$$g_m = \frac{\partial i_D}{\partial u_{GS}}\bigg|_{U_{DS}} \tag{7-14}$$

$$\frac{1}{r_D} = \frac{\partial i_D}{\partial u_{DS}}\bigg|_{u_{GS}} \tag{7-15}$$

g_m 为跨导，r_D 为漏极电阻。

如果用 i_d，u_{gs}，u_{ds}分别表示 i_D，u_{GS}，u_{DS}的变化部分，则式(7-13)可写为

$$i_d = g_m u_{gs} + \frac{1}{r_D} u_{ds} \tag{7-16}$$

其中 g_m，r_D 的数值，可从特性曲线上求出。g_m 也可通过式(7-6)求得，即

$$g_m = -\frac{2I_{DSS}}{U_P}\left(1 - \frac{U_{GS}}{U_P}\right) \tag{7-17}$$

当 $U_{GS} = 0$ 时，以 g_{m0}表示此时的 g_m 值，则有

$$g_{m0} = -2I_{DSS}/U_P \tag{7-18}$$

将 g_{m0}代入式(7-17)，则得
$$g_m = g_{m0}\left(1 - \frac{U_{GS}}{U_P}\right) \tag{7-19}$$

通常 r_D 的数值均为几百千欧的数量级，当负载电阻比 r_D 小很多时，可认为 r_D 开路。

有了等效电路，我们就可用它计算场效应管放大电路的电压放大倍数 A_u、输入电阻 r_i 和输出电阻 r_o。

7.5.3 共源极放大电路

电路如图 7.19 所示，其微变等效电路如图 7.20 所示。

$$U_o = -g_m U_{gs} R_L'$$

式中，$R'_L = R_D // R_L$。而 $U_{gs} = U_i$，所以，电压放大倍数

$$A_u = U_o / U_i = -g_m R'_L \qquad (7\text{-}20)$$

输入电阻 $$r_i = R_G + R_1 // R_2 \qquad (7\text{-}21)$$

由于 R_1，R_2 主要用来确定静态工作点，所以，输入电阻主要由 R_G 确定。一般 R_G 阻值都较大，常为几百千欧至几兆欧，甚至几十兆欧。

输出电阻 $$r_o = R_D \qquad (7\text{-}22)$$

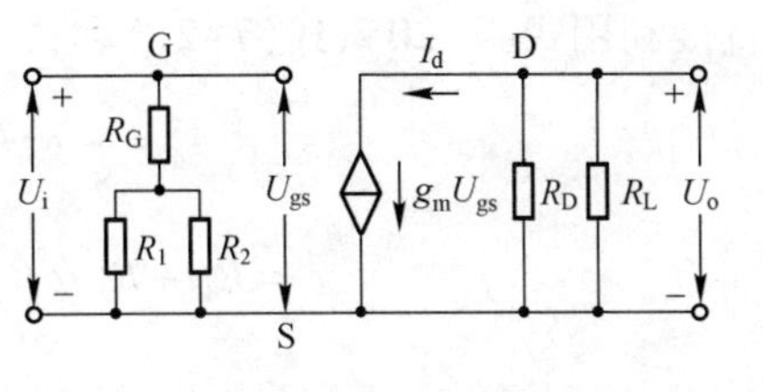

图 7.20 共源极放大电路微变等效电路

7.5.4 共漏放大器（源极输出器）

电路如图 7.21(a)所示，其微变等效电路如图 7.21(b)所示。

$$U_o = g_m U_{gs} R'_L$$

式中，$R'_L = R_S // R_L$。而 $U_i = U_{gs} + U_o$，$U_{gs} = U_i - U_o$ 所以

$$U_o = g_m (U_i - U_o) R'_L$$

整理后得

$$U_o = \frac{g_m R'_L U_i}{1 + g_m R'_L}$$

于是得

$$A_u = \frac{U_o}{U_i} = \frac{g_m R'_L}{1 + g_m R'_L} \qquad (7\text{-}23)$$

(a) 电路图

(b) 等效电路

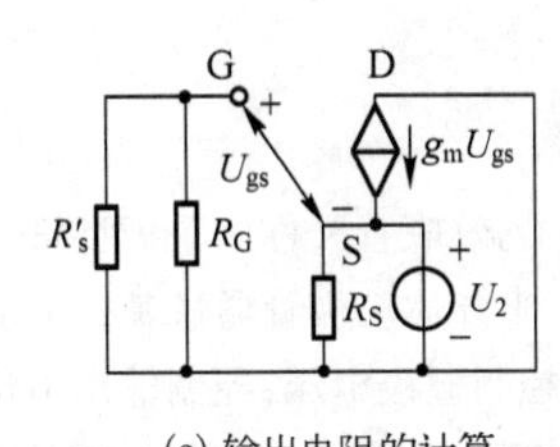

(c) 输出电阻的计算

图 7.21 源极输出器

输入电阻 $$r_i = R_G \qquad (7\text{-}24)$$

在求输出电阻时，令 $U_s = 0$，并在输出端加一信号 U_2，如图 7.21(c)所示。这时从输出端流入的电流为

$$I_2 = \frac{U_2}{R_S} - g_m U_{gs}$$

而 $U_{gs} = -U_2$，所以

$$I_2 = \frac{U_2}{R_S} + g_m U_2 = \left(g_m + \frac{1}{R_S}\right) U_2$$

故

$$r_o = \frac{U_2}{I_2} = \frac{1}{g_m + \frac{1}{R_S}} = \frac{1}{g_m} // R_S \qquad (7\text{-}25)$$

例 7-3 计算例 7-2 电路图 7.19 的电压放大倍数、输入电阻、输出电阻。电路参数及管子参数见例 7-2，且 $R_L = 1\text{M}\Omega$，$C_S = 100\mu\text{F}$。

解 由例 7-2 已求得该电路的静态工作点，$U_{GS} = -1.1\text{V}$，$I_D = 0.61\text{mA}$，则根据式(7-17)，得

$$g_m = \frac{2 \times 1}{5}\left(1 - \frac{1.1}{5}\right) = 0.312\text{mA/V}$$

直接利用式(7-20)、式(7-21)和式(7-22),得

$$A_u = -g_m R'_L = -0.312 \times \frac{10 \times 1\,000}{10 + 1\,000} \approx -3.12$$

$$r_i = R_G + R_1 /\!/ R_2 = 1\,000 + \frac{50 \times 150}{50 + 150} = 1038\text{k}\Omega \approx 1.04\text{M}\Omega$$

$$r_o = R_D = 10\text{k}\Omega$$

例 7-4 计算图 7.21(a)源极输出器的 A_u,r_i,r_o。(已知 $R_G = 5\text{M}\Omega$,$R_S = 10\text{k}\Omega$,$R_L = 10\text{k}\Omega$,场效应管 $g_m = 4\text{mA/V}$。)

解 由于 g_m 已给出,所以可不计算直流状态。根据式(7-23)、式(7-24)和式(7-25)可求出

$$A_u = \frac{g_m R'_L}{1 + g_m R'_L} = \frac{4 \times 5}{1 + 4 \times 5} = \frac{20}{21} = 0.95$$

式中,$R'_L = R_S /\!/ R_L = 5\text{k}\Omega$。

$$r_i = R_G = 5\text{M}\Omega$$

$$r_o = \frac{1}{g_m} /\!/ R_S = \frac{1}{4} /\!/ 10 \approx \frac{1}{4} = 0.25\text{k}\Omega$$

由上述可知,源极输出器也具有与晶体管射极输出器相似的特性:A_u 接近于 1,r_i 很高,r_o 很小。

习 题 7

7.1 场效应管又称为单极型管,因为________;半导体三极管又称为双极型管,因为________。

7.2 半导体三极管通过基极电流控制输出电流,所以属于________控制器件,其输入电阻________;场效应管通过控制栅极电压,控制输出电流,所以属于________控制器件,其输入电阻________。

7.3 简述 N 沟道结型场效应管的工作原理。

7.4 简述绝缘栅 N 沟道增强型场效应管的工作原理。

7.5 绝缘栅 N 沟道增强型与耗尽型场效应管有何不同?

7.6 场效应管的转移特性曲线如图所示,试标出管子的类型(N 沟道还是 P 沟道,增强型还是耗尽型,结型还是绝缘栅型)。

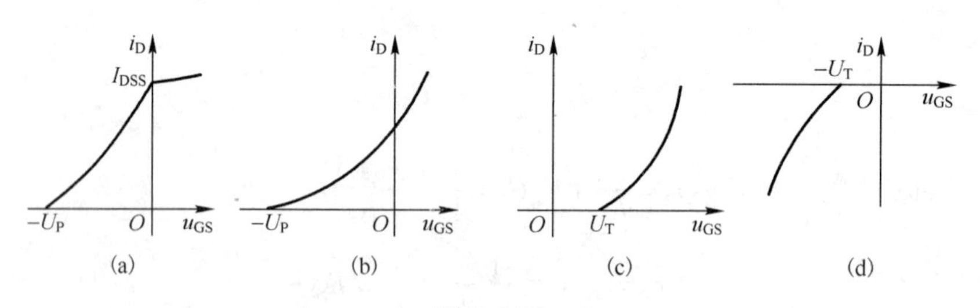

题 7.6 图

7.7 已知 N 沟道结型场效应管的 $I_{DSS} = 2\text{mA}$,$U_P = -4\text{V}$,画出它的转移特性曲线。

7.8 已知某 MOS 场效应管的输出特性如图所示,分别画出 $u_{DS} = 9\text{V}$,6V,3V 时的转移特性曲线。

7.9 场效应管放大电路及管子转移特性如图所示。

(1)用图解法计算静态工作点参数 I_{DQ},U_{GSQ},U_{DSQ};

(2)若静态工作点处跨导 $g_m = 2\text{mA/V}$,计算 A_u,r_i,r_o。

7.10 源极跟随器如图所示,设场效应管参数 $U_P = -2\text{V}$,$I_{DSS} = 1\text{mA}$。(1)用解析法确定静态工作点 I_{DQ},

U_{GSQ}，U_{DSQ}及工作点跨导；(2) 计算 A_u，r_i，r_o。

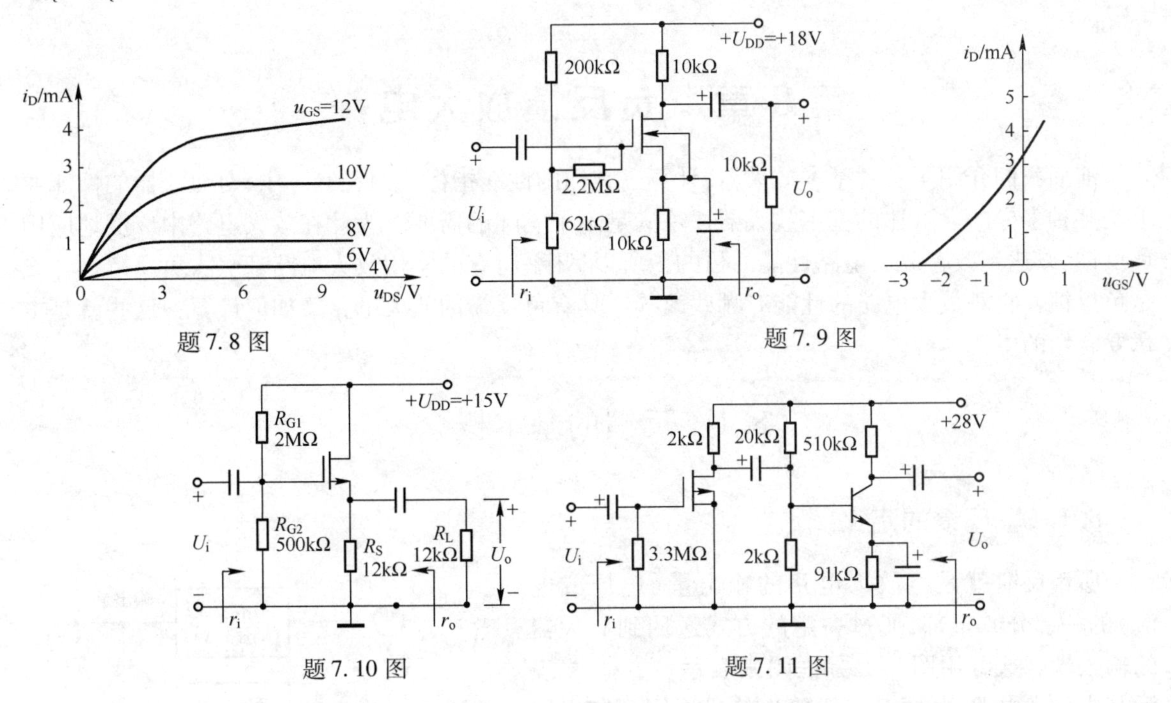

题 7.8 图

题 7.9 图

题 7.10 图

题 7.11 图

7.11　由场效应管及三极管组成二级放大电路如图所示，场效应管参数为 $I_{DSS}=2mA$，$g_m=1mA/V$；三极管参数 $r_{bb'}=86\Omega$，$\beta=80$。(1) 估算电路的静态工作点；(2) 计算该二级放大电路的电压放大倍数 A_u 及输入电阻 r_i 和输出电阻 r_o。

第8章　负反馈放大电路

前面我们介绍了各种基本放大器,计算了它们的性能指标。但在实际中,对放大器的性能要求是多种多样的。上述的基本放大器往往满足不了实际的需要。为此在放大电路中广泛地应用负反馈,以达到改善放大电路性能的目的。所以,几乎所有的实用放大电路都引入负反馈。什么是负反馈?它对放大电路的性能有哪些改善?具有负反馈的放大电路又如何计算?这些就是本章要介绍的主要内容。

8.1　反馈的基本概念

8.1.1　反馈的定义

所谓反馈就是将放大电路的输出量(电压或电流)的一部分或全部,通过一定的方式送回到放大器的输入端。这可用图8.1方框图来表示。方框A表示基本放大电路;方框F表示输出信号送回到输入回路所经过的电路,称为反馈网络。箭头表示信号流通方向,符号⊕表示信号叠加,输入量 X_i 和反馈量 X_f 经过叠加后得到净输入信号 X_i'。放大电路与反馈网络组成一个封闭系统,所以又把引入了反馈的放大电路称为闭环放大器,而未引入反馈的基本放大电路称为开环放大器。

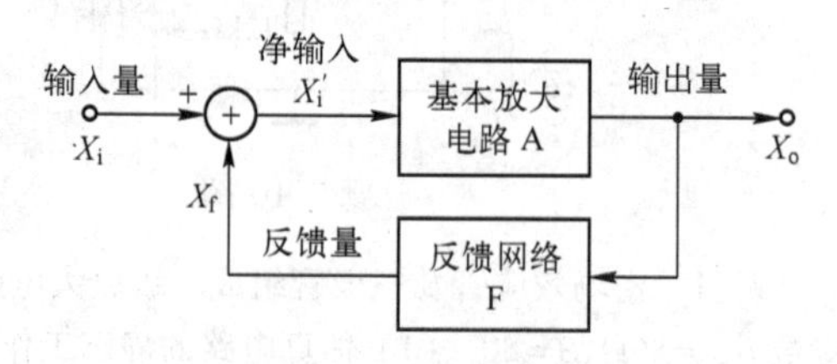

图8.1　反馈放大电路方框图

8.1.2　反馈的分类及判断

1. 按反馈极性分类

负反馈:反馈信号 X_f 削弱原来输入信号 X_i,使放大倍数 $|A|$ 下降,多用于改善放大器的性能。

正反馈:反馈信号 X_f 加强原来输入信号,使放大倍数 $|A|$ 上升,多用于振荡电路。

判断正、负反馈的思路,就是看反馈量,是使净输入量 X_i' 增大还是减小。使 X_i' 增大是正反馈;使 X_i' 减小是负反馈。采用的方法是瞬时极性法。首先将反馈网络与放大电路的输入端断开,然后设定输入信号有一个正极性的变化,用符号+表示,再看反馈回来的信号是正极性⊕还是负极性⊖。如反馈信号是削弱输入信号,使净输入量下降,则为负反馈。反之,是加强输入信号,使净输入量增加,为正反馈。下面以图8.2(a)、(b)为例进行讨论。

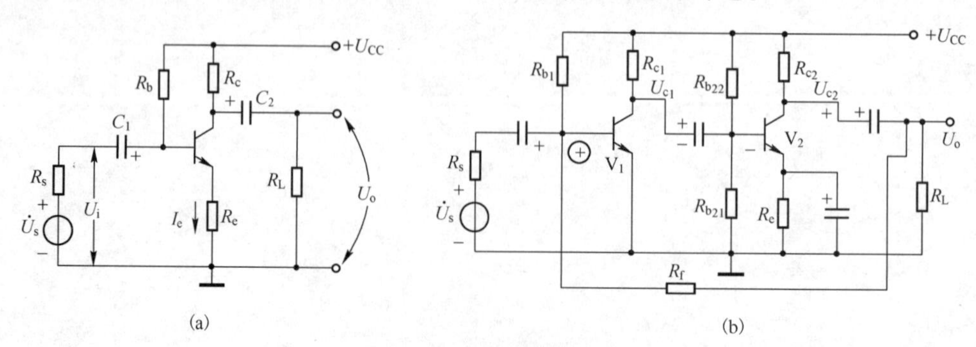

图8.2　反馈极性的判断

图 8.2(a)输入⊕,由管子的工作原理则电流 I_e增大,故反馈回输入回路的量 $U_f = I_e R_e$也上升,即 U_{R_e}也为⊕,净输入量为 U_{be}将受 U_{R_e}的影响而下降,故为负反馈放大电路。

图 8.2(b),输入信号⊕,经 V_1组成的共 e 极放大电路反相一次,即 U_{c_1}为⊖,它作为第二级 V_2组成的共 e 极放大电路的输入信号,再反相一次,即 U_o为⊕,经 R_f反馈回第一级输入回路,它将使净输入信号增加,故为正反馈。由以上判断过程可看出,放大电路输入、输出电压的相位关系,对判断正、负反馈十分重要。由于负反馈对放大器性能有改善,而正反馈使放大器性能变坏,所以正、负反馈的判断一定要掌握好。

2. 按交直流性质分类

直流反馈:若反馈回输入端的信号是直流成分,则称为直流反馈。直流负反馈主要用于稳定直流工作点。

交流反馈:反馈回输入端的信号是交流成分,则称为交流反馈。交流负反馈主要用于放大电路性能的改善。

3. 按输出端取样对象分类

电压反馈:在负反馈电路中,反馈信号的取样对象是输出电压,通称为电压反馈。其特点就是反馈信号与输出电压成正比例,也可以说电压反馈是将输出电压的一部分或全部,按一定方式反馈回输入端。

电流反馈:反馈信号取样对象是输出电流,通称为电流反馈。其特点是反馈信号与输出电流成正比例,也可以说电流反馈是将输出电流的一部分或全部,按一定方式反馈到输入端。

判断电流反馈和电压反馈的方法:

根据其特点,可判断电流、电压反馈。假设输出端短路,即 $U_o = 0$,若反馈仍存在,则说明它不是与 U_o成正比关系,故应为电流反馈;若 $U_o = 0$,反馈也不存在了,则为电压反馈。

按电路结构也可判断电流、电压反馈。电流反馈取样于输出电流,因此,取样电路(反馈网络与输出端的连接)是串接在输出回路,故反馈端与输出端不为同一电极;电压反馈是取样于输出电压,故反馈网络是并接在输出回路,反馈端与输出端为同一电极。上述关系如图 8.3 所示。显然,电流反馈、电压反馈与输出端有关,同一电极引出的反馈,输出端不同,反馈形式也就不同。

4. 按输入端连接方式分类

串联反馈:反馈电路是串接在输入回路,以电压形式在输入端相加决定净输入电压信号,即 $U'_i = U_i - U_f$。从电路结构上看,反馈电路与输入端串接在输入电路,即反馈端与输入端不在同一电极,如图 8.4 所示。

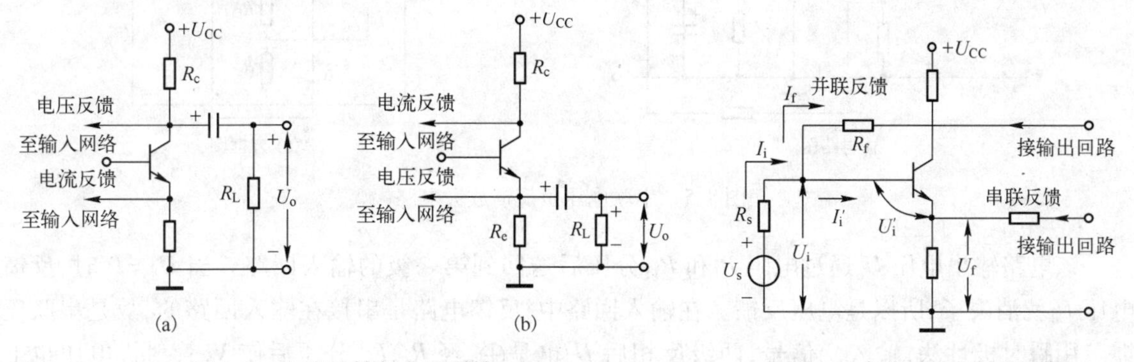

图 8.3 电流反馈与电压反馈　　图 8.4 串联反馈与并联反馈

并联反馈:反馈电路是并接在输入回路,以电流形式在输入端相加,决定净输入电路信号,即 $I'_i = I_i - I_f$。从电路结构上看,反馈电路与输入端并接在输入电路,即反馈端与输入端在同一电极,如图 8.4 所示。

串联、并联反馈对信号源内阻 R_s 的要求是不同的。为使反馈效果好,串联反馈要求 R_s 愈小愈好,R_s 太大则串联效果趋于零。并联反馈则要求 R_s 越大越好,R_s 太小则并联效果趋于零。

由于在放大电路中主要是用负反馈,所以本章仅讨论负反馈。按上述分类,负反馈放大电路可有四种组态:串联电压负反馈、串联电流负反馈、并联电压负反馈、并联电流负反馈。

8.2 负反馈的四种组态

8.2.1 反馈的一般表达式

反馈放大电路的方框图如图 8.1 所示。

基本放大电路放大倍数(又称开环增益)

$$A = X_o / X_i' \tag{8-1}$$

反馈网络的反馈系数

$$F = X_f / X_o \tag{8-2}$$

由于

$$X_i' = X_i - X_f \tag{8-3}$$

所以

$$X_o = A(X_i - X_f) = A(X_i - FX_o) = AX_i - AFX_o$$

故反馈放大电路的放大倍数(又称为闭环增益)为

$$A_f = \frac{X_o}{X_i} = \frac{A}{1 + AF} \tag{8-4}$$

此式反映了反馈放大电路的基本关系,也是分析反馈问题的出发点。$(1 + AF)$ 是描述反馈强弱的物理量,称为反馈深度,它是反馈电路定量分析的基础。

下面结合具体电路,对四种组态进行分析讨论。

8.2.2 串联电压负反馈

电路图 8.5(a)为一个两级 RC 耦合放大电路。

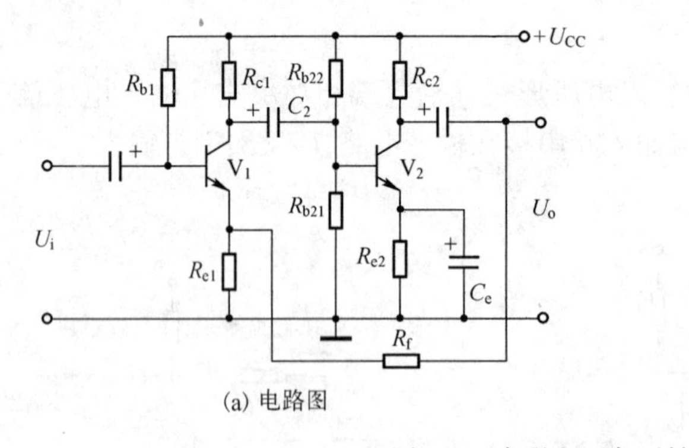

(a) 电路图

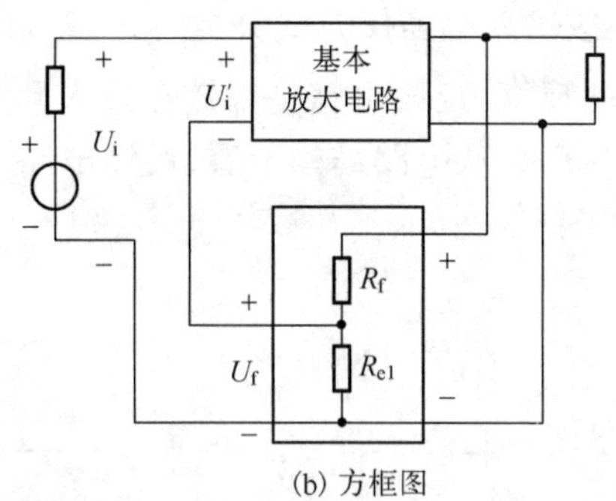

(b) 方框图

图 8.5 串联电压负反馈放大电路

该电路输出电压 U_o 通过电阻 R_f 和 R_{e1} 分压后送回到第一级的输入回路。当 $U_o = 0$ 时,反馈电压 U_f 就消失了,所以是电压反馈。在输入回路中,反馈电路是串接在输入回路的,故是串联反馈。用瞬时极性法,输入⊕信号,两级反相后 U_o 也是⊕,经 R_f、R_{e1} 分压后使 V_1 管射极电压也上升,削弱了输入信号的作用,所以是负反馈。用方框图表示,如图 8.5(b)所示。串联电压负反馈的放大倍数与电压有如下关系式,因为输出是电压,反馈回来是以电压形式在输入端相加,故基本放大电路的放大倍数(开环放大倍数)为

$$A_u = U_o / U_i' \text{（电压放大倍数）}$$

反馈系数为
$$F_u = U_f / U_o$$

闭环放大倍数为
$$A_{uf} = \frac{A_u}{1 + F_u A_u} \tag{8-5}$$

此式说明串联电压负反馈的闭环电压放大倍数，是开环放大倍数的 $1/(1+F_u A_u)$ 倍。

由于是电压负反馈，所以它稳定了输出电压 U_o。当 U_i 为某一固定值时，由于管子参数或负载电阻发生变化使 U_o 减小，则 U_f 也随之减小，结果使净输入电压 $U_i' = U_i - U_f$ 增大，U_o 将增大，故电压负反馈使 U_o 基本不变。即

$$R_L \downarrow \to U_o \downarrow \to U_f \downarrow \to U_i' \uparrow \to U_o \uparrow$$

8.2.3 串联电流负反馈

串联电流负反馈电路如图 8.6(a)所示。发射极的电阻 R_f 将输出回路的电流 I_e，送回到输入回路中去。当将输出端短路（即 $U_o = 0$）时，仍有电流流过 R_f，故反馈仍存在，所以是电流反馈。反馈电路在输入回路呈串联关系，即 $U_i' = U_i - U_f$，因此是串联负反馈。反馈极性的判断，仍采用瞬时极性法。输入为⊕时，电流增大，R_f 上电压增大，故 U_e 上升，它抵消了输入信号的作用，因此是负反馈。

串联电流负反馈的方框图，如图 8.6(b)所示。

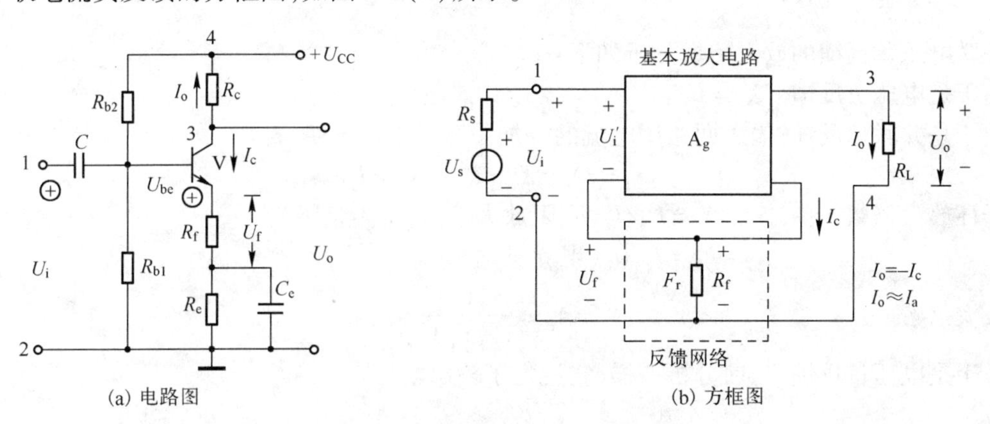

(a) 电路图　　　　(b) 方框图

图 8.6　串联电流负反馈放大电路

因为输出是电流，且反馈回来是以电压形式在输入端相加，故基本放大电路的串联电流负反馈放大倍数的关系式如下：

$$A_g = I_o / U_i \text{（互导放大倍数，电导量纲）}$$
$$F_r = U_f / I_o \text{（电阻量纲）}$$
$$A_{gf} = \frac{A_g}{1 + F_r A_g} \tag{8-6}$$

串联电流负反馈的闭环放大倍数，下降到开环时的 $1/(1+F_r A_g)$ 倍。

由于是电流负反馈，所以稳定了输出电流。更换管子或温度变化时，使管子的 β 值增大，则输出电流 I_c（或 I_e）将增大，U_f 也随之增大，结果使净输入 U_i' 下降，使输出电流下降，使电流 I_c 基本保持不变，即

$$\beta \uparrow \to I_c \uparrow \to U_f \uparrow \to U_i' \downarrow \to I_b \downarrow \to I_c \downarrow$$

8.2.4 并联电压负反馈

如图 8.7(a)所示,它实质上是一个共 e 极基本放大电路,在 c、b 间接入电阻 R_f 引入反馈。我们可按与前面相同的方法,从定义出发判断反馈的组态。也可按图 8.3、图 8.4 提出的电路结构特点,判断反馈的组态。该电路从输出回路看,反馈的引出端与电压输出端是同一点,故为电压反馈;从输入回路看,反馈引入点与信号输入端为同一点,故为并联反馈。用瞬时极性法判断,输入信号为⊕,反馈回的作用使同一点为⊖,故削弱了输入信号的作用,为负反馈。方框图如图 8.7(b)所示。

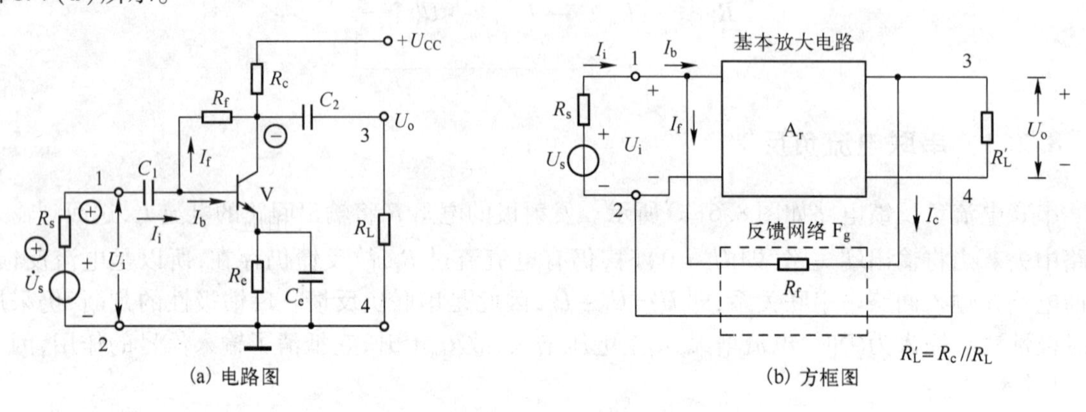

图 8.7 并联电压负反馈放大电路

并联电压负反馈的放大倍数分析如下:

由于是电压负反馈 $X_o = U_o$。

由于是并联负反馈,输入回路用电流的叠加关系讨论较方便、直观,故

$$X_f = I_f, \quad X_i = I_i, \quad X_i' = I_i'$$

所以开环放大倍数 $A_r = U_o/I_i'$(互阻放大倍数,电阻量纲)

$F_g = I_f/U_o$(电导量纲)

闭环放大倍数

$$A_{rf} = \frac{A_r}{1 + F_g A_r} \tag{8-7}$$

由于是电压负反馈,与前分析一样,它稳定了输出电压。

8.2.5 并联电流负反馈

并联电流负反馈电路如图 8.8(a)所示。反馈通过电阻 R_f,从输出级的发射极引入到输入级的基极。由于反馈的引出端与输出电压端不同极,故为电流反馈;反馈引入端与输入信号端为同一电极,故为并联反馈。按瞬时极性法[极性标在图 8.8(a)上]判断是负反馈。

同样,由于是电流负反馈,所以稳定了输出电流。

并联电流负反馈放大倍数分析如下:

由于是电流负反馈 $X_o = I_o$

由于是并联负反馈,所以

$$X_f = I_f, \quad X_i = I_i, \quad X_i' = I_i'$$

故开环放大倍数为 $A_i = I_o/I_i$(电流放大倍数)

$F_i = I_f/I_o$

闭环放大倍数为

$$A_{if} = \frac{A_i}{1 + F_i A_i} \tag{8-8}$$

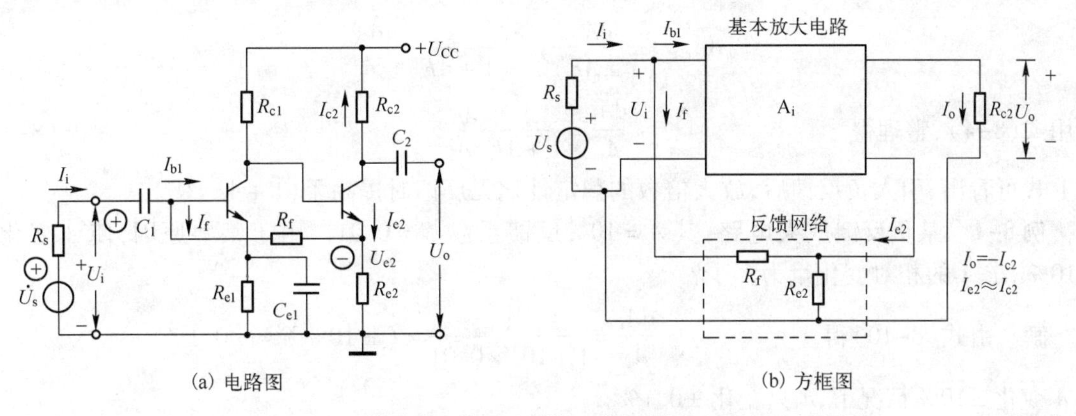

图 8.8　并联电流负反馈放大电路

综上所述，以上四种不同组态的反馈电路，其放大倍数具有不同的量纲，有电压放大倍数和电流放大倍数，也有互阻放大倍数和互导放大倍数。不能都认为是电压放大倍数。为了严格区分这四个不同含义的放大倍数，在用符号表示时，应加上不同的脚注，相应地，四种不同组态的反馈系数也用不同下标表示。为便于比较，详见表 8.1。

表 8.1　四种反馈组态下，A、F 和 A_f 的不同含义

反 馈 方 式	串联电压型	并联电压型	串联电流型	并联电流型
输出量 X_o	U_o	U_o	I_o	I_o
输入量 X_i,X_f,X_i'	U_i,U_f,U_i'	I_i,I_f,I_i'	U_i,U_f,U_i'	I_i,I_f,I_i'
开环放大倍数 $A=X_o/X_i'$	$A_u=\frac{U_o}{U_i'}$	$A_r=\frac{U_o}{I_i'}$	$A_g=\frac{I_o}{U_i'}$	$A_i=\frac{I_o}{I_i'}$
反馈系数 $F=X_f/X_o$	$F_u=\frac{U_f}{U_o}$	$F_g=\frac{I_f}{U_o}$	$F_r=\frac{U_f}{I_o}$	$F_i=\frac{I_f}{I_o}$
闭环放大倍数 $A_f=\frac{U_o}{U_i}=\frac{A}{1+AF}$	$A_{uf}=\frac{A_u}{1+F_uA_u}$	$A_{rf}=\frac{A_r}{1+F_gA_r}$	$A_{gf}=\frac{A_g}{1+F_rA_g}$	$A_{if}=\frac{A_i}{1+F_iA_i}$

8.3　负反馈对放大电路性能的影响

负反馈使放大电路的放大倍数下降，但对放大电路的性能有改善，故它的应用十分广泛。本节将分析负反馈对放大电路的哪些性能会产生影响，哪些会使电路性能得到改善，其改善程度与反馈深度有何关系。

8.3.1　提高放大倍数的稳定性

前面已提到电压负反馈能稳定输出电压，电流负反馈能稳定输出电流，这样，在放大电路输入信号一定的情况下，其输出受电路参数、电源电压、负载电阻变化的影响较小，提高了放大倍数的稳定性。其定量关系见式(8-4)：

$$A_f=\frac{A}{1+AF}$$

对 A_f 求导，则得

$$\frac{dA_f}{dA}=\frac{1}{1+AF}-\frac{AF}{(1+AF)^2}=\frac{1}{(1+AF)^2} \tag{8-9}$$

实际中，常用相对变化量来表示放大倍数的稳定性，将式(8-9)改写成

$$dA_f=\frac{dA}{(1+AF)^2}=\frac{A}{(1+AF)^2}\frac{dA}{A}$$

运用式(8-4),整理得

$$\frac{dA_f}{A_f}=\frac{1}{1+AF}\frac{dA}{A} \tag{8-10}$$

从上式可看出,引入负反馈后,放大倍数的稳定性比无反馈时提高了$(1+AF)$倍。

例 8-1 某负反馈放大电路,其 $A=10^4$,反馈系数 $F=0.01$。由于某些原因,使 A 变化了 $\pm10\%$,求 A_f的相对变化量为多少?

解 由式(8-10)得

$$\frac{dA_f}{A_f}=\frac{1}{1+10^4\times0.01}\times(\pm10\%)\approx\pm0.1\%$$

即 A 变化 $\pm10\%$ 情况下,A_f只变化 $\pm0.1\%$。

例 8-2 对一个串联电压负反馈放大电路,若要求 $A_{uf}=100$,当基本放大电路的放大倍数 A_u 变化 10% 时,闭环增益变化不超过 0.5%,求 A_u及反馈系数 F_u。

解 由式(8-10)得

$$1+A_uF_u=\frac{\Delta A_u/A_u}{\Delta A_{uf}/A_{uf}}=\frac{10}{0.5}=20$$

即 $A_uF_u=19$。又由于 $A_{uf}=\frac{A_u}{1+A_uF_u}$,故

$$A_u=(1+A_uF_u)\cdot A_{uf}=20\times100=2000$$

则反馈系数

$$F_u=19/A_u=19/2000=0.0095$$

8.3.2 减小非线性失真和抑制干扰、噪声

由于电路中存在非线性器件,所以即使输入信号 X_i为正弦波,输出也不一定是正弦波,会产生一定的非线性失真。引入负反馈以后,非线性失真将会减小。

如图 8.9(a)所示,原放大电路产生了非线性失真。输入为正、负对称的正弦波,由于放大器件的非线性,输出是正半周大、负半周小的失真波形。加了负反馈后,输出端的失真波形反馈到输入端,与输入波形叠加后,净输入信号成为正半周小、负半周大的波形。此波形经放大后,其输出端正、负半周波形之间的差异减小,从而减小了放大电路输出波形的非线性失真,如图 8.9(b)所示。

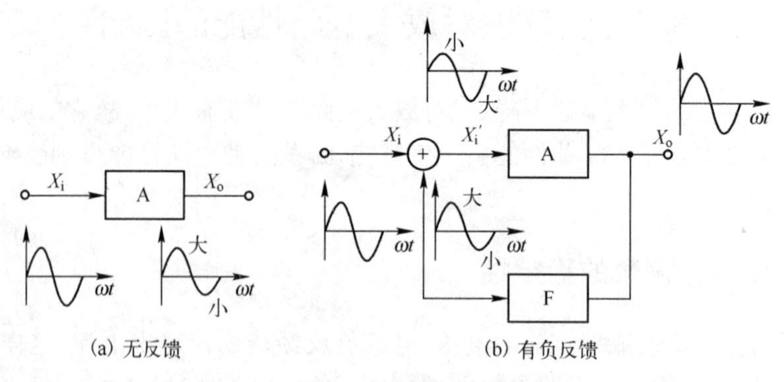

图 8.9 负反馈减小非线性失真

需要指出的是,负反馈只能减小本级放大器自身产生的非线性失真,而对输入信号的非线性失真,负反馈是无能为力的。

可以证明,加了负反馈后,放大电路的非线性失真减小到 $\gamma/(1+AF)$。γ 为无反馈时的非线性失真系数。

同样道理,采用负反馈也可抑制放大电路自身产生的噪声,其关系为 $N/(1+AF)$。N 为无

反馈的噪声系数。

但需要指出的是，引入负反馈后，噪声系数减小到 $N/(1+AF)$，输入信号也将按同样规律减小，结果输出端输出信号与噪声的比值（称为信噪比）并没有提高。因此为了提高信噪比，必须同时提高输入的有用信号，这就要求信号源要有足够的负载能力。

采用负反馈，也可抑制干扰信号。同样，如果干扰混在输入信号中，负反馈也无济于事。

8.3.3 扩展频带

在第6章我们讨论阻容耦合放大电路中，由于耦合电容和旁路电容的存在，将引起低频段放大倍数下降和产生相位移，由于分布电容和三极管极间电容的存在，将引起高频段放大倍数下降和产生相位移。在前面讨论中已提到，对于任何原因引起的放大倍数下降，负反馈将起稳定作用。如 F 为一定值（不随频率而变），在低频段和高频段由于输出减小，反馈到输入端的信号也减小，于是净输入信号增加，放大倍数下降，频带展宽。

下面讨论负反馈将频带展宽了多少？

经推导可得，负反馈使上限频率扩展了 $(1+A_mF)$ 倍，即

$$f_{Hf}=(1+A_mF)f_H \tag{8-11}$$

其中 A_m 为中频区放大倍数。

负反馈使下限频率下降，其表达式为

$$f_{Lf}=\frac{f_L}{1+A_mF} \tag{8-12}$$

根据频带的定义 $f_{BW}=f_H-f_L\approx f_H$

所以 $f_{BWf}=f_{Hf}-f_{Lf}\approx f_{Hf}=(1+A_mF)f_H\approx(1+A_mF)f_{BW}$

即负反馈使放大器的频带展宽了 $(1+A_mF)$ 倍。

8.3.4 负反馈对输入电阻的影响

负反馈对输入电阻的影响，只与反馈网络和基本放大器输入回路的连接方式有关，而与输出端连接方式无关，即仅取决于是串联反馈还是并联反馈。

1. 串联负反馈使输入电阻提高

图8.10所示为串联负反馈的方框图，r_i 为无反馈时放大器的输入电阻，即

$$r_i=U_i'/I_i \tag{8-13}$$

有负反馈时的输入电阻 r_{if}，等于无反馈时的输入电阻 r_i 与反馈网络的等效电阻 r_f 之和。其结果显然大于 r_i，即

$$r_{if}=r_i+r_f>r_i$$

大了多少，其定量关系为

$$r_{if}=\frac{U_i'}{I_i}+\frac{U_f}{I_i} \tag{8-14}$$

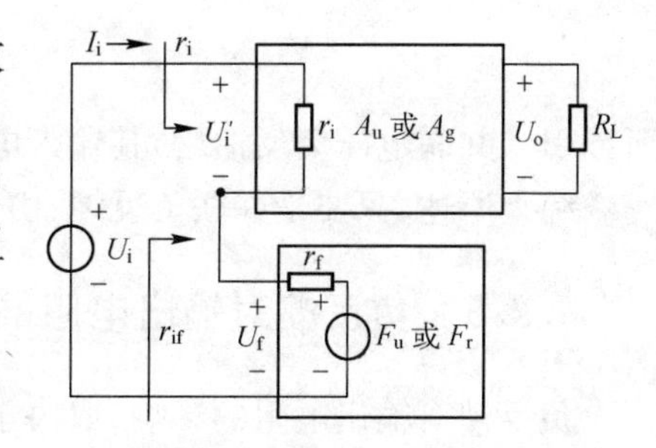

图8.10 串联负反馈的输入电阻

串联电压负反馈时 $U_f=F_uU_o=F_uA_uU_i'$

$$r_{if}=\frac{U_i'}{I_i}+\frac{F_uA_uU_i'}{I_i}=(1+F_uA_u)r_i \tag{8-15}$$

即引入串联电压负反馈后，放大电路的输入电阻增加到 $(1+A_uF_u)r_i$。

若为串联电流负反馈，则

$$U_f = F_r I_o = F_r A_g U_i'$$

则
$$r_{if} = \frac{U_i'}{I_i} + \frac{F_r A_g U_i'}{I_i} = (1 + F_r A_g) r_i \qquad (8\text{-}16)$$

即引入串联电流负反馈后，放大电路的输入电阻也提高到$(1+F_r A_g)r_i$。

故只要是串联负反馈，由于$r_{if}=r_i+r_f$，故r_{if}将增大，增大到$(1+AF)r_i$。

但应指出的是，当考虑偏置电阻R_b时，输入电阻应为$r_{if}/\!/R_b$，故输入电阻的提高，受到R_b的限制，当R_b值较小时，则输入电阻取决于R_b值。

2. 并联负反馈使输入电阻减小

图8.11为并联负反馈方框图，r_i为无反馈时的放大电路的输入电阻，即

$$r_i = U_i / I_i' \qquad (8\text{-}17)$$

引入并联负反馈后，放大电路的输入电阻r_{if}，等于无反馈时的输入电阻r_i与反馈网络等效电阻r_f并联，即

$$r_{if} = r_i /\!/ r_f = \frac{r_i r_f}{r_i + r_f}，所以\ r_{if} < r_i。$$

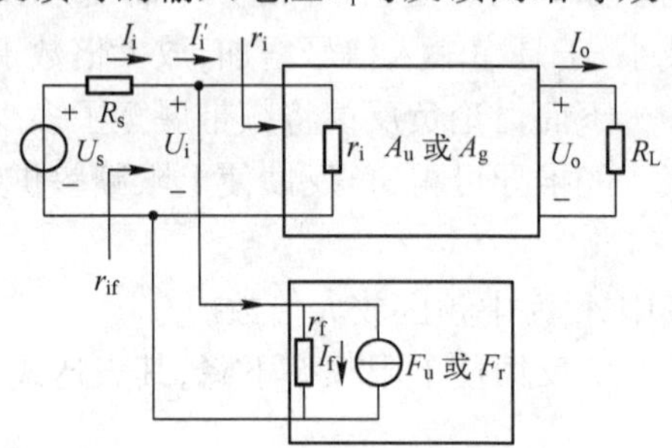

图8.11　并联负反馈的输入电阻

- 如果引入并联电压负反馈

$$r_f = U_i / I_f$$

其中$I_f = F_g U_o = F_g A_r I_i'$，故

$$r_f = \frac{U_i}{F_g A_r I_i'} = \frac{r_i}{F_g A_r}$$

$$r_{if} = \frac{r_i \frac{r_i}{F_g A_r}}{r_i + \frac{r_i}{F_g A_r}} = \frac{r_i}{1 + F_g A_r} \qquad (8\text{-}18)$$

即引入并联电压负反馈后，其输入电阻减小到$r_i/(1+F_g A_r)$。

- 如果引入并联电流负反馈，$I_f = F_i I_o = F_i A_i I_i'$，故

$$r_f = \frac{U_i}{F_i A_i I_i'} = \frac{r_i}{F_i A_i}$$

$$r_{if} = \frac{r_i \frac{r_i}{F_i A_i}}{r_i + \frac{r_i}{F_i A_i}} = \frac{r_i}{1 + F_i A_i} \qquad (8\text{-}19)$$

所以引入并联电压负反馈后，其输入电阻减小到$r_i/(1+F_i A_i)$。

综上所述，只要是并联负反馈，由于$r_{if}=r_i/\!/r_f$，故r_{if}将降低到$r_i/(1+AF)$。

8.3.5　负反馈对输出电阻的影响

负反馈对输出电阻的影响，取决于反馈网络与放大电路输出端的连接方式，而与输入连接方式无关。

1. 电压负反馈使输出电阻减小

将放大电路输出端用电压源等效，如图8.12所示，r_o为无反馈的放大器输出电阻。r_f为反馈网络对输出的等效电阻。负反馈放大器输出电阻$r_{of}=r_o/\!/r_f<r_o$，即电压负反馈使输出电阻下降。其定量关系如下：按求输出电阻的方法，令输入信号为零（$U_i=0$或$I_i=0$）时，在输出端（不含负载电阻R_L）外加电压U_o，则无论是串联反馈还是并联反馈，$X_i'=-X_f$均成立。故

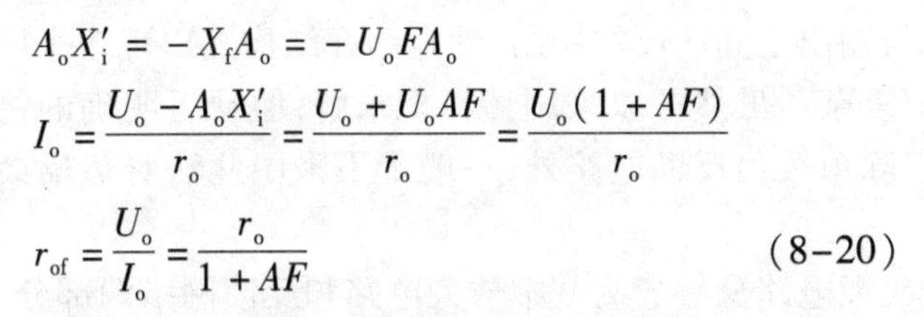

$$A_oX_i' = -X_fA_o = -U_oFA_o$$

$$I_o = \frac{U_o - A_oX_i'}{r_o} = \frac{U_o + U_oAF}{r_o} = \frac{U_o(1+AF)}{r_o}$$

$$r_{of} = \frac{U_o}{I_o} = \frac{r_o}{1+AF} \tag{8-20}$$

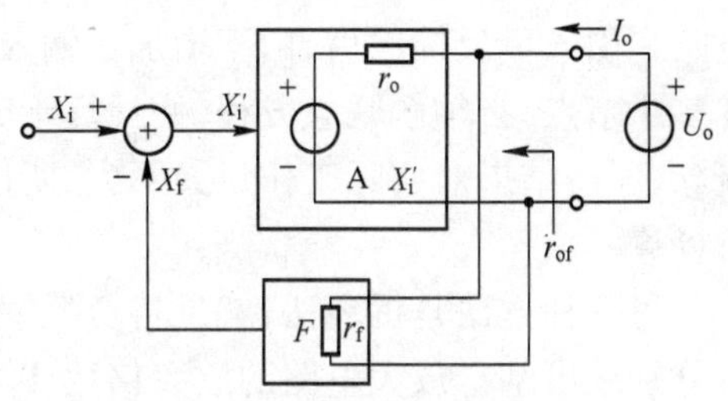

图 8.12 电压负反馈的输出电阻

可见，引入电压负反馈使输出电阻减小到 $r_o/(1+AF)$。不同的反馈形式，其 A、F 的含义不同。串联反馈 $F=F_u=U_f/U_o$，$A=A_u=U_o/U_i'$；并联负反馈 $F=F_g=I_f/U_o$，$A=A_r=U_o/I_i'$。

2. 电流负反馈使输出电阻增大

将放大器输出端用电流源等效，如图 8.13 所示。反馈放大器的输出电阻 $r_{of}=r_o+r_f>r_o$，即电流负反馈使输出电阻增大。其定量关系如下：令输入信号为零，在输出端外加电压，则 $X_i'=-X_f$，则

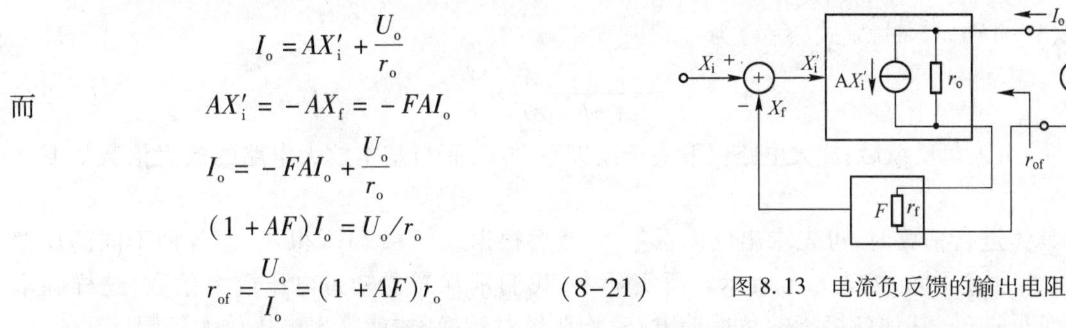

$$I_o = AX_i' + \frac{U_o}{r_o}$$

而

$$AX_i' = -AX_f = -FAI_o$$

$$I_o = -FAI_o + \frac{U_o}{r_o}$$

$$(1+AF)I_o = U_o/r_o$$

$$r_{of} = \frac{U_o}{I_o} = (1+AF)r_o \tag{8-21}$$

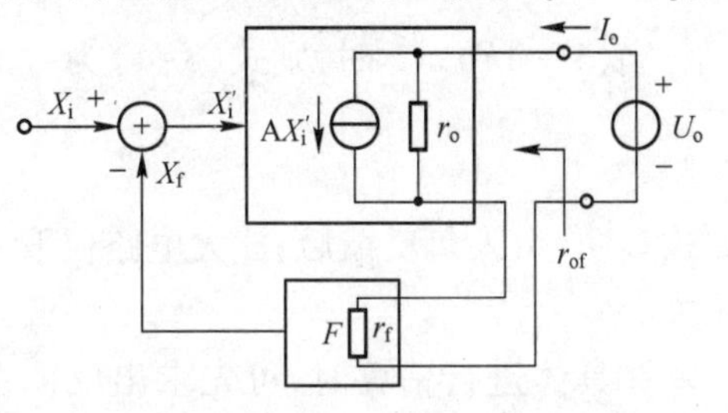

图 8.13 电流负反馈的输出电阻

可见，引入电流负反馈，使输出电阻增大到 $(1+AF)r_o$。同样，不同的反馈形式，其 A、F 的含义不同。串联负反馈 $F=F_r=U_f/I_o$，$A=A_g=I_o/U_i'$；并联负反馈 $F=F_o=I_f/I_o$，$A=A_i=I_o/I_i$。需要指出的是，电流负反馈使输出电阻增大，但当考虑 R_c 时，输出电阻为 $r_{of}/\!/R_c$，故总的输出电阻增加不多，当 $R_c \ll r_{of}$ 时，则放大电路的输出电阻仍然近似等于 R_c。

综上所述：

(1) 放大电路引入负反馈后，如是串联负反馈则提高输入电阻，如是并联负反馈则使输入电阻降低，其提高或降低的程度取决于反馈深度 $(1+AF)$。

(2) 放大电路引入负反馈后，如是电压负反馈则使输出电阻减小，如是电流负反馈使输出电阻增加，其减小或增加的程度取决于反馈深度 $(1+AF)$。

以上分析了放大电路引入负反馈后对性能的改善及影响。采用什么样的负反馈呢？一般原则应该是：

(1) 若要稳定直流量（静态工作点），应该引入直流负反馈。

(2) 若要改善交流性能，应引入交流负反馈。

(3) 若要稳定输出电压，应引入电压负反馈；要稳定输出电流，应引入电流负反馈。

(4) 若要提高输入电阻，应引入串联负反馈；要减小输入电阻，应引入并联负反馈。

性能的改善或改变都与反馈深度 $(1+AF)$ 有关，且均是以牺牲放大倍数为代价。

反馈深度愈大，对放大电路的放大性能的改善程度也愈好，但反馈过深容易引起自激振荡，使放大电路无法进行放大，性能改善也就失去了意义。

8.4 负反馈放大电路的计算

对于任何复杂的放大电路，均可用等效电路来求解放大倍数和输入、输出电阻等指标。放大

电路在引入负反馈以后，由于增加了输入与输出之间的反馈网络，使电路在结构上出现多个回路和多个节点，必须解联立方程，使计算十分复杂。虽然可以采用计算机求解，但缺乏明确的物理概念，所得结果对实际工作意义不大，所以除单级负反馈电路外，一般都不采用此法对负反馈进行计算。

另一种方法是拆环法，就是将负反馈放大电路分解成为基本放大电路和反馈网络两部分，然后分别求出基本放大电路的放大倍数 A 和反馈系数 F，最后按上一节所得反馈放大电路的公式，分别计算 A_f、r_{if}、r_{of}。

在深反馈的条件下，闭环放大倍数变得比较简单。在多数情况下，常采用多级负反馈放大器，所以均能满足深反馈条件，即 $(1+AF)\gg 1$，因此，对电压放大倍数进行估算，是本节讨论的重点。

8.4.1　深负反馈放大电路电压放大倍数的近似估算

当 $(1+AF)\gg 1$ 时，则式(8-4)为

$$A_f=\frac{A}{1+AF}\approx\frac{A}{AF}=\frac{1}{F} \tag{8-22}$$

此式表明，引入负反馈后，放大电路仅取决于反馈系数 F，而与基本放大电路的放大倍数 A 基本无关。

在具体进行估算时，可先求出反馈系数 F，然后根据式(8-22)求得 A_f，但各种不同的反馈组态，其 A_f 含义不同，如表 8.1 所示。而实际中，我们常常需要知道电压放大倍数，这样除串联电压负反馈外，其他各组态的负反馈电路，均要经过转换，才能算出电压放大倍数。

为此我们常从深负反馈的特点出发，找出 X_f 和输入信号 X_i 之间的联系，直接求出电压放大倍数。

由图 8.1 可得

$$A_f=X_o/X_i$$

$$F=X_f/X_o$$

深负反馈时 $A_f\approx 1/F$，故得

$$X_f\approx X_i \tag{8-23}$$

对于串联负反馈

$$U_f\approx U_i,\quad U_i'\approx 0 \tag{8-24}$$

从此式找出输出电压 U_o 与输入电压 U_i 的关系，从而估算出电压放大倍数 A_{uf}。

对于并联负反馈

$$I_f\approx I_i\quad I_i'\approx 0 \tag{8-25}$$

从此式找出 U_o 与 U_i 的关系，估算出 A_{uf}。

另外，深负反馈时，其基本放大电路的电压放大倍数均很大，所以，$U_i'\approx 0$ 在并联负反馈时也满足。

下面通过四种负反馈组态的分析，说明如何利用上述近似条件进行估算。

8.4.2　串联电压负反馈

图 8.14(a)为串联电压负反馈放大电路。

由于是串联电压负反馈，故 $U_i\approx U_f$。由图 8.14(b)可知，输出电压 U_o 经 R_f 和 R_{e1} 分压后而反馈至输入回路，即

$$U_f\approx\frac{R_{e1}}{R_{e1}+R_f}U_o$$

则

$$A_{uf}=\frac{U_o}{U_i}\approx\frac{U_o}{U_f}=\frac{R_{e1}+R_f}{R_{e1}} \tag{8-26}$$

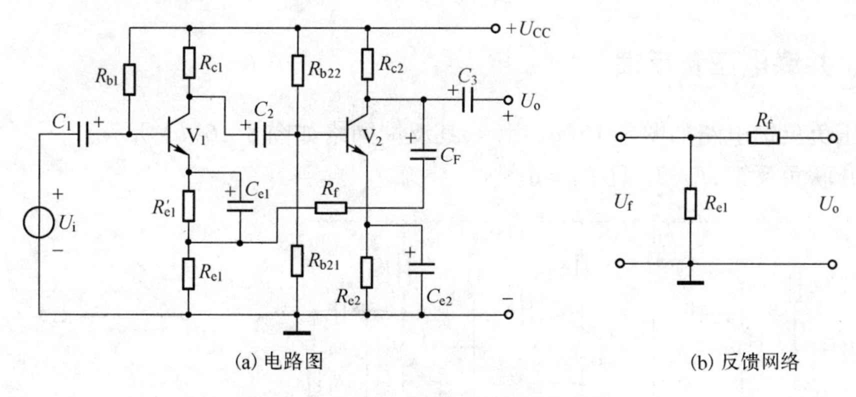

(a) 电路图

(b) 反馈网络

图 8.14　串联电压负反馈放大电路

如 $R_{e1}=100\Omega$，$R_f=10k\Omega$，则 $A_{uf}=\dfrac{10+0.1}{0.1}=101$。

由于输出电压与输入电压相位一致，故电压放大倍数为正值。

8.4.3　串联电流负反馈

电路如图 8.15(a)所示，反馈网络如图 8.15(b)所示。

串联负反馈

$$U_i \approx U_f$$

而由图 8.15(b)可得

$$U_f=\frac{R_{e3}R_{e1}}{R_{e1}+R_f+R_{e3}}I_o$$

又 $U_o=I_oR'_L$，所以

$$I_o=U_o/R'_L$$

$$R'_L=R_{c3}/\!/R_L$$

故

$$U_f=\frac{R_{e3}R_{e1}}{R_{e1}+R_f+R_{e3}}\frac{U_o}{R'_L}$$

$$A_{uf}=\frac{U_o}{U_f}=-\frac{R_{e1}+R_f+R_{e3}}{R_{e3}R_{e1}}R'_L \tag{8-27}$$

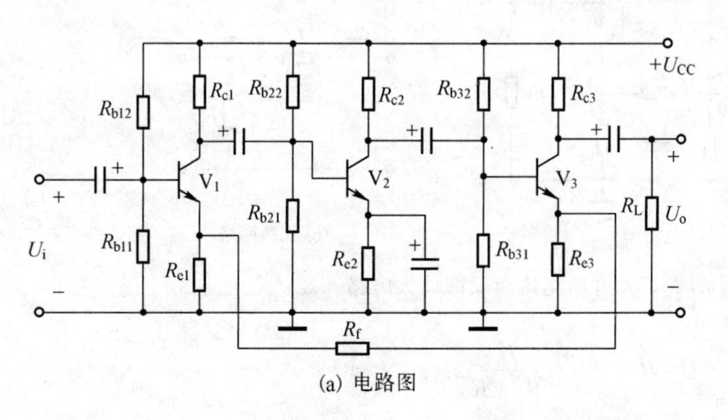

(a) 电路图

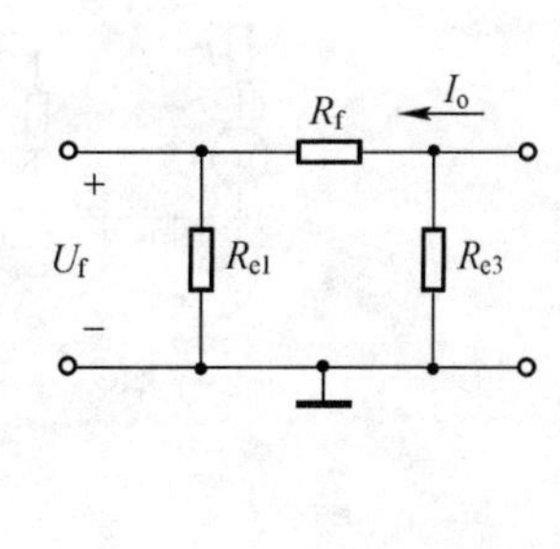

(b) 反馈网络

图 8.15　串联电流负反馈放大电路

由于输出电压与输入电压相位相反，故为负号。设 $R_{e1}=1k\Omega$，$R_f=10k\Omega$，$R_{e3}=100\Omega$，$R_{c3}=2k\Omega$，$R_L=2k\Omega$，则

$$R'_L=\frac{R_{c3}R_L}{R_{c3}+R_L}=1k\Omega,\quad A_{uf}=-\frac{1+10+0.1}{1\times 0.1}\times 1=-111$$

8.4.4 并联电压负反馈

并联电压负反馈电路如图 8.16(*a*)所示,其反馈网络如图 8.16(*b*)所示。

由于是并联负反馈,$I_i \approx I_f$,且 $U'_i = 0$。

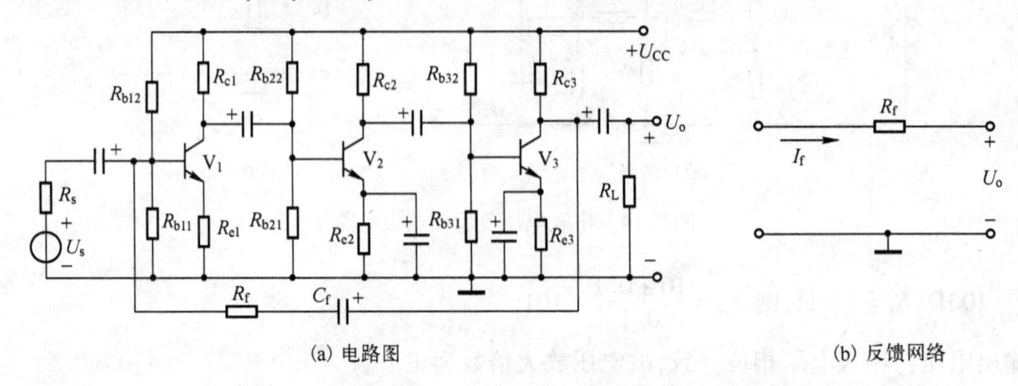

图 8.16　并联电压负反馈放大电路

又　$$I_i = U_s/R_s,\quad I_f = U_o/R_f$$

故　$$U_s/R_s = U_o/R_f$$

由于输出电压与输入电压相位相反,故电压放大倍数为负值。

$$A_{usf} = \frac{U_o}{U_s} = -\frac{R_f}{R_s} \tag{8-28}$$

设 $R_s = 18\text{k}\Omega$,$R_f = 470\text{k}\Omega$,代入上式得 $A_{usf} \approx -26$。

8.4.5 并联电流负反馈

并联电流负反馈电路图及反馈网络如图 8.17(a)、(b)所示。

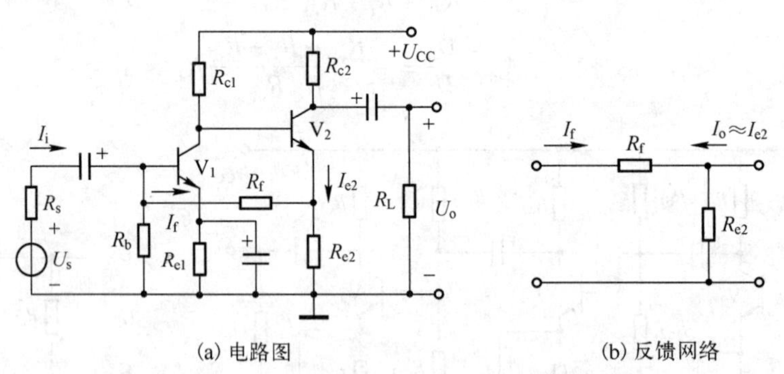

图 8.17　并联电流负反馈放大电路

由图可知　$$I_i = U_s/R_s,\quad I_f = \frac{R_{e2}}{R_f + R_{e2}} I_o,\quad I_o \approx I_{e2}$$

而　$$I_o = U_o/R'_L,\quad R'_L = R_{c2} /\!/ R_L,\quad I_f = \frac{R_{e2}}{R_f + R_{e2}} \frac{U_o}{R'_L}$$

根据　$$I_i \approx I_f$$

$$\frac{U_s}{R_s} \approx \frac{R_{e2}}{R_f + R_{e2}} \frac{U_o}{R'_L}$$

所以

$$A_{usf}=\frac{U_o}{U_s}\approx\frac{(R_f+R_{e2})}{R_{e2}R_s}R'_L \tag{8-29}$$

设 $R_s=5.1\text{k}\Omega$，$R_f=6.8\text{k}\Omega$，$R_{e2}=2\text{k}\Omega$，$R_{c2}=6.8\text{k}\Omega$，$R_L=5.1\text{k}\Omega$，代入上式计算得 $A_{usf}=2.5$。

由上述四种反馈组态电路的分析可看出，深负反馈时电压放大倍数可以十分方便地求出。但是，用上述方法难以求出输入电阻 r_{if} 和输出电阻 r_{of}。且当放大电路不满足深反馈时，用上述方法求出的电压放大倍数误差很大，因此不适宜用上述方法。此时，可以采用其他方法进行计算。读者可参阅其他有关参考书。

8.5 负反馈放大电路的自激振荡

前面已提到，反馈深度愈大，对放大电路性能改善就愈明显。但是，反馈深度过大将引起放大电路产生自激振荡，即使输入端不加信号，其输出端也含有一定频率的信号的输出，这就破坏了正常的放大功能。故放大电路应避免产生自激振荡。

1. 产生自激振荡的原因及条件

对式(8-4)讨论发现，当$(1+\dot{A}\dot{F})=0$，$|\dot{A}_f|=\infty$，即无信号输入时，也有输出波形，产生了自激振荡。其原因是由于电路中存在多级 RC 回路，因此，放大电路的放大倍数和相位移将随频率而变化[故式(8-4)中的 A、F、A_f 均用复数 $\dot{A}$、$\dot{F}$、$\dot{A}_f$ 代替]。每一级 RC 回路，最大相移为 ±90°。而前面讨论的负反馈，是指在中频信号时，反馈信号与输入信号极性相反，削弱了净输入信号。但当频率变高或变低时，输出信号、反馈信号将产生附加相移。若附加相移达到 ±180°，则反馈信号与输入信号将变成同相，增强了净输入信号，反馈电路变成正反馈，当反馈信号大于净输入信号时，就是去掉输入信号也有输出信号，即产生了自激振荡。

2. 消除自激振荡的常用方法

对于一个负反馈放大电路而言，消除自激的方法，就是采取措施破坏产生自激振荡的条件。

最简便的方法是减少其反馈系数或反馈深度，使附加相移 $\varphi=180°$ 时，$|\dot{A}\dot{F}|<0$。这样虽然能够达到消振的目的，但是由于反馈深度下降，不利于放大电路其他性能的改善。为此希望采取某些措施，使电路既有足够的反馈深度，又能稳定地工作。

通常采用的消除自激振荡的措施是在放大电路中加入由 RC 元件组成的校正电路，如图 8.18(a)、(b)、(c)所示。它们均是使高频放大倍数衰减快一些，以便当 $\varphi=180°$ 时，$|\dot{A}\dot{F}|<1$。以图 8.18(a)为例。电容 C 相当于在第一级负载 R_{c1} 两端并联，频率较高时，容抗变小，使第一级放大倍数下降，从而破坏自激振荡的条件，使电路稳定工作。为了不致使高频区放大倍数下降太多，尽可能选容量小的电容。图 8.18(c)将电容接在三极管的 b、c 极之间，根据密勒定理，电容的作用可增大 $|1+\dot{A}_2|$ 倍，这样，可以选用较小的电容，达到同样的消振效果。

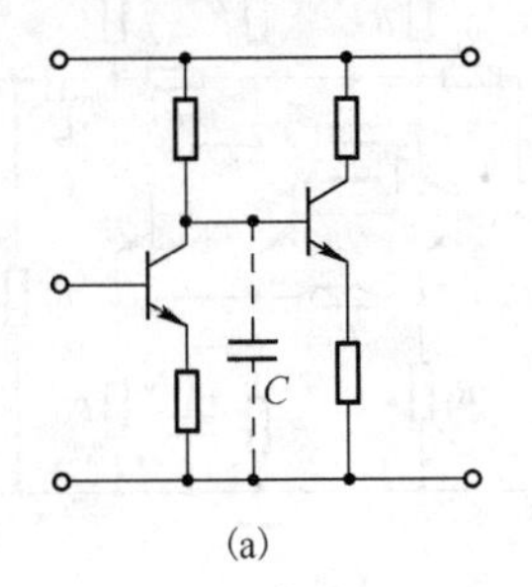

(a)

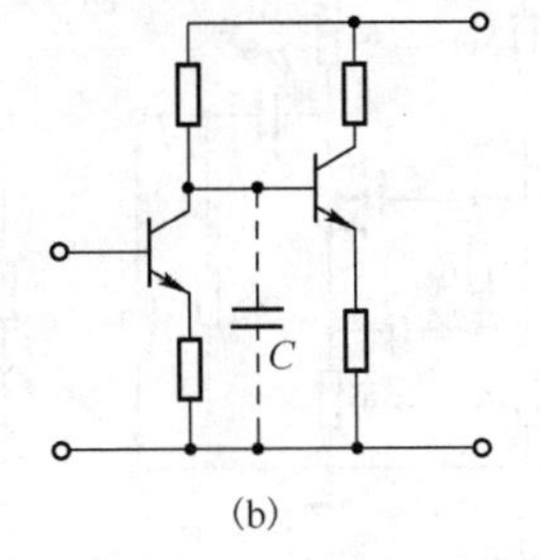

(b)

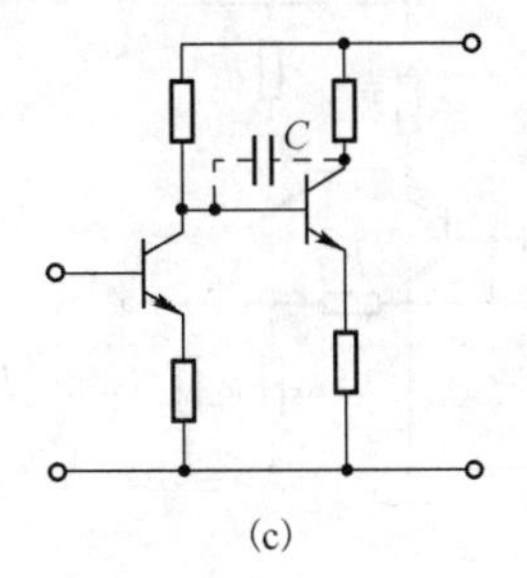

(c)

图 8.18 常用的消振电路

习　题　8

8.1　何谓正反馈、负反馈？如何判断放大电路的正、负反馈？

8.2　何谓电流反馈、电压反馈？如何判断？

8.3　何谓串联反馈、并联反馈？如何判断？

8.4　为使反馈效果好，对信号源内阻 R_s 和负载电阻 R_L 有何要求？

8.5　为稳定输出电流，应引入________反馈；为稳定输出电压，应引入________反馈；为稳定静态工作点，应引入________反馈；为了展宽放大电路频带，应引入________反馈。

8.6　为提高放大电路输入电阻，应引入________反馈；为降低放大电路的输出电阻，应引入________反馈。

8.7　能提高放大倍数的是________反馈；能稳定放大倍数的是________反馈。

8.8　负反馈所能抑制的干扰和噪声是：________。（从以下答案中，选出正确答案填入）

（1）输入信号所包含的干扰和噪声；（2）反馈环内的干扰和噪声；（3）反馈环外的干扰和噪声。

8.9　“负反馈改善非线性失真，所以，不管输入波形是否存在非线性失真，负反馈放大器总能将它改善为正弦波”。这种说法对吗？为什么？

8.10　四种反馈类型，它们的放大倍数 A_f 各是什么量纲？写出它们的表达式。反馈系数 F 又是什么量纲？写出它们的表达式。

8.11　对以下要求分别填入：(a)串联电压，(b)并联电压，(c)串联电流，(d)并联电流负反馈。

（1）要求输入电阻 r_i 大，输出电流稳定，应选用________。

（2）某传感器产生的是电压信号（几乎不能提供电流），经放大后要求输出电压与信号电压成正比，该放大电路应选用________。

（3）希望获得一个电流控制的电流源，应选用________。

（4）要得到一个由电流控制的电压源，应选用________。

（5）需要一个阻抗变换电路，要求 r_i 大、r_o 小，应选用________。

（6）需要一个输入电阻 r_i 小，输出电阻 r_o 大的阻抗变换电路，应选用________。

8.12　串联电压负反馈稳定________放大倍数；串联电流负反馈稳定________放大倍数；并联电压负反馈稳定________放大倍数；并联电流负反馈稳定________放大倍数。

8.13　电路如图所示，判断电路引入了什么性质的反馈（包括局部反馈和级间反馈：正、负、电流、电压、串联、并联、直流、交流）。

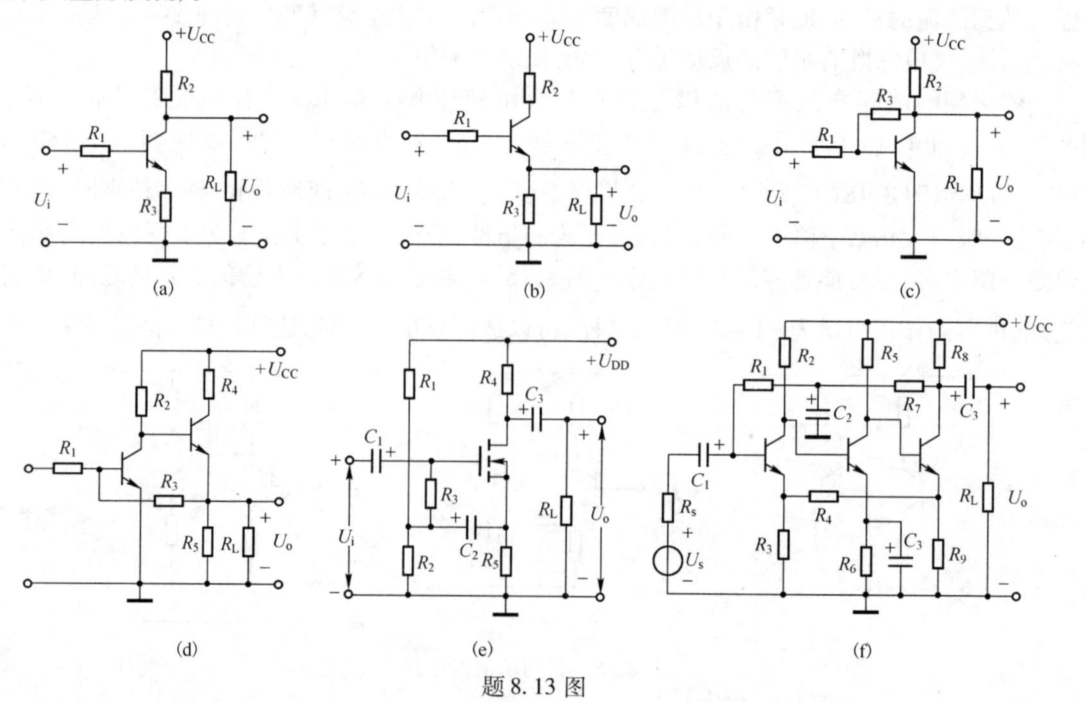

题 8.13 图

8.14　某串联电压负反馈放大电路,如开环电压放大倍数A_u变化20%时,要求闭环电压放大倍数A_{uf}的变化不超过1%,设$A_{uf}=100$,求开环放大倍数A_u及反馈系数F_u。

8.15　一个阻容耦合放大电路在无反馈时,$A_{um}=-100$,$f_L=30Hz$,$f_H=3kHz$。如果反馈系数$F=-10\%$,问闭环后$A_{uf}=?$ $f_{Lf}=?$ $f_{Hf}=?$

8.16　负反馈放大电路如图所示。(1)定性说明反馈对输入电阻和输出电阻的影响。(2)求深度负反馈的闭环电压放大倍数A_{uf}。

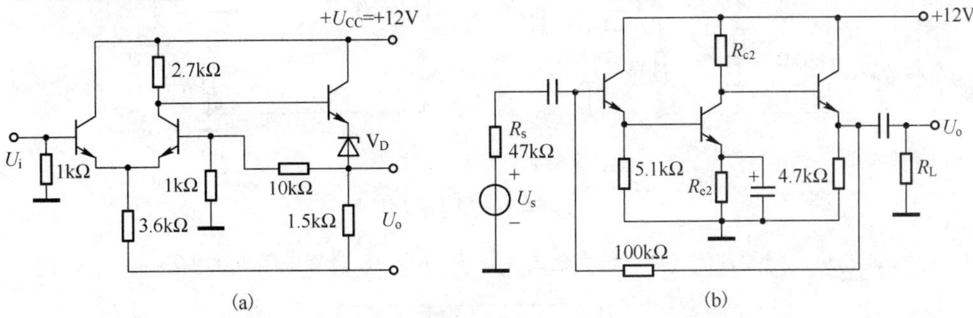

题8.16图

8.17　负反馈放大电路如图所示。(1)判断反馈类型;(2)说明对输入电阻和输出电阻的影响;(3)求深度负反馈的闭环电压放大倍数。

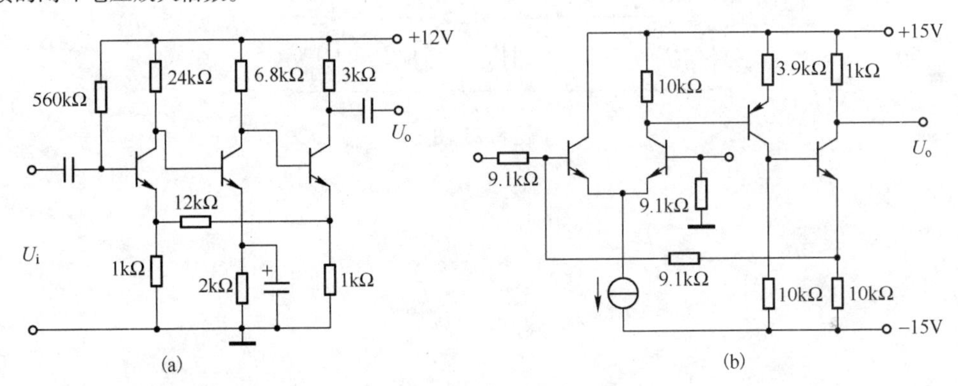

题8.17图

8.18　如图所示电路中,为实现下述性能要求,各自的反馈应如何引入?

(1)静态工作点稳定;

(2)通过R_{e3}的信号电流,基本上不随R_{e3}的变化而改变;

(3)输出端接上负载后,输出电压U_o基本上不随R_L的改变而变化;

(4)向信号源索取的电流小。

8.19　如图所示电路中,要求:(1)稳定输出电流;(2)提高输入电阻。试问j、k、m、n四点中哪两点应连起来?

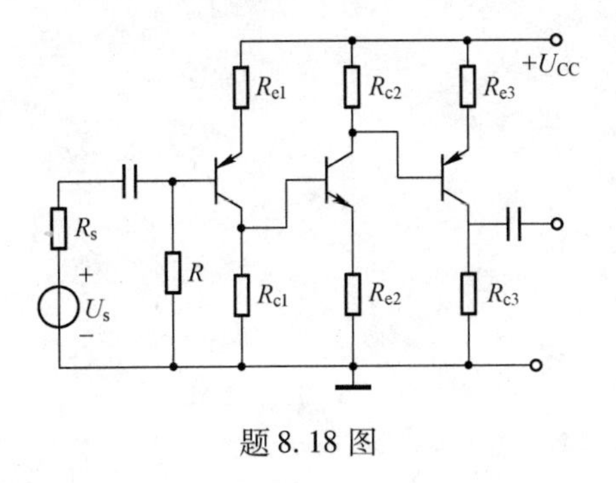

题8.18图

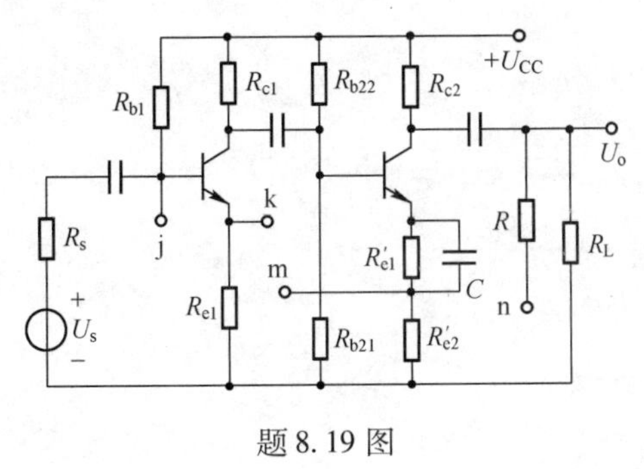

题8.19图

8.20　放大电路如图所示。(1) 判断反馈类型;(2) 深反馈时,估算电路的闭环电压放大倍数。

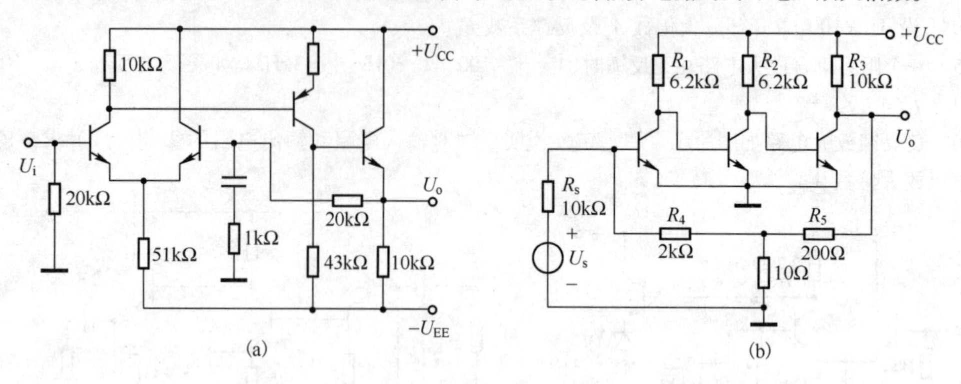

题 8.20 图

8.21　电路如图所示,若要使闭环电压放大倍数 $A_{uf}=U_o/U_s\approx 15$,计算电阻 R_f 的大小。

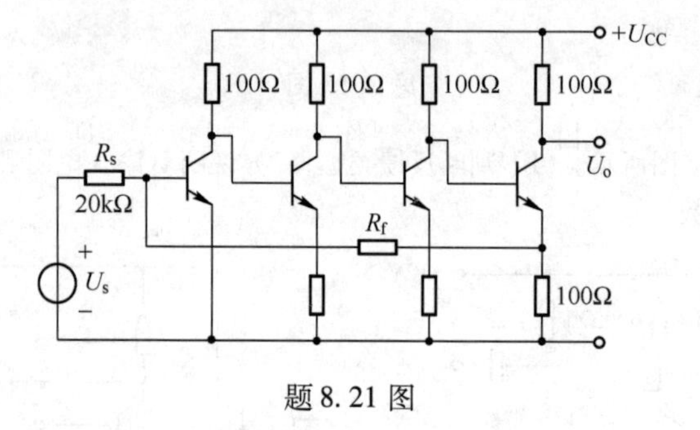

题 8.21 图

第9章 集成运算放大器

运算放大器是一种高电压放大倍数的多级直接耦合放大电路。最初是用于数的运算，所以称为运算放大器。运算放大器的用途早已不限于运算，但我们仍沿用此名称。随着半导体技术的发展，可将整个放大器的管子、电阻元件和引线都制作在面积仅为0.5mm^{2}的硅片上，这就是集成运算放大器，简称集成运放。目前，集成运放的放大倍数可高达10^7倍（140dB），当集成运放工作在放大区时，输入与输出呈线性关系，所以又称线性集成电路。需说明的是，线性集成电路按其特点可分为运算放大电路、集成稳压电路、集成功率放大电路以及其他种类的集成电路。也可将几个集成电路和一些元件组合成具有一定功能的功能模块电路。

基于集成工艺的特点，集成运算放大电路与分立元件组成的具有同样功能的电路相比，具有如下特点：

（1）由于集成工艺的关系，目前还不能制作大容量的电容，所以电路结构均采用直接耦合方式。

（2）为提高集成度（指在单位硅片面积上所集成的元件数）和集成电路性能，一般集成电路的功耗要小，所以集成运放各级的偏置电流通常较小。

（3）集成运放中的电阻元件，是利用硅半导体材料的体电阻制成的，所以集成电路中的电阻阻值范围受一定限制，一般在几十欧姆到几十千欧姆，太高太低都不易制造。

（4）在集成电路中，制造有源器件（晶体三极管、场效应管等）比制造大电阻占用的面积小，且工艺上也不会增加麻烦，因此集成电路中大量使用有源器件组成的有源负载，以获得大电阻，提高放大电路的放大倍数，将其组成电流源，以获得稳定的偏置电流。而且二极管也常用三极管代替。

（5）由于集成电路中所有元件都同处在一块硅片上，相互距离非常近，且在同一工艺条件下制造，因此，尽管各元件参数的绝对精度差，但它们的相对精度好，故对称性能好，特别适宜制作对称性要求高的电路，如差动电路、镜像电流源等。

（6）在集成运算放大电路中，采用复合管的接法以改进单管性能。

图9.1是典型集成运放的原理框图，它由4个主要环节组成。输入级的作用是提供与输出端成同相关系和反相关系的两个输入端，对其要求是温度漂移要尽可能地小。中间级主要是完成电压放大任务。输出级是向负载提供一定的功率，属于功率放大（将在第11章中讲述）。偏置电路是向各级提供稳定的静态工作电流。

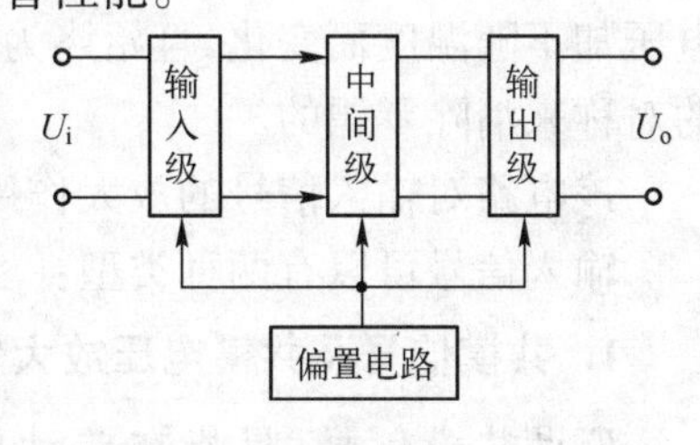

图9.1 集成运放原理框图

除此之外还有一些辅助环节，如电平偏移电路是调节各级工作电压的，且当输入端信号为零时，要求输出对地也为零，故应有调零电路。短路保护（过流保护）电路是防止输出端短路时损坏内部管子的，等等。

9.1 零点漂移

运算放大器均采用直接耦合方式。这里主要讨论直接耦合放大电路的零点漂移问题。

由于直接耦合使得各级Q点互相影响，如前级Q点发生变化，则会影响到后面各级的Q点。

由于各级的放大作用,第一级微弱变化将经多级放大器的放大,使输出端产生很大的变化。最常见的是由于环境温度的变化而引起工作点漂移,称为温漂,它是影响直接耦合放大电路性能的主要因素之一。当输入短路时,输出将随时间缓慢变化,如图 9.2 所示。这种输入电压为零,输出电压偏离零值的变化称为“零点漂称”,简称“零漂”。这种输出显然不反映输入信号的输出,造成假象,将会造成测量误差,或使自动控制系统发生错误动作,严重时,将会淹没真正的信号。零漂不能以输出电压的大小来衡量。因为放大电路的放大倍数越高,输出漂移必然愈大,与此同时对输入信号放大也愈大,所以零漂一般将输出漂移电压折合到输入端来衡量。例如,两个放大电路 A、B,输出端的零漂均为 1V,但 A 放大电路的放大倍数为 1000,B 放大电路的为 200,而折合到输入端的零漂电压:A 为 $1V/1000=1mV$;B 为 $1V/200=0.005V=5mV$,显然 A 放大电路的零漂小于 B 放大电路。也可这样讲:A 放大电路输入信号只要大于 1mV 则输出信号大于零漂;而 B 放大电路需要输入信号大于 5mV,输出信号才大于零漂。

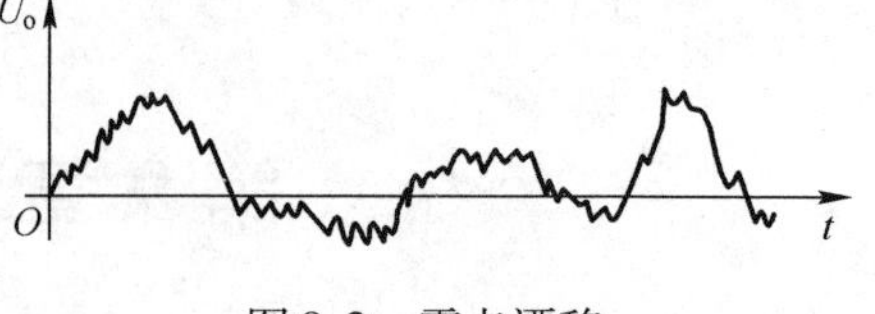

图 9.2　零点漂移

产生零漂的原因,主要是因为晶体三极管的参数受温度的影响,在第 5 章已讲过。为了解决零漂,人们采取了多种措施,但最有效的措施之一是采用差动放大电路。

9.2　差动放大电路

9.2.1　基本形式

基本形式如图 9.3 所示,对电路要求是:两个电路的参数完全对称,两个管子的温度特性也完全对称。由于电路对称,当输入信号 $U_i=0$ 时,则两管电流相等,两管集电极电位也相等,所以输出电压 $U_o=U_{c1}-U_{c2}=0$。如果温度上升使两管电流均增加,则集电极电位 U_{c1}、U_{c2} 均下降,由于两管处于同一环境温度,因此两管电流的变化量和电压变化量都相等,即 $\Delta I_{c1}=\Delta I_{c2}$;$\Delta U_{c1}=\Delta U_{c2}$,其输出电压仍然为零。这说明,尽管每一管子的静态工作点均随温度而变化,但 c_1、c_2 两端之间的输出电压却不随温度而变化,且始终为零,故有效地消除了零漂。从以上过程可知,该电路是靠电路的对称来消除零漂的。

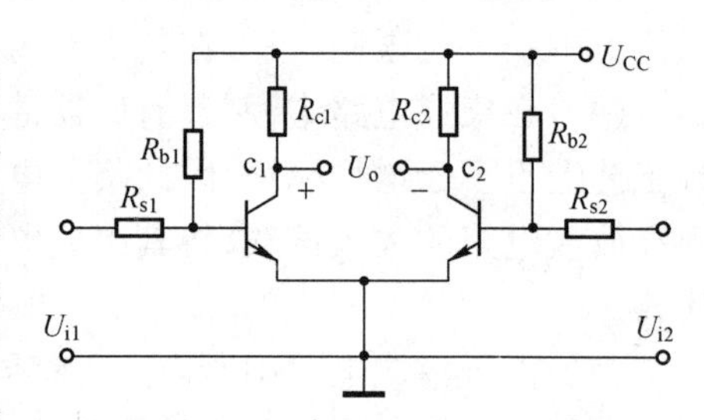

图 9.3　差动放大电路的基本形式

该电路对输入信号的放大作用又如何呢?

输入信号可以有两种类型:

1. 共模信号及共模电压放大倍数 A_{uc}

所谓共模信号,是指在差动放大管 V_1 和 V_2 的基极接入幅度相等、极性相同的信号,如图 9.4(a)所示,即 $U_{ic1}=U_{ic2}$,下标 ic 表示为共模输入信号。

共模信号对两管的作用是同向的,如 $U_{ic1}=U_{ic2}$ 均为正,将引起两管电流同量增加,而两管集电极电压也将同量减少,故从两管集电极输出共模电压 U_{oc} 为零。由上看出共模信号的作用与温度影响相似。所以常常用对共模信号的抑制能力来反映电路对零漂的抑制能力,当然共模放大倍数也反映了电路抑制零漂的能力。由于该电路从两管集电极共模输出电压为零,所以

$$A_{uc}=U_{oc}/U_{ic}=0 \tag{9-1}$$

说明当差动电路对称时,对共模信号的抑制能力特强。

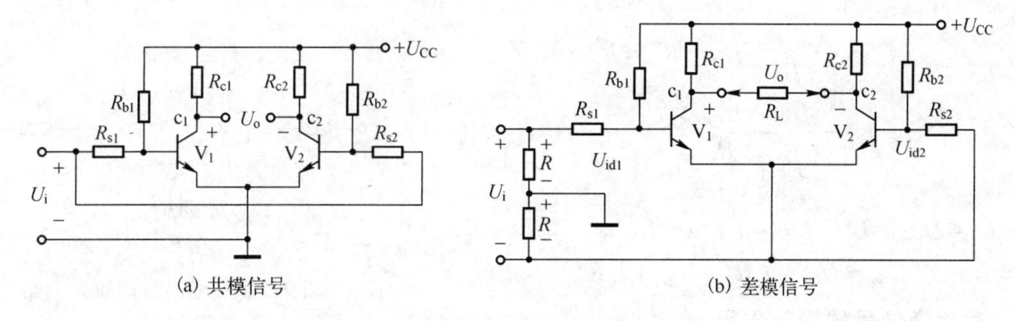

图 9.4　差动放大电路的两种输入信号

2. 差模信号及差模电压放大倍数 A_{ud}

差模信号是指在差动放大管 V_1 与 V_2 的基极分别加入幅度相等而极性相反的信号，如图 9.4(b)所示，即 $U_{id1}=-U_{id2}$，下标 id 表示差模输入信号。

如 U_{id1} 对地为正，则 U_{id2} 对地为负，因此 V_1 管集电极电压下降，V_2 管集电极电压上升，且二者变化量的绝对值相等，所以在两管集电极电压变化为每管集电极电压的二倍，即

$$U_{od}=U_{c1}-U_{c2}=2U_{c1}(\text{或 } 2U_{c2})$$

而此时的两管基极 b_1、b_2 的信号为

$$U_{id}=U_{id1}-U_{id2}=2U_{id1}$$

故

$$A_{ud}=\frac{U_{od}}{U_{id}}=\frac{2U_{c1}}{2U_{id1}}=\frac{U_{c1}}{U_{id1}}=A_{u1}\approx-\frac{\beta R_L'}{R_s+r_{be}} \tag{9-2}$$

这说明，差动放大电路的差模电压放大倍数等于单管电压放大倍数。需指出的是 R_L' 的求出问题。当 $R_L\to\infty$ 时，$R_L'=R_c$；当输出端 c_1 和 c_2 间接入 R_L，由于一管电位下降，另一管电位上升，则中间某一点其电位不变，如电路对称，该点正好在 $R_L/2$ 处，所以 $R_L'=R_c/\!/(R_L/2)$，这是在求放大倍数时需注意的问题。

由上看出，输入端信号之差 $U_i=U_{i1}-U_{i2}$ 为 0 时(即共模信号时)输出为 0；输入端信号之差 $U_i=U_{i1}-U_{i2}$ 不为零时，就有输出，故称为差动放大电路。

前面已提到，基本差动放大电路靠电路的对称性，在电路的两管集电极 c_1、c_2 间输出，将温度的影响抵消，这种输出我们称为双端输出。而电路中对每一个管子并没有采取任何措施来消除零漂。所以，基本差动电路存在如下问题：

(1) 电路难于绝对对称，所以输出仍然存在零漂。

(2) 由于每个管没采取消除零漂的措施，所以当温度变化范围十分大时，有可能差动放大管进入截止或饱和，使放大电路失去放大能力。

(3) 在实际工作中，常常需要对地输出，即从 c_1 和 c_2 对地输出(这种输出我们称为单端输出)，而这时零漂与单管放大电路一样，仍然十分严重。

为此提出长尾式差动放大电路。

9.2.2　长尾式差动放大电路

长尾式差动放大电路，又称为射极耦合差动放大电路，如图 9.5 所示。图中两管通过射极电阻 R_e 和 U_{EE} 耦合。

1. 静态工作点

静态时，输入短路，由于流过电阻 R_e 的电流为 I_{E1} 和 I_{E2} 之和，且电路对称，$I_{E1}=I_{E2}$，故

$$U_{EE}=2I_{E1}R_e+I_BR_{s1}+U_{BE}$$

又 $$I_{B1}=\frac{I_{E1}}{1+\beta};\quad R_{s1}=R_{s2}=R_s$$

所以 $$I_{E1}=I_{E2}=\frac{U_{EE}-U_{BE}}{2R_e+\frac{R_s}{1+\beta}}\approx\frac{U_{EE}-U_{BE}}{2R_e}\tag{9-3}$$

$$U_{CE}=U_c-U_E;\quad U_c=U_{CC}-I_cR_c;\quad U_E=-(U_{BE}+I_BR_s)$$

所以 $$U_{CE}=U_{CC}-I_cR_c+U_{BE}+I_BR_s$$

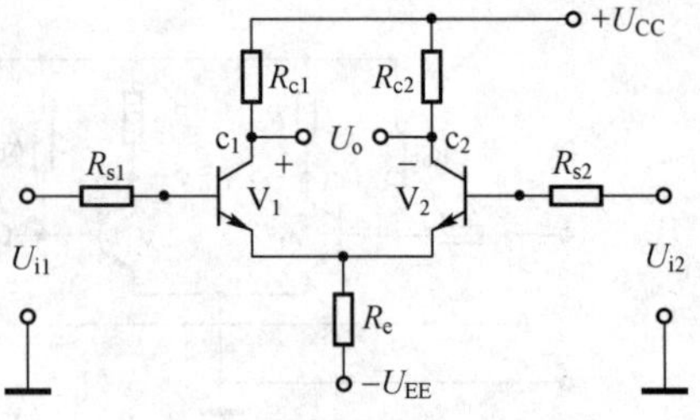

图 9.5 长尾式差动放大电路

2. 对共模信号的抑制作用

共模信号对两管引起同向变化，与基本电路相似，但由于长尾电路中射极接入 R_e，只需讨论一下 R_e 的作用即可。

由于是同向变化，故流过 R_e 的共模信号电流是 $I_{e1}+I_{e2}=2I_e$，对每一管而言，可视为在射极接入电阻为 $2R_e$，如图 9.6 所示。

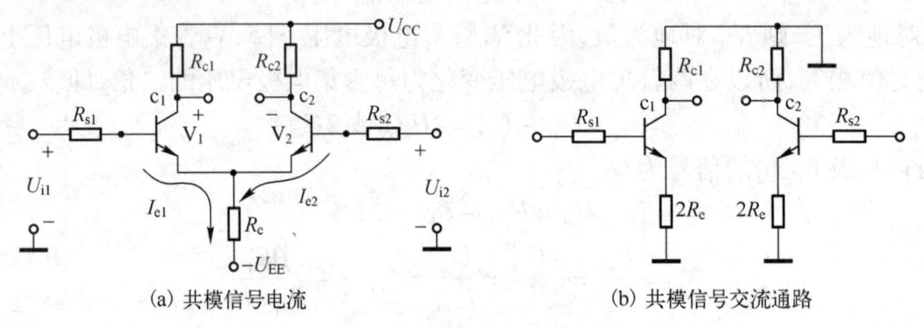

(a) 共模信号电流　　(b) 共模信号交流通路

图 9.6 长尾式共模信号等效电路

对双端输出电路，由于电路对称，其共模输出电压仍为零。当从一个管子的集电极对地输出时（即单端输出），由于 $2R_e$ 的作用，将引入很强的负反馈作用，对零漂起到抑制作用。单端输出时，共模放大倍数 $A_{uc单}$ 利用第 6 章的方法求得，即

$$A_{uc单}=-\frac{\beta(R_L/\!/R_c)}{R_s+r_{be}+(1+\beta)2R_e}\tag{9-4}$$

从式(9-4)可看出，由于 R_e 的接入，使每个管的共模放大倍数下降很多，即对零漂具有很强的抑制能力。

3. 对差模信号的放大作用

差模信号引起两管电流反向变化，即一管电流上升，另一管电流下降。流过射极电阻 R_e 的差模电流为 $I_{e1}-I_{e2}$，由于电路对称，$|I_{e1}|=|I_{e2}|$，所以流过 R_e 的差模电流为零，R_e 上的差模信号电压也为零，故将射极视为地电位，此处“地”称为“虚地”，R_e 对差模信号不产生任何影响。其等效电路如图 9.7 所示。

由于 R_e 对差模信号不产生影响，故双端输出的差模放大倍数仍为单管放大倍数，即

$$A_{ud}=-\frac{\beta R'_L}{R_s+r_{be}}\tag{9-5}$$

4. 共模抑制比

我们不仅要求放大电路对共模信号的抑制能力好，而且要求对差模信号的放大能力强。所以用共模抑制比 CMRR 来衡量差动放大电路性能的优劣。CMRR 定义如下：

$$\text{CMRR}=\left|\frac{A_{ud}}{A_{uc}}\right|\tag{9-6}$$

这个值越大，表示电路对共模信号的抑制能力越好。

有时还用对数的形式表示共模抑制比，即

$$\mathrm{CMR}=20\lg\left|\frac{A_{\mathrm{ud}}}{A_{\mathrm{uc}}}\right|=20\lg|A_{\mathrm{ud}}|-20\lg|A_{\mathrm{uc}}| \tag{9-7}$$

CMR 的单位为分贝(dB)。

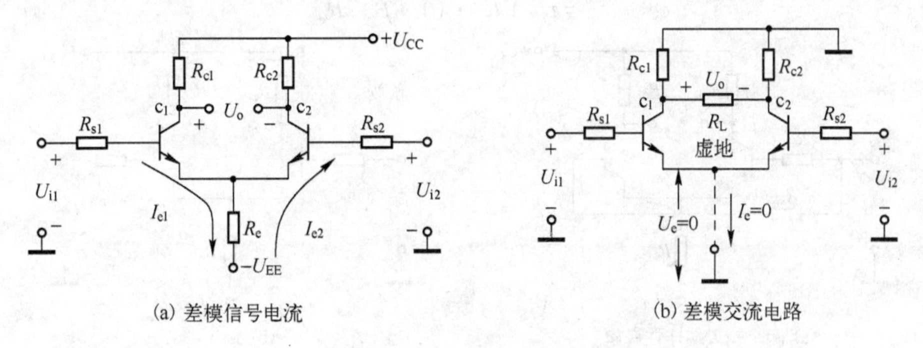

图 9.7　长尾式电路差模信号等效电路

5. 一般输入信号情况

如果差动放大电路的输入信号，既不是共模信号也不是差模信号，即 $U_{i1}\neq U_{i2}$，又应如何处理呢？此时可将输入信号分解成一对共模信号和一对差模信号，它们共同作用在差动放大电路的输入端。设差模放大电路的输入为 U_{i1} 和 U_{i2}，则差模输入电压 U_{id} 是二者之差，即

$$U_{id}=U_{i1}-U_{i2} \tag{9-8}$$

每个管的差动信号输入为

$$U_{id1}=|U_{id2}|=\pm\frac{1}{2}U_{id}=\pm\frac{1}{2}(U_{i1}-U_{i2}) \tag{9-9}$$

共模输入电压 U_{ic} 为二者的平均值

$$U_{ic}=\frac{U_{i1}+U_{i2}}{2} \tag{9-10}$$

则

$$U_{i1}=U_{ic}+U_{id1},\quad U_{i2}=U_{ic}-U_{id1}$$

按叠加原理，输出电压为

$$U_o=A_{ud}U_{id}+A_{uc}U_{ic} \tag{9-11}$$

例 9-1　图 9.5 电路中，已知差模增益为 48dB，共模抑制比为 67dB，$U_{i1}=5\mathrm{V}$，$U_{i2}=5.01\mathrm{V}$。试求输出电压 U_o。

解　因为 $20\lg|A_{ud}|=48\mathrm{dB}$，故 $A_{ud}\approx-251$。

而 CMR $=67$dB，故 CMRR≈ 2239，所以

$$A_{uc}=A_{ud}/\mathrm{CMRR}=251/2239\approx 0.11$$

则输出电压为

$$U_o=A_{ud}U_{id}+A_{uc}U_{ic}=-251\times(5-5.01)+0.11\times\left(\frac{5+5.01}{2}\right)=3.06\mathrm{V}$$

6. 其他指标

差模输入电阻 r_{id}：在差模输入信号作用下，输入电压 U_{id} 与流入电流之比称为差模输入电阻 r_{id}，即从两个输入端看进去的差模输入电阻，利用第 6 章的知识可得

$$r_{id}=2(r_{be}+R_s) \tag{9-12}$$

差模输出电阻 r_{od}：从两管集电极输出的差模输出电阻 r_{od} 为

$$r_{od}=2R_c \tag{9-13}$$

共模输入电阻 r_{ic}：为共模输入电压 U_{ic} 与共模输入电流 I_{ic} 之比，若两个输入端连在一起接成

共模输入信号,如图9.8(a)所示,其输入电阻为

$$r_{ic}=\frac{1}{2}(r_{be}+R_s)+(1+\beta)R_e \tag{9-14}$$

如共模信号分别由两个输入端送进,如图9.8(b)所示,则从一个输入端看进去的输入电阻为

$$r_{ic}=r_{be}+R_s+(1+\beta)2R_e \tag{9-15}$$

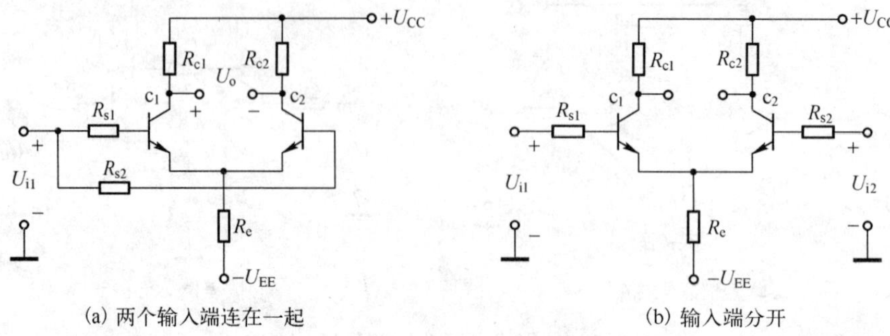

(a) 两个输入端连在一起　　(b) 输入端分开

图9.8　两种共模信号接入电路

为了克服半导体三极管 V_1、V_2 和电路元件参数不对称所造成的输出直流电压 $U_o\neq0$ 的现象,电路中常增加调零电路,如图9.9(a)、(b)所示。在射极增加电位器 R_W,在集电极至电源间接入电位器 R_W,它们均是利用电位器 R_W 的分配来补偿电路参数的不对称。

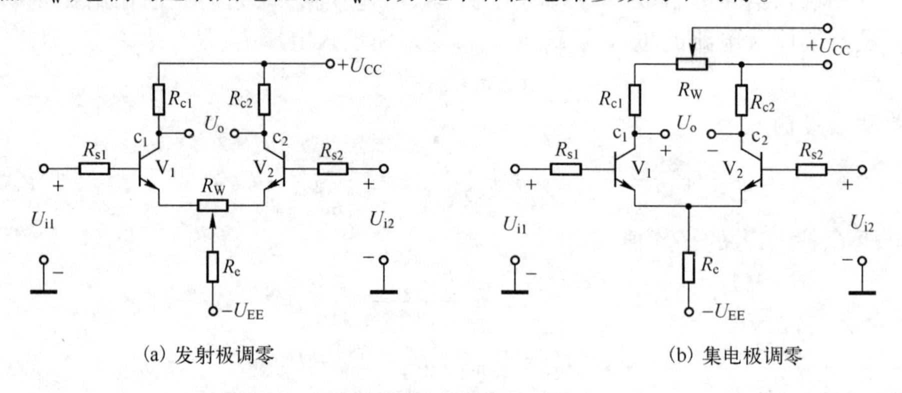

(a) 发射极调零　　(b) 集电极调零

图9.9　具有调零电路的差动放大电路

注意:R_W 的接入对指标参数的影响,如射极调零电路,R_W 对指标影响的有关计算公式如下:

差模放大倍数

$$A_{ud}=-\frac{\beta R_L'}{R_s+r_{be}+(1+\beta)\frac{R_W}{2}} \tag{9-16}$$

差模输入电阻

$$r_{id}=2\left[R_s+r_{be}+(1+\beta)\frac{R_W}{2}\right] \tag{9-17}$$

共模输入电阻 r_{ic}[对应图9.8(a)]

$$r_{ic}=\frac{1}{2}\left[r_{be}+R_s+(1+\beta)\frac{R_W}{2}\right]+(1+\beta)R_e \tag{9-18}$$

或者为[对应图9.8(b)]

$$r_{ic}=r_{be}+R_s+(1+\beta)\frac{R_W}{2}+(1+\beta)2R_e \tag{9-19}$$

9.2.3　恒流源差动放大电路

长尾式差动放大电路,由于接入 R_e,提高了共模信号的抑制能力,且 R_e 愈大,抑制能力愈强。但是 R_e 增大,R_e 上的直流压降增大,为保证管子正常工作,则必须提高 U_{EE} 值,这是不合算的。为

此希望有这样一种器件：交流电阻 r 大，而直流电阻 R 小。恒流源即具有此特性。恒流源的电流、电压特性如图 9.10 所示。

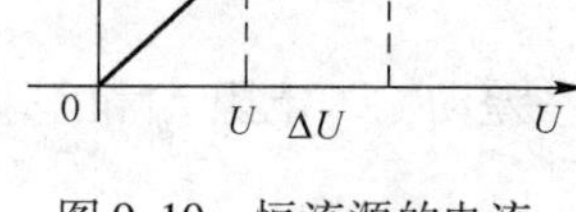

图 9.10　恒流源的电流、电压特性

从图上可分别表示出交流电阻 r 和直流电阻 R，即

$$r = \Delta U / \Delta I \to \infty$$

$$R = U / I$$

将长尾式中 R_e 用恒流源代替，即得恒流源差动放大电路，如图 9.11(a)所示。

求恒流源电路的等效电阻，与求放大电路的输出电阻相同，其等效电路如图 9.11(b)所示。按输入短路，输出加电源 U_o，求出 I_o，则恒流源等效电阻为

$$r_{o3} = U_o / I_o$$

$$U_o = (I_o - \beta I_b) r_{ce} + (I_o + I_b) R_3 \tag{9-20}$$

$$I_b (r_{be} + R_1 /\!/ R_2) + (I_o + I_b) R_3 = 0 \tag{9-21}$$

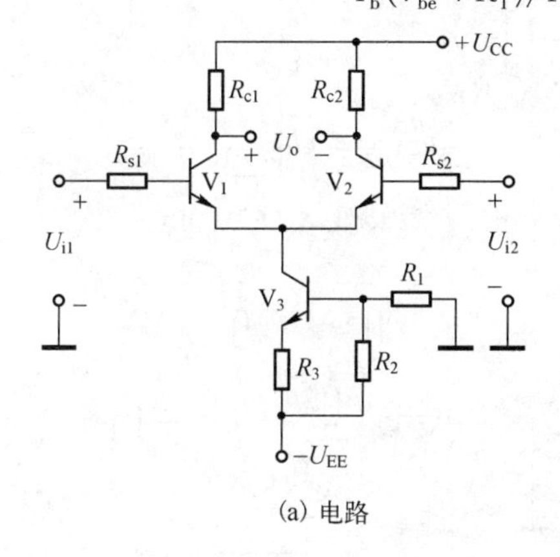

(a) 电路

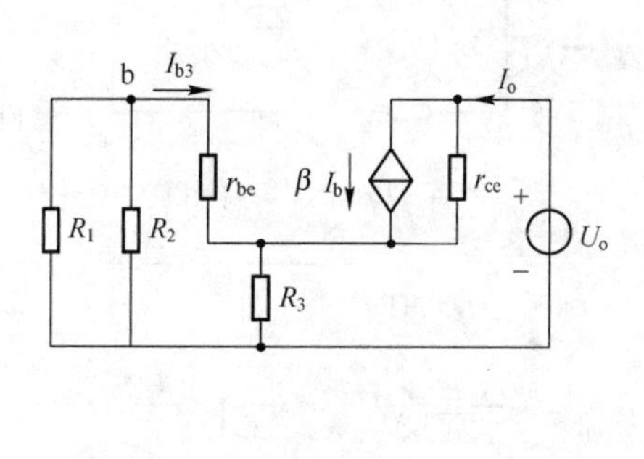

(b) 恒流源等效电路

图 9.11　恒流源差动放大电路

由式(9-21)得

$$I_b = -\frac{R_3}{r_{be} + R_3 + R_1 /\!/ R_2} I_o$$

代入式(9-20)，得恒流源的交流等效电阻为

$$r_{o3} = \frac{U_o}{I_o} = \left(1 + \frac{\beta R_3}{r_{be} + R_3 + R_1 /\!/ R_2}\right) r_{ce} + R_3 /\!/ (r_{be} + R_1 /\!/ R_2)$$

$$\approx \left(1 + \frac{\beta R_3}{r_{be} + R_3 + R_1 /\!/ R_2}\right) r_{ce} \tag{9-22}$$

其中 r_{ce} 是管子 c、e 之间的电阻。

设 $\beta = 80$，$r_{ce} = 100\text{k}\Omega$，$r_{be} = 1\text{k}\Omega$，$R_1 = R_2 = 6\text{k}\Omega$，$R_3 = 5\text{k}\Omega$，则 $r_{o3} \approx 4.5\text{M}\Omega$，用如此大的电阻作为 R_e，当然其对共模信号的抑制能力会得到很大的提高。而此时恒流源所要求的电源电压却不高，如

$$U_{EE} = U_{BE2} + U_{CE3} + I_{E3} R_e$$

对应的静态电流为

$$I_{E1} = I_{E2} \approx I_{E3} / 2 \tag{9-23}$$

恒流源差动放大电路的指标计算与长尾式完全一样，只需用 r_{o3} 取代 R_e 即可。

9.2.4　差动放大电路的 4 种接法

差动放大电路有两个输入端和两个输出端，所以信号的输入、输出方式有 4 种情况。现分别叙述如下：

1. 双端输入、双端输出

前面的分析均是以此种形式为主进行分析的。如图 9.12(a)所示，根据前面的分析得出差

模电压放大倍数为

$$A_{ud}=\frac{U_o}{U_i}=-\frac{\beta R_L'}{R_s+r_{be}},R_L'=R_c/\!/\frac{R_L}{2}$$

差动输入电阻 r_{id} 和差动输出电阻 r_{od} 可表示为

$$r_{id}=2(R_s+r_{be}),r_{od}\approx 2R_c$$

共模电压放大倍数 $$A_{uc}=\frac{\text{共模输出电压 }U_{oc}}{\text{共模输入电压 }U_{ic}}=0$$

共模抑制比 CMRR→∞。

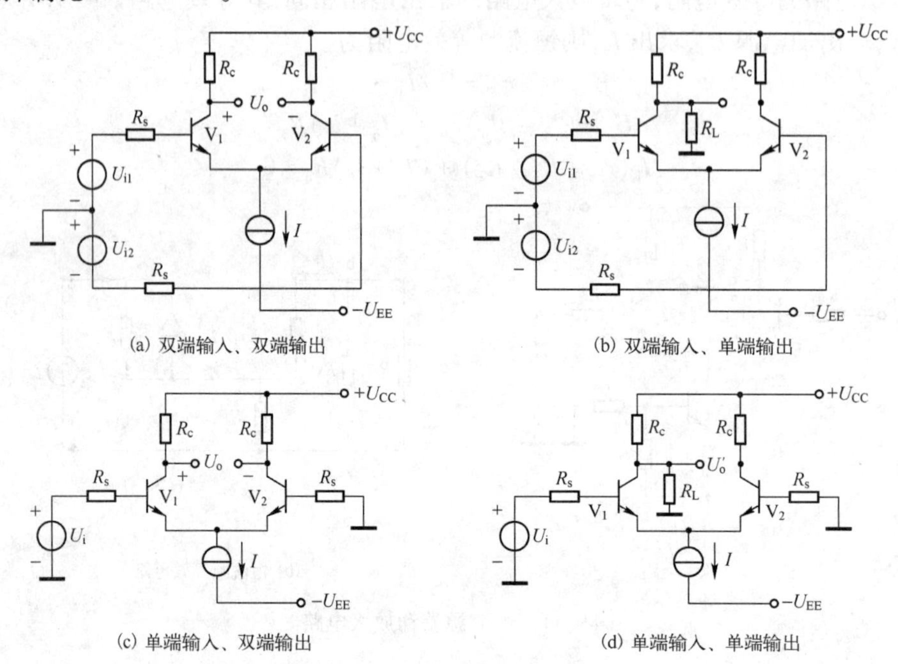

图 9.12　差动放大电路的 4 种接法

2. 双端输入、单端输出

这种电路如图 9.12(b)所示。由于输出只从 V_1 的集电极输出，所以输出电压只有双端输出的一半，即差模电压放大倍数为

$$A_{ud单}=-\frac{1}{2}\cdot\frac{\beta R_L'}{R_s+r_{be}} \tag{9-24}$$

此处 $R_L'=R_c/\!/R_L$。

如果从 V_2 管输出，仅是 U_o 的相位与前者相反，其表达式仍为式(9-24)，但需把负号去掉。

输入电阻 $$r_{id}=2(R_s+r_{be})$$

输出电阻 $$r_{od}\approx R_c$$

共模电压放大倍数为 $$A_{uc单}=-\frac{\beta R_L'}{r_{be}+R_s+(1+\beta)2R_e} \tag{9-25}$$

共模抑制比为 $$\text{CMRR}=\left|\frac{A_{ud}}{A_{uc}}\right|=\frac{R_s+r_{be}+(1+\beta)2R_e}{2(R_s+r_{be})}\approx\frac{\beta R_e}{R_s+r_{be}} \tag{9-26}$$

3. 单端输入、双端输出

如图 9.12(c)所示，U_i 仅加在 V_1 管输入端，V_2 管输入端接地；或者 U_i 仅加在 V_2 管输入端，V_1 管输入端接地。这种输入方式称单端输入，是实际电路中常用的一种。

按式(9-8)、式(9-9)、式(9-10)，可得

$$U_{id}=U_{i1}-U_{i2}=U_{i1}, \quad U_{ic}=\frac{U_{i1}+U_{i2}}{2}=\frac{1}{2}U_i$$

所以 $$U_{i1}=U_{ic}+\frac{1}{2}U_{id}=\frac{1}{2}U_i+\frac{1}{2}U_i, \quad U_{i2}=U_{ic}-\frac{1}{2}U_{id}=\frac{1}{2}U_i-\frac{1}{2}U_{id}$$

当忽略电路对共模信号的放大作用时，单端输入就可等效为双端输入的情况，故双端输入、双端输出的结论均适用单端输入、双端输出。

这种接法的特点是把单端输入的信号转换成双端输出，作为下一级的差动输入，适用于负载两端任何一端不接地，而且输出正负对称性好的情况（如示波管的偏转板）。而实际中常常需要对地输出，所以单端输入、双端输出接法就不适用。

4. 单端输入、单端输出

此种情况如图 9.12(d)所示，按与前述相同的方法，可得出它与双端输入、单端输出的电路等效。

这种接法的特点是它比单管基本放大电路具有较强的抑制零漂能力，而且可根据不同的输出端，得到同相或反相关系。

综上所述，差动放大电路电压放大倍数仅与输出形式有关，只要是双端输出，它的差模电压放大倍数与单管基本放大电路相同；如为单端输出，它的差模电压放大倍数是单管基本电压放大倍数的一半，输入电阻都是相同的。

例 9-2 电路如图 9.13 所示，设 $U_{CC}=U_{EE}=12V$，$\beta_1=\beta_2=50$，$R_{c1}=R_{c2}=100k\Omega$，$R_W=200\Omega$，$R_3=33k\Omega$，$R_2=6.8k\Omega$，$R_1=2.2k\Omega$，$R_{s1}=R_{s2}=10k\Omega$。(1) 求静态工作点。(2) 求差模电压放大倍数。(3) 求 $R_L=100k\Omega$ 时，差模电压放大倍数。(4) 从 V_1 管集电极输出，求差模电压放大倍数和共模抑制比 CMRR（设 $r_{ce3}=50k\Omega$）。

解 (1) 静态工作点：

$$U_{R1}=\frac{R_1}{R_1+R_2}(U_{CC}+U_{EE})=\frac{2.2}{2.2+6.8}\times 24=5.87V$$

设 $U_{BE3}=0.6V$，则 $U_{R3}=5.87-0.6=5.27V$。所以

$$I_{E3}=U_{R3}/R_3=5.27/33\approx 0.16mA=160\mu A$$

$$I_{E1}=I_{E2}=\frac{1}{2}I_{E3}=80\mu A \quad I_{E1}\approx I_{C1} \quad I_{E2}\approx I_{C2}$$

$$U_{C1}=U_{C2}=U_{CC}-I_{C1}R_{c1}=12-0.08\times 100=4V$$

$$I_{B1}=I_{B2}=I_{C1}/\beta_1=80/50=1.6\mu A$$

$$U_{B1}=U_{B2}=-I_{B1}R_{s1}=-1.6\times 10^{-6}\times 10^4=-16mV$$

$$U_{E1}=U_{E2}=-U_{BE1}+U_{B1}=-(0.6V+0.016V)=-0.616V$$

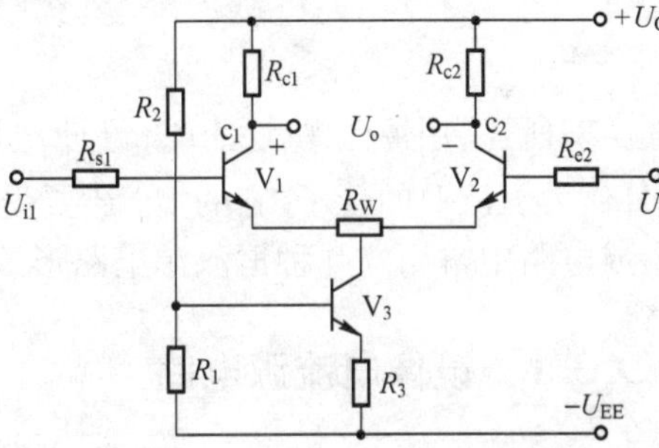

图 9.13 例 9-2 电路图

则 $U_{CE1}=U_{CE2}=U_{C1}-U_{E1}=4+0.616\approx 4.616V$

一般估算时，认为 $U_B\approx 0$。

(2) $$r_{be1}=r_{bb'}+(1+\beta_1)\frac{26}{I_{E1}}=300+51\times\frac{26}{0.08}\approx 16.9k\Omega$$

$$R'_L=R_c$$

所以 $$A_{ud}=\frac{\beta_1 R'_L}{R_{s1}+r_{be1}+(1+\beta_1)\frac{R_W}{2}}=-\frac{50\times 100}{10+16.9+51\times 0.1}\approx -156$$

(3) $R_L=100k\Omega$ 时 $$R'_L=R_{c1}//\frac{R_L}{2}=100//50\approx 33.3k\Omega$$

$$A_{ud}=-\frac{50\times 33.3}{10+16.9+51\times 0.1}\approx -52$$

(4) 单端输出时(从 V_1 管集电极输出)

$$A_{ud单} = -\frac{1}{2} \cdot \frac{\beta R'_L}{R_{s1} + r_{be} + (1+\beta)\frac{R_W}{2}}$$

其中,$R'_L = R_c // R_L = 50\text{k}\Omega$,则 $A_{ud单} = -\frac{1}{2} \cdot \frac{50 \times 50}{10 + 16.9 + 51 \times 0.1} \approx -39$

单端输出时,共模电压放大倍数由式(9-4)得

$$A_{uc单} = -\frac{\beta R'_L}{R_{s1} + r_{be1} + (1+\beta)\left(\frac{R_W}{2} + 2r_{o3}\right)}$$

式中
$$r_{o3} = \left(1 + \frac{\beta R_3}{r_{be3} + R_3 + R_1 // R_2}\right) r_{ce}$$

$$R'_L = R_c // R_L = 50\text{k}\Omega$$

而
$$r_{be3} = r_{bb'} + (1+\beta)\frac{26}{I_{E3}} = 300 \times 51 \frac{26}{0.16} \approx 8.9\text{k}\Omega$$

所以
$$r_{o3} = \left(1 + \frac{50 \times 33}{8.9 + 33 + 1.7}\right) 50 \approx 1.9 \times 10^6 \Omega$$

故
$$A_{uc单} = -\frac{50 \times 50}{10 + 16.9 + 51 \times 3800} \approx -0.013$$

其共模抑制比为
$$\text{CMRR} = \left|\frac{A_{ud单}}{A_{uc单}}\right| = \frac{39}{0.013} = 3000$$

$$\text{CMR} = 20\lg\left|\frac{A_{ud单}}{A_{uc单}}\right| = 20\lg 3000 \approx 69.5\text{dB}$$

*9.3 电流源电路

由前所述,用恒流源代替 R_e,可使电路性能得到较大的改善,但是恒流源电路使用电阻较多,且作为恒流源的管子,它的 U_{BE} 还要受温度的影响,因此,这对抑制零漂不利。本节我们介绍在集成电路中常用的几种恒流源电路形式。

9.3.1 镜像电流源电路

电路如图 9.14 所示,图中 V_1、V_2 组成对管,由图可知

$$I_R = I_{C1} + 2I_B, \quad I_C = \beta I_B = I_{C1}$$

由此得
$$I_{C1} = \frac{\beta}{\beta + 2} I_R \tag{9-27}$$

若 $\beta \gg 1$,则
$$I_{C2} = I_{C1} \approx I_R \tag{9-28}$$

I_R 称为参考电流,其大小主要由 U_{CC} 和电阻 R 确定,即

$$I_R \approx \frac{U_{CC} - U_{BE1}}{R}$$

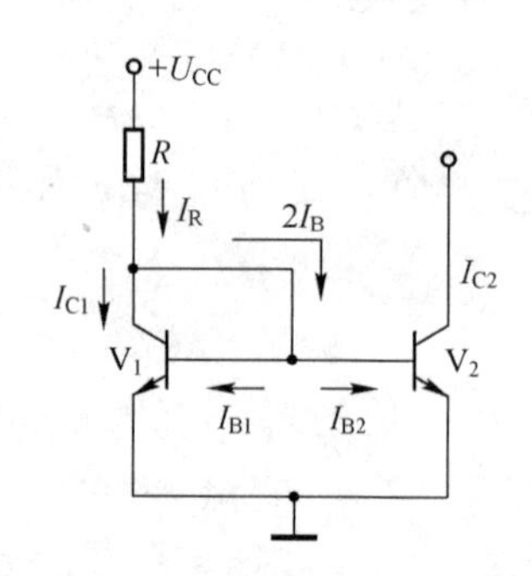

图 9.14 镜像电流源

由以上分析可知,当参考电流 I_R 一定时,不管 V_2 管集电极支路中的负载如何,I_{C2} 总是等于 I_R,二者关系像一面镜子,所以称这种电路为镜像电流源。

这种电路的优点是结构简单,并且具有一定的温度补偿作用,但是也存在以下不足之处:

（1）受电源的影响大。当 U_{CC}变化时，I_{C2}几乎也同样随之变化，因此它不适应电源电压在大幅度变动下运行。

（2）当要求得到小的电流源时，如微安级的电流，就要求较大的电阻 R，如 $I_{C2}=10\mu A$，$U_{CC}=15V$ 时，R 约为 1.5MΩ，这用集成工艺是难以实现的。

（3）由于恒流特性不够理想，管子 c、e 极间电压变化时，I_C也会作相应的变化，即电流源的输出电阻还不够大。

（4）图9.14 电路，输出电流 I_{C2}与基准电流仅仅是近似相等，特别是当β 值不够大时，二者之间误差更大。为提高镜像电流源的精度以及进一步提高电路的输出电阻，可采用威尔逊电流源。

9.3.2 威尔逊电流源

在图9.14 的基础上增加一个放大管 V_3，就可组成威尔逊电流源，如图9.15 所示。

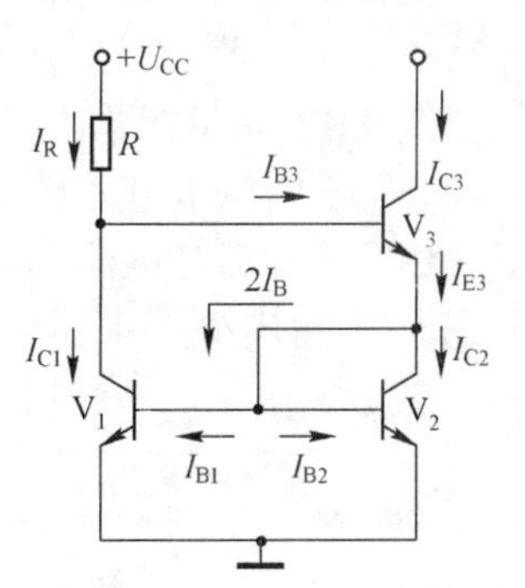

图9.15 威尔逊电流源

设 $I_{C1}=I_{C2}=I_C$，由图可见

$$I_{C1}=I_R-I_{B3}=I_R-\frac{I_{C3}}{\beta}$$

$$I_{E3}=I_{C2}+I_{B1}+I_{B2}=I_C\left(1+\frac{2}{\beta}\right)$$

且
$$I_{E3}=\frac{\beta+1}{\beta}I_{C3}$$

由上可推得
$$I_{C3}=I_R\left(1-\frac{2}{\beta^2+2\beta+2}\right) \qquad (9\text{-}29)$$

若$\beta=50$，由式(9-29)算得 I_{C3}与 I_R的误差小于1‰，而图9.14电路中 I_{C2}与 I_R的误差约为4%，故精度提高了许多。

此外，威尔逊电流源还利用电流负反馈来提高电流的稳定性。假设由于某种因素，使 I_{C3}增加，I_{C2}也随之增加了，又因为 $I_{C1}=I_{C2}$，所以 I_{C1}也增加，而 $I_R=I_{C1}+I_{B3}$固定不变，因此 I_{B3}减少，则 I_{C3}也随之减少，结果维持 I_{C3}基本恒定。由第8 章负反馈对放大器性能的影响可知，由于引入了电流负反馈，所以提高了恒流源的输出电阻。

9.3.3 微电流源

为了使 I_{C2}为弱电流时，R 值仍不大，我们可以在镜像电流源的基础上，引入一个电阻 R_e到 V_2的发射极如图9.16 所示。此时 $U_{BE2}<U_{BE1}$。因此，即使 I_{C1}比较大，但由于 R_e的存在，将使 $I_{C2}<I_{C1}$，即在 R 不太大的情况下，也能满足 I_{C2}比较小的要求。此外，R_e引入电流负反馈，也提高了 V_2的集电极输出电阻，它更接近于理想的恒流源。

由图9.16 可得
$$U_{BE1}-U_{BE2}=I_{E2}R_e\approx I_{C2}R_e$$

再由二极管的基本公式

$$I_C=I_S\left(e^{\frac{U_{BE}}{U_T}}-1\right)\approx I_S e^{\frac{U_{BE}}{U_T}}$$

故
$$U_{BE1}-U_{BE2}=U_T\left(\ln\frac{I_{C1}}{I_{S1}}-\ln\frac{I_{C2}}{I_{S2}}\right)=I_{C2}R_e \qquad (9\text{-}30)$$

设 $I_{S1}=I_{S2}$，即得
$$U_T\ln\frac{I_{C1}}{I_{C2}}=I_{C2}R_e \qquad (9\text{-}31)$$

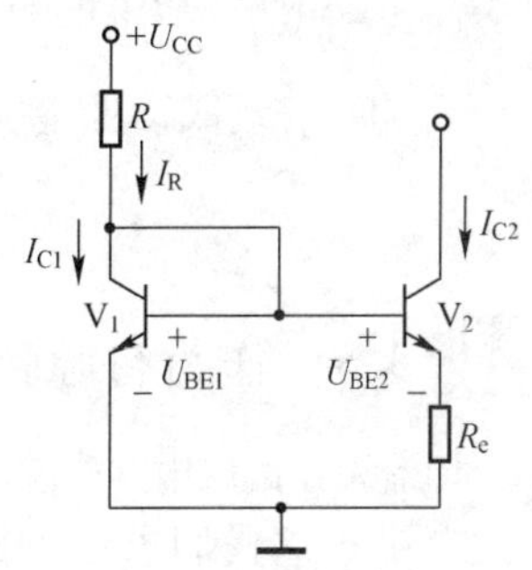

图9.16 微电流源

这是一个超越方程，一般可用图解法来解，但在设计中一般是先确定 I_R和 I_{C2}的数值，再确定 R_e的值，这是十分容易求的。

与镜像电流源相比，微电流源具有以下特点：

（1）当电源电压 U_{CC}变化时，虽然 I_R与 I_{C1}也要作相应的变化，但由于 R_e的负反馈作用，I_{C2}的变化将要小得多，故提高了恒流源对电源变化的稳定性。

（2）当温度上升时，I_{C2}将要增加，由图 9.16 可看出，此时 U_{BE1}和 U_{BE2}均将下降，所以对 I_{C2}的增加有抑制作用，从而提高了恒流源对温度变化的稳定性。

（3）由于 R_e引入电流负反馈，因此微电流的输出电阻比 V_2本身的输出电阻 r_{ce}要高得多，更接近理想的恒流源。

9.3.4　多路偏置电流源

前面讨论的电流源都是用一个参考电流去获得另一个固定电流，实际中常用一个参考电流去获得多个电流，而且各个电流的数值可以不相同。

图 9.17 就是在单电流源的基础上得到的多路电流源。图中 V_1与 V_2，V_2与 V_3分别构成微电流源，V_2与 V_4构成基本镜像电流源。

由图可知参考电流 $I_R=706\mu A$，通过 V_2建立参考电压，然后根据镜像电流源和微电流源的电流分配原则，得出 $I_{C1}=42\mu A$，$I_{C3}=47\mu A$，$I_{C4}=688\mu A$，上述各值用式(9-31)算出，设各管 $\beta=80$。

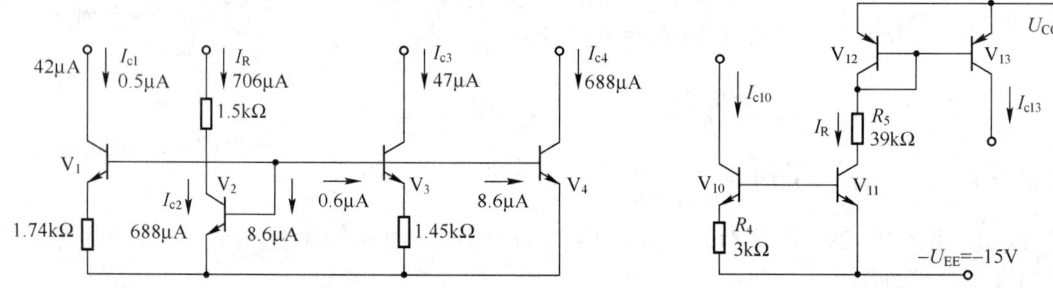

图 9.17　多路偏置电流源

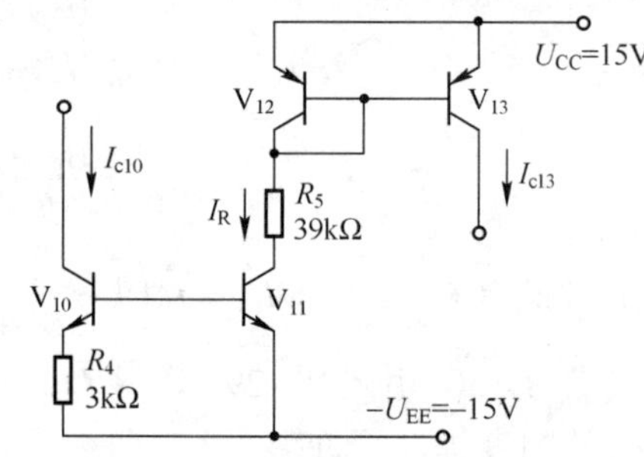

图 9.18　F007 中的电流源电路

例 9-3　图 9.18 是集成运放 F007 中的一部分电路，它们组成电流源电路（各元器件的编号均与 F007 电路图中的编号相同），试计算各个管子的电流，其中 V_{12}和 V_{13}是横向 PNP 管，$\beta_{12}=\beta_{13}=2$。V_{10}和 V_{11}是 NPN 型管。

解　流过电阻 R_5的电流就是参考电流 I_R

$$I_R=\frac{U_{CC}+U_{EE}-U_{BE12}-U_{BE11}}{R_5}=\frac{28.6}{39}\approx 0.73\text{mA}$$

V_{10}、V_{11}构成微电流源，根据式(9-31)得

$$U_T\ln\frac{I_R}{I_{C10}}\approx I_{C10}R_4$$

即 $3I_{C10}=26\ln\frac{730}{I_{C10}}$，$I_{C10}$的单位为微安，利用作图法或试探法求得 $I_{C10}\approx 28\mu A$。

V_{12}和 V_{13}组成镜像电流源，由于 β 较小，则利用式(9-27)得

$$I_{C13}=\frac{\beta_{13}}{\beta_{13}+2}I_R=\frac{2}{2+2}\times 0.73=0.365\text{mA}=I_{C12}$$

9.3.5　作为有源负载的电流源电路

恒流源在集成电路中除了设置偏置电流外，还可作为放大器的有源负载，以提高电压放大倍数。

在第 6 章我们求各种放大电路的电压放大倍数时，得出电压放大倍数正比于负载电阻 R_L'，提高负载有利于放大倍数的提高。而 $R_L'=R_c /\!/ R_L$，R_L是所要带动的负载，所以提高 R_L'，可通过提高 R_c来达到，但 R_c增大，影响静态工作点，使放大电路的动态范围减小。而电流源具有交流电

阻大，直流电阻小的特点，故用电流源代替电阻 R_c，将有效地提高该级的电压放大倍数，对 R_L阻值较大的场合，效果更为突出，其电路如图 9.19 所示。V_1 是共射放大电路，V_2、V_3(PNP 管)组成镜像电流作为 V_1管的负载电阻 R_c。由于恒流源等效电阻为无穷大，可视为开路，则 V_1 管变化的电流 βI_b 全部流向 R_L，故电压放大倍数得到提高。

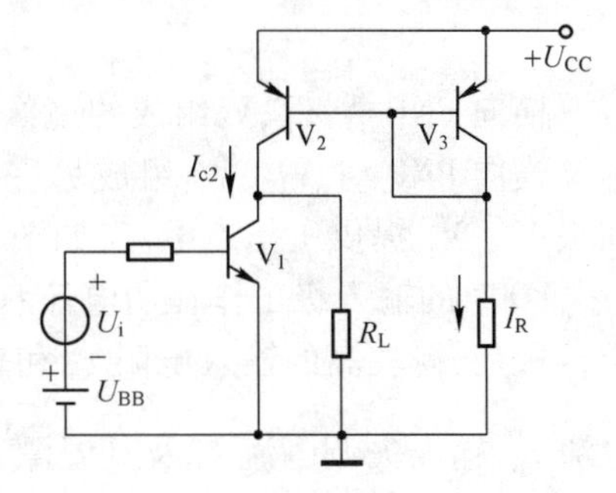

图 9.19　有源负载共射放大电路

*9.4　集成运算放大器介绍

集成运放是一种高放大倍数、高输入电阻、低输出电阻的直接耦合放大电路。为抑制零点漂移，对温漂影响最大的第一级毫无例外地采用了差动放大电路。为提高放大倍数，中间级一般采用有源负载的共射放大电路。输出级为功率放大电路，为提高此电路的带负载能力，多采用互补对称输出级电路。

下面我们以 F007 为例来分析集成运放的各个组成部分。F007(μA741)属于第二代集成运放，电路内部包含 4 个基本组成部分，即偏置电路、输入级、中间级和输出级。它的原理如图 9.20 所示。图中各引出端所标数字为组件的管脚编号。它有 8 个引出端，其中②端为反相输入端；③端为同相输入端；⑥端为输出端；⑦端和④端分别接正和负电源；①端与⑤端之间接调零电位器。

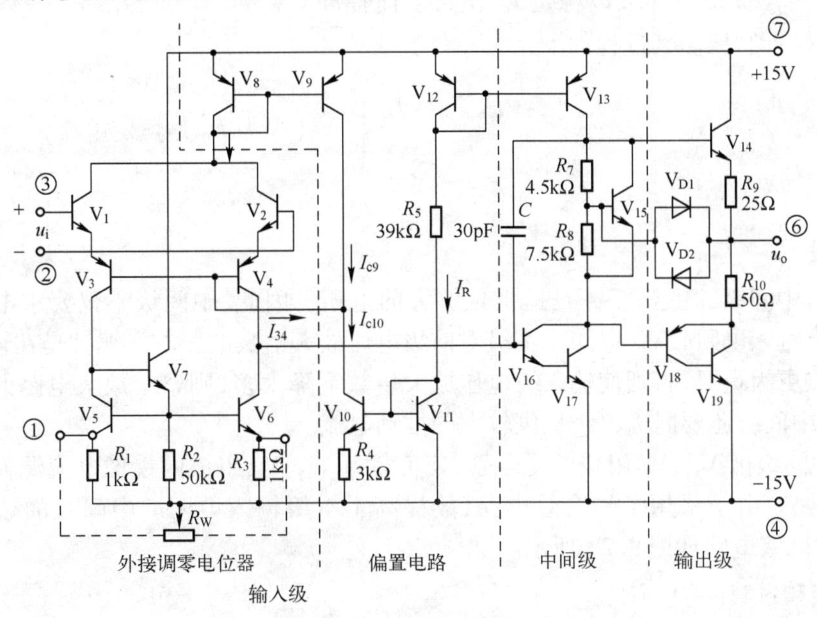

图 9.20　F007 的电路原理图

1. 偏置电路

F007 偏置电路由图 9.20 中的 V_8 ~ V_{13} 和 R_4、R_5等元件组成，如图 9.21 所示。其基准电流 I_R 为

$$I_R = \frac{U_{CC} + U_{EE} - U_{BE12} - U_{BE11}}{R_5}$$

由 I_R便可求出其他各级电路的偏置电流。

V_{10}和 V_{11} 组成微电流源，所以 I_{C10} 比 I_{C11} 小得多，二者关系由式(9-31)确定。I_{C10} 提供 V_9的集电极电流和 V_3、V_4 的基流 I_{34}，即

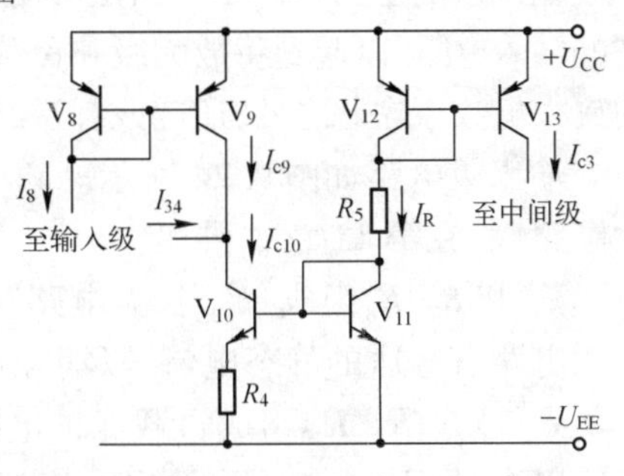

图 9.21　F007 的偏置电路

$$I_{C10} = I_{C9} + I_{34}$$

横向 PNP 管 V_8、V_9组成的镜像电流源产生电流 I_8，提供输入级 V_1、V_2的集电极电流。

横向 PNP 管 V_{12}、V_{13}组成另一对镜像电流源，向中间级 V_{16}、V_{17}提供工作点电流，如图 9. 20所示。

F007 的输入级工作在弱电流状态，而且电流比较恒定，可以获得较高的输入电阻 r_{id}和较低的输入级的偏置电流 I_B、输入失调电流 I_{IO}及其温漂$\frac{dI_{IO}}{dT}$（关于这些指标将在后面讲到），有利于改善集成运放的性能。

2. 输入级

输入级由 V_1 ~ V_9组成，如图 9. 22 所示，V_1、V_2和 V_3、V_4分别组成共集电极组态双端输出的差动放大电路和共基极组态单端输出的差动放大电路。V_5、V_6和 V_7组成源电路，作为 V_3、V_4差动放大电路的集电极有源负载。V_8、V_9组成镜像电流源，给差动放大级 V_1、V_2提供偏置电流。

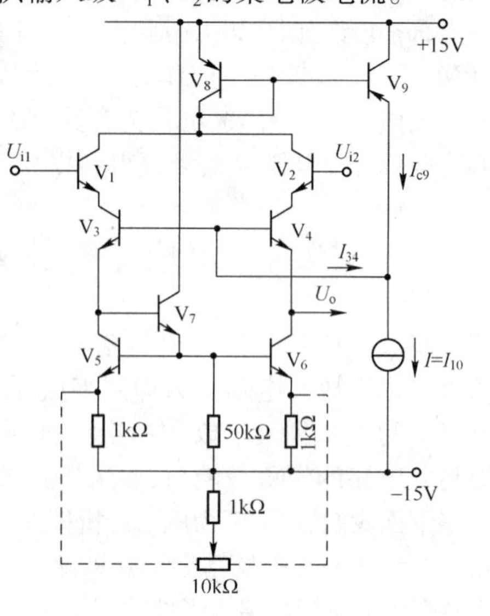

图 9. 22　F007 的输入级

V_8和 V_9不仅是镜像电流源，而且还与 V_{10}、V_{11}组成微电流源构成共模负反馈环节以稳定 I_{C1}、I_{C2}，从而提高整个电路的共模抑制比。其过程如下：

$$T\uparrow \rightarrow \begin{matrix} I_{C1} \\ I_{C2} \end{matrix}\uparrow \rightarrow I_{C8}\uparrow \rightarrow I_{C9}\uparrow \rightarrow I_{34}\downarrow \quad = \begin{matrix} I_{10} - I_{C9} \\ \text{（因为 } I_{10} \text{ 是恒定电流）} \end{matrix}$$

$$\begin{matrix} I_{C1} \\ I_{C2} \end{matrix}\downarrow \longleftarrow \begin{matrix} I_{C3} \\ I_{C4} \end{matrix}\downarrow \longleftarrow$$

3. 中间级

由前所述，中间级的主要任务是提供足够大的电压。因此，中间级不仅要求电压放大倍数高，而且还要求输入电阻较高，以减少本级对前级电压放大倍数的影响。尤其是在输入级采用有源负载时，此点更为重要，否则使输入级电压放大倍数下降太多，则整个放大电路的电压放大倍数很难提高。中间级还要向输出级提供较大的推动电流。

F007 的中间级由 V_{16}、V_{17}组成的复合管，其负载由 V_{12}、V_{13}组成的镜像电流源作为有源负载的共射放大电路。由于采用了复合管电路，故提高了本级输入电阻。中间级的放大倍数可达1000 多倍。中间级电路如图 9. 23 所示。

4. 输出级和过载保护

输出级的主要作用是给出足够的电流以满足负载的需要，同时还要具有较低的输出电阻和较高的输入电阻，以起到将放大级和负载隔离的作用。放大倍数要适中，太高没必要，太低将影响总的放大倍数。除此之外，还应该有过载保护，以防输出端短路或过载电流过大而烧坏管子。

输出级电路如图 9. 24 所示。V_{18}、V_{19}复合管组成 PNP 三极管与 V_{14}组成准互补推挽功率放大电路（将在第 11 章中讲述）。

V_{15}和 R_7、R_8组成"U_{BE}扩大电路"（参见第 11 章），调整 R_7和 R_8的数值，可以使互补对称功率放大电路有合适的静态电流，以消除输出电压波形的交越失真（将在第 11 章讲述）。

V_{D1}、V_{D2}、R_9、R_{10}组成过载保护电路。基本原理叙述如下：当输出信号为正，且输出电流在额定值以内时，V_{D1}截止。当输出电流超过额定电流值，则 R_9上压降增大，使 V_{D1}导通，将流进 V_{14}管的基极电流通过 V_{D1}分流，从而使 V_{14}的输出电流受到限制。同理，当负向电流过大时，V_{D2}导通，将 V_{16}基极电流旁路，从而限制了 V_{18}和 V_{19}的电流。

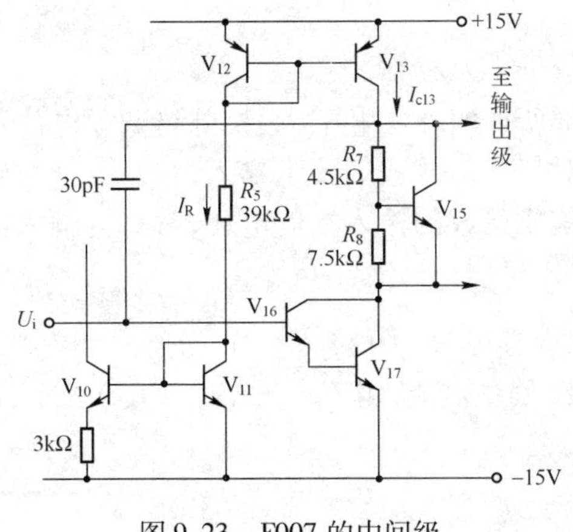

图 9.23　F007 的中间级

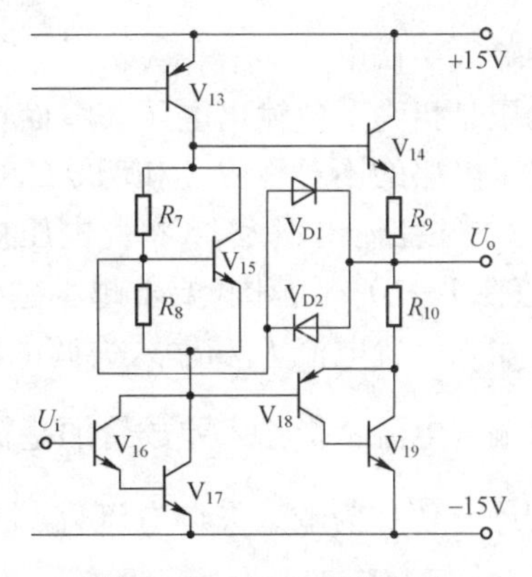

图 9.24　F007 的输出级

9.5　集成运放的性能指标

集成运放的性能指标叙述如下：

（1）开环差模电压放大倍数 A_{od}

这是指集成运放在无外加反馈回路的情况下的差模电压放大倍数，常用 A_{od} 表示，即

$$A_{od} = U_o / U_{id}$$

对于集成运放而言，希望 A_{od} 大，且稳定。目前高增益集成运放的 A_{od} 可高达 140dB（10^7 倍），理想集成运放认为 A_{od} 为无穷大。

（2）最大输出电压 U_{op-p}

最大输出电压是指在一定的电源电压下，集成运放的最大不失真输出电压的峰-峰值。如 F007 电源电压为 ±15V 时的最大输出电压为 ±10V，按 $A_{od} = 10^5$ 计算，输出为 ±10V 时，输入差模电压 U_{id} 的峰-峰值为 ±0.01mV。输入信号超过 ±0.1mV 时，输出恒为 ±10V，不再随 U_{id} 变化，此时集成运放进入非线性工作状态。

通常可用集成运放的传输特性曲线表示上述关系，如图 9.25 所示。

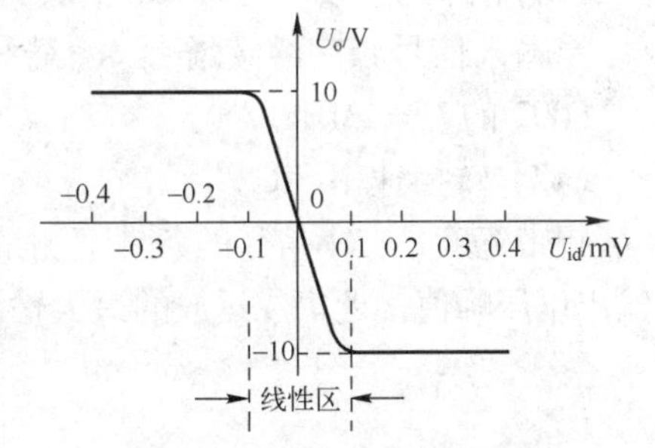

图 9.25　集成运放的传输特性

（3）差模输入电阻 r_{id}

r_{id} 的大小反映了集成运放输入端向差模输入信号源索取电流的大小。要求 r_{id} 愈大愈好，一般集成运放 r_{id} 为几百千欧至几兆欧，故输入级常采用场效应管来提高输入电阻 r_{id}。F007 的 $r_{id} = 2M\Omega$。认为理想集成运放的 r_{id} 为无穷大。

（4）输出电阻 r_o

r_o 的大小反映了集成运放在小信号输出时的负载能力。有时只用最大输出电流 $I_{o\,max}$ 表示它的极限负载能力。认为理想集成运放的 r_o 为零。

（5）共模抑制比 CMRR

共模抑制比反映了集成运放对共模输入信号的抑制能力，其定义同差动放大电路。CMRR 愈大愈好，理想集成运放的 CMRR 为无穷大。

（6）最大差模输入电压 $U_{id\,max}$

从集成运放输入端看进去，一般都有两个或两个以上的发射结相串联，若输入端的差模电压过高，会使发射结击穿。NPN 管 e 结击穿电压仅有几伏，PNP 横向管的 e 结击穿电压则可达数十伏，如 F007 为 ±30V。

（7）最大共模输入电压 $U_{ic\,max}$

输入端共模信号超过一定数值后，集成运放工作不正常，失去差模放大能力。F007 的 $U_{ic\,max}$

值为 ±13V。

(8) 输入失调电压 U_{IO}

该电压是指为了使输出电压为零而在输入端所加的补偿电压(去掉外接调零电位器),它的大小反映了电路的不对称程度和调零的难易。对集成运放我们要求输入信号为零时,输出也为零,但实际中往往输出不为零,将此电压折合到集成运放的输入端的电压,常称为输入失调电压 U_{IO}。其值在 1 ~10mV 范围,要求越小越好。

(9) 输入偏置电流 I_{IB}和输入失调电流 I_{IO}

输入偏置电流是指输入差放管的基极(栅极)偏置电流,用 $I_{IB}=\frac{1}{2}(I_{B1}+I_{B2})$表示,而将 I_{B1}、I_{B2}之差的绝对值称为输入失调电流 I_{IO},即

$$I_{IO}=|I_{B1}-I_{B2}|$$

可见 I_{IB}相当于输入电流的共模成分,而 I_{IO}相当于输入电流的差模成分。当它们流过信号源电阻 R_s时,其上的直流压降就相当于在集成运放的两个输入端上引入了直流共模和差模电压,因而也将引起输出电压偏离零值。显然,I_{IB}和 I_{IO}越小,它们的影响也越小。I_{IB}的数值通常为十分之几微安,I_{IO}则更小。F007 的 $I_{IB}=200nA$,I_{IO}为 50 ~100nA。

(10) 输入失调电压温漂$\frac{dU_{IO}}{dT}$和输入失调电流温漂$\frac{dI_{IO}}{dT}$

它们可以用来衡量集成运放的温漂特性。通过调零的办法可以补偿 U_{IO}、I_{IB}、I_{IO}的影响,使直流输出电压调至零伏,但却很难补偿其温度漂移。低温漂型集成运放$\frac{dU_{IO}}{dT}$可做到 0.9μV/℃以下,$\frac{dI_{IO}}{dT}$可做到 0.009μA/℃以下。F007 的$\frac{dU_{IO}}{dT}=20\sim30\mu V/℃$,$\frac{dI_{IO}}{dT}=1nA/℃$。

(11) -3dB 带宽 f_h

在第 6 章频率特性一节中我们已讲过,随着输入信号频率上升,放大电路的电压放大倍数将下降,当 A_{od}下降到中频时的 0.707 倍时为截止频率,用分贝表示正好下降了 3dB,常称为 -3dB 带宽。

当输入信号频率继续增大,A_{od}继续下降,当 $A_{od}=1$ 时,与此对应的频率 f_c称为单位增益带宽。F007 的 $f_c=1MHz$。

(12) 转换速率 SR

频带宽度是在小信号的条件下测量的。在实际应用中,有时需要集成运放工作在大信号情况(输出电压峰值接近集成运放的最大输出电压 U_{op-p}),此时可用转换速率(SR)来表示其特性,即

$$SR=\left|\frac{dU_o}{dt}\right|$$

它是输出电压对时间的变化率,集成运放的 SR 愈大,其输出电压的变化率也愈大,所以 SR 大的集成运放才可能允许在较高的工作频率下输出较大的电压幅度。

上述指标归纳起来可分为三大类:

直流指标:U_{IO}、I_{IO}、I_{IB}、$\frac{dU_{IO}}{dT}$、$\frac{dI_{IO}}{dT}$。

小信号指标:A_{od}、r_{id}、r_o、CMRR、f_h、f_c。

大信号指标:U_{op-p}、$I_{o\,max}$、$U_{id\,max}$、$U_{ic\,max}$、SR。

集成运放指标的含义只有结合具体应用才能正确领会。

集成运放种类较多,有通用型,还有为适应不同需要而设计的专用型,如高速型、高阻型、高压型、大功率型、低功耗型、低漂移型等。表 9.1 列出了国内外部分集成运放典型产品的主要技术指标,供选用时参考。

表 9.1 国内外部分集成运放主要参数(有括号为国外产品)

品种类型			通用型			高精度		高速	高阻	低功耗	高压	大功率	宽带
			Ⅰ	Ⅱ	Ⅲ								
参数名称	符号及单位	国内外类似型号	CF702 (F002) (μA702)	CF709 (F005) (μA709)	CF741 (F007) (μA741)	CF725 (μA725)	C7650 (ICL7650)	CF715 (μA715)	F3140 (CA3140)	F3078 (CA3078)	F143 (LM143)	FX0021 (LH0021)	F507
输入失调电压	U_{IO}	mV	0.5	1.0	1.0	0.5	5×10^{-2}	2.0	5	0.7	2.0	1.0	1.5
输入失调电流	I_{IO}	nA	180	50	20	2.0	5×10^{-3}	70	5.0×10^{-4}	0.5	1.0	30	15
输入偏置电流	I_{IB}	nA	2000	200	80	42	0.01	400	1.0×10^{-2}	7	8.0	100	15
U_{IO}的温漂	$\frac{dU_{IO}}{dT}$	μV/℃	2.5	3.0		2.0	0.01		8	6		3	8
I_{IO}的温漂	$\frac{dI_{IO}}{dT}$	nA/℃	1.0			35×10^{-3}				0.07		0.1	0.2
差模开环增益	A_{od}	dB	70	93	106	130	120	90	100	100	105	106	103
共模抑制比	K_{CMR}	dB	100	90	90	120	120	92	90	115	90	90	100
输入共模电压范围	U_{icm}	V	+0.5 −4.0	±10	±13	±14		±12	+12.5 −14.5	+5.8 −5.5	26		±11
输入差模电压范围	U_{idm}	V	±5	±5.0	±30	±5		±15	±8	±6	80		±12
差模输入电阻	r_{id}	MΩ	0.04	0.4	2.0	1.5	10^6	1.0	1.5×10^6	0.87		1.0	300
最大输出电压	U_{op-p}	V		±13	±14	±13.5	±4.8	±13	+13 −14.4	±5.3	±25	±12	±12
−3dB 带宽 单位增益带宽	f_h f_c	Hz MHz			10 1		2		4.5	2×10^3	1.0	(输出短路电流 1.2A)	35
静态功耗 静态电流	P I	mW mA	90 5.0	80	50 1.7	80	3.5	165 5.5	120 4	0.24 0.02	2.0	75 2.5	3
转换速率	SR	V/μs			0.5		2	100(反相,$A_u=1$)	9	1.5	2.5		35
电源电压	U	V	+12 −6	±15	±15	±15	±5	±15	±15	±6	±28	+12 −10	±15

集成运放最早应用于信号的运算，它可对信号完成加、减、乘、除、对数、反对数、微分、积分等基本运算，所以称为运算放大器。但是，随着集成运放技术的发展，各项技术指标不断改善，价格日益低廉，而且制造出适应各种特殊要求的专用电路，目前集成运放的应用几乎渗透到电子技术的各个领域。

除运算外还可对信号进行处理、变换和测量，也可用来产生正弦信号和非正弦信号，成为电子系统的基本功能单元。

9.6 集成运放应用基础

1. 低频等效电路

在电路中我们将集成运放作为一个完整的独立器件来对待。因此，计算、分析时将集成运放用等效电路来代替，由于集成运放主要用在频率不高的场合，所以我们只讨论在低频时的等效电路，如图9.26所示。

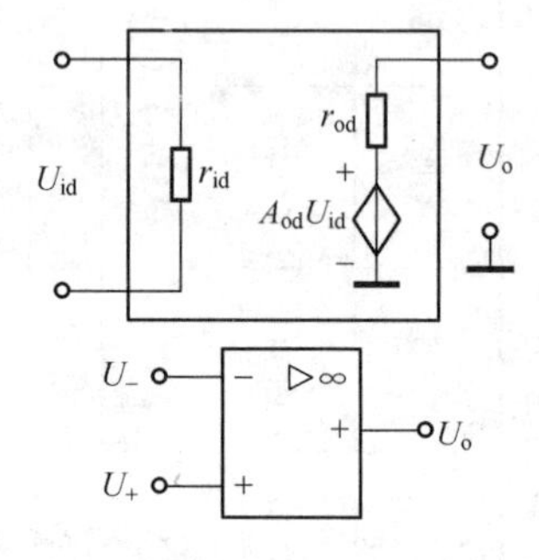

图9.26 集成运放低频等效电路

因为集成运放的信号输入端有两个，输出端只有一个，故只画出这三个端，其他端如电源端、调零端等，仅是保证集成运放正常工作，而对讨论输出电压与输入电压的函数关系联系不大，为突出讨论的核心问题，所以其他端一般不画出。

标“+”的为同相输入端，表示输出电压信号与该输入端电压信号相位相同；标“-”的为反相输入端，表明输出电压与该输入端的电压信号相位相反。对于只讨论信号放大时，其他可不考虑，此时的简化等效电路如图9.26所示。

2. 理想集成运算放大电路

大多数情况下，将集成运放视为理想集成运放。所谓理想集成运放，就是将集成运放的各项技术指标理想化，即

（1）开环电压放大倍数 $A_{od}=\infty$；

（2）输入电阻 $r_{id}=\infty$；

（3）输入偏置电流 $I_{B1}=I_{B2}=0$；

（4）失调电压 U_{IO}、失调电流 I_{IO} 以及它们的温漂 $\frac{dU_{IO}}{dT}$、$\frac{dI_{IO}}{dT}$ 均为零；

（5）共模抑制比 $CMRR=\infty$；

（6）输出电阻 $r_{od}=0$；

（7）$-3dB$ 带宽 $f_h=\infty$；

（8）无干扰、噪声。

由于实际集成运放与理想集成运放比较接近，因此在分析、计算应用电路时，用理想集成运放代替实际集成运放所带来的误差并不严重，在一般工程计算中是允许的。本章中凡未特别说明的，均将集成运放视为理想集成运放来考虑。

3. 集成运放工作在线性区

当集成运放工作在线性区时，作为一个线性放大器件，它的输出信号和输入信号之间满足如下关系：

$$U_o=A_{od}(U_- - U_+) \tag{9-32}$$

由于集成运放的开环电压放大倍数极大，而输出电压为有限值，故其输入信号的变化范围很小，在前面已讲述过，F007 的传输特性如图 9.25 所示，其输入信号变化范围仅为 ±0.1mV，超过这个范围，输出不是 $U_{om}=10V$ 就是 $U_{om}=-10V$。显然，这样小的线性范围无法进行线性放大等任务。

为了扩展集成运放的线性工作范围，必须通过外部元件引入负反馈，这是各种线性应用电路的共同点。

例如，F007 开环时 $A_{od}=10^5$，输入信号的变化范围仅有 ±0.1mV，如果引入负反馈后其闭环增益 $A_{uf}=100$，则反馈深度为

$$|1+A_{od}F|=A_{od}/A_{uf}=10^3$$

考虑 $A_{od}=U_o/U_{id}, A_{uf}=U_o/U_s$

则得 $U_s=(1+A_{od}F)U_{id}=10^3U_{id}$

即将输入信号的变化范围扩大了 10^3 倍，可在 0.1 ~ -0.1V 范围内均工作在线性区。上述关系用传输特性表示，如图 9.27 所示。

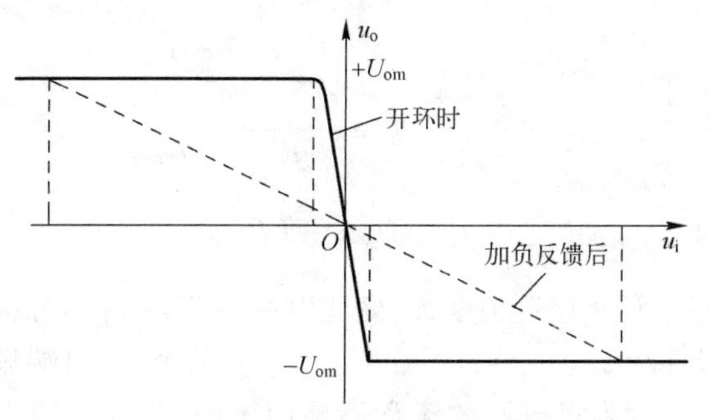

图 9.27 引入负反馈扩展线性区

由于理想集成运放 $A_{od}=\infty$，而 U_o 是有限值，故由式(9-32)可得 $U_- - U_+ \approx 0$，即

$$U_- \approx U_+ \tag{9-33}$$

满足此条件的我们称为"虚短"，即同相输入端与反相输入端电位相等，但不是短路。

又由于理想集成运放 $r_{id}=\infty$，所以集成运放输入端不取电流，即

$$I_- = I_+ = 0 \tag{9-34}$$

式(9-33)、式(9-34)两个结论大大简化了集成运放应用电路的分析计算，凡是线性应用，均要用此两个结论，因此必须牢记。

4. 集成运放工作在非线性区

为了使集成运放工作在非线性区，集成运放一般开环运用或者加正反馈加速转换过程。所以非线性运用时，其电路结构特点为开环或为正反馈。非线性运用时，显然放大关系已不存在，即 $U_o \neq A_{od}(U_- - U_+)$。

由于 $A_{od}=\infty$，所以输入端很微小的变化量，就可使其输出电压不是变到正向饱和压降 U_{OH} 就是变到负向饱和压降 U_{OL}。其数值接近正、负电源电压。所以

$$\left.\begin{aligned} U_- > U_+ \text{时} \quad U_o = U_{OL} \\ U_- < U_+ \text{时} \quad U_o = U_{OH} \end{aligned}\right\} \tag{9-35}$$

$U_- = U_+$ 为两种状态的转折点。

由于 $r_{id}=\infty$，所以输入电流仍为零，即 $I_- = I_+ = 0$。

由以上可看出，集成运放工作区域不同，其近似条件也不同。所以在分析和计算集成运放时，首先，应判断集成运放工作在什么区域，然后才能用上述有关公式对集成运放进行分析、计算。

9.7 运算电路

运算电路就是对输入信号进行比例、加、减、乘、除、积分、微分、对数、反对数等运算的电路。此时集成运放工作在线性区。

9.7.1 比例运算电路

将输入信号按比例放大的电路,称为比例运算电路。按输入信号加在不同的输入端,又可分为:反相比例运算、同相比例运算、差动比例运算三种。比例运算电路实际就是集成运算放大电路的三种主要放大形式。

1. 反相比例电路

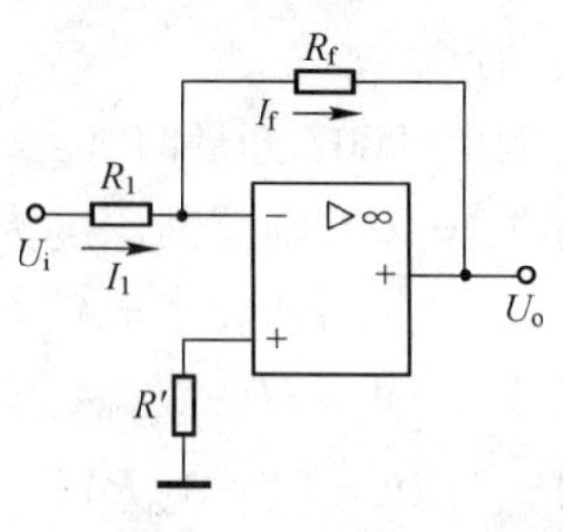

图 9.28 反相比例电路

输入信号加在反相输入端,电路如图 9.28 所示。

因为 $U_- = U_+ = 0$(虚短且虚地)

又 $I_- = I_+ = 0$

所以 $$I_1 = \frac{U_i - U_-}{R_1} = \frac{U_i}{R_1} = I_f$$

则 $$U_o = -I_f R_f = -\frac{R_f}{R_1}U_i \qquad (9\text{-}36)$$

U_o与U_i是比例关系,改变比例系数R_f/R_1,即可改变U_o的数值。负号表示输出电压与输入电压极性相反。

因为集成运放毕竟不是理想的,总存在输入偏置电流I_{IB}、输入失调电流I_{IO}、输入失调电压U_{IO}及它们的温漂,所以要求从集成运放的两个输入端向外看的等效电阻相等,我们称这为平衡条件,所以在同相端应接入R'。

上述结论对于由双极型管子制成的集成运放均适用。当输入电阻很高时,对此要求不严格。对于此例$R' = R_1 /\!/ R_f$,如$R_1 = 30\text{k}\Omega$,$R_f = 300\text{k}\Omega$,则$R' = R_1 /\!/ R_f \approx 27.3\text{k}\Omega$。可选取$R' = 27\text{k}\Omega$。

反相比例电路具有如下特点:

① 由于反相比例电路存在虚地,即$U_- = U_+ = 0$,所以它的共模输入电压为零。因此对集成运放的共模抑制比要求低。这是其突出的优点。

② 输入电阻低,$r_i = R_1$。所以对输入信号的负载能力有一定的要求。

2. 同相比例电路

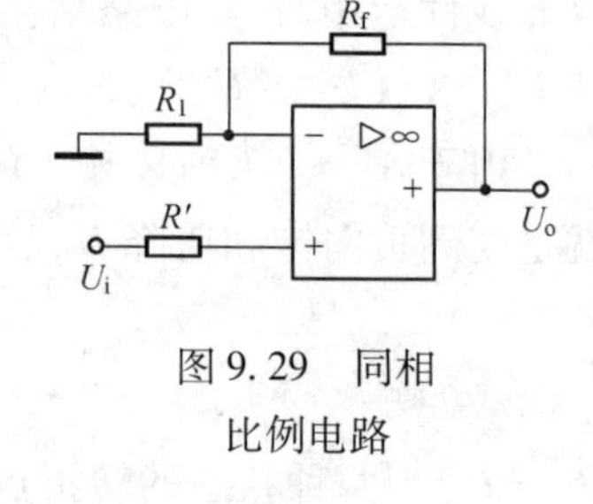

图 9.29 同相比例电路

输入信号加在同相输入端,电路如图 9.29 所示。

因为 $U_- = U_+ = U_i$(虚短但不是虚地)

$I_- = I_+ = 0$

而从$U_o \to R_f \to R_1 \to$地回路,又有如下关系:

$$U_- = \frac{R_1}{R_1 + R_f}U_o$$

所以 $$U_o = \left(\frac{R_1 + R_f}{R_1}\right)U_- = \left(1 + \frac{R_f}{R_1}\right)U_- = \left(1 + \frac{R_f}{R_1}\right)U_i \qquad (9\text{-}37)$$

改变R_f/R_1即可改变U_o的数值,且输出电压与输入电压极性相同。

同相比例电路具有如下特点:

① 输入电阻很高,可高达 1000MΩ 以上。

② 由于$U_- = U_+ = U_i$,即同相比例电路的共模输入信号高为U_i,因此,对集成运放的共模抑制比要求高。这是它的主要缺点,限制了它的适用场合。

当$R_1 = \infty$或$R_f = 0$时,则$U_o = U_i$,即组成电压射极输出器。常用的电压射极输出器电路如图 9.30 所示。

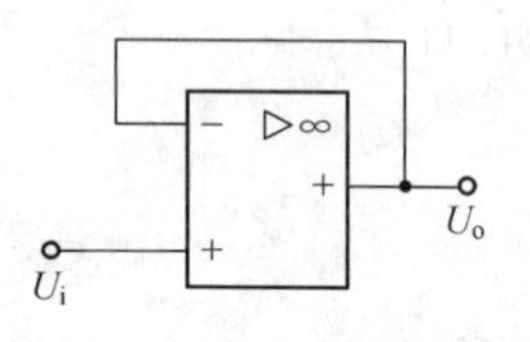

图 9.30 电压射极输出器

由于集成运放性能优良，所以由它构成的电压射极输出器不仅精度高，而且输入电阻大，输出电阻小。

3. 差动比例电路

输入信号 U_{i1}、U_{i2}分别加至反相输入端和同相输入端，电路如图 9.31 所示。

输出电压 U_o与输入信号 U_{i1}、U_{i2}的关系可利用叠加原理求得，即

$$U_o = U_{o1} + U_{o2}$$

其中 U_{o1}是只考虑 U_{i1}，$U_{i2}=0$ 时的输出电压；U_{o2}是只考虑 U_{i2}，$U_{i1}=0$ 时的输出电压。

$$U_{o1} = -\frac{R_{f1}}{R_1}U_{i1},\ U_{o2} = \left(1+\frac{R_f}{R_1}\right)U_-$$

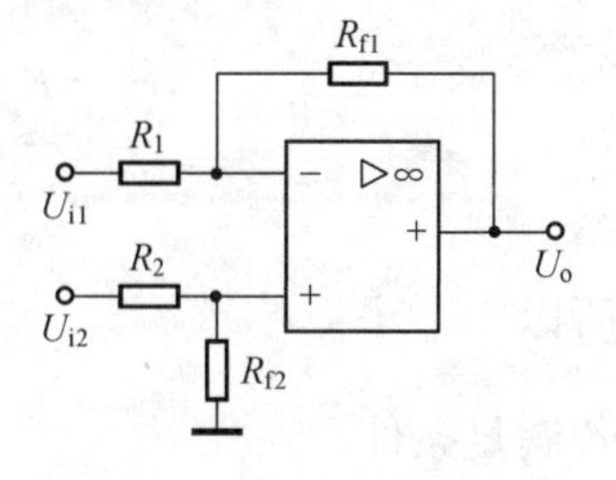

图 9.31　差动比例电路

而
$$U_- = U_+ = \frac{R_{f2}}{R_2+R_{f2}}U_{i2}$$

所以
$$U_{o2} = \left(1+\frac{R_{f1}}{R_1}\right)\left(\frac{R_{f2}}{R_2+R_{f2}}\right)U_{i2}$$

如设 $R_1=R_2$，$R_{f1}=R_{f2}$，则

$$U_{o2} = \frac{R_{f2}}{R_2}U_{i2}$$

故得
$$U_o = \frac{R_{f1}}{R_1}(U_{i2}-U_{i1}) \tag{9-38}$$

它实际上可完成两输入信号的差运算。

9.7.2　和、差电路

1. 反相求和电路

反相求和电路如图 9.32 所示。图中画出三个输入端，实际中可根据需要增减输入端的数量。其中

$$R' = R_1 /\!/ R_2 /\!/ R_3 /\!/ R_f$$

运用虚短和虚地概念，$I_- \approx I_+ = 0$，$U_- = U_+ = I_+R' \approx 0$ 得

$$I_f = I_1 + I_2 + I_3 = \frac{U_{i1}}{R_1} + \frac{U_{i2}}{R_2} + \frac{U_{i3}}{R_3}$$

则
$$U_o = -I_fR_f$$

所以
$$U_o = -\left(\frac{R_f}{R_1}U_{i1} + \frac{R_f}{R_2}U_{i2} + \frac{R_f}{R_3}U_{i3}\right) \tag{9-39}$$

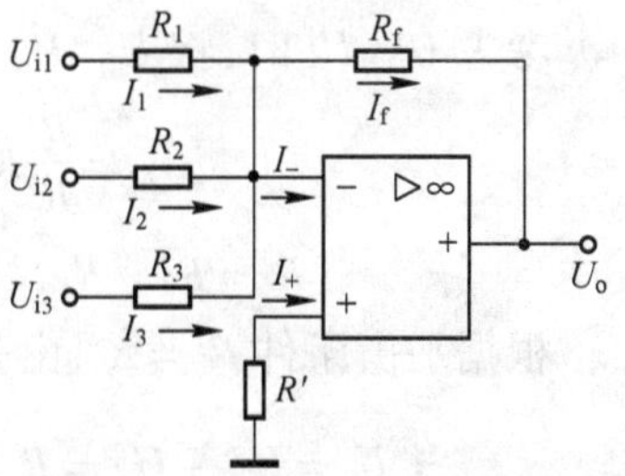

图 9.32　反相求和电路

反相求和电路的特点与反相比例电路相同。这种求和电路便于调整，可以十分方便地调整某一路的输入电阻，改变该路的比例关系，而不影响其他路的比例关系。因此，反相求和电路用得较为广泛。

反相求和电路可以模拟如下方程：

$$Y = -(a_0X_0 + a_1X_1 + a_2X_2)$$

例如，要求用集成运算放大器实现

$$U_o = -(2U_{i1} + U_{i2} + 5U_{i3})$$

如 $R_f = 100\text{k}\Omega$，电路见图 9.32，只要按以下选取即可：

$$\frac{R_f}{R_1}=2,\ R_1=50\text{k}\Omega;\quad \frac{R_f}{R_2}=1,\ R_2=100\text{k}\Omega;\quad \frac{R_f}{R_3}=5,\ R_3=20\text{k}\Omega$$

这样 $$R' = 50\text{k}\Omega /\!/ 100\text{k}\Omega /\!/ 100\text{k}\Omega /\!/ 20\text{k}\Omega \approx 11.1\text{k}\Omega$$

2. 同相求和电路

同相求和电路如图 9.33 所示。输入端的个数也可根据需求进行增减。

$$U_o = \left(1 + \frac{R_f}{R_1}\right) U_+$$

而 U_+ 通过下式求出：
$$\frac{U_{i1} - U_+}{R_a} + \frac{U_{i2} - U_+}{R_b} + \frac{U_{i3} - U_+}{R_c} = 0$$

$$U_+ = R'\left(\frac{U_{i1}}{R_a} + \frac{U_{i2}}{R_b} + \frac{U_{i3}}{R_c}\right)$$

$$R' = R_a /\!/ R_b /\!/ R_c$$

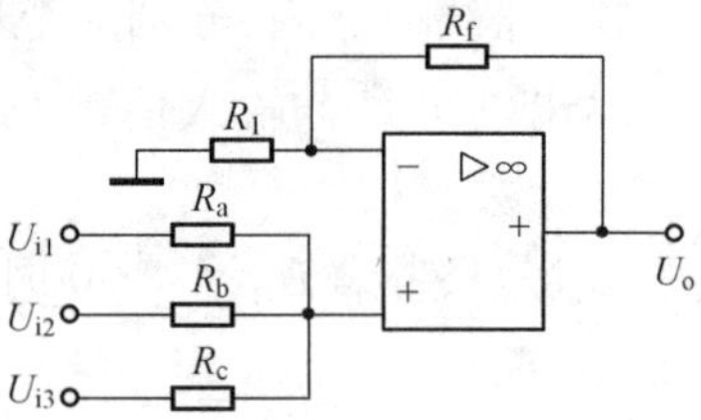

图 9.33 同相求和电路

所以
$$U_o = \left(1 + \frac{R_f}{R_1}\right) R'\left(\frac{U_{i1}}{R_a} + \frac{U_{i2}}{R_b} + \frac{U_{i3}}{R_c}\right) \tag{9-40}$$

若满足条件
$$R' = R_a /\!/ R_b /\!/ R_c = R'' = R_1 /\!/ R_f$$

则
$$U_o = \frac{R'}{R''} R_f \left(\frac{U_{i1}}{R_a} + \frac{U_{i2}}{R_b} + \frac{U_{i3}}{R_c}\right) = R_f\left(\frac{U_{i1}}{R_a} + \frac{U_{i2}}{R_b} + \frac{U_{i3}}{R_c}\right) \tag{9-41}$$

该式必须在 $R' = R''$ 的前提下才成立。当改变某一路的电阻时，必须改变其他路电阻，以满足 $R' = R''$ 关系，所以调节远不如反相求和电路方便。同时，同相求和电路的共模输入信号大，故同相求和电路远不如反相求和电路用得广泛。

3. 和差电路

和差电路如图 9.34 所示。利用叠加原理，可知电路对 U_{i1}、U_{i2} 进行反相求和，而对 U_{i3}、U_{i4} 进行同相求和，然后进行叠加即得和差结果。

考虑 U_{i1}、U_{i2} 时，将 U_{i3}、U_{i4} 接地，则得

$$U_{o1} = -R_f\left(\frac{U_{i1}}{R_1} + \frac{U_{i2}}{R_2}\right)$$

考虑 U_{i3}、U_{i4} 时，将 U_{i1}、U_{i2} 接地，则得

$$U_{o2} = \frac{R'}{R''} R_f \left(\frac{U_{i3}}{R_3} + \frac{U_{i4}}{R_4}\right)$$

其中 $$R' = R_3 /\!/ R_4, \quad R'' = R_1 /\!/ R_2 /\!/ R_f$$

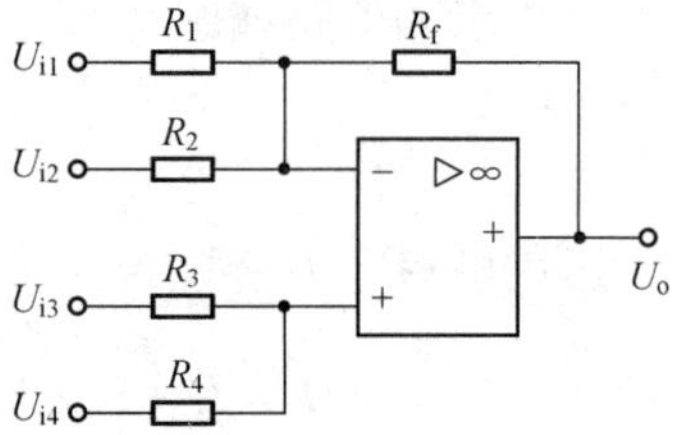

图 9.34 和差电路

根据平衡条件 $R' = R''$，由叠加原理得

$$U_o = U_{o1} + U_{o2} = R_f\left(\frac{U_{i3}}{R_3} + \frac{U_{i4}}{R_4} - \frac{U_{i1}}{R_1} - \frac{U_{i2}}{R_2}\right) \tag{9-42}$$

该电路只用一只集成运放，故成本低，但电阻计算和电路调整均不方便。为此常用两级集成运放组成和差电路。

用两级集成运放组成的和差电路如图 9.35 所示。

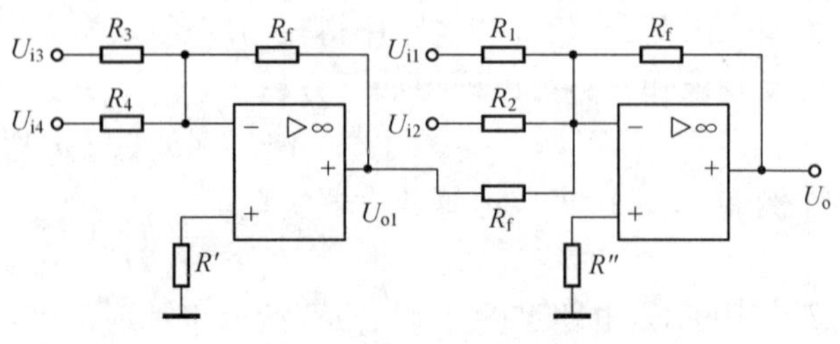

图 9.35 用两级集成运放组成的和差电路

由于理想集成运放输出电阻 $r_o = 0$，所以多级集成运放相连时，后级对前级基本不影响，计算十分方便。

因为 $$U_{o1} = -\left(\frac{R_f}{R_3} U_{i3} + \frac{R_f}{R_4} U_{i4}\right) \tag{9-43}$$

所以
$$U_o = -\left(\frac{R_f}{R_1}U_{i1} + \frac{R_f}{R_2}U_{i2} + \frac{R_f}{R_f}U_{o1}\right)$$
将式(9-43)代入上式,得
$$U_o = -\left(\frac{R_f}{R_1}U_{i1} + \frac{R_f}{R_2}U_{i2} - \frac{R_f}{R_3}U_{i3} - \frac{R_f}{R_4}U_{i4}\right)$$
$$= R_f\left(\frac{U_{i3}}{R_3} + \frac{U_{i4}}{R_4} - \frac{U_{i1}}{R_1} - \frac{U_{i2}}{R_2}\right) \tag{9-44}$$
与式(9-42)一致。

由于两级集成运放组成和差电路时,均采用反相求和电路,均存在虚地,共模输入信号均为零,所以对集成运放共模抑制比要求低,且电阻计算十分方便,电路调整容易。因此两级集成运放的和差电路比单级和差电路应用更为广泛。

9.7.3 积分电路和微分电路

1. 积分电路

积分电路是模拟计算机及积分型模数转换等电路的基本单元之一,它可实现积分运算及产生三角波等。

所谓积分运算即输出电压与输入电压成积分关系。如何构成积分电路呢？利用电容器上电压与流过电容的电流关系 $i_C = C\frac{du_C}{dt}$经过变换得
$$du_C = \frac{1}{C}i_C dt, \quad 则 \quad u_C = \frac{1}{C}\int i_C dt$$
只要让 i_C与输入电压有关,则可实现积分运算。将反相比例电路的 R_f换为电容器 C 即可。其电路如图 9.36 所示。

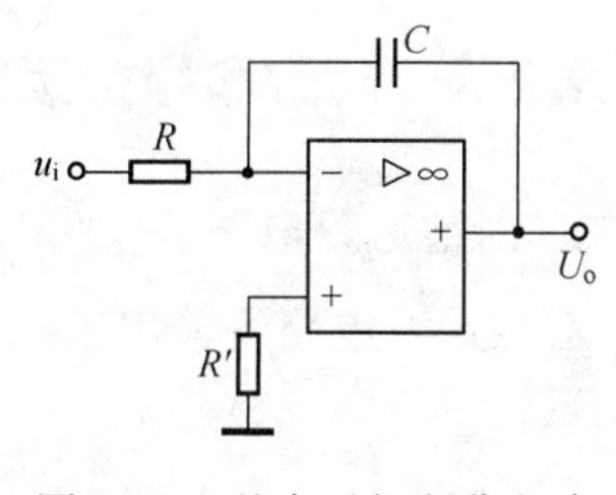

图 9.36　基本反相积分电路

由电路得 $u_o = u_C = -\frac{1}{C}\int_{t_0}^{t_1} i_C dt + u_C\Big|_{t=0}$

而 $i_C = i_1 = \frac{u_i}{R}$,将其代入上式得
$$u_o = \frac{-1}{RC}\int_{t_0}^{t_1} u_i dt + u_C\Big|_{t=0} \tag{9-45}$$
其中 $u_C\big|_{t_0}$表示 t_0时刻电容两端的电压值,即初始值 $u_C(0)$。当初始值为零时
$$u_o = \frac{-1}{RC}\int_{t_0}^{t_1} u_i dt \tag{9-46}$$
如输入为阶跃电压,如图 9.37(a)所示,$t \geqslant 0$ 时 $u_i = E$ 值,且电路中 $u_C(0) = 0$,由式(9-46)得
$$u_o = \frac{-1}{RC}\int_0^t E dt = -\frac{E}{RC}t \tag{9-47}$$
由此看出,当 E 为正值时,输出为反向积分,E 对电容器恒流充电,其充电电流为 E/R,故输出电压随 t 线性变化。当 u_o向负值方向增大到集成运放反向饱和电压 U_{oL}时,集成运放进入非线性工作状态,$u_o = U_{oL}$保持不变,积分作用也就停止了。变化关系如图 9.37(a)所示。

如输入为方波,则输出将是三角波,波形关系如图 9.37(b)所示。

在 $0 \sim t_1$期间,电容放电
$$u_o = -\frac{1}{RC}\int_0^{t_1} -E dt = +\frac{E}{RC}t$$

在 $t=t_1$ 时，$u_o=+U_m$。

在 $t_1 \sim t_2$ 期间，电容充电

$$u_o=-\frac{1}{RC}\int_{t_1}^{t_2}E\mathrm{d}t+u_C(t_1)$$

当 $t=t_2$ 时，$u_o=-U_m$。如此周而复始，得三角波输出，如图 9.37(b)所示。

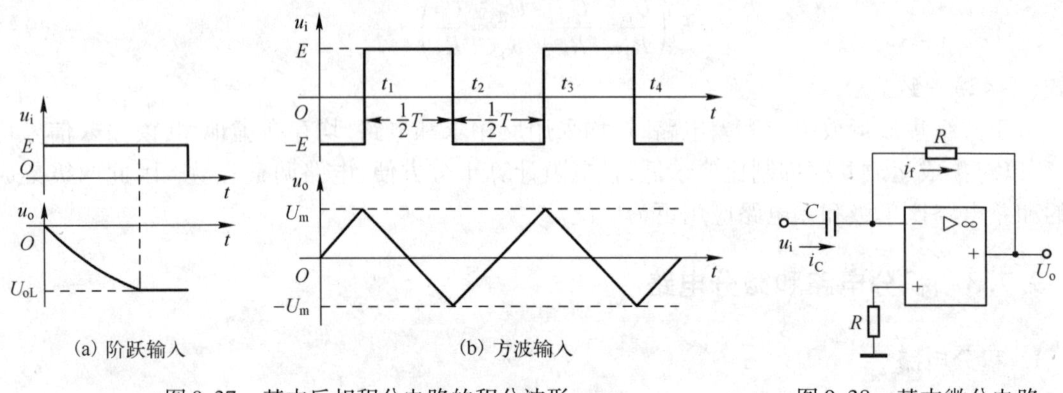

图 9.37 基本反相积分电路的积分波形

图 9.38 基本微分电路

2. 微分电路

微分是积分的逆运算，输出电压与输入电压呈微分关系。其电路如图 9.38 所示。则

$$u_o=-Ri_f=-Ri_C=-RC\frac{\mathrm{d}u_i}{\mathrm{d}t} \tag{9-48}$$

可见 u_o 与输入电压 u_i 的微分成正比。

9.7.4 对数和指数运算电路

1. 对数运算电路

对数运算电路的输出电压是输入电压的对数函数。由于二极管的电流与它两端的电压有如下关系：

$$i_D=I_S(e^{\frac{u_D}{U_T}}-1)$$

当 $u_D \gg U_T$ 时 $\qquad i_D \approx I_S e^{\frac{u_D}{U_T}}$

所以，将反相比例电路中的 R_f 用二极管或三极管代替，即可组成对数运算电路，如图 9.39 所示。

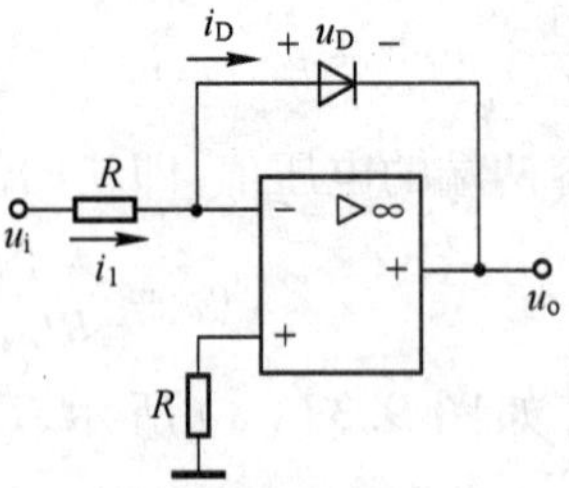

由图 9.39 可得，当二极管正向导通时

$$i_1=i_D \approx I_S e^{\frac{u_D}{U_T}} \tag{9-49}$$

而由“虚地”可得 $\quad i_1=u_i/R \qquad$ (9-50)

输出电压为 $\qquad u_o=-u_D$

图 9.39 基本对数运算电路

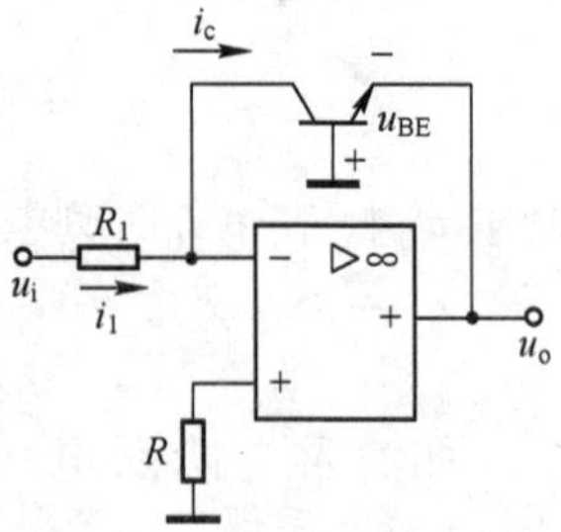

图 9.40 用三极管的对数运算电路

则由式(9-49)、式(9-50)得出如下关系：

$$u_o \approx -U_T \ln\frac{u_i}{RI_S} \tag{9-51}$$

由二极管组成的基本对数运算电路，由于二极管的 I_S 和 U_T 均是温度的函数，因此运算精度受温度的影响。当小信号时，$u_D \gg U_T$ 不满足，故 e^{u_D/U_T} 和 1 相差不大，运算误差大；在大信号时，二

极管电流大，实际的伏安特性与二极管的方程(9-49)相差较大。

所以图 9.39 仅在一定工作范围内比较符合对数关系。

将三极管接成二极管形式代替二极管，如图 9.40 所示，可使工作范围扩大。

还可运用参数相同的三极管抵消温度对 I_S、U_T的影响，提高运算精度。

2. 指数运算电路

指数运算是对数运算的逆运算。将对数运算电路中的二极管 V_D和电阻 R 对换即得指数运算电路，如图 9.41 所示。

由图 9.41 可看出，利用“虚地”，$u_i = u_D$，设 $u_i \gg U_T$，则

$$i_D \approx I_S e^{u_i/U_T}$$

而
$$u_o = -i_f R, \quad i_f = i_D$$

所以
$$u_o \approx -I_S R e^{u_i/U_T} \tag{9-52}$$

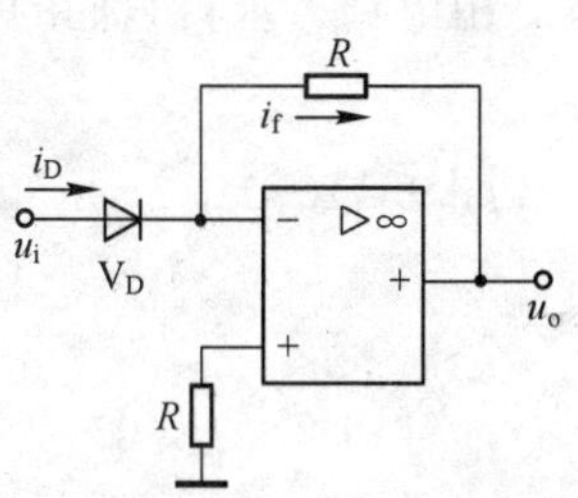

图 9.41 基本指数运算电路

同样，指数电路也存在与对数电路相同的问题。

利用对数和指数运算以及比例、和差运算电路，可组成乘法或除法运算电路和其他非线性运算电路。此外，集成模拟乘法器的使用已日益普遍，由于篇幅限制，不再叙述。

例 9-4 集成运放应用电路如图 9.42 所示。是一个高输入阻抗放大器，试求电路的输入电阻。

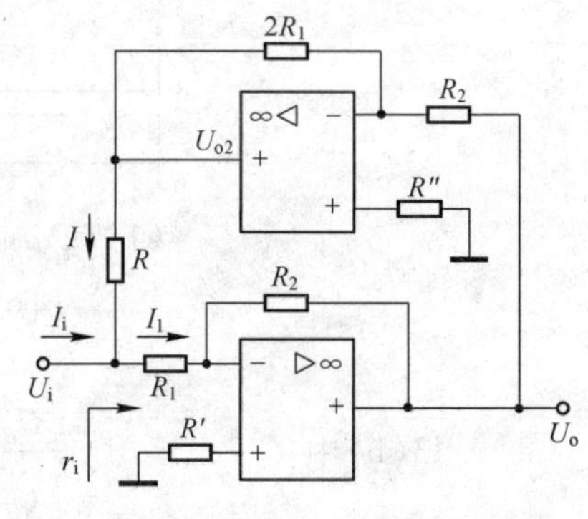

图 9.42 高输入阻抗放大器

解
$$r_i = U_i / I_i \tag{9-53}$$

而
$$I_i = I_1 - I$$

其中
$$I_1 = \frac{U_i}{R_1}, \quad I = \frac{U_{o2} - U_i}{R}$$

从图 9.42 可求得
$$U_{o2} = -\frac{2R_1}{R_2} U_o \tag{9-54}$$

$$U_o = -\frac{R_2}{R_1} U_i \tag{9-55}$$

将式(9-55)代入式(9-54)得

$$U_{o2} = 2U_i \tag{9-56}$$

因此
$$I_i = \frac{U_i}{R_1} - \frac{2U_i - U_i}{R} = \frac{(R - R_1)}{R_1 R} U_i \tag{9-57}$$

将式(9-57)代入式(9-53)得

$$r_i \approx \frac{U_i}{\frac{(R - R_1)}{RR_1} U_i} = \frac{RR_1}{R - R_1} \tag{9-58}$$

当 $R - R_1 = 0$ 时，输入电阻 $r_i \to \infty$。一般为防止自激，保证 r_i 为正值，R 约大于 R_1，故 r_i 是一个较大的正值。

9.8 有源滤波器

滤波器的作用是允许规定频率范围之内的信号通过，而使规定频率范围之外的信号不能通过，即受到很大衰减。

按其工作频率的不同，滤波器可分为：

低通滤波器：允许低频信号通过，将高频信号衰减；

高通滤波器：允许高频信号通过，将低频信号衰减；

带通滤波器：允许某一频带范围内的信号通过，将此频带以外的信号衰减；

带阻滤波器：阻止某一频带范围内的信号通过，而允许此频带以外的信号通过。

在电路分析课程中，利用电阻、电容等无源器件可以构成简单的滤波电路，称为无源滤波器。如图9.43(a)、(b)分别为低通滤波电路和高通滤波电路。图9.43(c)、(d)分别为它们的幅频特性。

由电路可求得它们的传递函数如下。

图9.43(a)中：
$$\dot{A}_u=\frac{\dot{U}_o}{\dot{U}_i}=\frac{\frac{1}{j\omega C}}{R+\frac{1}{j\omega C}}=\frac{1}{1+j\omega RC}=\frac{1}{1+j\frac{\omega}{\omega_o}} \tag{9-59}$$

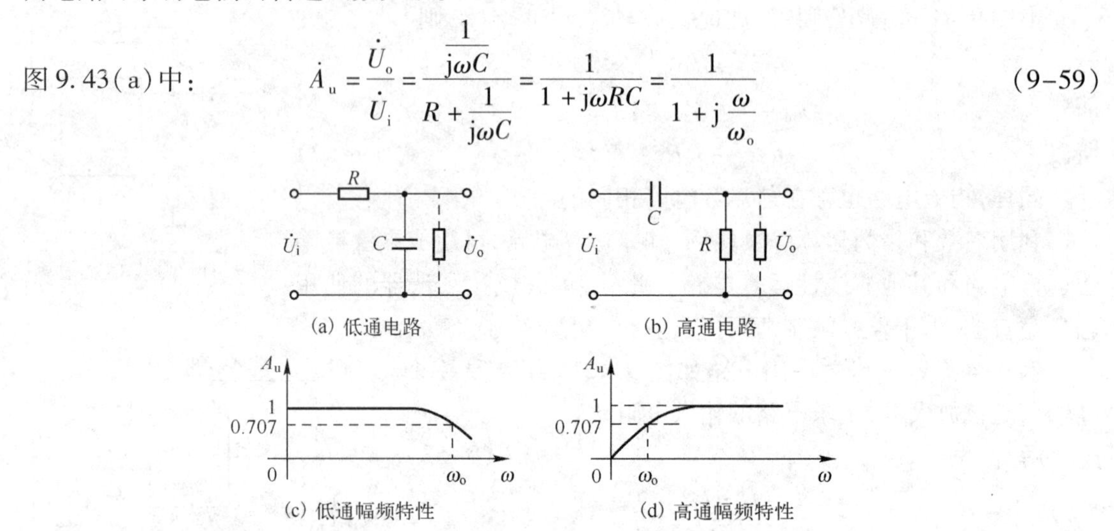

图9.43　无源滤波器及其幅频特性

图9.43(b)中：
$$\dot{A}_u=\frac{\dot{U}_o}{\dot{U}_i}=\frac{R}{R+\frac{1}{j\omega C}}=\frac{1}{1+\frac{1}{j\omega RC}}=\frac{1}{1-j\frac{\omega_o}{\omega}} \tag{9-60}$$

它们的截止角频率均为
$$\omega_o=\frac{1}{RC} \tag{9-61}$$

根据式(9-59)、式(9-60)可作出它们的幅频特性。由其幅频特性可以看出，它们分别具有低通滤波和高通滤波特性。

无源滤波电路主要存在如下问题：

(1) 电路的增益小，最大仅为1。

(2) 带负载能力差。如在无源滤波电路的输出端接一负载电阻 R_L，如图9.43(a)、(b)中虚线所示，则其截止频率和增益均随 R_L 而变化。以低通滤波电路为例，接入 R_L 后，传递函数将成为

$$\dot{A}_u=\frac{\frac{1}{j\omega C}/\!/R_L}{R+\frac{1}{j\omega C}/\!/R_L}=\frac{\frac{R_L}{1+j\omega R_L C}}{R+\frac{R_L}{1+j\omega R_L C}}=\frac{R_L}{(1+j\omega R_L C)R+R_L}=\frac{\frac{R_L}{R+R_L}}{1+j\omega R_L' C}=\frac{A_u'}{1+j\frac{\omega}{\omega_o'}} \tag{9-62}$$

式中
$$R_L'=R_L/\!/R,\quad A_u'=\frac{R_L}{R_L+R},\quad \omega_o'=\frac{1}{R_L' C}$$

可见增益 A_u' 为
$$A_u'=\frac{R_L}{R_L+R}<1$$

而截止频率
$$\omega_o'=\frac{1}{R_L' C}>\omega_o=\frac{1}{RC}$$

为了克服上述缺点，可将 *RC* 无源网络接至集成运放的输入端，组成有源滤波电路。

在有源滤波电路中，集成运放起着放大的作用，提高了电路的增益，而且因集成运放的输入电阻很高，故集成运放本身对 RC 网络的影响小，同时集成运放的输出电阻很低，因而大大增强了电路的带负载能力。由于在有源滤波电路中，集成运放是作为放大元件，所以集成运放应工作在线性区。

9.8.1 低通滤波电路

低通滤波电路如图 9.44 所示。图 9.44(a)中无源滤波网络 RC 接至集成运放的同相输入端，图 9.44(b)RC 接至反相输入端。

输出电压 $\dot{U}_o=\left(1+\dfrac{R_f}{R_1}\right)\dot{U}_+$

而 $$\dot{U}_+=\frac{\dfrac{1}{j\omega C}U_i}{R+\dfrac{1}{j\omega C}}=\frac{1}{1+j\omega RC}U_i$$

则传递函数为

$$\dot{A}=\left(1+\frac{R_f}{R_1}\right)\frac{1}{1+j\omega RC}=\frac{A_{up}}{1+j\dfrac{\omega}{\omega_o}} \tag{9-63}$$

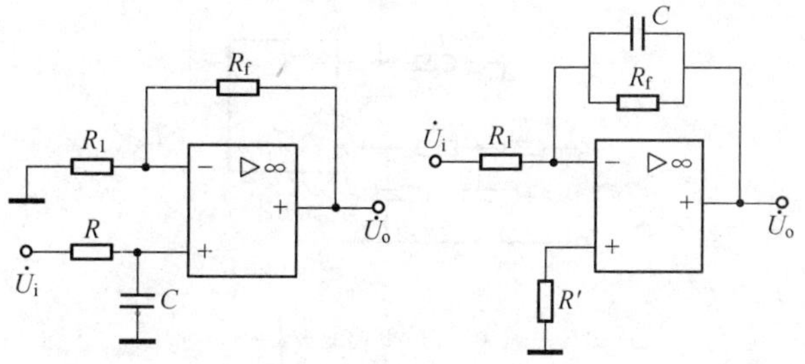

(a)RC 接同相输入端　　(b)RC 接反相输入端

图 9.44　低通有源滤波器

式中 A_{up} 为通带电压放大倍数

$$A_{up}=\left(1+\frac{R_f}{R_1}\right) \tag{9-64}$$

通带截止角频率

$$\omega_o=\frac{1}{RC} \tag{9-65}$$

其幅频特性如图 9.45 所示。

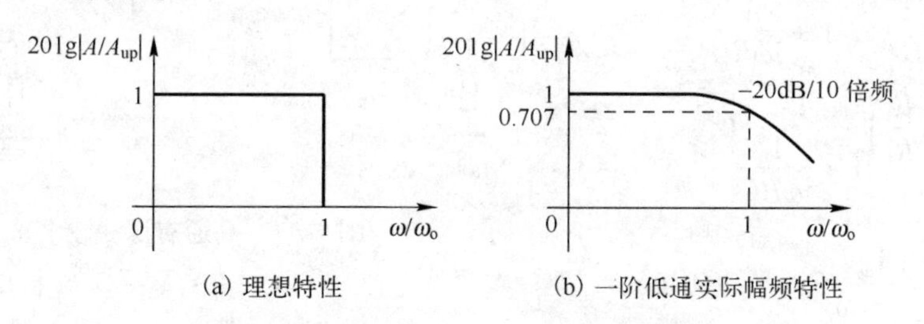

(a) 理想特性　　(b) 一阶低通实际幅频特性

图 9.45　低通有源滤波电路的幅频特性

以同样的方法可得图 9.44(b)的幅频特性：

$$Z_f=R_f/\!/\frac{1}{j\omega C}=\frac{R_f}{1+j\omega R_fC}$$

$$\dot{U}_o=-\frac{Z_f}{R_1}\dot{U}_i=-\frac{\dfrac{R_f}{R_1}\dot{U}_i}{1+j\omega R_fC}$$

$$A=\frac{A_{up}}{1+j\omega R_fC}$$

式中

$$A_{up}=-\frac{R_f}{R_1},\quad \omega_o=\frac{1}{R_fC}$$

由上述公式可见，我们可以通过改变电阻 R_f 和 R_1 的阻值调节通带电压放大倍数，如需改变截止频率，应调整 RC[参见图 9.44(a)]或 R_fC[参见图 9.44(b)]。

一阶滤波电路的缺点是当 $\omega \geqslant \omega_o$ 时，幅频特性衰减太慢，以 −20dB/10 倍频程的速率下降，与理想的幅频特性相比相差甚远，如图 9.44(a)、(b)所示。为此可在一阶滤波电路的基础上，再增加一级 RC，组成二阶滤波电路，它的幅频特性在 $\omega \geqslant \omega_o$ 时，以 −40dB/10 倍频程的速率下降，衰减速度快，其幅频特性更接近于理想特性。为进一步改善滤波波形，常将第一级的电容 C 接到输出端，引入一个反馈。这种电路又称为赛伦－凯电路，实际工作中更为常用。二阶低通滤波电路如图 9.46 所示。

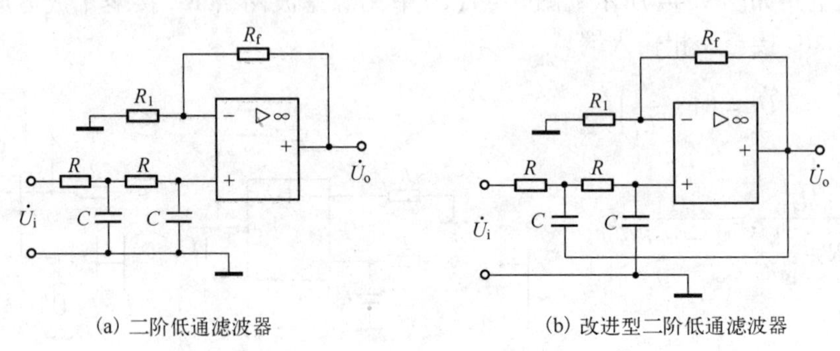

(a) 二阶低通滤波器　　(b) 改进型二阶低通滤波器

图 9.46　二阶低通滤波器

9.8.2　高通滤波电路

高通滤波电路如图 9.47 所示。其中图(a)为同相输入式；图(b)为反相输入式。

现以图(a)为例说明如下：

$$\dot{U}_o = \left(1 + \frac{R_f}{R_1}\right)\dot{U}_+$$

$$\dot{U}_+ = \frac{R}{R + \frac{1}{j\omega C}}\dot{U}_i = \frac{1}{1 + \frac{1}{j\omega RC}}\dot{U}_i$$

所以 $$\dot{U}_o = \left(1 + \frac{R_f}{R_1}\right)\frac{1}{1 + \frac{1}{j\omega RC}}\dot{U}_i$$

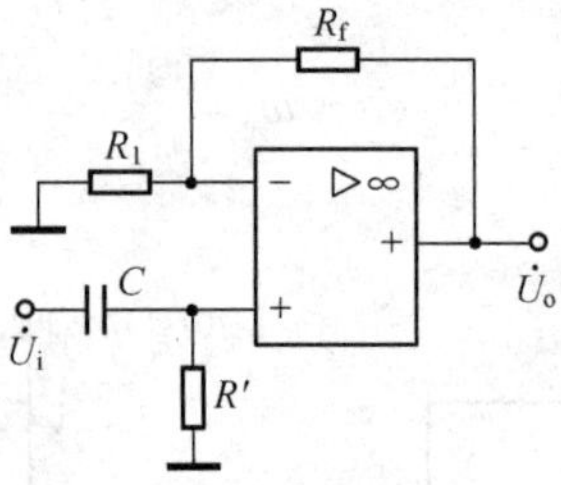

(a) 同相输入 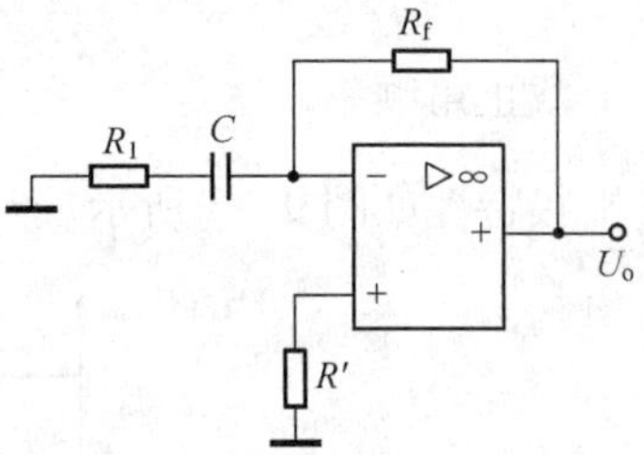　　(b) 反相输入

图 9.47　高通有源滤波电路

则 $$\dot{A} = \frac{\dot{U}_o}{\dot{U}_i} = \frac{A_{up}}{1 - j\frac{\omega_o}{\omega}} \tag{9-66}$$

式中 A_{up} 为通带电压放大倍数

$$A_{up} = \left(1 + \frac{R_f}{R}\right) \tag{9-67}$$

通带截止角频率

$$\omega_o = \frac{1}{RC} \tag{9-68}$$

其幅频特性如图 9.48 所示。

同样的方法可以得到图 9.47(b)的特性：

$$\dot{A} = -\frac{R_f/R_1}{1 - j\frac{\omega_o}{\omega}} = \frac{A_{up}}{1 - j\frac{\omega_o}{\omega}},\quad A_{up} = -R_f/R_1,\quad \omega_o = -\frac{1}{R_1 C}$$

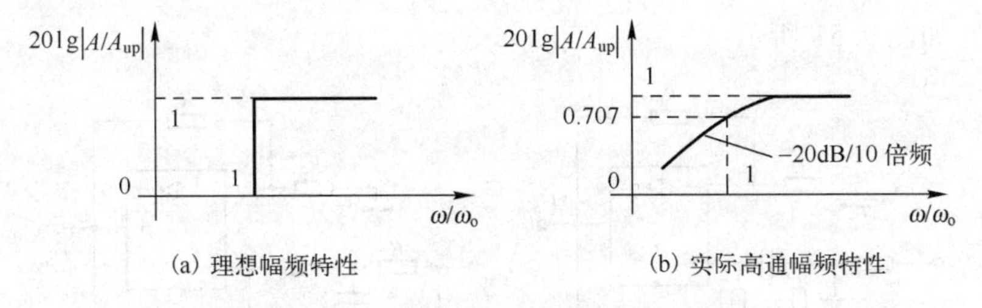

图 9.48　高通有源滤波器的幅频特性

由上式可见，通过改变电阻 R_f 和 R_1 可调整通带电压放大倍数，改变截止频率可调整 RC 或 R_1C。

与低通滤波电路相似，一阶电路在低频处衰减太慢，为此可再增加一级 RC，组成二阶滤波电路，使幅频特性更接近于理想特性。二阶高通滤波电路如图 9.49 所示。

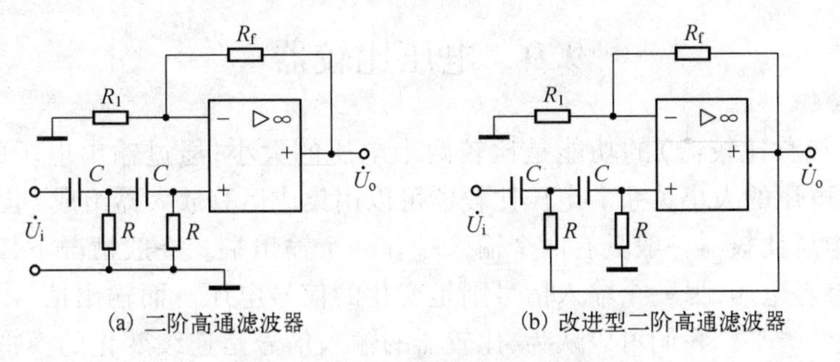

图 9.49　二阶高通滤波电路

9.8.3　带通滤波电路和带阻滤波电路

将低通滤波电路和高通滤波电路进行不同的组合，就可获得带通滤波电路和带阻滤波电路。如图 9.50(a)所示，将一个低通滤波电路和一个高通滤波电路“串接”组成带通滤波电路。$\omega > \omega_h$ 的信号被低通滤波电路滤掉；$\omega < \omega_l$ 的信号被高通滤波电路滤掉，只有 $\omega_l < \omega < \omega_h$ 的信号才能通过。显然，$\omega_h > \omega_l$ 才能组成带通电路。图 9.50(b)为一低通滤波电路和高通滤波电路“并联”组成的带阻滤波电路。$\omega < \omega_h$ 信号从低通滤波电路中通过；$\omega > \omega_l$ 的信号从高通滤波电路通过，只有 $\omega_h < \omega < \omega_l$ 的信号无法通过。同样，也要求 $\omega_h < \omega_l$，才能组成带阻电路。

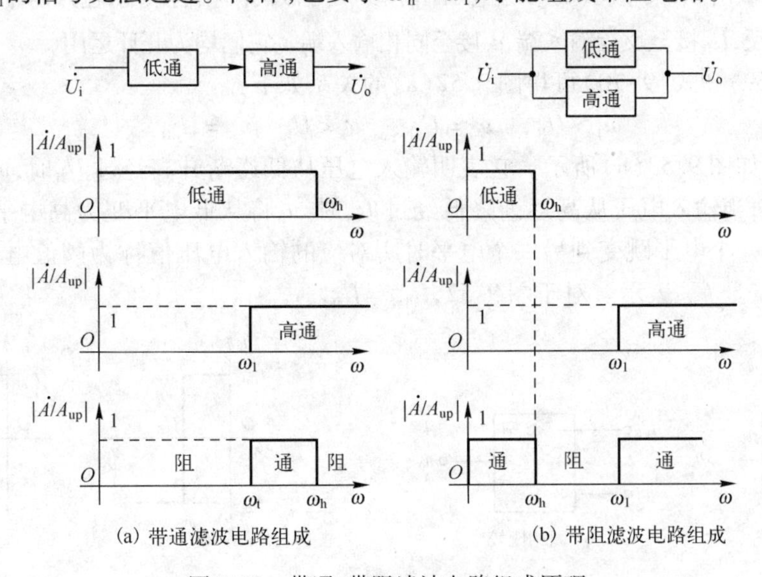

图 9.50　带通、带阻滤波电路组成原理

其典型电路如图 9.51 所示。

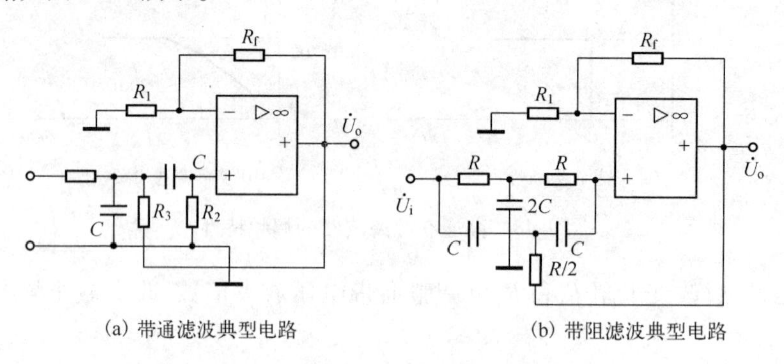

(a) 带通滤波典型电路　　(b) 带阻滤波典型电路

图 9.51　带通、带阻滤波器的典型电路

9.9　电压比较器

电压比较器(简称比较器)的功能是比较两个电压的大小,通过输出电压的高电平或低电平,表示两个输入电压的大小关系。电压比较器可以用集成运算放大器组成,也可采用专用的集成电压比较器。电压比较器一般具有两个输入端和一个输出端。一般情况下,其中一个输入信号是固定不变的参考电压,另一个输入信号则是变化的信号电压。而输出信号只有两种可能的状态,即高电平或低电平。我们可以认为,比较器的输入信号是连续变化的模拟量,而输出信号则是数字量,即“0”或“1”。因此,比较器可以作为模拟电路和数字电路的“接口”,并广泛用于模拟信号/数字信号变换、数字仪表、自动控制和自动检测等技术领域,另外,它还是波形产生和变换的基本单元电路。

电压比较器中的集成运算放大电路通常均工作在非线性区,即满足如下关系:

$$U_- > U_+ 时, U_o = U_{oL} \tag{9-69}$$

$$U_- < U_+ 时, U_o = U_{oH} \tag{9-70}$$

9.9.1　简单电压比较器

电路如图 9.52 所示,其中图(a)参考电压 U_R 接集成运放的同相输入端,输入信号 u_i 接至反相输入端;图(b)正好相反,U_R 接至反相输入端,u_i 接至同相输入端。它们均为开环运用。

运用式(9-69)和式(9-70)可得图 9.52(a)的关系如下:

$$u_i > U_R,\quad u_o = U_{oL};\quad u_i < U_R \quad u_o = U_{oH}$$

它们的传输特性如图 9.53(a)所示。它表明输入电压从低逐渐升高经过 U_R 时,u_o 将从高电平变为低电平。相反,当输入电压从高逐渐降低经过 U_R 时,u_o 将从低电平变为高电平。我们将比较器的输出电压从一个电平跳变到另一个电平时所对应的输入电压值称为阈值电压或门限电压,简称为阈值,用符号 U_{TH} 表示。对于图 9.52,$U_{TH} = U_R$。

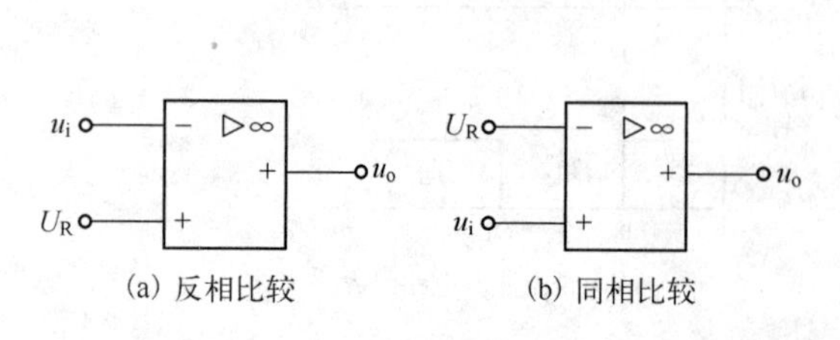

(a) 反相比较　　(b) 同相比较

图 9.52　简单电压比较器

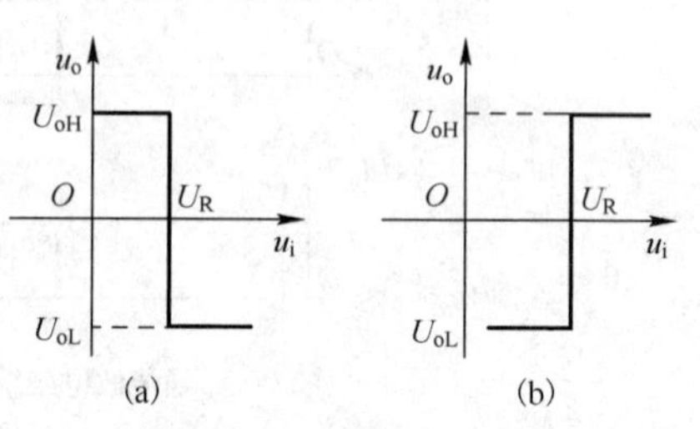

(a)　　(b)

图 9.53　简单电压比较器的传输特性

同理可得图 9.52(b)的传输特性，如图 9.53(b)所示。U_R可为正，也可为负或零。当 $U_R=0$ 时的比较器又称为过零比较器。

利用简单电压比较器，可以将正弦波变为同频率的方波或矩形波。

例 9-5　电路如图 9.52(a)所示，输入 u_i为正弦波，试画出输出波形。

解　输出波形如图 9.54 所示，显然，输出波形与 U_R有关，当 $U_R=0$ 时，输出为方波。

有时为了减小输出电压的幅值，以适应某种需要(如驱动数字电路的 TTL 器件)，可以在比较器的输出回路加限幅电路。为防止输入信号过大而损坏集成运放，除了在比较器的输入回路中串接电阻外，还可以在集成运放的两个输入端并联二极管。其电路如图 9.55 所示。

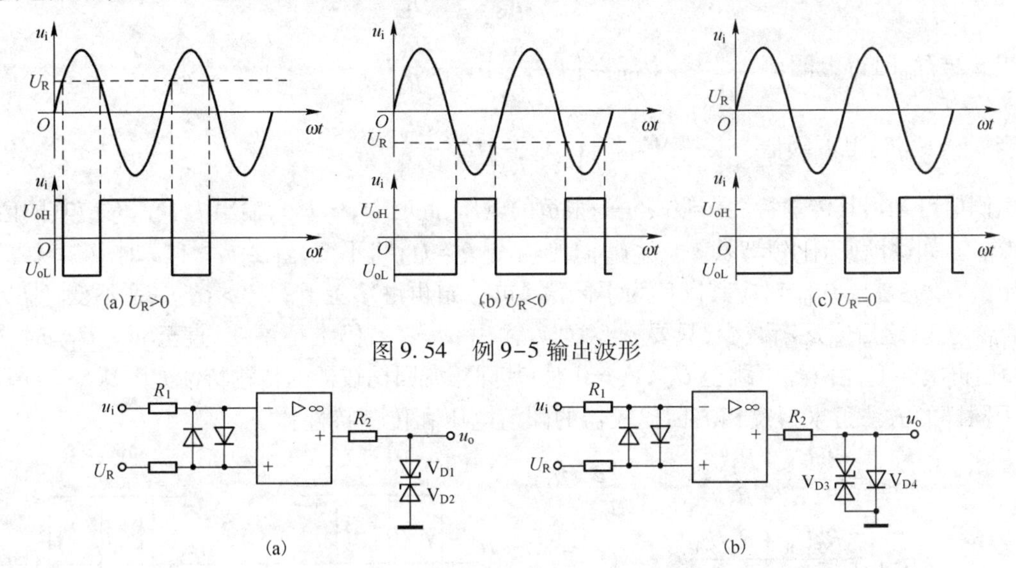

图 9.54　例 9-5 输出波形

图 9.55　具有输入保护和输出限幅的比较电路

9.9.2　滞回比较器

简单电压比较器结构简单，而且灵敏度高，但它的抗干扰能力差，即如果输入信号因受干扰在阈值附近变化，将此信号加进同相输入的过零比较器，则输出电压将反复地从一个电平变化至另一个电平，输出电压波形如图 9.56 所示。用此输出电压控制电机等设备，将出现频繁地动作，这是不允许的。

滞回比较器能克服简单比较器抗干扰能力差的缺点。滞回比较器如图 9.57 所示。其中图(a)为同相滞回比较器；图(b)为反相滞回比较器。滞回比较器具有两个阈值，通过电路引入正反馈获得。

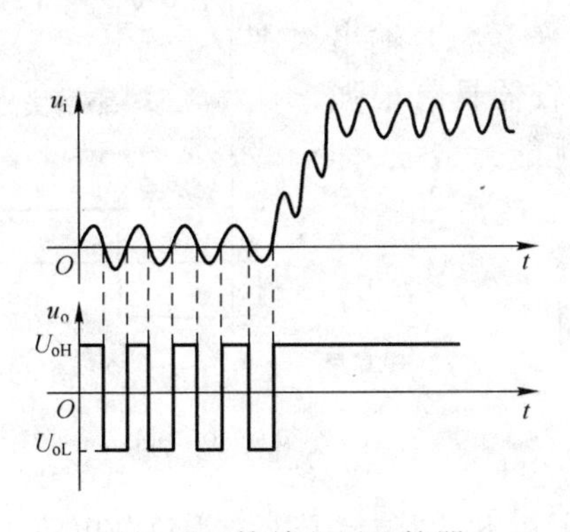

图 9.56　简单电压比较器抗干扰能力波形图

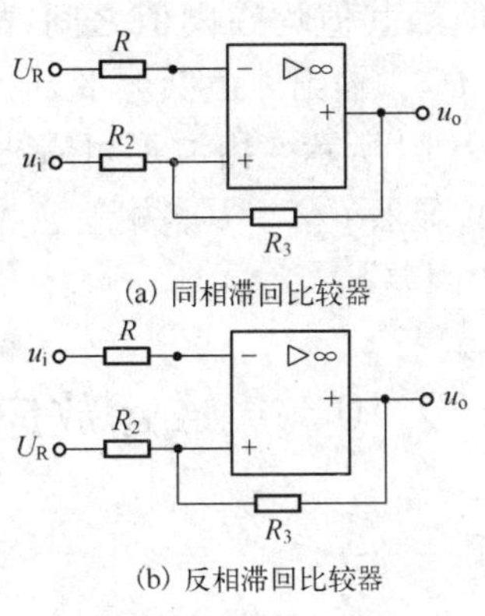

图 9.57　滞回比较器

按集成运放非线性运用特点，从式(9-69)、式(9-70)可估算阈值。输出电压发生跳变的临界条件为 $U_- = U_+$。

图 9.57(a)估算过程如下：

$$U_- = U_R \tag{9-71}$$

$$U_+ = \frac{R_2}{R_2 + R_3} u_o + \frac{R_3}{R_2 + R_3} u_i \tag{9-72}$$

$U_- = U_+$ 所对应的 u_i 值就是阈值，由式(9-71)和式(9-72)得阈值为

$$U_{TH} = \left(1 + \frac{R_2}{R_2}\right) U_R - \frac{R_2}{R_3} u_o \tag{9-73}$$

当 $u_o = U_{oL}$ 时得上阈值
$$U_{TH1} = \left(1 + \frac{R_2}{R_3}\right) U_R - \frac{R_2}{R_3} U_{oL} \tag{9-74}$$

当 $u_o = U_{oH}$ 时得下阈值
$$U_{TH2} = \left(1 + \frac{R_2}{R_3}\right) U_R - \frac{R_2}{R_3} U_{oH} \tag{9-75}$$

由阈值可画出其传输特性。假设 u_i 为很负的电压，此时 $U_+ < U_-$，输出为 U_{oL}，对应其阈值为上阈值 U_{TH1}。如逐渐使 u_i 上升，只要 $u_i < U_{TH1}$，则输出 $u_o = U_{oL}$ 将不变，直至 $u_i \geqslant U_{TH1}$ 时 $U_+ \geqslant U_-$，使输出电压由 U_{oL} 突跳至 U_{oH}，对应其阈值为下阈值 U_{TH2}。u_i 再继续上升，$U_+ > U_-$ 关系不变，所以输出 $u_o = U_{oH}$ 不变。之后 u_i 逐渐减少，只要 $u_i > U_{TH2}$，输出 $u_o = U_{oH}$ 仍维持不变，直至 $u_i \leqslant U_{TH2}$ 时，$U_+ \leqslant U_-$，输出再次突变，由 U_{oH} 下跳至 U_{oL}，$V_R = 0$ 时，其同相滞回比较器的传输特性如图 9.58(a)所示。

用同样的方法可求得反相滞回比较器的阈值电压和传输特性：

$$U_{TH1} = \frac{R_3 U_R + R_2 U_{oH}}{R_2 + R_3} \tag{9-76}$$

$$U_{TH2} = \frac{R_3 U_R + R_2 U_{oL}}{R_2 + R_3} \tag{9-77}$$

其传输特性如图 9.58(b)所示。

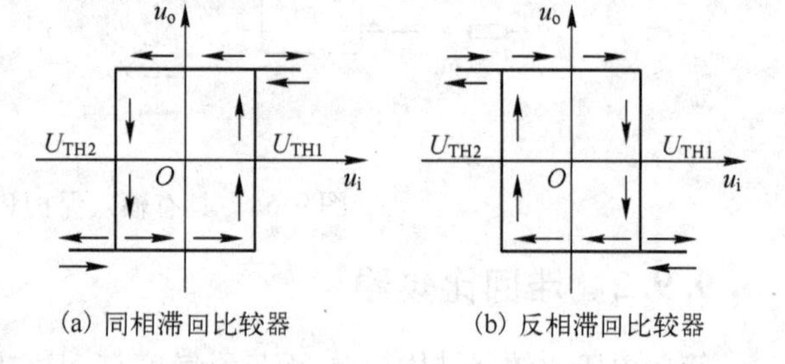

(a) 同相滞回比较器　　(b) 反相滞回比较器

图 9.58　滞回比较器的传输特性

显然，改变 U_R 则可改变其阈值，从而改变了传输特性，图 9.58 均是 $U_R = 0$ 时的情况，所以阈值电压是对称的，即 $|U_{TH1}| = |U_{TH2}|$。一般情况，即 $U_R \neq 0$ 时，阈值电压是不对称的。

例 9-6　滞回比较器如图 9.57(a)所示，其上、下阈值及输入波形如图 9.59(a)所示，试画出输出波形。

解　$t = t_1$ 时，$u_i = U_{TH2}$，所以输出为 U_{oL}，中间虽然 u_i 在 0V 处多次变化，但因其值均在阈值之间，故输出电压不会来回变化。直至 $u_i \geqslant U_{TH1}$，输出才由低电平 U_{oL} 变为高电平 U_{oH}，其输出波形如图 9.59(b)所示。由波形可看出，滞回比较器具有很强的抗干扰能力，显然 $U_{TH1} - U_{TH2}$ 相差愈大其抗干扰能力愈强，称 $U_{TH1} - U_{TH2}$ 为“回差”。

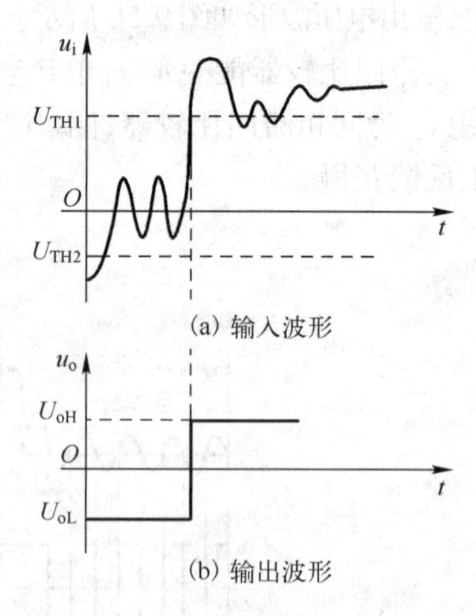

(a) 输入波形

(b) 输出波形

图 9.59　例 9-6 的输入、输出波形

*9.10　集成运放应用举例

1. 电流源

电流源电路如图 9.60 所示，图中 R_L 为负载电阻，R_f 为反馈电阻，I_L 为负载电流。

直流电源经稳压管电路与运算放大器的同相输入端相连，它实质上是一个同相比例电路。

理想条件下，$U_{+} = U_z$，因此有

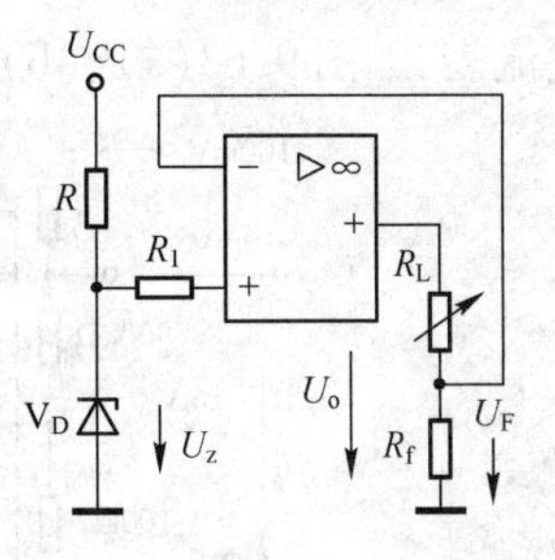

图9.60　同相输入式电流源

$$U_o = \left(1 + \frac{R_L}{R_f}\right) U_z$$

U_o随负载电阻R_L的变化而变化。

又　　$$U_{+} = U_{-} = U_{Rf} = I_L R_f = U_z$$

因此　　$$I_L = U_z / R_f$$

即I_L与负载电阻R_L无关，具有电流源性质。

该电流源的特点如下：

(1) 由于该电路引入串联电流负反馈放大电路，输入电阻、输出电阻的阻值均很大，故可视为恒流源；

(2) 改变R_f值，可以改变输出电流I_L的大小，而与负载电阻R_L无关；

(3) 由于是同相运用，$U_{-} = U_{+} = U_z$，存在共模输入信号，故对运放的共模抑制比有较高的要求。

2. 电压源

电压源电路如图9.61所示。直流电源经稳压管电路与运算放大器同相输入端相连，故它仍是同相比例电路。理想条件下，$U_{+} = U_{-}$，故

$$U_o = \left(1 + \frac{R_f}{R_1}\right) U_z$$

该电压源具有如下特点：

(1) 运放引入串联电压负反馈，输入电阻高，输出电阻低，故可视为恒压源；

(2) 改变R_f的阻值，可改变输出电压U_o的大小，但U_o的值始终大于等于U_z；

(3) 由于是同相运用，故存在共模输入信号。

3. 电压、电流的测量

一块普通的微安表与运算放大器结合，即可组成一块高灵敏度的直流毫伏表，其电路如图9.62所示。

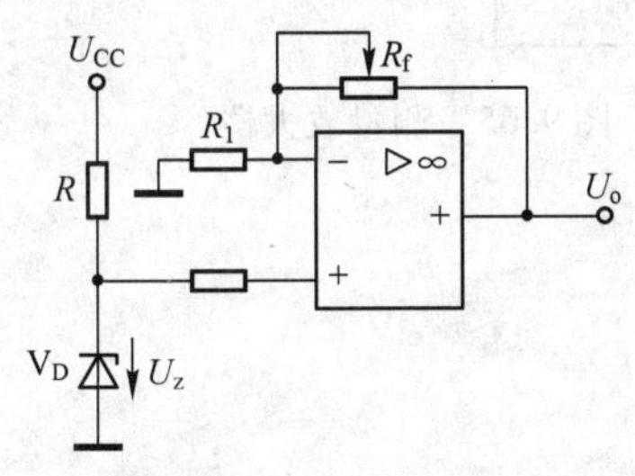

图9.61　同相式电压源

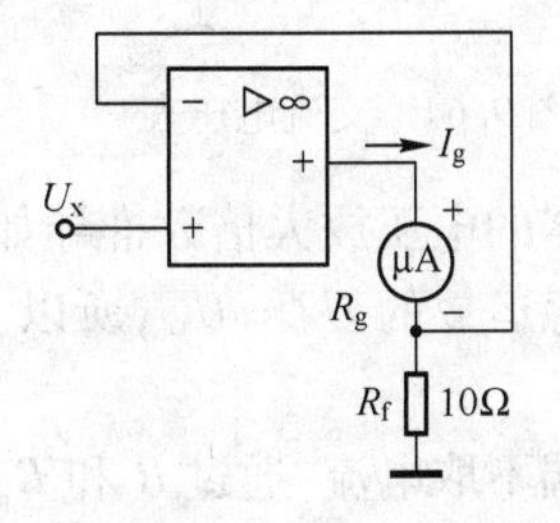

图9.62　直流毫伏表

R_g为电流表的内阻，取$R_f = 10\Omega$，则被测电压U_x为

$$U_x = I_g R_f$$

该式表明了被测电压与流过表头的电流I_g呈正比。当微安表指示为100μA时，此时该电路即为一块满量程为$100 \times 10^{-6} \times 10 = 10^{-3}\text{V} = 1\text{mV}$的直流毫伏表。此毫伏表具有如下特点：

(1) 能测量小于1mV的微小电压值，而一般的三用表不可能具有如此高的灵敏度；

(2) 由于引入串联负反馈，故该毫伏表具有极高的输入电阻；

(3) 满量程电压值不受表头内阻R_g阻值的影响，故只要是100μA满量程的电流表均可用，互换性较好。

将上述1mV表头作为基本元件，配以倍压器或分流器，就可以构成多量程的直流电压表和

电流表,如图9.63(a)、(b)所示。

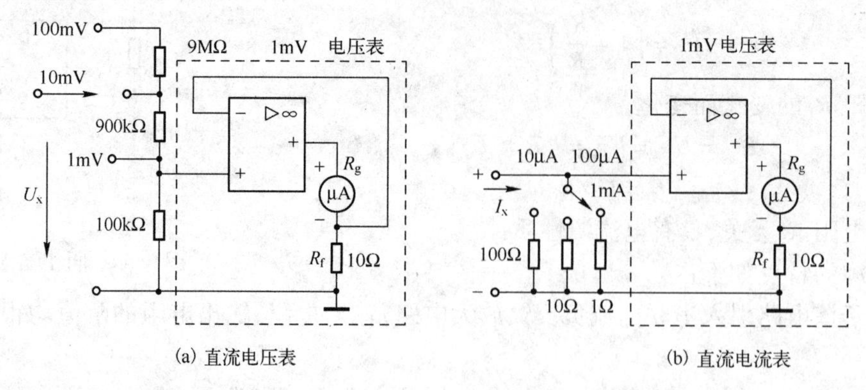

图9.63　多量程直流表

如果将表头改接到桥式整流电路中,如图9.64所示,就可测量交流电压或交流电流。由于引入负反馈,改进了二极管非线性对读数的影响,使表头刻度保持良好的线性度。

4. 测量放大器

测量放大器由三个集成运放构成,如图9.65所示,由两个高阻型集成运放A_1、A_2和低失调运放A_3组成。A_1和A_2组成第一级对称放大器,它们均为串联电压负反馈的同相输入电路,故具有高输入电阻和高共模抑制比的性能;A_3组成第二级差动放大电路。

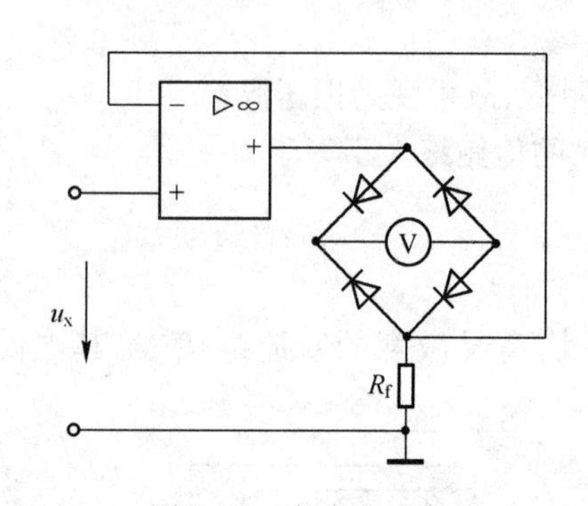

图9.64　交流电压表

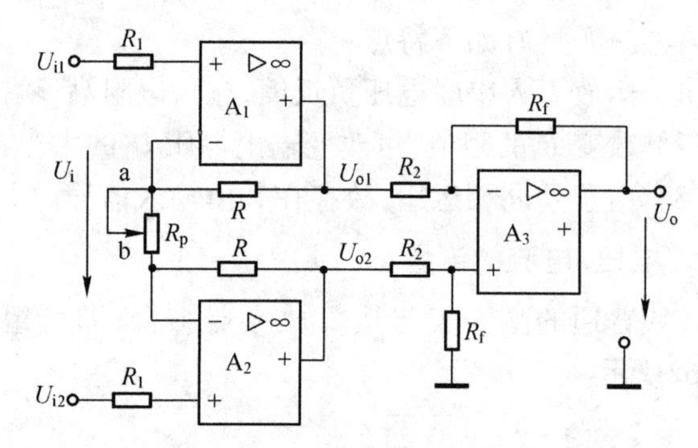

图9.65　测量放大器

该放大器的电压放大倍数推导如下:

由于理想运放的$U_+ = U_-$,所以

$$U_i = U_{i2} - U_{i1} = U_b - U_a$$

且运放输入端不取电流,通过R和R_p的电流相等,故

$$U_i = U_b - U_a = \frac{R_p}{2R + R_p}(U_{o2} - U_{o1})$$

而
$$U_o = \frac{R_f}{R_2}(U_{o2} - U_{o1}) = \frac{R_f}{R_2}\frac{R_p + 2R}{R_p}U_i = \frac{R_f}{R_2}\left(1 + \frac{2R}{R_p}\right)U_i$$

则电压放大倍数
$$A_{uf} = \frac{U_o}{U_i} = \frac{R_f}{R_2}\left(1 + \frac{2R}{R_p}\right)$$

改变R_p即可改变电压放大倍数。

由于测量放大器具有较高的精度和良好的性能,在微弱信号放大电路中得到了广泛的应用。

5. 高精度整流电路

整流电路可以把交流电压变为单向脉动电压。在二极管应用电路中,我们讨论了利用二极管的单向导电性能组成的整流电路，由于二极管存在门限电压，且特性为非线性。因此，二极管整流电路存在非线性误差，尤其当输入信号比较小时更为严重。利用集成运放构成的整流电路，可利用其放大作用和深度负反馈有效地克服这方面的问题。

半波整流电路如图 9.66(a)所示。其工作过程如下：

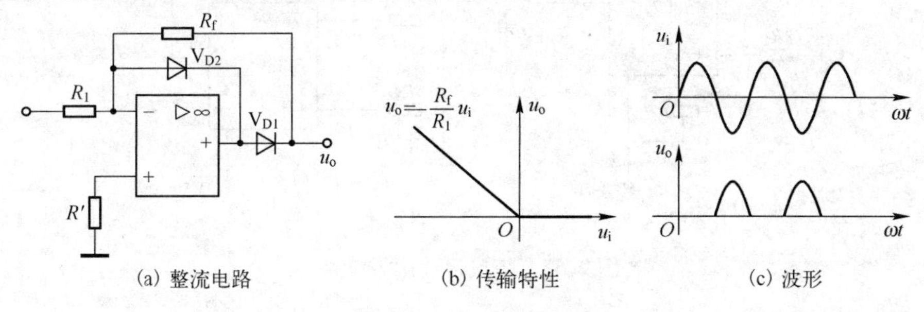

(a) 整流电路　　(b) 传输特性　　(c) 波形

图 9.66　半波整流电路

输入正弦波信号 $u_i = U_{im}\sin\omega t$。正半周时，运放输出端电压 $u'_o < 0$，这时 V_{D2} 导通、V_{D1} 截止。在电阻 R_f 上无电流流过，故输出 $u_o = 0$。负半周时，$u'_o > 0$，使 V_{D2} 截止，V_{D1} 导通，运放组成反相比例电路，则

$$u_o = -\frac{R_f}{R_1}u_i$$

将 u_o 与 u_i 关系画出曲线即为传输特性，如图 9.66(b)所示。当 $R_1 = R_f$ 时，$u_o = -u_i$，则 u_o 与 u_i 的波形如图 9.66(c)所示。

由此可知，即使 u_i 小于二极管的门限电压，输出 u_o 仍为 $|-u_i|$。这种整流电路具有较高的精度。

*9.11　集成运算放大器实际使用中的一些问题

随着集成技术的发展，集成运放的性能不断提高，而价格逐步降低，因此集成运放的应用日益广泛。在实际使用中，为了保证集成运放的应用电路能够正常工作，并防止损坏，还有一些值得注意的问题。下面分别进行讨论。

1. 集成运放参数的测试

当选用不同型号的集成运放产品时，一般可以通过查阅器件手册了解运放的各种参数值。但是由于器件制造的分散性，运放的实际参数与手册上给定的典型参数之间可能存在着差别，所以有时需要进行测试。

针对各种不同的应用电路，对集成运放各项技术指标要求的侧重面也有所不同，因此参数测试的具体项目也各不相同。集成运放各项参数的具体测试方法和测试电路请参阅有关资料。

2. 异常现象的分析和排除

(1) 集成运放的零点调整

为了提高集成运放的运算精度，应补偿因运放存在失调电压、失调电流而引入的误差。常用的措施是外接调零电位器，令集成运放输入为零，调节电位器使输出也为零。调零时应该在闭环状态下进行。具体电路及调零电位器参数的选择可查阅器件手册。图 9.67 列举了两个调零电路的连接方法及元件参数。

如果集成运放无法调零，那么当输入电压为零时，调节电位器，输出电压不是正向最大输出，就是负向最大输出。产生这种现象的原因可能是：调零电位器不起作用；应用电路连线有误；反

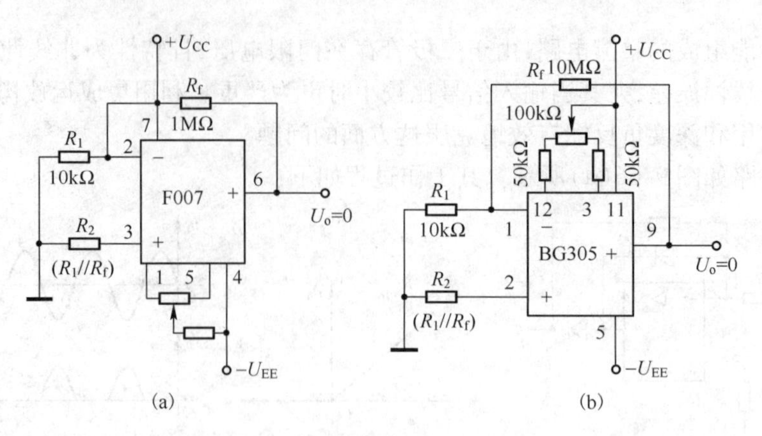

图 9.67　集成运放调零电路

馈极性接错或负反馈开环;电路存在虚焊点;集成运放内部损坏,等等。如果将电路断电后重新通电即可调零,则可能是由于运放输入端电压幅度过大而产生"堵塞"现象。为防止堵塞,可在集成运放的输入端加上保护电路。

(2) 集成运放的自激振荡

当运放输入短路时,输出端存在一个频率较高、近似为正弦波的输出信号。这就是自激振荡。

产生自激振荡的原因是由于集成运放内部晶体管极间电容、输出电容性负载或电路连线引入的分布电容等因素的存在。消除自激最基本的措施是在集成运放规定的地方接入 RC 校正网络。目前由于集成工艺的提高,有些集成运放内部已有消振电容而不需外接。另外,要避免引入过强的负反馈、要合理安排布线以防止分布电容过大,等等。

(3) 集成运放的温度漂移

如果集成运放的温度漂移过于严重,超过手册规定的参数值,则属于异常现象,应设法消除。

产生温度漂移过大的原因可能有:集成运放本身已损坏或质量不合格、集成运放靠近发热物体或受到强电磁干扰、输入回路的保护二极管受到光的照射、存在虚焊点、调零电位器接触不良等。

3. 集成运放的保护

使用集成运放时,有时会误将电源极性接错、输入电压过高、输出对地短路等,这些都有可能导致集成运放的损坏,所以应在电路中采取保护措施。

(1) 输入保护

如果加在集成运放输入端的共模电压或差模电压过高,可能使集成运放内部输入级的三极管的发射结被反向击穿而损坏,或造成某个三极管性能下降,使输入差动级管子性能不对称,导致集成运放的技术指标变坏。输入电压幅度过大还可能使集成运放产生"堵塞"现象,使放大电路不能正常工作。

输入保护措施常用的办法是利用二极管的导通压降来限制输入电压。图 9.68 是两种输入保护措施接线图。

(2) 电源极性接错保护

某些集成运放工作时需正负两组电源,如果电源的极性接错,集成运放可能被损坏。为此,可利用二极管的单向导电特性,来防止电源极性接反,其电路如图 9.69 所示。

(3) 输出限流保护

图 9.70 是运放输出端过流保护电路,R 接在输出端。当输出短路时,由于 R 的接入限制了

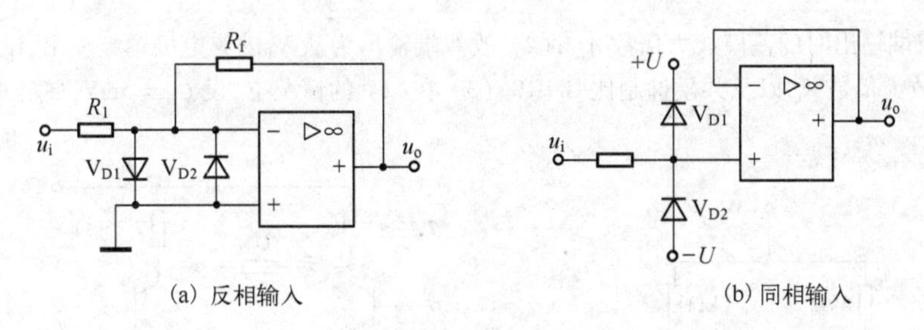

图 9.68　输入保护措施

运放的输出电流。

R 值不宜过大，一般在几百欧姆左右，否则使负载端的信号幅度降低。

为防止运放输出端误接外电压而造成输出级管子的过流或反向击穿，可采用图 9.71 所示的限幅电路。图中利用稳压管接成限幅电路，当输出电压 u_o 很高时，因受 U_z 的限制，从而防止了运放输出级受到过流或击穿所造成的损坏。

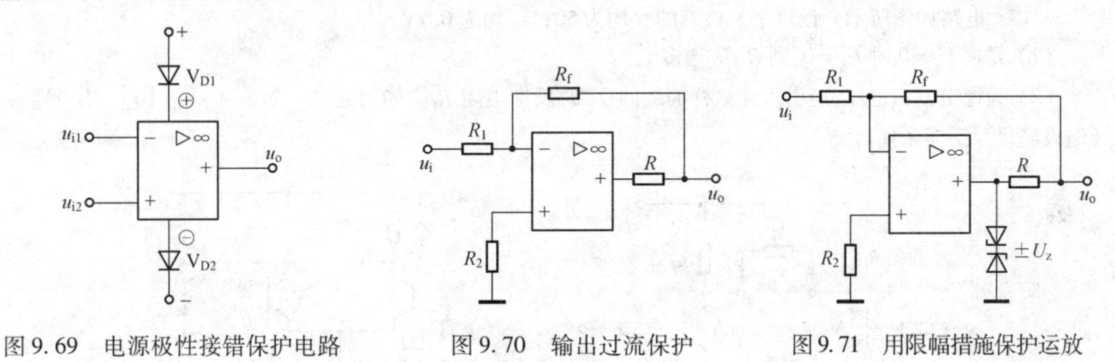

图 9.69　电源极性接错保护电路　　图 9.70　输出过流保护　　图 9.71　用限幅措施保护运放

习　题　9

9.1　直接耦合放大电路有哪些主要特点？

9.2　零点漂移产生的原因是什么？

9.3　A、B 两个直接耦合放大电路中，A 放大电路的电压放大倍数为 100，当温度由 20℃变到 30℃时，输出电压漂移了 2V；B 放大电路的电压放大倍数为 1000，当温度从 20℃变到 30℃时，输出电压漂移了 10V。试问哪一个放大器的零漂小？为什么？

9.4　差动放大电路能有效地克服温漂，这主要是通过________。

9.5　何谓差模信号？何谓共模信号？若在差动放大器的一个输入端加上信号 $U_{i1}=4\text{mV}$，而在另一输入端加入信号 U_{i2}，当 U_{i2} 分别为：(1) $U_{i2}=4\text{mV}$；(2) $U_{i2}=-4\text{mV}$；(3) $U_{i2}=-6\text{mV}$；(4) $U_{i2}=6\text{mV}$。时，分别求出上述四种情况的差模信号 U_{id} 和共模信号 U_{ic} 的数值。

9.6　长尾式差动放大电路中 R_e 的作用是什么？它对共模输入信号和差模输入信号有何影响？

9.7　恒流源式差动放大电路为什么能提高对共模信号的抑制能力？

9.8　差模电压放大倍数 A_{ud} 是________之比；共模放大倍数 A_{uc} 是________之比。

9.9　共模抑制比 CMRR 是________之比，CMRR 越大表明电路________。

9.10　差动放大电路如图所示。已知两管的 $\beta=100$，$U_{BE}=0.7\text{V}$。(1) 计算静态工作点；(2) 求差模电压放大倍数 $A_{ud}=U_o/U_{id}$ 及差模输入电阻 r_{id}；(3) 求共模电压放大倍数 $A_{uc}=U_{o1}/U_{ic}$ 及共模输入电阻 r_{ic}（两输入端连在一起）；(4) 求单端输出情况下的共模抑制比 CMRR。

9.11　电路如图所示，三极管的 β 均为 100，U_{BE} 和二极管正向管压降 U_D 均为 0.7V。(1) 估算静态工作点；(2) 估算差模电压放大倍数 A_{ud}；(3) 估算差模输入电阻 r_{id} 和输出电阻 r_o。

9.12　电路如图所示，假设 $R_c=30\text{k}\Omega$，$R_s=5\text{k}\Omega$，$R_e=20\text{k}\Omega$，$U_{CC}=U_{EE}=15\text{V}$，$R_L=30\text{k}\Omega$，三极管的 $\beta=50$，r_{be}

$=4\mathrm{k}\Omega$，求：(1) 双端输出时的差模放大倍数 A_{ud}；(2) 改双端输出为从 V_1 的集电极单端输出，试求此时的差模放大倍数 A_{ud}，共模放大倍数 A_{uc} 以及共模抑制比 CMRR；(3) 在(2) 的情况下，设 $U_{i1}=5\mathrm{mV}$，$U_{i2}=1\mathrm{mV}$，则输出电压 $U_o=$？

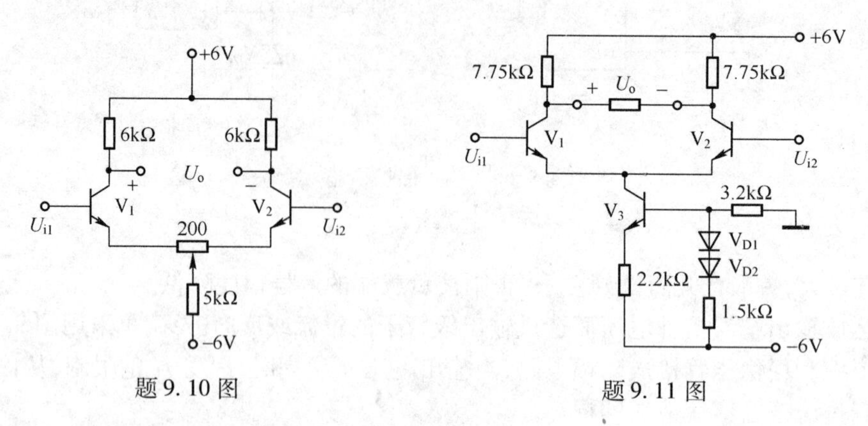

题 9.10 图　　　　题 9.11 图

9.13　电路如图所示。设每个三极管的 β 均为 50，U_{BE} 均为 0.7V。

(1) 要求 $U_i=0$ 时 $U_o=0$，则 R_{c3} 应选多大？

(2) 为稳定输出电压，应引入什么样的级间反馈，反馈电阻 R_f 应如何连接。如要 $A_{uf}=|10|$，R_f 应选多大。(假设满足深反馈条件。)

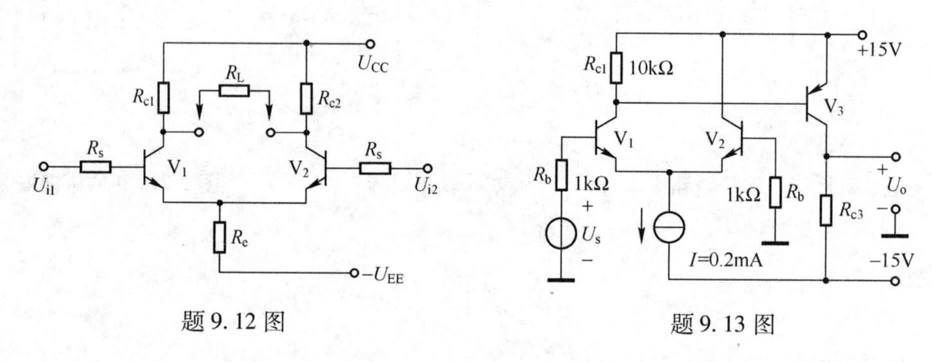

题 9.12 图　　　　题 9.13 图

9.14　电路如图所示。

(1) V_3 未接入时，计算差动放大电路 V_1 管 U_{CIQ} 和 U_{EIQ}，设 $\beta_1=\beta_2=100$，$U_{BE1}=U_{BE2}=0.7\mathrm{V}$；

(2) 当输入信号电压 $U_i=+5\mathrm{mV}$ 时，U_{c1} 和 U_{c2} 各是多少。给定 $r_{be}=10.8\mathrm{k}\Omega$；

(3) 如接入 V_3 并通过 c_3 经电阻 R_f 反馈到 V_2 管的基极 b_2，试问 b_3 应与 c_1 还是 c_2 相连才能实现负反馈；

(4) 在上题情况下，若 $AF\gg1$，试计算 R_f 为多大才能使引入负反馈后的放大倍数 $A_{uf}=U_o/U_i=10$。

9.15　电路如图所示。

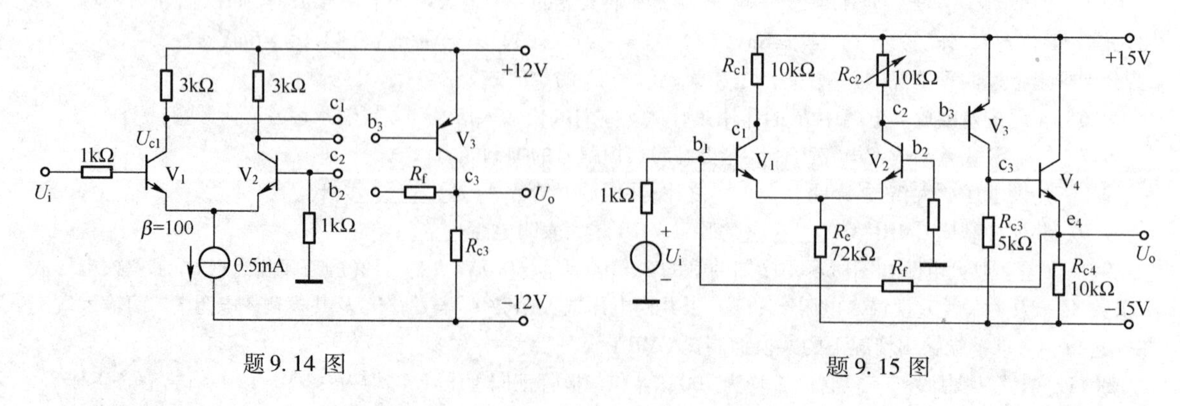

题 9.14 图　　　　题 9.15 图

(1) 静态时，设 $U_{BE1}=U_{BE2}=0.6\mathrm{V}$，求 I_{c2}？

(2) 设 $R_{c2}=10\mathrm{k}\Omega$，$U_{BE3}=-0.68\mathrm{V}$，$\beta_3=100$，求 I_{c3}？

(3) 若 $U_i=0$ 时，U_o大于零伏，如要求 U_o也等于零伏，则 R_{c2}应增大还是减小？

(4) 如满足深反馈条件，则 $A_{usf}=U_o/U_s=$？

(5) 若要求放大电路向信号源索取的电流小，放大电路的带负载能力好，电路应做哪些变动？

9.16 理想集成运放的 $A_{od}=$________，$r_{id}=$________，$r_o=$________，$I_{IB}=$________，CMRR = ________。

9.17 理想集成运放工作在线性区和非线性区时各有什么特点？各得出什么重要关系式？

9.18 集成运放应用于信号运算时工作在什么区域？

9.19 试比较反相输入比例运算电路和同相输入比例运算电路的特点（如闭环电压放大倍数、输入电阻、共模输入信号、负反馈组态，等等）。

9.20 “虚地”的实质是什么？为什么“虚地”的电位接近零而又不等于零？在什么情况下才能引用“虚地”的概念？

9.21 为什么在用集成运放组成的多输入运算电路中，一般多采用反相输入的形式，而较少采用同相输入形式？

9.22 电路如图所示。图中集成运放均为理想集成运放，试分别求出它们的输出电压与输入电压的函数关系、输入电阻，指出哪些符合“虚地”，指出哪些电路对集成运放的共模抑制比要求不高。

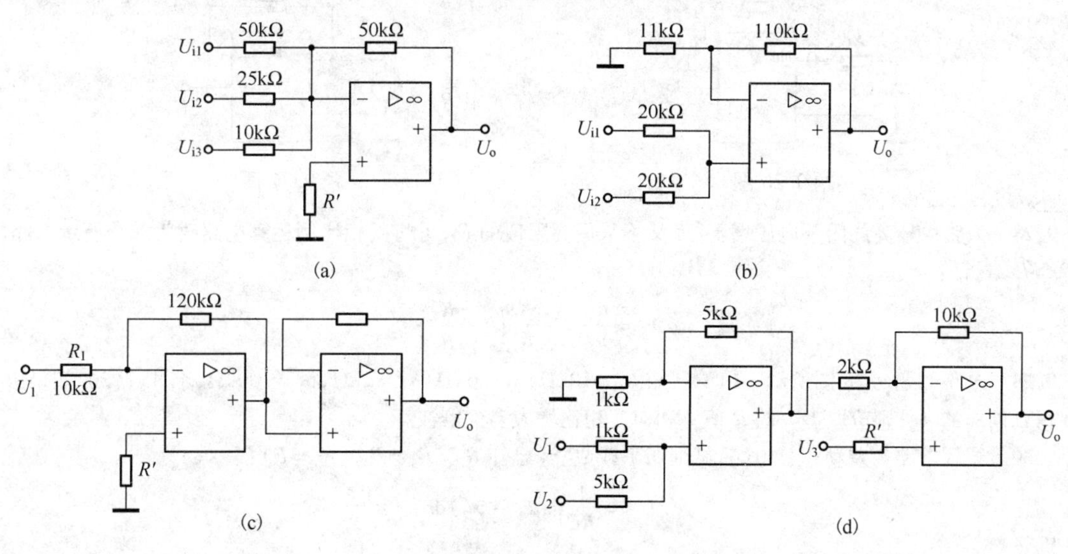

题 9.22 图

9.23 电路如图所示。集成运放均为理想集成运放，试列出输出电压 U_o与 U_{o1}、U_{o2}的表达式。

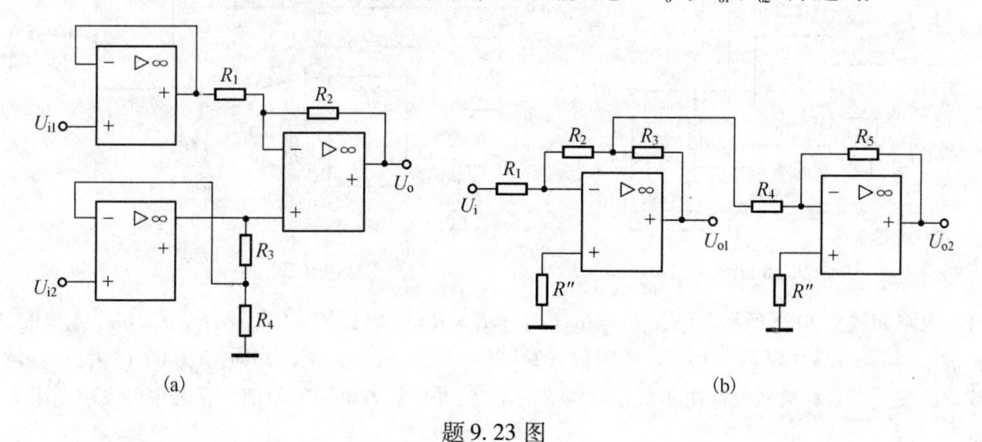

题 9.23 图

9.24 试用集成运算放大器实现以下求和运算：

(1) $U_o=-(U_{i1}+10U_{i2}+2U_{i3})$；(2) $U_o=1.5U_{i1}-5U_{i2}+0.1U_{i3}$。

而且要求对应于各个输入信号来说，电路的输入电阻不小于5kΩ。请选择电路的结构形式并确定电路参数。

9.25　电路如图所示。这是一个由三个集成运放组成的仪表放大器。试证明：

$$U_o = \left(1 + \frac{2R'}{R}\right)\frac{R_2}{R_1}(U_1 - U_2)$$

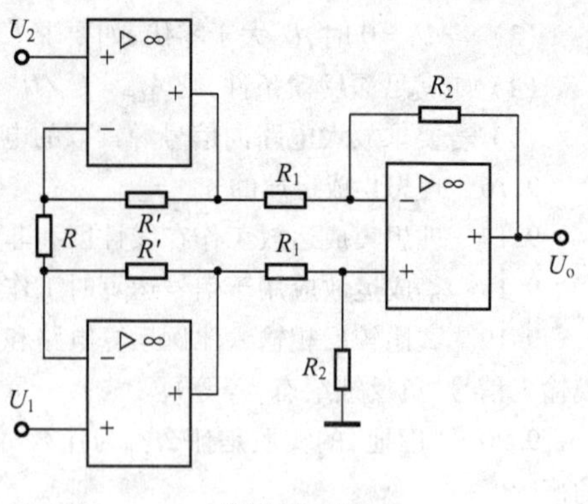

题 9.25 图

9.26　已知电阻—电压变换电路如图所示。它是测量电阻的基本电路，R_x是被测电阻，试求：

（1）U_o与R_x的关系；

（2）若$U_R = 6V$，R_1分别为0.6kΩ、6kΩ、60kΩ和600kΩ时，U_o都为5V，问各相应的被测电阻R_x是多少？

9.27　电流—电压变换电路如图所示。它可用来测量电流I_x。试求：

（1）U_o与I_x之间的关系式；

（2）若$R_f = 10k\Omega$，电路输出电压的最大值$U_{om} = \pm 10V$，问能测量的最大电流是多少？

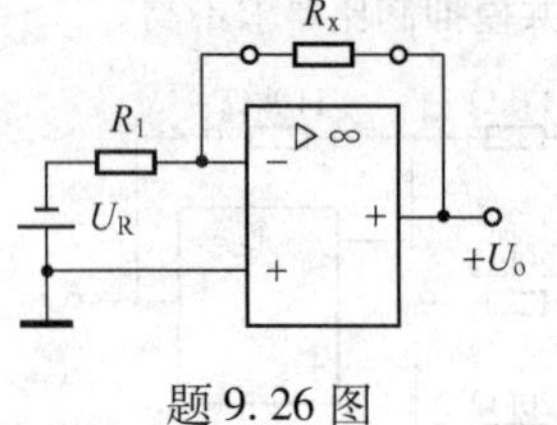

题 9.26 图

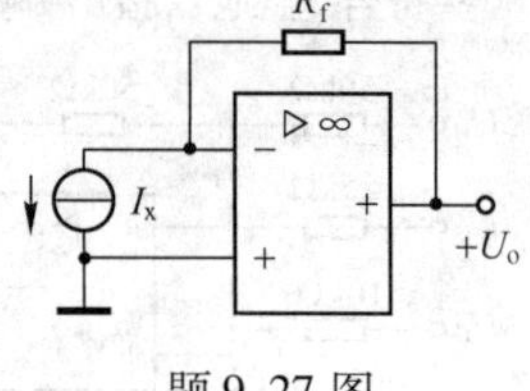

题 9.27 图

9.28　为获得较高的闭环电压增益，而又不采用高阻值的R_f，可将反相比例运算电路改为如图所示电路，并设$R_f \gg R_4$，试证：

$$A_{uf} = \frac{u_o}{u_i} = -\frac{R_f}{R_1}\left(1 + \frac{R_3}{R_4}\right)$$

9.29　电路如题9.28图所示。（1）已知$R_1 = 10k\Omega$，$R_3 = 6k\Omega$，$R_4 = 2k\Omega$，$R_f = 100k\Omega$，求A_{uf}；（2）如果$R_3 = 0$，要得到同样的A_{uf}，则应取多大的R_f值？和（1）相比增大多少倍？

9.30　图示电路为差动积分电路，试证明下式成立（已知$R_1 = R_3 = R_4 = R_5 = R$）：

$$U_o = \frac{1}{RC}\int(u_{i1} - u_{i2})\,dt$$

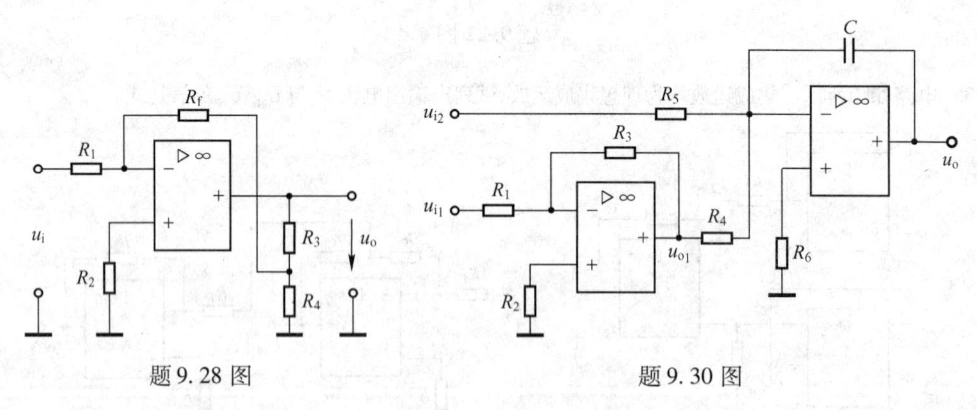

题 9.28 图　　题 9.30 图

9.31　电路如题9.30图所示。已知$R_1 = R_3 = R_4 = R_5 = R = 100k\Omega$，$C = 0.1\mu F$；$U_{i1} = 0.6V$，$U_{i2} = 0.2V$，运放的输出饱和电压为±12V。试求：（1）$R_2$、$R_6$阻值；（2）当$t = 0.5s$时的$u_o$值；（3）$u_o$值为6V时需要经多长时间。

9.32　试按下列运算关系设计由集成运放组成的电路，并计算各电阻的阻值。括号中的反馈电阻R_f和电容C_f是给定的。

（1）$u_o = -5u_i(R_f = 500k\Omega)$；（2）$u_o = 5u_i(R_f = 20k\Omega)$；（3）$u_o = -(u_{i1} + 0.2u_{i2})(R_f = 100k\Omega)$；（4）$u_o = -200\int u_i dt(C_f = 0.1\mu F)$。

9.33　图(a)为求和积分电路。

（1）试求输出电压 u_o 的表达式；

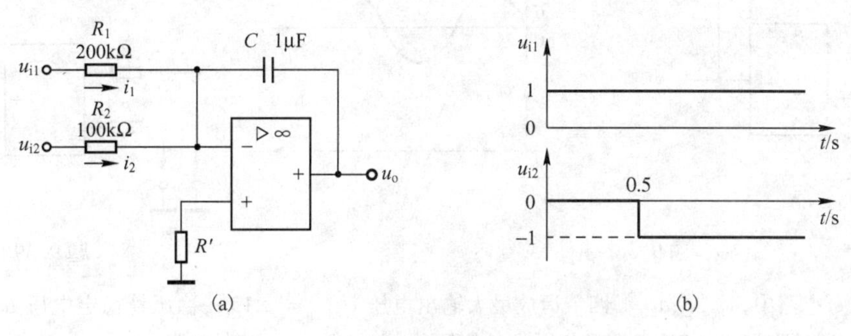

题 9.33 图

（2）设其两个输入信号 u_{i1} 和 u_{i2} 皆为阶跃信号，它们的波形如图(b)所示，试画出输出电压 u_o 的波形。

9.34　电路如图所示。（1）求 u_o 与 u_{i1}、u_{i2} 的关系式；（2）如 $\frac{R_3}{R_1}=\frac{R_4}{R_2}$，求 u_o 的关系式。

9.35　由集成运放组成的直流电压表如图所示。表头满刻度为 5V、500μA。电压表量程有 0.5V、1V、5V、10V、50V 五挡。试计算 $R_{11}\sim R_{15}$ 的阻值。

9.36　图所示电路为测量小电流的原理电路，所用表头同上题。试计算电阻 $R_{f1}\sim R_{f5}$ 的阻值。

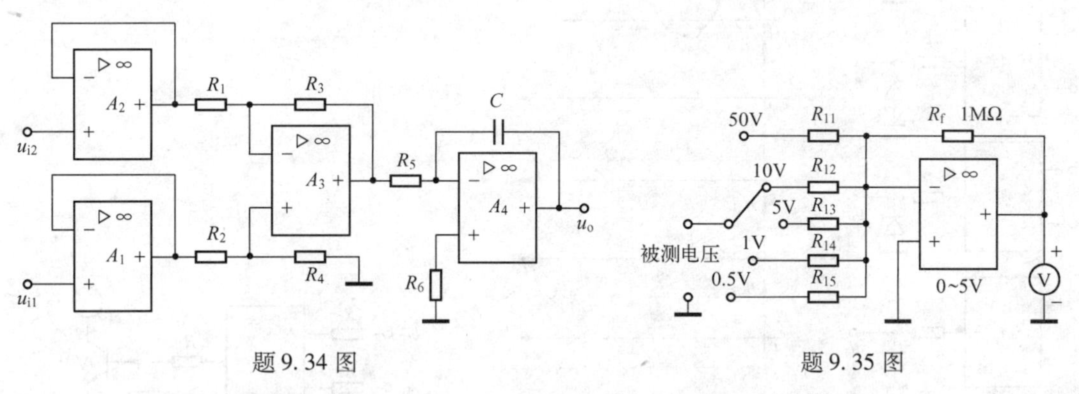

题 9.34 图　　题 9.35 图

9.37　应用运放测量电阻的原理图如图所示，所接表头同上题。当电压表指示为 5V 时，试求被测电阻 R_x 值。

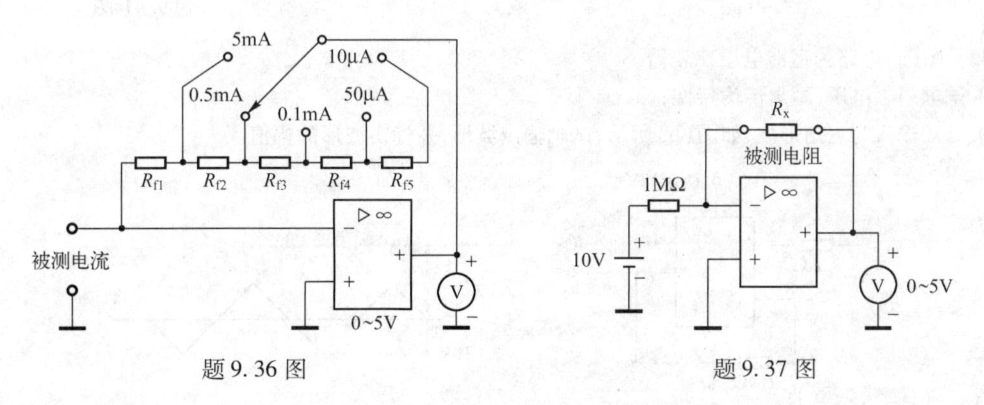

题 9.36 图　　题 9.37 图

9.38　图(a)电路中，已知 $R_1=R_2=50\text{k}\Omega$，双向稳压管的稳定电压 $U_z=\pm 6\text{V}$，参考电压 $U_R=6\text{V}$，$u_i=10\sin\omega t(\text{V})$ 波形如图(b)所示。试求门限电压，作出传输特性，画出 u_o 波形。

9.39　如图所示电路中，运放最大的输出电压 $U_{op-p}=\pm 12\text{V}$，稳压管的稳定电压 $U_z=6\text{V}$，正向管压降为 0.7V，$u_i=12\sin\omega t(\text{V})$。当参考电压 $U_R=+3\text{V}$ 和 -3V 两种情况时，作出传输特性和输出电压 u_o 的波形。

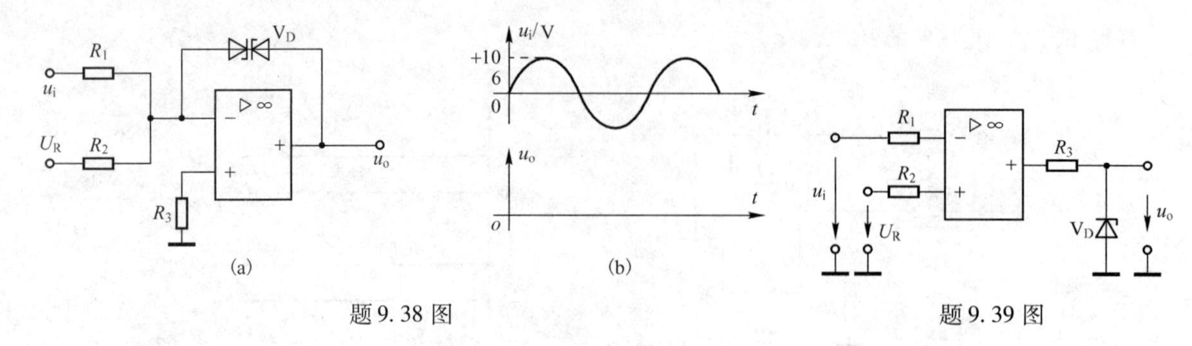

题 9.38 图　　　　　　　　　　　　　　　　题 9.39 图

9.40　图(a)电路中,A_1、A_2、A_3、A_4四个运放最大输出电压 $U_{op-p}=\pm15V$,稳压管稳定电压 $U_z=6V$,稳压管和二极管正向导通压降均为0.7V,u_i波形如图中(b)所示。试画出 $u_{o1}\sim u_{o4}$的波形。

9.41　监控报警装置原理电路图如图所示。对某一非电量进行监控时(如温度、压力等),可先由传感器把非电量转换为电量,如图中 u_i(或已经放大后的 u_i)。U_R为参考电压(对应被监控量的正常值),当 u_i超过正常值时,报警灯亮。试说明其工作原理,并叙述二极管 V_D和电阻 R_3的作用。

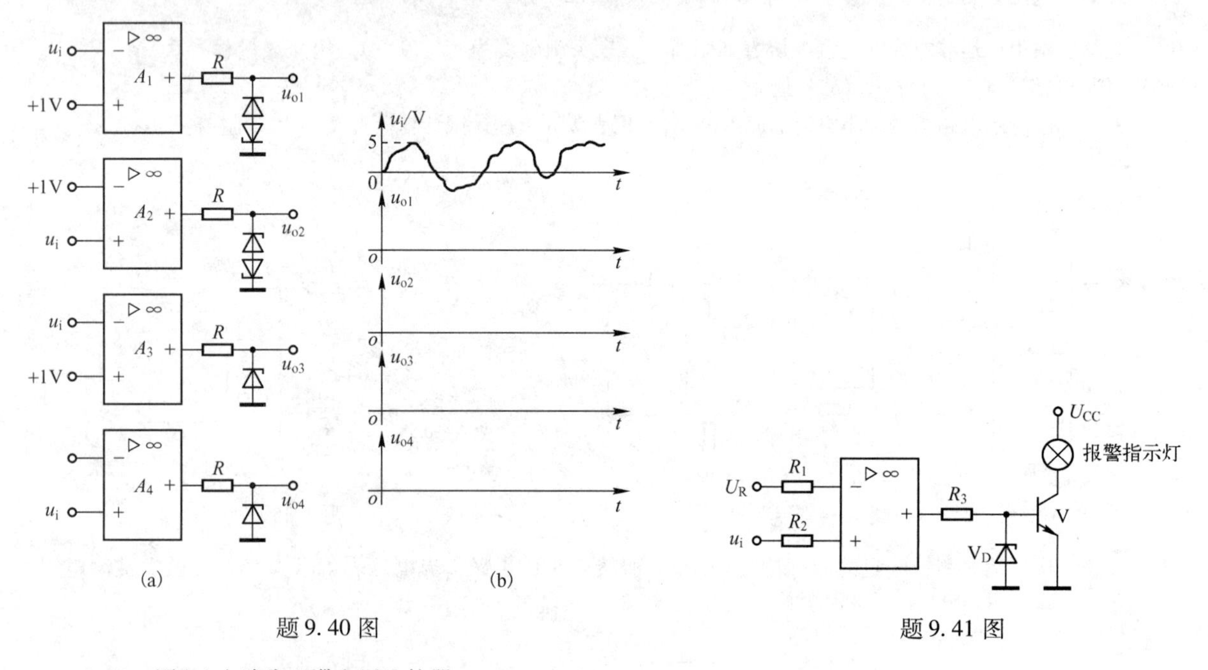

题 9.40 图　　　　　　　　　　　　　　　　题 9.41 图

9.42　图(a)电路为迟滞电压比较器。

(1) 试求门限电压,画出传输特性;

(2) 已知输入为三角形波,如图(b)所示,试画输出波形,并标出波形的幅值。

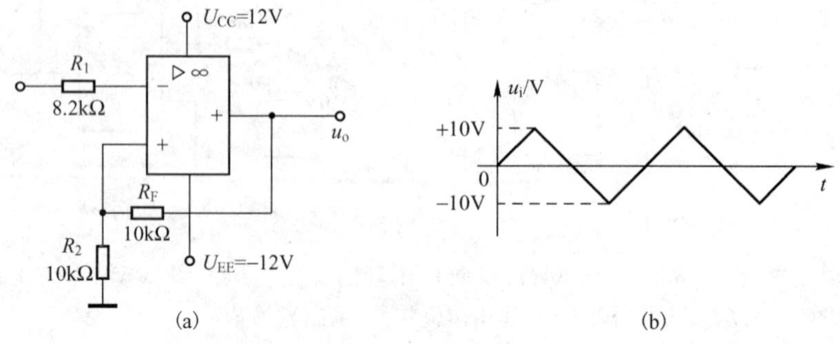

题 9.42 图

第 10 章　波形产生电路

波形产生电路包含正弦波振荡电路和非正弦波产生电路。它们不需要输入信号便能产生各种周期性的波形,如正弦波、方波、三角波和锯齿波等。

10.1　非正弦波产生电路

矩形波、锯齿波、三角波等非正弦波,实质是脉冲波形。产生这些波形一般是利用惰性元件电容 C 和电感 L 的充放电来实现的,由于电容使用起来方便,所以实际中主要用电容。其原理如图 10.1 所示。

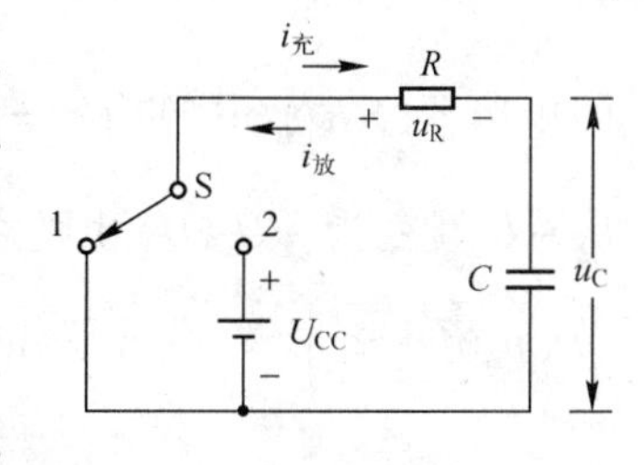

图 10.1　电容充放电产生脉冲波形原理图

如开关 S 在位置 1,且稳定,突然将开关 S 扳向位置 2,则电源 U_{CC}通过 R 对电容 C 充电,则将产生暂态过程,由“电路分析”知识可知,电路的暂态过程可用以下的三要素描述:起始值 $x(0^+)$,趋向值 $x(\infty)$,时间常数 τ。

$$u_C(0^+)=0,u_C(\infty)=U_{CC},\tau_{充}=RC$$

稳定以后,再将开关 S 由位置 2 扳向位置 1,则电容将通过电阻放电,这又是一个暂态过程,其三要素为

$$u_C(0^+)=U_{CC},u_C(\infty)=0,\tau_{放}=RC$$

其充放电波形如图 10.2 所示。改变充放电时间常数,则可得不同波形:如 $RC \ll T$,则可得近似的矩形波形,见图 10.2(a);如 $RC \gg T$,则可得近似的三角波形,见图 10.2(b);如 $\tau_{充} \gg \tau_{放}$,且 $\tau_{充} \gg T$,则可得近似的锯齿波形,见图 10.2(c)。

将开关周期性地在 1 和 2 之间来回动作,则可产生周期性的波形。

在具体的脉冲电路里,其开关由电子开关完成。电子开关一般由半导体三极管完成,饱和时,相当于开关合上,截止时,相当于开关断开。电压比较器输出有两个电平,也可作为开关。本节我们主要讨论利用电压比较器和积分电路组成的非正弦波产生电路。

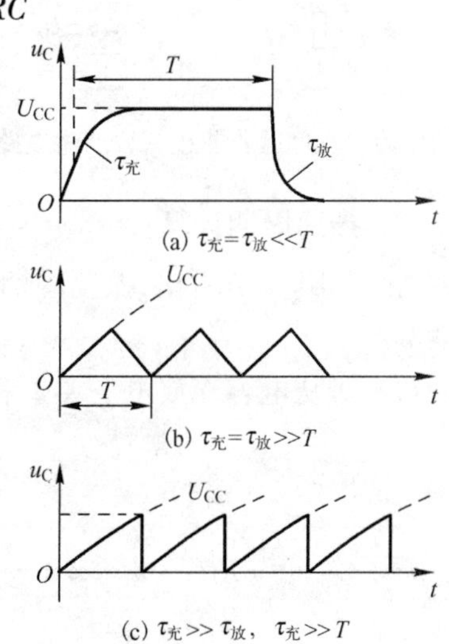

图 10.2　电容充放电波形

10.1.1　单运放非正弦波产生电路

用滞回比较器作开关,RC 组成积分电路,则可组成矩形波产生电路。其电路如图 10.3 所示。

1. 工作原理

电路中,通过 R_o和稳压管 V_{D1}、V_{D2}对输出限幅,如果它们的稳压值相等,即 $U_{z1}=U_{z2}=U_z$,那么电路输出电压正、负幅度对称:$U_{oH}=+U_z$,$U_{oL}=-U_z$,同相端电位 U_+ 由 u_o通过 R_2、R_3分压后得到,这是引入的正反馈;反向端电压 U_-受积分器电容两端的电压 u_C控制。

当电路接通电源时，U_+与U_-必存在差别。$U_+>U_-$或$U_+<U_-$是随机的。尽管这种差别极其微小，但一旦出现$U_+>U_-$，$u_o=U_{oH}=+U_z$。反之，当出现$U_+<U_-$时，$u_o=U_{oL}=-U_z$。因此，u_o不可能居于其他中间值。设$t=0$电源接通时刻电容两端电压$u_C=0$，滞回比较器的输出电压$u_o=+U_z$，则集成运放同相输入端的电位为

$$U_+=\frac{+R_2}{R_2+R_3}U_z \tag{10-1}$$

此时，输出电压$u_o=+U_z$对电容充电，使$U_-=u_C$由零逐渐上升。在U_-等于U_+以前，$u_o=+U_z$不变。当$U_-\geqslant U_+$，且略高一点时，则输出电压u_o从高电平$+U_z$跳变为低电平$-U_z$。

当$u_o=-U_z$时，集成运放同相输入端的电位也随之发生跳变，其值为

$$U_+=-\frac{R_2}{R_2+R_3}U_z \tag{10-2}$$

同时电容器经R放电，使$U_-=u_C$逐渐下降。在U_-等于U_+以前，$u_o=-U_z$不变，当$U_-\leqslant U_+$时，u_o从$-U_z$跳变为$+U_z$，U_+也随之而跳变为$\frac{R_2}{R_2+R_3}U_z$，电容器C再次充电。如此周而复始，产生振荡，从u_o输出矩形波，其波形如图10.4所示。

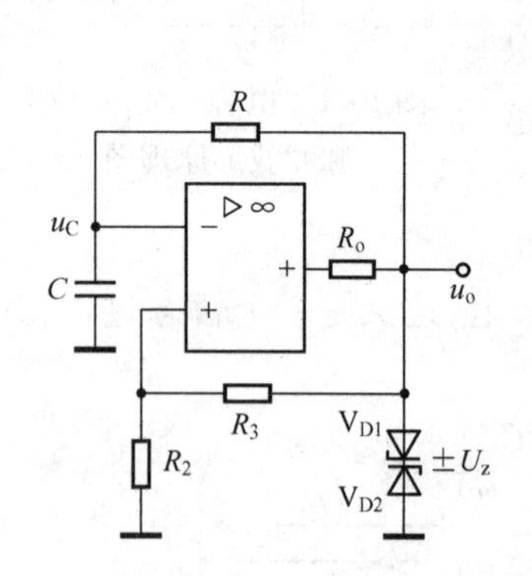

图10.3　单运放非正弦波产生电路

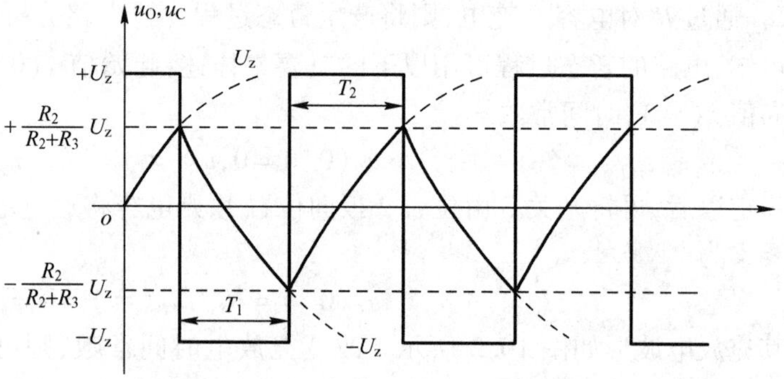

图10.4　单运放非正弦波产生电路波形图

2. 振荡周期计算

由图10.4可看出，振荡周期

$$T=T_1+T_2 \tag{10-3}$$

T_1、T_2不难从电容充放电三要素和转换值求得

$$T_1=\tau_{放}\ln\frac{u_C(\infty)-u_C(0^+)}{u_C(\infty)-u_C(T_1)} \tag{10-4}$$

其中　$\tau_{放}=RC$，　$u_C(\infty)=-U_z$，　$u_C(0^+)=\frac{R_2}{R_2+R_3}U_z$，　$u_C(T_1)=-\frac{R_2}{R_2+R_3}U_z$

代入式(10-4)得

$$T_1=RC\ln\frac{-U_z-\frac{R_2}{R_2+R_3}U_z}{-U_z+\frac{R_2}{R_2+R_3}U_z}=RC\ln\left(1+\frac{2R_2}{R_3}\right) \tag{10-5}$$

同理求得

$$T_2=RC\ln\left(1+\frac{2R_2}{R_3}\right) \tag{10-6}$$

$$T=T_1+T_2=2RC\ln\left(1+\frac{2R_2}{R_3}\right) \tag{10-7}$$

由于$T_1=T_2$，所以图10.3产生的是周期性方波。改变R、C或R_2、R_3均可改变振荡周期。

如果 $U_{oH} \neq |U_{oL}|$，则上述 $U_+ \neq |U_-|$，$T_1 \neq T_2$，则输出为矩形波。

即使 $|U_{oH}| = |U_{oL}|$，但 $\tau_{充} \neq \tau_{放}$，则 T_1 与 T_2 也不相等，那么输出也为矩形波。

通常定义矩形波为高电平的时间 T_2 与周期 T 之比为占空比 D，即

$$D = T_2/T \tag{10-8}$$

占空比可调电路如图 10.5 所示。

通过计算可得该电路的占空比为

$$D = \frac{T_2}{T} = \frac{R'_W + r_{d1} + R}{R_W + r_{d1} + r_{d2} + 2R} \tag{10-9}$$

其中 r_{d1}、r_{d2} 分别为二极管 V_{D1}、V_{D2} 导通时的电阻。具体推导请读者自行完成。

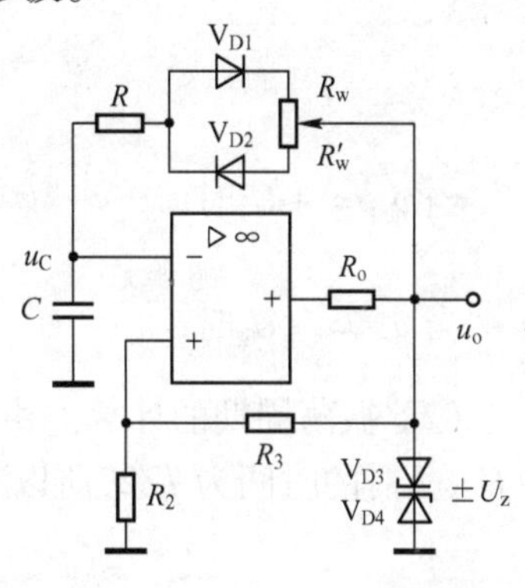

图 10.5　占空比可调电路

10.1.2　双运放非正弦波产生电路

从图 10.3 的电容输出，可得一个近似的三角波信号。由于它不是恒流充电，u_C 随时间 t 的增加而上升，而充电电流 $i_{充} = \frac{u_o - u_C}{R}$ 随时间而下降，因此输出的三角波线性较差。此电路主要用于矩形波输出要求不高的场合。为了提高三角波的线性，只要保证电容是恒流充放电即可。用集成运放组成的积分电路取代图 10.3 的 RC 电路，略加改进即可，电路如图 10.6 所示。

集成运放 A_1 组成滞回比较器，A_2 组成积分电路。

1. 工作原理

设电源合上 $t=0$，$u_{o1} = +U_z$，电容恒流充电，因为 A_2 积分电路具有虚地，所以充电电流为 $i_{充} = U_z/R$，$u_o = -u_C$ 线性下降，当下降到一定程度，使 A_1 的 $U_+ \leqslant U_- = 0$ 时，u_{o1} 从 $+U_z$ 跳变为 $-U_z$，与此同时 A_1 的 U_+ 也突变。u_{o1} 变为 $-U_z$ 后，电容放电，则输出电压线性上升，当 u_o 上升到一定值后，使 A_1 的 $U_+ \geqslant U_-$，u_{o1} 从 $-U_z$ 跳变到 $+U_z$，电容再次充电，u_o 再次下降。如此周而复始，产生振荡，由于充电时间常数和放电时间常数相同，所以输出波形 u_o 为三角波。

根据上述过程，画出 u_{o1} 和 u_o 波形如图 10.7 所示。u_o 是三角波，而 u_{o1} 是方波。

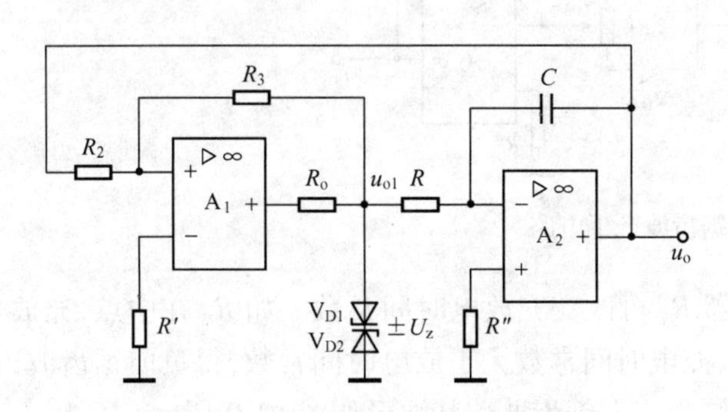

图 10.6　双运放非正弦波产生电路

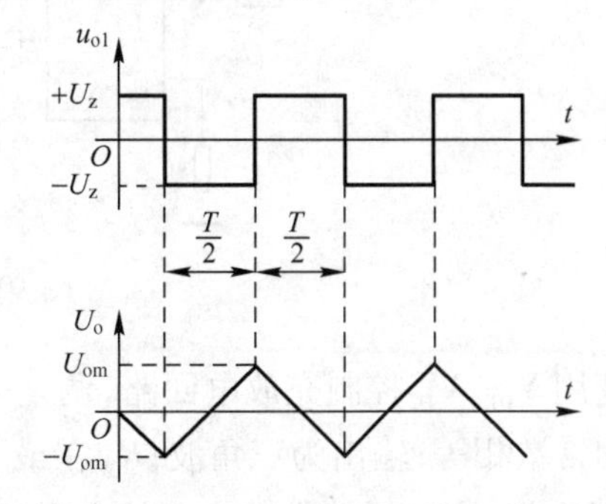

图 10.7　双运放非正弦波产生电路的波形

2. 计算

(1) u_o 幅值计算。u_o 的幅值从滞回比较器产生突变时刻求出，对应 A_1 的 $U_+ = U_- = 0$ 时 u_o 值就为幅值。从图 10.6 看出，A_1 的 U_+ 为

$$U_+ = \frac{R_3}{R_2 + R_3} u_o + \frac{R_2}{R_2 + R_3} u_{o1}$$

当 $U_+=U_-=0$ 时,对应的 u_o 值为输出三角波的幅值 U_{om}:

$$U_{om}=-\frac{R_2}{R_3}u_{o1} \tag{10-10}$$

当 $u_{o1}=+U_z$时 $$U_{om}=-\frac{R_2}{R_3}U_z$$

当 $u_{o1}=-U_z$时 $$U_{om}=+\frac{R_2}{R_3}U_z \tag{10-11}$$

(2) 振荡周期的计算。由 A_2 的积分电路可求出振荡周期,其输出电压 u_o 从 $-U_{om}$ 上升到 $+U_{om}$所需的时间为 $T/2$,所以

$$\frac{1}{RC}\int_0^{T/2}U_z\mathrm{d}t=2U_{om}$$

得 $$T=4RC\frac{U_{om}}{U_z}$$

将式(10-11)代入上式,可得

$$T=\frac{4RCR_2}{R_3} \tag{10-12}$$

$$f=\frac{1}{T}=\frac{R_3}{4RCR_2} \tag{10-13}$$

一般情况是先调整 R_2、R_3,使输出电压的峰值达到所需要的值;再调整 R、C,使振荡频率满足要求。如果先调频率,那么在调整输出电压峰值时,振荡频率也将改变。

10.1.3 锯齿波产生电路

三角波产生的条件是电容充放电时间常数相等,如使二者相差较大,即为锯齿波产生电路,如图 10.8 所示。

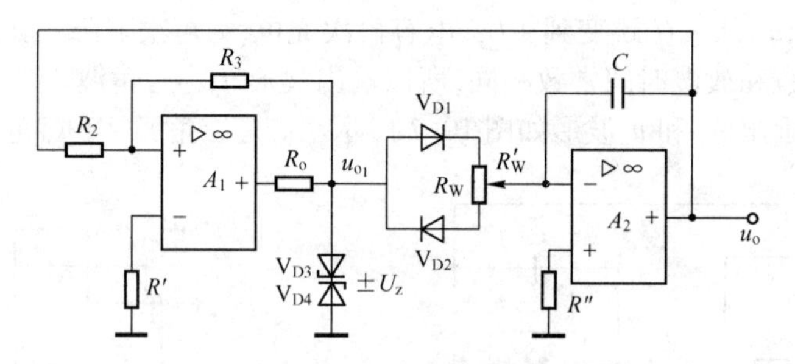

图 10.8 锯齿波产生电路

利用 V_{D1}、V_{D2}控制充放电回路,调整电位器 R_W可改变充放电时间常数。如 R_W在中点,充放电时间常数相等,输出为三角波;R_W在最下端,充电时间常数大于放电时间常数,得负向锯齿波;R_W在最上端,充电时间常数小于放电时间常数,得正向锯齿波。其波形如图 10.9 所示。锯齿波的幅度和振荡周期与三角波相似。

$$U_+=\frac{R_3}{R_2+R_3}u_o+\frac{R_2}{R_2+R_3}u_{o1}$$

当 $U_+=U_-=0$ 时,对应的 u_o值为

$$U_{om}=-\frac{R_2}{R_3}u_{o1}$$

当 $u_{o1}=+U_z$ 时　$U_{om}=-\frac{R_2}{R_3}U_z$　(10-14)

当 $u_{o1}=-U_z$ 时　$U_{om}=+\frac{R_2}{R_3}U_z$　(10-15)

振荡周期为 $T=T_1+T_2$，其中电容充电时间 T_1 计算如下：

$$\frac{1}{(r_{d1}+R'_W)C}\int_0^{T_1}U_z\mathrm{d}t=2U_{om}=2\frac{R_2}{R_3}U_z$$

则
$$T_1=\frac{2R_2}{R_3}(r_{d1}+R'_W)C \qquad (10\text{-}16)$$

电容放电时间 T_2 计算如下：

$$\frac{1}{(r_{d2}+R_W-R'_W)C}\int_0^{T_2}U_z\mathrm{d}t=2U_{om}=2\frac{R_2}{R_3}U_z$$

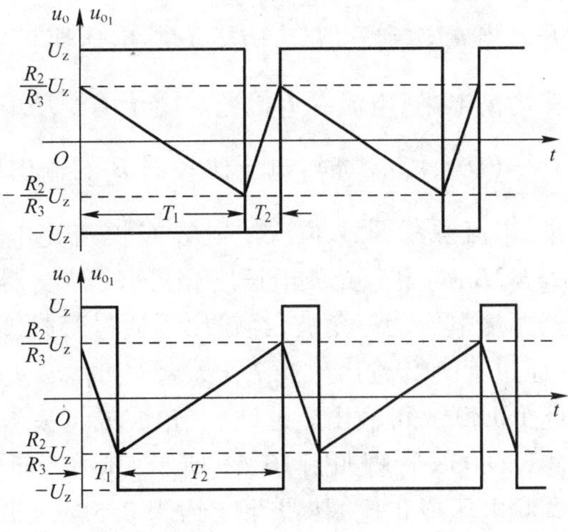

图 10.9　锯齿波产生电路波形

则
$$T_2=\frac{2R_2}{R_3}(r_{d2}+R_W-R'_W)C \qquad (10\text{-}17)$$

故振荡周期为
$$T=T_1+T_2=\frac{2R_2}{R_3}(r_{d1}+r_{d2}+R_W)C \qquad (10\text{-}18)$$

式中 r_{d1}、r_{d2} 分别为二极管 V_{D1}、V_{D2} 导通时的电阻。

*10.2　集成函数发生器 ICL8038 简介

随着大规模集成电路技术的迅速发展，人们将波形产生电路和波形变换电路集成在一小块硅片上，它可输出若干种不同的波形，所以称之为函数发生器。下面简要介绍美国 INTERSIL 产品 ICL8038。

ICL8038 为大规模集成电路，其原理框图如图 10.10 所示。

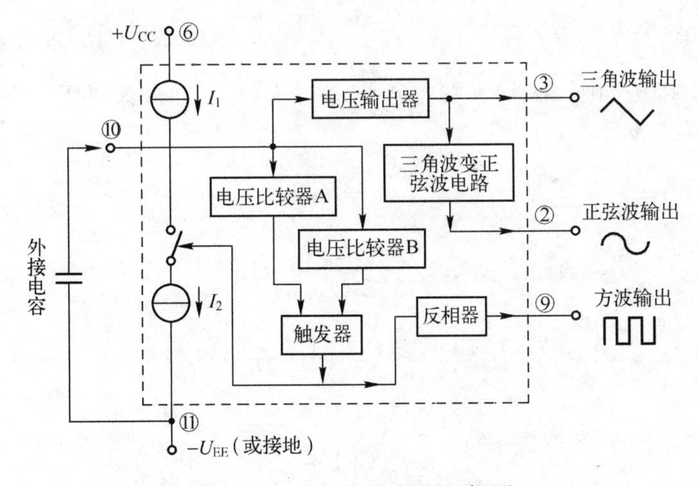

图 10.10　ICL8038 的原理框图

图中电压比较器 A 和 B 的阈值（门限电压）分别为 $\frac{2}{3}(U_{CC}+U_{EE})$ 和 $\frac{1}{3}(U_{CC}+U_{EE})$，电流源电流 I_1 与 I_2 的大小可通过外接电阻调节，但 I_2 必须大于 I_1。触发器仅输出两个电平，U_{oH} 或 U_{oL}，由比较器输出控制。触发器的输出，一路通过反相器管脚⑨输出方波，另一路控制电子开关。当触发器的输出为低电平时，电流断开，电流源 I_1 给电容 C 恒流充电，它两端的电压 u_C 随时间线性上升。当u_C达到$\frac{2}{3}(U_{CC}+U_{EE})$时，电压比较器$A$的输出电压发生跳变，使触发器的输出由低电平变为高电平，电流源I_2接通。由于$I_2>I_1$，因此电容C恒流放电，u_C随时间线性下降。当u_C下降到$\frac{1}{3}(U_{CC}+U_{EE})$时，电压比较器$B$的输出电压发生跳变，使触发器的输出由高电平跳变为低电平，电流源断开，I_1再次给电容C恒流充电，u_C又随时间线性上升。如此周而复始，产生振荡。若$I_2=2I_1$，对电容充放电速度相等，故触发器输出为方波，经反相器通过管脚⑨输出。显然，电容器两端电压为三角波，经输出器通过管脚③输出。三角波通过变换电路，将三角波转换为正弦波，通过管脚②输出。当$I_1<I_2<2I_1$时，u_C上升时间与下降时间不相等，则管脚③输出锯齿波。因此ICL8038可输出矩形波、三角波或锯齿波、正弦波。

ICL8038管脚如图10.11所示，其中管脚⑧为频率调节（简称调频）电压输入端。振荡频率与调频电压成正比，其线性度约为0.5%。调频电压的值是指管脚⑥与管脚⑧之间的电压值。它的值应不超过$\frac{1}{3}(U_{CC}+U_{EE})$。管脚⑦输出调频偏置电压，其值（指管脚⑥与⑦之间的电压）是$\frac{1}{5}(U_{CC}+U_{EE})$，它可作为管脚⑧的输入形式。此外，该器件的矩形波输出级为集电极开路形式，因此在管脚⑨和正电源之间外接一电阻，其阻值一般为10kΩ左右。

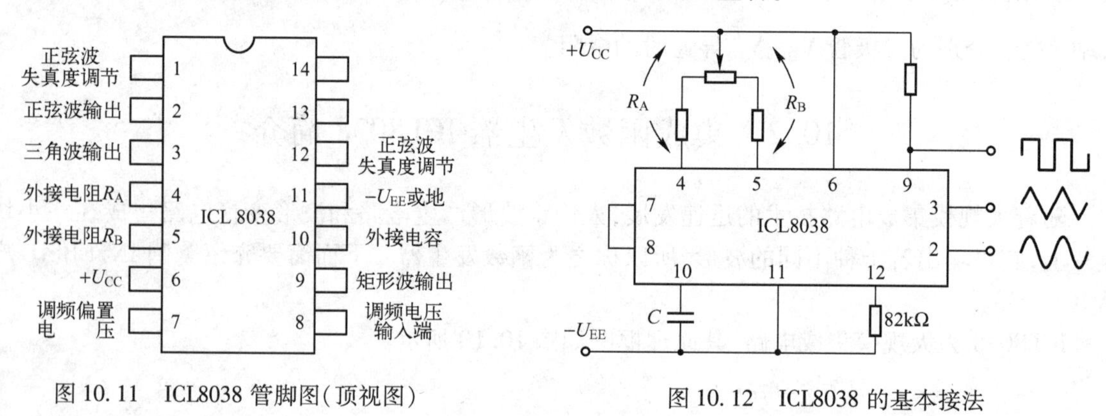

图10.11　ICL8038管脚图（顶视图）

图10.12　ICL8038的基本接法

ICL8038的基本接法如图10.12。图中管脚⑧与⑦短接，在此条件下，管脚输出波形的上升时间t_1为

$$t_1=\frac{5}{3}R_AC$$

下降时间t_2为

$$t_2=\frac{5}{3}\frac{R_AR_B}{2R_A-R_B}C$$

因此振荡周期为

$$T=t_1+t_2=\frac{5}{3}R_AC\left(1+\frac{R_B}{2R_A-R_B}\right) \tag{10-19}$$

振荡频率为

$$f=\frac{1}{T}=\frac{1}{\frac{5}{3}R_AC\left(1+\frac{R_B}{2R_A-R_B}\right)} \tag{10-20}$$

其中R_A和R_B的阻值以在$\frac{U_{CC}-U_{⑧}}{1\text{mA}}$至$\frac{U_{CC}-U_{⑧}}{10\mu\text{A}}$范围内为宜（“$U_{CC}-U_{⑧}$”是管脚⑥与管脚⑧之间的电压），且$R_B$应小于$2R_A$。

当$R_A=R_B$时，管脚⑨、③和②的输出波形分别为方波、三角波和正弦波，振荡频率为$f=\frac{0.3}{R_AC}$。调节电位器R_W，可使正弦波的失真度减小到1.5%以下。用100kΩ电位器接成可变电阻形式代替图 10.12 中的 82kΩ 电阻，调节它也可以减小正弦波的失真度。如果希望进一步减小正弦波的失真度，可用图 10.13 所示的调整电路，使正弦波的失真度减小到 0.5% 左右。图 10.13 第⑧管脚的 10kΩ 电位器，调节 U_{CC} 与管脚⑧之间的电压（即调频电压），振荡频率随之变化，因此该电路是一个频率可调的函数发生器，其最高频率与最低频率之比可达 100:1。

由于 ICL8038 的振荡频率与调频输入电压成正比，因此它可构成压控函数发生器，它的控制电压应加在管脚⑥与管脚⑧之间，如果控制电压按一定规律变化，则可构成扫频式函数发生器，如图 10.14 所示。

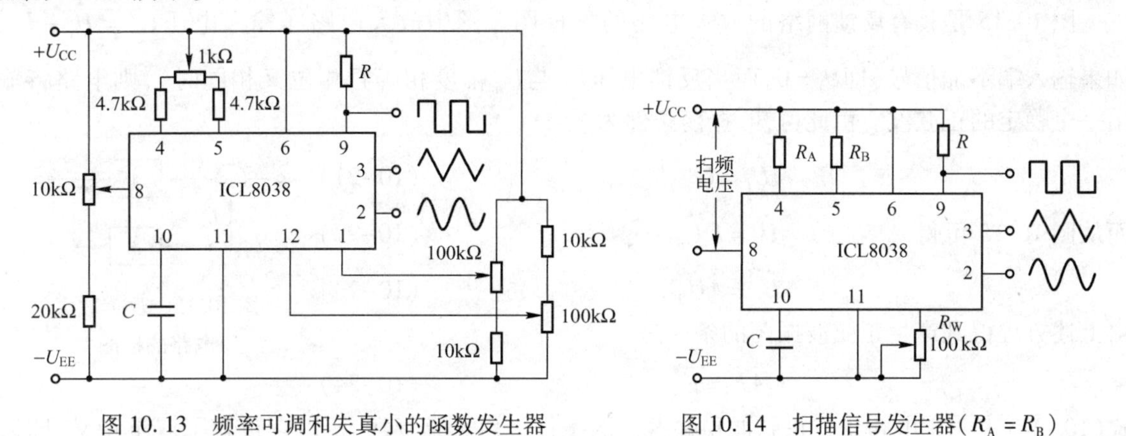

图 10.13　频率可调和失真小的函数发生器

图 10.14　扫描信号发生器（$R_A = R_B$）

ICL8038 主要参数如表 10.1 所示。

表 10.1　ICL8038 的主要参数（电源电压为 ±10V 或 +20V，$T_A = 25℃$）

波形 \ 参数		单位	8038CC			8038AC		
			最小值	典型值	最大值	最小值	典型值	最大值
电源	单电源供电电压	V	+10		+30	+10		+30
	双电源供电电压	V	±5		±15	±5		±15
	电源电流（±10V 供电时）	mA		12	20		12	20
频率特性	最高振荡频率	kHz	100			100		
	扫频信号频率	kHz		10			10	
	扫频范围			35:1			35:1	
	振荡频率温漂	%/℃		0.025			0.008	
方波	上升时间	ns		180			180	
	下降时间	ns		40			40	
三角波	幅度（±10V 供电时）	V	6	6.6		6	6.6	
	线性度	%		0.1			0.05	
	输出电阻	Ω		200			200	
正弦波	幅度（±10V 供电时）	V	4	4.4		4	4.4	
	失真度（外接电位器调整）	%		1.5			0.8	

10.3　正弦波产生电路

在科学研究、工业生产、医学、通信、测量、自控和广播技术领域里，常常需要某一频率的正弦波作为信号源。例如,在实验室,人们常用正弦波作为信号源,测量放大器的放大倍数,观察波形的失真情况。在工业生产和医疗仪器中,利用超声波可以探测金属内的缺陷、人体内器官的病变,应用高频信号可以进行感应加热。在通信和广播中更离不开正弦波。可见,正弦波应用非常广泛,只是应用场合不同,对正弦波的频率、功率等的要求不同而已。

10.3.1　正弦波产生振荡的条件

图10.15是具有反馈网络的放大电路的方框图。图中放大电路净输入电压$\dot{U}_i' = \dot{U}_i + \dot{U}_f$。如果输入端不加信号(即$\dot{U}_i = 0$,而当反馈电压$\dot{U}_f$与$\dot{U}_i'$幅度相等且相位又相同时),则电路将输出一个稳定的正弦波。由此可知,振荡条件为

$$\dot{U}_f = \dot{U}_i' \qquad (10\text{-}21)$$

而从图10.15可得

$$\dot{U}_f = \dot{F}\dot{U}_o \qquad (10\text{-}22)$$

$$\dot{U}_o = \dot{A}\dot{U}_i' \qquad (10\text{-}23)$$

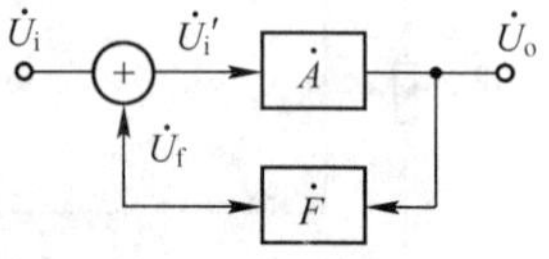

图10.15　反馈放大电路的框图

由上述方程得到产生正弦波振荡的条件是

$$\dot{A}\dot{F} = 1 \qquad (10\text{-}24)$$

式(10-24)表明了电路维持正弦波稳幅振荡的条件。由于是复数,所以它包含了双重意义,即振荡的两个平衡条件:

(1) 幅度平衡条件:　$$|\dot{A}\dot{F}| = 1 \qquad (10\text{-}25)$$

(2) 相位平衡条件:　$$\varphi_A + \varphi_F = \pm 2n\pi (n = 0,1,2,\cdots) \qquad (10\text{-}26)$$

即要求:电路的回路增益等于1,相移为2π的整数倍,反馈网络必须是正反馈。

注意,$|\dot{A}\dot{F}| = 1$是振荡电路达到并维持稳幅振荡的条件,但是满足这一条件并不能使电路起振。因为电路接通电源时,并无振荡信号,它只能靠电路的噪声或其他干扰作为激励信号,经过环路放大、反馈、再放大……不断地增幅,逐步建立起稳幅振荡。因此,振荡电路要起振,必须要求环路增益满足起振条件,即

$$|\dot{A}\dot{F}| > 1 \qquad (10\text{-}27)$$

电路起振后,由于环路增益大于1,所以振荡幅度逐渐增大。当信号达到一定幅度时,因受放大电路中非线性元件的限制,使其工作在饱和或截止状态,使$|\dot{A}\dot{F}|$值下降,最后达到$|\dot{A}\dot{F}| = 1$的平衡条件。

10.3.2　正弦波振荡器的电路组成

正弦波振荡器由以下几个基本电路组成:

(1) 放大电路:保证放大信号,并向电路提供能量。

(2) 反馈网络:引入正反馈,使之满足相位和幅度平衡条件。

(3) 选频网络:选择某单一频率,满足起振条件,保证输出为单一频率的正弦波信号。

(4) 稳幅电路:保证正弦波振荡器输出具有稳定幅度的正弦波信号。

判断一个电路是否为正弦波振荡器,就看其组成是否含有上述四个部分。

在分析一个正弦振荡电路时,首先要判断它是否振荡,其一般方法是:

(1) 是否满足相位条件,即电路是否为正反馈,只有满足相位条件才有可能振荡。

(2) 放大电路的结构是否合理,有无放大能力,静态工作点是否合适。

(3) 是否满足幅度条件,检验 $|\dot{A}\dot{F}|$:

① 若 $|\dot{A}\dot{F}|<1$,则不可能振荡。

② 若 $|\dot{A}\dot{F}|\gg 1$,能振荡,但输出波形明显失真。

③ 若 $|\dot{A}\dot{F}|>1$,能产生振荡。振荡稳定后 $|\dot{A}\dot{F}|=1$。再加上稳幅措施,振荡稳定,而且输出波形失真小。

按选频网络的元件类型,把正弦波振荡电路分为 *RC* 正弦波振荡电路、*LC* 正弦波振荡电路和石英晶体正弦波振荡电路。

10.3.3 *RC* 正弦波振荡电路

常见的 *RC* 正弦波振荡电路是 *RC* 串并联式正弦波振荡电路,又称为文氏桥正弦波振荡电路。串并联网络在此作为选频和反馈网络。所以,我们必须了解串并联网络的选频特性,才能分析它的振荡原理。

1. *RC* 串并联网络的选频特性

图 10.16(a)为 *RC* 串并联网络的结构。其选频特性可定性分析如下:

当信号频率足够低时,$\frac{1}{\omega C_1}\gg R_1$,$\frac{1}{\omega C_2}\gg R_2$,可得近似的低频等效电路如图 10.16(*b*)所示。它是一个超前网络。输出电压 $\dot{U}_2$ 相位超前输入电压 $\dot{U}_i$。

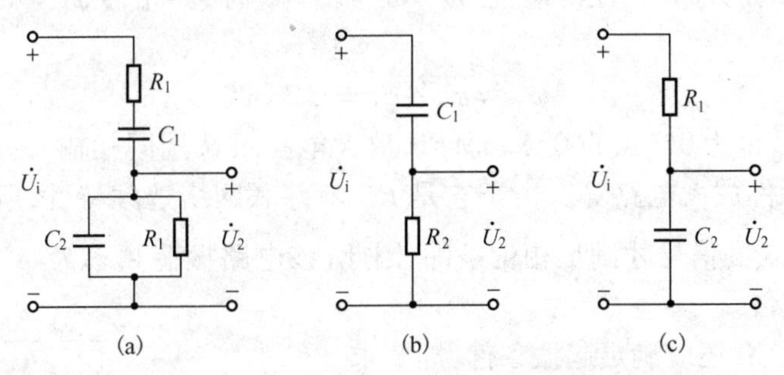

图 10.16 *RC* 串并联网络及其高低频等效电路

当信号频率足够高时,$\frac{1}{\omega C_1}\ll R_1$,$\frac{1}{\omega C_2}\ll R_2$,其近似的高频等效电路如图 10.16(c)所示。它是一个滞后网络。输出电压 $\dot{U}_2$ 相位落后输入电压 $\dot{U}_i$。

因此可以断定,在高频与低频之间存在一个频率 f_o,其相位关系既不是超前也不是落后,输出电压 $\dot{U}_2$ 与输入电压 $\dot{U}_i$ 相位一致。这就是 *RC* 串并联网络的选频特性。

下面再根据电路推导出它的频率特性。

由图 10.16(a)可得

$$\frac{\dot{U}_2}{\dot{U}_i}=\frac{R_2 /\!/ \frac{1}{j\omega C_2}}{\left(R_1+\frac{1}{j\omega C_1}\right)+R_2 /\!/ \frac{1}{j\omega C_2}}=\frac{\frac{R_2}{1+j\omega R_2 C_2}}{R_1+\frac{1}{j\omega C_1}+\frac{R_2}{1+j\omega R_2 C_2}}$$

整理后得

$$\frac{\dot{U}_2}{\dot{U}_i}=\frac{1}{\left(1+\frac{C_2}{C_1}+\frac{R_1}{R_2}\right)+j\left(\omega R_1 C_2-\frac{1}{\omega R_2 C_1}\right)} \tag{10-28}$$

通常取 $R_1=R_2=R, C_1=C_2=C$，则

$$\frac{\dot{U}_2}{\dot{U}_i}=\frac{1}{3+\mathrm{j}\left(\dfrac{\omega}{\omega_o}-\dfrac{\omega_o}{\omega}\right)} \tag{10-29}$$

其中 $\omega_o=\dfrac{1}{RC}$，即 $\quad f_o=\dfrac{1}{2\pi RC}$ （10-30）

式（10-29）所代表的幅频特性为

$$\left|\frac{\dot{U}_2}{\dot{U}_i}\right|=1/\sqrt{3^2+\left(\frac{\omega}{\omega_o}-\frac{\omega_o}{\omega}\right)^2} \tag{10-31}$$

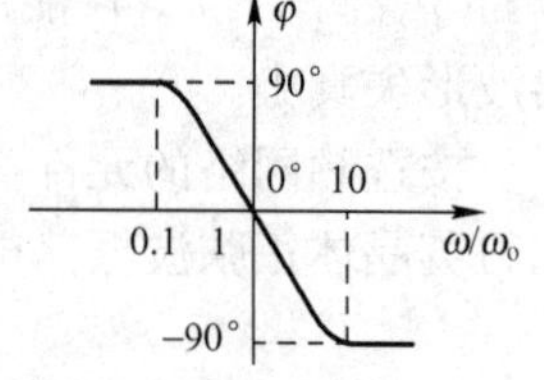

图 10.17　*RC* 串并联网络的频率特性

相频特性为 $\varphi=-\arctan\dfrac{1}{3}\left(\dfrac{\omega}{\omega_o}-\dfrac{\omega_o}{\omega}\right)$ （10-32）

其频率特性如图 10.17 所示。

可见，当 $\omega=\omega_o=1/RC$ 时，$\left|\dfrac{\dot{U}_2}{\dot{U}_i}\right|$ 达到最大值，且等于 1/3，而相移 $\varphi=0$。

2. *RC* 串并联网络正弦波振荡电路

图 10.18 为 *RC* 串并联网络正弦波振荡电路。其放大电路为同相比例电路。反馈网络和选频网络由串并联电路组成。

由 *RC* 串并联网络的选频特性得知，在 $\omega=\omega_o=1/RC$ 时，其相移 $\varphi_F=0$，为使振荡电路满足相位条件

$$\varphi_{AF}=\varphi_A+\varphi_F=\pm 2n\pi$$

要求放大器的相移 φ_A 也为 0°（或 360°）。所以，放大电路可选用同相输入方式的集成运算放大器或两级共射分立元件放大电路等。由于它是 *RC* 串并联网络选频特性，所以使信号通过闭合环路 $\dot{A}\dot{F}$ 后，仅有 $\omega=\omega_o$ 的信号才满足相位条件，因此，该电路振荡频率为 ω_o，从而保证了电路输出为单一频率的正弦波。

为了使电路能振荡，还应满足起振条件，即要求

$$|\dot{A}\dot{F}|>1 \tag{10-33}$$

而图 10.18 电路的反馈系数，就是 *RC* 串并联网络的传输系数，如式（10-29）所示，即

$$\dot{F}=\left|\frac{\dot{U}_f}{\dot{U}_o}\right|=\frac{1}{3+\mathrm{j}\left(\dfrac{\omega}{\omega_o}-\dfrac{\omega_o}{\omega}\right)} \tag{10-34}$$

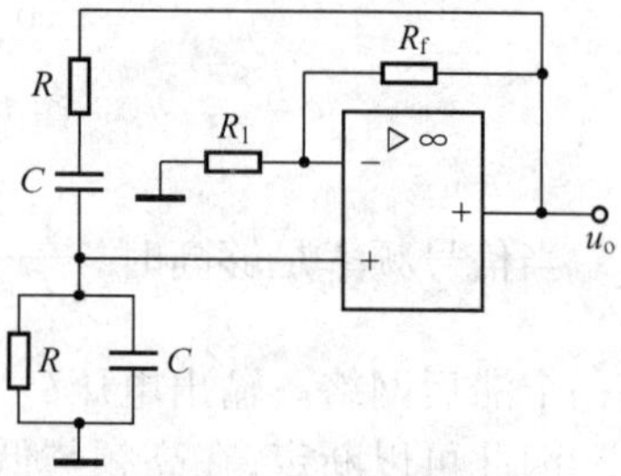

图 10.18　*RC* 串并联网络正弦波振荡电路

放大器的放大倍数 $\quad \dot{A}=1+\dfrac{R_f}{R_1}$

当 $\omega=\omega_o$ 时，$\dot{F}=1/3$，因而按起振条件式（10-33），要求

$$\dot{A}=1+\frac{R_f}{R_1}>3$$

即

$$R_f>2R_1 \tag{10-35}$$

式（10-35）就是该电路的起振条件的具体表达式。

例如 $R_f=20\text{k}\Omega$，则取 $R_1=10\text{k}\Omega$，用 8.2kΩ 的电阻和 4.7kΩ 的电位器相串联作为 R_1，这样便于调整，使之满足式（10-35）而起振。该电路的振荡频率为

$$f_o = \frac{1}{2\pi RC} \tag{10-36}$$

由式(10-35)知,只要满足 $|A|>3$,就可以产生振荡。但是由于集成运放的放大倍数很大,受其非线性特性的影响,波形会产生严重失真。因此,在放大电路中用 R_1、R_f引入负反馈,降低放大倍数,只要 $A_{uf} \geqslant \left(1+\frac{R_f}{R_1}\right)>3$ 即可,以改善输出波形。

图 10.18 需加稳幅措施,因为振荡以后,振荡器的振幅会不断增加,由于受运放最大输出电压的限制,输出波形将产生非线性失真。为此,只要设法使输出电压的幅值增大,$|\dot{A}\dot{F}|$ 适当减小(反之则应增大),就可以维持$\dot{U}_o$ 的幅值基本不变。

通常利用二极管和稳压管的非线性特性、场效应管的可变电阻特性以及热敏电阻等元件的非线性特性,来自动地稳定振荡器输出的幅度。

当选用热敏电阻时,有两种措施。一种是选择负温度系数的热敏电阻作为反馈电阻 R_f,当电压$\dot{U}_o$ 的幅值增加,使 R_f的功耗增大时,它的温度上升,则 R_f阻值下降,使放大倍数下降,输出电压$\dot{U}_o$ 也随之下降。如果参数选择合适,可使输出电压的幅值基本稳定,且波形失真较小。另一种是选择正温度系数的热敏电阻 R_1,也可实现稳幅,其工作原理读者可自行分析。

图 10.19(a)中的 R_f两端并联两只二极管 V_{D1}、V_{D2},用来稳定振荡器的输出 u_o的幅度。如图 10.19(b)所示,当振荡幅度较小时,流过二极管的电流较小,设相应的工作点为 A、B,此时与直线 AB 斜率相对应的二极管等效电阻 R_D增大。同理,当振荡幅度增大时,流过二极管的电流增加,其等效电阻 R_D减小,如图中直线 CD 所示。这样 $R_f' = R_f /\!/ R_D$也随之而变,降低了放大电路的放大倍数,从而达到稳幅的目的。

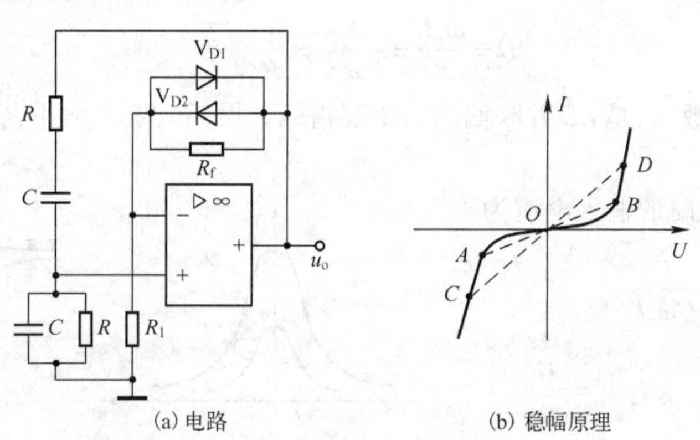

图 10.19 二极管稳幅电路的 RC 串并联网络振荡电路

除串并联网络振荡电路外,还有移相式和双 T 网络式等 RC 正弦波振荡电路,但用得最多的是 RC 串并联网络振荡电路。

RC 振荡电路的振荡频率取决于 RC 乘积,当要求振荡频率较高时,RC 值必然很小。由于 RC 网络是放大电路的负载之一,所以 RC 值的减小加重了放大电路的负载,且由于电路存在分布电容,其电容减小不能超过一定的限度,否则振荡频率将受寄生电容的影响而不稳定。此外,普通集成运放的带宽较窄,也限制了振荡频率的提高。因此,RC 振荡器通常只作为低频振荡器用,工作频率一般在 1MHz 以下。如果需要产生更高频率的正弦信号,可采用下面介绍的 LC 正弦波振荡电路。

10.3.4　*LC* 正弦波振荡电路

LC 正弦波振荡电路可产生频率高达 1000MHz 以上的正弦波信号。由于普通集成运算放大器的频带较窄，而高速集成运放的价格高，所以 *LC* 正弦波振荡电路一般用分立元件组成。

常见的 *LC* 正弦波振荡电路有变压器反馈式、电感三点式和电容三点式。它们的共同特点是用 *LC* 谐振回路作为选频网络，而且通常采用 *LC* 并联回路。下面先介绍 *LC* 并联回路的选频特性。

1. *LC* 并联回路的选频特性

简单的 *LC* 并联回路只包含一个电感和一个电容，如图 10.20 所示，R 表示回路的等效损耗电阻，其数值一般很小。电路由电流 $\dot{I}$ 激励。回路的等效阻抗为

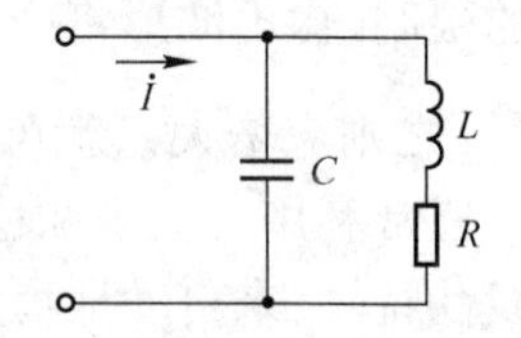

图 10.20　*LC* 并联电路

$$Z=\frac{\frac{1}{\mathrm{j}\omega C}(R+\mathrm{j}\omega L)}{\frac{1}{\mathrm{j}\omega C}+R+\mathrm{j}\omega L}\approx\frac{\frac{1}{\mathrm{j}\omega C}\cdot \mathrm{j}\omega L}{R+\mathrm{j}\left(\omega L-\frac{1}{\omega C}\right)}=\frac{\frac{L}{C}}{R+\mathrm{j}\left(\omega L-\frac{1}{\omega C}\right)} \qquad (10.37)$$

对于某个特定频率 ω_o，若满足 $\omega_o L=\frac{1}{\omega_o C}$，即

$$\omega_o=\frac{1}{\sqrt{LC}} \quad 或 \quad f_o=\frac{1}{2\pi\sqrt{LC}} \qquad (10\text{-}38)$$

则此时电路产生并联谐振，所以 f_o 叫作谐振频率。谐振时，回路的等效阻抗呈现纯电阻性质，且达到最大值，称为谐振阻抗 Z_o，且

$$Z_o=\frac{L}{RC}=Q\omega_o L=\frac{Q}{\omega_o C}=Q\sqrt{\frac{L}{C}} \qquad (10\text{-}39)$$

其中

$$Q=\frac{\omega_o L}{R}=\frac{1}{R\omega_o C}=\frac{1}{R}\sqrt{\frac{L}{C}} \qquad (10\text{-}40)$$

Q 值称为品质因数，它是 *LC* 并联回路的重要指标。损耗电阻 R 愈小，Q 值愈大，谐振时的阻抗值也愈大。

LC 并联回路谐振时的输入电流为

$$\dot{I}=\frac{\dot{U}}{Z_o}=\frac{\dot{U}}{Q\omega_o L}$$

而流过电感的电流为　$|\dot{I}_L|=\frac{\dot{U}}{\omega_o L}$

所以　$$|\dot{I}_L|=Q|\dot{I}| \qquad (10\text{-}41)$$

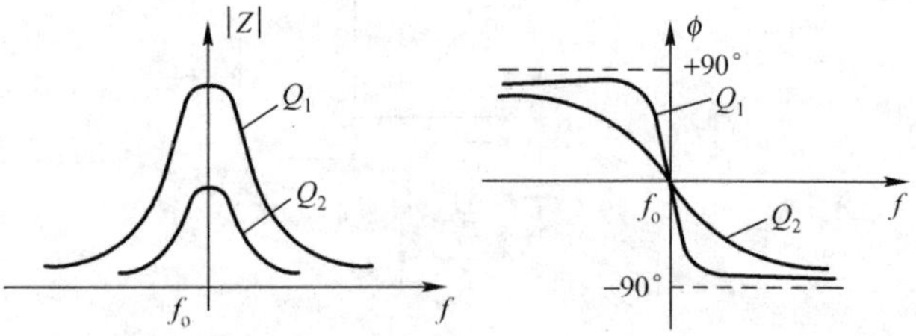

(a) 阻抗频率特性($Q_1>Q_2$)　　(b) 相频特性($Q_1>Q_2$)

图 10.21　*LC* 并联回路的频率特性

通常 $Q\gg 1$，所以 $|\dot{I}_C|\approx|\dot{I}_L|\gg\dot{I}$，即谐振时，*LC* 并联电路的回路电流比输入电流大得多，此时谐振回路外界的影响可忽略。

谐振时式(10-37)的虚部为零，所以相移也为零。

综上所述，可画出 *LC* 并联回路的频率特性如图 10.21 所述。

利用 *LC* 并联谐振回路组成的振荡器，其选频网络常常就是放大器的负载。所以，放大电路的增益具有选频特性。由于在谐振时，*LC* 电路呈现纯电阻性，所以对放大电路相移 φ_A 的分析与电阻负载时相同。

2. 变压器反馈式 *LC* 正弦波振荡电路

图 10.22 为变压器反馈式 *LC* 振荡器的几种常见接法。其中，图(a)、(b)均为共射接法，二

者区别仅在于采用不同方式将反馈电压送回到半导体三极管的基极。图(c)为共基接法，反馈电压送回射极，基极通过电容 C_b 接地。由于三极管共基极的截止频率远远大于共射极的截止频率。所以，为了提高振荡频率，LC 振荡器常采用共基极放大电路。

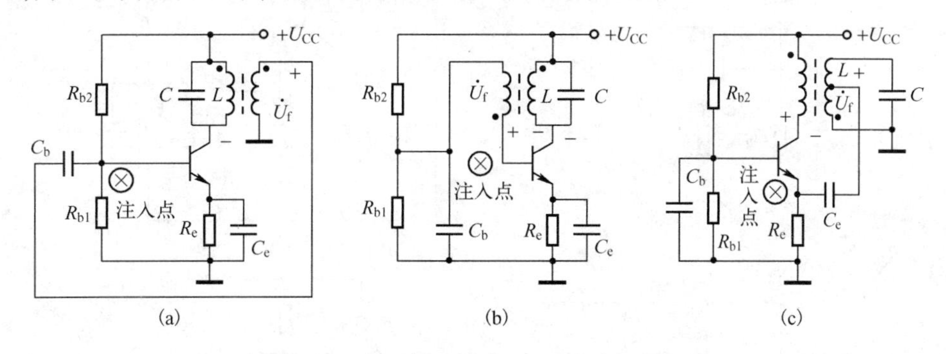

图 10.22　变压器反馈式 LC 正弦波振荡电路

对反馈极性的判别，仍采用瞬时极性法。首先在反馈信号的引入处假设一个输入信号的瞬时极性，然后依次判别出电路中各处的电压极性。如反馈电压 $\dot{U}_f$ 的极性与假设输入信号极性一致，则为正反馈，且满足相位条件的要求。如不满足，通过改变变压器同名端的连接，可十分方便地改变 $\dot{U}_f$ 极性，使之满足振荡器的相位条件。

振荡的起振幅值条件为 $|\dot{U}_f| > |\dot{U}_i'|$，只要变压器的匝数比设计恰当，一般都可满足幅值条件。在满足相位条件的前提下仍不起振，可加、减变压器次级绕组的匝数，使之振荡。

当 Q 值较高时，振荡频率 f_o 就等于 LC 并联回路的谐振频率，即

$$f_o \approx \frac{1}{2\pi\sqrt{LC}} \tag{10-42}$$

在分析 LC 振荡电路时，要注意把与振荡频率有关的谐振回路的电容(如图 10.22 各图中的电容 C)与作为耦合和旁路的电容(如图 10.22 各电路中的 C_b、C_e)分开。两种电容在数值上相差很大，考虑交流通路时，应将 C_b、C_e 短路。

无论何种连接方式，三极管都应有一个正确的直流工作点。因此，要注意耦合电容和旁路电容的作用，如图 10.22(c)所示，电容 C_e 的作用是耦合、隔直，如无 C_e 而直接相连，三极管射极通过变压器次级直接接地，则改变了三极管的直流工作状态。

LC 正弦波振荡电路的稳幅措施是利用放大电路的非线性实现的。当振幅大到一定程度时，虽然三极管进入截止或饱和状态，集电极电流也产生明显失真，但是由于集电极的负载是 LC 并联谐振电路，具有良好的选频作用，因此输出电压波形一般失真不大。

3. 三点式 LC 正弦波振荡电路

因为这类 LC 振荡电路的谐振回路都有三个引出端子，分别接至三极管的 e、b、c 极上，所以统称为三点式振荡电路。图 10.23 列举了几种常见的接法。

图 10.23(a)和(b)为电感三点式，它的特点是把谐振回路的电感分成 L_1 和 L_2 两个部分，利用 L_2 上的电压作为反馈信号，而不再用变压器。图 10.23(a)中，反馈电压接至三极管的射极，放大电路是共基极接法。图 10.23(b)中，反馈电压接至基极上，放大电路为共射极接法。不难用瞬时极性法判断，它们均满足振荡的相位条件。

图 10.23(c)和(d)为电容三点式，其特点是用 C_1 和 C_2 两个电容作为谐振回路电容，利用电容 C_2 上的电压作为反馈信号。与电感三点式相似，图 10.23(c)放大电路是共基极接法，图 10.23(d)是共发射极接法。同样用瞬时极性法判断，它们也满足振荡的相位条件。

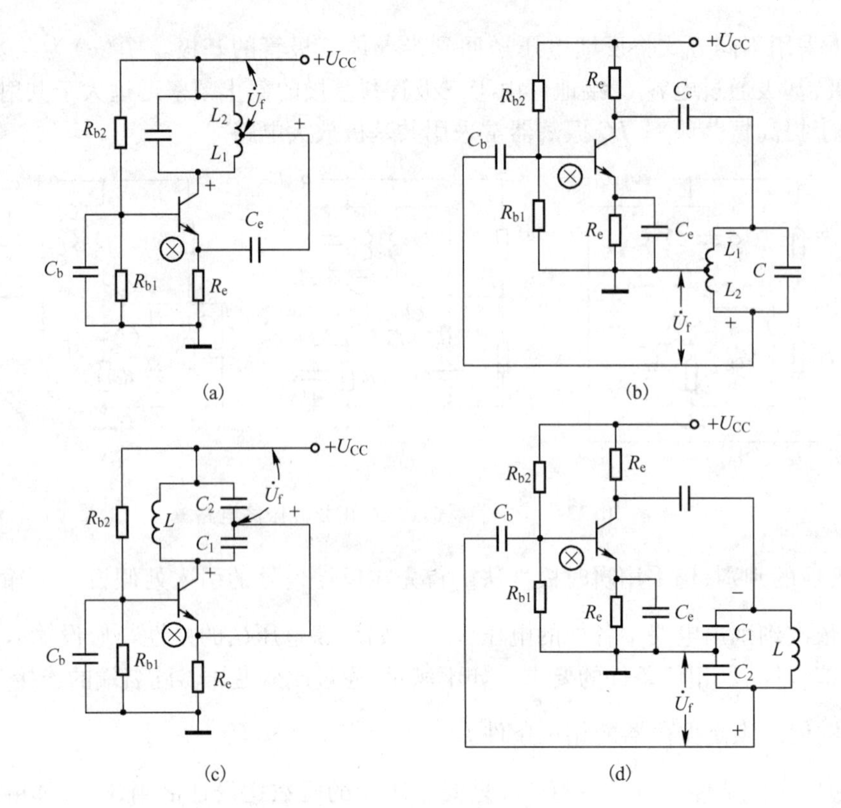

图 10.23　三点式振荡电路

电感三点式正弦波振荡电路的振荡频率基本上等于 LC 并联电路的谐振频率，即

$$f_o \approx \frac{1}{2\pi\sqrt{L'C}} \tag{10-43}$$

其中 L' 是谐振回路的等效电感，即

$$L' = L_1 + L_2 + 2M \tag{10-44}$$

式中 M 为绕组 N 和绕组 N_1 之间的互感。

电感三点式正弦波振荡电路容易起振，而且采用可变电容器可在较宽范围内调节振荡频率，所以在需要经常改变频率的场合（例如收音机、信号发生器等）得到广泛的应用。但是由于它的反馈电压取自电感 L_2，它对高次谐波阻抗较大，因此输出波形中含有高次谐波，波形较差。

电容三点式正弦波振荡电路的振荡频率近似等于 LC 并联电路的谐振频率，即

$$f_o \approx \frac{1}{2\pi\sqrt{LC'}} \tag{10-45}$$

其中 C' 为谐振回路的等效电容，对图 10.23（c）和（d），有

$$C' = \frac{C_1 C_2}{C_1 + C_2} \tag{10-46}$$

由于电容三点式正弦波振荡电路的反馈电压取自电容 C_2，反馈电压中谐波分量小，因此输出波形较好。而且电容 C_1、C_2 的容量可以选得较小，并可将管子的极间电容计算到 C_1、C_2 中去，所以振荡频率可达 100MHz 以上。但管子的极间电容随温度等因素变化，对振荡频率有一定的影响。为了减小这种影响，可在电感 L 支路中串接电容 C，使谐振频率主要由 L 和 C 决定，而 C_1 和 C_2 只起分压作用。其电路如图 10.24 所示。对于该电路

$$\frac{1}{C'} = \frac{1}{C} + \frac{1}{C_1} + \frac{1}{C_2} \tag{10-47}$$

在选取电容参数时，可使 $C_1 \gg C$，$C_2 \gg C$，所以

$$C' \approx C \tag{10-48}$$

故

$$f_o \approx \frac{1}{2\pi\sqrt{LC}} \tag{10-49}$$

它仅取决于电感 L 和电容 C，与 C_1、C_2 和管子的极间电容关系很小，因此振荡频率的稳定度较高，其频率稳定度 $\Delta f/f_o$ 的值可小于 0.01%。

在实际应用中，常常要求振荡器的振荡频率十分稳定，如作为定时标准，要求振荡频率的稳定度 $\Delta f/f_o$ 达 $10^{-7} \sim 10^{-9}$ 量级。如此高的稳定度 RC 振荡电路和 LC 振荡电路均达不到。为此应选用石英晶体正弦波振荡电路。

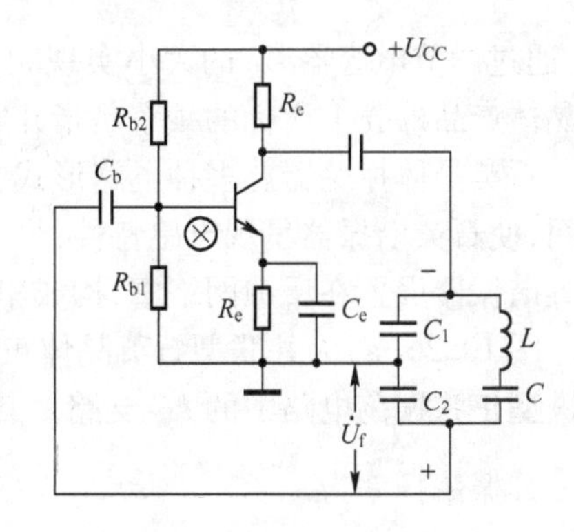

图 10.24　电容三点式改进型正弦波振荡电路

4. 石英晶体正弦波振荡电路

众所周知，若在石英晶片两极加一电场，晶片会产生机械变形。相反，若在晶片上施加机械压力，则在晶片相应的方向上会产生一定的电场，这种现象称为压电效应。一般情况下，晶片机械振动的振幅和交变电场的振幅都非常小，只有在外加某一特定频率交变电压时，振幅才明显加大，并且比其他频率下的振幅大得多，这种现象称为压电谐振，它与 LC 回路的谐振现象十分相似。上述特定频率称为晶体的固有频率或谐振频率。

石英晶体谐振器的符号和等效电路如图 10.25 所示。当晶体不振动时，可把它看成一个平行板电容器 C_o，称为静电电容。C_o 与晶片的几何尺寸和电极面积有关，一般为几皮法到几十皮法。当晶体振动时，机械振动的惯性可用电感 L 来等效。一般 L 的值为几十毫亨至几百亨。晶片的弹性可用电容 C 来等效，C 的值很小，一般只有 0.0002～0.1pF。晶片振动时因摩擦而造成的损耗用电阻 R 来等效，它的数值约为 100Ω。由于晶片的等效电感很大，而 C 很小，R 也小，因此回路的品质因数 Q 很大，可达 $10^4 \sim 10^6$。加上晶片本身的谐振频率基本上只与晶片的切割方式、几何形状、几何尺寸有关，而且可以做得很精确，因此利用石英谐振器组成的振荡电路可获得很高的频率稳定度。

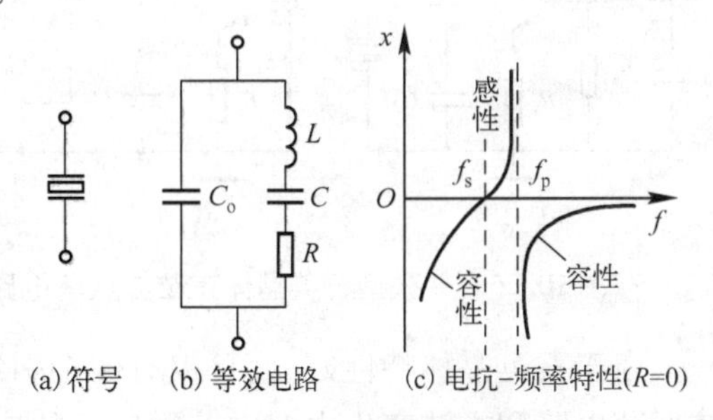

图 10.25　石英晶体谐振器

从石英晶体谐振器的等效电路可知，它有两个谐振频率，即当 L、C、R 支路发生谐振时，它的等效阻抗最小（等于 R）。串联谐振频率为

$$f_s = \frac{1}{2\pi\sqrt{LC}} \tag{10-50}$$

当频率高于 f_s 时，L、C、R 支路呈感性，可与电容 C_o 发生并联谐振，并联谐振频率为

$$f_p \approx \frac{1}{2\pi\sqrt{L\dfrac{CC_o}{C+C_o}}} = f_s\sqrt{1+\frac{C}{C_o}} \tag{10-51}$$

由于 $C \ll C_o$，因此 f_s 和 f_p 非常接近。

根据石英晶体的等效电路，可定性画出它的电抗－频率特性曲线如图 10.25（c）所示。由图可见，当 f 在 f_s 与 f_p 之间时，石英晶体呈电感性，其余频率下呈电容性。

从式（10-51）可以看出，增大 C_o 可使 f_p 更接近 f_s，因此可在石英晶体两端并联一个电容器

C_L，通过调节电容器 C_L 的大小实现频率微调。但 C_L 的容量不能过大，否则 Q 值太小。一般石英晶体产品外壳上所标的频率是指并联负载电容（例如 $C_L = 30\text{pF}$）时的并联谐振频率。

石英晶体振荡器有多种电路形式，但其基本电路只有两类：一类是把振荡频率选择在 f_s 与 f_p 之间，使石英谐振器呈现电感特性；另一类是把振荡频率选择在 f_s 时，利用此时 $x = 0$ 的特性，把石英谐振器设置在反馈网络中，构成串联谐振电路。

图 10.26(a) 为并联型石英晶体正弦波振荡电路，其中用石英晶体取代图 10.24 电容三点式改进型正弦振荡电路中的 LC 支路。其等效电路如图 10.26(b) 所示。

其振荡频率为

$$f_o = \frac{1}{2\pi\sqrt{L\dfrac{C(C_o + C')}{C + C_o + C'}}} \tag{10-52}$$

式中 $C' = \dfrac{C_1 C_2}{C_1 + C_2}$，由于 $C_o + C' \gg C$，所以 $f_o \approx f_s$，此时石英晶体的阻抗呈感性。

图 10.27 为串联型石英晶体正弦波振荡电路，它是利用 $f = f_s$ 时石英晶体呈纯阻性、相移为零的特性构成的。R_5 用来调节正反馈的反馈量。若阻值过大，则反馈量太小，电路不能振荡；若阻值太小，则反馈量太大，会使输出波形失真。

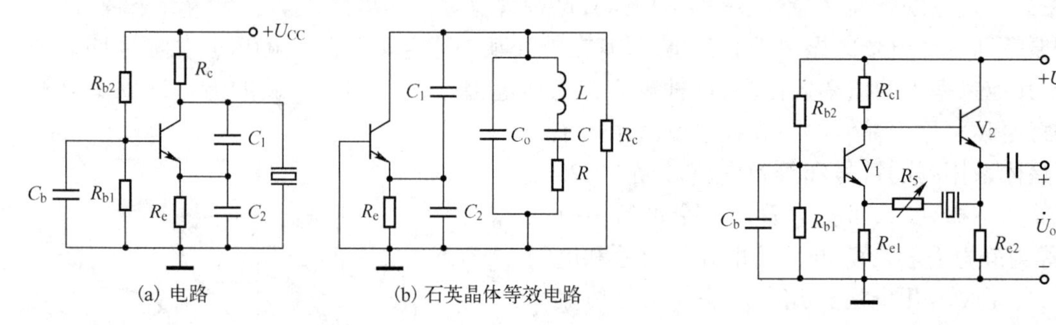

图 10.26　并联型石英晶体正弦波振荡电路　　　图 10.27　串联型石英晶体正弦波振荡电路

由于石英晶体特性好，而且仅有两根引线，安装和调试方便，容易起振，所以石英晶体在正弦波振荡电路和方波产生电路中获得广泛的应用。

由于晶体的固有频率和温度有关，因此石英谐振器只有在较窄的温度范围内工作才具有很高的频率稳定度。如果频率稳定度要求高于 $10^{-6} \sim 10^{-7}$ 时，或工作环境的温度变化很宽时，都应选用高精度和高稳定度的晶体，并把它放在恒温槽中，用温度控制电路来保持恒温槽的温度，恒温槽的温度应根据石英谐振器的频率温度特性曲线来确定。

有关石英晶体正弦波振荡电路的其他内容，读者可参阅有关文献。

习　题　10

10.1　利用运放组成非正弦波产生电路，其基本电路由哪些单元组成？

10.2　锯齿波产生电路和三角波产生电路有何区别？

10.3　电路如图所示，如要求电路输出的三角波的峰－峰值为 16V，频率为 250Hz，试问：电阻 R_3 和 R 应为多大？

10.4　电路如图所示，设二极管正向导通电阻忽略不计，试估算电路的 u_{o1} 和 u_{o2} 的峰值及频率。

10.5　产生正弦波振荡的条件是什么？它与负反馈放大电路的自激振荡条件是否相同，为什么？

10.6　正弦波振荡电路由哪些部分组成？如果没有选频网络，输出信号将有什么特点？

10.7　通常正弦波振荡电路接成正反馈，为什么电路中又引入负反馈？负反馈作用太强或太弱时会有什么问题？

10.8　试用相位平衡条件判断如图所示各电路,说明下述问题:

(1) 哪些电路可能产生正弦振荡?哪些不能?

(2) 对不能产生振荡的电路,如何改变接线使之满足相位平衡条件。

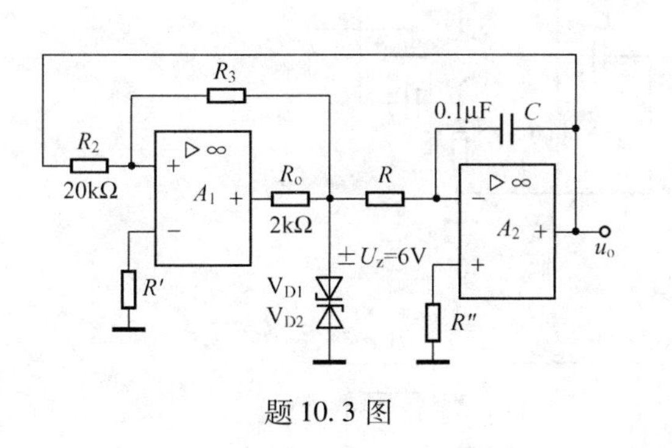

题 10.3 图

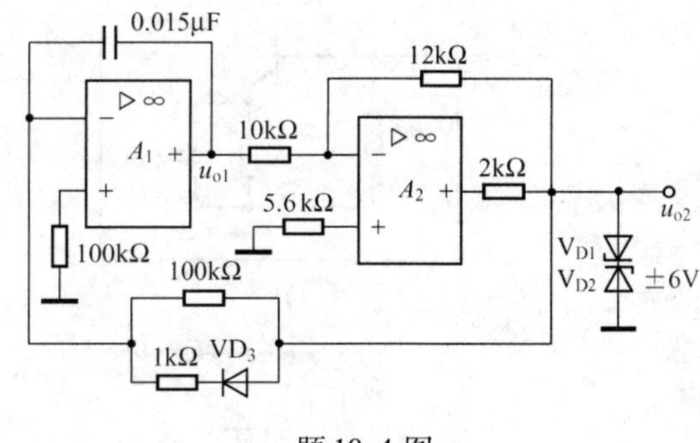

题 10.4 图

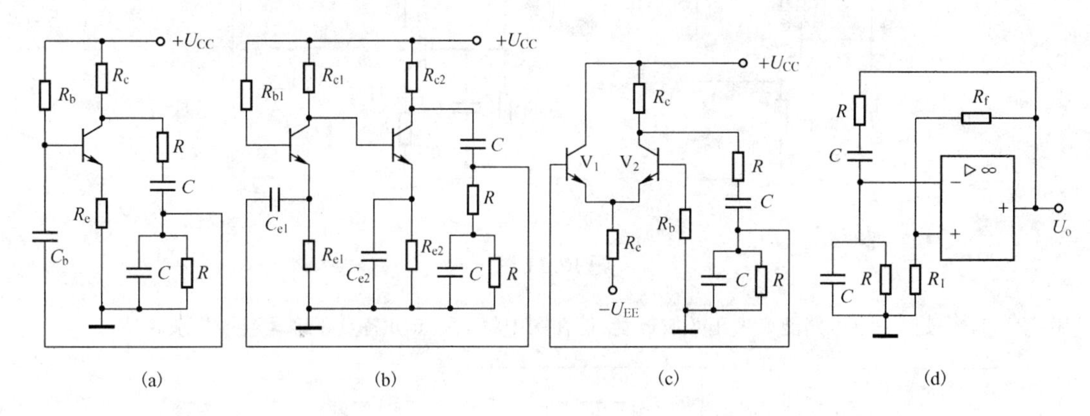

题 10.8 图

10.9　文氏桥振荡电路如图所示。

(1) 说明二极管 V_{D1}、V_{D2}的作用。

(2) 为使电路能产生正弦波电压输出,请在放大器 A 的输入端标明同相输入端和反相输入端。

(3) 为了起到二极管 V_{D1}、V_{D2}同样的作用,如改用热敏元件实现,而热敏元件分为:具有负温度系数的热敏电阻和具有正温度系数的热敏电阻。试问如何选择热敏电阻替代二极管 V_{D1}、V_{D2}。

10.10　电路如图所示。为了能产生正弦波振荡,电路应如何连接?

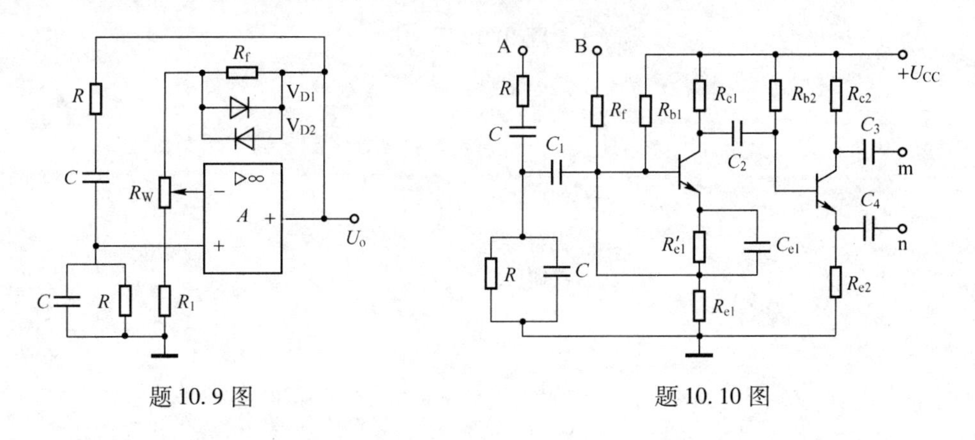

题 10.9 图　　　　题 10.10 图

10.11　试用相位平衡条件判断如图所示各电路的情况。

(1) 哪些电路可能产生正弦振荡?哪些不能?

(2) 对不能产生自激振荡的电路进行改接,使之满足相位平衡条件。

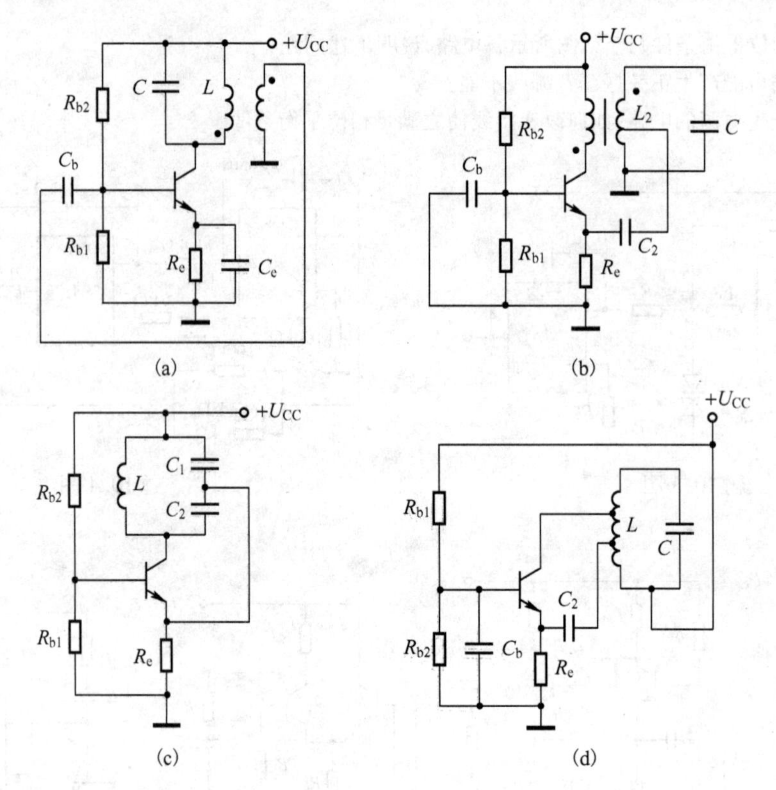

题 10.11 图

10.12　为了使图中各电路能产生正弦波振荡，请在图中将 j、k、m、n 各点正确地连接起来。

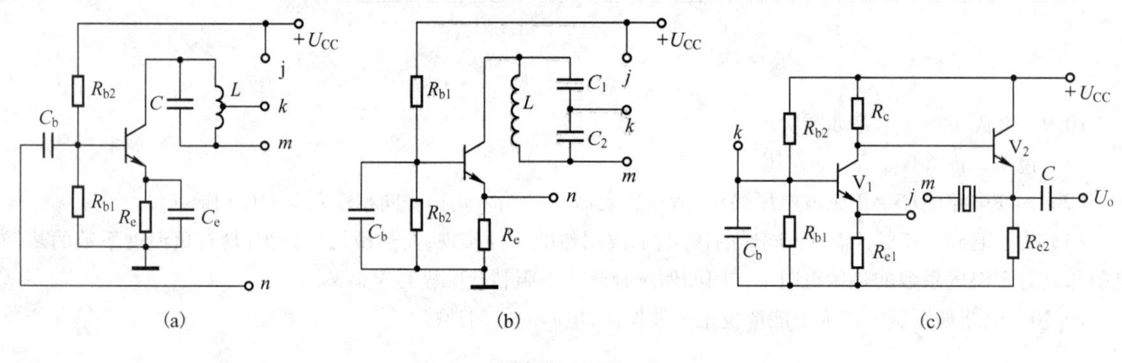

题 10.12 图

第 11 章　低频功率放大电路

功率放大器简称功放。一个实用的放大器通常有 3 个部分：输入级、中间级及输出级，其任务各不相同。一般来说，输入级与信号源相连，因此要求输入级的电阻大，噪声低，共模抑制能力强，阻抗匹配等；中间级主要完成电压放大任务，以输出足够大的电压；输出级主要向负载提供足够大的功率，以便推动如扬声器、电动机之类的功率负载。功率放大电路的主要任务是放大信号功率。

11.1　低频功率放大电路概述

11.1.1　分类

按照功放管工作点位置的不同，功率放大器的工作状态可分为甲类放大、乙类放大和甲乙类放大等放大形式，如图 11.1 所示。若静态工作点 Q 选在负载线线段的中间，在整个信号周期内都有电流 i_c，导通角为 360°，其波形如图 11.1(a)所示，称为甲类放大状态；若将静态工作点 Q 移至截止点，则 i_c 仅在半个信号周期内存在，导通角为 180°，其输出波形被削掉一半，如图 11.1(b)所示，称为乙类放大状态；若将静态工作点 Q 设在线形区的下部靠近截止点处，则输出波形被削掉少一半，其 i_c 流通时间为多半个周期，导通角在 180°与 360°之间，如图 11.1(c)所示，称为甲乙类放大状态。

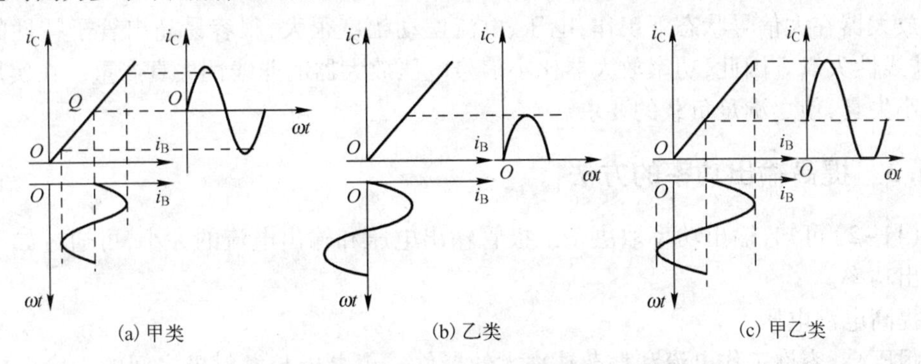

图 11.1　功率放大电路的工作状态示意图

在电压放大器中，由于被放大的主要是信号电压，因而主要指标是电压放大倍数以及输入、输出阻抗，频率特性等。而功率放大器主要考虑的是如何输出最大的不失真功率，即如何高效率地把直流电能转化为按输入信号变化的交流电能。功率放大器不但要向负载提供大的信号电压，而且要向负载提供大的信号电流。

11.1.2　功率放大器的特点

功率放大器的主要任务是向负载提供较大的信号功率，故功率放大器具有以下 3 个主要特点。

(1) 输出功率要足够大

如果输入信号是某一频率的正弦信号，则输出功率表达式为

$$P_o = I_o U_o \tag{11-1}$$

式中，I_o、U_o 均为有效值。如用振幅表示，$I_o = I_{om}/\sqrt{2}$，$U_o = U_{om}/\sqrt{2}$，代入式(11-1)中，则有

$$P_o = \frac{1}{2} I_{om} U_{om} \tag{11-2}$$

式中,I_{om}、U_{om}分别为负载 R_L 上的正弦信号的电流、电压的幅值。

为获得足够大的输出功率,要求功率放大管有很大的电压和电流变化范围,它们往往工作在接近极限运用的状态。

(2) 效率要高

任何放大器的作用实质上都是通过放大管的控制作用,把电源供给的直流功率转换为向负载输出的交变功率(信号功率)。这就存在一个提高能量转换效率的问题。对于小信号的电压放大器来讲,由于输出功率较小,电源供给的直流功率也小,此时效率问题还不突出。但对于功放来讲,由于是输出功率较大,效率问题就显得突出了。因此,要求转换效率高。为定量反映放大电路效率的高低,引入参数 η,它的定义为

$$\eta = \frac{P_o}{P_E} \times 100\% \tag{11-3}$$

式中,P_o 为信号输出功率,P_E 为直流电源向电路提供的功率。在直流电源提供相同直流功率的条件下,输出信号功率愈大,电路的效率愈高。

(3) 非线性失真要小

为使输出功率大,由式(11-2)可知 I_{om}、U_{om} 也应大,故功率放大器采用的三极管均应工作在大信号状态下。由于三极管是非线性器件,在大信号工作状态下,器件本身的非线性问题十分突出,因此,输出信号不可避免地会产生一定的非线性失真。当输入是单一频率的正弦信号时,输出将会存在一定数量的谐波。谐波成分越大,表明非线性失真越大,通常用非线性失真系数 γ 表示,它等于谐波总量和基波成分之比。通常情况下,输出功率越大,非线性失真就越严重。

功率放大器在大信号状态下工作,电压、电流摆动幅度很大,很容易超出管子特性的线性范围,产生非线性失真。因此,功率放大器比小信号电压放大器的非线性失真严重。在实用中要采取措施减小失真,使之满足负载的要求。

11.1.3 提高输出功率的方法

由式(11-2)可知,输出功率取决于三极管输出电压和输出电流的大小,可通过如下两种途径提高输出功率。

(1) 提高电源电压

选用耐压高,容许工作电流和耗散功率大的器件。集电极与发射极之间的击穿电压要大于管子实际工作电压的最大值,即

$$BU_{CEO} > U_{cemax}$$

集电极允许的最大电流要大于管子实际工作的最大值,即

$$I_{cm} > I_{cmax}$$

集电极允许的耗散功率要大于集电极实际耗散功率的最大值,即

$$P_{cm} > P_{cmax}$$

随着大功率 MOS 管的发展,也可选用 VMOS 管做功率管。由于它在相应的电源电压下可以输出更大的功率,因而目前用得越来越多。

(2) 改善器件的散热条件

直流电源所提供的功率,有相当大的一部分消耗在放大器件上,使器件的温度升高,如果器件的散热条件不好,极易烧坏放大器件。为此,需采取散热或强迫冷却的措施,比如对器件加散热片或用风扇进行冷却。

普通功率三极管的外壳较小,散热效果差,所以允许的耗散功率低。加上散热片,使得器件

的热量及时发散，则输出功率可以提高很多。例如，低频大功率管 3AD6 在不加散热片时，允许的最大功耗 P_{cm} 仅为 1W，加了 120mm × 120mm × 4mm 的散热片后，其 P_{cm} 可达到 10W。在实际功率放大电路中，为了提高输出信号功率，功放管一般加有散热片。

11.1.4 提高效率的方法

功率放大器的效率主要取决于功放管的工作状态。下面用图解法进行分析。

图 11.2 所示是三极管放大电路的输出特性和交流负载线。假设图中特性曲线是理想曲线，直线 MN 为交流负载线，Q 为静态工作点。在最佳状态下，由图 11.2 可看出，$ON \approx 2I_{cm} = 2I_{CQ}$ 为输出电流的峰 - 峰值，$OM \approx 2U_{cem} = U_{CC}$ 为输出电压的峰 - 峰值。放大电路输出功率为

$$P_o = \frac{1}{2} I_{CQ} U_{CC}$$

即为 $\triangle M'MQ$ 的面积。

电源提供的直流功率为

$$P_E = U_{CC} I_{CQ}$$

即为平行四边形 $OMBA$ 的面积值，故效率

$$\eta = \frac{P_o}{P_E} = \frac{\triangle M'MQ\ \text{面积}}{\square OMBA\ \text{面积}}$$

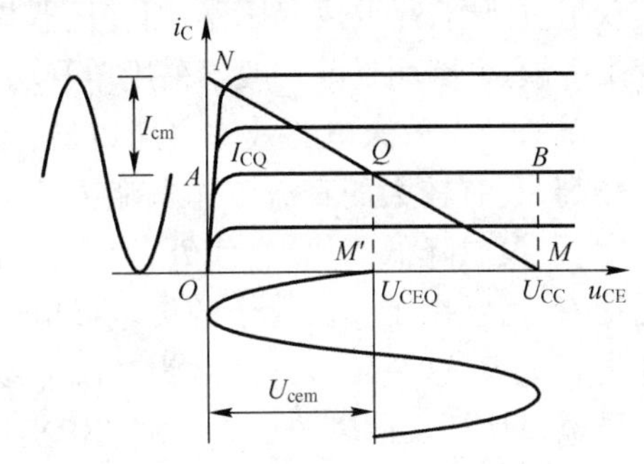

图 11.2 功放的图解法（甲类放大状态）

其最大效率 $\eta \leqslant 50\%$。如图 11.2 所示状态，三极管在信号的整个周期内（导通角 $\theta = 360°$）都处于导通状态，工作在甲类放大状态。为了提高效率，应提高输出功率 P_o，降低电源供给功率 P_E，通常采用如下方法。

（1）改变功放管的工作状态

将静态工作点 Q 下移，如图 11.3 所示，这时三极管只在半个信号周期内导通，另半个周期处于截止状态，即导通角 $\theta = 180°$，工作在乙类放大状态。

在乙类功率放大电路中，功率管静态电流几乎为零，因此直流电源功率为零。当输入信号逐渐加大时，电源提供的直流功率也逐渐增加，输出信号功率随之增大，所以乙类的功率放大效率比甲类的要高。但是由于乙类放大状态的导通角为 180°，故输出电压波形将产生严重失真。为减小失真，在电路上采用互补对称电路，使两管轮流导通，以保证负载上获得完整的正弦波形。

（2）选择最佳负载

功放三极管若工作在乙类放大状态下，即电路如图 11.4 所示，当负载改变时，交流负载线的斜率也改变，输出的电流 I_{cm} 也随之变化，故输出功率也改变。从图 11.4 可看出，负载线为 MA 时的输出功率比 MB 时的大；但负载线为 MC 时，已超过最大功率损耗线，管耗将大于 P_{cm}，管子将被烧坏。故存在一个最佳负载 R_L。图 11.4 显然表明，当交流负载线为 MA 时，负载为最佳负载。一般情况下，当电源 U_{CC} 确定后，过 U_{CC} 点作 P_{cm} 线的切线，该切线对应的负载线即为最佳负载线。

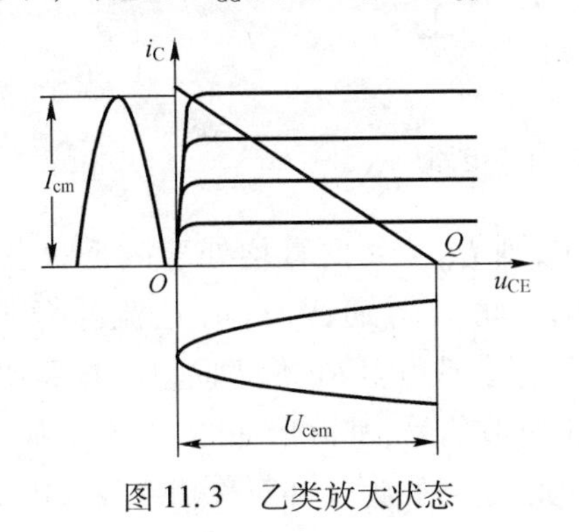

图 11.3 乙类放大状态

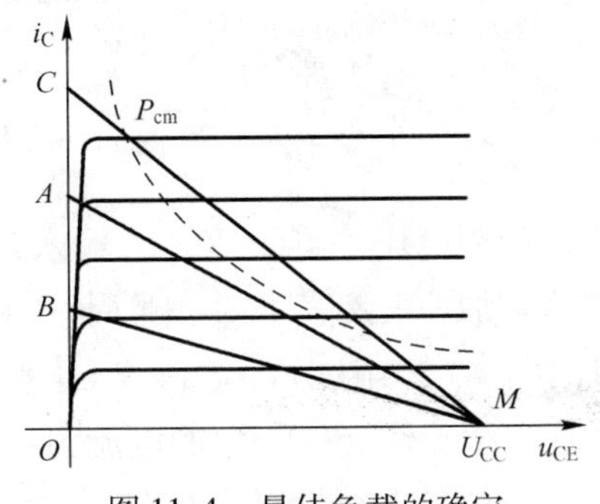

图 11.4 最佳负载的确定

11.2 互补对称功率放大电路

由于功放管所承受的电压高、电流大，温度较高，因而功放管的保护问题和散热问题也需要解决。由于功率放大器工作于大信号状态，微变等效电路法已不适用，故采用图解法分析。互补对称功率放大器是一种典型的无输出变压器功率放大器。它是利用三极管特性对称性和互补性，三极管在信号的正、负半周轮流工作，互相补充，以此来完成整个信号的功率放大。互补对称功率放大器一般工作在甲乙类状态。

单管甲类功率放大电路虽然简单，只需要一个功率管便可工作，但由于它的效率低，而且为了实现阻抗匹配，需要用变压器，而变压器具有体积大、重量重、频率特性差、耗费金属材料、加工制造麻烦等缺点，因而目前一般不采用单管功率放大器，而采用互补对称功率放大电路。

单管功率放大电路效率之所以低，是因为要保证管子在信号全周期内均导通，因此静态工作点较高，具有较大的直流工作电流 I_{CQ}，电源供给的功率 $P_E(=I_{CQ}U_{CC})$值大，效率低。为了提高效率，可设想降低工作点，使 I_{CQ}为零，工作在乙类放大状态下，这样不仅可使静态时晶体管不消耗功率，而且在工作时管子的集电极电流减小，使效率提高。但是，此时管子仅有半周导通，非线性失真太大，这是不容许的。为解决非线性失真的问题，我们可在器件和电路上想办法。采用两个导电极性相反的管子(NPN 和 PNP)，一个管子在正半周导电，另一个管子在负半周导电，即两管交替工作，各自产生半个信号波形，但在负载上合成一个完整的信号波形。这就是互补对称功率放大电路的组成思路。

11.2.1 双电源互补对称电路(OCL 电路)

1. 电路组成和工作原理

双电源互补对称电路如图 11.5 所示，图中 V_1 为 NPN 型三极管，V_2 为 PNP 型三极管。为保证工作状态良好，要求该电路具有良好的对称性，即 V_1、V_2 管特性对称，并且正、负电源对称。当信号为零时，偏流为零，它们均工作在乙类放大状态。

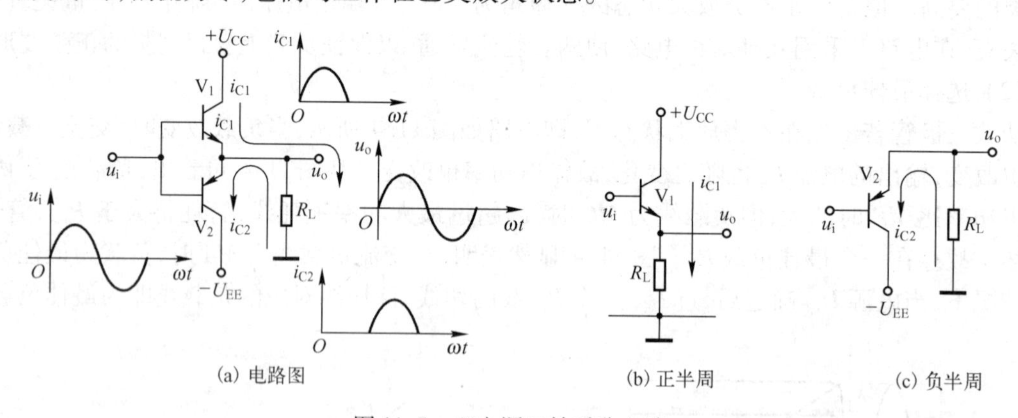

图 11.5　双电源互补对称电路

设两管的门限电压均等于零。若输入信号 $u_i=0$，则 $I_{CQ}=0$，两管均处于截止状态，故输出 $u_o=0$。若输入端加一正弦信号，在正半周时，由于 $u_i>0$，因此 V_1 导通、V_2 截止，i_{C_1} 流过负载电阻 R_L；在负半周时，由于 $u_i<0$，因此 V_1 截止，V_2 导通，电流 i_{C2}通过负载电阻 R_L，但方向与正半周相反。

V_1、V_2 管交替工作，流过 R_L 的电流为一完整的正弦波信号，其波形如图 11.5 所示。由于该电路中两个管子的导电特性互为补充，电路对称，因此该电路称为互补对称功率放大电路。

2. 指标计算

双电源互补对称电路工作图解分析如图 11.6 所示。图 11.6(a)为 V_1 管导通时的工作情况。图 11.6(b)是将 V_2 管的导通特性倒置后与 V_1 特性画在一起，让静态工作点 Q 重合，形成两管合成曲线，图中交流负载线为一条通过静态工作点的、斜率为 $-1/R_L$ 的直线 AB。由图上可看出，输出电流、输出电压的最大允许变化范围分别为 $2I_{cm}$ 和 $2U_{cem}$，I_{cm} 和 U_{cem} 分别为集电极正弦电流和电压的振幅值。有关指标计算如下。

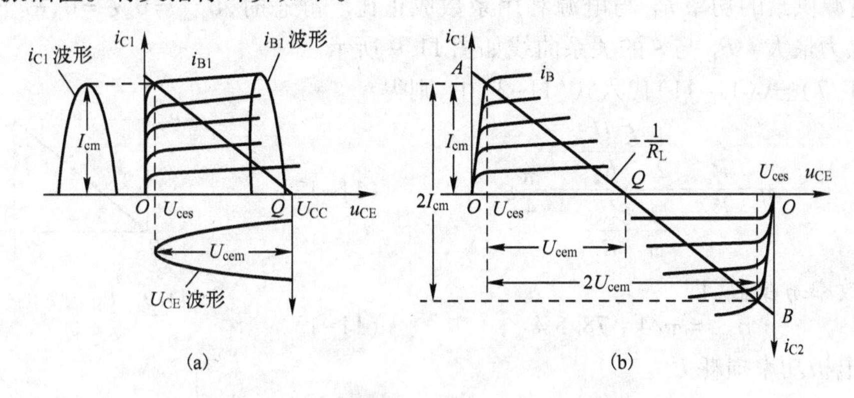

图 11.6　双电源互补对称电路的图解分析

(1) 输出功率 P_o

$$P_o = \frac{U_{cem}}{\sqrt{2}} \frac{I_{cm}}{\sqrt{2}} = \frac{1}{2} I_{cm} U_{cem} = \frac{1}{2} \frac{U_{cem}^2}{R_L} \tag{11-4}$$

当考虑饱和压降 U_{ces} 时，输出的最大电压幅值为

$$U_{cem} = U_{CC} - U_{ces} \tag{11-5}$$

一般情况下，输出电压的幅值 U_{cem} 总是小于电源电压 U_{CC} 值，故引入电源利用系数 ξ，有

$$\xi = U_{cem} / U_{CC} \tag{11-6}$$

将式(11-6)代入式(11-4)，得

$$P_o = \frac{1}{2} \frac{U_{cem}^2}{R_L} = \frac{1}{2} \frac{\xi^2 U_{CC}^2}{R_L} \tag{11-7}$$

当忽略饱和压降 U_{ces}（即 $\xi = 1$）时，输出功率 P_{om} 可按下式估算：

$$P_{om} = \frac{1}{2} \frac{U_{CC}^2}{R_L} \tag{11-8}$$

输出功率 P_o 与 ξ 关系的曲线如图 11.7 所示。

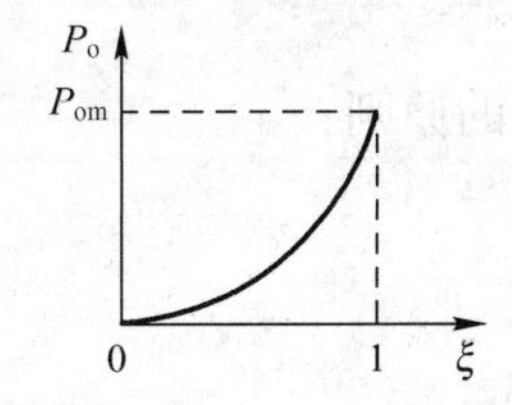

图 11.7　P_o 与 ξ 关系曲线

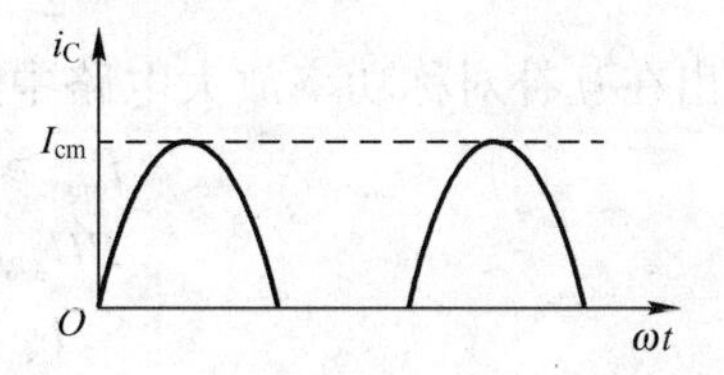

图 11.8　集电极电流 i_C 波形

(2) 效率 η

η 由式(11-3)确定。为此应先求出电源供给功率 P_E。在乙类互补对称放大电路中，每个晶体管的集电极电流的波形均为半个周期的正弦波，如图 11.8 所示，其平均值为

$$I_{av1} = \frac{1}{2\pi} \int_0^{2\pi} i_{C_1} \mathrm{d}(\omega t) = \frac{1}{2\pi} \int_0^{\pi} I_{cm} \sin\omega t \, \mathrm{d}(\omega t) = \frac{1}{\pi} I_{cm} \tag{11-9}$$

因此，直流电源 U_{CC} 供给的功率为

$$P_{E1}=I_{avl}U_{CC}=\frac{1}{\pi}I_{cm}U_{CC}=\frac{1}{\pi}\frac{U_{cem}}{R_L}U_{CC}=\frac{\xi}{\pi}\frac{U_{CC}^2}{R_L} \tag{11-10}$$

因考虑是正、负两组直流电源，故总的直流电源的供给功率为

$$P_E=2P_{E1}=\frac{2\xi}{\pi}\frac{U_{CC}^2}{R_L} \tag{11-11}$$

显然，直流电源供给的功率 P_E 与电源利用系数成正比。静态时，$U_{cem}=0$，$\xi=0$，故 $P_E=0$。当 $\xi=1$ 时，P_E 也为最大。P_E 与 ξ 的关系曲线如图 11.9 所示。

将式(11-7)、式(11-11)代入式(11-3)中，则得

$$\eta=\frac{P_o}{P_E}=\frac{\frac{1}{2}\frac{\xi^2U_{CC}^2}{R_L}}{\frac{2}{\pi}\frac{\xi U_{CC}^2}{R_L}}=\frac{\pi}{4}\xi \tag{11-12}$$

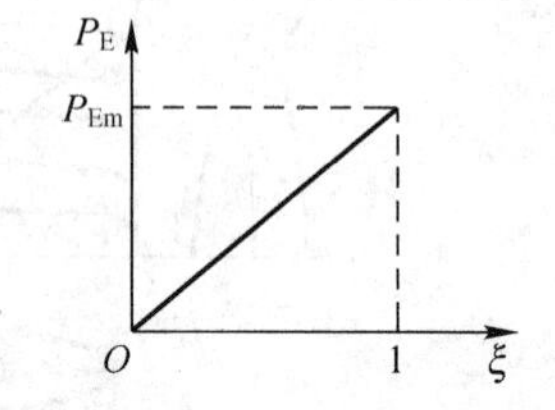

图 11.9 P_E 与 ξ 的关系曲线

当 $\xi=1$ 时，效率 η 最高，即

$$\eta_{max}=\pi/4\approx78.5\% \tag{11-13}$$

(3) 集电极功率损耗 P_c

$$P_c=P_E-P_o=\frac{U_{CC}^2}{R_L}\left(\frac{2}{\pi}\xi-\frac{1}{2}\xi^2\right) \tag{11-14}$$

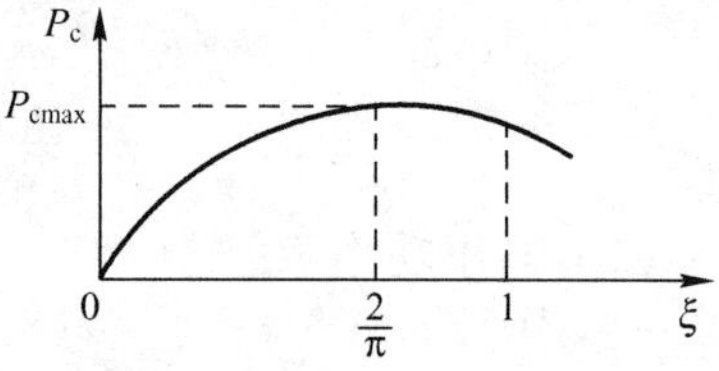

P_c 与 ξ 的关系是一抛物线方程，其曲线如图 11.10 所示。当 $\xi=0$ 时，$P_c=0$；当 ξ 为某一特定值时，P_c 最大，对式(11-14)求导，可求得极值坐标：

图 11.10 P_c 与 ξ 的关系曲线

$$\frac{dP_c}{d\xi}=\frac{U_{CC}^2}{R_L}\left(\frac{2}{\pi}-\xi\right)=0$$

解得

$$\xi=2/\pi\approx0.636 \tag{11-15}$$

将此值代入式(11-14)中，得最大集电极功率损耗值 P_{cmax}，即

$$P_{cmax}=\frac{2}{\pi^2}\frac{U_{CC}^2}{R_L}$$

考虑式(11-8)，得

$$P_{cmax}=\frac{4}{\pi^2}P_{om}\approx0.4P_{om} \tag{11-16}$$

上式是两管的集电极功率损耗。而在互补对称电路中，每管仅工作半个周期，所以每管的功率损耗为

$$P_{1cmax}=\frac{1}{2}P_{cmax}\approx0.2P_{om}$$

由以上可得出在互补对称功率放大电路中选择功率管的原则：

$$P_{cm}\geqslant0.2P_{om} \tag{11-17}$$

$$BU_{ceo}\geqslant2U_{CC} \tag{11-18}$$

$$I_{cm}\geqslant I_{om} \tag{11-19}$$

3. 存在的问题

(1) 交越失真

图 11.5 所示的波形关系是假设门限电压为零，且认为是线性关系。而实际中晶体管输入特性门限电压不为零，且电压、电流关系也不是线性关系，在输入电压较低时，输入基极电流很小，故输出电流也十分小。因此，输出电压在输入电压较小时，存在一小段死区，此段输出电压与输入电压不存在线性关系，因而产生了失真。由于这种失真出现在通过零值处，故称为交越失真。

交越失真波形如图 11.11 所示。

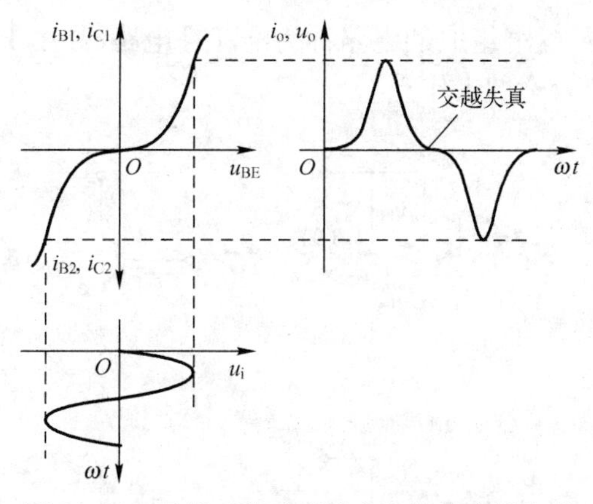

图 11.11 互补对称功率放大电路的交越失真

克服交越失真的措施就是避开死区电压区，使每一个晶体管处于微导通状态。输入信号一旦加入，晶体管就立即进入线性放大区。而当静态时，虽然每一个晶体管处于微导通状态，由于电路对称，两管静态电流相等，流过负载的电流为零，从而消除了交越失真。

消除交越失真的电路如图 11.12 所示。图 11.12(a)是利用 V_3 管的静态电流 I_{C3Q} 在电阻 R_1 上的压降来提供 V_1、V_2 管所需的偏压，即

$$U_{BE1}+U_{EB2}=I_{C3Q}R_1 \tag{11-20}$$

图 11.12(b)是利用二极管的正向压降为 V_1、V_2 提供所需的偏压，即

$$U_{BE1}+U_{EB2}=U_{D1}+U_{D2} \tag{11-21}$$

图 11.12(c)是利用 U_{BE} 倍压电路向 V_1、V_2 管提供所需的偏压，其关系推导如下：

$$U_{BE_3}=\frac{R_2}{R_1+R_2}U_{BB'}=\frac{R_2}{R_1+R_2}(U_{BE_1}+U_{EB_2})$$

所以

$$U_{BE_1}+U_{EB_2}=\frac{R_1+R_2}{R_2}U_{BE_3}=\left(1+\frac{R_1}{R_2}\right)U_{BE_3} \tag{11-22}$$

此电路只需调整电阻 R_1 与 R_2 的比值，即可得到合适的偏压值。

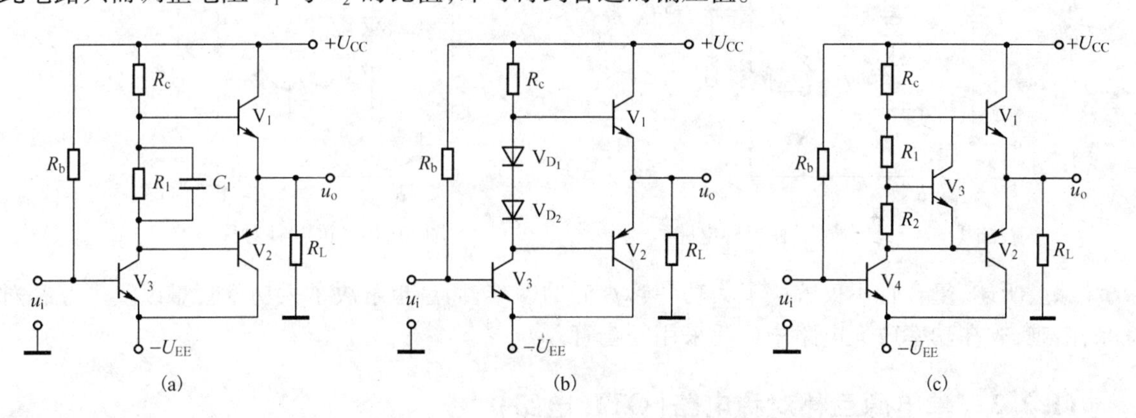

图 11.12 克服交越失真的几种电路

(2) 用复合管组成互补对称电路

功率放大电路的输出电流一般很大。例如，当有效值为 12V 的输出电压加至 8Ω 的负载上时，将有 1.5A 的有效值电流流过功率管，其振幅值约为 2.12A。而一般功率管的电流放大系数均不大，若设 $\beta=20$，则要求基极推动电流为 100mA 以上，这样大的电流由前级(又称为前置级)供给是十分困难的，为此需要进行电流放大。一般通过复合管来解决此问题，即将第一管的集电极或发射极接至第二管的基极，就能起到电流放大作用。具体的接法如图 11.13 所示。它们的等效电流放大系数均近似为

$$\beta\approx I_{c2}/I_{b1}=\beta_1\beta_2 \tag{11-23}$$

如果 $\beta_1=20$，$\beta_2=50$，则 $\beta=1000$，此时只需要 2mA 推动电流即可。

由复合管组成的互补功率放大电路如图 11.14 所示。图中要求 V_3 和 V_4 既要互补又要对称，这对于 NPN 型和 PNP 型两种大功率管来说，一般是比较难以实现的(尤其是当一个是硅管，而另一个是锗管时)。为此，最好选 V_3 和 V_4 是同一型号的管子，通过复合管的接法来实现互

补，这样组成的电路称为准互补电路，如图 11.15 所示，调节图中的 R_b 和 R_c 可使 V_3 和 V_4 有一个合适的工作点。

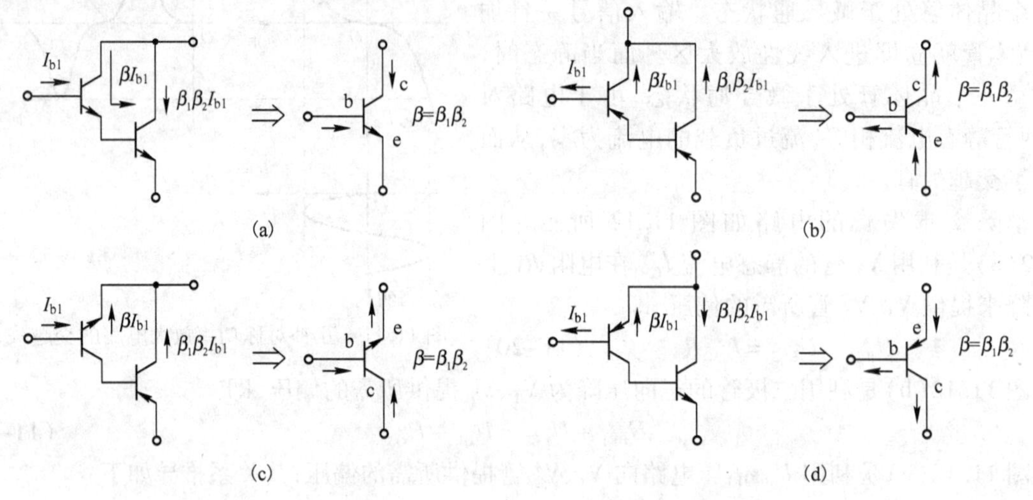

图 11.13　复合管的几种接法

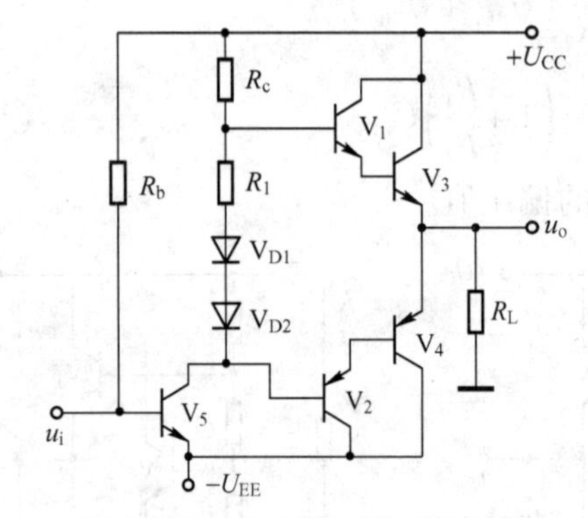

图 11.14　复合管互补对称电路

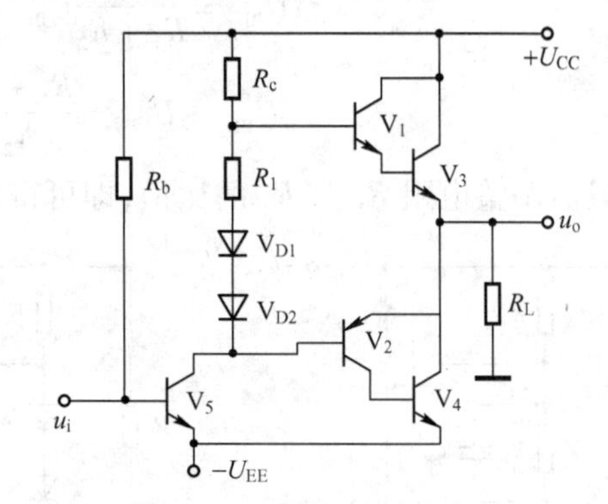

图 11.15　准互补对称电路

综上所述，复合管不仅解决了大功率管 β 低的困难，而且也解决了大功率管难以实现互补对称的困难，故在功率放大电路中广泛采用复合管。

11.2.2　单电源互补对称电路（OTL 电路）

双电源互补对称电路需要正、负两个独立电源。当只有一路电源时，可采用单电源互补对称电路，如图 11.16 所示，V_1、V_3 和 V_2、V_4 组成准互补对称功率放大电路，两管的射极通过一个大电容 C_2 接到负载 R_L 上。二极管 V_{D1}、V_{D2} 用来消除交越失真，向复合管提供一个偏置电压。当静态时，调整电路使 U_A 电位为 $\frac{1}{2}U_{CC}$，则 C_2 两端直流电压为 $\frac{1}{2}U_{CC}$。当加入交流信号正半周时，V_1、V_3 导通，电流通过电源 U_{CC}，V_1 和 V_3 管的集电极和发射极，以及负载电阻 R_L 向电容 C_2 充电，故得正半周信号；在负半周时，V_2、V_4 导通，电容 C_2 放电代替电源向 V_4 提供电流，由于 C_2 容量很大，C_2 的放电时间常数远大于输入信号周期，故 C_2 上的电压可视为恒定不变。当 V_2、V_4 导通时，电流通路为 C_2、V_2、V_4、地与负载电阻 R_L，故得负半周信号。由上可以看出，其工作过程除 C_2 代替一组电

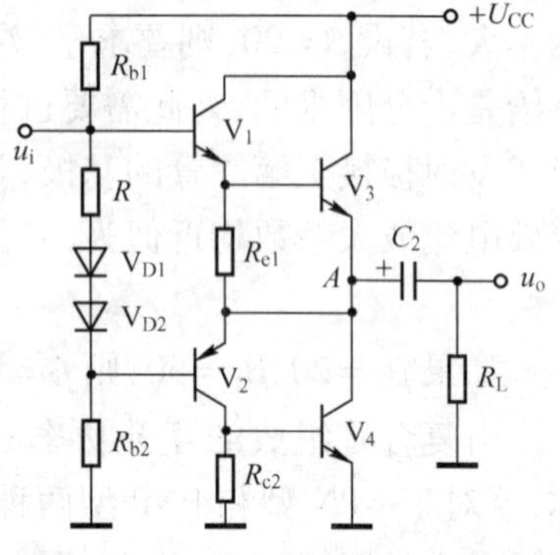

图 11.16　单电源互补对称电路

源外，与双电源电路相同，功率、效率计算也相同，只需将公式中的 U_{CC} 用 $\frac{1}{2}U_{CC}$ 代替即可。

一般双电源互补对称电路又称为无输出电容（C_2）电路、OCL 电路（OCL：Output Capacitor Less）。而单电源互补对称电路又称为无输出变压器电路、OTL 电路（OTL：Output Tansformer Less）。

11.2.3 实际功率放大电路举例

图 11.17 为 OCL 准互补对称功率放大电路，它由输入级、中间级、输出级及偏置电路组成。输入级是由 V_1、V_2 和 V_3 组成的单端输入、单端输出的共射组态恒流源式差动放大电路，并从 V_1 的集电极处取出输出信号加至中间级。中间级是由 V_4、V_5 组成的共射组态放大电路，其中 V_5 是恒流源，作为 V_4 的有源负载。输出级是由 V_7、V_8、V_9、V_{10} 组成的准互补对称电路，其中 V_7、V_9 为由 NPN－NPN 组成的 NPN 型复合管，V_8、V_{10} 为由 PNP－NPN 组成的 PNP 型复合管，各管的电阻 R_{e7}、R_{e8}、R_{e9}、R_{e10} 的作用是改善温度特性。V_6、R_{e4}、R_{e5} 组成了 U_{BE} 倍压电路，为输出级提供所需的静态工作点，以消除交越失真。由 R_1、V_{D1}、V_{D2}、V_3、V_5 组成恒流源电路，R_1、V_{D1}、V_{D2} 提供基准电流，V_4、V_5 的作用前面已叙述。R_f、C_1、R_{b2} 构成交流串联电压负反馈，用来改善整个放大电路的性能。

图 11.18 是用集成运放作为前置级的 OCL 功率放大电路。其中 V_{D1}、V_{D2}、V_{D3} 用来消除交越失真，R_3 用来引入串联电压负反馈，以改善放大器的性能。

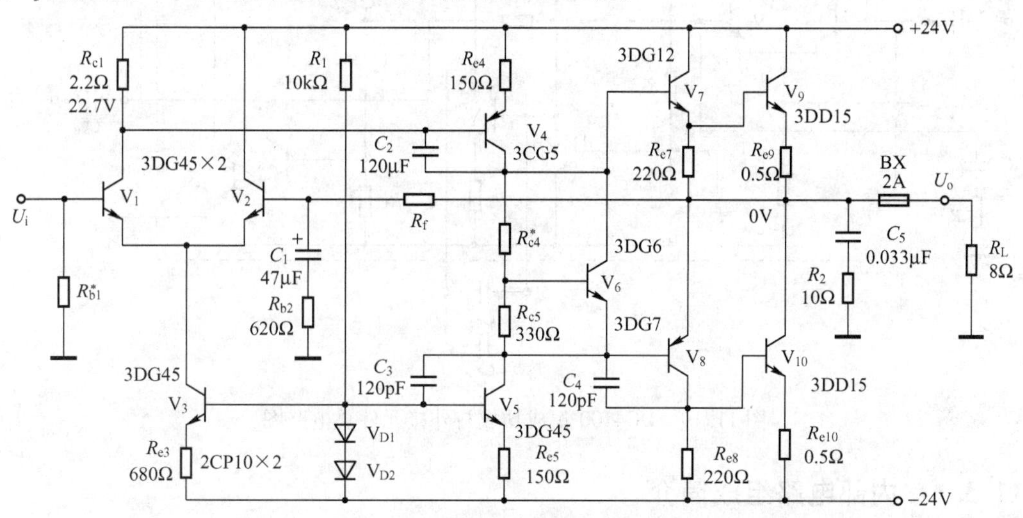

图 11.17 OCL 准互补对称功率放大电路

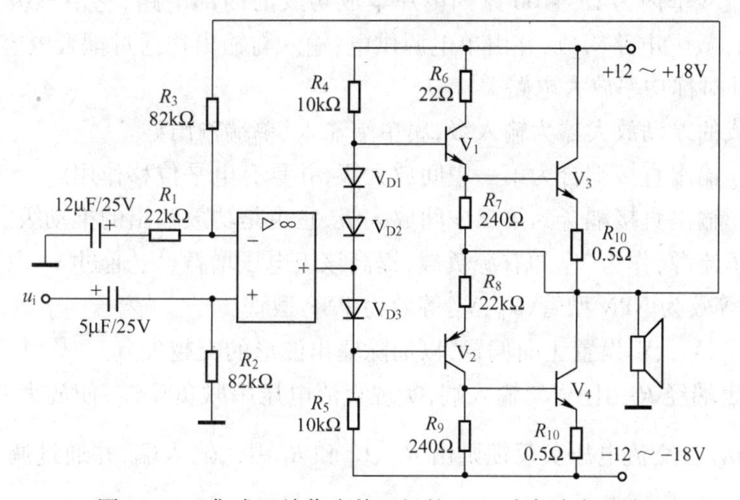

图 11.18 集成运放作为前置级的 OCL 功率放大电路

11.3 集成功率放大器

我国已成批生产各种系列的单片集成功率放大器（简称集成功放），它是低频功率放大器的发展方向。下面以收录机等设备中采用的 DG4100 系列单片集成功放电路为例来讲述集成功率放大器。当电源电压 $U_{CC}=9V$，$R_L=4\Omega$（扬声器）时，该器件输出功率大于 1W。

图 11.19 为 DG4100 集成功放的内部电路及外部元件的连接总图。

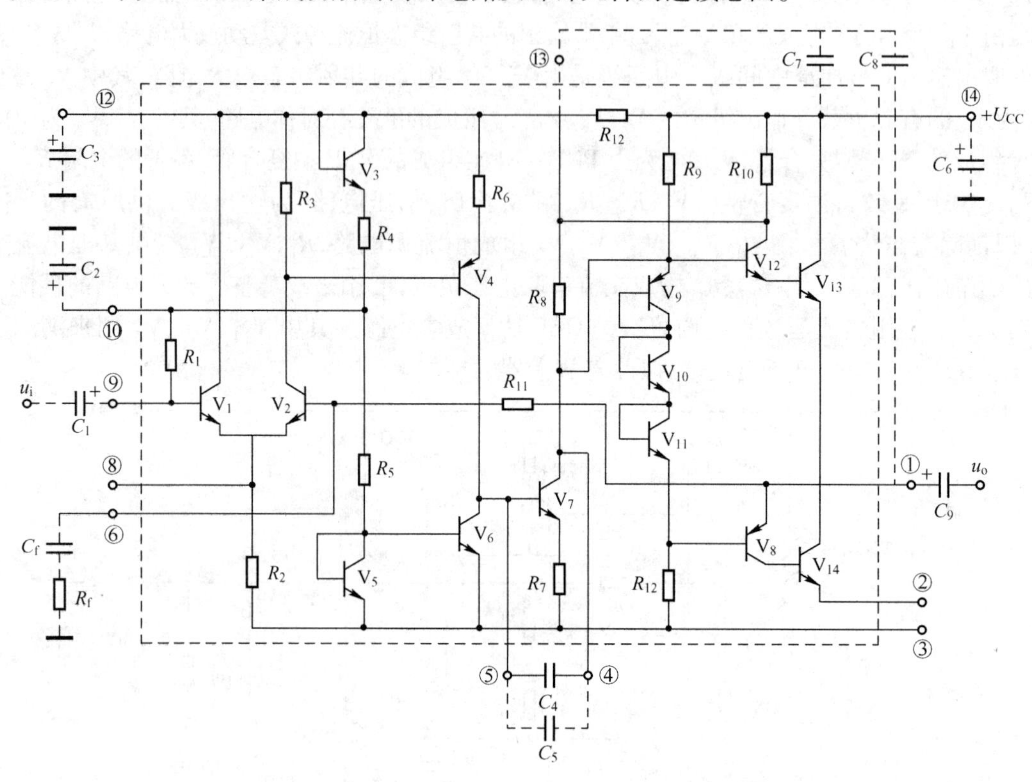

图 11.19 DG4100 集成功放与外接元件总电路图

11.3.1 内部电路组成简介

图 11.19 中虚线框内为 DG4100 系列单片集成功放的内部电路，它由三级直接耦合放大电路和一级互补对称放大电路构成，并由单电源供电，输入与输出均通过耦合电容与信号源和负载相连，是 OTL 互补对称功率放大电路。

V_1 和 V_2 组成的差动放大器为输入级，属单端输入、单端输出型。

V_4 输入与 V_2 输出直接耦合为第一中间放大级，并具有电平位移作用。

V_7 输入与 V_4 输出直接耦合为第二中间放大级，它也是功放输出的推动级。

V_5、V_6 组成恒流源，作为 V_4 的有源负载，提高该级电压增益，V_1 通过 V_3 取得偏置。

V_{12}、V_{13}复合等效为 NPN 型管，V_8、V_{14}等效为 PNP 型管。

$V_9\sim V_{11}$为 V_{12}、V_{13}、V_8设置正向偏置，以消除输出波形的交越失真。

放大器从输出端经 R_{11}引至 V_2 输入端，实现直流电压串联负反馈，使放大器在静态时，①脚的电位稳定在$\frac{1}{2}U_{CC}$。交流电压负反馈则由 R_{11}、C_f 和 R_f 引入输入端，并通过调节⑥脚外接的 R_f 来改变反馈深度。

因为反馈由输出端直接引至输入端，放大器的开环增益很高（三级电压放大），整个放大电路为深度负反馈放大器，所以放大器的闭环电压增益约为 $1/F$，即

$$A_{uf} \approx \frac{R_f + R_{11}}{R_f} \tag{11-24}$$

当信号 u_i 正半周输入时，V_2 输出也为正半周，经两级中间放大后，V_7 输出仍为正半周，因此 V_{12}、V_{13} 复合管导通，V_8、V_{14} 管截止，在负载 R_L 上获得正半周输出信号；当 u_i 负半周输入时，经过相应的放大过程，在 R_L 上取得负半周输出信号。

11.3.2 DG4100 集成功放的典型接线法

DG4100 集成单片功放共有 14 个引脚，外部的典型接线如图 11.20 所示。

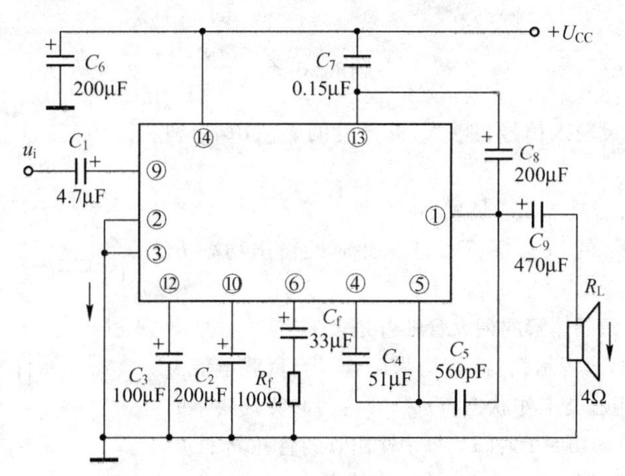

图 11.20 DG4100 集成功放的典型接线法

⑭脚接电源 U_{CC} 正极，电源两端接有滤波电容 C_6。

②、③脚接电源负极，也是整个电路的公共端。

⑨脚经输入耦合电容 C_1 与输入信号相连。

①脚为输出端，经输出耦合电容 C_9 和负载相连。

④、⑤脚接消振电容 C_4 和 C_5，消除寄生振荡。

⑥脚外接反馈网络，调节 R_f 可以调节交流负反馈深度。

⑫脚接电源滤波电容 C_3。

⑬脚接电容 C_7、C_8。C_7 通过 C_6、C_8、C_9 与输出端负载 R_L 并联，以消除高频分量，改善音质。C_8 电容跨接在①脚和⑬脚之间，通过 C_8 可以把输出端的信号电位（非静态电位）耦合到⑬脚，使 V_7 放大管的集电极供电电位自动地跟随输出端信号电位的变化而改变。如果输出幅度增加，则 V_7 管的线性动态范围也随之增大，也就进一步提高了功放的输出幅度，故常称电容 C_8 为“自举电容”。

⑩脚接去耦电容 C_2，以保证 V_1 管偏置电流稳定。

习 题 11

11.1 什么是功率放大器？与一般电压放大器相比，对功率放大器有何特殊要求？

11.2 如何区分晶体管是工作在甲类、乙类还是甲乙类？画出在 3 种工作状态下的静态工作点和与之相应的工作波形示意图。

11.3　甲类功率放大器，信号幅度越小，失真就越小；而乙类功率放大器，在信号幅度小时，失真反而明显。请说明理由。

11.4　何谓交越失真？如何克服交越失真？

11.5　功率管为什么有时用复合管代替？复合管的组成原则是什么？

11.6　指出如图所示电路的组合形式哪些是正确的，哪些是错误的。组成的复合管是NPN型还是PNP型？标出三极管的电极。

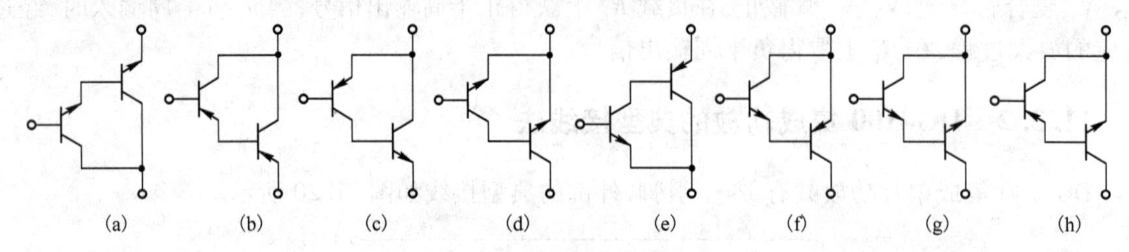

题11.6图

11.7　电路如图所示，设输入信号足够大，晶体管的 P_{cm}、BU_{CEO} 和 I_{cm} 足够大，问：

(1) U_i 极性如图所示，i_{B1} 是增加还是减小？i_{B2} 呢？

(2) 若晶体管 V_1 和 V_2 的 $|U_{ces}|\approx 3V$，计算此时的输出功率 P_o 和 η；

(3) 在上述情况下，每只晶体管的最大管耗各是多少？

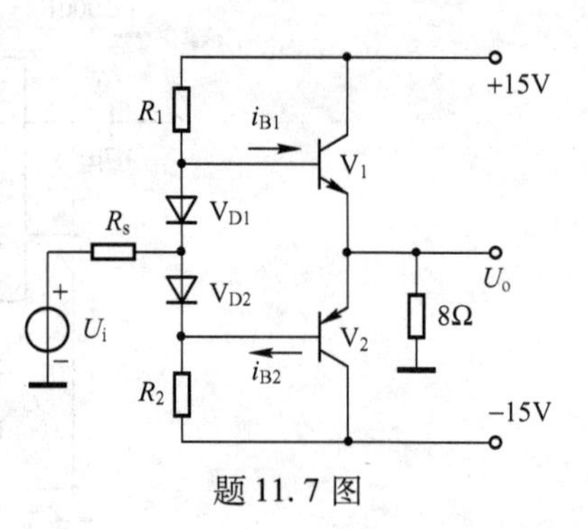

题11.7图

11.8　互补对称电路如图所示，三极管均为硅管。当负载电流 $i_o = 0.45\sin\omega t$(A)时，估算（用乙类工作状态，设 $\xi=1$）：(1) 负载获得的功率 P_o；(2) 电源供给的平均功率 P_E；(3) 每个输出管的管耗 P_c；(4) 每个输出管可能产生的最大管耗 P_{cmax}；(5) 输出级效率 η。

11.9　如负载电阻 $R_L=16\Omega$，要求最大输出功率 $P_{omax}=5W$，若采用OCL功率放大电路，设输出级三极管的饱和管压降 $U_{ces}=2V$，则电源电压 U_{CC}、U_{EE} 应选多大（设 $U_{CC}=U_{EE}$）？若改用OTL为功率输出级，其他条件不变，则 U_{CC} 又应选多大？

11.10　电路如图所示。

(1) 设 V_3、V_4 的饱和管压降 $U_{ces}=1V$，求最大输出功率 P_{omax}；

(2) 为了提高负载能力，减小非线性失真，应引入什么类型的级间反馈，并在图上画出来；

(3) 如要求引入负反馈后的电压放大倍数 $A_{uf}=\left|\frac{U_o}{U_i}\right|=100$，反馈电阻 R_f 应为多大？

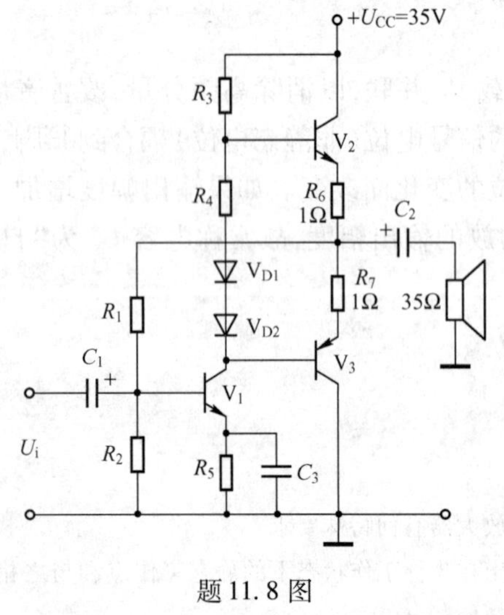

题11.8图

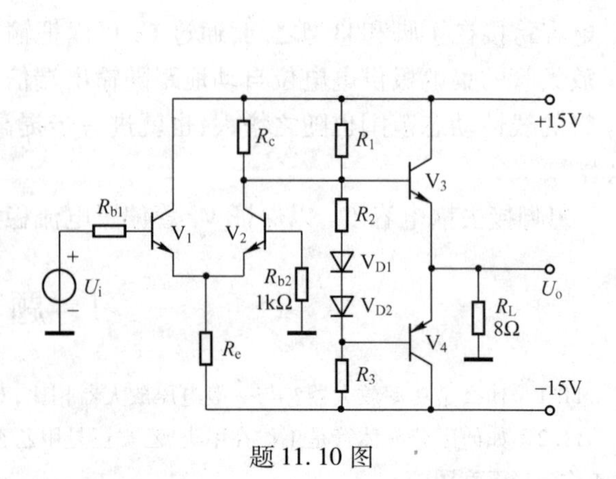

题11.10图

11.11 某人设计了一个 OTL 功放电路，如图所示。

(1) 为实现输出最大幅值正负对称，静态时 A 点电位应为多大？若不合适，应调节哪一个元件？

(2) 若 U_{ces3} 和 U_{ces5} 的值为 3V，电路的最大不失真输出功率 P_{omax} = ？效率 η = ？

(3) 三极管 V_3、V_5 的 P_{cm}，BU_{ceo} 和 I_{cm} 应如何选择？

11.12 一扩音机的简化电路如图所示。

(1) 为了要实现互补对称功率放大电路，V_1 和 V_2 应分别是什么类型的三极管(PNP，NPN)？在图中画出发射极箭头的方向；

(2) 若运放的输出电压幅度足够大，是否有可能在输出端得到 8W 的交流输出功率？设 V_1 和 V_2 的饱和压降 U_{ces} 均为 1V；

(3) 若运放的最大输出电流为 ±10mA，则为了要得到最大输出电流，V_1 和 V_2 的 β 值应不低于什么数值？

(4) 为了提高输入电阻、降低输出电阻，并使放大性能稳定，应如何通过 R_f 引入何种类型的反馈？并在图上画出来；

(5) 在(4)的情况下，如要求 U_i = 100mV 时，U_o = 5V，R_f = ？

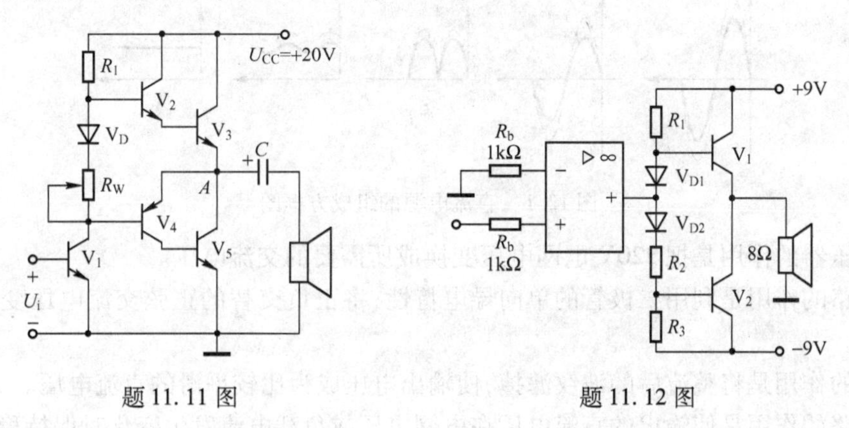

题 11.11 图　　　　题 11.12 图

第12章　直流电源

电子仪器在工作中，稳定的直流电源是必不可少的。直流稳压电源可将电力网交流电压和电池直流电转换成各种电子仪器需要的稳定直流电，而且此部件几乎都是内置式，所以要求它小巧、重量轻、效率高。

一般直流电源的组成如图12.1所示。

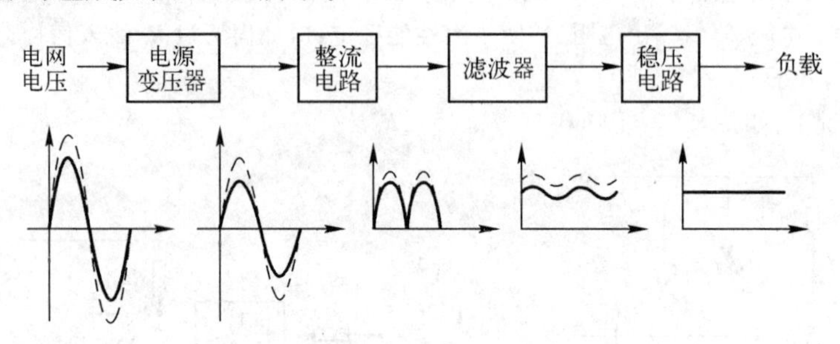

图12.1　直流电源的组成方框图

电源变压器的作用是把220V电网电压变换成所需要的交流电压。

整流电路的作用是利用二极管的单向导电特性，将正负交替的正弦交流电压变换成单方向的脉动电压。

滤波器的作用是将整流后的波纹滤掉，使输出电压成为比较平滑的直流电压。

稳压电路的作用是使输出的直流电压在电网电压或负载电流发生变化时保持稳定。

12.1　单相整流电路

整流电路是利用二极管的单向导电特性，将正负交替的正弦交流电压变换成单方向的脉动电压。在小功率直流电源中，经常采用单相半波、单相全波和单相桥式整流电路。单相桥式整流电路用得最为普遍。

12.1.1　单相半波整流电路

(1) 电路工作原理

图12.2(a)所示电路为纯电阻负载的单相半波整流电路(设二极管为理想二极管)。

在 u_2 为正半周时，二极管导通，则负载上的电压 u_O、二极管的管压降 u_D、流过负载的电流 i_O 和二极管的电流 i_D 为

$$u_O = u_2, u_D = 0, i_O = i_D = u_2/R_L$$

在负半周时，二极管截止，则

$$u_O = 0, u_D = u_2, i_O = i_D = 0$$

整流波形如图12.2(b)所示。由于这种电路只在交流的半个周期内二极管才导通，也才有电流流过负载，故称为单相半波整流电路。

(2) 直流电压 U_O 和直流电流 I_O 的计算

直流电压 U_O 是输出电压瞬时值 u_O 在一个周期内的平均值，即

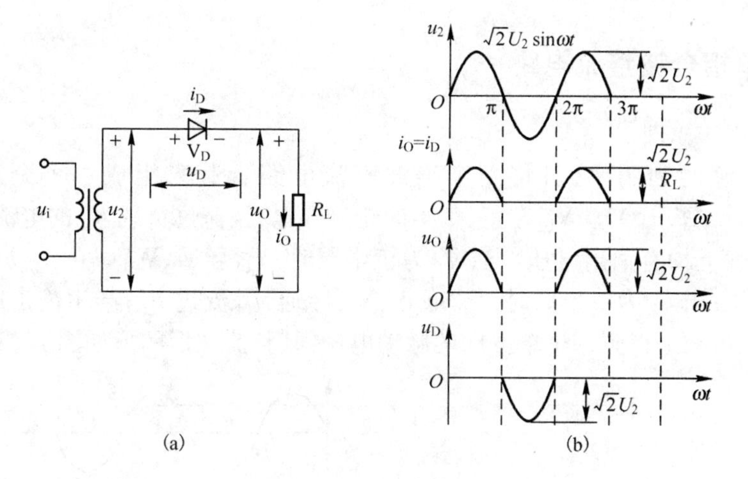

图 12.2　单相半波整流电路

$$U_O = \frac{1}{2\pi}\int_0^{2\pi} u_O \mathrm{d}(\omega t) \tag{12-1}$$

在半波整流情况下
$$u_o = \begin{cases} \sqrt{2}U_2\sin\omega t, & 0\leqslant\omega t\leqslant\pi \\ 0, & \pi\leqslant\omega t\leqslant 2\pi \end{cases}$$

其中 U_2 是变压器次级绕组电压的有效值。将 u_o 代入式(12-1),得

$$U_O = \frac{1}{2\pi}\int_0^{\pi}\sqrt{2}U_2\sin\omega t \mathrm{d}(\omega t)$$

则
$$U_O = \frac{\sqrt{2}}{\pi}U_2 \approx 0.45U_2 \tag{12-2}$$

此式说明,在半波整流情况下,负载上所得的直流电压只有变压器次级绕组电压有效值 U_2 的 45%,如果考虑二极管的正向电阻和变压器等效电阻上的压降,则 U_O 数值还要低。

在半波整流电路中,二极管的电流等于输出电流,所以

$$I_O = I_D = \frac{U_O}{R_L} = 0.45\frac{U_2}{R_L} \tag{12-3}$$

(3) 脉动系数 S

整流输出电压的脉动系数,定义为输出电压的基波最大值 U_{O1m} 与输出直流电压值 U_O 之比,即

$$S = U_{O1m}/U_O \tag{12-4}$$

式中,U_{O1m}可通过半波输出电压 u_O 的傅氏级数求得

$$U_{O1m} = U_2/\sqrt{2} \tag{12-5}$$

所以
$$S = \frac{U_{O1m}}{U_O} = \frac{U_2/\sqrt{2}}{\frac{\sqrt{2}}{\pi}U_2} = \frac{\pi}{2} \approx 1.57 \tag{12-6}$$

即半波整流电路的脉动系数为 157%,所以脉动成分很大。

(4) 选管原则

一般选管根据二极管的电流 I_D 和二极管所承受的最大反向峰值电压 U_{RM}进行选择,即二极管的最大整流电流 $I_F \geqslant I_D$,二极管的最大反向工作电压 $U_R \geqslant U_{RM} = \sqrt{2}U_2$。

半波整流电路的优点是:结构简单,使用的元件少。但是也存在明显的缺点:只利用了电源的半个周期;脉动大、在变压器的副边有直流分量,所以只用在几瓦左右以下的小容量范围内。

12.1.2　单相全波整流电路

（1）电路与工作原理

为了提高电源的利用率，可将两个半波整流电路合起来组成一个全波整流电路，如图12.3(a)所示。二极管V_{D1}、V_{D2}在正、负半周轮流导电，且流过负载R_L的电流为同一方向，故在正、负半周，负载上均有输出电压。当u_2为正半周时，V_{D1}导通，V_{D2}截止，i_{D1}流过负载，产生上正下负的输出电压；当u_2为负半周时，V_{D1}截止，V_{D2}导通，i_{D2}流过R_L，产生输出电压的方向仍然是上正下负，故在负载上得到一个单方向的脉动电压，其整流波形图形如图12.3(b)所示。

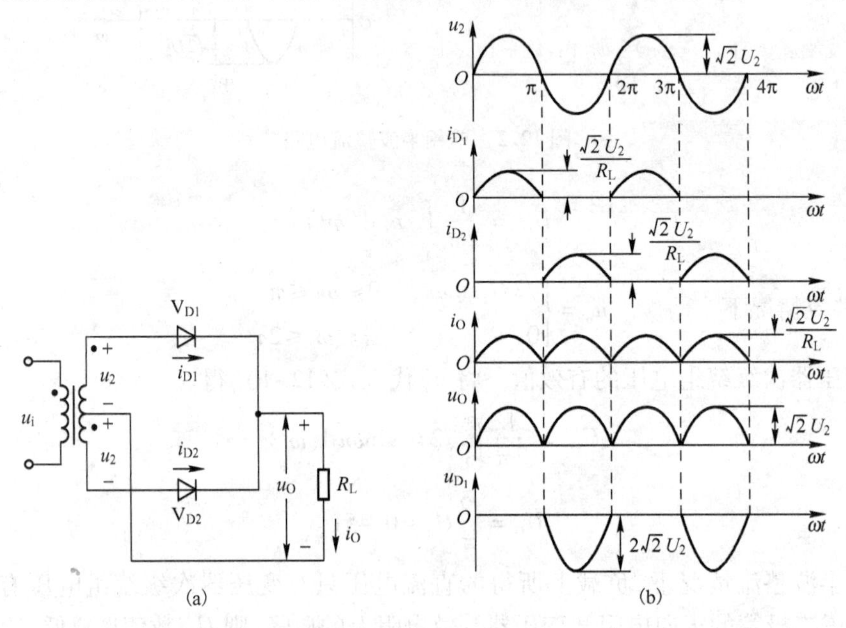

图12.3　全波整流电路

（2）直流电压U_O和直流电流I_D的计算

由输出波形可看出，全波整流输出波形是半波整流时的两倍，所以输出直流电压也为半波时的两倍，即

$$U_O=\frac{2\sqrt{2}}{\pi}U_2\approx 0.9U_2 \tag{12-7}$$

$$I_O=\frac{U_O}{R_L}=0.9\frac{U_2}{R_L} \tag{12-8}$$

（3）脉动系数S

全波整流电路输出电压的基波频率为2ω，求得基波最大值为

$$U_{O1m}=\frac{4\sqrt{2}}{3\pi}U_2$$

从而脉动系数为

$$S=\frac{\dfrac{4\sqrt{2}}{3\pi}U_2}{\dfrac{2\sqrt{2}}{\pi}U_2}=\frac{2}{3}\approx 0.67 \tag{12-9}$$

显然脉动系数下降到67%。

（4）选管原则

由于V_{D1}、V_{D2}轮流导电，故流过每个管子的平均电流为输出平均电流的一半，即

$$I_D = \frac{1}{2} I_O \tag{12-10}$$

选择管子时要求

$$I_F \geqslant I_D = \frac{1}{2} I_O$$

全波整流电路每管承受的反向峰值电压 U_{RM} 为 u_2 峰值电压的两倍,即

$$U_{RM} = 2\sqrt{2} U_2 \tag{12-11}$$

因为无论正半周还是负半周,均是一管截止,而另一管导通,故变压器次级两个绕组的电压全部加至截止二极管的两端,选管时应满足

$$U_R \geqslant 2\sqrt{2} U_2 \tag{12-12}$$

全波整流电路的优点是:电源利用率高,输出电压提高了一倍。每个管子仅提供输出电流 I_O 的一半。但是,要求管子耐压要高,且需要一个具有中心抽头的变压器,因而工艺复杂、成本高。为此常采用全波整流的另一种形式——桥式整流。

12.1.3 单相桥式整流电路

(1) 电路与工作原理

为克服上述全波整流的缺点,常采用桥式整流电路。它只用一个无中心抽头的次级绕组同样可达到全波整流的目的。桥式整流电路如图 12.4(a)和(b)所示,电路中采用了 4 只二极管,接成桥式。电路也可画成如图 12.4(c)所示的简化形式。

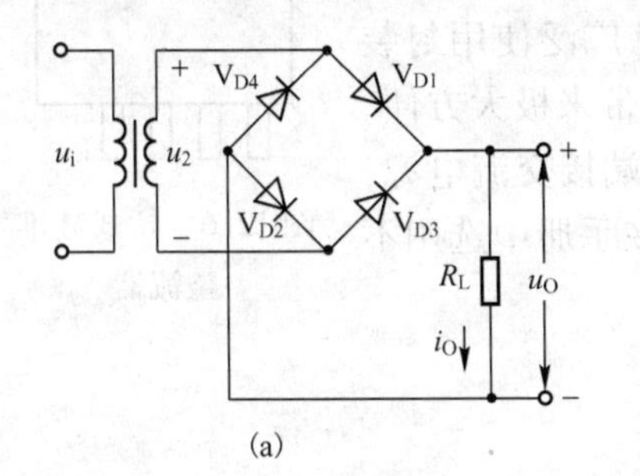

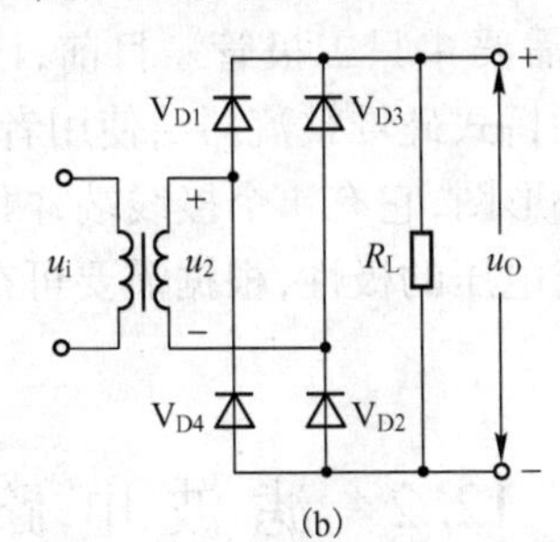

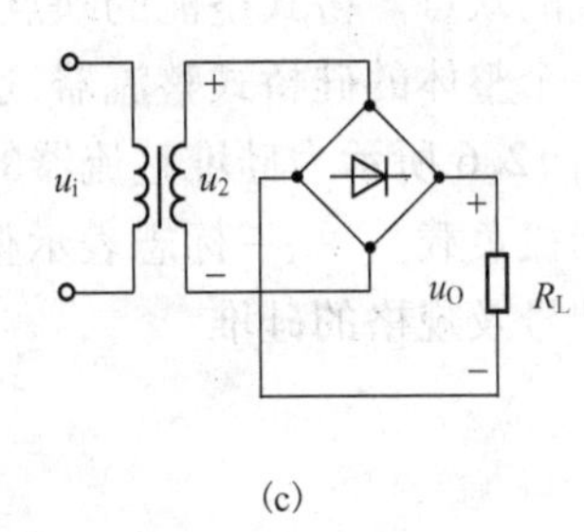

图 12.4 桥式整流电路

当 u_2 为正半周时,V_{D1}、V_{D2} 导通,V_{D3}、V_{D4} 截止;当 u_2 为负半周时,V_{D1}、V_{D2} 截止,V_{D3}、V_{D4} 导通。而流过负载的电流的方向是一致的,其波形如图 12.5 所示。

由上述可见,除管子所承受的最大反向电压不同于全波整流外,其他参数均与全波整流相同。

(2) 直流电压 U_O 和直流电流 I_O 的计算

$$U_O = 0.9 U_2 \tag{12-13}$$

$$I_O = 0.9 \frac{U_2}{R_L} \tag{12-14}$$

$$I_D = \frac{1}{2} I_O = 0.45 \frac{U_2}{R_L} \tag{12-15}$$

(3) 脉动系数 S

$$S = 0.67 \tag{12-16}$$

(4) 选管原则

$$I_F \geqslant \frac{1}{2} I_O \tag{12-17}$$

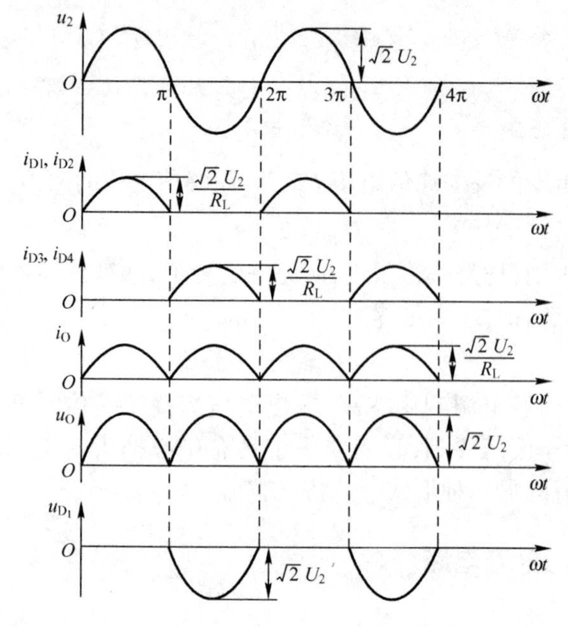

图 12.5　桥式整流电路波形图

$$U_R \geqslant \sqrt{2}\,U_2 \tag{12-18}$$

由上述可以看出,桥式整流具有全波整流的全部优点,而且避免了全波整流的缺点。桥式整流的缺点是需要 4 只二极管。目前,已广泛使用封装成一个整体的硅桥式整流器,这种桥式硅堆整流器给使用者带来极大方便,如图 12.6 所示为硅堆整流器的外形图,它有 4 个接线端,两端接交流电源,两端接负载。+、- 标志表示整流电压的极性,根据需要可在手册中选用不同型号及规格的硅堆。

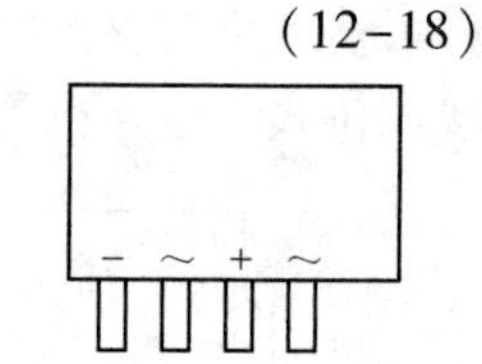

图 12.6　桥式硅堆整流器

12.2　滤 波 电 路

整流电路输出电压的脉动较大。为了减小脉动,可在整流电路之后搭接滤波电路,滤波电路可滤除整流输出电压的交流分量,使输出直流电压更为平滑。

电容和电感是基本的滤波元件,主要利用电容器两端电压不能突变,和电阻并联,即可达到输出波形平滑的目的。

12.2.1　电容滤波电路

电容滤波的作用:电容是一个能储存电荷的元件。有了电荷,两极板之间就有电压 $u_c = Q/C$,式中 Q 是电容储存的电荷,C 是电容的容量,u_C 是电容两端的电压。在电容量不变时要改变两端电压就必须改变两端电荷,而电荷改变的速度,取决于充放电的时间常数。常数越大,电荷改变得越慢,则电压变化得越慢,即交流分量越小,也就是“滤除”了交流分量。这就是电容滤波的机理。

下面分空载和负载两种情况介绍。

1. 空载时的情况($R_L \to \infty$)

设电容 C 两端的初始电压 u_C 为零。如图 12.7 所示,接入交流电源后,当 u_2 为正半周时,V_{D1}、V_{D2} 导通,则 u_2 通过 V_{D1}、V_{D2} 对电容充电;由于二极管导通,正向电阻很小,所以充电时间常数很小，电容电压上升速度很快，可以完全跟上 u_2 的上升速度，所以随 u_2 一起上升，电容 C 迅速被充到交流电压 u_2 的最大值$\sqrt{2}U_2$。当 u_2 为负半周时，V_{D3}、V_{D4} 导通，u_2 通过 V_{D3}、V_{D4} 对电容充电。此时二极管的正向电压始终小于或等于零，故二极管均截止，电容不可能放电，故输出电压 U_O 恒为$\sqrt{2}U_2$，其波形如图 12.8(a)所示。

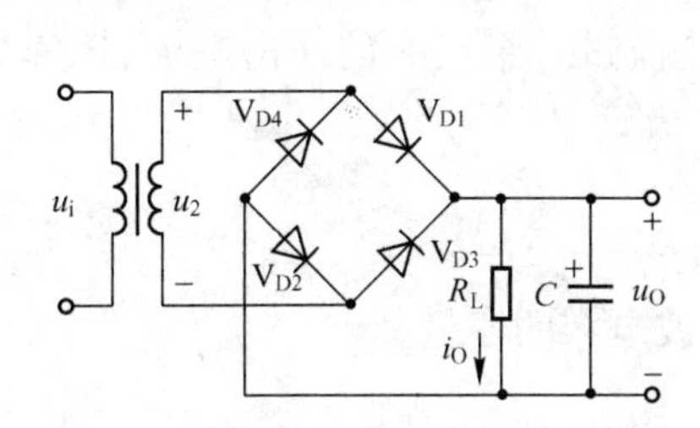

图 12.7　单相桥式整流电容滤波电路

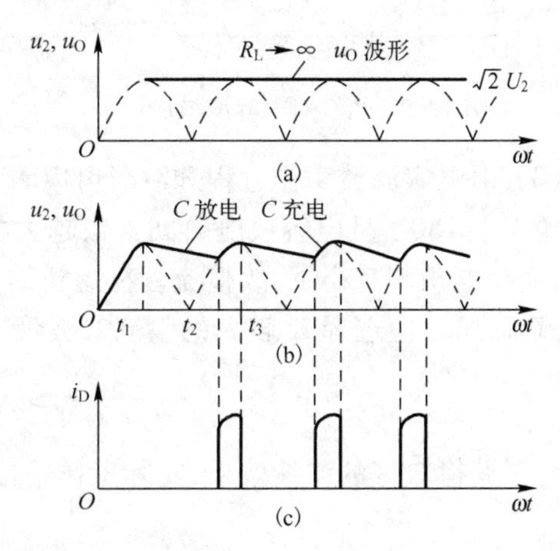

图 12.8　电容滤波波形

由此可看出空载时电容滤波效果很好，不仅 u_O 无脉动，而且输出直流电压由 $0.9u_2$(半波整流为 $0.45u_2$)上升到$\sqrt{2}U_2 \approx 1.4U_2$。但需要注意此时二极管承受的反向峰值电压比原来提高一倍，即为 $2\sqrt{2}U_2$，选管时应选二极管的最大反向工作电压 $U_R \geqslant 2\sqrt{2}U_2$。另外，当电源接通时，正好对应 u_2 的峰值电压，这将有很大的瞬时冲击电流流过二极管。因此，选择二极管时其参数应留有余地，且电路中还应加限流电阻，以防止二极管损坏。

2. 带电阻负载时的情况

图 12.8(b)波形表示了电容滤波在带电阻负载后的工作情况。当 $t=0$ 时电源接通，u_2 在正半周，u_2 通过 V_{D1}、V_{D2} 对电容充电，直到 C 迅速被充到交流电压 u_2 的最大值$\sqrt{2}U_2$。之后 u_2 下降，由于电容电压不能突变，电容电压 u_C 下降速度比 u_2 慢，V_{D1} ~ V_{D4} 均反向偏置，故电容 C 通过 R_L 放电。由于 R_L 较大，故放电时间常数 R_LC 较大。放电过程直至下一个周期 u_2 上升和电容上电压 u_C 相等的 t_2 时刻，u_2 通过 V_{D3}、V_{D4} 对 C 充电，直至 $t=t_3$，二极管又截止，电容再次放电。如此循环，形成周期性的电容器充放电过程。

由以上分析，可得到以下几个结论：

(1) 电容滤波以后，输出直流电压提高了，同时输出电压的脉动成分也降低了，而且输出直流电压与放电时间常数有关。当 $R_LC \to \infty$ 时(相当开路)，输出电压最高，$U_O=\sqrt{2}U_2 \approx 1.4U_2$，$S=0$，滤波效果最佳，为此，应选择大容量的电容作为滤波电容。这里因为要求负载电阻 R_L 也要大，所以，电容滤波适用于大负载场合下。R_LC 变化对电容滤波的影响如图 12.9 所示。

(2) 电容滤波的输出电压 U_O 随输出电流 I_O 而变化。当负载开路，即 $I_O=0$($R_L \to \infty$)时，电容充电达到最大值$\sqrt{2}U_2$ 后不再放电，故 $U_O=\sqrt{2}U_2$。当 I_O 增大(即 R_L 减小)时，电容放电加快，使 U_O 下降。忽略整流电路的内阻，桥式整流、电容滤波电路的输出电压 U_O 值在$\sqrt{2}U_2$ ~ $0.9U_2$ 范围内变化。若考虑电阻，则 U_O 值下降。输出电压与输出电流的关系曲线称为整流电路的外特性。电容滤波电路的外特性如图 12.10 所示。由图可以看出，电容滤波电路的输出电压随输出电流的增大而下降很快，所以电容滤波适用于负载电流变化不大的场合。

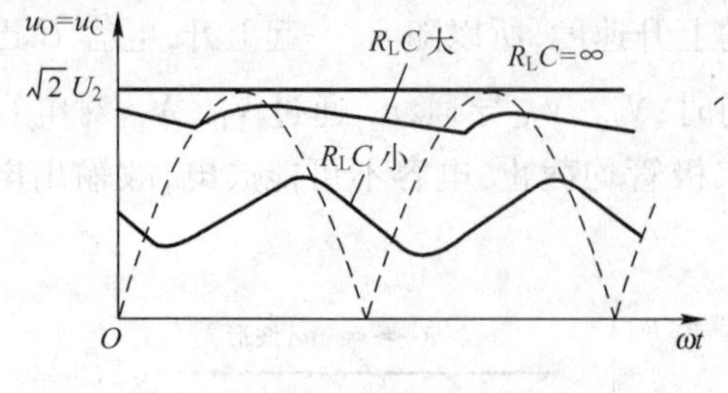

图 12.9　R_LC 对电容滤波的影响

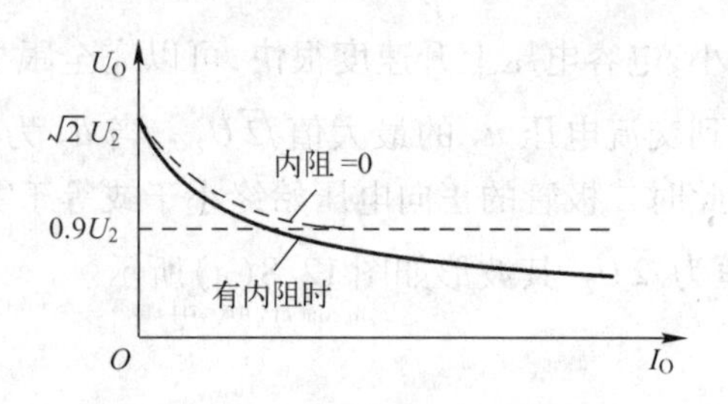

图 12.10　电容滤波电路的外特性

(3) 由电容滤波工作过程和波形可以看出,电容滤波电路中整流二极管的导电时间缩短了,导电角小于 180°,且电容放电时间常数越大,则导电角越小。由于电容滤波后,输出直流电流提高了,而导电角却减小了,故整流管在短暂的导电时间内将流过一个很大的冲击电流,这样易损坏整流管,所以应选择 I_F 较大的整流二极管。一般应选二极管

$$I_F \geqslant (2\sim3)\frac{1}{2}\frac{U_O}{R_L}$$

为了获得较好的滤波效果,实际工作中按下式选择滤波电容的容量

$$R_LC \geqslant (3\sim5)\frac{T}{2} \tag{12-19}$$

其中,T 为交流电网电压的周期。

一般电容值比较大(几十至几千微法),故选用电解电容器,其耐压值应大于$\sqrt{2}\,U_2$。

电容滤波整流电路,其输出电压 U_O 在 $0.9U_2\sim\sqrt{2}\,U_2$ 之间。当满足式(12-19)时,可按下式进行估算

$$U_O \approx 1.2U_2 \tag{12-20}$$

脉动系数

$$S=\frac{U_{O1m}}{U_O}\approx\frac{1}{4\dfrac{R_LC}{T}-1} \tag{12-21}$$

电容滤波电路结构简单,使用方便。但是当要求输出电压的脉动成分非常小时,则要求电容器的容量很大,这样不但不经济,甚至不可能。当要求输出电流较大或输出电流变化较大时,电容滤波也不适用。此时,应考虑其他形式的滤波电路。

12.2.2　其他形式的滤波电路

为提高滤波性能,降低脉动系数,可采用 *RC*-π 型滤波电路或 *LC*-π 型滤波电路,如图 12.11 所示。

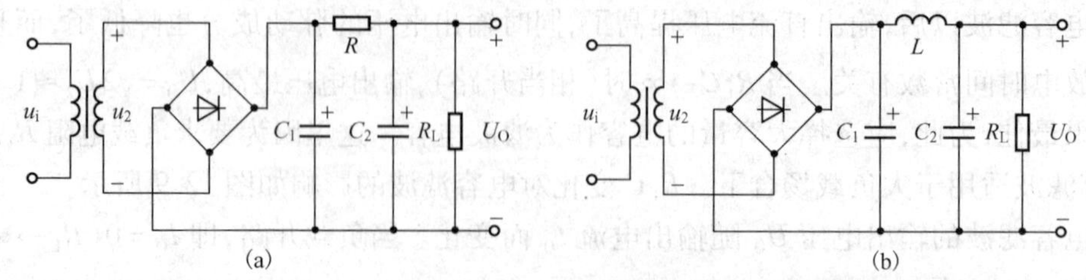

图 12.11　π 型滤波电路

RC-π 型滤波过程如下:经过第一次电容滤波后,电容 C_1 两端的电压含有直流分量和交流分量。设直流分量的基波成分的幅值为 U'_{O1m}。通过 R 和 C_2 再滤波一次后,显然会使脉冲系数进一步降低。设第二次滤波后,负载上得到的直流分量和基波分量的幅值分别为 U_O 和 U_{O1m},且存在如下关系

$$U_O = \frac{R_L}{R + R_L} U'_o \tag{12-22}$$

$$U_{O1m} = \frac{R_L}{R + R_L} \frac{1/\omega C_2}{\sqrt{R'^2 + (1 + \omega C_2)^2}} U'_{O1m} \tag{12-23}$$

式中,$R' = R//R_L$,ω 是整流输出脉冲电压的基波角频率,在电网频率是 50Hz 全波整流情况下,$\omega = 2\pi f = 628\text{rad/s}$。若$\frac{1}{\omega C_2} \leqslant R'$,则式(12-23)简写为

$$U_{O1m} \approx \frac{R_L}{R + R_L} \frac{1}{\omega C_2 R'} U'_{O1m} \tag{12-24}$$

由式(12-22)、式(12-24)可求得输出电压的脉动系数

$$S = \frac{U_{O1m}}{U_O} \approx \frac{1}{\omega C_2 R'} \frac{U'_{O1m}}{U'_O} = \frac{1}{\omega C_2 R'} S' \tag{12-25}$$

式中,S'为 C_1 两端电压的脉动系数,C_2、R'越大,滤波效果越好。但由于电阻 R 存在,也会使输出直流电压降低,为了得到与电容滤波同样的输出直流电压,就必须提高变压器次级输出电压 u_2。为此,可将 R 用电感 L 替换,组成 LC-π 型滤波电路,由于电感对直流呈现电阻小而对交流呈现阻抗大,这样就更进一步提高了滤波效果。当$\frac{1}{\omega C_2} \ll R_L$ 时

$$S \approx \frac{S'}{\omega^2 L C_2} \tag{12-26}$$

π 型滤波电路,其输出直流电压 U_O 的估算均与电容滤波相同

$$U_O \approx 1.2 U_2$$

如果需要大电流输出,或输出电流变化范围较大,则可采用 L 滤波或 LC 滤波电路,如图 12.12 所示。

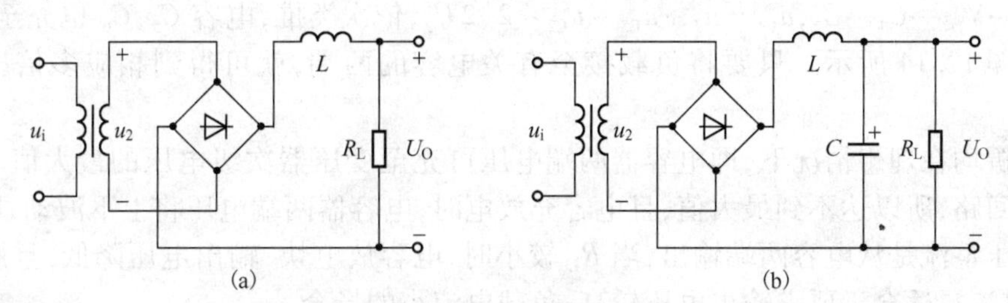

图 12.12 L 及 LC 滤波电路

由于电感的直流电阻小,交流阻抗大,因此直流分量经过电感后基本上没有损失,但是对于交流分量经 $j\omega L$ 和 R_L 分压后,大部分降在电感上,因而降低了输出电压的脉动成分。L 越大,R_L 越小,滤波效果越佳,所以电感滤波适用于负载电流比较大和电流变化较大的场合。

为了提高滤波效果,可在输出端再并上一个电容 C,组成 LC 滤波电路,它在负载电流较大或较小时均有较佳的滤波特性,故 LC 对负载的适应力较强,特别适用于电流变化较大的场合。

L 滤波和 LC 滤波电路的直流输出电压,如忽略电感上的压降,则输出直流电压等于全波整流的输出电压,即

$$U_O = 0.9 U_2 \tag{12-27}$$

12.3 倍压整流

为了得到高的直流电压输出,上述各种电路都可以用升高变压器次级电压 u_2 的方法实现,

但变压器体积太大，且要求二极管和电容的耐压性能也高。所以，当输出高的直流电压，且输出电流较小时，经常采用倍压整流。

1. 二倍压整流电路

二倍压整流电路如图12.13所示，其工作原理如下：在u_2的正半周期时，V_{D1}导通，V_{D2}截止，电容C_1充电，极性如图12.13所示，其值可达$\sqrt{2}U_2$；在u_2的负半周期时，V_{D1}截止，V_{D2}导通，此时变压器次级电压u_2和电容C_1上的电压对电容C_2充电，极性如图12.13所示，其值可达$2\sqrt{2}U_2$，输出电压从C_2两端输出，因输出电压值可达电容滤波输出电压的两倍，所以该电路称为二倍压整流电路。为得到更高倍数的输出电压，可采用多倍压整流电路。

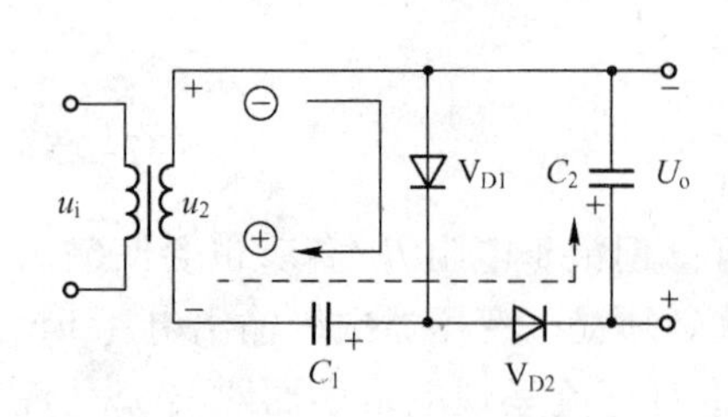

图12.13　二倍压整流电路

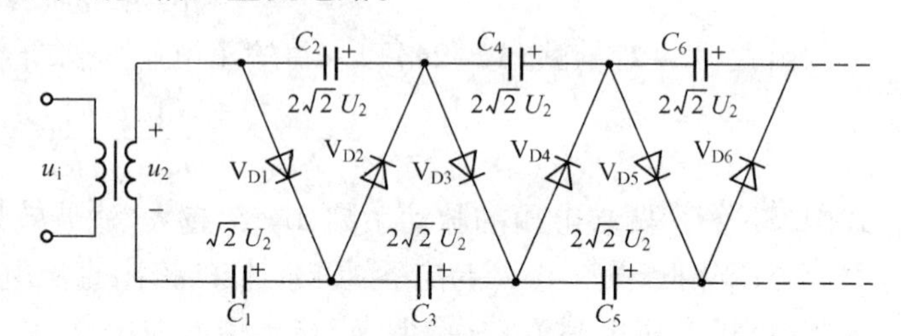

图12.14　多倍压整流电路

2. 多倍压整流电路

多倍压整流电路如图12.14所示，其工作过程如下：在u_2的第一个正半周期时，电源电压通过V_{D1}将电容C_1上的电压充到$\sqrt{2}U_2$；在u_2的第一个负半周期时，V_{D2}导通，u_2和C_1上的电压共同将C_2上的电压充到$2\sqrt{2}U_2$。在u_2的第二个正半周期时，电源对电容C_3充电，通路为$u_2 \to C_2 \to V_{D3} \to C_3 \to C_1$，$u_{C3} = u_2 + u_{C2} - u_{C1} \approx 2\sqrt{2}U_2$；在$u_2$的第二个负半周期时，对电容$C_4$充电，通路为$u_2 \to C_1 \to C_3 \to V_{D4} \to C_4 \to C_2$，$u_{C4} = u_2 + u_{C3} - u_{C2} \approx 2\sqrt{2}U_2$，依次类推，电容$C_5$，$C_6$也充至$2\sqrt{2}U_2$，它们的极性如图12.14所示。只要将负载接至有关电容的两端，就可得到相应多倍压直流电压输出。

上述分析均在理想情况下，即电容器两端电压可充至变压器次级电压的最大值。实际上由于存在放电回路，所以达不到最大值，且电容充放电时，电容器两端电压将上下波动，即有脉冲成分。由于倍压整流是从电容两端输出，当R_L较小时，电容放电快，输出电压降低，且脉冲成分加大，故倍压整流只适合于要求输出电压较高、负载电流小的场合。

由上可看出倍压整流，管子的耐压和电容的耐压均为$2\sqrt{2}U_2$。

高电压、小电流的电源也可通过振荡器产生一个高频电压，然后经过一个提升变压器将电压提高到所需电压值，再对此高电压进行整流。因为高频时，变压器铁心小，可使整个设备简单，体积也较小。

12.4　稳压电路

交流电经过整流滤波可得平滑的直流电压，但当输入电网电压波动和负载变化时，输出电压也随之而变。因此，需要一种稳压电路，使输出电压在电网波动、负载变化时基本稳定在某一数值上。

12.4.1　稳压电路的主要指标

稳压电路的主要指标指稳压系数S_r和稳压电路的输出电阻r_O。

1. 稳压系数 S_r

稳压系数是在负载固定不变的前提下，输出电压的相对变化量 $\Delta U_O/U_O$ 与稳压电路输入电压的相对变化量 $\Delta U_I/U_I$ 之比，即

$$S_r = \left.\frac{\Delta U_O/U_O}{\Delta U_I/U_I}\right|_{R_L=常数} \tag{12-28}$$

该指标反映了电网波动对输出电压的影响，S_r 越小，输出电压越稳定。

2. 稳压电路的输出电阻 r_O

输出电阻是指在输入电压不变时，若输出电流变化 ΔI_O，引起输出电压变化 ΔU_O，那么 ΔU_O 与 ΔI_O 之比即为输出电阻。

$$r_O = \left.\frac{\Delta U_O}{\Delta I_O}\right|_{U_I=常数} \tag{12-29}$$

r_O 越小，当负载电流变化时，在内阻上产生的压降越小，输出电压越稳定。

除此以外，稳压电源还有其他性能参数：电压调整率，指当电网电压(u_2)变化 10% 时，输出电压的相对变化量；电流调整率，指当输出电流 I_O 从零变到最大时，输出电压的相对变化量；最大波纹电压，指在输出端存在的 50Hz 或 100Hz 交流分量，通常以有效值或峰值表示；温度系数，指电网电压和负载都不变时，由于温度变化而引起的输出电压漂移等。本章主要讨论 S_r、r_O。

常用的稳压电路有硅稳压管稳压电路和串联型直流稳压电路。

12.4.2 硅稳压管稳压电路

稳压管工作原理在第 5 章已介绍过了，其电路如图 12.15(a)所示，稳压管的伏安特性如图 12.15(b) 所示。

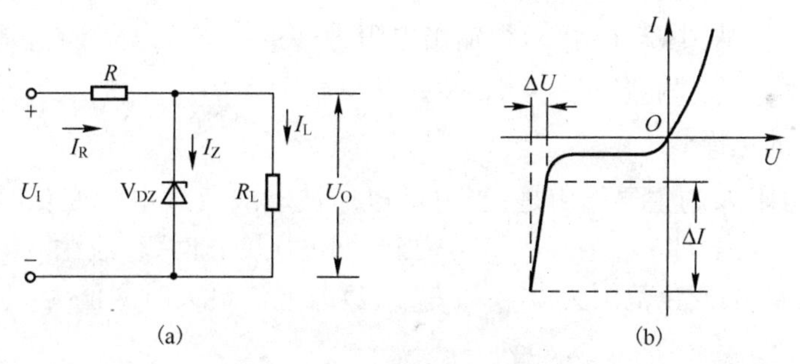

图 12.15　稳压管稳压电路

硅稳压管是利用其反向击穿时的伏安特性稳压。从图 12.15 可看出，在反向击穿区，当流过稳压管的电流在一个较大的范围内变化时，稳压管两端相应的电压变化量 ΔU 很小，所以，稳压管和负载并联，就能在一定条件下稳定输出电压。

稳压管工作时应在规定电流范围内。由伏安特性可见，若工作电流太小，电压随电流变化大，不能稳压。但工作电流太大，会使管子的功耗太大，故工作电流应小于 $I_{Zmax}=P_Z/U_Z$。小功率稳压管的工作电流范围大致是 5 ~40mA，大功率管子工作电流可达几安培到几十安培。

稳压管稳压性能的好坏取决于稳压管的动态电阻 r_Z。r_Z 越小，稳压性能越好。对同一只管子，当工作电流大时，动态电阻小，稳压特性好。

1. 稳压原理

图 12.15(a)中，U_I 是整流滤波后的电压，稳压管 V_{DZ}与负载电阻 R_L 并联。为保证稳压，V_{DZ}应工作在反向击穿区。限流电阻 R，一方面它保证流过 V_{DZ}的电流不超过 I_{Zmax}，同时当电网电压

波动时，通过调节 R 上的压降，保持输出电压基本不变。

稳压原理如下：

（1）输入电压 U_I 保持不变，若 R_L 减小，则 I_L 增大时，因 $I_R=I_Z+I_L$，故使 I_R 增大。而 I_R 增大使 U_R 增大，从而使 U_O 减小（$U_O=U_I-U_R$）。由稳压管特性曲线可知，当稳压管电压 U_Z 略有下降时，电流 I_Z 将急剧减小，而 I_Z 减小又使 I_R 以及 U_R 均减小，结果使 U_O 增大，补偿了 U_O 的减小，从而保证输出电压 U_O 基本不变，即

$$R_L\downarrow\rightarrow I_L\uparrow\rightarrow I_R\uparrow\rightarrow U_O\downarrow\rightarrow I_Z\downarrow\rightarrow I_R\downarrow=I_L+I_Z\rightarrow U_O\uparrow$$

（2）负载电阻 R_L 不变时，若电网电压升高，将使 U_I 增大，则 U_O 应增大，根据稳压管特性曲线，U_O 增大使 I_Z 增大，而 I_Z 增大使 I_R 增大，进而使 U_R 增大 U_O 减小，补偿了 U_O 的增大，使之基本稳定，即

$$U_I\uparrow\rightarrow U_O\uparrow\rightarrow I_Z\uparrow\rightarrow I_R\uparrow\rightarrow U_R\uparrow\rightarrow U_O\downarrow$$

综上所述，稳压管是利用稳压管调节自身的电流大小来满足负载电流的变化，它和限流电阻 R 配合，可以将电流的变化转换成电压的变化以适应电网电压和负载的波动。

2. 指标计算

（1）稳压系数。按式（12-28），考虑 $\Delta U_O/U_I$ 时，可利用图 12.16 所示的等效电路（仅考虑变化量），则

$$\frac{\Delta U_O}{\Delta U_I}=\frac{r_Z//R_L}{R+r_Z//R_L}\approx\frac{r_Z}{R+r_Z}$$

故
$$S_r=\frac{\Delta U_O}{\Delta U_I}\frac{U_I}{U_O}\approx\frac{r_Z}{R+r_Z}\frac{U_I}{U_Z}\tag{12-30}$$

当 $R\gg r_Z$ 时
$$S_r\approx\frac{r_Z}{R}\frac{U_I}{U_Z}\tag{12-31}$$

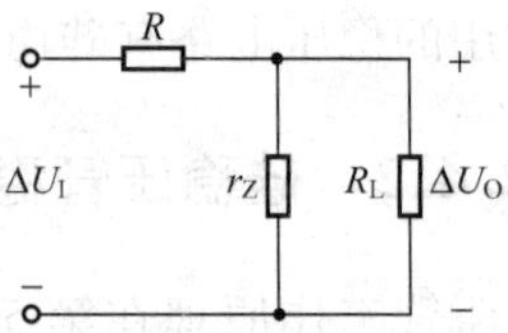

图 12.16　稳压电路的交流等效电路

（2）输出电阻 r_O。从图 12.16 可求得输出电阻为

$$r_O=r_Z//R\approx r_Z\tag{12-32}$$

3. 限流电阻 *R* 的选择

由前所述限流电阻 R 的主要作用是：当电网电压波动或负载电阻变化时，使稳压管的工作状态始终在稳压工作区内，即 $I_{Zmin}\leqslant I_Z\leqslant I_{Zmax}$。当电网电压变化时，整流滤波电路输出电压（即稳压电路的输入电压）U_I 的变化范围为 U_{Imax} 和 U_{Imin}，负载电流最大时的值为 U_z/R_{Lmin}，最小时的值为 U_Z/R_{Lmax}。

（1）当电网电压最高，即为 U_{Imax}，且负载电流最小为 $\frac{U_Z}{R_{Lmax}}$ 时，流过稳压管的电流最大，其值不应超过 I_{Zmax}，即

$$\frac{U_{Imax}-U_Z}{R}-\frac{U_Z}{R_{Lmax}}<I_{Zmax}\tag{12-33}$$

$$R>\frac{U_{Imax}-U_Z}{R_{Lmax}I_{Zmax}+U_Z}R_{Lmax}\tag{12-34}$$

（2）当电网电压最低，即为 U_{Imin}，且负载电流最大为 U_Z/R_{Lmin} 时，流过稳压管的电流最小，其值不应低于允许的最小值，即

$$\frac{U_{Imin}-U_Z}{R}-\frac{U_Z}{R_{Lmin}}>I_{Zmin}\tag{12-35}$$

$$R<\frac{U_{Imin}-U_Z}{R_{Lmin}I_{Zmin}+U_Z}R_{Lmin}\tag{12-36}$$

限流电阻 R 可在式(12-34)和式(12-36)范围内选取。如不能同时满足式(12-34)和式(12-36),则说明在给定条件下已超出稳压管的稳压范围了,需要限制使用条件或选用选用参数余量较大的稳压管。

硅稳压管稳压电路在输出电压不需要调节、负载电流比较小的情况下,稳压效果较好,所以在小型电子设备中经常采用它。但这种稳压电路输出电压不可调节,输出电压就是稳压管的稳压值 U_Z。当电网电压或负载电流变化太大时,此电路也不适应,这时可采用串联型稳压电路。

12.4.3　串联型稳压电路

由前面介绍我们可知,共集电极电路在 3 种基本组态电路中的输出电阻最小,输出电压最稳定。如果在共集电路基础上再引入系统的串联负反馈,则输出电阻会进一步减小,输出电压会进一步稳定。串联稳压电源正是基于这种思想而构成的。

串联型稳压电路主要由调整元件、基准电压、取样网络、比较放大 4 个部分组成,再配以过载或短路保护、辅助电源等辅助电路,基本原理框图如图 12.17 所示。

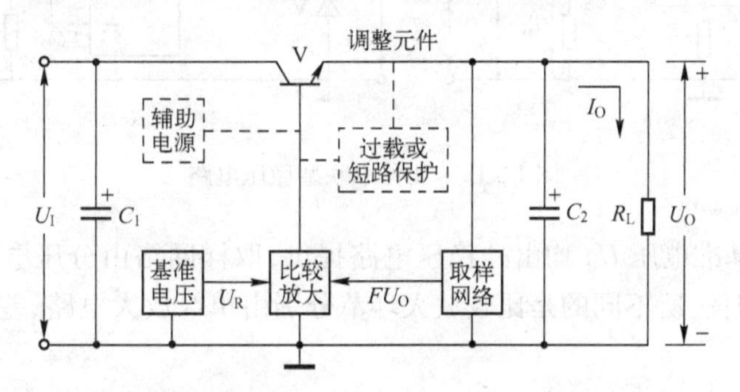

图 12.17　串联型稳压电路原理框图

一般情况下取样网络及过载或短路保护的电流比负载电流小得多,所以调整元件 V 的电流与负载电流 I_O 近似相等,可将 V 与负载电阻 R_L 看成串联关系,故称为串联型稳压电路。

该电路的核心部分是调整管 V 组成的射极输出器,负载电阻作为射极电阻,调整滤波电路的输出电压作为电源。射极输出器是电压串联负反馈电路,它本身就具有稳定输出电压的特点。调整管的工作点必须设置在放大区,方能起到电压调整作用。输出电压 U_O 是输入电压 U_I 与管压降 U_{CE}之差,即 $U_O = U_I - U_{CE}$。

其稳压过程如下:由于输入电压或负载变化等原因而使输出电压 U_O 发生变化,这时通过取样网络,取样电压 FU_O 也做相应变化,FU_O 与基准电压 U_R 比较后,由放大环节对其差值进行放大,所放大的差值信号对调整管进行负反馈控制,使其管压降 U_{CE}做相应的变化,从而将输出电压 U_O 拉回到接近变化前的数值。可见,这是一个环路增益足够大的自动调节系统。

取样环节通常由一个电阻分压器组成。取出输出电压的变化样品,加到一个误差比较放大器的反相输入端,与同相输入端的基准电压相比较。

为使取样网络所流过的电流远远小于额定负载电流,取样网络的电阻值应远远大于额定负载电阻。同时,为了使取样分压比 F 与比较放大电路无关,要求取样电阻远远小于比较放大电路的输入电阻。因此,选择取样电阻时,应考虑上述两个因素。

基准电压 U_R 通常由硅稳压管稳压电路提供。如果我们假定基准环节的基准电压是稳定的,那么放大器输出电压则随着电源输出电压变化而变化。将该电压反馈到调整管的基极,系统构成负反馈,则输出电压将更加稳定。

比较放大电路可以是单管放大电路、差动放大电路或运算放大电路,要求有尽可能小的零点漂移和足够的放大倍数。出于这种考虑,后两种放大电路组成的稳压电路性能较好。按图 12.17 所示的方框图,可画出如图 12.18 所示的几种具体的稳压电路。

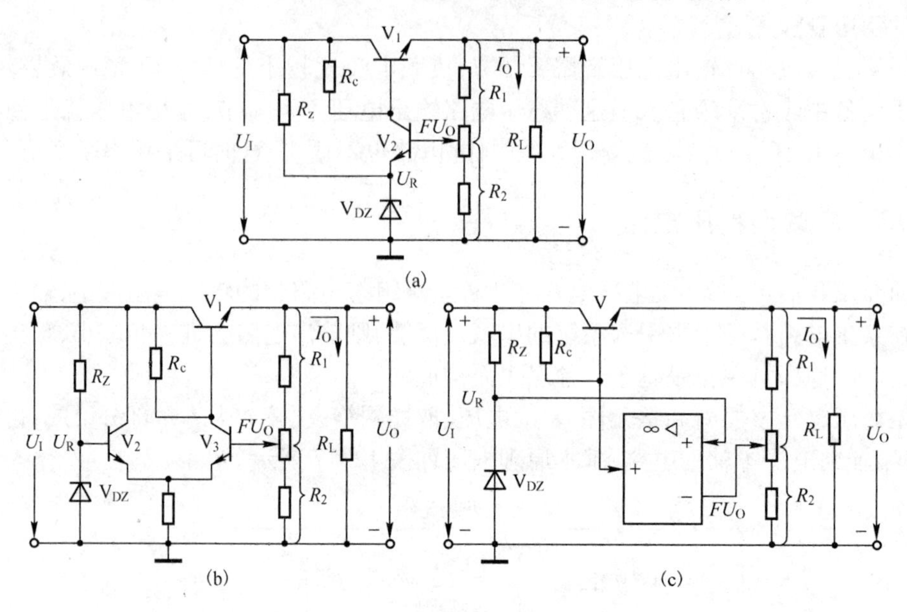

图 12.18　几种串联型稳压电路

在这些电路中,基准电压 U_R 均由硅稳压电路提供,取样网络由分压电阻 R_1、R_2 组成,调整元件均由三极管 V 担任,所不同的是比较放大环节分别由单级放大电路、差动放大电路、集成运算放大电路来担负。

上述各种电路中,比较放大环节的电源都是未经稳压的输入电压 U_I。由于 U_I 的变化将直接影响比较放大器的输出电位,故不利于稳压电路输出电压的稳定。因此,在一些对稳压性能要求较高的稳压电路中,常常另外建立一组稳压电源,作为比较放大环节的电源。如图 12.19 所示,由 R_5 和稳压管 V_{DZ2} 组成辅助稳压电源,比较放大环节的集电极负载 R_c 接到 V_{DZ2} 上,使其获得电源电压为:$V_{DZ2}+U_O$。因 V_{DZ2} 和 U_O 都是稳定的,从而使比较放大环节不受不稳定电压 U_I 的影响。

1. 输出电压 U_O 的计算及调节范围

$$U_{B3}=\frac{R_2}{R_1+R_2}U_O \tag{12-37}$$

而由 V_2、V_3 及 V_{DZ} 回路又可得

$$U_{B3}=U_{BE3}-U_{BE2}+U_R=U_R \tag{12-38}$$

从而

$$U_R=\frac{R_2}{R_1+R_2}U_O \tag{12-39}$$

$$U_O=\frac{R_1+R_2}{R_2}U_R \tag{12-40}$$

改变 R_1、R_2 可改变 U_O 值,即调节电位器可达此目的。电位器调节至下端时,输出电压最大;电位器调节至最上端时,输出电压最小。

例 12-1　在图 12.19 中 V_{DZ1} 稳压电压 $U_{DZ1}=U_R=7\text{V}$,采样电阻 $R_A=1\text{k}\Omega$,$R_B=680\Omega$,$R_W=200\Omega$,试估算输出电压的调节范围。

解　根据式(12-40),有

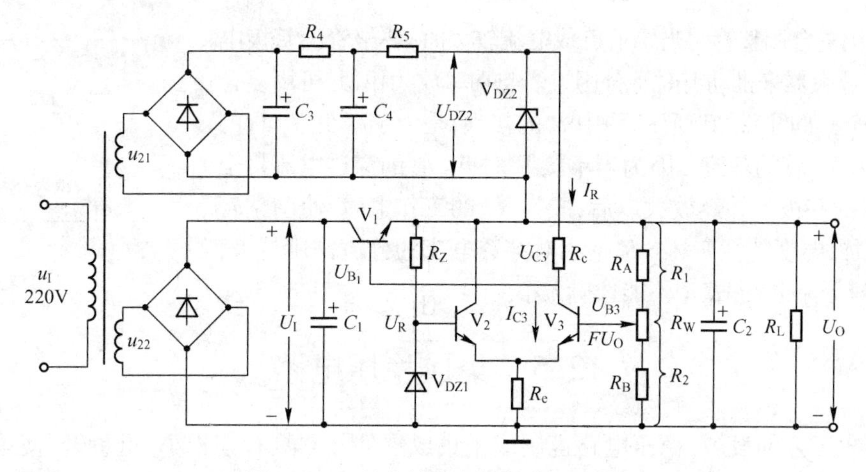

图 12.19　具有辅助电源的稳压电路

$$U_{\mathrm{Omax}}=\frac{R_{\mathrm{A}}+R_{\mathrm{B}}+R_{\mathrm{W}}}{R_{\mathrm{B}}}U_{\mathrm{Z}}=\frac{1+0.2+0.68}{0.68}\times 7=19.35\mathrm{V}$$

$$U_{\mathrm{Omin}}=\frac{R_{\mathrm{A}}+R_{\mathrm{B}}+R_{\mathrm{W}}}{R_{\mathrm{B}}+R_{\mathrm{W}}}U_{\mathrm{Z}}=\frac{1+0.2+0.68}{0.2+0.68}\times 7=14.95\mathrm{V}$$

2. 最大负载电流额定值的估算

在输出电压稳定的条件下，电路可能向负载提供最大额定电流 I_{Omax}。以图 12.19 为例，输出电压

$$U_{\mathrm{O}}=U_{\mathrm{B1}}-0.7\mathrm{V}=U_{\mathrm{C3}}-0.7\mathrm{V}$$

要求 U_{O} 稳定，意味着流过 R_{c} 的电流 I_{R} 必须稳定。而 $I_{\mathrm{R}}=I_{\mathrm{B1}}+I_{\mathrm{C3}}$，当负载电流 I_{O} 增大时，要求 $I_{\mathrm{B1}}\approx I_{\mathrm{O}}/\beta_1$ 相应增大，为保持 I_{R} 基本不变，V_3 集电极电流 I_{C3}应相应减小。而 I_{C3}的减小是有限度的，当 $I_{\mathrm{C3}}\approx 0$ 时，V_3 已无法再起到调节作用，故 $I_{\mathrm{C3}}=0$ 时，$I_{\mathrm{O}}=I_{\mathrm{Omax}}$，故

$$I_{\mathrm{B1}}\approx I_{\mathrm{Omax}}/\beta_1\approx I_{\mathrm{R}}$$

而

$$I_{\mathrm{R}}\approx\frac{U_{\mathrm{DZ2}}-0.7}{R_{\mathrm{c}}}$$

所以

$$I_{\mathrm{Omax}}\approx\beta_1 I_{\mathrm{R}}=\beta_1\frac{U_{\mathrm{DZ2}}-0.7}{R_{\mathrm{c}}}\tag{12-41}$$

3. 调整管的考虑

串联型稳压电路中，调整管承担了全部负载电流。为了考虑调整管的安全工作问题，一般调整管选用大功率晶体管。

（1）对 I_{CM}的考虑。调整管中流过的最大集电极电流为

$$I_{\mathrm{CM}}>I_{\mathrm{Cmax}}=I_{\mathrm{Omax}}+I'\tag{12-42}$$

式中，I_{Omax}为负载电流最大额定值，I'为取样、比较放大和基准电源等环节所消耗的电流。

（2）对 P_{CM}的考虑。调整管可能承受的最大集电极功耗为

$$P_{\mathrm{Cmax}}=U_{\mathrm{CE1max}}I_{\mathrm{Cmax}}=(U_{\mathrm{Imax}}-U_{\mathrm{Omin}})I_{\mathrm{Cmax}}$$

式中，U_{Imax}是电网电压波动上升 10% 时，稳压电路的输入电压最大值，U_{Omin}是稳压电源的最小额定输出电压，$I_{\mathrm{Cmax}}=I_{\mathrm{Omax}}+I'$，选管时要求

$$P_{\mathrm{CM}}>(U_{\mathrm{Imax}}-U_{\mathrm{Omin}})(I_{\mathrm{Omax}}+I')\tag{12-43}$$

（3）对击穿电压 BU_{CE}的考虑。当输出短路时，输入最大电压 U_{Imax}，全加在调整管的 c、e 间，所以

$$BU_{\mathrm{CE}}\geqslant U_{\mathrm{Imax}}\tag{12-44}$$

(4) 采用复合调整管。当要求负载电流较大时,调整管的基极电流也很大,靠放大器来推动有时十分困难。与功率放大相似,可用复合管组成调整管。如图 12.20 所示,图中 R' 的接入,是为了减少 V_2 管的穿透电流流入 V_1 管的基流。因为当不接 R' 时,V_2 管的穿透电流将全部流入 V_1 管的基极。并经放大以后,成为 V_1 的工作电流,使调整管 V_1 的管耗增加,温度特性变坏。R' 越小对穿透电流的分流作用越大,但对工作电流分流也大,故 R' 不能选得太小。

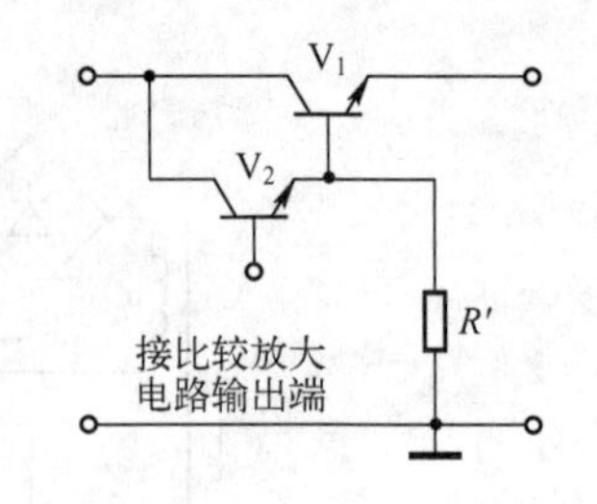

图 12.20　采用复合调整管

12.5　集成稳压电路

随着集成工艺的发展,稳压电路也制成了集成器件。它具有体积小、重量轻、使用方便、运行可靠和价格低等一系列优点,因而得到广泛的应用。目前集成稳压电源的规格种类繁多,具体电路结构也有差异。最简便的是三端集成稳压电路,即 W78××系列(输出正电压)和 W79××系列(输出负电压),它有 3 个引线端:输入端(接整流滤波电路输出端)、输出端(与负载相连)和公共端(输入、输出的公共接地端)。

W78××系列,可提供 1.5A 电流和输出为 5V,6V,9V,12V,15V,18V,24V 等各挡正的稳定电压,其型号的后两位数字表示输出电压值。例如,W7805,表示输出电压为 5V,其他依此类推。同类产品有 W78M××系列和 W78L××,它们的输出电流分别为 0.5A 和 0.1A。输出负压的系列为 W79××。

三端集成稳压电源使用十分方便,只要按需要选定型号,再加上适当的散热片,就可接成稳压电路。下面列举一些具体应用电路的接法,以供使用时参考。

1. 基本应用电路

基本应用电路即输出为固定电压,电路如图 12.21 所示,其中电容 C_1 是在输入引线较长时抵消其电感效应以防止产生自激;C_2 用来减小高频干扰。

使用时应防止公共端开路,因为公共端开路时,其输出电位接近于不稳定的输入电位,有可能使负载过压而损坏。

如需用负压,改用 W79××系列即可。

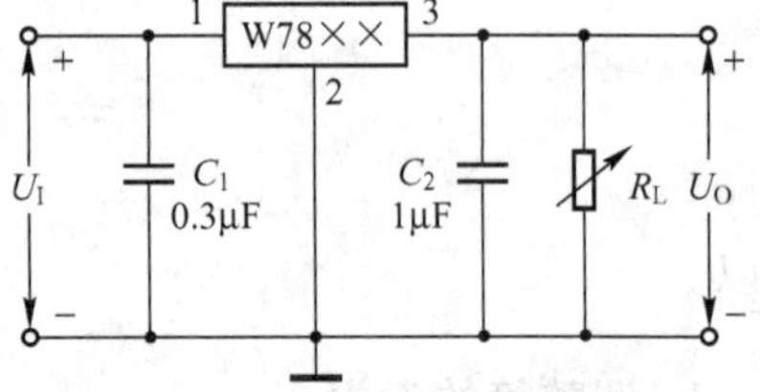

图 12.21　W78××系列基本应用电路

2. 扩大输出电流的电路

W78××或 W79××系列组件,最大输出电流为 1.5A。当需要大于 1.5A 的输出电流时,可采用外接功率管来扩大电流输出范围,其电路如图 12.22 所示。

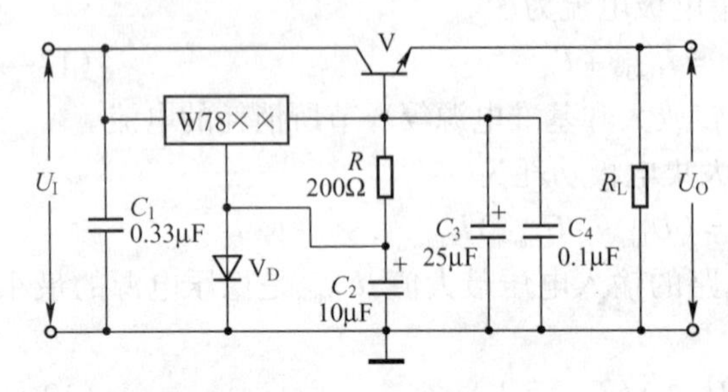

图 12.22　扩大输出电流的电路

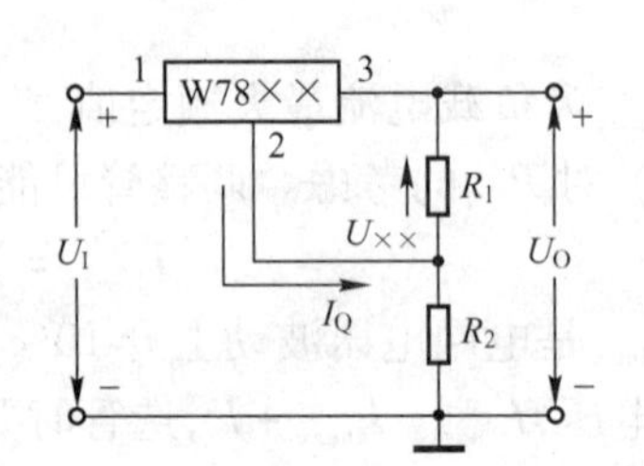

图 12.23　扩大输出电压的电路

3. 扩大输出电压的电路

若所需电压大于组件的输出电压,可采用升压电路。如图 12.23 所示,图中 R_1 上的电压为

W78××的标称输出电压 $U_{××}$，输出端对地的电压为

$$U_O = U_{××} + \frac{U_{××}}{R_1}R_2 + I_Q R_2 = \left(1 + \frac{R_2}{R_1}\right)U_{××} + I_Q R_2$$

式中，I_Q 为 W78××的静态工作电流，通常 $I_Q R_2$ 较小，输出电压近似为

$$U_O \approx \left(1 + \frac{R_2}{R_1}\right)U_{××} \tag{12-45}$$

由于电阻支路 R_1、R_2 的接入，故输出电压的稳定度降低。

4. 输出电压可调的电路

当要求稳压电源输出电压范围可调时，可以应用集成稳压器与集成运放接成输出电压可调的稳压电路，如图 12.24 所示。

在图 12.24 中，集成运放 F007 接成电压跟随器形式，电阻 R_1 上的电压近似等于集成稳压器的标称输出电压 $U_{××}$，因此，输出电压近似值为

$$U_O = \left(1 + \frac{R_2}{R_1}\right)U_{××} \tag{12-46}$$

所以，改变$\frac{R_2}{R_1}$的值即可改变输出电压值。

有关三端稳压电路的内部构成，读者可参阅有关书籍。

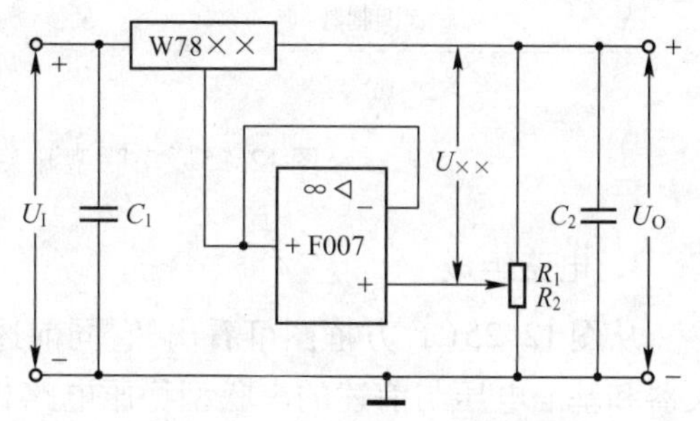

图 12.24 输出电压可调电路

12.6 开关稳压电路

晶体管串联型稳压电源的调整管工作在线性放大区，一直有电流流过，功耗较大，不仅效率低，而且需要散热，因此体积大而笨重。这种稳压电源已无法满足集成度日益增高、体积日益减小的电子设备(尤其是电子计算机)的需要，而开关型稳压电路克服了上述不足。

在开关型稳压电路中，调整管工作在开关状态，即管子工作在饱和与截止两种状态。当管子饱和时，有大电流流过管子，其饱和压降很小，所以管耗很小；当管子截止时，管压降大，可是流过的电流接近于零，管耗也很小。所以，调整管在开关工作状态下，本身的功耗很小。在输出功率相同的条件下，开关型稳压电源比串联型稳压电源的效率高，一般可达 80% ~90%，可以做成功耗小、体积小、重量轻的电源。

开关型稳压电源也有不足之处，主要表现在输出波纹系数大，调整管不断在导通与截止之间转换，而对电路产生射频干扰，电路比较复杂且成本高。随着微电子技术的迅猛发展，大规模集成技术日臻完善，近年来已陆续生产出开关电源专用的集成控制器及单片集成开关稳压电源，这对提高开关电源的性能、降低成本、使用维护等方面起到了明显效果。目前开关稳压电源已在计算机、电视机、通信和航天设备中得到了广泛的应用。

开关型电源种类繁多，按开关信号产生的方式可分为自激式、它激式和同步式 3 种；按所用器件可分为双极型晶体管、功率 MOS、场效应管、晶闸管等开关电源；按控制方式可分为脉宽调制(PWM)、脉频调制(PFM)和混合调制 3 种方式；按开关电路的结构形式可分为降压型、反相型、升压型和变压器型等；从开关调整管与负载 R_L 的连接方式可分为串联型和并联型。

12.6.1 串联型开关稳压电源

串联型开关稳压电源是最常用的开关电源。图 12.25 为串联它激式单端降压型开关稳压电

源的方框图和电路原理图。

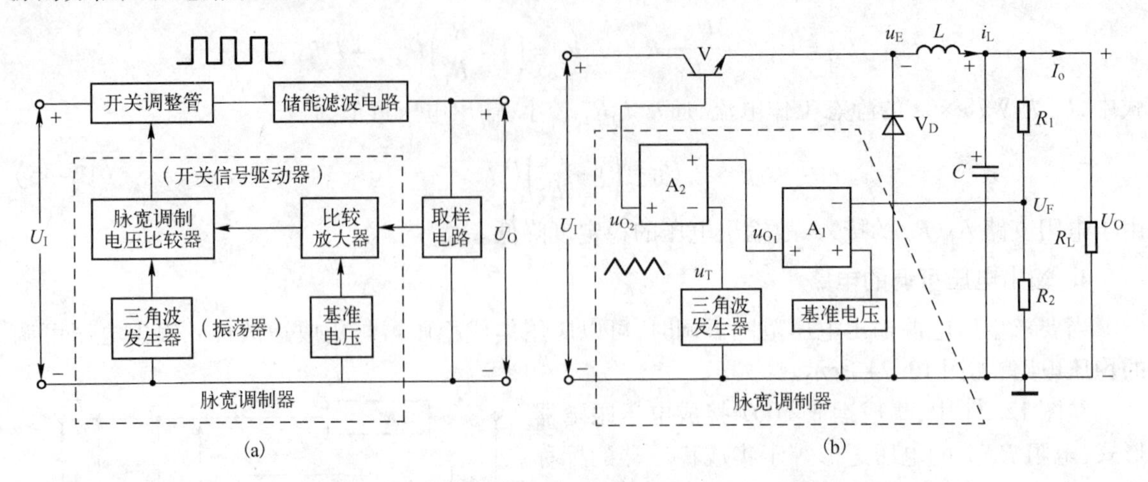

图 12.25 串联型开关稳压电源的方框图及电路原理图

1. 电路组成

从图 12.25(a)方框图可看出,它同前述的线性调整型串联电路相比,其中取样电路、比较放大器和基准电压与前述的串联型稳压电路相同。不同的是开并脉冲发生器(由振荡器和脉宽调制电压比较器组成)、开关调整管和储能滤波电路 3 部分。

开关脉冲发生器:它一般由振荡器和脉宽调制电压比较器组成,产生开关脉冲。脉冲的宽度受比较放大器输出电压的控制。由于取样电路、基准电压和比较放大器构成的是负反馈系统,故输出电压 U_O 升高时,比较放大器输出的控制电压降低,使开关脉冲变窄;反之,U_O 下降时,控制电压升高,开关脉冲增宽。

开关调整管:它一般由功率管组成,在开关脉冲的作用下,使其导通或截止,工作在开关状态。开关脉冲的宽窄控制调整管导通与截止的时间比例,从而输出与之成正比的断续脉冲电压。

储能滤波器:它一般由电感 L、电容 C 和二极管 V_D 组成。它能把调整管输出的断续脉冲电压变成连续的平滑直流电压。当调整管导通时间长、截止时间短时,输出直流电压就高,反之则低。

2. 工作原理和稳压过程

在图 12.25(b)中,U_I 为开关电源的输入电压,即整流滤波的输出电压。U_O 为开关电源输出电压。R_1 和 R_2 组成采样电路并接在输出两端,采样电压即反馈电压 $U_F=\dfrac{R_2}{R_1+R_2}U_O$。$A_1$ 为比较放大器,同相输入端接基准电压 U_R,反相输入端与 U_F 相连。A_2 为脉宽调制电压比较器,同相端接 A_1 输出电压 u_{O1},反相端与三角波发生器输出电压 u_T 相连,A_2 输出的矩形波电压 u_{O2}是驱动调整管通、断的开关信号。

由电压比较器的特点可知,当 $u_{O1}>u_T$ 时,$u_+>u_-$,u_{O2}为高电平,相反 u_{O2}为低电平。当 u_{O2}为高电平时,V 饱和导通,输入电压 U_I 经滤波电感 L 加在滤波电容 C 和负载 R_L 两端,在此期间 i_L 增大,L 和 C 储存能量,V_D 因偏压而截止;当 u_{O2}为低电平时,V 由饱和转换为截止,此时电感 i_L 电流不能突变,i_L 经 R_L 和续流二极管形成通路,电感释放能量,电容 C 通过 R_L 放电,因而 R_L 两端仍能获得连续的输出电压。当调整管在 u_{O2}的作用下又进入饱和导通,L 和 C 再次充电之后,V 再次截止,L 和 C 再次放电,如此反复。如不计晶体管的饱和导通压降和二极管的正向压降,可画出 u_E,i_L 及 u_O 的波形如图 12.26 所示。

图 12.26 中 T 为周期，它由三角波发生器输出电压 u_T 的周期决定。$T = t_{on} + t_{off}$，t_{on} 是 u_{O2} 为高电平时的脉宽，也是调整管导通时间；t_{off} 是 u_{O2} 为低电平时的脉宽，也是调整管截止时间。显然在不计晶体管和二极管的管压降以及电感 L 的直流压降时，输出电压的平均值(即直流电压) U_O，由下式计算

$$U_O = \frac{t_{on}}{T} U_I$$

式中，t_{on}/T 即为占空比，用 D 表示。故只要改变占空比即可改变输出直流电压 U_O。具体稳压过程如下：

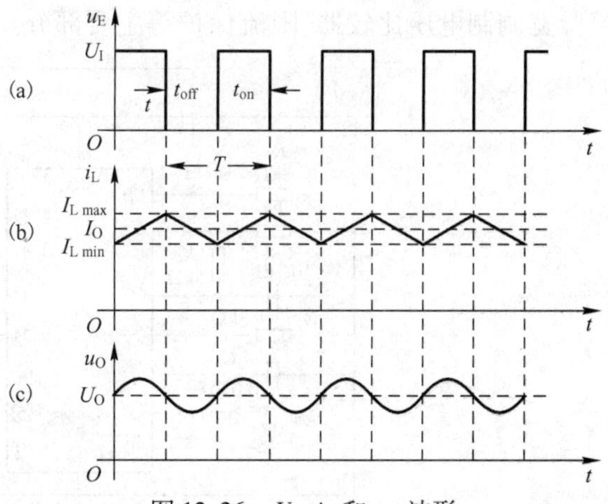

图 12.26　U_E，i_L 和 u_O 波形

(1) 正常情况下，输出电压 U_O 恒定不变，即为该稳压器的标称值，此时 U_F 与 U_R 应相等，$u_{O1} = 0$，A_2 比较器即为过零比较器，此时 u_{O2} 波形的占空比 $D = 50\%$，波形如图 12.27(a)所示。

(2) 当输入电压 U_I 或负载电流 I_O 变化时，将引起输出电压 U_O 偏离标称值。由于负反馈的作用，电路将自动调整而使 U_O 基本上维持在标称值不变，稳压过程表示如下：

$$U_O\uparrow \rightarrow U_F\uparrow (U_F > U_R) \rightarrow u_{O1} < 0 \rightarrow t_{on} < t_{off}$$

$$U_O\downarrow \leftarrow U_O = \frac{t_{on}}{T} U_I \leftarrow D < 50\%$$

其波形如图 12.27(b)所示；如果 $U_O\downarrow$，则通过反馈作用可使 $U_O\uparrow$，使 U_O 稳定，其波形如图 12.27(c) 所示。

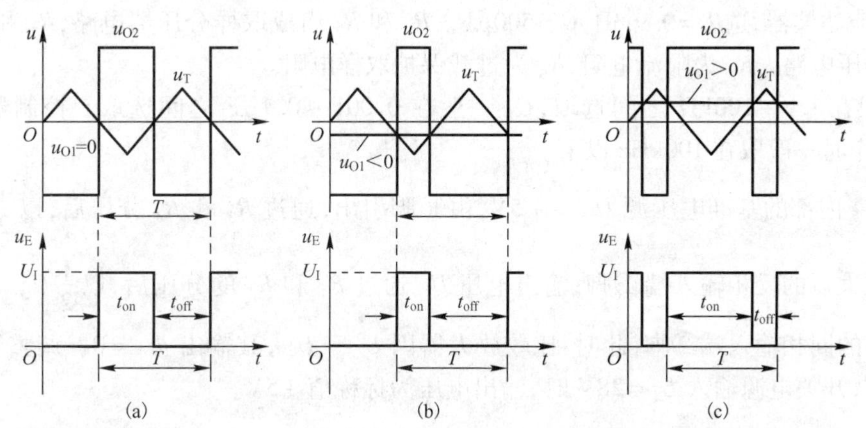

图 12.27　U_O 变化引起占空比 D 变化的自动稳压过程

3. 采用集成控制器的开关直流稳压电源

采用集成控制器是开关直流稳压电源发展趋势的一个重要方面。它可使电路简化，使用方便，工作可靠，性能稳定。我国已经系列生产开关电源的集成控制器，它将基准电压源、三角波电压发生器、比较放大器和脉宽调制电压比较器等电路集成在一块芯片上，称为集成脉宽调制器。它的型号有 SW3520、SW3420、CW1524、CW2524、CW3524、W2018、W2019 等，现以 CW3524 集成控制器的开关稳压电源为例介绍其工作原理及使用方法。

图 12.28 即为采用 CW3524 集成控制器的单端输出降压型开关稳压电源实用电路，该稳压电源 $U_O = +5\text{V}$，$I_O = 1\text{A}$。

CW3524 集成电路共有 16 个引脚。其内部电路包含基准电压器、三角波振荡器、比较放大

器、脉宽调制电压比较器、限流保护等主要部分。振荡器的振荡频率由外接元件的参数来确定。

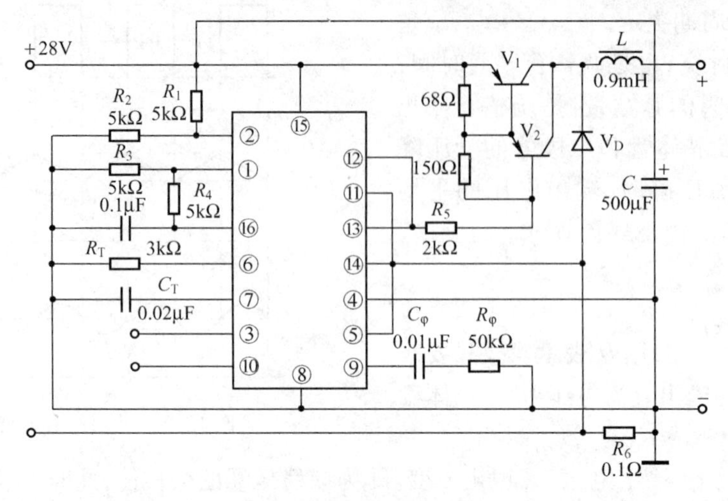

图 12.28　用 CW3524 的开关稳压电源

⑮、⑧脚接入电压 U_1 的正、负端；⑫、⑪脚和⑭、⑬脚为驱动调整管基极的开关信号的两个输出端(即脉宽调制电压比较器输出信号 u_{O2})，两个输出端可单独使用，亦可并联使用，连接时一端接开关调整管的基极，另一端接⑧脚(即地端)；①、②脚分别为比较放大器的反相和同相输入端；⑯脚为基准电压源输出端；⑥、⑦脚分别为三角波振荡器外接振荡元件 R_T 和 C_T 的连接端；⑨脚为防止自激的相位校正元件 R_φ 和 C_φ 的连接端。

调整管 V_1、V_2 均为 PNP 硅功率管，V_1 为 3CD15，V_2 选用 3CG14。V_D 为续流二极管。L 和 C 组成 LC 储能滤波器，选 $L=0.9\text{mH}$，$C=500\mu\text{F}$。R_1 和 R_2 组成取样分压器电路，R_3 和 R_4 是基准电压源的分压电路。R_5 为限流电阻，R_6 为过载保护取样电阻。

R_T 一般在 1.8～100kΩ 之间选取，C_T 一般在 0.001～0.1μF 之间选取。控制器最高频率 300kHz，工作时一般取在 100kHz 以下。

CW3524 内部的基准电压源 $U_R=+5\text{V}$，由⑯脚引出，通过 R_3 和 R_4 分压后，以 $\frac{1}{2}U_R=2.5\text{V}$ 加在比较放大器的反相输入端①脚；输出电压 U_O 通过 R_1 和 R_2 的分压后，以 $\frac{1}{2}U_O=2.5\text{V}$ 加至比较放大器的同相输入端②脚，此时，比较放大器因 $U_+=U_-$，其输出 $u_{O1}=0$。调整管在脉宽调制器作用下，开关电源输入 $U_I=28\text{V}$ 时，输出电压为标称值 +5V。

12.6.2　并联型开关稳压电源

除串联型开关稳压电源外，常用的还有并联型开关稳压电源。在并联型开关稳压电路中，开关管与输入电压和负载是并联的。下面简单分析这种电路的工作原理。

1. 并联型开关稳压电路的工作原理

图 12.29(a)画出了并联开关稳压电路的开关管和储能滤波电路。

当开关脉冲为高电平时，开关管 V 饱和导通，相当于开关闭合，输入电压 U_I 通过 i_1 向电感 L 储存能量，如图 12.29(b)所示。这时因电容已充有电荷，极性是上正下负，所以二极管 V_D 截止，负载 R_L 依靠电容 C 放电供给电流。

当开关脉冲为低电平时，开关管 V 截止，相当于开关断开。由于电感中电流不能突变，这时电感两端产生自感电动势，极性是上负下正。它和输入电压相叠加使二极管 V_D 导通，产生电流

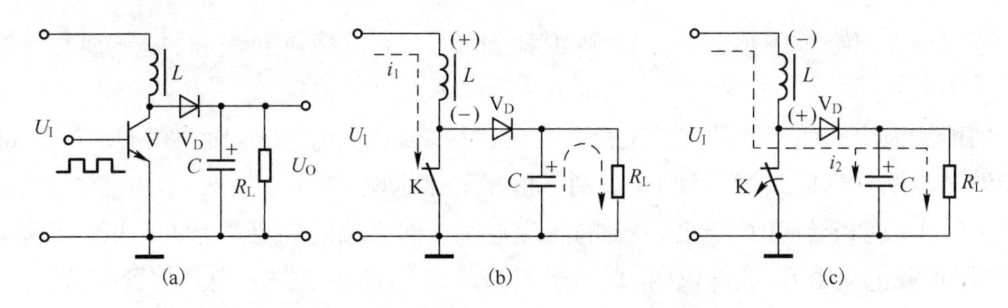

图 12.29　并联型开关稳压电路简化图

i_2,并向电容充电,向负载供电,如图 12.29(c)所示。当电感中释放的能量逐渐减小时,就由电容 C 向负载放电,并很快转入开关脉冲高电平状态,再一次使V饱和导通,由输入电压 U_I 向电感 L 输送能量。用这种并联型开关电路可以组成不用电源变压器的开关稳压电路。

2. 不用电源变压器的开关稳压电路

图 12.30 是电视机中常用的一种开关稳压电路,它没有电源变压器,直接由市电 220V 整流得到 30V 的直流电压,然后通过带脉冲变压器的并联型开关稳压电路的变换,得到 +6.5V, +100V, +35V 的直流电压输出。

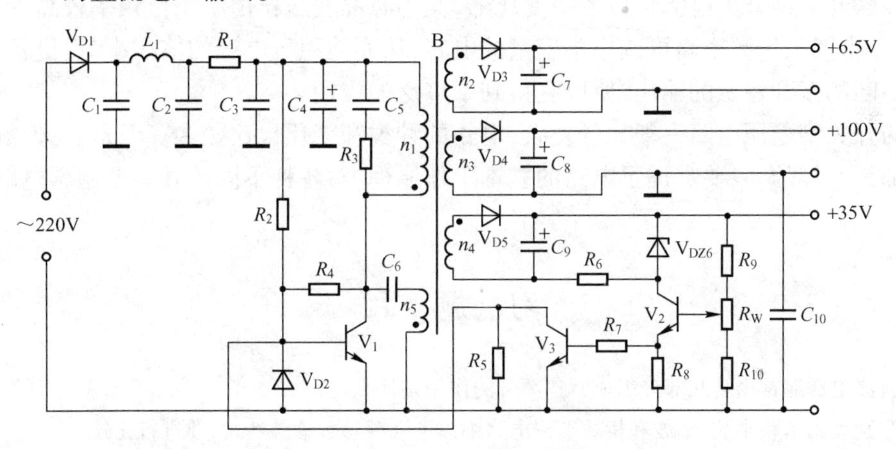

图 12.30　并联开关稳压电路

图 12.30 中 V_1 是开关管,B 是脉冲变压器,n_1 为初级绕组(相当于储能电感),n_2、n_3、n_4 3 个次级绕组得到数值不同的输出电压,n_5 为开关管作间歇振荡时提供正反馈电压的绕组,R_9、R_W、R_{10}为采样电阻,V_{DZ6}稳压管提供基准电压,V_2、V_3 是比较放大器,V_{D3}、V_{D4}、V_{D5}和 C_7、C_8、C_9 是三级续流二极管和滤波电容。

(1)开关管 V_1 的工作过程。当电路接通后,220V 交流电压经整流滤波得到直流电压并通过 R_2 加到 V_1 的基极上,产生基流和集电极电流。绕组 n_1 产生上正下负感应电压,根据同名端极性一致的原理,次级 n_5 也产生上正下负的感应电压,并通过 C_6 和 R_4 加到 V_1 的基极构成正反馈,因此很快使 V_1 进入饱和导通状态。

V_1 饱和导通后,n_5 的感应电动势通过 R_4 和 V_1 的发射极向 C_6 充电,极性为左负右正。所以随着 C_6 充电,其左端电位逐渐降低,从而使 V_1 基极电流开始减小,集电极电流也随之减小。由于电感绕组有抵制电流变化的特性,n_5 两端产生自感电动势为上负下正,因此,其负端通过 C_6、R_4 加在 V_1 基极,使基极电流进一步减小,这种正反馈过程又很快使 V_1 由饱和导通进入截止状态。

V_1 截止后,C_6 停止充电,并经过 n_5、V_{D2}和 R_4 放电,使 C_6 两端电压减小,C_6 左端电位相应提高,从而使 V_1 的基极电位也随之提高,当升到一定数值时,V_1 重新产生基极电流,重复开始时的

正反馈过程又使 V_1 饱和导通。可见 V_1 从饱和到截止,又由截止到饱和,循环往复,起着开关作用。

(2) 储能滤波电路的工作原理。电路中 3 个次级绕组 n_2、n_3 和 n_4 所连接的二极管和电容构成了储能滤波电路。现以 n_2、V_{D3} 和 C_7 为例分析其工作原理。

当开关管 V_1 饱和导通时,绕组 n_2 上的感应电压按同名端的规定是上负下正,V_{D3} 截止,变压器储存能量,负载电流由 C_7 放电供给,相当于图 12.29(b)所示电路。当开关管 V_1 截止时,n_2 上感应电压是上正下负,续流二极管 V_{D3} 导通,变压器释放能量,由 n_2 提供的电流向 C_7 充电,并向负载供电,相当于图 12.29(c)所示。这样负载上可以得到平滑的直流电压。

(3) 采样电路和比较放大器的工作过程。假如由于某种原因使输出电压略有上升,通过 R_9、R_W 和 R_{10} 采样分压电阻使 V_2 管的基极电位也略有升高,但因有稳压管 V_{DZ6} 的作用,V_2 管的发射极电位要比基极升高得多,使 V_2 管的集电极电流加大,故 R_8 上的电压降增大,从而提高了 V_3 的基极至发射极间的电压,使 V_3 管的集电极电流加大,相当于 r_{ce3} 减小,它与 V_1 的发射极并联,结果使 V_1 管导通时 r_{be1} 减小,于是 C_6 充电加快,缩短了 V_1 的导通时间,减小了变压器储存的能量,使输出电压降低,从而维持输出电压的稳定。

这种并联开关型开关电源可以省掉变压器,其中脉冲变压器由于工作频率较高,可以做得很小,滤波电容也因工作频率高可选用小容量的电容,从而使稳压电源的体积小、重量轻,并可以得到电压值不同的多种稳定的输出,所以它得到了广泛的应用。

实际的开关型稳压电路一般比较复杂,电路的种类和变化也比较多。但是,无论哪种电路其基本原理都是一样的,只要掌握了电路的基本工作原理,对各种不同的开关型稳压电路就不难理解了。

习 题 12

12.1 直流电源通常由哪几部分组成?各部分的作用是什么?

12.2 分别列出单相半波、全波和桥式整流电路中以下几项参数的表达式,并进行比较。

(1) 输出直流电压 U_O;(2) 脉动系数 S;(3) 二极管正向平均电流 I_D;(4) 二极管最大反向峰值电压 U_{RM}。

12.3 电容和电感为什么能起滤波作用?它们在滤波电路中应如何与 R_L 连接?

12.4 画出半波整流电容滤波的电路图和波形图,说明滤波原理,以及当电容 C 和负载电阻 R_L 变化时对直流输出电压 U_O 和脉动系数 S 有何影响。

12.5 串联型稳压电路主要由哪几部分组成?它实质上依靠什么原理来稳压?

12.6 在串联型直流稳压电路中,为什么要采用辅助电源?为什么要采用差动放大电路或运放作为比较放大电路?

12.7 串联型稳压电路为何采用复合管作为调整管,为了提高温度稳定性,组成复合管采取了什么措施?

12.8 桥式整流电容滤波电路如图所示。已知 $R_L=50\Omega$,C 足够大,用交流电压表测量 $U_2=10V$,问:

(1) 在电路正常工作时,电路直流输出电压 $U_O=$?

(2) 若用直流电压表测得 $U_O=9V$,说明电路出现了什么问题?

(3) 若负载 R_L 开路,用直流电压表测得 U_O 将为多少?

(4) 当 V_{D1} 短路时,将出现什么问题?

12.9 在稳压管稳压电路中,如果已知负载电阻的变化范围,如何确定限流电阻?如果已知限流电阻的数值,如何确定负载电阻允许变化的范围?

12.10 稳压管稳压电路如图所示,如果稳压管选用 2DW7B,已知其稳定电压 $U_Z=6V$,$I_{Zmax}=30mA$,$I_{Zmin}=10mA$,而且选定限流电阻 $R=200\Omega$,试求:

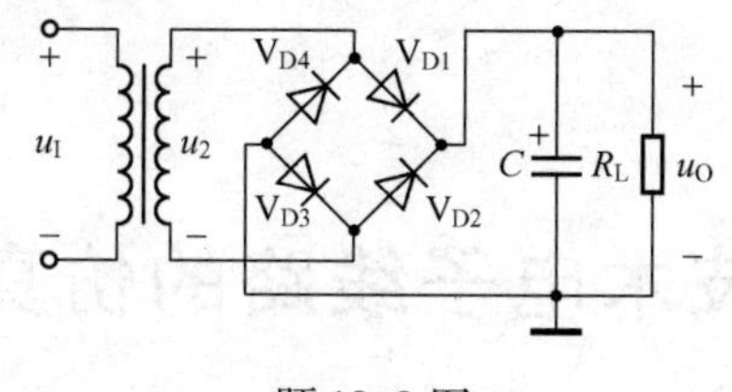

题 12.8 图

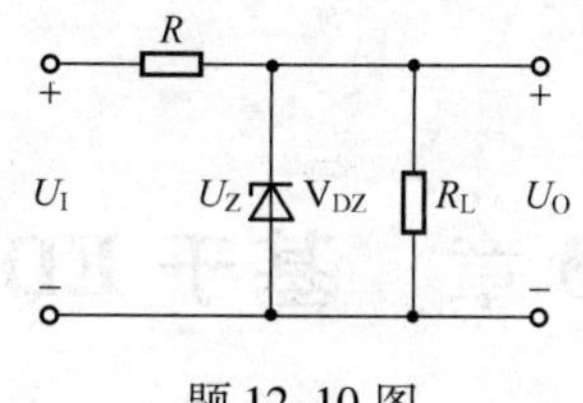

题 12.10 图

（1）假设负载电流 $I_L=15\text{mA}$，则允许输入直流电压（即整流滤波电路的输出直流电压）U_I 的变化范围为多大，才能保证稳压电路正常工作；

（2）假设给定输入直流电压 $U_I=13\text{V}$，则允许负载电流 I_L 变化范围为多大？

（3）如果负载电流也在一定范围内变化，设 $I_L=10\sim20\text{mA}$，此时输入直流电压 U_I 的最大允许变化范围为多大？

12.11　在如图所示的两个电路中，设来自变压器次级的交流电压有效值 U_2 为 10V，二极管都具有理想的特性，求：（1）各电路的直流输出电压 $U_O=$？（2）若各电路的二极管 V_{D1} 都开路，则各自的 U_O 又为多少？

12.12　用一个三端集成稳压器 W7812 组成直流稳压电路，说明各元件的作用，并指出电路正常工作时的输出电压值。

12.13　用 W7812 和 W7912 组成输出正、负电压的稳压电路，画出整流、滤波和稳压电路图。

12.14　如图所示电路是将三端集成稳压电源扩大为输出可调的稳压电源，已知 $R_1=2.5\text{k}\Omega$，$R_F=0\sim9.5\text{k}\Omega$，试求输出电压调压的范围。

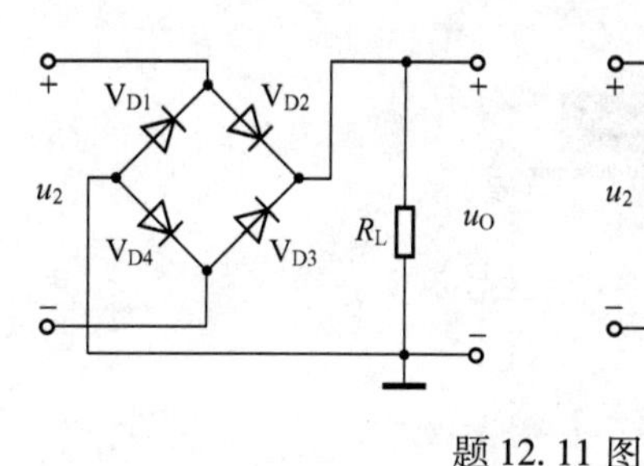

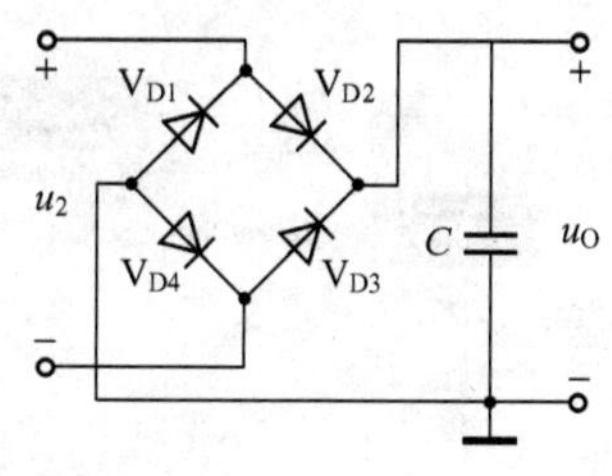

题 12.11 图

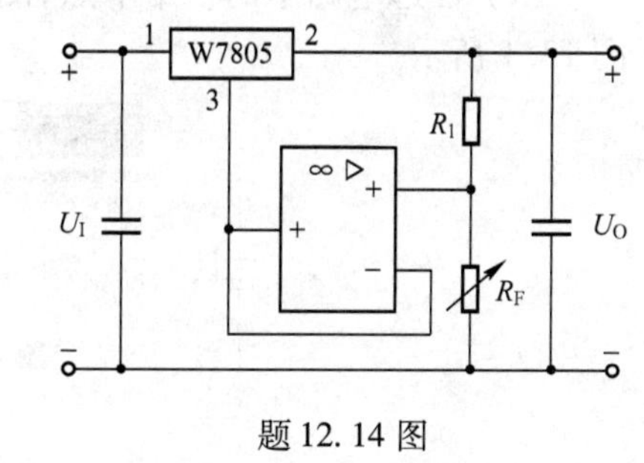

题 12.14 图

* 第 13 章　基于 EDA 技术电子线路的仿真实例

随着电子技术和计算机技术的飞速发展,现代电子系统的设计已经进入电子设计自动化(EDA)的时代,采用虚拟仿真手段对电子系统和电子产品进行前期工作的调试,已成为电子技术发展的必然趋势;掌握 EDA 技术已成为当前电子工程设计人员必备的工作技能。考虑许多高校已开设了 EDA 技术的相关课程,本章只列出运用 multism12 软件对相关内容的仿真例题。授课教师可根据各自学校的具体情况进行实施,可以放在各章讲授,也可集中进行。但必须与实验结合实施。

13.1　电路基本概念和分析

例 1　基尔霍夫定律的验证。

分析:基尔霍夫定律包含基尔霍夫电流定律(KCL)和基尔霍夫电压定律(KVL)。

$$\text{KCL}: \sum_{k=1}^{m} i_k(t) = 0; \quad \text{KVL}: \sum_{k=1}^{m} u_k(t) = 0$$

(1) 任选电路中的一个节点,测量与节点相连的各支路的电流,验证 KCL 定律;仿真电路如图 13.1 所示。

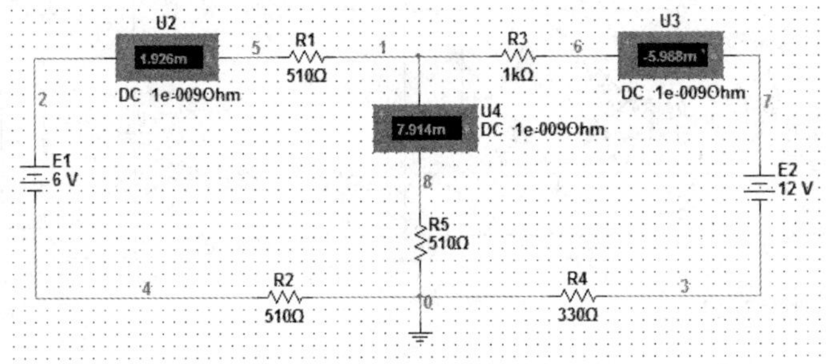

图 13.1　KCL 仿真电路

验证 KCL 定律:设流入节点电流取正号,流出节点电流取负号,有

$$-1.926\text{mA} - 5.988\text{mA} + 7.914\text{mA} = 0$$

结论:与节点 1 相连的各支路电流的代数和为零。

(2) 任选电路中的一个回路,测量回路中各器件上的电压,验证 KVL;仿真电路如图 13.2 所示。

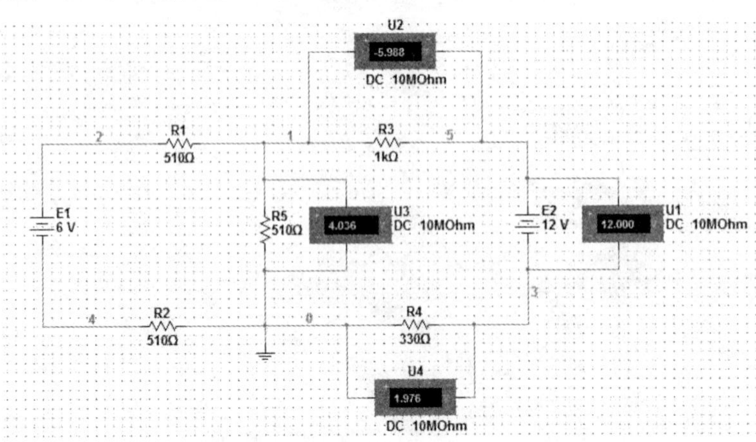

图 13.2　KVL 仿真电路

验证 KVL 定律：在回路中选择顺时针绕行方向：

$$-5.988+12-1.976-4.036=0$$

结论：沿任意回路绕行一周，各器件上的电压代数和为零。

13.2　电阻电路分析

例 1　戴维南定理——有源二端网络等效参数的测定。

分析：一个含独立源、线性受控源、线性电阻的二端电路 N，对其两个端子来说都可等效为一个理想电压源串联内阻的模型。按照图 13.3 连接电路，接入稳压电源 $E_s=12V$，$I_s=20mA$；通过电路仿真求图 13.3 的开路电压和等效内阻。

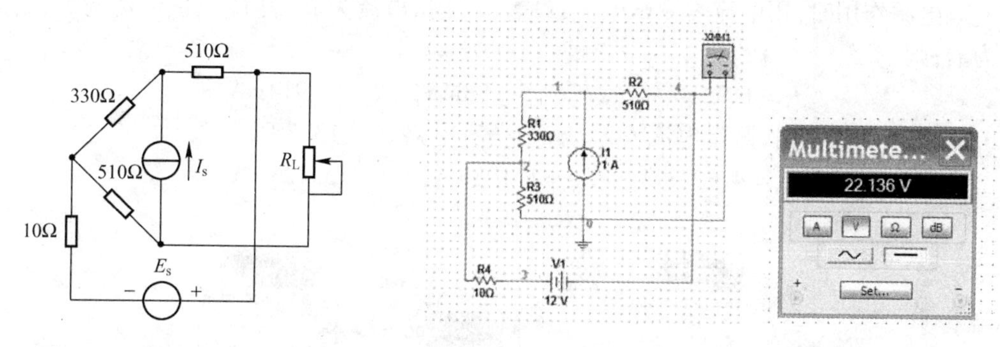

图 13.3　戴维南定理仿真图　　　　图 13.4　开路电压测试电路

（1）断开负载电阻 R_L，测量开路电压 U_{oc}，仿真电路如图 13.4 所示。测量结果：$U_{oc}=22.136V$。

（2）再将负载电阻 R_L 短接，测量短路电流 I_{sc}，仿真电路如图 13.5 所示。

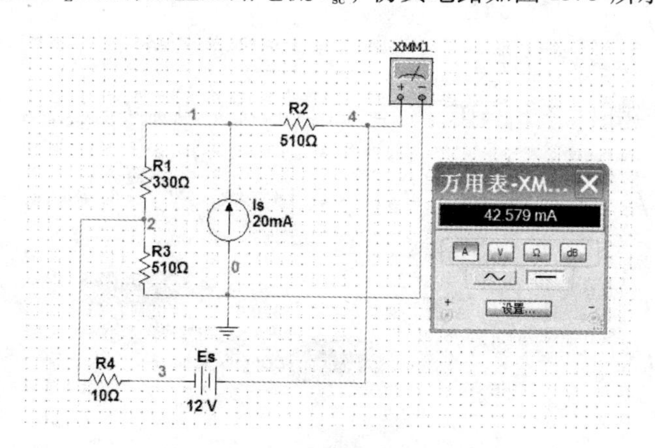

图 13.5　短路电流测试电路

测量结果：$I_{sc}=42.579mA$。

（3）计算等效内阻：$R_0=U_{OC}/I_{SC}=520\Omega$。

例 2　叠加原理和齐次定理的验证。

分析：

叠加定理：在任何由线性元件、线性受控源及独立源组成的线性电路中，每一支路的响应（电压或电流）都可以看成是各个独立电源单独作用时，在该支路中产生响应的代数和。

齐次定理：当一个激励源（独立电压源或独立电流源）作用于线性电路时，其任意支路的响应(电压或电流)与该激励源成正比。仿真电路如图 13.6 所示。

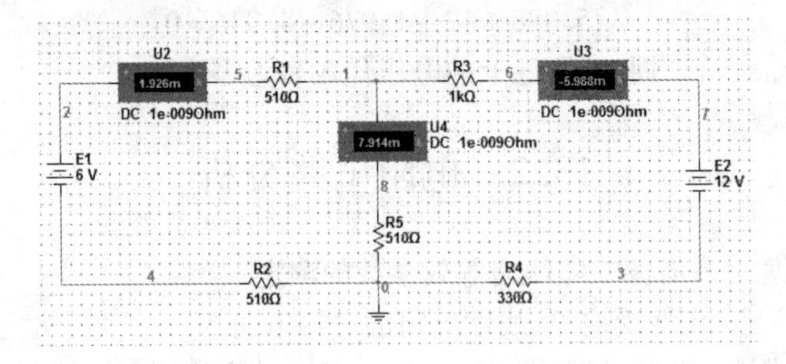

图 13.6　两个电源共同作用

(1) 双电源作用时,用电流表测试电流:设表 U_2测试电流为 I_1,表 U_3测试电流为 I_2,表 U_4测试电流为 I_3;则

$$I_1 = 1.926\text{mA},\quad I_2 = -5.988\text{mA},\quad I_3 = 7.914\text{mA}$$

(2) 令 E_1单独作用时,测量电流 I_{11}、I_{21}、I_{31},仿真电路如图 13.7 所示。

$$I_{11} = 4.321\text{mA},\quad I_{21} = 1.198\text{mA},\quad I_{31} = 3.123\text{mA}$$

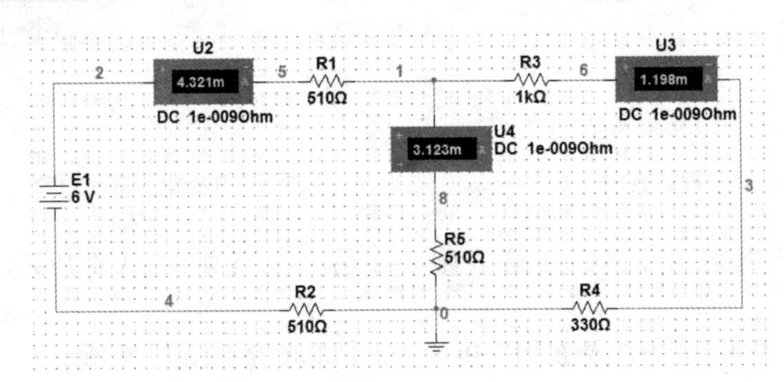

图 13.7　电源 E_1 单独工作,E_2 短路

(3) 令 E_2单独作用时(令 $E_1 = 0\text{V}, E_2 = +12\text{V}$),测量电流 I_{12}、I_{22}、I_{32}。仿真电路如图 13.8 所示。

$$I_{12} = -2.395\text{mA},\quad I_{22} = -7.185\text{mA},\quad I_{32} = 4.790\text{mA}$$

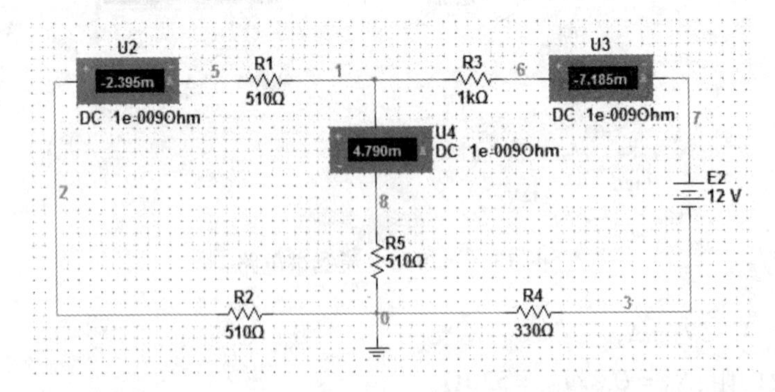

图 13.8　E_2 单独工作,E_1 短路

验证叠加定理的正确性:

$$I_1 = I_{11} + I_{12} = 1.926\text{mA},\quad I_2 = I_{21} + I_{22} = -5.988\text{mA},\quad I_3 = I_{31} + I_{32} = 7.914\text{mA}$$

结论:两个电源各自单独作用时,测量电流值之和,等于两个电源共同作用时电流值。

(4) 将 E_2 的数值调至 +12V,同时令 $E_1=0V$,测量电流值。仿真电路如图 13.9 所示。

$$I_{13}=8.641mA,\quad I_{23}=2.395mA,\quad I_{33}=6.246mA$$

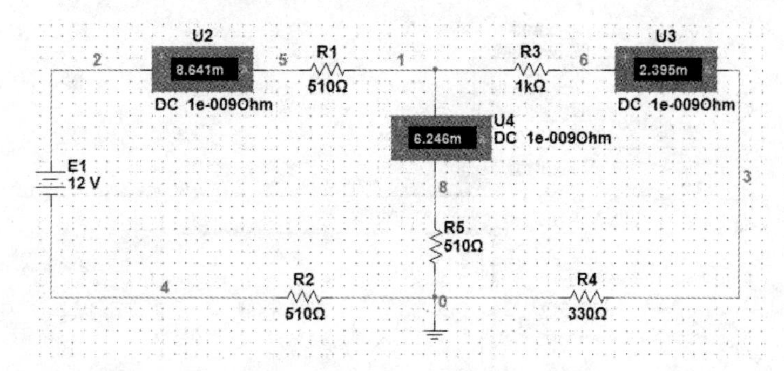

图 13.9 电源 E_1 增加 2 倍

验证齐次定理的正确性:比较步骤(4)和步骤(2)的电流测试值,满足关系:

$$I_{13}=2I_{11},\quad I_{23}=2I_{21},\quad I_{33}=2I_{31}$$

结论:当电源电压增大 2 倍时,各支路电流也增大 2 倍。

13.3 动态电路时域分析

例 1 一阶 RC 电路分析。

分析:U_i为信号源输出的方波电压信号,并将激励源 U_i和响应 U_R分别与示波器的两个通道相连接,这时可在示波器的屏幕上观察到激励与响应的变化规律,来测时间常数。RC 充放电电路仿真如图 13.10 所示。

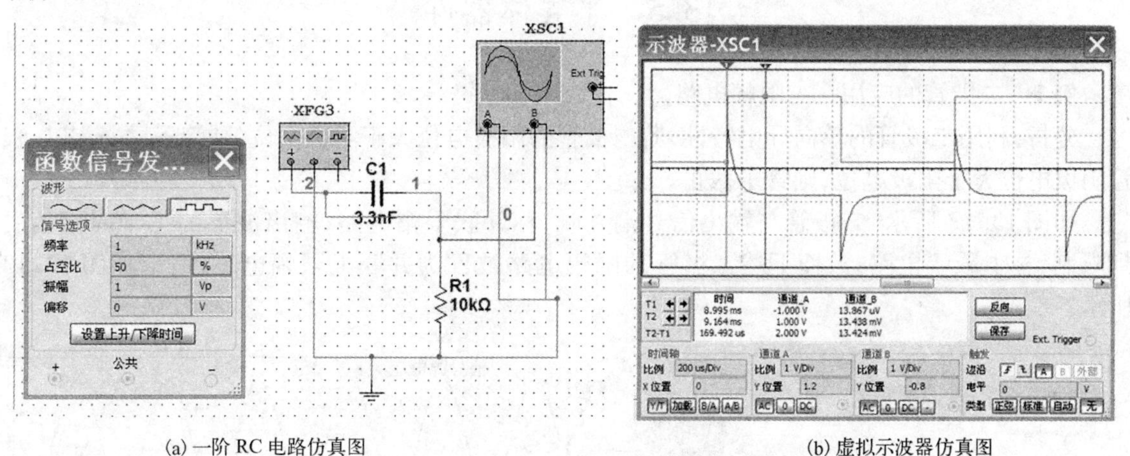

(a) 一阶 RC 电路仿真图 (b) 虚拟示波器仿真图

图 13.10 一阶 RC 电路

信号源输入接示波器 A 通道,用红色线表示;输出电压接示波器 B 通道,用蓝色线表示;测试波形如图 13.10(b)所示。

示波器指针 1(红色)与指针 2(蓝色)中间的经历时间即为实际时间常数,理论时间常数要小于实际时间常数。

13.4 正弦稳态电路分析

例 1 RLC 串联谐振电路。

分析:电源的幅度不变而频率改变时,RLC 回路阻抗会随频率而改变。因感抗 ωL 随频率升高而增大，容抗 $1/(\omega C)$ 随频率升高而减小，感抗与容抗又是性质相反的两种电抗，所以当电源频率改变到某个值时会使回路中的电抗为0。仿真电路如图13.11所示。

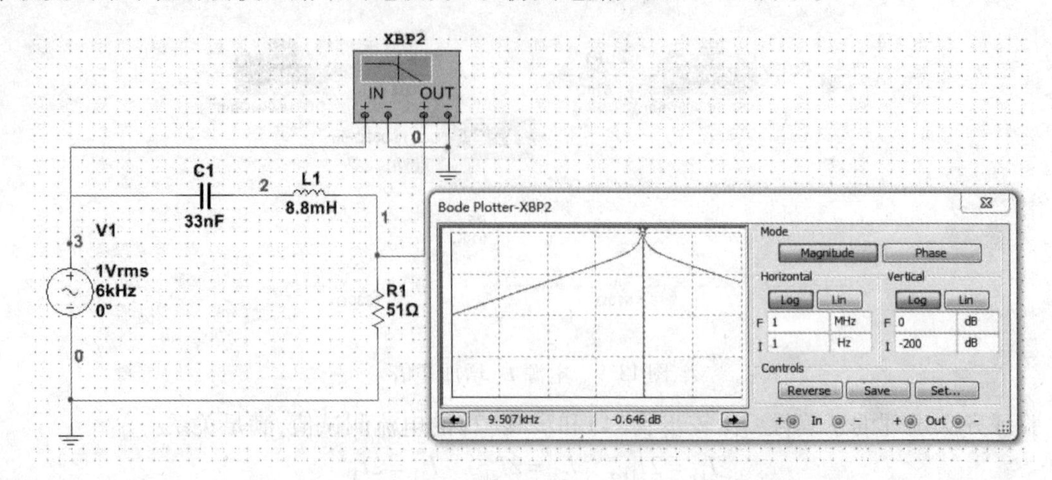

图13.11 RLC串联谐振电路

设回路中各元件参数保持一定，电源的幅度等于1V并保持不变，而电源的频率可变，寻找RLC串联电路的谐振频率点。

仿真时把交流毫伏表接在电阻两端，测量输出电压 U_o 的幅度；调节输入信号 U_i 的频率，使其由小逐渐变大（注意保持信号源的输出幅度不变）；当 U_o 为最大值时，读出频率计上显示的频率值，此值即为谐振频率 f_o。在波特图示仪上观察 $f_o=950$。

13.5 半导体器件

例1 二极管的应用——限幅电路。

分析：利用二极管的单向导电特性，若二极管的阳极电位大于阴极电位，则管子导通；若二极管阴极电位大于阳极电位，则管子截止。

如图13.12所示，二极管与输出信号端并联，称并联限幅电路；输出波形的正半周幅值受到限制，称上限幅电路；故而下述二极管的限幅电路被称为并联上限幅电路，波形如图13.13所示。

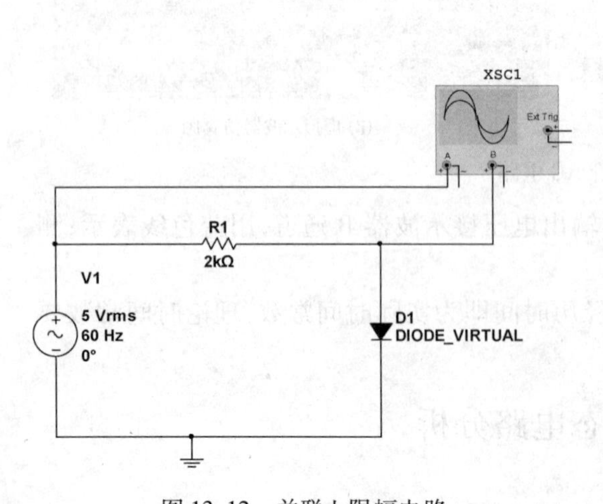

图13.12 并联上限幅电路

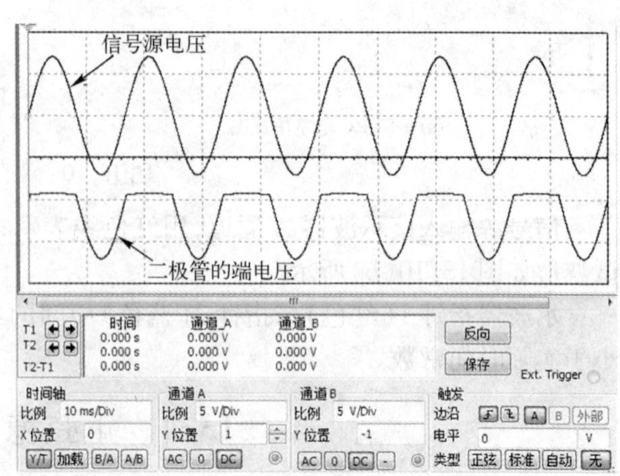

图13.13 并联上限幅电路的波形图

例 2　二极管的应用——双限幅电路。

分析:利用二极管的单向导电特性,若二极管的阳极电位大于阴极电位,则管子导通;若二极管阴极电位大于阳极电位,则管子截止。

如图 13. 14 所示,两个二极管均与输出信号端并联,称并联限幅电路;输出波形的正负半周幅值都受到限制,称双限幅电路,波形如图 13. 15 所示。

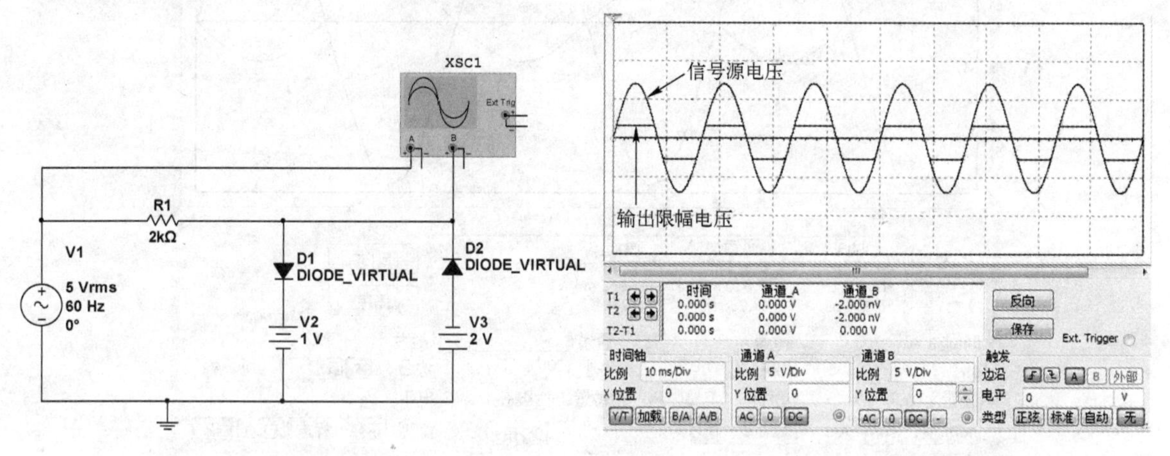

图 13. 14　并联双限幅电路　　　　图 13. 15　并联双限幅电路的波形图

13. 6　三极管放大电路

例 1　三极管共发射极放大电路。

分析:电路如图 13. 16 所示,在仿真工作平台中双击右上方的开关,得到测量仪表的读数如下:$I_B = 0.013\text{mA}$,$I_C = 1.311\text{mA}$,$U_{CE} = 4.755\text{V}$。在图 13. 17 中,输入信号接在示波器的 A 通道,输出信号接在示波器的 B 通道,利用卡尺标注得到比值亦即电压放大倍数 $A_U = -1.014\text{V}/13.988\text{mV} \approx -72.49$。

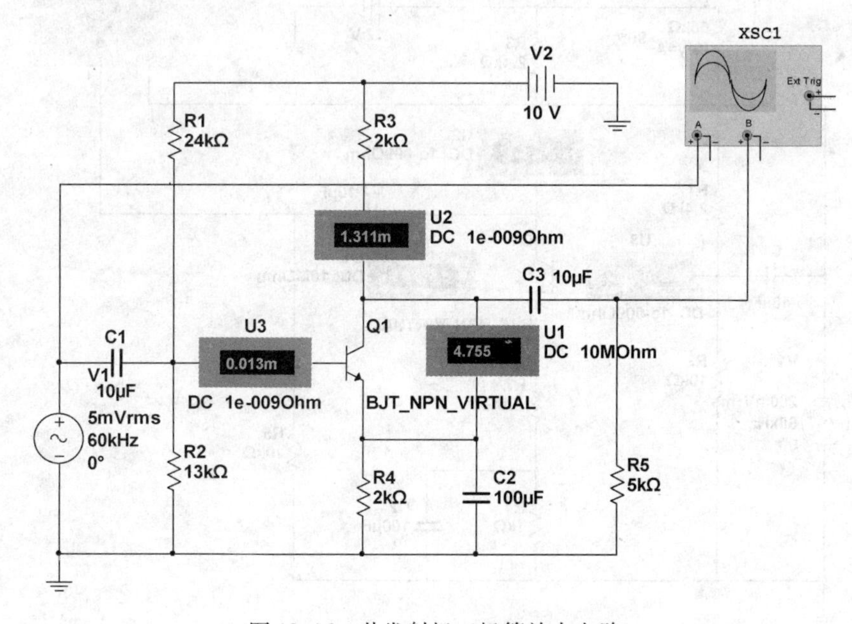

图 13. 16　共发射极三极管放大电路

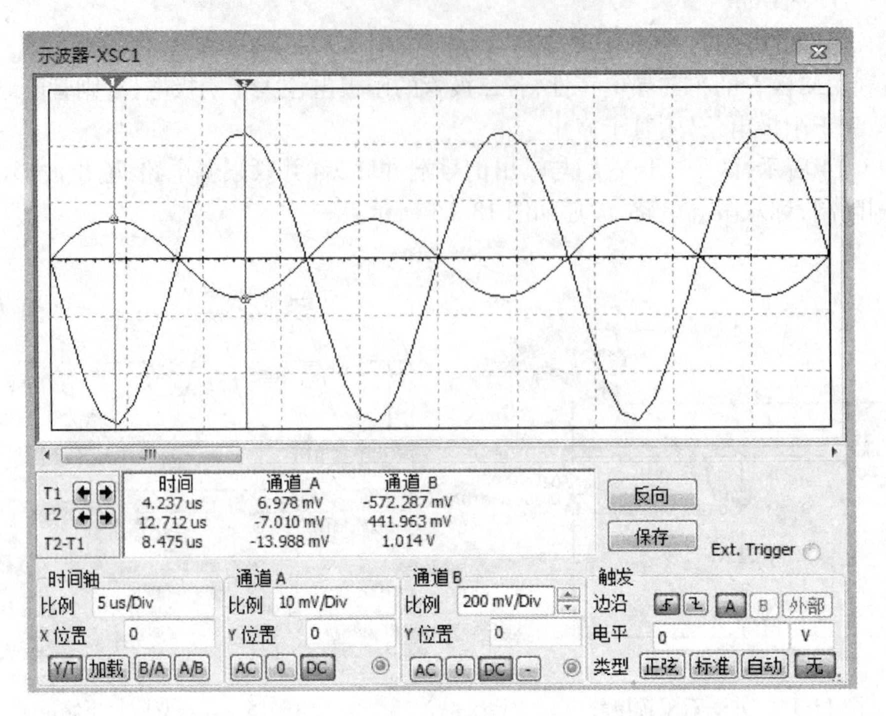

图 13.17　共发射极三极管放大电路的波形图

验证:集电极电流是基极电流的 β 倍,集射极间电压是直流电压源的 0.4755 倍,三极管工作在放大区。共发射极三极管放大电路放大电压信号,输出波形与输入波形相位相反。

例 2　三极管放大电路的非线性失真。

(1) 截止失真:电路如图 13.18 所示,采用分压偏置共发射极电路结构,当可变电阻取值 90% 时,分压所得的基极电位较小,则随之电流很小,管子工作趋于截止区,将发生截止失真,输出波形顶部失真,波形如图 13.19 所示。

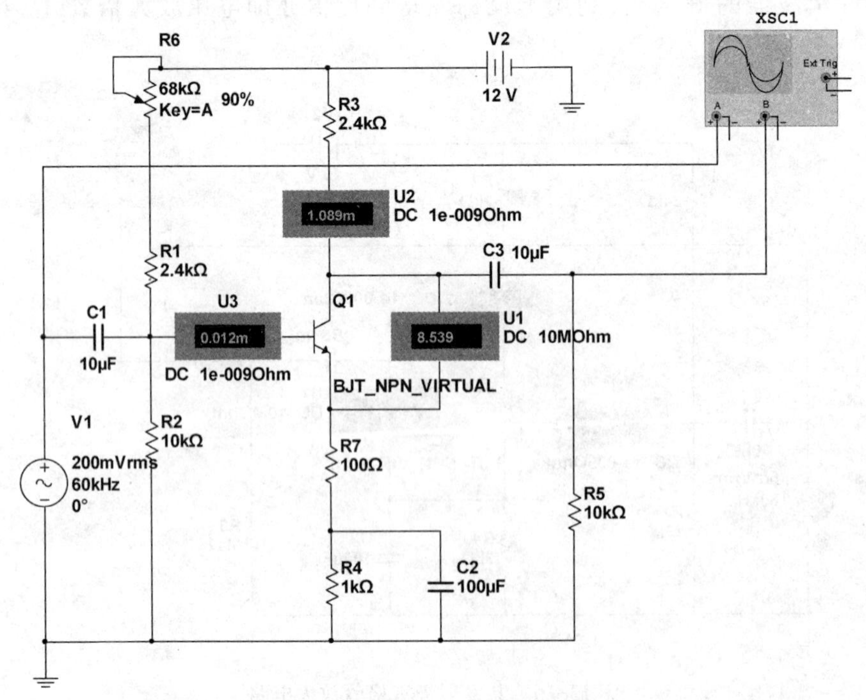

图 13.18　发生截止失真的共发射极三极管放大电路

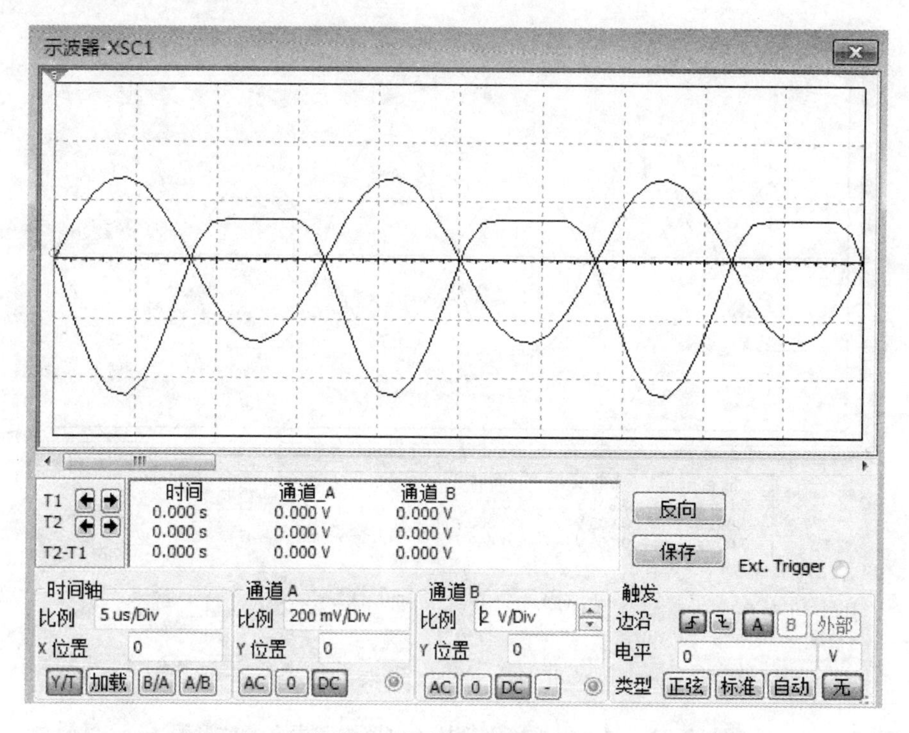

图 13.19　共发射极三极管放大电路截止失真的波形图

（2）饱和失真：三极管电路如图 13.20 所示，采用分压偏置共发射极电路结构，当可变电阻取值 30% 时，分压所得的基极电位较大，则随之电流较大，集射极间电压较小，管子工作趋于饱和区，发生饱和失真，输出波形底部失真，波形如图 13.21 所示。

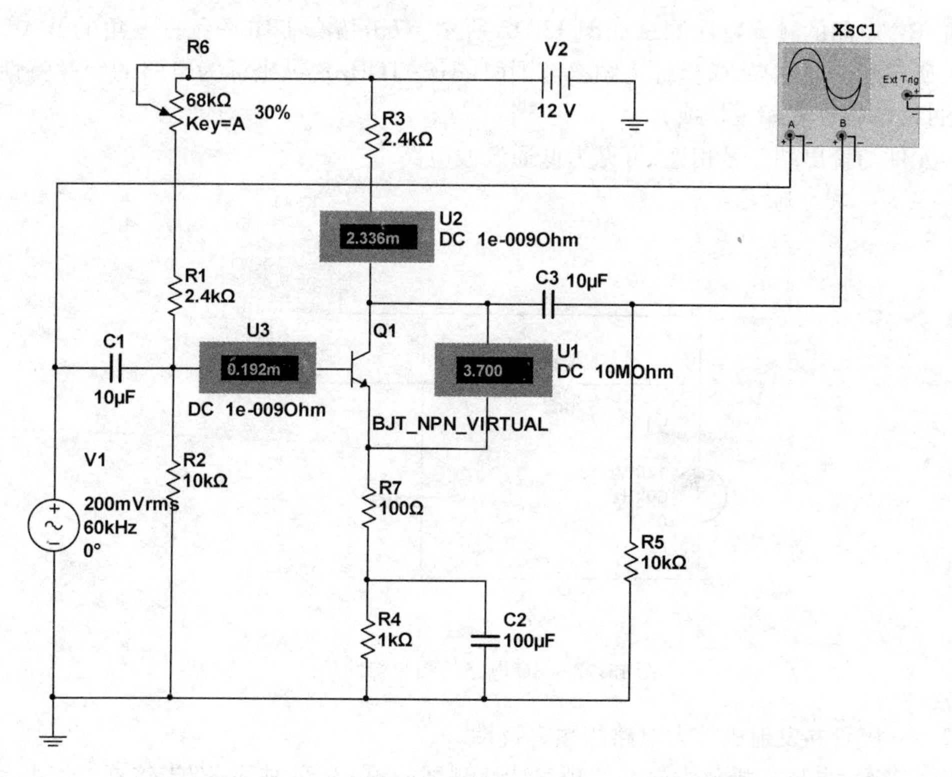

图 13.20　发生饱和失真的共发射极三极管放大电路

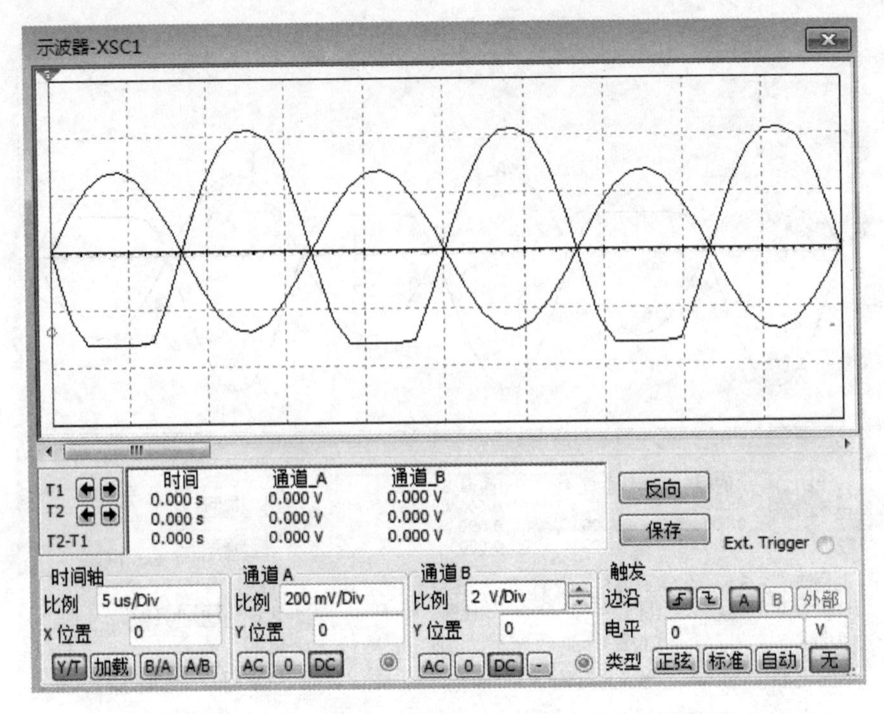

图 13.21 共发射极三极管放大电路饱和失真的波形图

13.7 频率特性

例 1 RC 电路的频率特性。

分析:RC 电路的频率特性测试如图 13.22 所示,双击仿真工作平台右上角的开关,得到如图 13.23 所示的测试结果,横坐标为频率范围(1mHz ~ 1GHz),纵坐标为电路的幅频特性和相频特性(通过按钮幅度和相位切换)。

电容元件与输出端信号相连,可见为低通滤波电路。

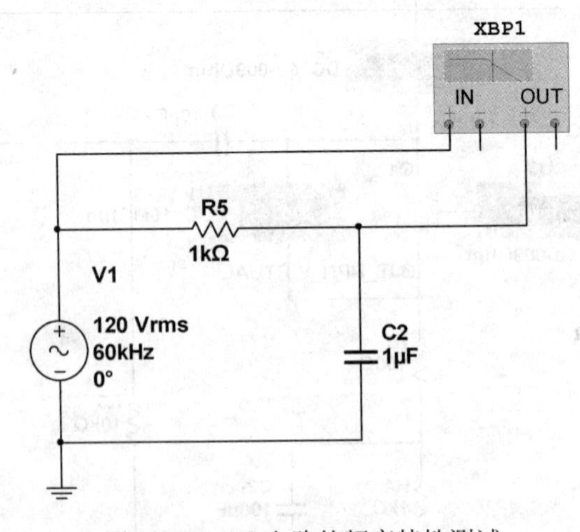

图 13.22 RC 电路的频率特性测试

例 2 三极管共发射极放大电路的频率特性。

分析:三极管共发射极放大电路的频率特性测试如图 13.24 所示,双击仿真工作平台右上角的开关,得到电路在整个频段范围内的频率特性,低频段、中频段、高频段如图 13.25 所示。

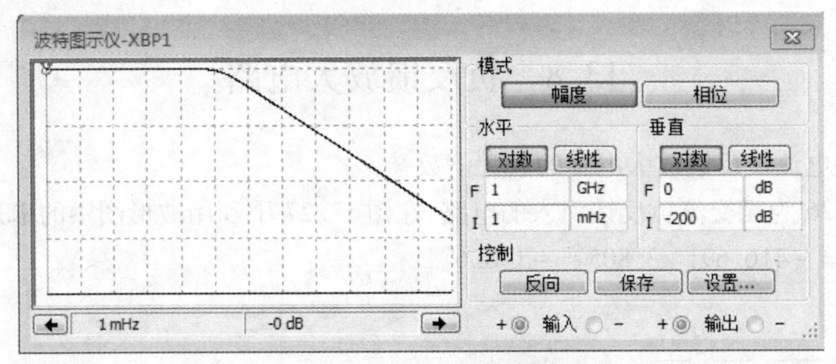

(a) RC 电路的幅频特性

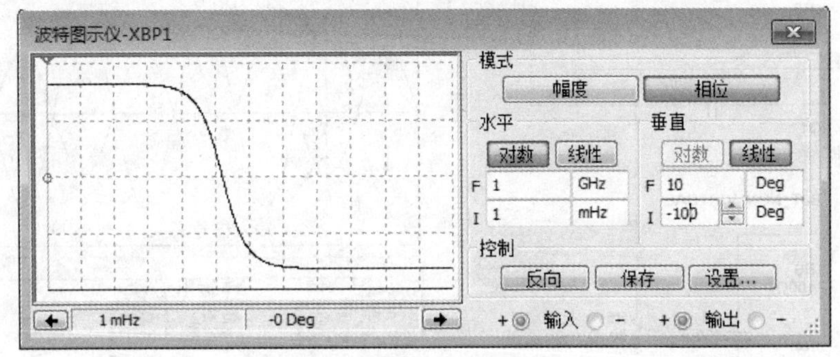

(b) RC 电路的幅频特性

图 13. 23 RC 电路的频率特性

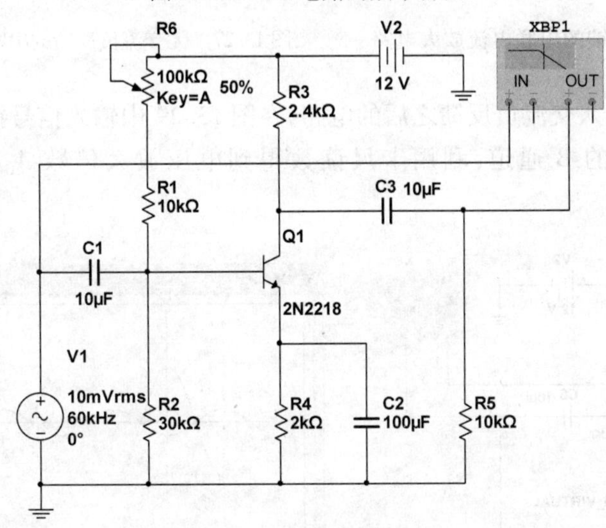

图 13. 24 三极管共发射极放大电路的频率特性测试

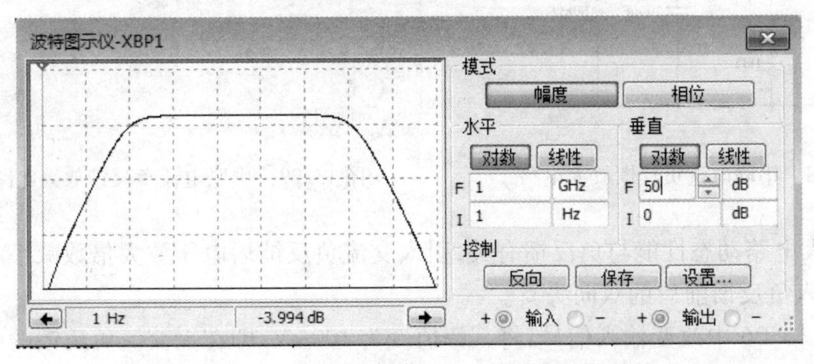

图 13. 25 三极管共发射极放大电路的幅频特性

13.8　负反馈放大电路

例 1　串联电流负反馈放大电路的放大倍数。

(1) 图 13.26 为无交流负反馈引入的电路，在图 13.27 中利用波形图中的卡尺读数计算，电压放大倍数 $A_U = -416.691 / 2.805 \approx -148.6$。

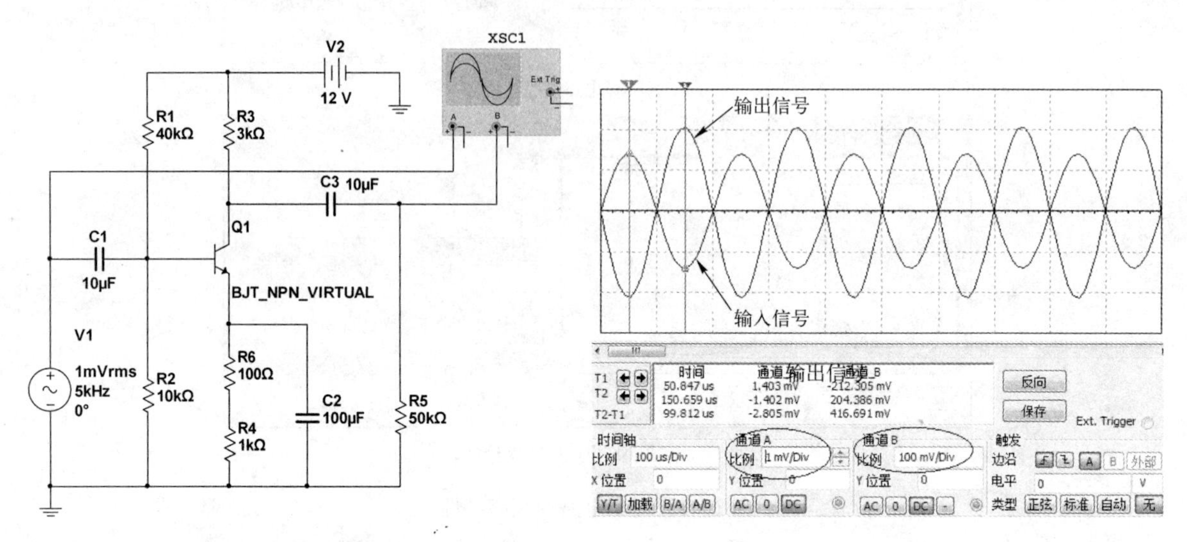

图 13.26　无交流负反馈的串联电流放大电路　　图 13.27　无交流负反馈的串联电流放大电路的波形图

(2) 图 13.28 为引入交流负反馈之后的电路，在图 13.29 中输入信号接在示波器的 A 通道，输出信号接在示波器的 B 通道，利用卡尺读数得到电压放大倍数 $A_U = -66.099/2.804 \approx -23.5731$。

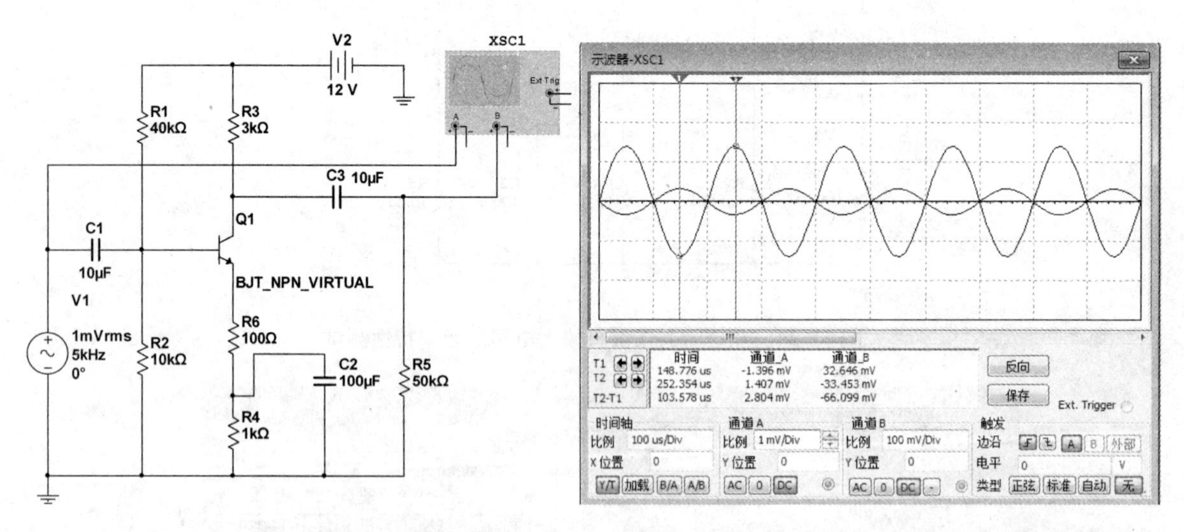

图 13.28　串联电流负反馈放大电路　　图 13.29　串联电流负反馈放大电路的波形图

结论：放大电路动态性能与负反馈有关，引入交流负反馈后电压放大倍数减小。

例 2　引入负反馈前后的双向失真。

(1) 在图 13.26 中改变输入信号，将其幅值变为 100mV，即在无交流负反馈的电路中加大输入信号，则电路将发生双向失真，波形如图 13.30 所示。

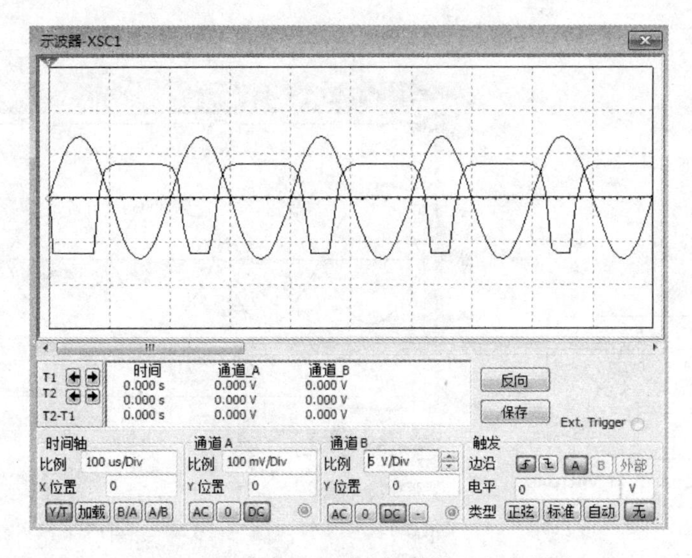

图 13.30　串联电流放大电路的双向失真图

(2) 在图 13.28 中改变输入信号,将其幅值变为 100mV,如图 13.31 所示,引入交流负反馈后,非线性失真减弱。

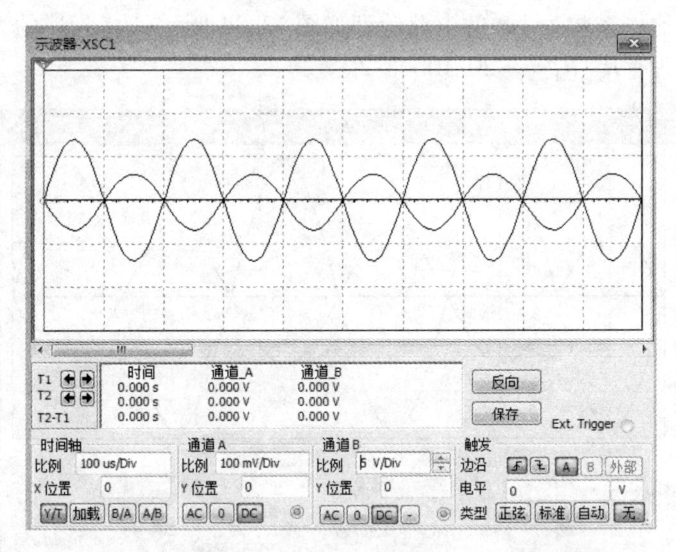

图 13.31　串联电流放大电路的双向失真改善图

结论:放大电路动态性能与负反馈有关,引入交流负反馈后非线性失真得以改善。

13.9　集成运放

例 1　比例运算电路——反相比例运算。

分析:反相比例运算电路如图 13.32 所示,输入信号加在放大器的反相输入端,故而为反相运算;理论推导出输出电压与输入电压之比为($-R_2/R_1$);即电压放大倍数或比例系数与 R_1 和 R_2 有关。

(1) 放大倍数/比例系数为 -1 的电路验证如图 13.33 所示,理论计算结果为 $-R_2/R_1 = -10/10 = -1$。

验证:两波形相位相反,所以输出电压与输入电压的比值为负;通过灵敏度对比,得到比例系

数为 -1。

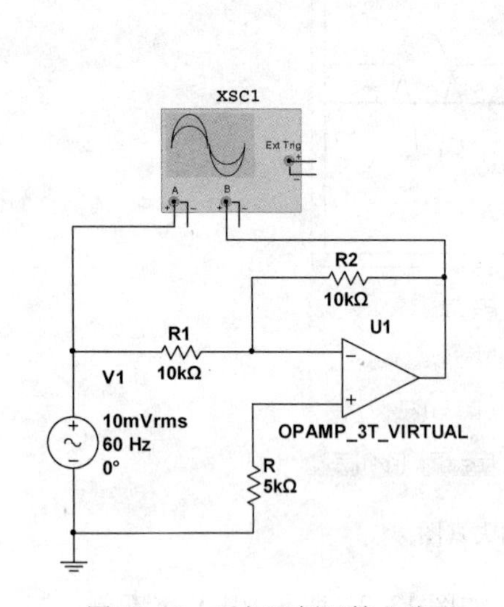

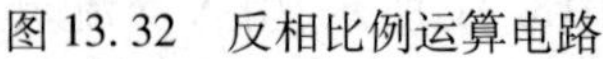
图 13.32　反相比例运算电路

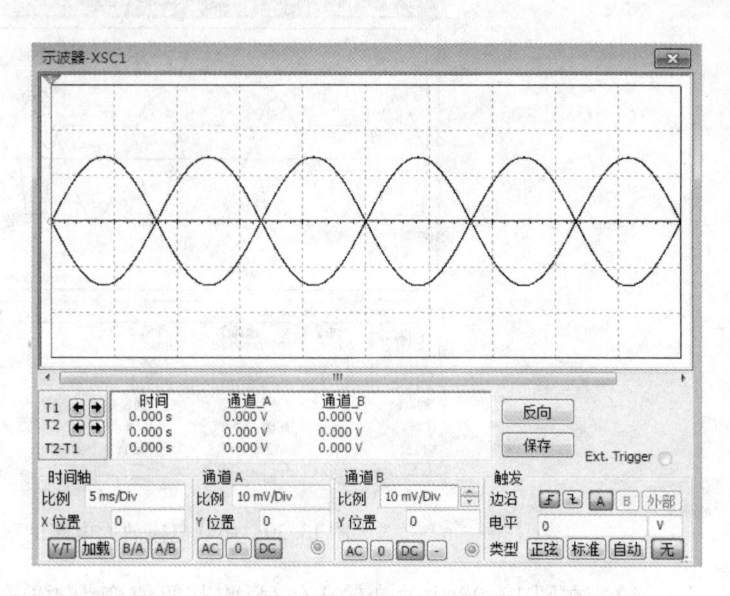

图 13.33　反相比例运算电路比例系数为 -1 的波形图

（2）放大倍数/比例系数为 -2 的电路验证如图 13.34 所示，改变 R_2 的大小，比例系数随之改变，理论计算结果为 $-R_2/R_1=-20/10=-2$。

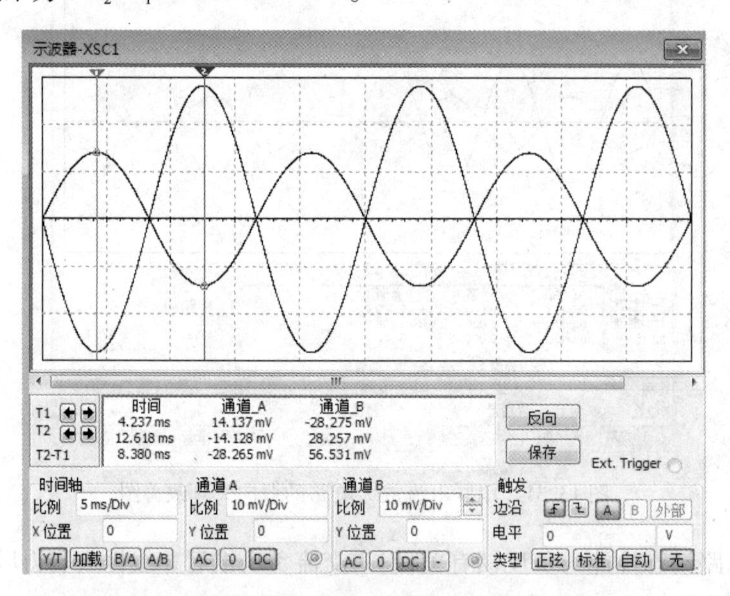

图 13.34　反相比例运算电路比例系数为 -2 的波形图

验证：两波形相位相反，所以输出电压与输入电压的比值为负；输入信号接在示波器的 A 通道，输出信号接在示波器的 B 通道，通过卡尺对应对数，得到比例系数为 $-56.531/28.265\approx-2$。

例 2　反相加法（求和）。

分析：反相加法电路如图 13.35 所示，两个输入信号均加在放大器的反相输入端，输入信号 V_1 接在示波器的 A 通道，输出信号接在示波器的 B 通道。

（1）同频率正弦相加

在图 13.35 中，设计输入端信号 V_1 和 V_2 的幅度和频率相同，理论推导结果为 $u_o=-(100/10V_1+100/10V_2)=-20V_1$，仿真验证如图 13.36 所示。

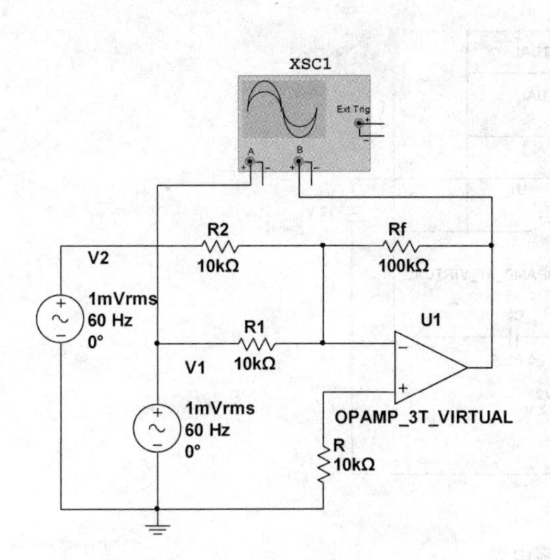

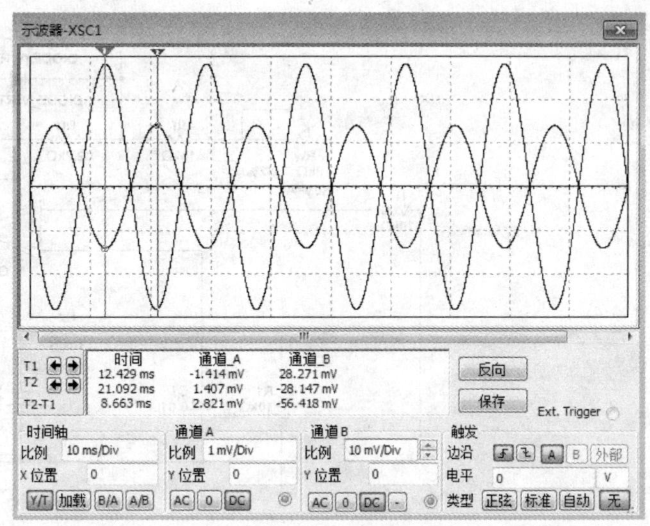

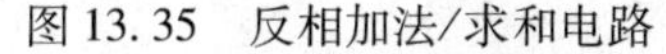

图 13.35　反相加法/求和电路　　　　图 13.36　同频率正弦相加的反相加法电路波形图

结论:输出信号 u_o 与输入信号 V_1 相位相反,比值为 $-56.418/2.821 \approx -20$。

(2) 2 倍频率正弦相加

分析:在图 13.35 中,设计输入端信号 V_1 幅度和频率都不变;V_2 幅度不变,频率变为原来的两倍(120Hz)。理论推导结果为 $u_o = -(100/10V_1 + 100/10V_2) = -10(V_1 + V_2)$,仿真验证如图 13.37 所示。

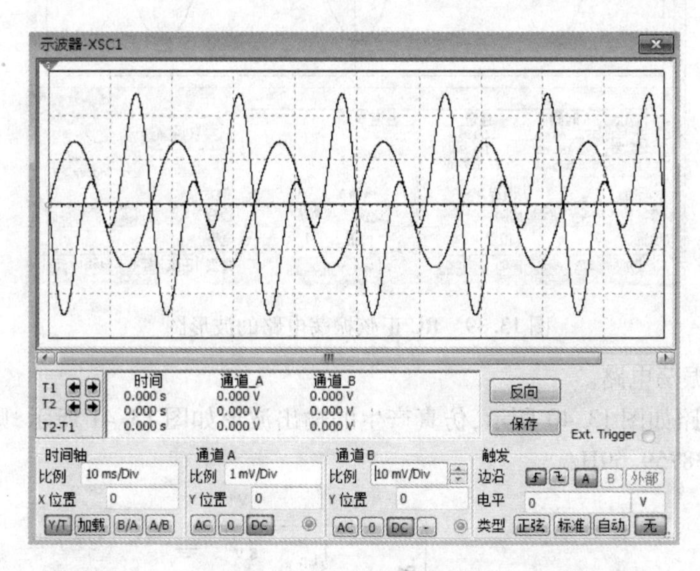

图 13.37　2 倍频率正弦相加的反相加法/求和电路波形图

结论:输出信号 u_o 为 60Hz 和 120Hz 两个不同频率信号的叠加。

13.10　正弦波振荡器

例 1　RC 正弦振荡电路。

RC 正弦振荡电路如图 13.38 所示,单一频率的输出由选频网络决定,理论输出波形的频率 $f = 1/2\pi RC = 1/2\pi 10 * 1000 * 0.01 * 0.000001 \approx 1591.5495\text{Hz}$。仿真结果如图 13.39 所示,$f = 1/T = 1/636.535 \approx 1571\text{Hz}$。

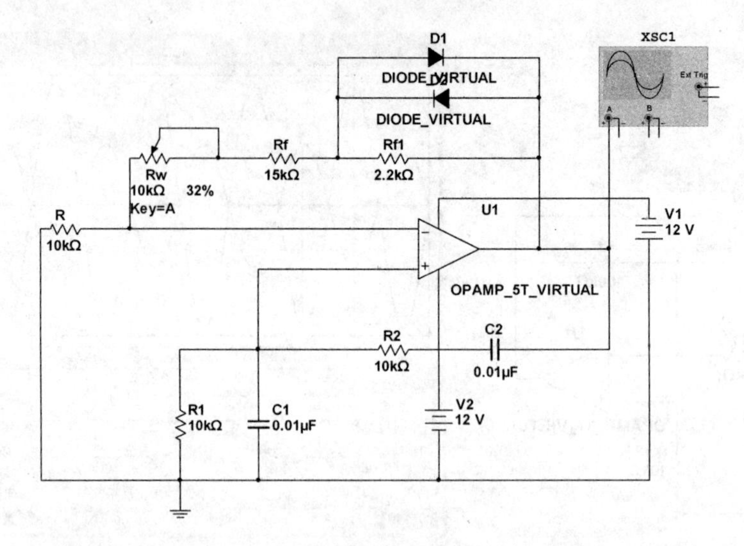

图 13.38 RC 正弦振荡电路

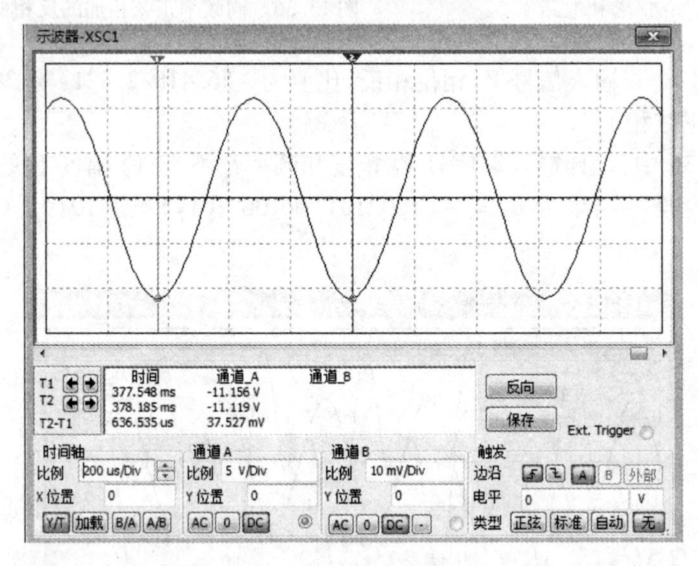

图 13.39 RC 正弦振荡电路的波形图

例 2 三点式振荡电路。

三点式振荡电路如图 13.40 所示，仿真产生的输出波形如图 13.41 所示，则验证产生的频率 $f=1/T=1/25.8\approx38759.69\text{Hz}$。

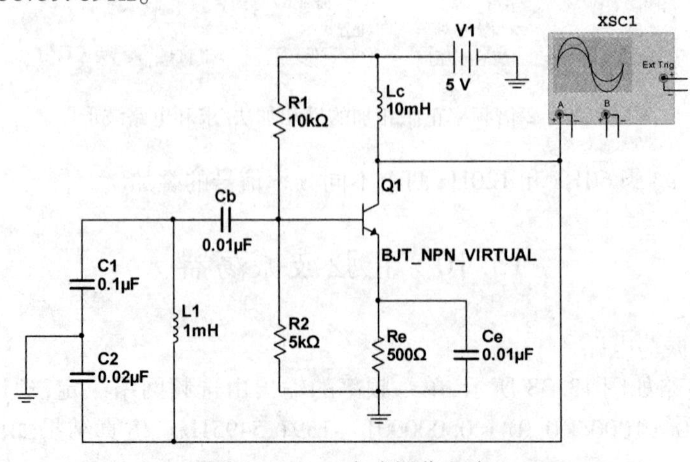

图 13.40 三点式振荡电路

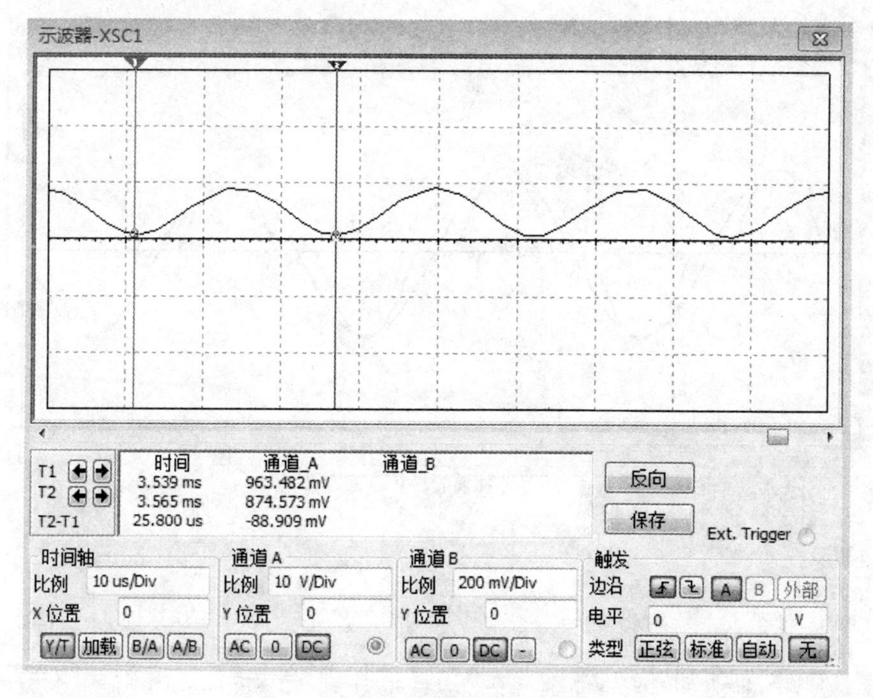

图 13.41　三点式振荡电路的波形图

13.11　功率放大器

例 1　双电源互补对称功率放大器。

图 13.42 所示为双电源互补对称功率放大器，两个三极管，特性一致，一个 NPN 管，一个 PNP 管，在交流正弦信号输入下，两个管子交替导通，因为管子存在死区电压，所以容易发生交越失真，如图 13.43 所示。

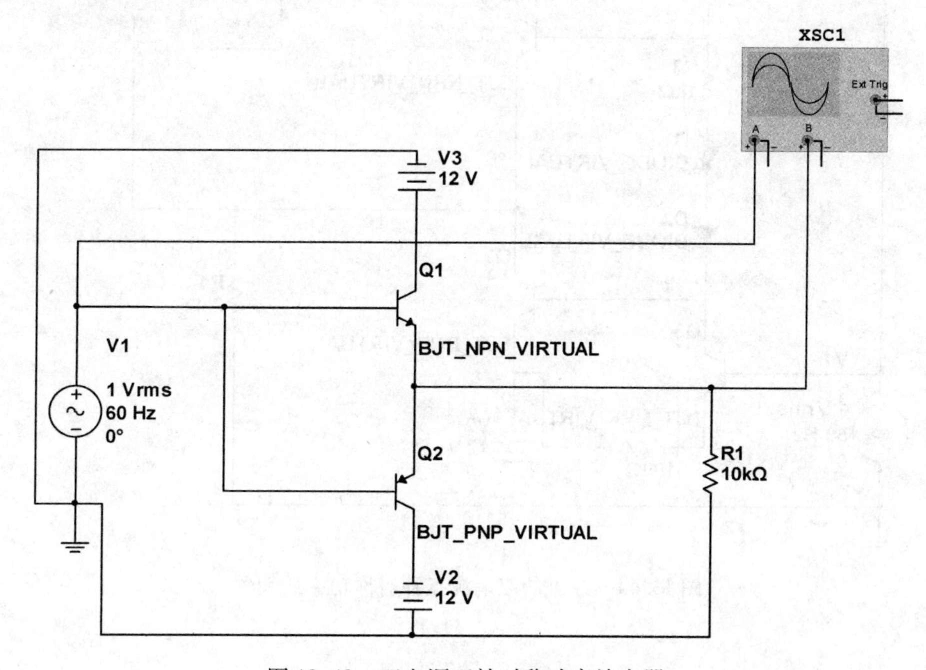

图 13.42　双电源互补对称功率放大器

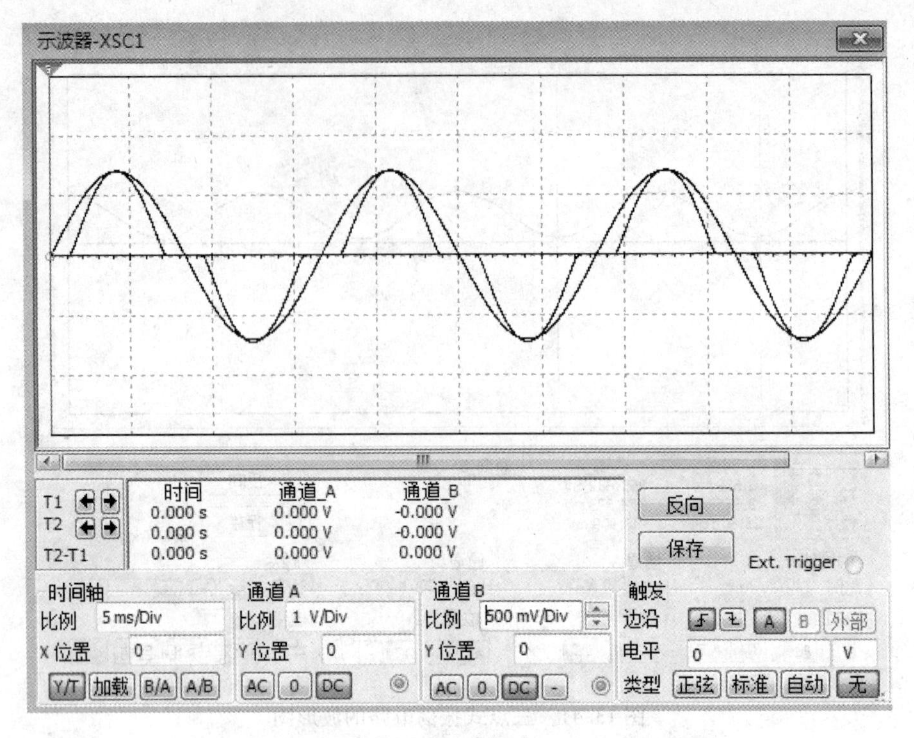

图 13.43　双电源互补对称功率放大器的交越失真

例 2　功放改进电路。

改进电路如图 13.44 所示，利用二极管的作用削弱死区电压的影响，减弱交越失真，改善电路性能，波形如图 13.45 所示。

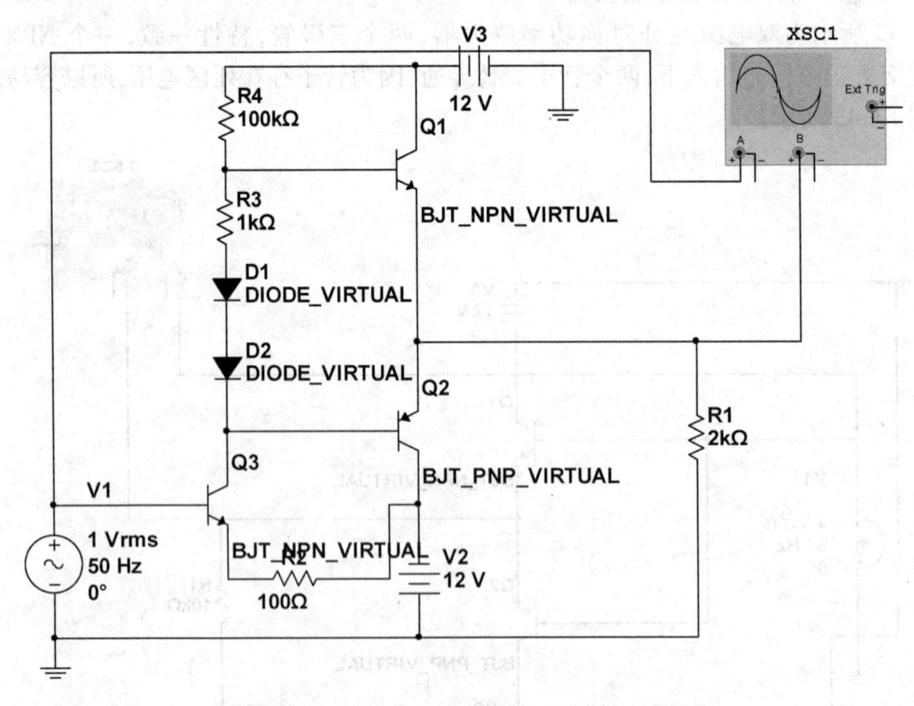

图 13.44　改进的双电源互补对称功率放大器

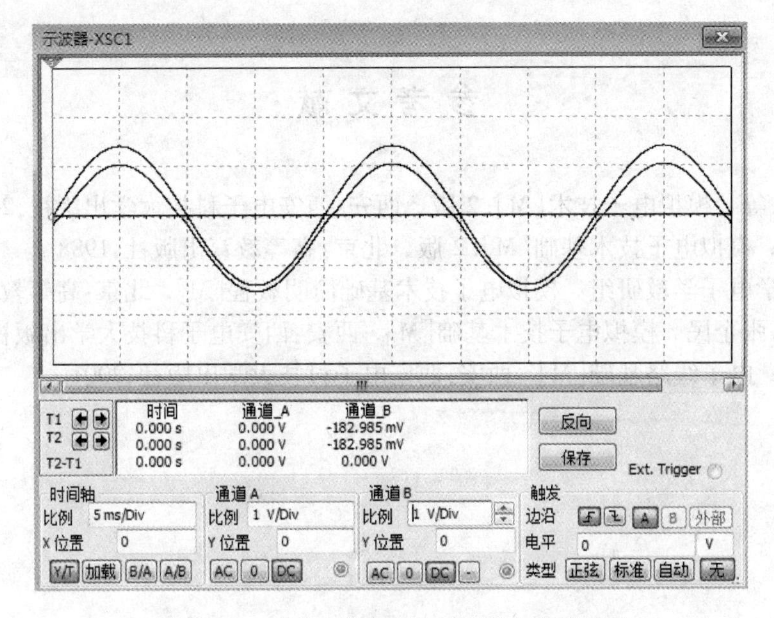

图 13.45　减弱交越失真的功率放大器波形图

13.12　稳 压 电 源

例 1　桥式整流电容滤波稳压电路。

桥式整流电容滤波稳压电路如图 13.46 所示，220V 交流电经过变压器 T_1 降压为需要的次级线圈电压 u_2，然后经过桥式整流堆 D_1 输出全波整流波形如图 13.47 所示；接着通过电容 C_1 滤波，输出滤波波形如图 13.48 所示；最后经过三端稳压器 7805 输出恒定电压 5V。

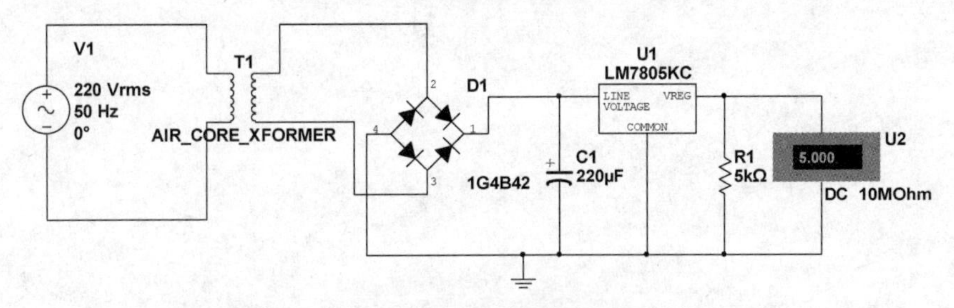

图 13.46　桥式整流电容滤波稳压电路

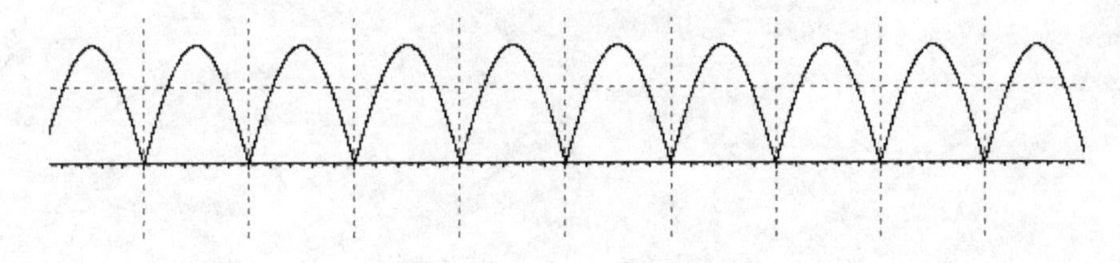

图 13.47　桥式整流波形图

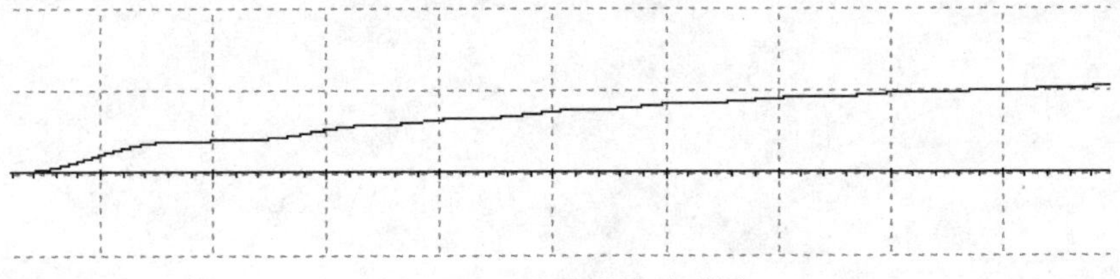

图 13.48　电容滤波波形图

参 考 文 献

1. 江小安,等. 模拟电子技术[M].2 版. 西安:西安电子科技大学出版社,2002
2. 童诗白. 模拟电子技术基础[M].2 版. 北京:高等教育出版社,1988
3. 清华大学电子学教研组. 模拟电子技术基础简明教程[M]. 北京:高等教育出版社,1985
4. 孙肖子,张企民. 模拟电子技术基础[M]. 西安:西安电子科技大学出版社,2001
5. 傅丰林. 电子线路基础[M]. 西安:西安电子科技大学出版社,2001

反侵权盗版声明